空间结构系列图书

索穹顶结构

陈志华　刘红波　闫翔宇　著

中国建筑工业出版社

图书在版编目（CIP）数据

索穹顶结构/陈志华，刘红波，闫翔宇著. —北京：中国建筑工业出版社，2022.9
（空间结构系列图书）
ISBN 978-7-112-27658-5

Ⅰ.①索…　Ⅱ.①陈…②刘…③闫…　Ⅲ.①拱-工程结构　Ⅳ.①TU34

中国版本图书馆CIP数据核字(2022)第130408号

索穹顶结构是基于“张拉整体”概念提出的，通常由内部的张拉整体索杆体系和周圈的刚性边界构成，是目前结构效率最高也是技术最先进的大跨度空间结构体系之一。索穹顶结构具有自重轻、跨越能力大、构造简单、传力明确的优点，越来越多地被用于大跨度公共建筑中。本书从索穹顶结构的关键构件和节点、结构的选型方法、分析与设计方法、力学性能、施工及监测方法、相关的试验研究成果以及在实际工程中的应用等方面进行了论述。本书的主要特点是：结合天津理工大学体育馆椭圆形复合式索穹顶屋盖设计和施工过程，以及以往研究中存在的问题，对索穹顶结构进行了从构件、节点到整体结构的一系列理论推导、数值分析和试验研究，得到了一些具有理论意义和工程价值的研究成果。

本书可供土木工程相关领域的设计和研究人员，以及高等院校的教师、研究生、高年级本科生参考使用。

责任编辑：刘瑞霞　辛海丽
责任校对：张　颖

空间结构系列图书
索穹顶结构
陈志华　刘红波　闫翔宇　著
*
中国建筑工业出版社出版、发行（北京海淀三里河路9号）
各地新华书店、建筑书店经销
北京科地亚盟排版公司制版
天津安泰印刷有限公司印刷
*
开本：787毫米×1092毫米　1/16　印张：27¼　字数：677千字
2022年9月第一版　2022年9月第一次印刷
定价：**98.00**元
ISBN 978-7-112-27658-5
(39859)

编审委员会

序　言

中国钢结构协会空间结构分会自1993年成立至今已有二十多年，发展规模不断壮大，从最初成立时的33家会员单位，发展到遍布全国各个省市的500余家会员单位。不仅拥有从事空间网格结构、索结构、膜结构和幕墙的大中型制作与安装企业，而且拥有与空间结构配套的板材、膜材、索具、配件和支座等相关生产企业，同时还拥有从事空间结构设计与研究的设计院、科研单位和高等院校等，集聚了众多空间结构领域的专家、学者以及企业高级管理人员和技术人员，使分会成为本行业的权威性社会团体，是国内外具有重要影响力的空间结构行业组织。

多年来，空间结构分会本着积极引领行业发展、推动空间结构技术进步和努力服务会员单位的宗旨，卓有成效地开展了多项工作，主要有：(1）通过每年开展的技术交流会、专题研讨会、工程现场观摩交流会等，对空间结构的分析理论、设计方法、制作与施工建造技术等进行研讨，分享新成果，推广新技术，加强安全生产，提高工程质量，推动技术进步。(2）通过标准、指南的编制，形成指导性文件，保障行业健康发展。结合我国膜结构行业发展状况，组织编制的《膜结构技术规程》为推动我国膜结构行业的发展发挥了重要作用。在此基础上，分会陆续开展了《膜结构工程施工质量验收规程》《建筑索结构节点设计技术指南》《充气膜结构设计与施工技术指南》《充气膜结构技术规程》等的编制工作。(3）通过专题技术培训，提升空间结构行业管理人员和技术人员的整体技术水平。相继开展了膜结构项目经理培训、膜结构工程管理高级研修班等活动。(4）搭建产学研合作平台，开展空间结构新产品、新技术的开发、研究、推广和应用工作，积极开展技术咨询，为会员单位提供服务并帮助解决实际问题。(5）发挥分会平台作用，加强会员单位的组织管理和规范化建设。通过会员等级评审、资质评定等工作，加强行业管理。(6）通过举办或组织参与各类国际空间结构学术交流，助力会员单位“走出去”，扩大空间结构分会的国际影响。

空间结构体系多样、形式复杂、技术创新性高，设计、制作与施工等技术难度大。近年来，随着我国经济的快速发展以及奥运会、世博会、大运会、全运会等各类大型活动的举办，对体育场馆、交通枢纽、会展中心、文化场所的建设需求极大地推动了我国空间结构的研究与工程实践，并取得了丰硕的成果。鉴于此，中国钢结构协会空间结构分会常务理事会研究决定出版“空间结构系列图书”，展现我国在空间结构领域的研究、设计、制作与施工建造等方面的最新成果。本系列图书拟包括空间结构相关的专著、技术指南、技术手册、规程解读、优秀工程设计与施工实例以及软件应用等方面的成果。希望通过该系列图书的出版，为从事空间结构行业的人员提供借鉴和参考，并为推广空间结构技术、推动空间结构行业发展做出贡献。

中国钢结构协会空间结构分会　理事长

空间结构系列图书编审委员会　主任

薛素铎

2018 年 12 月 30 日

前　言

随着经济和社会的发展，人类对具有大跨度空间的建筑尤其是大跨度体育场馆的需求不断增长。基于“张拉整体”概念的索穹顶结构是目前结构效率最高也是技术最先进的大跨度空间结构体系之一，具有自重轻、跨越能力大、构造简单、传力明确等优点，越来越多地被用于大跨度公共建筑中，目前已经建成了十余座大型索穹顶结构工程，也有众多的中小型索穹顶在公共建筑的中庭等工程中得到了应用。

根据目前可查数据，全世界最大索穹顶结构跨度已突破 200m，而国内最大的索穹顶跨度刚刚突破 100m，为突破索穹顶结构在跨度上的技术瓶颈，得到跨度更大、性能更好的索穹顶结构形式，需要对索穹顶结构的受力机理进行深入的研究。本书结合天津理工大学体育馆索穹顶屋盖设计和施工过程，以及以往研究中存在的问题，对索穹顶结构进行了从构件、节点到整体结构的一系列理论推导、数值分析和试验研究，得到了一些具有理论意义和工程价值的研究成果。

本书共分为 12 章。第 1 章对索穹顶结构的起源、分类和工程应用进行了简要介绍，帮助读者了解索穹顶结构的基本原理及目前的应用情况；第 2 章主要基于试验研究方法，对索穹顶结构的核心构件——拉索的弯曲性能、松弛性能、腐蚀性能等时变性能进行研究，并提出了两种索力识别方法；第 3 章主要介绍了拉索力学性能的数值模拟方法，对拉索的轴向拉伸性能、弯曲性能、松弛性能及断丝效应进行了详细的阐述；第 4 章详细阐述了索穹顶结构找形过程的基本原理并提出了适用不规则索穹顶结构的找形找力方法，通过算例验证了找形方法的可靠性；第 5 章介绍了索穹顶结构的有限元分析方法，并对连续折线索单元的基本原理进行了详细推导和论述；第 6 章主要描述了索穹顶结构的静力性能，对比分析了不同的索穹顶结构布置形式、边界条件、屋面做法对其静力性能的影响；第 7 章则针对索穹顶结构在地震、风等作用下的动力响应进行了研究；第 8 章介绍了索穹顶结构的节点类型及选型、节点适用材料和节点设计原则；第 9 章针对天津理工大学体育馆索穹顶屋盖的施工方法进行了模拟分析，阐述了不同来源的施工误差对索穹顶结构构件内力的影响；第 10 章论述了索穹顶结构施工监测和后续健康监测的监测方法及结果，并对监测结果进行了分析；第 11 章汇总了天津理工大学体育馆索穹顶屋盖模型试验的相关研究，包括缩尺模型的施工张拉试验、屋面荷载试验、不均匀雪荷载试验、温度效应试验以及断索试验等；第 12 章基于天津理工大学体育馆索穹顶屋盖实际工程及模型进行了断索分析，并基于有限元分析结果对不同的索穹顶构件进行了重要性评级。

本书可供土木工程、力学、建筑学等相关专业的研究生和从事相关专业的工程技术人员参考使用。

本书的研究工作得到了国家自然科学基金、国家重点研发项目、住房城乡建设部科学技术项目、天津市建设管理委员会科技项目资助以及其他相关横向研究课题的支撑，书中吸纳了作者课题组近些年来对索穹顶结构的部分研究成果，作者所在团队的研究生马青、余玉洁、王宵翔、韩芳冰、王鑫、楼舒阳、李毅、武晓凤、郭明渊、杨艳、郭刘潞等对本书内容的研究工作或书籍成稿做出了重要贡献，在此向他（她）们致以诚挚的谢意。同时本书参考了一系列国内外同行的研究成果和论著，在此一并感谢。

本书仅结合作者所熟悉的领域和取得的阶段性研究结果进行论述，内容远非全面，随着研究工作的不断深入，作者期望能对本书的内容进行充实和完善。

由于作者水平有限，书中难免存在不足之处，希望读者发现后能够及时告知，以便今后改进。

陈志华

2022 年 4 月

目　录

第1章　概　　述

大空间建筑一直是人类社会活动的重要需求。伴随着建筑材料、结构分析计算方法和施工技术的不断进步，能够跨越更大跨度的新型结构体系不断涌现。其中基于“张拉整体”概念的索穹顶结构是一种效率极高的结构体系。由于索穹顶结构优异的力学性能和经济指标，其被提出后便受到了广大工程师和研究者的瞩目。截至目前已经建成了十余座大型索穹顶结构工程，也有众多的中小型索穹顶在公共建筑的中庭等工程中得到了应用。

1.1　张拉整体结构

张拉整体结构的概念是 Fuller[1]首先总结并命名的，其核心为“受压的孤岛存在于张力的海洋中”，即结构由连续的受拉构件和独立的受压构件组成。Snelson 在 1946 年制作了第一个张拉整体结构模型——“X-module”（图 1-1），并且在此之后设计了一系列张拉整体雕塑，丰富了张拉整体的结构形式，例如 V-X（图 1-2）、Triple Crown（图 1-3）和 Needle Tower（图 1-4）等。Fuller 提出了一种基于张拉整体概念的短程线张拉整体穹顶（图 1-5），这是首次将张拉整体应用于实际工程的构想，但是由图可见此穹顶的顶部是通过一些拉索悬挂于屋顶之下，并没有实现自平衡。与此同时，法国的 Emerich 也对张拉整体结构进行了一系列开创性的研究，图 1-6 为其创作的一个由 10 个 6 杆张拉整体单元组成的雕塑。然而，该时期张拉整体结构的应用只是局限在雕塑或建筑小品上，并没有在实际的建筑结构中得到应用。

自 20 世纪 80 年代后期以来，随着分析计算方法研究的进步以及计算机性能的不断提升，在建筑工程领域，有众多的专家学者对张拉整体结构进行了相关探索和应用研究，

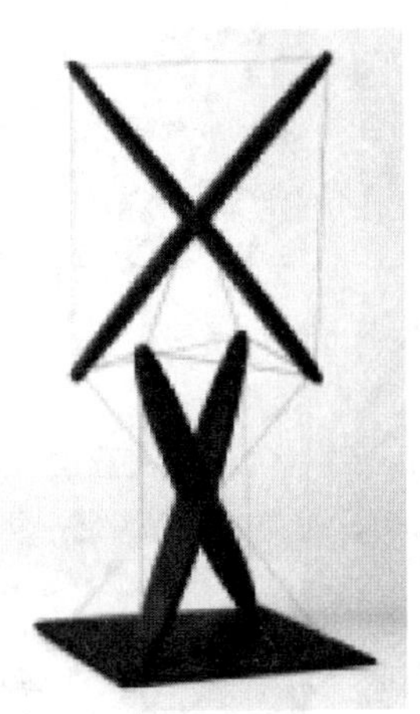

图 1-1　X-module

图 1-2　V-X

图 1-3 Triple Crown

图 1-4 Needle Tower

图 1-5 张拉整体穹顶

图 1-6 Emerich 创作的张拉整体雕塑

在大跨度屋盖结构中也有了一些工程实践，例如 Motro[2] 提出了一种张拉整体网架（图 1-7），但是这种结构并不严格符合张拉整体结构的定义，其受压构件并不是孤立的而是相互连接在一起的。川口健一[3] 将张拉整体结构应用于膜结构的竖向支承构件，先后建成了白犀牛 1 号（图 1-8）和白犀牛 2 号（图 1-9）。2009 年在澳大利亚布里斯班建成的 Kurilpa 人行桥是第一座张拉整体桥，桥总长 470m，跨度 120m（图 1-10）[4]。

图 1-7 张拉整体网架结构

图 1-8 白犀牛 1 号

图 1-9 白犀牛 2 号

图 1-10 Kurilpa 人行桥

1.2 索穹顶结构

1.2.1 索穹顶结构的概念

美国工程师 David Geiger 在 20 世纪 70～80 年代设计了一系列索膜结构的大跨度屋盖，包括 Pontiac Silverdome（图 1-11)、RCA Dome（图 1-12）和东京穹顶（图 1-13）等。然而，索膜结构在使用中暴露出了稳定性差的问题，这其中最为典型的是 Pontiac Silverdome 在 1975 年因为暴雪而坍塌。为了解决索膜结构稳定性差的问题，同时保持其结构效率高、重量轻的优点，Geiger[5] 基于张拉整体的概念发明了索穹顶结构。索穹顶结构是由内部的张拉整体索杆体系和周圈的刚性边界构成的，在实际工程中刚性边界可以采用混凝土环梁或者钢环桁架。索穹顶结构需要刚性边界以实现自平衡，这是其与张拉整体结构最主要的区别。

图 1-11 Pontiac Silverdome

图 1-12 RCA Dome

图1-13 东京穹顶

1.2.2 索穹顶结构的分类

索穹顶结构按照结构形式可以分为Geiger式索穹顶、Levy式索穹顶、新型索穹顶和复合式索穹顶。

(1) Geiger式索穹顶

早期索穹顶均为圆形Geiger式，如图1-14所示。Geiger式索穹顶由放射式布置的脊索、连续的环索以及斜索和撑杆等组成。这种结构形式构造简单、传力明确，但是这种结构体系有其局限性。Geiger式索穹顶各榀脊索之间缺少环向的连接，各榀之间整体工作性能较差。由于撑杆上节点缺少平面外的约束，当脊索预应力较小时，很可能在较低的荷载时就发生平面外的大变形。而且由于Geiger式索穹顶构件数量较少，其为静定结构，结构冗余度稍显不足。无论圆形与否，Geiger式索穹顶均为只有一个独立自应力模态，这就造成当其应用在非对称结构中时，各个方向上受力性能差异较大，并且无法像多自应力模态的结构一样通过调整自应力模态的组合予以改善。当然，Geiger式索穹顶构件较少、连接关系简单，其节点构造也相应地比较简单。对于形状比较规则的结构，Geiger式索穹顶在分析计算和施工难度上还是有一定优势的。

(2) Levy式索穹顶

Levy式索穹顶[6]是另一种实际工程中常用的索穹顶结构形式。Levy式索穹顶的三角形基本单元与图1-1中Fuller最早提出的张拉整体穹顶的构想比较相似（图1-15），能够保证自身的稳定。由这些基本单元组成的结构也具有较好的整体工作性能。圆形的Levy式索穹顶由于其对称性，与Geiger式索穹顶相同，只有一个独立自应力模态。非对称的Levy式索穹顶则有多个独立自应力模态，因而可以根据自应力模态的不同组合调整结构的受力性能。然而，Levy式索穹顶构件数量多，每个节点连接的构件数量也大于Geiger式，这样就造成其节点构造复杂、制造难度增加。构造和受力状态复杂的节点需要更加大量的计算分析，尤其是在施工状态，索穹顶节点的受力可能与设计的状态完全不同。佐治亚穹顶在施工过程中由于施工模拟计算的不足，节点被拉断造成了人员伤亡事故。另外，Levy式索穹顶与Geiger式索穹顶相比，拉索的用量和主动索的数量大幅增加，会提高整体造价。

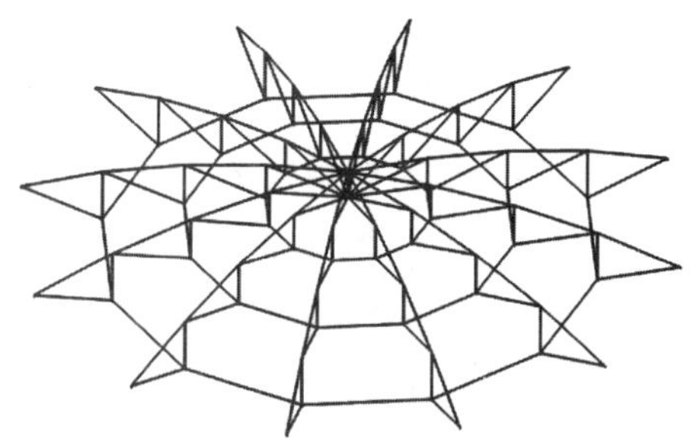
图 1-14 Geiger 式索穹顶

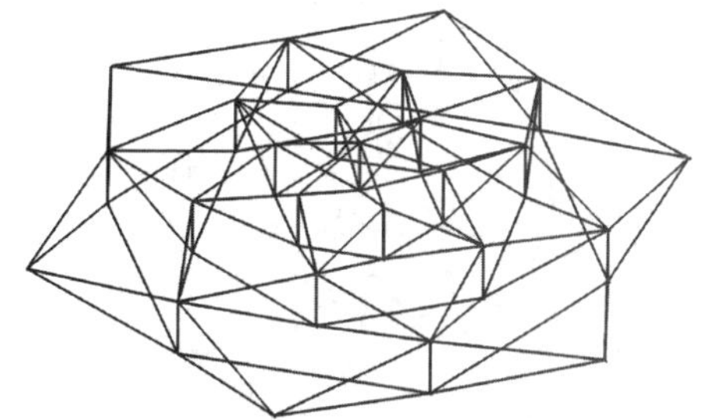
图 1-15 Levy 式索穹顶

(3) 新型索穹顶

为了解决现有索穹顶结构形式的不足，许多学者提出了新型索穹顶结构形式，然而除了以上两种结构形式，大多数还处于数值分析和试验研究阶段。陈联盟提出了 Kiewitt 式索穹顶结构并进行了理论分析和试验研究（图 1-16）。郑君华提出了矩形平面 Geiger 式索穹顶结构（图 1-17）。包红泽提出了鸟巢形索穹顶结构（图 1-18）。王振华提出了一种索穹顶与单层网壳相结合的新型空间结构形式。周家伟提出了有外环桁架的 Geiger 式索穹顶结构。罗斌等提出了三铰拉梁式索穹顶结构并进行了受力性能研究。薛素铎等提出了劲性支撑索穹顶结构。陆金钰提出了一种具有张拉整体外环的索穹顶结构并进行了抗倒塌性能研究（图 1-19）。梁昊庆提出了肋环人字形索穹顶结构并进行了理论分析和试验研究（图 1-20）。郭佳民等提出了负高斯曲面索穹顶结构，并提出了一种针对该结构体系的找形找力方法（图 1-21）。Kmet 等提出了具有主动控制功能的新型索穹顶结构并进行了试验研究。

图 1-16 Kiewitt 式索穹顶

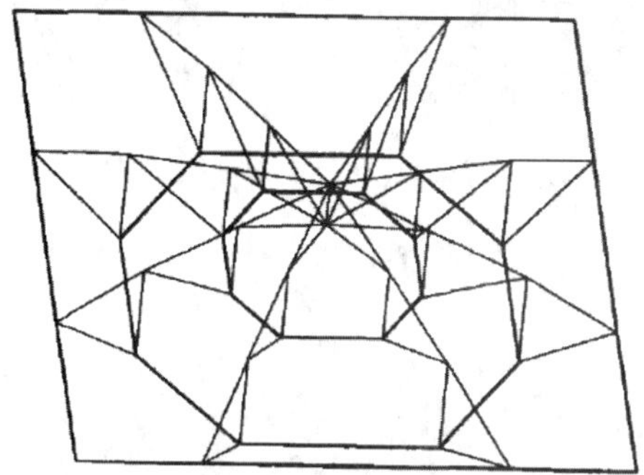
图 1-17 矩形平面 Geiger 式索穹顶

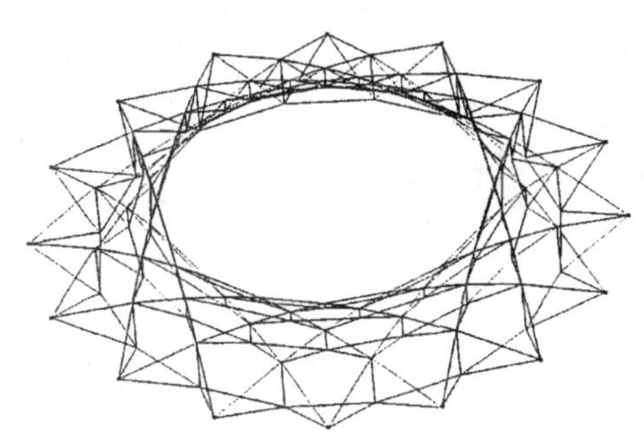
图 1-18 鸟巢形索穹顶

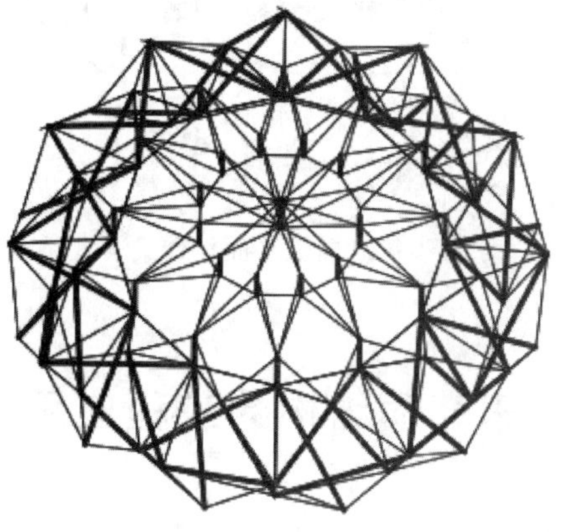
图 1-19 具有张拉整体外环的索穹顶

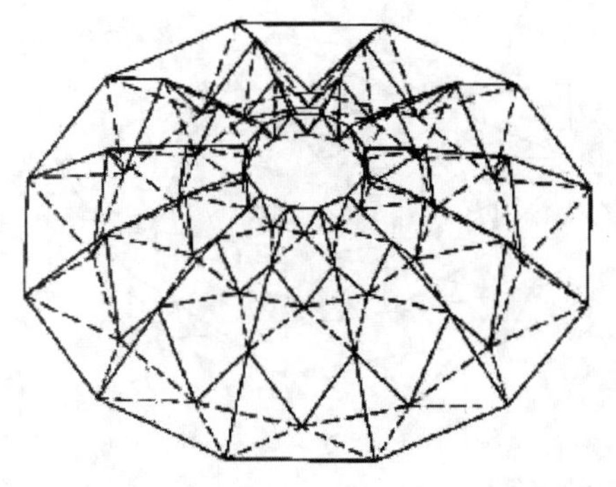

图1-20　肋环人字形索穹顶

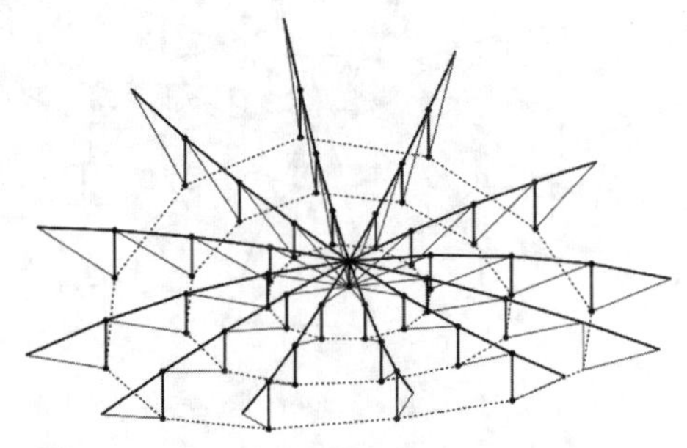

图1-21　负高斯曲面索穹顶

（4）复合式索穹顶

为解决两种经典索穹顶结构形式存在的问题，2005年，董石麟等[7]在综合考虑几何拓扑、结构构造和受力机理的基础上曾提出了两种复合式索穹顶：Geiger式与Levy式的重叠式组合（图1-22）和Kiewit式与Levy式的内外式组合（图1-23），具有网格划分均匀、刚度分布对称的优点。

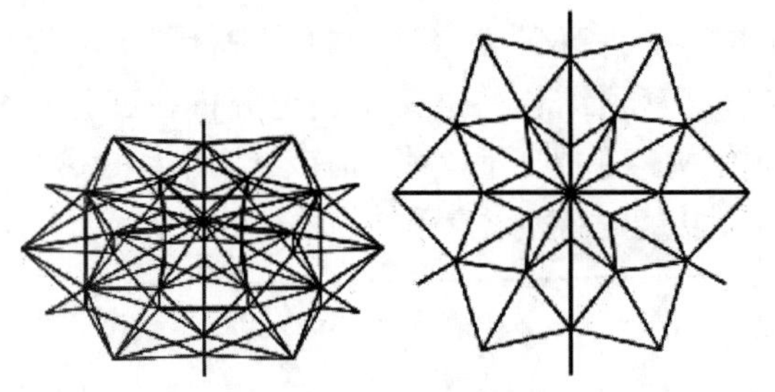

图1-22　复合式索穹顶A

图1-23　复合式索穹顶B

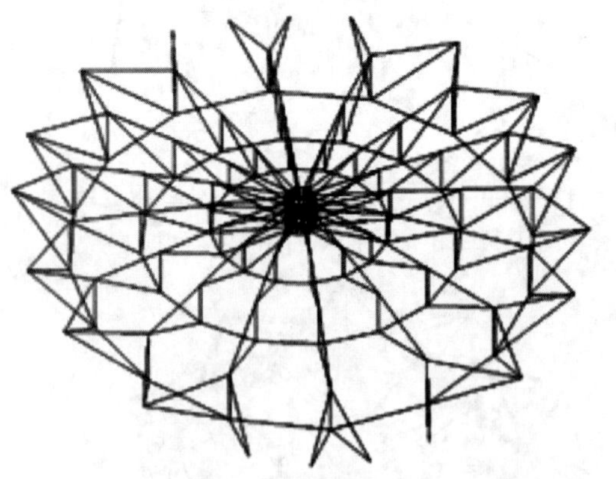

图1-24　边界不等高椭圆平面复合式索穹顶

闫翔宇等[8]为了将索穹顶结构应用于不规则边界的建筑造型中，提出了最外圈的脊索和斜索为Levy式布置而内圈采用了Geiger式布置的复合式索穹顶结构（图1-24）。这种结构布置形式保持了Geiger式索穹顶构造简洁和造价优势的同时，增强结构对不规则边界形状的适应性和结构的稳定性。这种结构体系首次应用于天津理工大学体育馆屋盖结构[9-11]。该体育馆边界平面为一长轴102m、短轴82m的椭圆形，是目前国内跨度最大的索穹顶结构。

1.3　索穹顶结构的工程应用

Geiger首先将索穹顶结构应用于汉城奥运会的体操馆和击剑馆中，两座场馆均于

1986 年建成（图 1-25 和图 1-26）[12]。此后，Geiger 将此种类型的索穹顶应用于伊利诺伊州立大学红鸟体育馆（图 1-27）和阳光海岸穹顶（Suncoast Dome）（图 1-28）等工程中。在 Geiger 去世后，这一形式的索穹顶又应用于天城穹顶（现称狩野穹顶，斋藤公男设计，建成于 1992 年，图 1-29）、台湾省桃园市体育馆（建成于 1992 年，图 1-30）和伊金霍洛旗全民健身中心（2010 年，图 1-33）等大跨度屋盖结构中。

图 1-25 汉城奥运会体操馆

图 1-26 汉城奥运会击剑馆

图 1-27 红鸟体育馆

图 1-28 阳光海岸穹顶

图 1-29 天城穹顶

图 1-30 桃园市体育馆

20 世纪 90 年代初，美国工程院院士 Mathys Levy 提出了一种由三角形单元组成的索穹顶结构。这种结构体系与 Geiger 式索穹顶相比，具有较好的整体性，也避免了 Geiger 式索穹顶中存在的稳定问题。Levy 式索穹顶结构首先应用于亚特兰大奥运会的主体育馆——佐治亚穹顶（图 1-31），其平面投影为 227m×185m 的椭圆形（现已拆除）。此后，

Levy 又将此种结构体系应用到了拉普拉塔体育场（La Plata Stadium）（图 1-32）。拉普拉塔体育场的平面是由两个等大的圆形相交而成，形状较为特殊，这也体现了 Levy 式索穹顶对不规则外形结构的适用性。

图 1-31　佐治亚穹顶

图 1-32　拉普拉塔体育场

在中国大陆建成的第一座大跨度索穹顶结构是伊金霍洛旗全民健身中心（图 1-33）[13]。该项目于 2010 年建成，平面为直径 72m 的圆形，结构形式采用 Geiger 式索穹顶。2017 年又先后建成了天津理工大学体育馆[14]和雅安天全县体育馆[15]。其中，天津理工大学体育馆屋盖（图 1-34）采用复合式索穹顶结构，长轴跨度 102m，天全县体育馆屋盖为圆形 Levy 式索穹顶，直径 77m（图 1-35）。此外还有跨度为 24m 的无锡新区科技交流中心（图 1-36）以及跨度为 36m 的太原煤炭交易中心（图 1-37），两者均采用 Geiger 式索穹顶结构。

图 1-33　伊金霍洛旗全民健身中心

图 1-34　天津理工大学体育馆

图 1-35　天全县体育馆

图 1-36 无锡新区科技交流中心

图 1-37 太原煤炭交易中心

1.4 本章小结

本章首先介绍了张拉整体结构的概念、发展和应用，然后指出 Geiger 基于张拉整体的概念发明了索穹顶结构，介绍了索穹顶结构的概念及优势，并对索穹顶结构进行分类。按照结构形式将索穹顶结构分为 Geiger 式索穹顶、Levy 式索穹顶、新型索穹顶和复合式索穹顶，并进行详细叙述，分析了各类索穹顶结构的优缺点，最后展示了部分索穹顶结构现有的工程应用，指出索穹顶结构具有广阔的应用前景。

第2章 拉索构件试验研究

2.1 引言

拉索作为索穹顶结构中的关键构件，其基本物理特性和力学特性的变化将直接影响索穹顶整体结构的正常使用功能、健康状态及寿命评估等。拉索按照用途主要可以分为建筑结构用索和桥梁用索；按照拉索内部构成要素和组成方式的不同，可以分为钢绞线、钢丝束、钢丝绳和钢拉杆等。

拉索使用过程中，由于钢丝之间的组合效应、钢丝间的摩擦咬合及钢丝的腐蚀等因素的影响，难免会发生性能退化。拉索作为轴向受拉构件，其抗弯刚度往往会被忽略或作简化处理，但是抗弯刚度对于工程服役过程中索力识别和振动控制等动力性能分析至关重要，尤其是索穹顶结构中常用到的短粗索。拉索使用过程势必会造成一定程度的松弛，拉索出现松弛后力系必定重新调整达到新的平衡，会引起杆件内力的增加或减小，进而影响到结构的安全性能。另外，拉索在使用过程中由于自然环境腐蚀等作用会造成拉索中钢丝锈蚀、钢丝截面减小，从而导致拉索承载性能及轴向刚度下降，当锈蚀发展较为严重时，甚至会导致拉索内部断丝的发生，造成拉索损伤，在高预应力作用下，索体内断丝将引起内部应力重分布甚至发生逐步断丝直至拉索整体破断，造成结构关键构件缺失并给结构带来巨大的冲击作用。因此本章通过试验的方法，针对拉索的抗弯性能、松弛性能、腐蚀性能进行研究，并提出两种有效的索力识别方法，为预应力结构设计和安全评估提供理论依据。

2.2 拉索抗弯性能试验研究

2.2.1 试验方案

弯曲试验的目的是了解拉索在弯曲过程中侧向承载和侧向变形之间的关系以及拉索弯曲过程中等效侧向刚度的变化规律。鉴于拉索的弯曲刚度在最大弯曲刚度 EI_{max} 和最小弯曲刚度 EI_{min} 之间变化，因此为更好地描述其等效侧向刚度 EI_{eff} 的变化规律，以及便于不同类型、不同尺寸拉索之间的对比，定义一个刚度系数 k，使得：

$$EI_{eff} = kEI_{min} \tag{2-1}$$

拉索弯曲试验的目的主要是得到拉索等效侧向刚度 EI_{eff} 的变化规律，以及寻找同一类钢丝之间统一的刚度系数 k 的计算取值。本试验将拉索作为圆柱钢梁试件来进行试验设计。试验采用拉索两端简支的方案，在跨中施加集中荷载，利用材料力学公式通过侧向位移反算拉索的抗弯刚度，计算模型如图 2-1 所示。

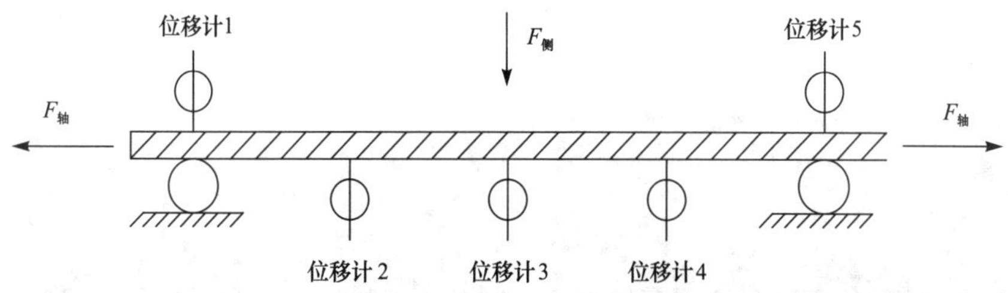

图 2-1 拉索抗弯试验力学模型

试验时，跨中使用千斤顶施加强制位移，千斤顶连有压力传感器以实时测定弯曲过程中荷载大小。试验中采用百分表测量拉索跨中和 1/4 跨处的位移，在两简支端也安置百分表测定两简支端处变位以排除支座沉降影响，试验装置如图 2-2 所示。试验中拉索长度均为 1050mm，支座之间的跨度为 816mm。试验采用的百分表量程为 50mm。

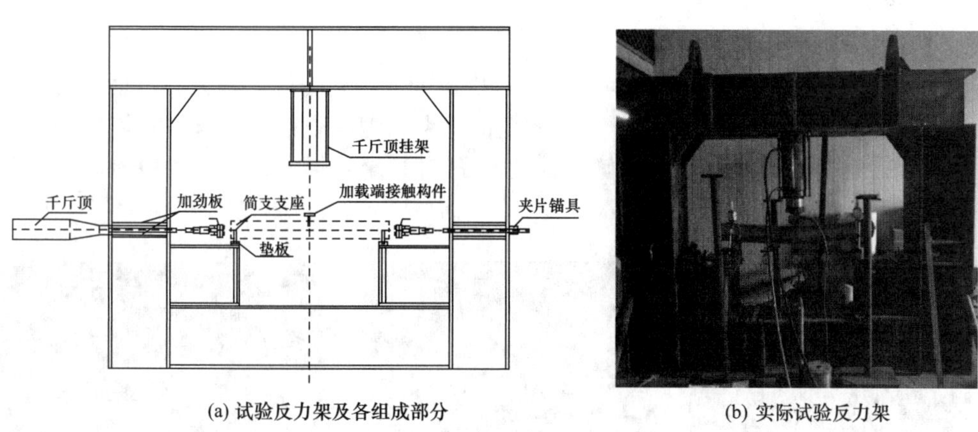

(a) 试验反力架及各组成部分　(b) 实际试验反力架

图 2-2 弯曲试验各组成部分及反力架

由于拉索的截面为圆形，试验中简支端和加载端均特别制作了相应的半圆形支托以防止加载过程中试件滚动滑脱，如图 2-3 所示。支座及加载支托依照不同的拉索尺寸规格制作，支座、垫板与底座之间均通过螺栓连接，方便依据不同尺寸规格对拉索进行更换。加载接触构件与上部加载板也通过螺栓相连以便于更换。拉索尺寸不同，其侧向承载力

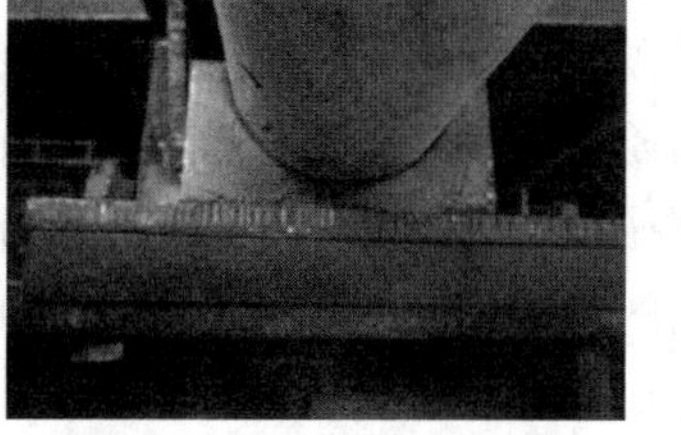

(a) 适应不同拉索尺寸的支座支托　(b) 加载接触构件

图 2-3 弯曲试验简支端及加载端措施

不同。为便于控制加载精度，对于较粗的拉索采用 10t 千斤顶在跨中加载，并配以 5t HILTI 压力传感器及显示设备用以实时记录和显示千斤顶对索体所施加的横向荷载的大小。对细索采用施加配重块的方式在跨中加载，每次使用电子秤称量施加配重块的质量，如图 2-4 所示。

(a) 利用千斤顶加载　　(b) 利用配重加载

图 2-4　弯曲试验中不同加载方式

本试验中所测拉索规格主要参考实际工程中可能使用到的拉索种类和截面尺寸。试验拉索种类主要有钢绞线（含高钒索）、半平行钢丝束和钢绞线束。为与实际使用中拉索状态保持一致，钢丝束和钢绞线束外侧均保留有 HDPE 聚乙烯护套，未予以剥除，各类别拉索截面如图 2-5 所示。

(a) 钢绞线束

(b) 半平行钢丝束

(c) 高钒索

图 2-5　试验拉索截面类型

在实际工程中拉索处于预应力工作状态，且拉索不同于其他材料，其侧向刚度由物理刚度和几何刚度组成，且预应力状态下的几何刚度远大于其自身物理刚度。大截面拉索施加预应力对于试验设备的要求较高，拉索内部各钢丝的边界条件为互相牵引握裹状态，受试验条件的限制，各类别拉索弯曲试验中索体试件长度不能过长，因此索端边界条件无法与实际拉索内部钢丝之间的约束关系相匹配。综合考虑试验条件和尽量模拟拉索实际使用工作状态，确定如下试验对比方案：

试验中拉索按照边界条件和预应力有无主要分为三组，试件条件和分组状况如表 2-1 所示。为避免试验中操作失误或者误差较大，每种拉索截面的试件数量均保证为 2 根以进行对比。

试验条件和试验分组　　表 2-1

试件规格	拉索类型	第一组 无焊接	第二组 端部焊接	第三组（预应力）			
				5t	8t	10t	15t
ϕ15.24	钢绞线	—	2	2	—	2	2
27ϕ15.24	钢绞线束	3	2	—	—	—	—
31ϕ15.24	钢绞线束	3	2	—	—	—	—
37ϕ15.24	钢绞线束	2	2	—	—	—	—
19ϕ5	半平行钢丝束	2	2	2	2	2	—
37ϕ5	半平行钢丝束	2	2	—	—	—	—
109ϕ5	半平行钢丝束	2	2	—	—	—	—
163ϕ5	半平行钢丝束	2	2	—	—	—	—
37ϕ7	半平行钢丝束	2	1	2	2	2	—
55ϕ7	半平行钢丝束	2	2	2	2	2	—
61ϕ7	半平行钢丝束	2	2	2	2	2	—
Galfanϕ38	高钒索（1×37）	2	—	—	—	—	—
Galfanϕ48	高钒索（1×91）	2	—	—	—	—	—

第一组为拉索不作任何处理，端部钢丝无防护，允许在索体弯曲时钢丝之间向外的错动。第一组试验包含所有类别和尺寸的拉索，但在实际试验中由于高钒索构件数量较少，因此在试验中对高钒索仅进行无焊接弯曲试验。

第二组试验中将拉索两端面钢丝分别焊接为一个整体，使得端部钢丝之间不允许相对错动，保证拉索弯曲过程中端部截面始终保持平截面状态。该组试验与第一组试验对比，以研究不同拉索端部边界条件对于拉索抗弯刚度的影响。实际拉索内部任一索段钢丝边界条件应是介于无焊接截面和焊接截面之间。该组试验包含所有尺寸的钢绞线和钢绞线束。

第三组为预应力拉索弯曲刚度测定，拉索试件端部焊于铰接端头并利用反力架施加预应力。采用 230kN 穿心式千斤顶进行预应力的张拉，同时有配套使用的 300kN 振弦式压力传感器用以校核所施加的预拉力大小，在试验中不断对千斤顶进行调整使得弯曲过程中保持恒定预应力水平。预应力拉索弯曲试验选择中等截面尺寸的拉索，以保证测量结果的可适用性和试验的可实现性。

拉索弯曲过程中每增加一级荷载，其弯曲变形均逐渐变化直至稳定。图 2-6 为三种试验条件下的拉索试件端部条件。图 2-7 为试验加载和测量相关仪器设备。

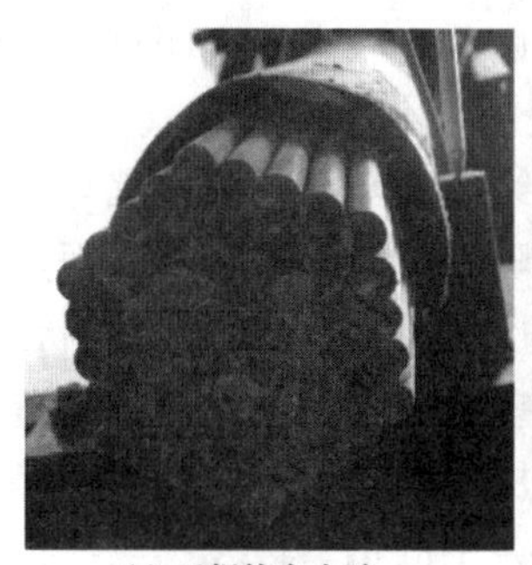
(a) 无焊接自由端

(b) 焊接端

(c) 预应力索端

图 2-6　三种试验条件下的拉索试件端部条件

(a) 百分表

(b) 50kN HILTI 压力传感器及显示设备

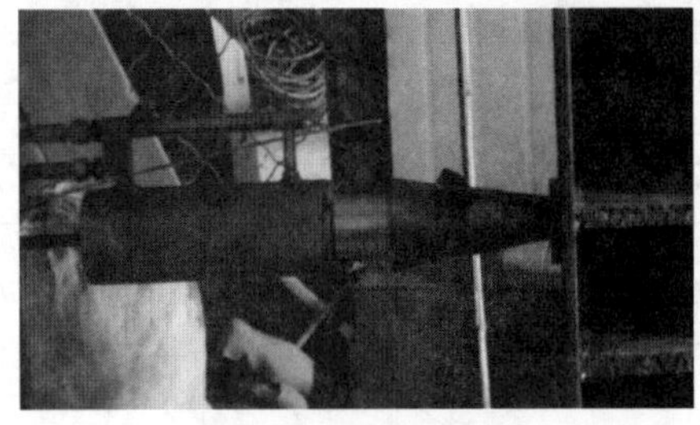

(c) 230kN穿心式千斤顶

(d) 300kN振弦式压力传感器以及红箱子

图 2-7　试验加载及测量设备

2.2.2　试验结果分析

第一组为端部无焊接的自由弯曲，侧向荷载较小时，各点百分表读数能够较快稳定。但当侧向荷载增长时，弯曲变形稳定的速率逐渐变慢。施加一定大小的侧向荷载时，拉索侧向位移一直增长至逐渐稳定。当弯曲变形较大时，拉索端部钢丝已不再处于同一平面，钢丝之间出现错动，表明钢丝内部出现相互滑移。并且在荷载增加时，端部钢丝即出现滑动现象，拉索侧向位移变化较快，随之滑移现象逐渐减缓停止，拉索侧向变形速率减慢逐渐稳定。由此可以推断，在荷载加载初期（荷载较小时），钢丝之间存在一定程度的摩擦力，阻止拉索内部钢丝错动滑移，因此侧向荷载较小时，钢丝相互之间无滑移或仅有少量滑移，再加上 PE 护套自身的侧向刚度和约束效应，侧向变形位移能够较快达到稳定。而在随后的阶段中，由侧向荷载产生的纵向剪力逐渐增加，一旦剪力超过了摩擦抗力，拉索内的钢丝滑移增大。因此在每一个加载阶段，弯曲变形都是一开始增加较快而后变形速度变缓。对于各类型的拉索，在卸载后拉索均无法完全恢复至初始平直状态，表明钢丝之间存在残余变形。

图 2-8 为各类型拉索弯曲后的端面状况，由图中可见钢绞线束和半平行钢丝束都在端截面显现出了不同程度的钢丝滑移，而且这累积的钢丝滑移会随着拉索直径的增加而愈加明显。但是高钒索弯曲时主要为协同变形模式，在索的末端的钢丝始终处于平截面状态，仅为拉索端面整体的转动。高钒索与钢丝束和钢绞线束的变形差异应与拉索不同的制造方式和钢丝绕捻方式有关，高钒索相邻层钢丝捻向相反，使得各层之间产生异向的扭转趋势从而互相抵消，整体表现为拉索的整体性更强。而半平行钢丝束中的钢丝以及钢绞线束内部的钢绞线均为同向微小角度螺旋，这样在弯曲中所有内部钢丝均朝同一方向滑动，宏观表现为试验中钢丝端部发生较大的滑移量及明显的相互错动。

(a) 钢绞线束弯曲前端面

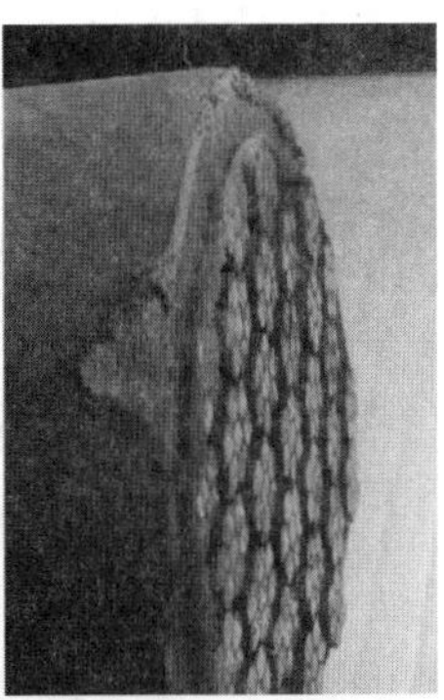

(b) 钢绞线束弯曲后端面

(c) 半平行钢丝束端面钢丝错动

(d) 高钒索弯曲

图 2-8 各类型拉索弯曲后端面变化

第二组弯曲试验中，拉索两端面的钢丝都被焊接在一起，使得拉索端部始终保持平截面状态，仅允许整体截面转动，间接增加了拉索的整体性。在受到同样大小的横向荷载时，第二组拉索相较于第一组拉索位移能够更快达到稳定。只在较大弯曲荷载和弯曲变形时，拉索需要较长的时间来达到稳定平衡状态。由此可见，拉索端部焊接主要能够限制端部附近钢丝的相互错动，而其对钢丝的这种约束效应随与端面距离的增大而减小。因此当拉索承受较大侧向荷载时，拉索内钢丝仍会产生相互滑移以适应整体的弯曲变形。但其滑动程度要比第一组的小，表现为在同样加载条件下其侧向变形较小。

第三组试验为施加预拉力之后进行侧向加载，试验中拉索预张力随着弯曲过程一直变化，因此在侧向千斤顶加载同时需不断调节张拉端千斤顶压力以维持拉索内力水平稳定。第三组拉索在每一级侧向荷载下各百分表示数均较快稳定。在拉索卸载后挠曲变形可以恢复，说明拉索弯曲过程中预应力影响占主导。

2.2.3 结构用索的有效弯曲刚度

在 Papailiou 对拉索的理论研究[16]中，拉索的有效弯曲刚度可以划分为两部分，一部分为拉索内部各钢丝或钢绞线自身的弯曲刚度之和即 $EI_{\min}$，此为拉索最基本的物理刚度；另一部分是由内部钢丝和钢绞线摩擦粘结等作用所产生的二次刚度 EI_{zus}，并给出了拉索整体的有效弯曲刚度的计算公式：

$$EI_{\text{eff}} = EI_{\min} + EI_{\text{zus}} = \sum (EI)_i + \sum \sigma_i A_i r_i \frac{1}{\kappa} \tag{2-2}$$

由式（2-2）可见，对于拉索等效侧向刚度的计算可不必详细了解钢丝之间摩擦滑移的状态，而通过内部钢丝的截面面积、钢丝内力和拉索下挠曲率近似得出。其中 σ_i、A_i 和 r_i 分别表示各钢丝的轴向应力、截面面积以及该钢丝截面中心到拉索弯曲中性轴的距离。而 κ 为拉索弯曲过程中的弯曲曲率。拉索在结构使用中及振动中所发生的侧向弯曲程度一般很小，而相应曲率半径很大。因此对于曲率半径的计算可以简化采用下式：

$$\kappa = \frac{\Delta\theta}{\Delta L} = \frac{f/(L/2)}{L/2} = \frac{4f}{L^2} \tag{2-3}$$

根据 Papailiou 的计算理论，拉索的等效弯曲刚度与拉索的轴向预应力水平呈线性增大关系，并与挠曲变形成一次倒数关系。因此基于这种变化关系可以对试验所测得的有效刚度曲线进行拟合。综合式（2-2）和式（2-3），提出如下拉索等效侧向刚度表达式：

$$EI_{\text{eff}} = \left(C_1 \frac{\sigma}{f} + C_2 \frac{1}{f} + C_3\sigma + C_4\right) EI_{\min} \tag{2-4}$$

式中，σ 为拉索平均轴向应力；C_1、C_2、C_3 及 C_4 为计算参数，通过试验曲线拟合确定。试验针对不同截面尺寸由 $\phi7$ 圆钢丝组成的半平行钢丝束均进行了不同预应力下的弯曲试验，因此试验参数拟合中只选用该类型钢丝束，拟合结果如下：

$$EI_{\text{eff}}(\phi7) = \left(0.26 \frac{\sigma}{f} + 7.83 \frac{1}{f} + 0.03\sigma + 3.56\right) EI_{\min} \tag{2-5}$$

图 2-9 为拟合结果与试验数据对比，从中可以看出，所拟合公式与试验结果相符，能够较好地描述拉索有效刚度的变化。尽管该公式及相关拟合仅基于三个预应力水平的弯曲试验，但仍能反映出拉索弯曲过程中侧向刚度的变化趋势，可用其对拉索有效刚度进行快速预测。详细的有效刚度及普适性更高的公式还需更多类型拉索及预应力水平的弯曲试验研究。

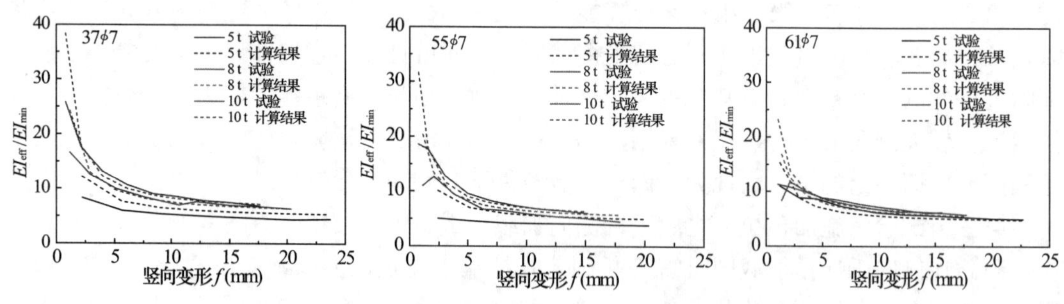

图 2-9 试验数据与拟合公式对比（$\phi7$ 半平行钢丝束）

2.3 拉索松弛性能试验研究

2.3.1 试验方案

试验中针对高强钢丝和四种索穹顶结构中常用的拉索类型开展松弛试验，四种拉索包括钢绞线、钢拉杆、半平行钢丝束和高钒索。考虑到平行钢丝束中钢丝并无绞捻，可认为其松弛性能与钢丝的松弛性能相同，故试验中并未考虑此种拉索类型。为得到半平行钢丝束和高强钢丝松弛性能之间的关系，试件中半平行钢丝束的组成钢丝直径与高强钢丝试件相同，均为常用的 5mm 钢丝，且为同一批次。试验中所用拉索的抗拉强度级别均为工程中常用的类型。索体直径考虑了试验机的尺寸规格和试验机的最大拉伸能力。试件的详细信息如表 2-2 所示。

拉索松弛试验试件详细信息　　表 2-2

拉索类型	缩写	索体直径（mm）	索体结构	截面面积（mm^2）	抗拉强度（MPa）
高强钢丝	SW	5.0	单根	19.6	1670
七丝钢绞线	SS	15.2	1×7	140.0	1860
钢拉杆	STR	25.0	单根	490.9	650
半平行钢丝束	SPWS	25.0	1×19	373.0	1670
高钒索	GSS	20.0	1×19	233.0	1670

松弛试验相关标准（《金属材料 拉伸应力松弛试验方法》GB/T 10120—2013）中对松弛试验的初始应力建议值一般取为试件极限应力的 70%，且在高强钢丝及钢绞线的标准中一般也是用 70%极限应力下的索体松弛率来衡量其松弛性能，故试验中初始应力选择 70%的极限应力作为一个应力水平。然而，在索穹顶结构或其他索结构的设计中，一般规定拉索索力的最大值不应大于其极限强度的 40%～55%，故试验中同样选取了 55%和 40%作为初始应力的另外两个水平。同时，考虑到结构中拉索在服役过程中会经受不同的环境温度作用，故环境温度也作为试验变量予以考虑。标准中，对于松弛试验的温度要求为 20±2℃，结合实际结构中拉索一般处于室内环境和松弛试验室中，考虑空调和暖气的极限调节能力，另外两个温度点选取了 15±2℃和 25±2℃。松弛试验的详细方案信息见表 2-3。

拉索松弛试验方案详细信息　　表 2-3

拉索类型	试件编号	环境温度（℃）	初始应力/抗拉强度（%）	初始力（kN）	试验时间（h）
高强钢丝	SW-70-20	20±2	70	22.95	120/60
	SW-55-20	20±2	55	18.03	120/60
	SW-40-20	20±2	40	13.12	120/60
	SW-55-15	15±2	55	18.03	120/60
	SW-55-25	25±2	55	18.03	120/60
七丝钢绞线	SS-70-20	20±2	70	182.28	120/60
	SS-55-20	20±2	55	143.22	120/60
	SS-40-20	20±2	40	104.16	120/60
钢拉杆	STR-70-20	20±2	70	223.36	120/60
	STR-55-20	20±2	55	175.50	120/60
	STR-40-20	20±2	40	127.63	120/60

续表

拉索类型	试件编号	环境温度（℃）	初始应力/抗拉强度（%）	初始力（kN）	试验时间（h）
半平行钢丝束	SPWS-70-20	20±2	70	436.04	120/60
	SPWS-55-20	20±2	55	342.60	120/60
	SPWS-40-20	20±2	40	249.17	120/60
高钒索	GSS-55-20	20±2	55	214.01	120/60
	GSS-40-20	20±2	40	155.64	120/60
	GSS-55-15	15±2	55	214.01	120/60
	GSS-55-25	25±2	55	214.01	120/60

试验中，每个类型的试件都进行了两次试验，其中一个试件进行120h松弛试验，另一个进行60h的松弛试验，一方面对试验结果进行验证，另一方面辅助试件进行60h也可以节约整体试验时间。因此，共计有36根试件。为了更好地区分试件和清楚表达，制定了一个专门的命名规则：TYPE _ # _ *，其中TYPE代表了试件类型，使用试件类型的缩写（表2-2）；#代表初始应力水平，单位为“%”，表示初始应力为极限应力的“#”%；*代表环境温度，单位为“℃”。例如SW-70-20表示，初始应力为极限应力的70%，环境温度为20±2℃的高强钢丝试件。为了区分同一类型的两个试件，在上述命名规则的后边加上后缀，进行120h的试件命名为TYPE _ # _ *a，相应的进行60h的试件命名为TYPE _ # _ *b。

试验采用了天津大学建筑工程学院的WSC-500型微机控制拉伸应力松弛试验机（图2-10），其有效负荷测量范围为10～500kN。为了有效地控制环境温度，松弛试验机放置在一个10m^{2}左右的专用试验室中，试验室安置了暖气和空调用于调整环境温度。

试验前，先将试验室温度调整到试件对应的温度水平，并将测试试件放置在试验室中保持24h。试验过程中，高精度温度传感器（图2-11，图2-12）会对环境温度进行测量并将数据传输至计算机控制系统，如果环境温度超过设定的温度波动限值，计算机软件将自动发出警报。试件的轴向变形由位于测试区段两侧的两个千分表测量（图2-13），其测量精度为0.001mm。试验过程中，松弛试验机的控制系统通过控制加载力来保持轴向变形不变。对试件在加载和卸载过程中的弹性模量均进行了测量和记录。

图2-10　应力松弛试验机

图2-11　温度传感器

图 2-12 温度传感器触头

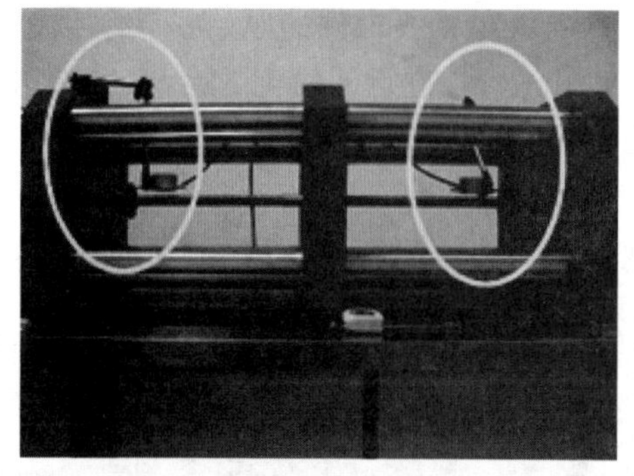

图 2-13 变形测量系统

2.3.2 试验结果分析

在试验过程中拉索和锚具之间并未发生滑移，锚固可靠牢固，所有试件在加载过程中均比较平稳，无异常现象。在应变恒定松弛试验的阶段，试件内力随着时间的增长均出现了下降，且下降速率随时间增长逐渐变缓。同时，拉索的松弛对环境温度的变化也比较敏感，在试验室中温度虽然在允许范围内波动，但试件的松弛率会受到温度波动的影响。

如上文所述，在试验中，对松弛试验试件在加载和卸载过程中的弹性模量均进行了测量和计算。除了高钒索之外，其他拉索试件加载过程和卸载过程的弹性模量基本相同，高钒索的卸载弹性模量稍稍高于加载弹性模量。应力状态和应力松弛过程对高强钢丝、钢绞线和半平行钢丝束拉索的弹性模量变化影响甚小，表 2-4 给出了不同类型拉索弹性模量的建议值。

不同类型拉索弹性模量建议值 **表 2-4**

拉索类型	高强钢丝	七丝钢绞线	钢拉杆	半平行钢丝束	高钒索
E(MPa)	190800	191000	200800	190200	162200

由表 2-4 可以看出，钢拉杆的弹性模量最高，因为钢拉杆索体与钢棒类似。高强钢丝、钢绞线和半平行钢丝束拉索的弹性模量水平一致，高钒索的弹性模量最低。不同类型试件弹性模量不同主要是由于不同拉索的内部钢丝构造不同造成的。半平行钢丝束拉索钢丝排列紧密且同向绞捻角度较小，因此其弹性模量与组成钢丝的弹性模量基本相同。高钒索拉索相邻层的钢丝捻向相异，且其绞捻角度较大，因此在相同的轴向荷载作用下，由于螺旋钢丝之间的相互作用和互相调整使得拉索整体索体伸长量增大，从而使得其弹性模量降低。高钒索由于其良好的耐腐蚀性能目前已经广泛应用在各索穹顶结构中，其低弹性模量的特性需在设计中予以注意。

拉索的应力松弛性能一般以松弛率作为指标来进行衡量，松弛率的定义和计算公式如下：

$$R(t)=\sigma_1/\sigma_0\times 100\% \tag{2-6}$$

式中，$R(t)$为 t 时刻拉索的松弛率（%）；σ_0 为初始应力；σ_1 为 t 时刻因应力松弛减小的应力。

图 2-14 给出了试件的原始松弛率数据和相应的环境温度变化情况。如前文所述，每个类型的试件均进行了两次试验，一次为 120h，一次为 60h，两次试验的数据结果均比较吻合，因此图中只给出了 120h 试验试件的试验数据。

在恒定应变和普通的建筑工程环境温度下，经历足够长时间的拉索松弛试件，其典型松弛率-时间曲线一般表现出两个明显的阶段，一个是发生在初始几个小时内的第一松弛

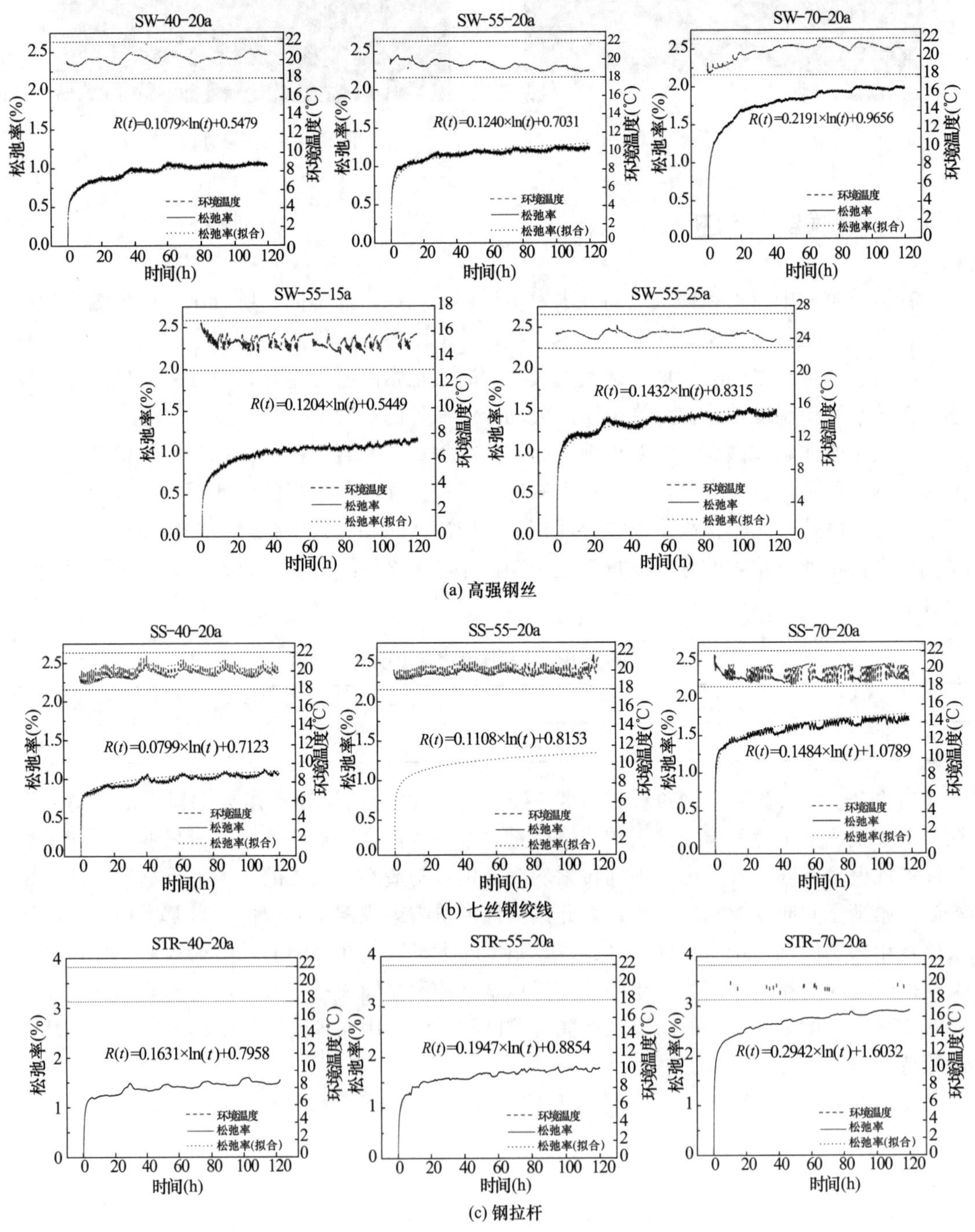

(a) 高强钢丝

(b) 七丝钢绞线

(c) 钢拉杆

图 2-14　120h 松弛试验结果（一）

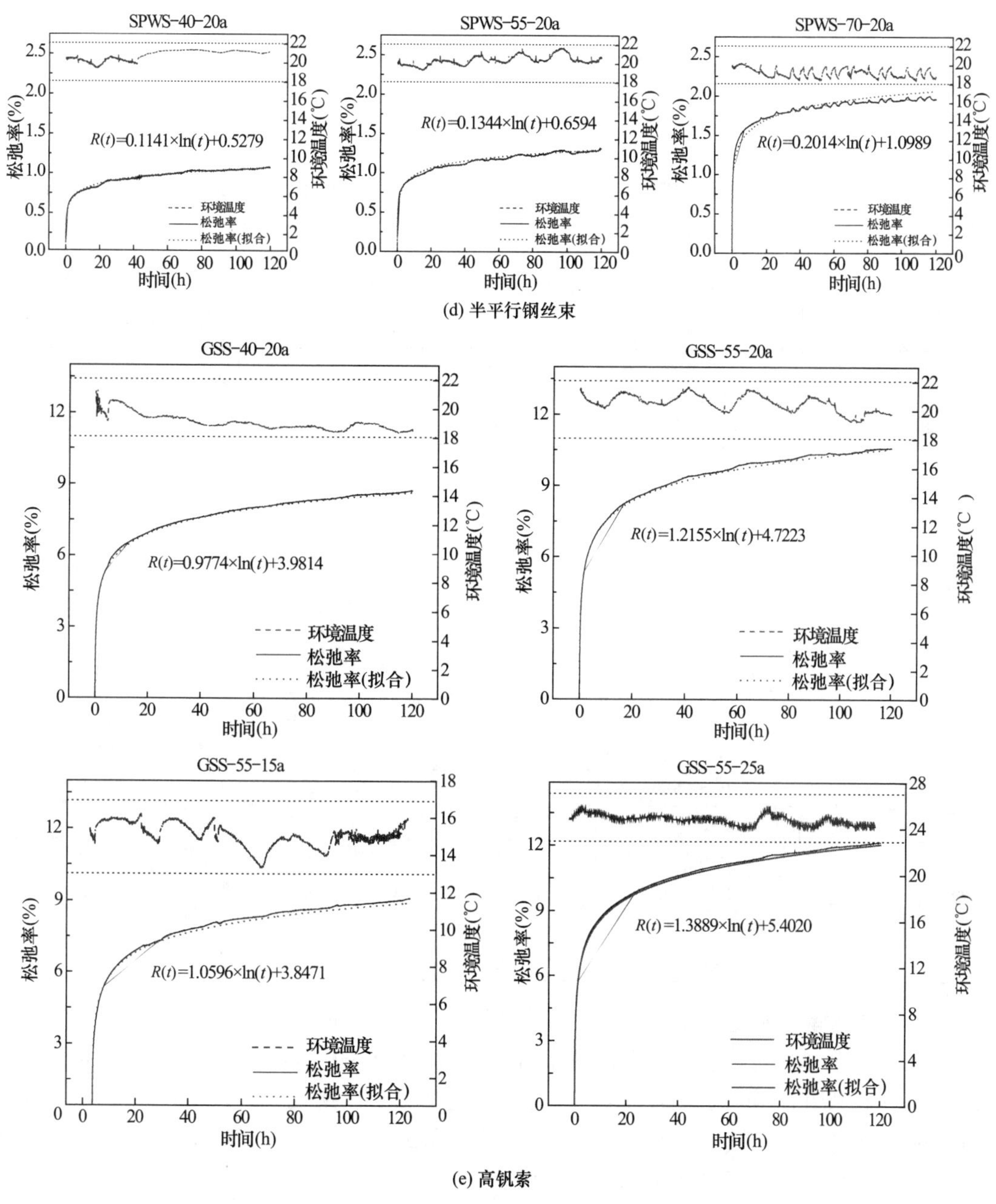

图 2-14 120h 松弛试验结果（二）

阶段（又称为瞬时松弛阶段），另一个是之后基本上以稳定速率长期发展的第二松弛阶段（又称为稳定松弛阶段）。所有试件的松弛率均和环境温度的变化密切相关，由图 2-14 中各松弛率发展曲线可以看出，在第二松弛阶段，松弛率-时间曲线上的波动与环境温度-时间曲线上的波动完全吻合。而高钒索由于松弛率较大，故其松弛率曲线的波动不大。所有试件的应力松弛发展水平均和其初始应力水平直接相关，对于同种拉索，初始应力水平越高，相同时间下的松弛率越大。SW-70-20 试件和高钒索试件的第一松弛阶段时间相对较长，且从第一阶段到第二阶段的过渡也更为平缓，而其他试件从瞬时松弛到稳定松弛之间的过渡则较为迅速。

拉索的应力松弛率和时间之间的关系一般采用式（2-7）所示的对数函数来表达：

$$R(t) = A \times \ln(t) + B \tag{2-7}$$

式中，R（t）为 t 时刻拉索的松弛率；t 为受荷时间，以小时计，$0<t\leqslant1000$；A、B 均为系数。根据原始试验数据拟合可以得到各个试件的拟合曲线和相应的表达式，相应的拟合曲线在图 2-14 中以点虚线显示，相应表达式也在图中给出，各试件的常数统计见表 2-5。

所有试件松弛率拟合曲线常数及 120h 松弛率统计　　表 2-5

拉索类型	试件编号	A	B	120h 松弛率（%）
高强钢丝	SW-70-20	0.2191	0.9656	2.0145
	SW-55-20	0.1240	0.7031	1.2967
	SW-40-20	0.1079	0.5479	1.0645
	SW-55-15	0.1204	0.5449	1.1213
	SW-55-25	0.1432	0.8315	1.5171
七丝钢绞线	SS-70-20	0.1484	1.0789	1.7894
	SS-55-20	0.1108	0.8153	1.3458
	SS-40-20	0.0799	0.7123	1.0948
钢拉杆	STR-70-20	0.2942	1.6032	3.0117
	STR-55-20	0.1947	0.8854	1.8175
	STR-40-20	0.1631	0.7958	1.5766
半平行钢丝束	SPWS-70-20	0.2014	1.0989	2.0631
	SPWS-55-20	0.1344	0.6594	1.3028
	SPWS-40-20	0.1141	0.5279	1.0742
高钒索	GSS-55-20	1.2155	4.7223	10.5415
	GSS-40-20	0.9774	3.9814	8.6607
	GSS-55-15	1.0596	3.8471	8.9199
	GSS-55-25	1.3889	5.4020	12.0513

由拟合曲线和原始数据的对比可见，采用式（2-7）所示的对数函数来进行拟合效果非常好，此对数函数可以很好地预测拉索试件随时间增长的松弛率发展。同时，表 2-5 中给出了各个试件在 120h 的松弛率值，可见高强钢丝、七丝钢绞线、钢拉杆和半平行钢丝束的松弛率值均小于 3%，而高钒索松弛率较大，最大的可达 12%，其高松弛率与其自身采用的钢丝材料和组成钢丝较大的绞捻角度有关。

为了更好地体现应力水平和环境温度对同种拉索松弛性能的影响，将同种拉索在不同试验条件下的多个松弛拟合曲线放置在同一图中进行对比分析，如图 2-15 所示。

当拉索所受初始应力水平较低时，拉索也会较快地进入到稳定松弛阶段，而应力水平较高时，试件的松弛率发展较快，但是到达稳定松弛阶段所用的时间变长。另外，进入稳定松弛阶段后，高应力水平下试件的松弛增长率略大于低应力水平下的松弛增长率。以高强钢丝为例，SW-55-15、SW-55-20 和 SW-55-25 三个试件，随着环境温度的升高，其松弛率也逐渐递增，但是这三个试件的松弛率发展模式基本相同，即它们具有相同的从第一松弛阶段到第二松弛阶段的转变速率，在稳定松弛阶段的松弛增长率也基本相同。而与 SW-55-20 相比，SW-70-20 试件第二松弛阶段的松弛增长率较大，而 SW-40-20 试件第二

松弛阶段的松弛增长率较小。

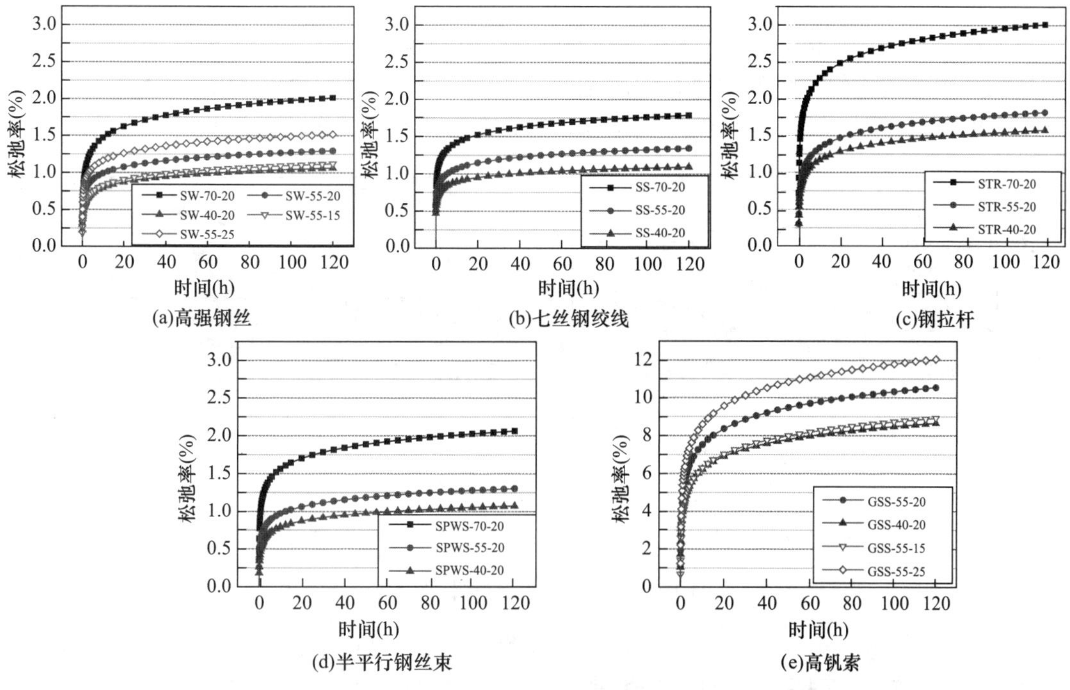

图 2-15 同类型拉索试件不同试验条件下松弛曲线对比

图 2-16 给出了相同试验条件下不同拉索类型的松弛曲线对比。结果显示，七丝钢绞线在第一松弛阶段松弛率增长较快，在接下来的第二松弛阶段中增速较慢。而钢拉杆在两个阶段中都具有更高的增长速度。高强钢丝和半平行钢丝束的松弛发展程度基本相同，主要的松弛均发生在第一阶段，应力松弛在第二阶段以很小的增长速率平稳发展。稳定松弛阶段的松弛率增长速度从大到小排列如下：高钒索（GSS）、钢拉杆（STR）、高强钢丝（SW）、半平行钢丝束（SPWS）和七丝钢绞线（SS）。

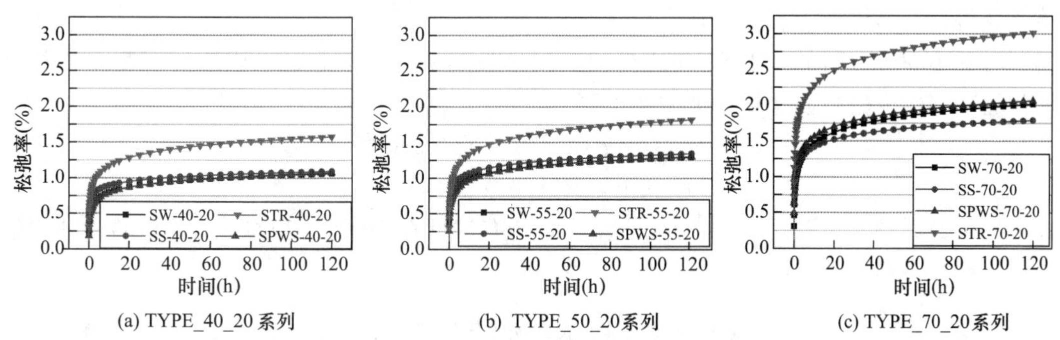

图 2-16 相同试验条件下不同拉索类型松弛曲线对比

图 2-17 给出了不同试验条件下拉索试件 120h 松弛率的对比，包括不同初始应力水平下的对比和不同环境温度下的对比。结果显示，松弛率随初始应力水平的提高并非呈线性增长。从图 2-17(a)可以看出，当初始应力水平从 40%增长到 55%时，高强钢丝、钢绞线、钢拉杆和半平行钢丝束都有相同程度的松弛率增长；但是当初始应力水平从 55%增长

到 70％时，松弛率的增长程度均比前述区间有所增加，说明在初始应力水平较高的情况下，松弛率的发展对应力变化更为敏感。同时，随着应力水平的增长，钢拉杆的松弛率增加最为明显，其后依次为半平行钢丝束、高强钢丝和七丝钢绞线。松弛率随环境温度的变化曲线基本呈现近似线性的规律，然而这种发展规律仅限在 15～25℃的温度范围内。由于试验温度范围有限，更一般性的环境温度影响模式需要更多的试验数据和进一步的研究。

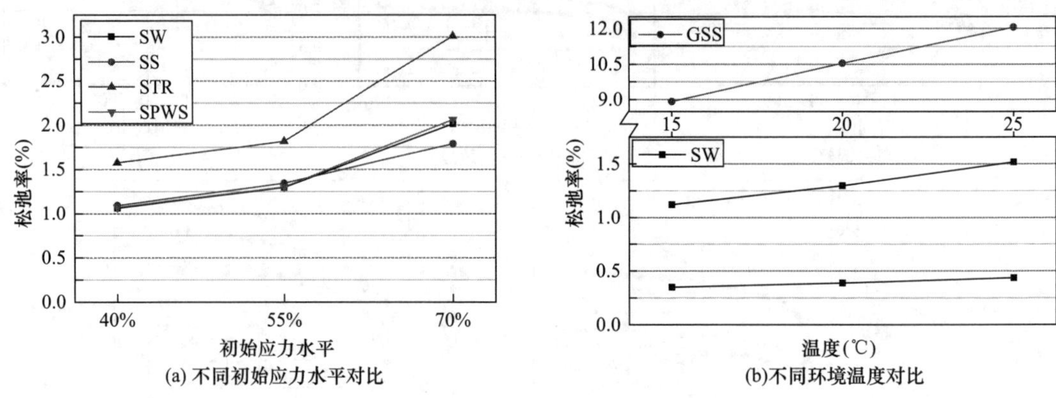

图 2-17 不同试验条件下拉索试件 120h 松弛率对比

2.3.3 结构用索长期松弛值推算

已有的拉索松弛试验主要为短期应力松弛试验，因为长期松弛试验需要有持续的电力供应、长期稳定的温度控制等，这些条件在实际操作中均有较大的困难。因而松弛试验一般进行 100h 或 120h，1000h 或更长时间的应力松弛发展一般通过短期松弛试验数据进行推算。在本章的研究中，所有的松弛测试（TYPE _ # _ * a 系列）都进行了 120h，根据标准 ASTM-E328 和 ENISO-15630-1，试件 1000h 的松弛率可以由图 2-14 中给出的对数拟合曲线来进行计算。根据 2.3.2 节中得到的结果，所有试件的 1000h 松弛率均可以通过简单计算得到，结果列于表 2-6 中。

对于 1000h 以后的（如 50 年或更长时间）长期松弛率推算，采用欧洲混凝土委员会推荐的国际预应力协会样板规范中的推算方法：

$$R(t)=R(1000)\times(t/1000)^{K} \tag{2-8}$$

$$K\approx\log[R(1000)/R(100)] \tag{2-9}$$

式中，K 是系数，可采用式（2-9）计算。对所有试件在 10 年、30 年和 50 年的松弛率值进行了计算，列于表 2-6 中。

所有试件的长期松弛率推算统计 **表 2-6**

试件编号	100h 松弛率（％）	1000h 松弛率（％）	K	10 年松弛率（％）	30 年松弛率（％）	50 年松弛率（％）
SW-70-20	1.9746	2.4791	0.0988	3.8569	4.2992	4.5218
SW-55-20	1.2741	1.5597	0.0878	2.3100	2.5439	2.6606
SW-40-20	1.0448	1.2932	0.0926	1.9573	2.1670	2.2720

续表

试件编号	100h 松弛率（%）	1000h 松弛率（%）	K	10 年松弛率（%）	30 年松弛率（%）	50 年松弛率（%）
SW-55-15	1.0994	1.3766	0.0977	2.1307	2.3720	2.4934
SW-55-25	1.4910	1.8207	0.0868	2.6840	2.9525	3.0863
SS-70-20	1.7623	2.1040	0.0770	2.9686	3.2306	3.3601
SS-55-20	1.3256	1.5807	0.0764	2.2251	2.4200	2.5164
SS-40-20	1.0803	1.2642	0.0683	1.7159	1.8496	1.9153
STR-70-20	2.9580	3.6355	0.0896	5.4265	5.9876	6.2678
STR-55-20	1.7820	2.2303	0.0975	3.4489	3.8387	4.0346
STR-40-20	1.5469	1.9225	0.0944	2.9323	3.2528	3.4134
SPWS-70-20	2.0264	2.4901	0.0895	3.7160	4.1000	4.2917
SPWS-55-20	1.2783	1.5878	0.0942	2.4193	2.6829	2.8151
SPWS-40-20	1.0533	1.3161	0.0967	2.0283	2.2557	2.3699
GSS-55-20	10.320	13.119	0.1042	20.909	23.445	24.727
GSS-40-20	8.4825	10.733	0.1022	16.953	18.967	19.984
GSS-55-15	8.7267	11.167	0.1071	18.026	20.276	21.416
GSS-55-25	11.798	14.996	0.1042	23.896	26.793	28.258

在实际结构中，拉索的内力和所处的环境温度是不断变化的，因此实际结构中拉索的精确松弛率是难以获得的。然而，考虑到在实际结构中，拉索的索力设计值一般不超过其极限强度的 55%，且拉索在服役过程中一般都处于室内环境，因此初始应力水平为 55% 的极限应力，且环境温度为 20±2℃的拉索试件的松弛性能可以作为工程设计的重要参考。对于高强钢丝、七丝钢绞线和半平行钢丝束拉索，其长期松弛率均在 3%以下，50 年松弛率的建议值分别为 2.661%(SW)、2.516%(SS)和 2.815%(SPWS)。钢拉杆的松弛率稍大，其 50 年松弛率的建议值为 4.035%。高钒索的松弛率相当大，其 50 年后因松弛造成的应力损失甚至可能达到初始应力的将近四分之一（24.727%），作为张弦结构的核心受力构件，松弛造成的应力损失会对结构的安全产生重要的影响，应该在张弦结构的设计中加以特别注意。

2.4 拉索腐蚀性能试验研究

2.4.1 试验方案

2.4.1.1 试件信息

针对镀锌高强钢丝、钢绞线、半平行钢丝束、钢拉杆等建筑结构中常用的拉索形式开展拉索耐腐蚀性能研究。综合考虑盐雾试验箱大小、拉伸试验机条件等因素，四种索材的规格及试件尺寸如表 2-7 所示。

腐蚀试验拉索规格及试件尺寸　　表 2-7

序号	拉索种类	拉索规格（mm）	强度等级（MPa）	索材根数	每根长度（m）	总长度（m）
1	镀锌高强钢丝	ϕ5	1670	22	0.5	11
2	钢绞线（无镀层）	ϕ1×7(15.24)	1860	18	0.5	9.0
3	半平行钢丝束	ϕ5×19(25)	1670	15	0.5	7.5
4	合金钢拉杆	ϕ25	650	14	0.4	5.6

注：其中镀锌高强钢丝和半平行钢丝束采用的高强钢丝为同一批次。

2.4.1.2　盐雾腐蚀试验方案

试验依据《人造气氛腐蚀试验 盐雾试验》GB/T 10125—2012 的规定进行；由于试件呈棒状且长度较长，故试件平放于盐雾箱内支架上，试件不可接触箱体或相互接触；试验采用连续喷雾的方式进行，根据不同拉索试件试验现象的不同，选择每隔 24h、48h 或 96h 开箱检查，但在检查过程中不能破坏试样表面，并尽量避免试样的挪动、减少开箱检查的时间。

试验时采用中性盐雾试验（NSS 试验）或铜加速乙酸盐雾试验（CASS 试验）的方法，配制氯化钠溶液时采用化学纯试剂和去离子水，配制成浓度为 50±5g/L、收集液 pH 值在 6.5～7.2 之间的溶液，CASS 试验则在配置好的氯化钠溶液中用乙酸调节 pH 值至 3.0～3.1 并加入氯化铜，并以高精度 pH 计进行日常检测。

采用清洁的软刷，用清水将试件彻底清洗干净并干燥。用保鲜膜仔细包裹住试件的两端，并用石蜡密封，留下中间约 300mm 作为研究对象。试件处理完后称重并记录试验前的重量。试验后试件处理按两个步骤进行：

（1）试验结束后即取出试样，并在清洗前放在室内使其自然干燥 0.5～1h 以减少腐蚀产物的脱落，清洗时用清洁流动水轻轻除去试样表面残留的盐雾溶液，接着立即干燥后称重并记录试验后试件的外观。

（2）用刀片轻轻刮下锈蚀产物，并用去离子水洗净干燥后备用，然后用 50%（体积分数）的盐酸溶液（ρ_{20}=1.18g/mL），其中加入 3.5g/L 的六次甲基四胺缓蚀剂，浸泡试件彻底清除锈蚀产物，接着用去离子水洗净，并立即干燥后称重、记录试件的重量及外观。

2.4.1.3　单向拉伸试验

依据《金属材料 拉伸试验 第 1 部分：室温试验方法》GB/T 228.1—2010、《高强度低松弛预应力热镀锌钢绞线》YB/T 152—1999 及《预应力混凝土用钢绞线》GB/T 5224—2014，对完成锈蚀试验的高强镀锌钢丝及钢绞线进行单向拉伸试验，获得其弹性模量、屈服强度、极限强度、伸长率等力学性能参数，并与未进行锈蚀的构件进行对比，分析锈蚀对高强镀锌钢丝及钢绞线力学性能的影响。

采用量程为 300kN 的 DDL300 型电子拉压试验机（图 2-18）和标距为 50mm 的引伸计对盐雾试验后除锈的高强镀锌钢丝进行单向拉伸试验；采用量程为 1000kN 的 WEW-1000 微机自动测量及数据处理液压万能试验机（图 2-19）对盐雾试验后除锈的钢绞线进行单向拉伸试验；试验过程中荷载、位移等数据通过与拉伸试验机配套的软件进行收集，并通过数据处理，得到相应的力学性能参数。

图 2-18 DDL300 型电子拉压试验机

图 2-19 WEW-1000 型液压万能试验机

2.4.2 盐雾环境下拉索腐蚀速度

采用失重法对拉索腐蚀速度进行衡量，由于钢绞线、半平行钢丝束的表面积不便测量或计算，因此对于同一种拉索的腐蚀速度，采用每延米平均质量的损失来反映拉索随试验进行腐蚀速度的快慢。其计算公式为：

$$v=\frac{(m_1-m_2)/l}{t} \tag{2-10}$$

式中，v 为腐蚀速度[g/(m·h)]；m_1 为腐蚀前试件的质量（g）；m_2 为腐蚀后试件的质量（g）；l 为试件腐蚀长度（m）；t 为试件腐蚀时间（h）。同时，计算因腐蚀产生的质量损失占试件总质量的百分比，来评价腐蚀对试件质量的影响，其计算公式为：

$$F=\frac{(m_1-m_2)}{m_1}\times 100 \tag{2-11}$$

式中，F 为质量损失百分比（%）。

2.4.2.1 高强镀锌钢丝腐蚀速度（CASS 试验）

利用钢丝球将腐蚀钢丝表面的脆性腐蚀产物去除后，用加入缓蚀剂的盐酸溶液对钢丝进行除锈并用清水洗净干燥。图 2-20 是酸洗后钢丝外观图，腐蚀 192h 时，钢丝表面腐蚀

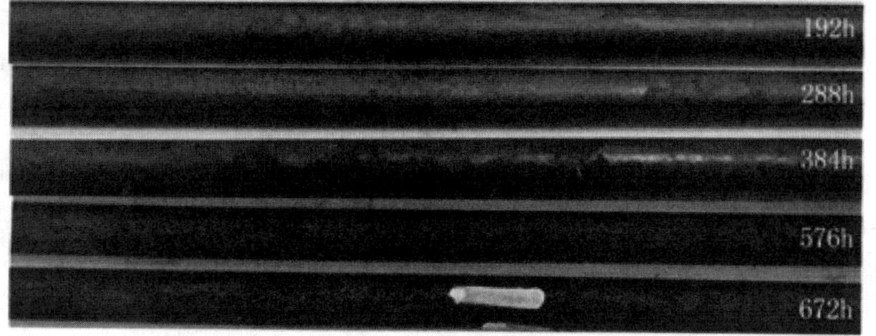

图 2-20 去除腐蚀产物后高强镀锌钢丝外观图

程度较低，无明显变化；当腐蚀时间达 288h 后，可见钢丝基质已经开始发生腐蚀，有较大蚀坑；当腐蚀时间达 384h，钢丝内芯开始腐蚀，随着腐蚀时间的延长，点蚀现象越来越明显。腐蚀 672h 后，钢丝表面有明显的蚀坑分布。记录酸洗干燥后钢丝的质量，并计算质量损失和腐蚀速度，如表 2-8 所示。

镀锌钢丝腐蚀质量损失　表 2-8

批次	腐蚀时间 (h)	编号	腐蚀长度 (mm)	初始质量 (g)	腐蚀后质量 (g)	质量损失 (g)	腐蚀速度 [g/(m·h)]	腐蚀量百分比 (%)
1	672	GS-1	298	78.35	76.74	1.61	0.0080	3.57
	672	GS-2	300	81.04	79.14	1.90	0.0094	4.19
2	576	GS-3	298	79.6	78.48	1.12	0.0065	2.45
	576	GS-4	298	80.24	79.1	1.14	0.0066	2.53
3	480	GS-5	293	81.57	80.54	1.03	0.0073	2.31
	480	GS-6	300	80.37	79.29	1.08	0.0075	2.37
4	384	GS-7	292	80.87	80.06	0.81	0.0072	1.82
	384	GS-8	295	79.78	78.92	0.86	0.0076	1.92
5	288	GS-9	285	79.23	78.76	0.47	0.0057	1.09
	288	GS-10	290	79.94	79.42	0.52	0.0062	1.18
6	192	GS-11	292	78.26	77.94	0.32	0.0057	0.72
	192	GS-12	294	79.76	79.39	0.37	0.0065	0.81
7	96	GS-13	295	77.75	77.6	0.15	0.0053	0.34
	96	GS-14	298	78.33	78.2	0.13	0.0045	0.29

由表 2-8 中数据可知，在腐蚀试验的前、中期，钢丝腐蚀的速度有缓慢增长的趋势，但在试验进行了 576h 后腐蚀速度降低。分析其原因，当钢丝内芯逐渐发生腐蚀后，腐蚀产物集聚在钢丝表面形成一层薄膜，一定程度上对钢丝内芯形成保护。

2.4.2.2　钢绞线腐蚀速度（NSS 试验）

首先利用钢丝球擦除钢绞线表面的腐蚀产物，腐蚀产物主要是 $Fe(OH)_3$、Fe_2O_3 等脆性产物，在擦拭时可轻易被除去。然后利用加入缓蚀剂的盐酸溶液进一步去除钢绞线表面的腐蚀产物，清洗后干燥，如图 2-21 所示。由图 2-21 可见，钢丝表面形成明显的蚀坑，这是由于盐雾溶液在钢丝表面的聚集使其腐蚀而形成，而受盐雾溶液凝聚的影响，蚀坑在试件表面的分布并不十分均匀。随着腐蚀时间的增加，蚀坑分布面积增加，同时腐蚀深度也逐渐加深。记录清洗干燥后钢绞线的质量，并计算质量损失及腐蚀速度等，如表 2-9 所示。

从表 2-9 中的数据可以看出，随着腐蚀时间的增加，钢绞线质量变化逐渐增大，这与腐蚀程度逐渐加深相吻合。但由于腐蚀产物在钢绞线表面的堆积会一定程度上阻碍盐雾溶液与 Fe 单质的接触及发生反应，因而试验初期钢绞线的腐蚀速度呈下降趋势。但随着试验的进行，脆性腐蚀产物积累到一定量后易发生脱落，同时不受盐雾直接沉降的试件背面腐蚀程度也逐渐加深，因而在进行 192h 后钢绞线腐蚀速度呈现增大趋势。

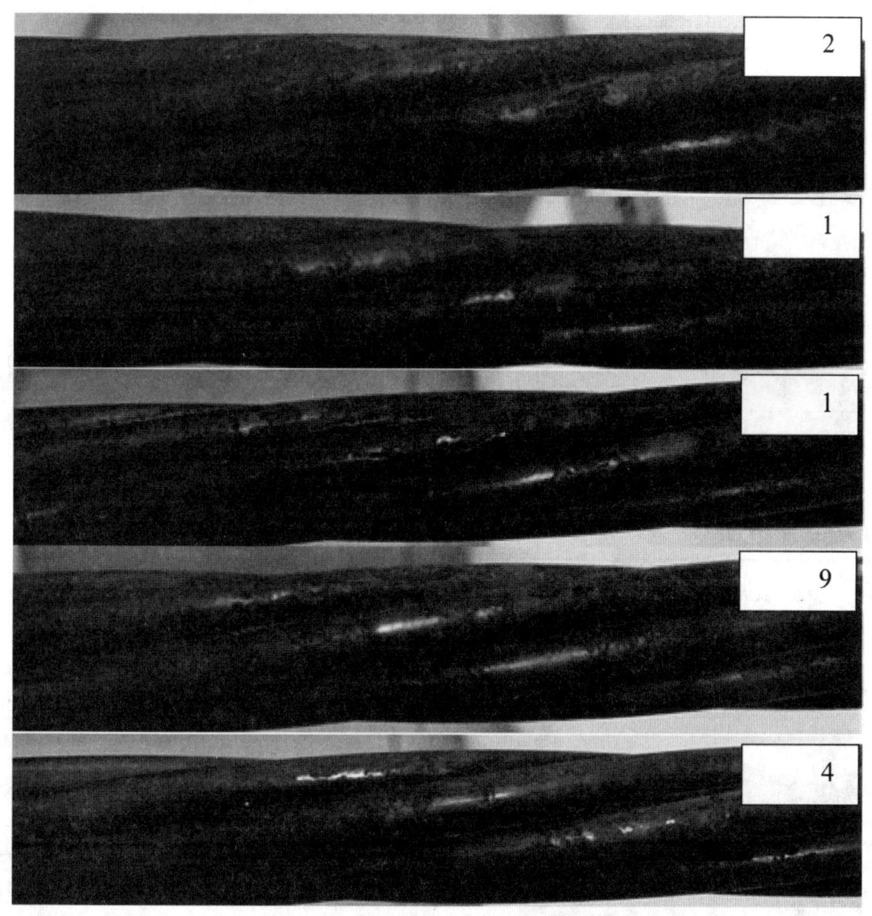

图 2-21 清除腐蚀产物后钢绞线外观图

钢绞线腐蚀质量损失 表 2-9

批次	腐蚀时间(h)	编号	腐蚀长度(mm)	初始质量(g)	腐蚀后质量(g)	质量损失(g)	腐蚀速度[g/(m·h)]	腐蚀量百分比(%)
1	240	GJX-1	300	554.6	551	3.6	0.050	1.0
	240	GJX-2	299	566.8	563	3.8	0.053	1.1
2	192	GJX-3	297	557.1	554.8	2.3	0.040	0.7
	192	GJX-4	298.5	556	553.3	2.7	0.047	0.8
3	144	GJX-5	301	555.7	553.4	2.3	0.053	0.7
	144	GJX-6	294	558.8	556.5	2.3	0.054	0.7
4	96	GJX-7	298	555.9	554	1.9	0.066	0.6
	96	GJX-8	299	560	557.8	2.2	0.077	0.6
5	48	GJX-9	299	556.7	555.4	1.3	0.091	0.4
	48	GJX-10	298	553.6	552	1.6	0.112	0.4

2.4.2.3 半平行钢丝束腐蚀速度（CASS试验）

根据《人造气氛腐蚀试验盐雾试验》GB/T 10125—2012 的规定，利用加入 3.5g/L 的六次甲基四胺缓蚀剂的 50%（体积分数）盐酸溶液浸泡试件以清除腐蚀产物，接着用去离子水洗净，干燥后称重并记录，试件质量变化如表 2-10 所示。

半平行钢丝束腐蚀质量损失　　表 2-10

批次	腐蚀时间(h)	编号	腐蚀长度(mm)	初始质量(g)	腐蚀后质量(g)	质量损失(g)	腐蚀速度[g/(m·h)]	腐蚀量百分比(%)
1	672	BPX-1	290	1446.6	1430.68	15.92	0.0817	1.897
	672	BPX-2	286	1445.2	1429.77	15.43	0.0803	1.866
2	576	BPX-3	292	1462.7	1451.54	11.16	0.0664	1.306
	576	BPX-4	291	1451.2	1439.57	11.63	0.0694	1.377
3	480	BPX-5	288	1447	1437.4	9.6	0.0694	1.152
	480	BPX-6	290	1448.3	1439.05	9.25	0.0665	1.101
4	384	BPX-7	284	1447	1439.07	7.93	0.0727	0.965
	384	BPX-8	287	1447.5	1439.26	8.24	0.0748	0.992
5	288	BPX-9	290	1446.7	1441.37	5.23	0.0626	0.623
	288	BPX-10	286	1447.8	1442.83	4.87	0.0591	0.588

与镀锌钢丝类似，半平行钢丝束的腐蚀速度在中前期呈增长趋势，但随着腐蚀产物的增多，其整体腐蚀速度有所降低。腐蚀产物的脱落和盐雾溶液的深入，使试件继续腐蚀，因此其后期腐蚀速度又逐渐回升，且随着腐蚀加深，腐蚀影响范围越来越广，腐蚀速度呈增长趋势。

2.4.2.4　钢拉杆腐蚀速度（CASS 试验）

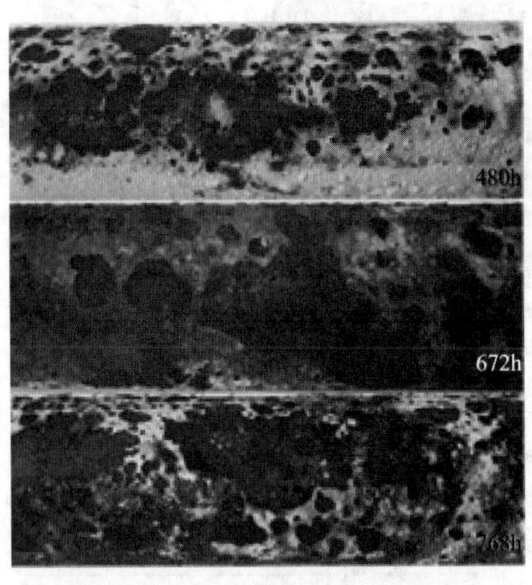

图 2-22　钢拉杆腐蚀后外观图

利用钢丝球轻轻地将钢拉杆表面已经破坏的涂层去除，露出钢拉杆基体，其外观如图 2-22 所示。利用加入缓蚀剂的盐酸溶液进一步清洗，并将酸洗液洗净干燥后称重。从图中可以看出，腐蚀 480h 后，钢拉杆基体已发生了腐蚀，并有轻微的蚀坑，涂层部分剥落；腐蚀到 672h，蚀坑面积增大，当腐蚀 768h 后，钢拉杆表面蚀坑进一步连通，出现较大蚀坑。同时，涂层剥落范围较大区域腐蚀也更为严重，说明当涂层开始破坏后，钢拉杆基体发生腐蚀，并进一步破坏涂层，由此钢拉杆腐蚀范围及深度逐渐拓展。钢拉杆试件的质量变化如表 2-11 所示。

钢拉杆质量损失　　表 2-11

批次	腐蚀时间(h)	编号	腐蚀长度(mm)	初始质量(g)	腐蚀后质量(g)	质量损失(g)	腐蚀速度[g/(m·h)]	腐蚀量百分比(%)
1	768	GLG-1	260	1432.1	1430	2.1	0.0105	0.095
	768	GLG-2	247	1432.9	1431	1.9	0.0100	0.082
2	672	GLG-3	246	1427.1	1425.6	1.5	0.0091	0.064
	672	GLG-4	241	1435.9	1434.3	1.6	0.0099	0.067

续表

批次	腐蚀时间(h)	编号	腐蚀长度(mm)	初始质量(g)	腐蚀后质量(g)	质量损失(g)	腐蚀速度[g/(m·h)]	腐蚀量百分比(%)
3	480	GLG-5	245	1437.6	1437	0.6	0.0051	0.026
	480	GLG-6	240	1434.4	1433.6	0.8	0.0069	0.033
4	288	GLG-7	250	1433.9	1433.6	0.3	0.0042	0.013
	288	GLG-8	255	1437	1436.9	0.1	0.0014	0.004

由钢拉杆腐蚀现象可以认为，涂有环氧富锌底漆的钢拉杆在铜加速醋酸盐雾试验环境下，在192h后开始逐渐发生腐蚀。由于钢拉杆表面涂层的保护，钢拉杆整体腐蚀速度较缓，腐蚀发生范围有限，腐蚀768h后腐蚀量百分比仍不到0.1%；但随着时间的增长，钢拉杆腐蚀速度有明显的增长趋势，这跟涂层逐渐剥落与钢拉杆腐蚀成正相关有关。

2.4.2.5 不同拉索腐蚀速度对比分析（CASS试验）

对在CASS环境下进行盐雾腐蚀试验的高强镀锌钢丝、半平行钢丝束、钢拉杆的腐蚀速度进行对比，因三种拉索受腐蚀的面积不同，故采用单位面积的质量损失对腐蚀速度进行评价，其计算公式为：

$$v' = \frac{m_1 - m_2}{\pi D l t} \tag{2-12}$$

式中，v'为腐蚀速度[g/(m² · h)]；D为等效直径，以拉索试件公称截面积等效计算；式中其余符号同式（2-10）。

计算单位面积的质量损失速率时，考虑三种不同拉索构件在试验环境下表面暴露面积，计算得到的高强镀锌钢丝（GS）、半平行钢丝束（BPX）和钢拉杆（GLG）的单位面积质量损失及失重率如表2-12～表2-14所示，并将结果绘制在图2-23和图2-24中，其中不同腐蚀时间下的腐蚀速度及失重率均取平均值。

高强镀锌钢丝单位面积质量损失及失重率　　表2-12

编号	腐蚀时间(h)	质量损失(g)	腐蚀速度[g/(m²·h)]	腐蚀量百分比(%)	腐蚀速度平均值[g/(m²·h)]	腐蚀量百分比平均值(%)
GS-1	672	1.61	0.5121	3.57	0.5562	3.8858
GS-2	672	1.90	0.6003	4.19		
GS-3	576	1.12	0.4156	2.45	0.4193	2.4906
GS-4	576	1.14	0.4230	2.53		
GS-5	480	1.03	0.4665	2.31	0.4721	2.3430
GS-6	480	1.08	0.4777	2.37		
GS-7	384	0.81	0.4601	1.82	0.4718	1.8717
GS-8	384	0.86	0.4836	1.92		
GS-9	288	0.47	0.3647	1.09	0.3806	1.1386
GS-10	288	0.52	0.3966	1.18		
GS-11	192	0.32	0.3636	0.72	0.3905	0.7667
GS-12	192	0.37	0.4175	0.81		
GS-13	96	0.15	0.3374	0.34	0.3134	0.3117
GS-14	96	0.13	0.2894	0.29		

半平行钢丝束单位面积质量损失及失重率　　表 2-13

编号	腐蚀时间(h)	质量损失(g)	腐蚀速度[g/(m²·h)]	腐蚀量百分比(%)	腐蚀速度平均值[g/(m²·h)]	腐蚀量百分比平均值(%)
BPX-1	672	1.61	1.1934	1.897	1.1832	1.8820
BPX-2	672	1.90	1.1729	1.866		
BPX-3	576	1.12	0.9694	1.306	0.9915	1.3417
BPX-4	576	1.14	1.0137	1.377		
BPX-5	480	1.03	1.0145	1.152	0.9927	1.1265
BPX-6	480	1.08	0.9708	1.101		
BPX-7	384	0.81	1.0623	0.965	1.077	0.9783
BPX-8	384	0.86	1.0923	0.992		
BPX-9	288	0.47	0.9148	0.623	0.8893	0.6057
BPX-10	288	0.52	0.8638	0.588		

钢拉杆单位面积质量损失及失重率　　表 2-14

编号	腐蚀时间(h)	质量损失(g)	腐蚀速度[g/(m²·h)]	腐蚀量百分比(%)	腐蚀速度平均值[g/(m²·h)]	腐蚀量百分比平均值(%)
GLG-1	768	2.1	0.1340	0.095	0.1309	0.0886
GLG-2	768	1.9	0.1276	0.082		
GLG-3	672	1.5	0.1156	0.064	0.1207	0.0659
GLG-4	672	1.6	0.1259	0.067		
GLG-5	480	0.6	0.0650	0.026	0.0767	0.0295
GLG-6	480	0.8	0.0885	0.033		
GLG-7	288	0.3	0.0531	0.013	0.0352	0.0087
GLG-8	288	0.1	0.0173	0.004		

图 2-23 及图 2-24 所示，总体上半平行钢丝束的腐蚀速度最大，而高强镀锌钢丝的失重率最大，钢拉杆由于表面涂层的保护作用，腐蚀速度及失重率均较小。从图 2-23 可以看出，半平行钢丝束及高强镀锌钢丝在试验的中后期均出现腐蚀速度先小幅下降再回升的趋势，这是由于腐蚀产物的堆积阻碍了腐蚀向试件内部深入，而钢拉杆本身腐蚀程度较低，因此并未出现该趋势。

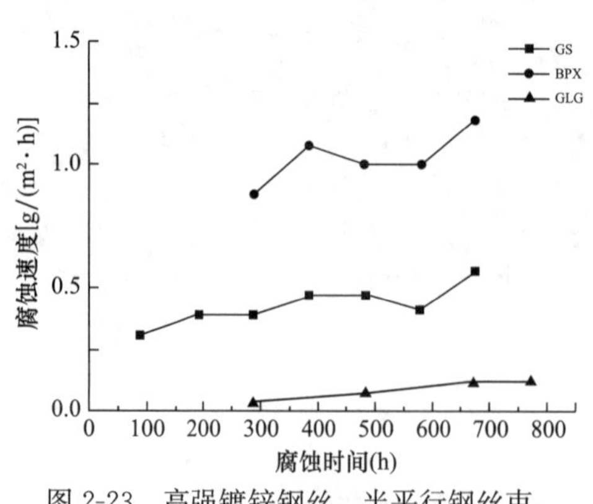

图 2-23　高强镀锌钢丝、半平行钢丝束、钢拉杆腐蚀速度对比图

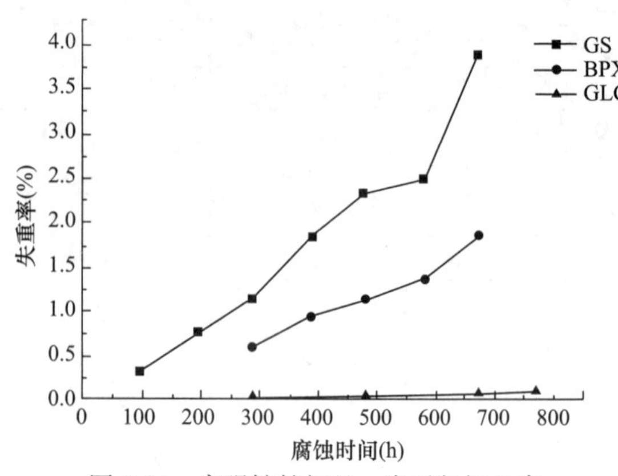

图 2-24　高强镀锌钢丝、半平行钢丝束、钢拉杆失重率对比图

2.4.3 拉索腐蚀后力学性能研究

2.4.3.1 腐蚀后镀锌钢丝拉伸试验及断裂特征

已有研究表明，高强镀锌钢丝在盐雾试验条件下的腐蚀深度较小，因此在计算钢丝强度值时可以认为腐蚀前后钢丝试件的直径未改变。在电子拉压试验机上将钢丝拉伸至断裂，记录每根钢丝的力学性能数据如表 2-15 所示。

镀锌钢丝拉伸试验结果　　表 2-15

试件编号	最大力（kN）	抗拉强度（MPa）	弹性模量（$\times 10^5$N/mm^2）	屈服强度（MPa）	断裂总伸长率
GS-1	33.84	1723.58	1.989	1706.31	7.32
GS-2	33.2	1690.64	1.941	1690.16	6.56
GS-3	33.87	1724.94	2.008	1684.63	6.26
GS-4	33.67	1714.78	1.997	1554.69	7.68
GS-5	33.33	1697.36	1.964	1692.73	7.30
GS-6	34.37	1750.30	1.988	1747.41	7.54
GS-7	34.15	1739.03	1.978	1731.02	7.36
GS-8	33.95	1728.95	1.963	1714.06	7.30
GS-9	34.03	1733.10	1.966	1710.06	7.46
GS-10	33.81	1721.73	1.929	1717.74	7.70
GS-11	34.04	1733.57	1.967	1717.74	7.70
GS-12	34.06	1734.63	1.978	1716.70	7.70
GS-13	33.62	1712.14	1.900	1579.52	7.58
GS-14	34.06	1734.53	1.946	1669.58	7.60
GS-DB	34.49	1756.69	2.044	1724.74	7.98

其中 GS-DB 为未腐蚀钢丝。由于试件本身所存在的离散性及试验中不可避免的误差，各试件的力学性能数值也存在一定离散性。由表中数据可知，腐蚀对于钢丝试件的极限强度、屈服强度的影响并不十分显著，这是由于强度值主要受试件有效截面面积削减的影响，而腐蚀深度相对于钢丝直径较小，但屈服强度总体表现为随着腐蚀时间增加而呈减小趋势。钢丝的弹性模量总体变异性较小。钢丝的断裂总伸长率的变化在局部点处虽出现离散性较大的情况，但总体仍表现为随腐蚀时间的延长而减小的趋势。这是由于钢丝的极限延性与其表面几何粗糙度有关，会受到点蚀或蚀坑的影响。

在对钢丝进行单向静力拉伸试验的过程中，不同腐蚀时间的试件的断裂过程大多表现为无明显征兆的脆性断裂。分析镀锌钢丝的断口宏观特征，14 根腐蚀后钢丝出现了图 2-25 所示的 3 种典型断口形式，其中断口形式为铣刀式的 3 根，劈裂式、劈裂-铣刀式断口分别为 4 根、7 根。为进行对比，对 3 根未腐蚀的钢丝进行拉伸试验。在试验中发现，拉伸未腐蚀钢丝到最大力时，钢丝不会发生类似腐蚀钢丝的突然脆性破坏，而是保持最大力值一段时间后断裂。从断口形式（图 2-26）也可看出，3 根钢丝均为完整的铣刀式断口。

(a) 铣刀式断口

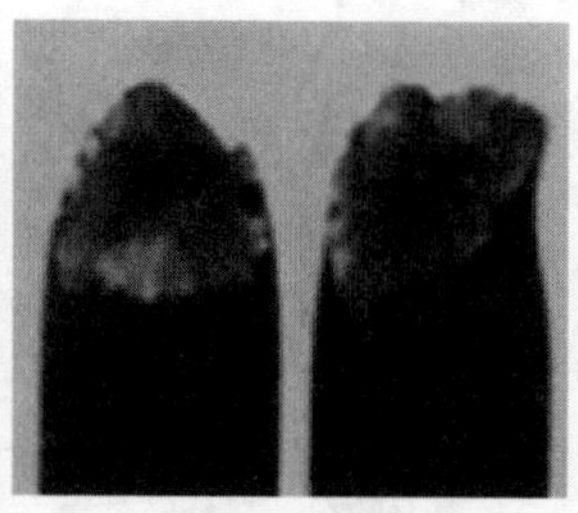

(b) 劈裂式断口

(c) 劈裂-铣刀式断口

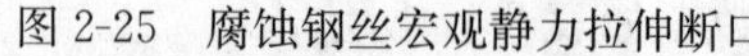

图 2-25　腐蚀钢丝宏观静力拉伸断口

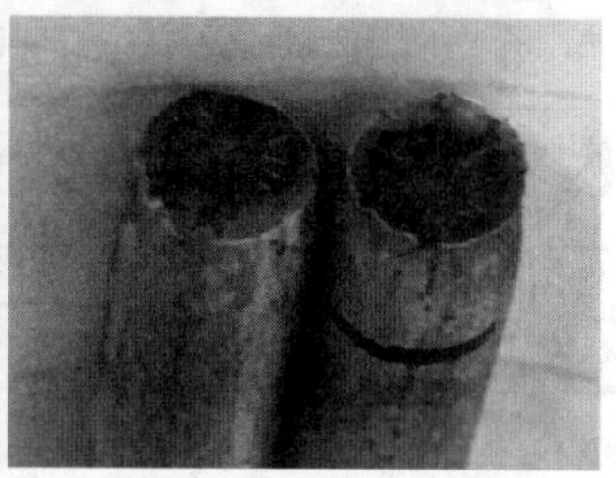

图 2-26　未腐蚀钢丝宏观静力拉伸断口

铣刀式断口属宏观延性断口，是由许多沿横断面半径线方向呈辐射状排列的“小脊”组成。劈裂式断口和劈裂-铣刀式断口属宏观脆性断口，劈裂式断口由若干个劈裂面组成，各劈裂面色泽较为明亮。劈裂-铣刀式断口由多个劈裂面与小范围的铣刀式断裂区组成，劈裂面区、铣刀式断裂区的宏观特征分别与劈裂式断口和铣刀式断口的相同。腐蚀钢丝在单向拉力作用下可能发生延性断裂，也可能发生脆性断裂，但主要表现为脆性断裂，这是由于蚀坑处易形成断裂源，使钢丝易出现解理与滑移分离两种断裂机制。

2.4.3.2　腐蚀后钢绞线拉伸试验及断裂特征

利用液压万能试验机对钢绞线进行拉伸直至断裂，以第一根钢丝断裂时的拉力作为破断力，记录各试件的抗拉强度及夹具间的最大位移值如表 2-16 所示，其中 GJX-19～GJX-21 为未腐蚀钢绞线。由试验结果可知，腐蚀后钢绞线抗拉强度的变化无明显规律。钢绞线的抗拉强度取决于其中最弱钢丝，影响钢丝强度的因素较多。而且在中性盐雾腐蚀环境下，试验时长有限，蚀坑深度较小，腐蚀对于钢绞线的影响程度相对不大，因此与未腐蚀钢绞线抗拉强度值比较，可以认为钢绞线抗拉强度值的波动属正常范围。

钢绞线单轴静力拉伸试验结果　　**表 2-16**

试件编号	最大力（kN）	抗拉强度（MPa）	最大位移（mm）
GJX-1	245.3	1752.2	51.4
GJX-2	249.8	1784.6	52.0
GJX-3	257.6	1840.1	59.2
GJX-4	251.7	1798.2	50.6
GJX-5	236.8	1691.7	46.6
GJX-6	253.5	1810.5	49.9
GJX-7	247.2	1765.6	49.8

续表

试件编号	最大力（kN）	抗拉强度（MPa）	最大位移（mm）
GJX-8	250.8	1791.2	45.9
GJX-9	244.3	1745.1	52.9
GJX-10	255.1	1822.4	56.0
GJX-19	243.8	1741.4	37.6
GJX-20	242.2	1730.0	37.1
GJX-21	250.0	1785.7	41.6

2.4.3.3 腐蚀后半平行钢丝束钢丝拉伸试验及断裂特征

将腐蚀后半平行钢丝束拆开后观察其外观，发现铰捻使外圈钢丝接触紧密，内圈钢丝均未发生明显锈蚀，盐雾主要作用在半平行钢丝束外圈表层（图 2-27）。为研究半平行钢丝束钢丝腐蚀特征与单根镀锌钢丝的异同，选取每组半平行钢丝束中腐蚀较为显著的 3 根钢丝分别进行单轴静力拉伸试验，试验结果如表 2-17 所示。

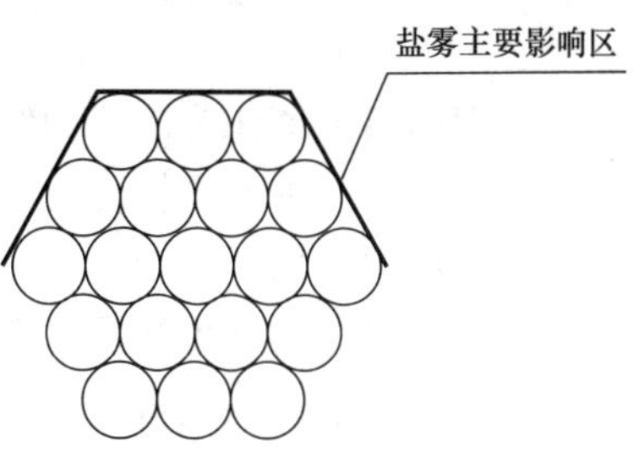

图 2-27　半平行钢丝束盐雾主要影响区示意图

半平行钢丝束钢丝拉伸试验结果　　表 2-17

试件编号	最大力（kN）	抗拉强度（MPa）	弹性模量（$\times10^5$N/mm^2）	屈服强度（MPa）	断裂总伸长率（%）
BPX1-1	33.71	1716.87	2.015	1708.87	7.20
BPX1-2	33.81	1721.99	1.969	1715.91	6.98
BPX1-3	33.54	1708.39	2.024	1704.56	7.28
BPX3-1	34.16	1739.91	1.978	1733.51	7.40
BPX3-2	33.74	1718.16	2.004	1649.86	7.38
BPX3-3	34.16	1739.59	2.029	1709.36	7.44
BPX5-1	33.83	1722.95	2.036	1679.30	7.56
BPX5-2	33.86	1724.22	2.013	1660.74	7.42
BPX5-3	33.91	1726.79	1.952	1557.74	7.60
BPX7-1	33.87	1725.2	1.969	1582.05	7.64
BPX7-2	34.03	1733.34	2.027	1579.96	7.82
BPX7-3	34.1	1736.70	2.005	1590.04	7.78
BPX9-1	34.03	1733.25	1.974	1579.00	8.00
BPX9-2	33.8	1721.41	2.004	1706.68	8.36
BPX9-3	33.63	1712.93	1.985	1560.43	7.98

受铰捻的影响，半平行钢丝束中的钢丝腐蚀面积较单根镀锌钢丝有所减小，因此腐蚀对其极限强度的影响很小，极限强度值的差异在材料正常波动范围内。但从总体上看，随着腐蚀时间的增加，钢丝的屈服强度呈增大趋势，伸长率呈减小趋势，说明钢丝在腐蚀后其延性受到影响，塑性性能有降低趋势。

腐蚀后半平行钢丝束中拆下的钢丝进行单向静力拉伸试验时，同样出现了如图 2-25

所示的 3 种典型断口形式，其中铣刀式断口的钢丝有 4 根，劈裂式、劈裂-铣刀式断口分别为 4 根、7 根，且铣刀式断口的钢丝均出现在腐蚀时间为 288h、380h 的试件中，这也说明了腐蚀对钢丝延性有影响，使其更易发生脆性破坏。

2.5 三点弯曲法索力识别方法研究

2.5.1 三点弯曲法基本原理

拉索的索力值作为预应力结构设计分析中的主要控制因素，一直是该类结构工程的关键问题。针对这种受拉构件，特别是钢丝绳的索力测试技术，国内外的学者进行了一系列的分析和研究，据不完全统计，其中多数采用的是串联测力传感器的方法，而这种方法并不能满足在役结构现场检测的要求。

三点弯曲法可以实现对在役结构中拉索索力的测试，其中包括无法完全卸载或是处于运动中的承载钢索。三点弯曲法可以基于拉索受力与变形的特点，在进行拉索索力测量时，考虑索体抗弯刚度对于测试结果的影响，利用“纵横弯曲”原理建立索体张力计算模型。对于张紧的柔性拉索，索体的横向刚度与拉索的张力存在对应关系，因此实际工程中可以通过测得索体的横向刚度来计算出拉索的张力值。图 2-28 为三点弯曲法索力测试设备的工作原理图，通过测得拉索三点弯曲的局部横向位移 δ、压紧力 P 和计算索长 L 可求得索力 T。在忽略拉索的物理刚度时，可以得到以下计算公式：

$$P = 2T\sin(\alpha/2) \tag{2-13}$$

$$T = PL/(4\delta) \tag{2-14}$$

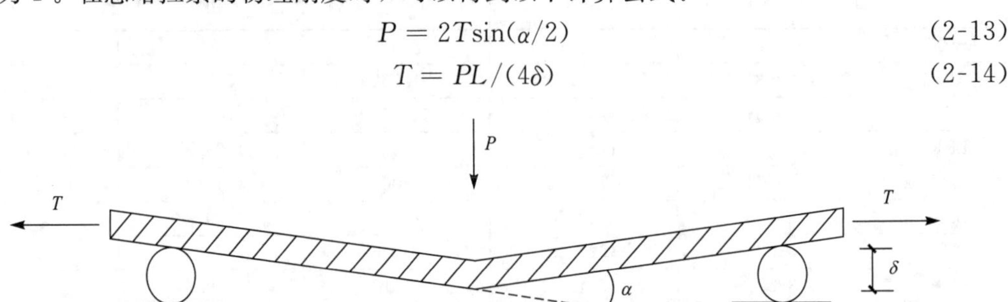

图 2-28 三点弯曲法测量原理图

2.5.2 三点弯曲法索力识别方法验证试验

针对钢丝绳、钢绞线、半平行钢丝束、Galfan 镀层拉索四种张弦结构常用拉索，分别选择不同规格的试件进行三点弯曲法索力测试试验，对比实际施加的索力与三点弯曲法测得的索力，分析采用三点弯曲法进行索力测试的精度；根据精度要求，确定能够采用三点弯曲法进行索力测试的不同种类拉索的抗弯刚度适用范围。

该试验在巨力索具股份有限公司检测中心的 100t 卧式拉力试验机上进行（图 2-29），三点弯曲测力仪选择深圳市金象源仪器设备有限公司生产的钢丝绳张力测试仪 SL-30t 进行测量（图 2-30），其最大测试张拉力为 30t，最大测试索径为 48mm。试验期间，试样的环境温度应保持在 27±2℃，并对温度进行记录，初始试件的负荷应均匀施加完毕，持荷 1min 后开始进行三点弯曲法测试，同时加载过程中试样不允许过载（图 2-31）。

图 2-29　卧式拉力试验机

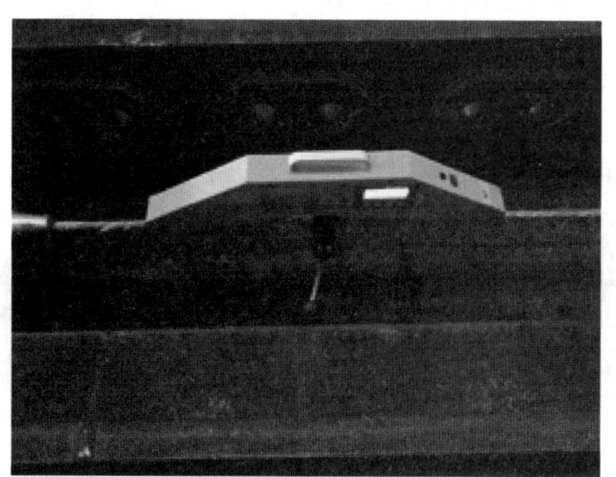

图 2-30　钢丝绳张力测试仪

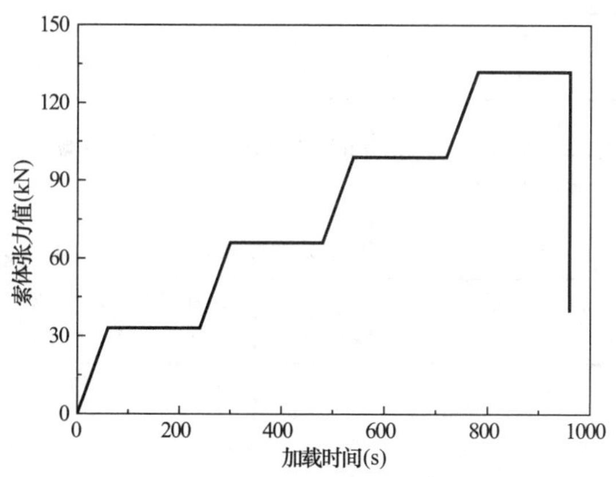

图 2-31　ϕ26 钢丝绳拉力加载示意图

考虑试验构件索体的种类、直径、荷载等级等因素，对试验构件进行设计，具体的规格见表 2-18，其中索体的长度均为 3m，其中每种索体拉力值为 0.5 倍的最小破断力。

试验构件设计情况　　**表 2-18**

序号	拉索种类	拉索规格（mm）	强度等级（MPa）	第 1 级拉力（kN）	第 2 级拉力（kN）	第 3 级拉力（kN）	第 4 级拉力（kN）
1	钢丝绳	ϕ10	1670	5	10	15	20
2		ϕ20	1670	20	40	60	80
3		ϕ26	1670	33	66	99	132
4		ϕ32	1670	50	100	150	200
5		ϕ38	1670	71	142	213	284
6		ϕ44	1670	95	190	285	—
7	缆索	ϕ32	1670	40	80	120	160
8	高钒索	ϕ32	1670	87	174	261	—
9	钢绞线	ϕ15.24	1860	25	50	75	100

进行试验时，每根索材在各级拉力持荷状态下通过三点弯曲测力仪对索力进行 3 次测量，每次测量分别记录三点弯曲测力仪的一般读数以及峰值读数，同时记录卧式拉力试验机的拉力传感器的读数。

2.5.3　试验结果及分析

通过 2.2 节的拉索弯曲性能试验可知，在拉索两端面不作任何处理且没有施加预应力时，拉索的 k 为 0.02～0.2。现为了方便进行对比分析，直接将同种类型的钢丝绳的公称直径作为抗弯刚度的比对依据，其他类型的索体按照索体的抗弯刚度 $kEI_{折算}$ 进行计算分析，其中 k 统一取为 0.1，缆索、高钒索以及钢绞线的抗弯刚度计算结果见表 2-19。

缆索、高钒索和钢绞线的抗弯刚度计算结果　　表 2-19

索体类型	索体直径 (mm)	索体截面积 (mm^2)	E ($\times10^5$MPa)	等效圆截面半径 (mm)	I (mm^4)	EI ($kN\cdot m^2$)	kEI ($kN\cdot m^2$)
缆索	32（钢丝束 22）	255	1.90	9.01	5174.5	0.983	0.09831
高钒索	32	594	1.65	13.75	28077.8	4.633	0.4633
钢绞线	15.24	140	1.90	6.68	1559.7	0.296	0.0296

对各个拉索在各级荷载等级下三点弯曲测力仪的峰值读数以及一般读数进行分析，可以得到表 2-20～表 2-28 所示结果。

ϕ10 钢丝绳试验数据分析　　表 2-20

序号	索体规格	实际张拉值 (kN)	读数均值 (kN)	峰值读数均值 (kN)	一般读数误差 (%)	峰值读数误差 (%)
1	ϕ10 钢丝绳	5.1	3.70	4.00	−27.45	−21.57
2	ϕ10 钢丝绳	10.0	7.57	7.97	−24.33	−20.33
3	ϕ10 钢丝绳	15.0	11.70	11.93	−22.00	−20.44
4	ϕ10 钢丝绳	20.1	15.70	16.00	−21.89	−20.40

ϕ20 钢丝绳试验数据分析　　表 2-21

序号	索体种类	实际张拉值 (kN)	读数均值 (kN)	峰值读数均值 (kN)	一般读数误差 (%)	峰值读数误差 (%)
1	ϕ20 钢丝绳	19.8	17.37	18.10	−12.29	−8.59
2	ϕ20 钢丝绳	40.2	37.23	38.73	−7.38	−3.65
3	ϕ20 钢丝绳	60.2	55.67	55.97	−7.53	−7.03
4	ϕ20 钢丝绳	79.9	75.83	77.87	−5.09	−2.54

ϕ26 钢丝绳试验数据分析　　表 2-22

序号	索体种类	实际张拉值 (kN)	读数均值 (kN)	峰值读数均值 (kN)	一般读数误差 (%)	峰值读数误差 (%)
1	ϕ26 钢丝绳	33.2	32.13	33.20	−3.21	0.00
2	ϕ26 钢丝绳	66.1	70.20	72.27	6.20	9.33
3	ϕ26 钢丝绳	98.2	108.93	113.47	10.93	15.55
4	ϕ26 钢丝绳	132.2	137.87	143.47	4.29	8.52

ϕ32 钢丝绳试验数据分析 **表 2-23**

序号	索体种类	实际张拉值(kN)	读数均值(kN)	峰值读数均值(kN)	一般读数误差(%)	峰值读数误差(%)
1	ϕ32 钢丝绳	50.3	49.87	52.67	−0.86	4.71
2	ϕ32 钢丝绳	100.2	108.80	114.07	8.58	13.84
3	ϕ32 钢丝绳	148.7	171.00	178.67	15.00	20.15
4	ϕ32 钢丝绳	200.2	217.33	227.13	8.56	13.45

ϕ38 钢丝绳试验数据分析 **表 2-24**

序号	索体种类	实际张拉值(kN)	读数均值(kN)	峰值读数均值(kN)	一般读数误差(%)	峰值读数误差(%)
1	ϕ38 钢丝绳	71.0	73.73	78.87	3.85	11.08
2	ϕ38 钢丝绳	142.1	178.20	182.33	25.40	28.31
3	ϕ38 钢丝绳	213.5	245.93	257.20	15.19	20.47
4	ϕ38 钢丝绳	284.0	321.27	337.00	13.12	18.66

ϕ44 钢丝绳试验数据分析 **表 2-25**

序号	索体种类	实际张拉值(kN)	读数均值(kN)	峰值读数均值(kN)	一般读数误差(%)	峰值读数误差(%)
1	ϕ44 钢丝绳	95.5	142.13	150.20	48.83	57.28
2	ϕ44 钢丝绳	190.2	197.67	205.80	3.93	8.20
3	ϕ44 钢丝绳	285.1	258.87	265.93	−9.20	−6.72

ϕ32 缆索试验数据分析 **表 2-26**

序号	索体种类	实际张拉值(kN)	读数均值(kN)	峰值读数均值(kN)	一般读数误差(%)	峰值读数误差(%)
1	ϕ32 缆索	40.4	54.13	61.13	33.99	51.32
2	ϕ32 缆索	80.0	87.93	96.27	9.92	20.33
3	ϕ32 缆索	120.0	115.60	121.20	−3.67	1.00
4	ϕ32 缆索	160.1	154.73	164.27	−3.35	2.60

ϕ32 高钒索试验数据分析 **表 2-27**

序号	索体种类	实际张拉值(kN)	读数均值(kN)	峰值读数均值(kN)	一般读数误差(%)	峰值读数误差(%)
1	ϕ32 高钒索	88.0	115.73	118.33	31.52	34.47
2	ϕ32 高钒索	174.0	211.00	215.27	21.26	23.72
3	ϕ32 高钒索	261.5	256.27	259.73	−2.00	−0.68

ϕ15.24 钢绞线试验数据分析 **表 2-28**

序号	索体种类	实际张拉值(kN)	读数均值(kN)	峰值读数均值(kN)	一般读数误差(%)	峰值读数误差(%)
1	ϕ15.24 钢绞线	25.2	25.57	25.77	1.46	2.25
2	ϕ15.24 钢绞线	50.0	51.00	51.30	2.00	2.60
3	ϕ15.24 钢绞线	75.0	76.63	76.90	2.18	2.53
4	ϕ15.24 钢绞线	100.0	104.20	104.57	4.20	4.57

由试验结果可以看出，由于该三点弯曲测力仪的量程相对较大，在对索径为 $\phi10$ 的钢丝绳的张力进行测试时，测试结果有较大的偏差，但从误差结果可以发现，无论是峰值读数还是常规读数与实际荷载值的偏差，均在20%左右，这说明三点弯曲法本身适用于该种直径拉索张力的测量。通过分析不同种索径的钢丝绳的测试结果可以发现，其基本符合误差随索径增大而增大的规律，同时针对同一种索体，可以发现荷载等级增加时，其测试误差减小，这一结果也验证了对拉索施加张力后，拉索的几何抗弯刚度显著变大，物理抗弯刚度可忽略的规律。

综合上述结果，可以认为，在应用三点弯曲法进行索力测试时，在设备的量程范围内，钢丝绳的拉力在大于破断力的12.5%时，且索体直径小于 $\phi38$ 时，可以获得满足工程精度的结果。对于其他种类的拉索，建议在索体的折算抗弯刚度小于 $4.6\mathrm{kN\cdot m^2}$ 时，可以应用三点弯曲法对索力进行测试。

2.6 基于标定思想的索力识别方法研究

2.6.1 频率法测索力基本原理

频率法已成为工程中索力测试最常用的方法。频率法（振动法）是通过利用固定在拉索上的精密传感器，在环境激励或人工激励下采集拉索的振动信号，经过滤波、放大和频谱分析，得到拉索的自振频率，之后依据拉索索力与自振频率的关系来确定索力。只要准确建立索力和频率之间的关系就可以得到准确的索力。对于单根拉索，频率法测量索力的经典模型有张弦模型及梁模型。

2.6.1.1 张弦模型

当拉索具有小截面、大跨度等特点时，可以用一个张紧的弦来模拟拉索的振动，可以忽略索体的抗弯刚度等其他因素对索力测定结果的影响，拉索的振动方程为：

$$m\frac{\partial^2 u}{\partial t^2}-T\frac{\partial^2 u}{\partial x^2}=0 \tag{2-15}$$

式中，m 为索体单位质量；T 为索拉力；u 为平面内横向振动的动位移；x 为索的弦向坐标。

2.6.1.2 梁模型

对于直径较大、长度较短的拉索，由于索体的抗弯刚度以及边界条件的影响，按照弦模型理论进行拉索的索力测试分析时，索力分析结果会有较大的误差，通常将拉索模型建立为受轴向力的欧拉梁模型进行振动分析。

假定索两端与支座连接为弹性嵌固，转动约束刚度为 K_r；索两端的竖向弹性支撑刚度分别为 K_1 和 K_2；索的动力分析模型如图2-32所示。

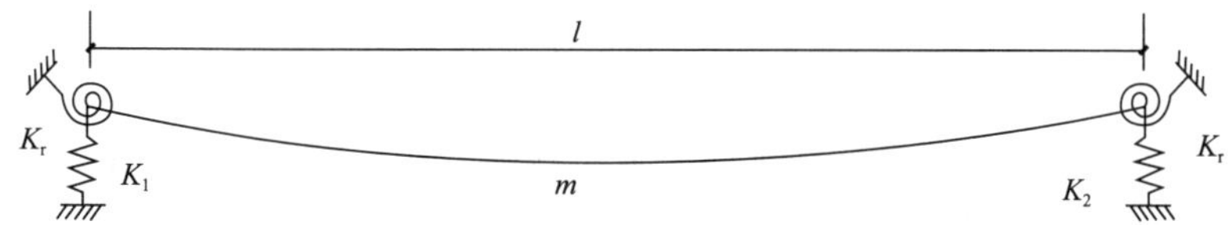

图 2-32 索动力分析模型

弹性支撑索振动时，支座也将发生振动，假定支座振动为：

$$y\big|_{x=0}=f_1(t) \tag{2-16}$$

$$y\big|_{x=l}=f_2(t) \tag{2-17}$$

以索的竖向位移 y 为未知量，索振动方程为：

$$EI\frac{\partial^4 y(x,t)}{\partial x^4}-T_n\frac{\partial^2 y(x,t)}{\partial x^2}+m\frac{\partial^2 y(x,t)}{\partial t^2}=0 \tag{2-18}$$

式中，T_n 为索力（N）；m 为拉索单位长度的质量（kg/m）；EI 为索的抗弯刚度（N·m^2）。

2.6.1.3 频率法测索力实用公式

许多学者基于张弦模型和梁模型提出了一系列测定索力的实用公式，比较常用的五种基于频率法的索力理论公式如下所示。

张紧弦理论公式[17]为：

$$T_n=4ml^2\left(\frac{f_n}{n}\right)^2 \tag{2-19}$$

式中，m 为单位长度拉索的质量（kg/m）；T_n 为索力（N）；f_n 为拉索自由振动第 n 阶频率（Hz）；l 为拉索的跨度（m）。

两端铰接理论公式[17]为：

$$T_n=4ml^2\left(\frac{f_n}{n}\right)^2-\frac{n^2\pi^2 EI}{l^2} \tag{2-20}$$

式中，m 为单位长度拉索的质量（kg/m）；T_n 为索力（N）；f_n 为拉索自由振动第 n 阶频率（Hz）；l 为拉索的跨度（m）。

日本 Zui. H 理论公式[18]为：

$$\begin{cases}T_1=\dfrac{4G}{g}(f_1l)^2\left[1-2.20\dfrac{c}{f_1}-0.550\left(\dfrac{c}{f_1}\right)^2\right](17\leqslant\zeta)\\ T_1=\dfrac{4G}{g}(f_1l)^2\left[0.865-11.6\left(\dfrac{c}{f_1}\right)^2\right](6\leqslant\zeta<17)\\ T_1=\dfrac{4G}{g}(f_1l)^2\left[0.828-10.5\left(\dfrac{c}{f_1}\right)^2\right](0\leqslant\zeta<6)\end{cases} \tag{2-21}$$

式中，f_1 为拉索自由振动第 1 阶频率（Hz）；T_1 为索力（N）；G 为拉索单位长度重量（N/m）；l 为拉索长度（m）；EI 为拉索抗弯刚度（N·m^2）；$c=\sqrt{\dfrac{EIg}{Gl^4}}$；$\zeta=\sqrt{\dfrac{T_1}{EI}}l$。

邵旭东能量法理论公式[19]为：

$$\begin{cases}T_1=4ml^2f_1^2-\dfrac{\pi^2 EI}{l^2}(\chi\geqslant 70)\\ T_1=(3.3+0.01\chi)ml^2f_1^2-(42-0.46\chi)\dfrac{EI}{l^2}(\chi<70)\end{cases} \tag{2-22}$$

式中，$\chi=\sqrt{\frac{ml^4f_1^2}{EI}}$；$T_1$ 为拉索索力（N）；m 为拉索单位长度质量（kg/m）；l 为拉索长度（m）；EI 为拉索抗弯刚度（N・m²）；f_1 为拉索自由振动第1阶频率（Hz）。

任伟新能量法理论公式[20]为：

$$\begin{cases} T_1=3.432\dfrac{G}{g}l^2f_1^2-45.191\dfrac{EI}{l^2}(0\leqslant\zeta\leqslant18) \\ T_1=\dfrac{G}{g}\left(2lf_1-\dfrac{2.363}{l}\sqrt{\dfrac{EIg}{G}}\right)^2(18<\zeta<210) \\ T_1=4l^2f_1^2\dfrac{G}{g}(210\leqslant\zeta) \end{cases} \tag{2-23}$$

式中，T_1 为索力（N）；G 为拉索单位长度重量（N/m）；l 为拉索长度（m）；EI 为拉索抗弯刚度（N・m²）；f_1 为拉索自由振动第1阶频率（Hz）；$\zeta=\sqrt{\frac{T_1}{EI}}l$。

从建筑工程的应用和研究现状来看，对于长径比大于100的单根拉索，上述基于频率法的索力理论公式可以准确测量索力；然而，对于长径比小于100的单根短粗拉索，拉索抗弯刚度和边界约束条件对索力测试结果的影响不能忽略，但短粗索的抗弯刚度和边界约束条件难以准确识别，因此上述基于频率法的索力理论公式很难准确测量短粗索的索力，有必要基于现有研究成果提出一种适用于短粗索力识别的改进的频率法。

2.6.2　基于标定思想的索力识别方法基本原理

拉索抗弯刚度和边界约束条件对索力的影响不能忽略，但短粗索的抗弯刚度和边界约束条件难以准确识别，因此本文将基于标定思想提出一种不需要确切识别出抗弯刚度和边界约束条件的改进频率法，即基于拉索频率测试标定索力的方法。该方法可采用短粗索施工张拉阶段获取的精确索力与频率数据库，拟合出索力与频率的函数关系，利用该函数关系可精确预测短粗索的索力，是一种改进频率法。

基于频率法中的梁模型理论，以索的竖向位移 y 为未知量，索振动方程[21]为：

$$EI\frac{\partial^4y(x,t)}{\partial x^4}-T_n\frac{\partial^2y(x,t)}{\partial x^2}+m\frac{\partial^2y(x,t)}{\partial t^2}=0 \tag{2-24}$$

式（2-24）的边界条件是非齐次边界条件，需要进行函数代换：

$$y(x,t)=\overline{y}(x,t)+\frac{x}{l}f_2(t)+\frac{l-x}{l}f_1(t) \tag{2-25}$$

将式（2-25）代入式（2-24）可得：

$$EI\frac{\partial^4\overline{y}(x,t)}{\partial x^4}-T_n\frac{\partial^2\overline{y}(x,t)}{\partial x^2}+m\frac{\partial^2\overline{y}(x,t)}{\partial t^2}=-m\left[\frac{x}{l}f''_2(t)+\frac{l-x}{l}f''_1(t)\right] \tag{2-26}$$

边界条件变为齐次边界条件：

$$y\mid_{x=0}=0,K_r\frac{dy}{dx}\mid_{x=0}-EI\frac{d^2y}{dx^2}\mid_{x=0}=0 \tag{2-27}$$

$$y\mid_{x=l}=0,K_r\frac{dy}{dx}\mid_{x=l}+EI\frac{d^2y}{dx^2}\mid_{x=l}=0 \tag{2-28}$$

式中，T_n 为索力（N）；m 为拉索单位长度的质量（kg/m）；EI 为拉索的抗弯刚度（$\mathrm{N\cdot m^2}$）。

由于弹性体的各阶模态具有正交性，因此可以用模态分析方法求得弹性体对外部激励的响应。假设方程（2-26）的解是系统各阶主振型的线性叠加：

$$\overline{y}(x,t)=\sum_{i=1}^{\infty}\widetilde{y}_i(x)Z_i(t) \tag{2-29}$$

式中，$\widetilde{y}_i(x)$是索竖向振动的第 i 阶模态；$Z_i(t)$是反映第 i 阶模态幅值的广义坐标。

将式（2-29）代入式（2-26）可得：

$$\begin{aligned}&EI\sum_{i=1}^{\infty}\frac{\mathrm{d}^4\,\widetilde{y}_i(x)}{\mathrm{d}x^4}Z_i(t)+\sum_{i=1}^{\infty}m\,\widetilde{y}_i(x)\ddot{Z}_i(t)-T_n\frac{\mathrm{d}^2\overline{y}(x)}{\mathrm{d}x^2}Z_i(t)\\&=-m\left[\frac{x}{l}f''_2(t)+\frac{l-x}{l}f''_1(t)\right]\end{aligned} \tag{2-30}$$

由式（2-30）可知，考虑支座振动的索的振动状态相当于作用有外加强迫力时的两端固定索的振动状态。此外加强迫力可认为是索因支座振动产生的惯性力。

式（2-30）两边乘以$\widetilde{y}_n(x)$，并积分可得：

$$\begin{aligned}&EI\sum_{i=1}^{\infty}\int_0^l\widetilde{y}_n(x)\mathrm{d}x\,\frac{\mathrm{d}^4\,\widetilde{y}_i(x)}{\mathrm{d}x^4}Z_i(t)-T_n\sum_{i=1}^{\infty}\int_0^l\widetilde{y}_n(x)\mathrm{d}x\,\frac{\mathrm{d}^2\,\overline{y}_i(x)}{\mathrm{d}x^2}Z_i(t)+\\&\sum_{i=1}^{\infty}\int_0^l\widetilde{y}_n(x)m\,\widetilde{y}_i(x)\mathrm{d}x\ddot{Z}_i(t)=\int_0^l-m\,\widetilde{y}_n(x)\mathrm{d}x\left[\frac{x}{l}f''_2(t)+\frac{l-x}{l}f''_1(t)\right]\end{aligned} \tag{2-31}$$

令 $f_1(t)=0$ 和 $f_2(t)=0$，研究作用有外加强迫力 $m\left[\frac{x}{l}f''_2(t)+\frac{l-x}{l}f''_1(t)\right]=0$ 的两端固定索的自由振动。

$$EI\,\frac{\partial^4y(x,t)}{\partial x^4}-T_n\frac{\partial^2y(x,t)}{\partial x^2}+m\,\frac{\partial^2y(x,t)}{\partial t^2}=0 \tag{2-32}$$

假设第 n 阶振型的简谐振动为：

$$\overline{y}_n(x)=\widetilde{y}_n(x)\mathrm{e}^{y_nt} \tag{2-33}$$

式中，y_n 为自由振动的圆频率。

式（2-32）的解为：

$$\overline{y}(x)=A_1\sin(\alpha x)+B_1\cos(\alpha x)+C_1\sinh(\beta x)+D_1\cosh(\beta x) \tag{2-34}$$

式中，A_1、B_1、C_1、D_1、α、β 为待定系数。

$$\alpha^2=\sqrt{D^4+h^4}-D^2 \tag{2-35}$$

$$\beta^2=\sqrt{D^4+h^4}+D^2 \tag{2-36}$$

$$D^2=\frac{T_n}{2EI} \tag{2-37}$$

$$h^4=\frac{my^2}{EI} \tag{2-38}$$

将式（2-34）代入式（2-27）和式（2-28）可得频率方程：

$$\begin{aligned}&\{[(\alpha l)^2+(\beta l)^2]^2+K_r^2[(\beta l)^2-(\alpha l)^2]^2\}\sin(\alpha l)\sinh(\beta l)+\\&2(\beta l)K_r^2(\alpha l)[1-\cos(\alpha l)\cosh(\beta l)]+2K_r[(\alpha l)^2+(\beta l)^2]\\&[\beta l\sin(\alpha l)\cosh(\beta l)-\alpha l\cos(\alpha l)\sinh(\beta l)]=0\end{aligned} \tag{2-39}$$

其中，k_r 值是一个弹性嵌固系数：

$$k_r = \frac{K_r l}{EI} \tag{2-40}$$

其变化范围为 0 至无穷大。k_r 为 0 表示铰接边界，k_r 为无穷大表示转动刚接边界。

引入无量纲参数：

$$\eta_n = \frac{f_n}{f_{sn}} \tag{2-41}$$

式中，f_n 为索的第 n 阶自振频率；f_{sn} 为根据张紧弦理论计算的第 n 阶自振频率。

$$f_{sn} = \frac{n}{2l}\sqrt{\frac{T_n}{m}} \tag{2-42}$$

将式（2-41）代入式（2-39），得到：

$$\begin{aligned}&(\mu^4 + 4n^2\pi^2\eta_n^2\mu^2 + k_r^2\mu)\sin(\alpha l)\sinh(\beta l) + 2n\pi\eta_n k_r^2[1-\cos(\alpha l)\cosh(\beta l)] + \\ &2k_r^2\mu^2\sqrt{1+\left(\frac{2n\pi\eta_n}{\mu}\right)^2}[\beta l\sin(\alpha l)\cosh(\beta l) - \alpha l\cos(\alpha l)\sinh(\beta l)] = 0\end{aligned} \tag{2-43}$$

（1）当拉索的两端都是铰接边界时，$k_r=0$，索力与频率之间的关系为：

$$T_n = 4ml^2\left(\frac{f_n}{n}\right)^2 - \frac{n^2\pi^2 EI}{l^2} \tag{2-44}$$

（2）当拉索的两端都是固接边界时，k_r 趋于无穷大，索力与频率的关系可通过最小二乘法拟合得到：

$$T_n = 3.84ml^2\left(\frac{f_n}{n}\right)^2 - 2.81\frac{n^2\pi^2 EI}{l^2}, \pi < \mu < 200 \tag{2-45}$$

$$T_n = ml^2 f_n^2, \mu \geqslant 200 \tag{2-46}$$

其中：

$$\mu = \sqrt{\frac{T_n}{EI}}l \tag{2-47}$$

当 $200 \leqslant \mu$ 时，η_n 的值已经很接近 1，抗弯刚度的影响很小，可直接使用弦理论的公式，因此得到式（2-46）。

以式（2-44）和式（2-45）为原型，假定不同边界条件下的索力计算公式都具有相同的形式：

$$T_n = aml^2\left(\frac{f_n}{n}\right)^2 - b\frac{n^2\pi^2 EI}{l^2} \tag{2-48}$$

式中，系数 a 和 b 的值由边界弹性嵌固条件决定。

因此，针对任一给定的拉索，其边界条件与抗弯刚度均是确定的，在考虑索体的抗弯刚度但只要求得到拉索的索力值，不需计算出索体确切的抗弯刚度值时，可以将上式简化为：

$$T_n = A\left(\frac{f_n}{n}\right)^2 + B\left(\frac{f_n}{n}\right) + C \tag{2-49}$$

式中，A、B、C 为与拉索边界条件及弯曲刚度有关的参数。

针对上式，可采用短粗索施工张拉阶段获取的精确索力与频率数据库，基于部分数据点拟合出索力与频率的函数关系，进而求出对应的未知参数 A、B 和 C，利用该函数关系可精确预测短粗索的索力。在后期使用过程中，可通过测得拉索频率利用该函数关系获得拉索的索力。基于频率测试标定短粗索力测试法基本流程如图 2-33 所示。

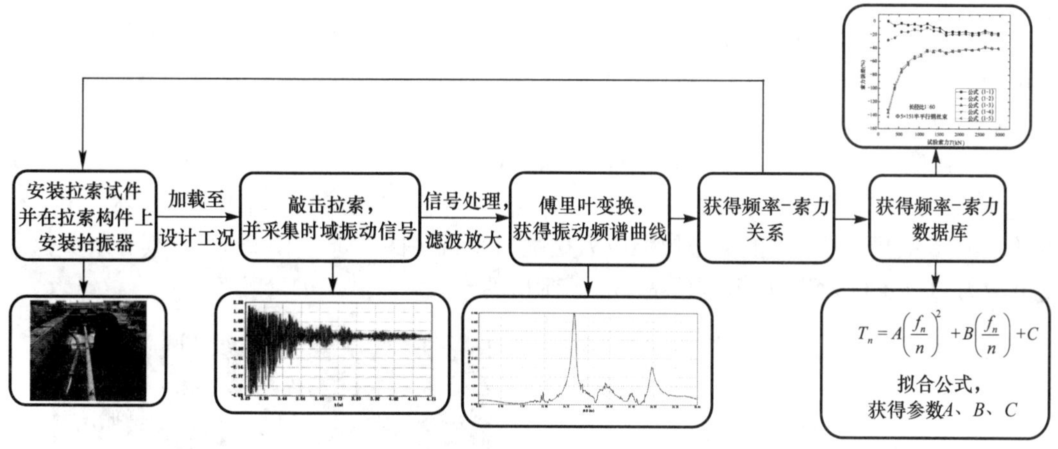

图 2-33 基于频率测试标定短粗索力测试法基本流程

2.6.3 基于标定思想索力识别方法验证试验

试验中共选取了两种张弦结构中常用的拉索类型，包括钢绞线和半平行钢丝束。考虑到半平行钢丝束包含 5mm 钢丝和 7mm 钢丝两种类型，因此将分别对这两种类型拉索进行试验，试验拉索直径考虑了试验机的通过能力和试验机的最大拉伸能力。

对于建筑结构中常用的短粗索，将分别对 1×7 钢绞线、ϕ5×85 半平行钢丝束、ϕ7×61 半平行钢丝束和 ϕ5×151 半平行钢丝束进行试验，验证基于拉索频率的试验标定索力测试方法的可行性，试件的详细信息如表 2-29 所示。

拉索试件详细信息 **表 2-29**

拉索类型	长径比	公称直径(mm)	实测长度(m)	破断荷载(kN)	端部边界条件	拉索截面
1×7 钢绞线	1:60 1:90	12	0.7 1.1	120	两端固接	
ϕ5×85	1:60 1:90	51	3.0 4.5	2787	两端固接	
ϕ7×61	1:60	63	3.5	3920	两端固接	
ϕ5×151	1:60	68	4.0	4951	两端铰接	

对 1×7 钢绞线共分 18 级加载，目标索力值分别为 10kN、13kN、15kN、17kN、19kN、21kN、23kN、25kN、50kN、60kN、70kN、80kN、90kN、100kN、105kN、120kN、135kN、150kN；对 ϕ5×85 半平行钢丝束共分 18 级加载，目标索力值为 135～1665kN，级差为 90kN；对 ϕ7×61 半平行钢丝束共分 19 级加载，目标索力值为 180～2340kN，级差为 120kN；对 ϕ5×151 半平行钢丝束共分 18 级加载，目标索力值为 240～2960kN，级差为 160kN。

钢绞线试验采用天津大学建筑工程学院的 WSC-500 型微机控制拉伸应力松弛试验机（图 2-34），其有效负荷测量范围为 10～500kN，负荷测量精度优于示值的±1%；半平行钢丝束试验采用巨力集团的大型拉伸应力松弛试验机（图 2-35～图 2-37），其有效负荷测量范围为 10～8000kN，负荷测量精度优于示值的±5%。

图 2-34　1×7 钢绞线拉伸试验机

图 2-35　ϕ5×85 拉索拉伸试验机

图 2-36　ϕ7×61 拉索拉伸试验机

图 2-37　ϕ5×151 拉索拉伸试验机

图 2-38　动态信号测试分析系统

在试验进行阶段，拉索的张力值可以从对拉索进行张拉的松弛试验机上读取，通过动态信号测试分析系统（图 2-38）、拾振器（图 2-39）以及配套的笔记本电脑来获得索体的振动特性。为较好地获得拉索的低阶振动频率，对于钢绞线，将传感器布置在距离钢绞线锚固端 1/4 索长处；对于半平行钢丝束，将在三处布置传感器，分别将传感器布置在距离两端端部 1/3 索长处和 1/2 索长处，频率取两端传感器的均值，中部仅用于观察信号波形。同时需要温度测试仪（图 2-40）以及游标卡尺（图 2-41）等工具对试验中的环境温度以及索体直径进行测量。

图 2-39 拾振器

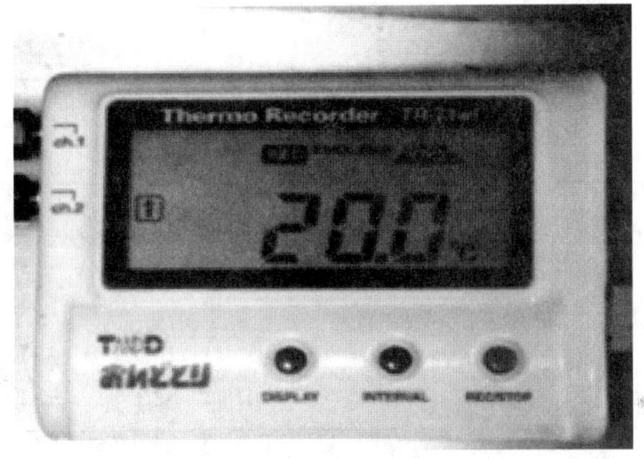

图 2-40 温度测试仪

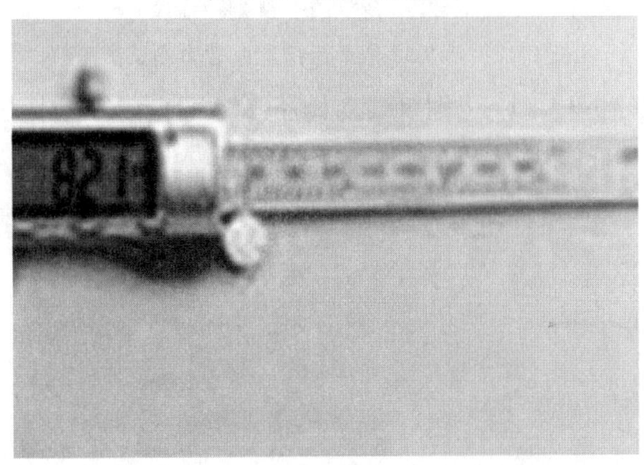

图 2-41 游标卡尺

拉索频率测试方案的基本步骤如下：首先根据布置要求将拾振器布置在拉索上；然后使用橡胶锤对拉索施加人工激励且采集时域振动信号，随机锤击 5 次；最后应用软件和系统对时域振动信号进行滤波、放大，以识别振动频率。采样时，采样频率与采样点数之比小于 0.2，以最大频率的 5 倍作为滤波频率，再由采样定律确定采样频率。

2.6.4　试验结果与分析

通过上述拉索的试验过程，可以得到拉索的时域振动信号如图 2-42(a)所示，对采集的时域振动信号进行滤波、放大和傅里叶级数变换，得到拉索的幅值频率特性曲线，进而得到拉索的自振频率。当对半平行钢丝束进行分析时，其中 $\phi5\times85$ 半平行钢丝束（长径比 1∶90）在目标索力 765kN 下的幅值频率特性曲线如图 2-42(b)所示，从图中可以看出：$\phi5\times85$ 半平行钢丝束在目标索力 765kN 时的自振频率为 17.97Hz。

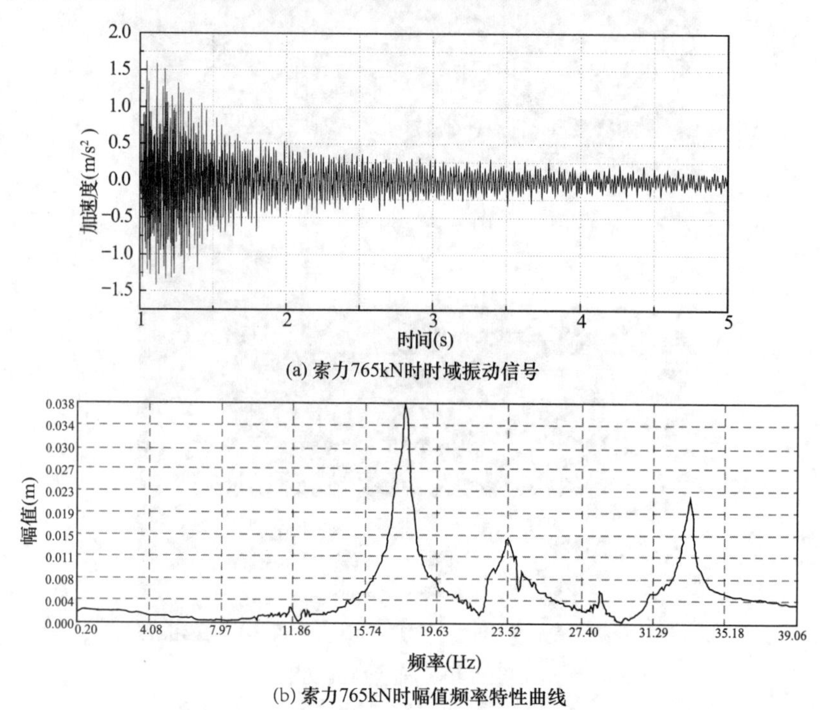

(a) 索力765kN时时域振动信号

(b) 索力765kN时幅值频率特性曲线

图 2-42　$\phi5\times85$ 半平行钢丝束索力测试试验

当对钢绞线进行分析时，1×7 钢绞线（长径比 1∶90）在目标索力 50kN 下的幅值频率特性曲线如图 2-43 所示，从图中可以看出：钢绞线在 50kN 时的自振频率为 132.21Hz。

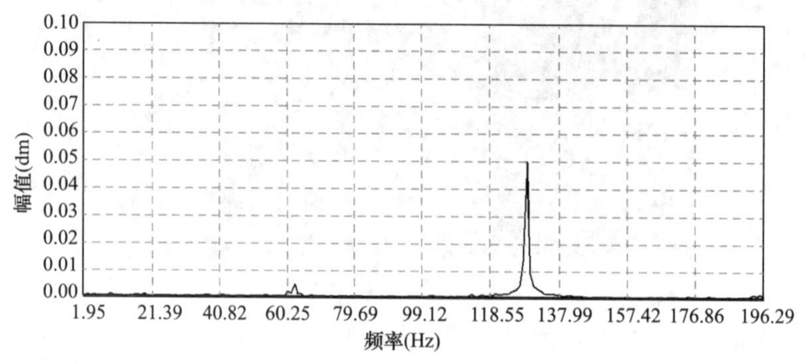

图 2-43　50kN 时拉索的幅值频率特性曲线

依据拉索在不同索力荷载下的幅值频率特性曲线，可以得到对应的频率值。基于单索试验实测得到的频率，分别利用本文方法和本章 2.6.1 节中现有基于频率法的五种常用索力理论公式计算单索索力误差，通过对比验证本文方法的可行性。采用均方根相对误差 *RMSE* 进行分析，均方根相对误差 *RMSE* 值越小，则公式的误差越小，公式的适用性越好。均方根相对误差 *RMSE* 的表达式为：

$$RMSE = \sqrt{\frac{1}{N}\sum_{n=1}^{N}(T_n^c - T_n^m)^2 / \frac{1}{N}\sum_{n=1}^{N}(T_n^c)^2} \tag{2-50}$$

式中，N 为测点个数；T_n^c 为试验索力值；T_n^m 为公式拟合值。

同时对本文方法和现有五种基于频率法的索力理论公式的拟合优度 R^2 进行分析，判断曲线的拟合效果，拟合优度 R^2 越接近 1，则曲线的拟合效果越好，即公式的适用性越好。拟合优度 R^2 的表达式为：

$$R^2 = \frac{\sum_{n=1}^{N}(T_n^c)^2 - \sum_{n=1}^{N}(T_n^c - T_n^m)^2}{\sum_{n=1}^{N}(T_n^c)^2} \tag{2-51}$$

式中，N 为测点个数；T_n^c 为试验索力值；T_n^m 为公式拟合值。

分别对长径比 1∶60 和 1∶90 的 1×7 钢绞线进行索力测试试验，得到了不同索力荷载下拉索的一阶频率值，如表 2-30 所示。

不同长径比拉索的一阶频率　　表 2-30

长径比 1∶60 试验索力 T_1(kN)	试验频率均值 f_1(Hz)	长径比 1∶90 试验索力 T_1(kN)	试验频率均值 f_1(Hz)
10.26	100.52	10.10	62.74
20.38	131.16	20.16	83.63
30.11	157.38	30.00	101.85
40.05	180.88	40.15	118.36
49.92	200.93	50.05	132.21
60.00	218.02	59.91	143.81
70.02	231.64	70.05	153.44

根据式（2-19）～式（2-23）对试验数据进行分析，利用现有频率法索力公式得到的索力误差如图 2-44 所示，从图中可以看出：利用式（2-20）得到的索力误差相对较小，其余

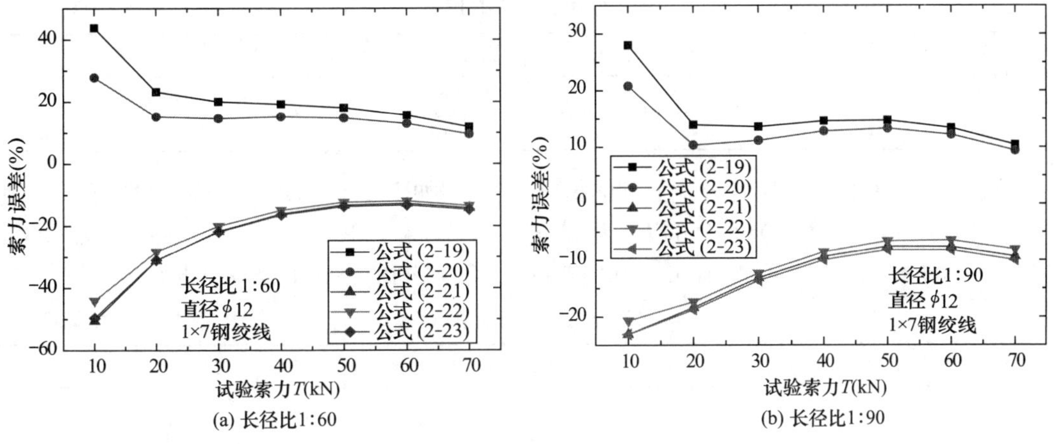

(a) 长径比1∶60　(b) 长径比1∶90

图 2-44　式（2-19）～式（2-23）索力误差

各公式得到的索力误差相对较大；当长径比相同时，利用式（2-19）～式（2-23）得到的索力误差随索力的增大而不断减小，整体上适用性差。

通过试验结果验证该索力测试方法的适用性，根据式（2-40），选取前 3 组数据进行曲线拟合，确定参数 A、B、C。

当长径比为 1∶60 时，T_n 为：

$$T_n = 0.0007\left(\frac{f_n}{n}\right)^2 + 0.164\frac{f_n}{n} - 13.479 \tag{2-52}$$

当长径比为 1∶90 时，T_n 为：

$$T_n = 0.0015\left(\frac{f_n}{n}\right)^2 + 0.2626\frac{f_n}{n} - 12.266 \tag{2-53}$$

将后 15 组数据代入式（2-52）和式（2-53）进行预测性验证和误差分析，则索力误差如图 2-45 所示，从图中可以看出：各点误差整体上较小，利用改进频率法得到的索力公式具有良好的适用性和预测性。

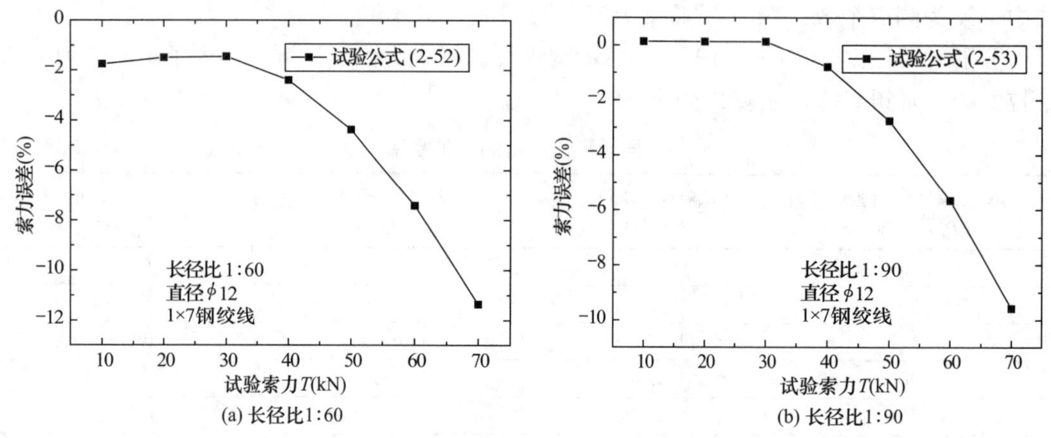

图 2-45　式（2-52）和式（2-53）索力误差

根据式（2-50），利用各公式得到的 *RMSE* 误差如表 2-31 所示，从表中可以看出：利用现有基于频率法的五种索力公式误差达到 16%，利用改进频率法得到的索力误差达到 8%，改进频率法适用性更好。

各公式的 *RMSE* 误差　　**表 2-31**

长径比	式（2-19）	式（2-20）	式（2-21）	式（2-22）	式（2-23）	式（2-52）	式（2-53）
1∶60	0.16	0.13	0.16	0.15	0.16	0.08	—
1∶90	0.13	0.12	0.10	0.10	0.10	—	0.06

根据式（2-51），利用各公式得到的拟合优度 R^2 如表 2-32 所示，从表中可以看出：利用式（2-19）～式（2-23）得到的 R^2 为 0.96～0.98，利用式（2-52）得到的 R^2 为 0.99，利用式（2-53）得到的 R^2 为 1.00，利用改进频率法得到的公式拟合效果更好。

各公式的拟合优度 R^2　　**表 2-32**

长径比	式（2-19）	式（2-20）	式（2-21）	式（2-22）	式（2-23）	式（2-52）	式（2-53）
1∶60	0.96	0.97	0.96	0.97	0.96	0.99	—
1∶90	0.97	0.98	0.98	0.98	0.98	—	1.00

分别对长径比 1∶60 和 1∶90 的 ϕ5×85 半平行钢丝束进行索力测试试验，得到了不同索力荷载下拉索的一阶频率值，如表 2-33 所示。

不同长径比拉索一阶频率 表 2-33

长径比 1∶60 试验索力 T_1(kN)	试验频率均值 f_1(Hz)	长径比 1∶90 试验索力 T_1(kN)	试验频率均值 f_1(Hz)
136.20	13.18	135.10	7.52
225.40	16.53	225.40	11.45
315.10	19.20	315.00	13.50
405.30	21.10	407.80	14.65
495.40	22.83	496.50	15.63
585.00	24.50	585.00	16.41
678.70	25.78	675.70	17.29
765.10	26.86	766.50	17.97
856.80	28.03	857.90	18.55
944.30	28.71	948.80	19.14
1035.30	29.59	1035.30	19.82
1125.40	30.67	1127.50	20.59
1215.80	31.96	1216.20	21.29
1304.40	32.65	1305.80	21.88
1394.20	33.65	1395.60	22.27
1485.30	34.29	1485.90	22.75
1574.80	35.21	1575.80	23.05
1665.70	35.95	1665.60	23.55

根据式（2-19）～式（2-23）对试验数据进行分析，利用现有频率法索力公式得到的索力误差如图 2-46 所示，从图中可以看出：利用现有频率法得到的索力误差均较大，即基于频率法的五种索力公式在短粗索索力识别中的可行性差。

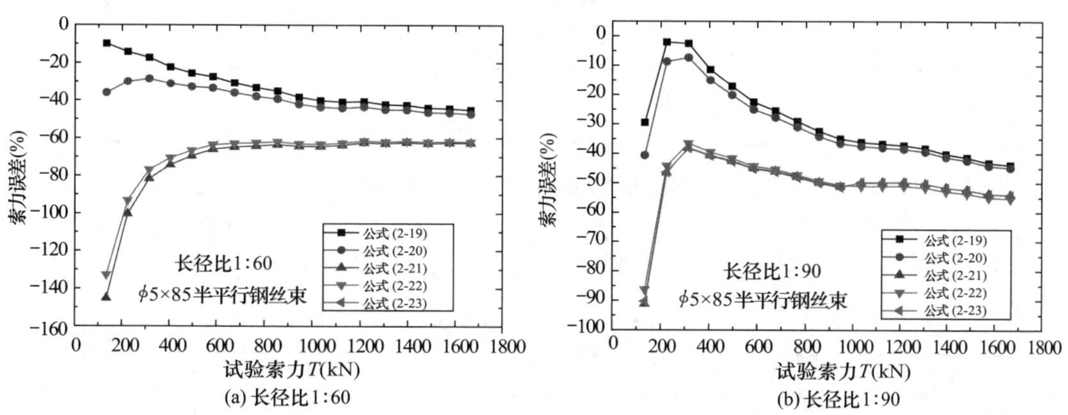

图 2-46 式（2-19）～式（2-23）索力误差

针对 ϕ5×85 半平行钢丝束，下面将分析本文提出的改进频率法的可行性，根据式（2-49），选取前 4 组数据进行曲线拟合，确定参数 A、B、C。

当长径比为 1∶60 时，T_n 为：

$$T_n = 1.7853\left(\frac{f_n}{n}\right)^2 - 27.546\frac{f_n}{n} + 189.91 \tag{2-54}$$

当长径比为 1∶90 时，T_n 为：

$$T_n = 5.0019\left(\frac{f_n}{n}\right)^2 - 73.52\frac{f_n}{n} + 405.95 \tag{2-55}$$

将后 14 组数据代入式（2-54）和式（2-55）进行预测性验证和误差分析，则索力误差如图 2-47 所示，从图中可以看出：各点误差整体上较小，利用改进频率法得到的索力公式具有良好的适用性和预测性。

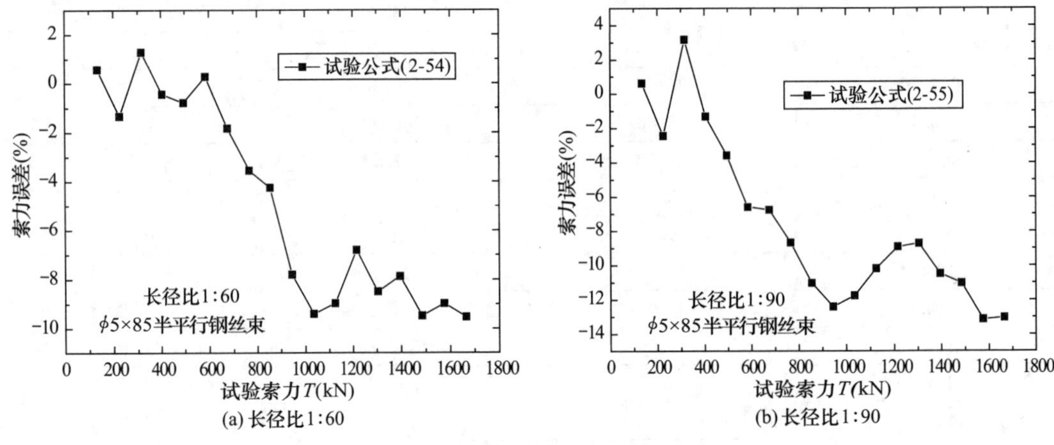

图 2-47　式（2-54）和式（2-55）索力误差

根据式（2-50），利用各公式得到的 *RMSE* 误差如表 2-34 所示，从表中可以看出：利用现有基于频率法的五种索力公式得到的索力误差达到 64%，利用改进频率法得到的索力误差达到 11%，改进频率法适用性更好。

各公式的 *RMSE* 误差　　**表 2-34**

长径比	式（2-19）	式（2-20）	式（2-21）	式（2-22）	式（2-23）	式（2-54）	式（2-55）
1∶60	0.41	0.44	0.64	0.63	0.64	0.08	—
1∶90	0.39	0.40	0.51	0.52	0.51	—	0.11

根据式（2-51），利用各公式得到的拟合优度 R^2 如表 2-35 所示，从表中可以看出：利用式（2-19）～式（2-23）得到的 R^2 为 0.59～0.85，利用式（2-54）得到的 R^2 为 0.99，利用式（2-55）得到的 R^2 为 0.99，利用改进频率法得到的公式拟合效果更好。

各公式的拟合优度 R^2　　**表 2-35**

长径比	式（2-19）	式（2-20）	式（2-21）	式（2-22）	式（2-23）	式（2-54）	式（2-55）
1∶60	0.83	0.80	0.59	0.61	0.59	0.99	—
1∶90	0.85	0.84	0.74	0.73	0.74	—	0.99

对长径比 1∶60 的 $\phi 7 \times 61$ 半平行钢丝束进行索力测试试验，得到了不同索力荷载下拉索的一阶频率值，如表 2-36 所示。

ϕ7×61 拉索一阶频率 **表 2-36**

索力 T_1(kN)	频率均值 f_1(Hz)	索力 T_1(kN)	频率均值 f_1(Hz)
180.3	10.59	1378.6	27.68
300.3	14.19	1500.2	28.76
418.7	16.96	1622.8	28.97
539.0	18.95	1740.2	30.75
660.4	20.92	1862.2	31.89
783.0	22.48	1982.8	32.58
901.2	23.83	2100.4	33.57
1020.2	24.71	2221.1	34.46
1142.2	25.79	2340.9	35.18
1262.4	27.25	—	—

根据式（2-19）～式（2-23）对试验数据进行分析，利用现有频率法索力公式得到的索力误差如图 2-48 所示，从图中可以看出：利用现有频率法索力公式得到的索力误差均较大，适用性较差。

针对长径比 1∶60 的 ϕ7×61 半平行钢丝束，下面将分析本文提出的改进频率法的可行性，根据式（2-49），选取前 4 组数据进行曲线拟合，确定参数 A、B、C，则 T_n 为：

$$T_n = 2.2132\left(\frac{f_n}{n}\right)^2 - 22.869\frac{f_n}{n} + 175.25 \tag{2-56}$$

将后 15 组数据代入式（2-56）进行预测性验证和误差分析，则索力误差如图 2-49 所示，从图中可以看出：各点误差较小，利用改进频率法得到的索力公式具有良好的适用性和预测性。

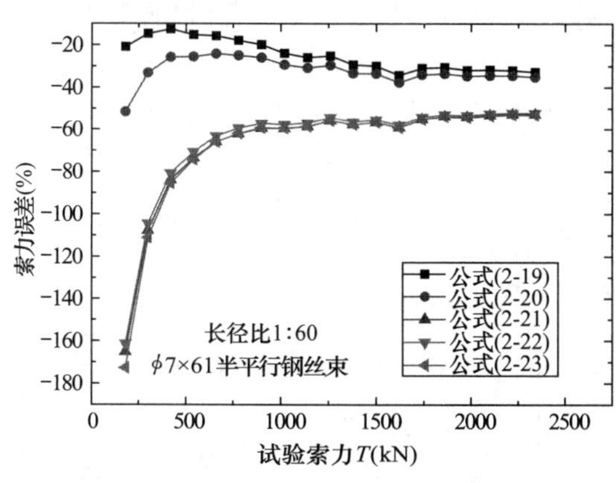

图 2-48 式（2-19）～式（2-23）索力误差

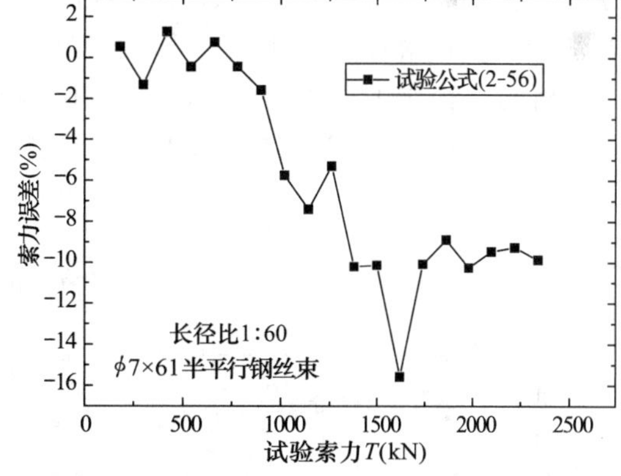

图 2-49 式（2-56）索力误差

根据式（2-50），利用各公式得到的 *RMSE* 误差如表 2-37 所示，从表中可以看出：利用现有基于频率法的五种索力公式误差达到 56%，利用改进频率法得到的索力误差达到 10%，改进频率法适用性更好。

各公式的 RMSE 误差 **表 2-37**

长径比	式（2-19）	式（2-20）	式（2-21）	式（2-22）	式（2-23）	式（2-56）
1∶60	0.30	0.34	0.56	0.55	0.56	0.10

根据式（2-51），利用各公式得到的拟合优度 R^2 如表 2-38 所示，从表中可以看出：利用式（2-19）～式（2-23）得到的 R^2 为 0.68～0.91，利用式（2-56）得到的 R^2 为 0.99，利用改进频率法得到的公式拟合效果更好。

各公式的拟合优度 R^2　　表 2-38

长径比	式（2-19）	式（2-20）	式（2-21）	式（2-22）	式（2-23）	式（2-56）
1∶60	0.91	0.89	0.69	0.70	0.68	0.99

对长径比 1∶60 的 ϕ5×151 半平行钢丝束进行索力测试试验，得到了不同索力荷载下拉索的一阶频率值，如表 2-39 所示。

ϕ5×151 拉索一阶频率　　表 2-39

试验索力 T_1(kN)	频率均值 f_1(Hz)	试验索力 T_1(kN)	频率均值 f_1(Hz)
258.30	11.61	1680.20	27.05
406.00	14.07	1840.80	28.52
562.00	16.86	2000.20	29.59
725.80	18.89	2162.40	30.96
881.20	20.99	2324.30	31.61
1045.60	22.50	2481.30	32.76
1201.60	24.60	2640.10	34.46
1360.80	25.46	2798.30	34.82
1520.60	26.76	2952.00	35.59

根据式（2-19）～式（2-23）对试验数据进行分析，利用现有频率法索力公式得到的索力误差如图 2-50 所示，从图中可以看出：利用式（2-19）和式（2-20）得到的索力误差相对较小，其余各公式得到的索力误差相对较大。

针对长径比 1∶60 的 ϕ5×151 半平行钢丝束，下面将分析本文提出的改进频率法的可行性，根据式（2-49），选取前 4 组数据进行曲线拟合，确定参数 A、B、C，则 T_n 为：

$$T_n = 1.8147\left(\frac{f_n}{n}\right)^2 + 7.6975\,\frac{f_n}{n} - 71.997 \tag{2-57}$$

将后 14 组数据代入式（2-57）进行预测性验证和误差分析，则索力误差如图 2-51 所示，

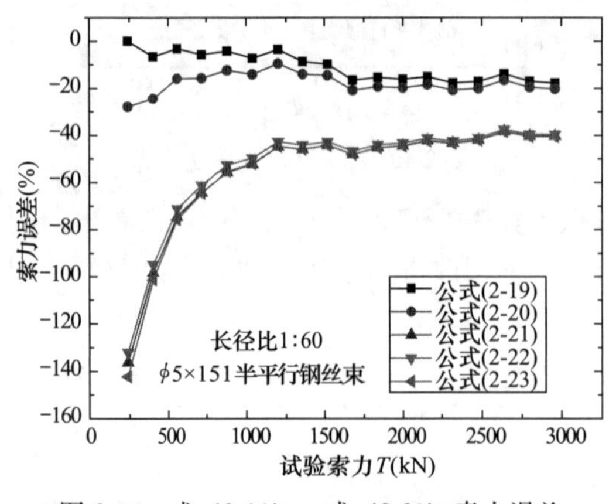

图 2-50　式（2-19）～式（2-23）索力误差

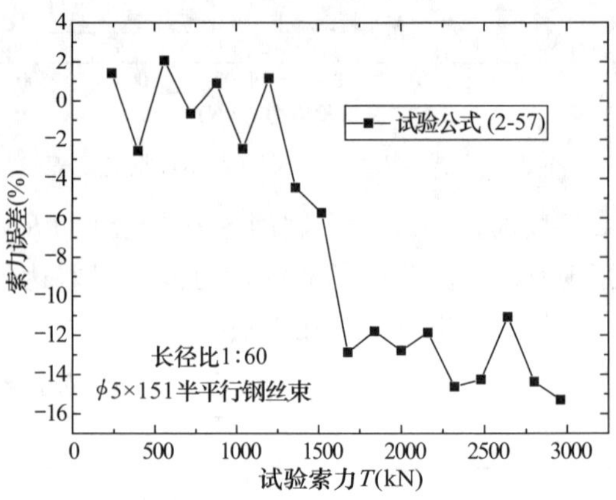

图 2-51　式（2-57）索力误差

从图中可以看出：各点误差整体上较小，利用改进频率法得到的索力公式具有良好的适用性和预测性。

根据式（2-50），利用各公式得到的 *RMSE* 误差如表 2-40 所示，从表中可以看出：利用现有基于频率法的五种索力公式得到的索力误差达到 44%，利用改进频率法得到的索力误差达到 11%，改进频率法适用性更好。

各公式的 *RMSE* 误差　　表 2-40

长径比	式（2-19）	式（2-20）	式（2-21）	式（2-22）	式（2-23）	式（2-57）
1∶60	0.16	0.19	0.44	0.42	0.44	0.11

根据式（2-51），利用各公式得到的拟合优度 R^2 如表 2-41 所示，从表中可以看出：利用式（2-19）～式（2-23）得到的 R^2 为 0.81～0.96，利用式（2-57）得到的 R^2 为 0.98，利用改进频率法得到的公式拟合效果更好。

各公式的拟合优度 R^2　　表 2-41

长径比	式（2-19）	式（2-20）	式（2-21）	式（2-22）	式（2-23）	式（2-57）
1∶60	0.96	0.95	0.81	0.82	0.81	0.98

通过对 1×7 钢绞线和 $\phi5\times85$、$\phi7\times61$、$\phi5\times151$ 半平行钢丝束进行索力识别方法验证试验，结果显示，改进频率法索力误差约为 11%，现有频率法索力误差可达 64%，因此本文提出的基于标定思想的索力识别方法具有一定的优越性。

2.7 本章小结

本章主要采用试验研究的方法，针对索穹顶结构中经常用到的拉索开展抗弯性能、松弛性能及耐腐蚀性能试验。通过拉索的抗弯性能试验，获得了拉索的有效刚度，提出了由 $\phi7$ 钢丝组成的半平行钢丝束的抗弯刚度的预测方法；通过对高强钢丝及四种常见预应力拉索开展松弛试验，获得了预应力拉索的松弛规律，并基于试验结果，对结构用索的长期松弛值进行推算；通过对镀锌高强钢丝、钢绞线、半平行钢丝束、钢拉杆等建筑结构中常用的拉索形式开展拉索耐腐蚀性能研究，获得了拉索腐蚀形貌并对拉索腐蚀后的力学性能进行研究，结果表明，腐蚀对拉索的强度影响较小，但其延性受到影响，塑性性能有降低趋势。另外，本章提出了三点弯曲法和基于标定思想的索力识别方法，并通过试验进行验证。结果表明，当拉力大于拉索破断力的 12.5%，且索体直径小于 $\phi38$ 时，三点弯曲法可以获得满足工程精度的结果。基于标定思想的索力识别方法优于现有的五种索力识别方法，可在工程中使用。

第 3 章 拉索构件数值模拟方法研究

3.1 引言

由于拉索具有优良的抗拉性能，并且索结构在大型公共建筑、会展场馆、航站楼等结构中广泛应用，因此拉索的基本力学性能和服役过程中的时变力学性能受到国内外学者的广泛关注。第 2 章中，我们针对拉索的基本力学性能及时变力学性能开展了一系列的试验研究，但是，试验研究往往只能获得拉索整体相对宏观的性能，如抗拉强度、弯曲刚度、松弛规律等。索体可否正常工作往往取决于拉索中部分钢丝表现出的力学性能、钢丝间的相互作用及拉索的局部受力特性，因此很多学者逐渐开始关注索体内部的力学特性及所表现出的力学性能。

近年来，随着有限元技术的发展，逐渐有学者开始使用有限元分析技术来研究拉索的内部应力变化，并获得了初步进展。本章应用有限元软件，通过建立精细化有限元模型，对拉索的张拉过程进行分析，获得拉索的应力分布规律，为预应力结构中钢绞线的精细化设计分析提供基础。针对钢绞线和半平行钢丝束建立半精细化有限元模型，对拉索的弯曲过程进行分析。另外，本章提出了一种简化的基于有限元的结构拉索应力松弛性能分析方法，得到了其松弛规律和松弛引起的内部钢丝应力退化规律。最后基于半精细化有限元模型开展拉索断丝效应的研究，为拉索构件的安全评估提供依据。

3.2 七丝钢绞线轴拉性能数值模拟

3.2.1 建模方法及模型参数

七丝钢绞线是由六根钢丝围绕中心钢丝捻制而成，其几何参数主要有：中心钢丝半径为 R_c，周边绕捻钢丝半径为 R_h 以及钢丝捻角 α。R. Judge 也曾使用 ANSYS-DYNA 建立七丝钢绞线的 3D 精细化有限元模型进行拉索轴向拉伸过程中局部应力变化分析，如图 3-1 所示。本章所分析的模型参数均与 R. Judge 模型一致，主要参数如表 3-1 所示。

精细化有限元模型采用实体单元建模，需对实体模型进行单元划分。R. Judge 的单元划分方式如图 3-1 所示，首先沿钢丝长度方向将钢丝划分为多条螺旋形体单元，然后用垂直于拉索轴向的平面将各螺旋形单元切分为类六面体矩形实体单元。该种划分方式下可实现拉索端面为一平面，便于在拉索端面施加各种约束。任一拉索截面上节点均位于同一平面，单元面均垂直于拉索轴线。该种划分方式便于模型微段的选取，但划分方式较为复杂。

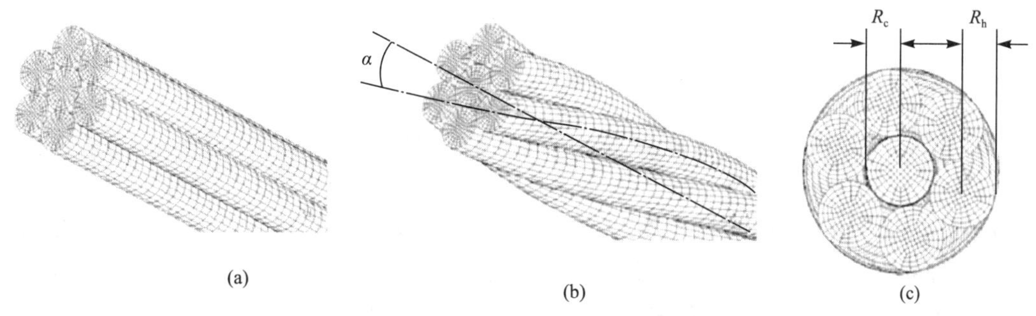

图 3-1 R. Judge 拉索精细化有限元模型及单元划分

七丝钢绞线模型的几何参数及材料参数 表 3-1

模型参数	
钢绞线半径（mm）	11.374
中心钢丝半径（mm）	3.96
环向钢丝半径（mm）	3.71
钢绞线捻距（mm）	78.667
模型长度（mm）	157.334
扭转角（°）	17.03
杨氏模量（GPa）	188
塑性模量（GPa）	24.6
屈服强度（GPa）	1.54
泊松比	0.3

为简化单元划分过程，本章中模型采用扫略的单元划分方法，首先对钢丝截面进行划分，然后基于划分好的端面沿着钢丝轴线进行扫略。该种单元划分方式下，中心钢丝的实体单元端面将垂直于拉索截面，但绕捻钢丝内实体单元端面将垂直于螺旋钢丝轴线。有限元模型单元划分如图 3-2 所示。

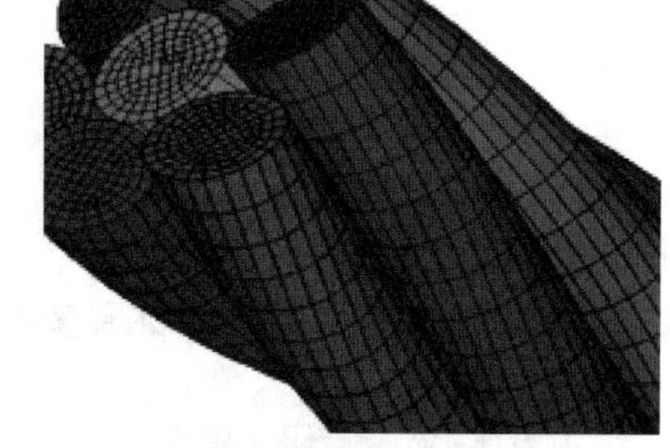

图 3-2 有限元模型单元划分

拉索内部钢丝的材料模型选用 ANSYS-DYNA 中的 * MAT _ PLASTIC _ KINEMATIC 弹塑性模型，并采用 Von Mises 屈服准则和双线性等向强化准则来描述钢材的弹塑性特性。钢丝表面建立自动面面接触 * AUTOMATIC _ SURFACE _ TO _ SURFACE 以获取钢丝之间界面接触应力以及钢丝间摩擦力的分布，钢丝表面摩擦采用库仑摩擦力，摩擦系数参考 R. Judge 的模型，拟取为 0.115。相关的材料参数和钢丝的绕捻特性值均见表 3-1。

R. Judge 的研究主要基于 Utting[22,23] 的钢绞线张拉试验，模拟了拉索轴向拉伸直至拉索断裂的过程。由于七丝钢绞线的绞捻特性，轴向拉伸时钢丝内力作用会在索体内产生扭矩，使得拉索产生解螺旋趋势。因此在 Utting 试验中张拉加载端考虑了两种张拉方式，约束拉伸和自由拉伸。约束拉伸中将拉索加载端卡死，在张拉中限制钢丝自身以及拉索整体的扭转。在有限元模拟实现上为约束拉索端部截面上的节点在平行于拉索截面方向上的自由度。而自由拉伸中，张拉端采用可旋转夹具，允许拉索端部截面整体的扭转。在有限元模型中只对加载端部截面节点施加轴向位移，释放垂直轴线方向的自由度以允许拉索的转动。

但这两种约束方式均与实际预应力拉索中钢丝内部受力条件不同。在实际预应力拉索中的任一截面上，由于螺旋钢丝的绕捻特性，外围钢丝均为螺旋方向牵引。如图3-3所示，所研究索段为截面A右侧索段，则在截面A处，外围螺旋钢丝受到其自身在截面A右侧钢丝部分螺旋线方向的牵引，并且由于张拉中钢丝的变形，截面A处钢丝截面将允许微小的转动和错动，因此约束条件介于全约束和全自由之间。

为符合预应力拉索内部的边界条件，在有限元模型中提出一种附加“加载段”的荷载施加方式。图3-3中，截面A右侧部分为所分析的2倍捻距索段（157.334mm），而整体模型长度为180mm，而截面左侧建立的额外长度段即为附加“加载段”。分析索段部分钢丝表面建立接触单元，钢丝材料采用弹塑性模型。“加载段”部分钢丝表面无接触单元，加载段钢丝材料采用纯弹性模型且设置其屈服强度为一较大值（分析段钢丝屈服强度为1.54GPa，而加载段材料屈服强度设为6GPa），以使其始终处于弹性状态。在附加索段的另一侧即边界B截面的节点上施加位移荷载。

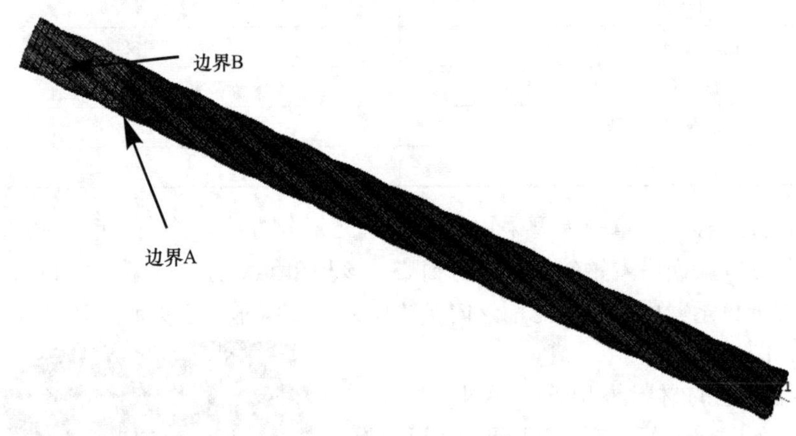

图3-3 七丝钢绞线有限元模型及边界条件设置

3.2.2 拉索轴向拉伸整体承载性能

为验证所建立有限元模型的正确性及精确度，首先进行拉索轴向拉伸过程模拟。分别采用三种加载边界的有限元模型进行计算分析，即约束拉伸、自由拉伸和附加“加载段”拉伸。将前两种拉伸状况下的分析结果与Utting试验结果进行对比，以验证有限元模型的正确性。并将附加“加载段”张拉下的分析结果与前两种边界条件进行对比，以研究加载端的约束状况对于拉索轴向拉伸性能的影响。荷载通过端部节点强制位移的方式施加。

图3-4为三种加载边界条件下的模拟结果，约束张拉和自由张拉的结果为图中实线，Utting的钢绞线张拉试验中相应的试验结果为图中的黑色虚线。“加载段”张拉模型的计

算结果为图中点虚线。由结果对比可知，该有限元模型对于七丝钢绞线张拉过程模拟较好，有限元模拟结果能够精确地拟合轴向承载性能变化以及弹塑性变化。约束拉伸下拉索轴向刚度和屈服强度均明显大于自由拉伸，该种差别主要源于拉索拉伸时的解螺旋效应。在自由拉伸状况下，随着拉索伸长，拉索截面转动，造成钢丝捻角不断减小，外圈螺旋钢丝捻距增大。从而索体强制伸长量中的应力伸长比例减小，所需的张力变小。并且由于外圈钢丝的解旋作用，外圈钢丝中所产生的内力将小于核心钢丝，使得核心钢丝在高应力下先行屈服，整体体现为自由拉伸拉索相较于约束拉伸更早进入塑性，并且拉索整体屈服强度较小。

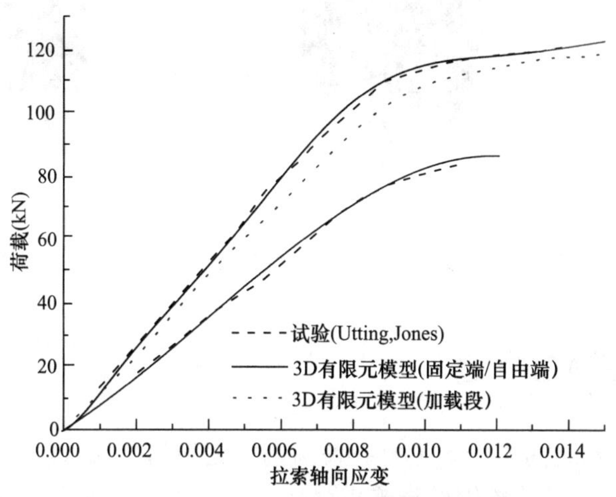

图 3-4　七丝钢绞线轴向应变-荷载曲线

由图 3-4 中可见，“加载段”拉伸结果介于约束张拉和自由张拉之间，端部约束状况类似于半固定或半约束状态，则后续将该种“加载段”边界称为半约束边界。半约束拉伸结果更接近于约束拉伸，但其轴向屈服强度和弹性阶段刚度均略低。原因主要在于，在半约束模型中，附加“加载段”内的钢丝也会发生微小变形，从而在实际加载面 A，钢丝截面允许发生微小转动和错动。因此表现在拉索整体轴向刚度较约束拉伸时偏小。但因为绕捻钢丝在张力作用下被握裹张紧，该截面转动和错动量十分有限，因此拉索整体承载变化更加接近于约束拉伸状态。

3.2.3　拉索内部塑性应变分布

由图 3-4 可见，在拉索轴向应变为 0.006 时塑性开始发展，在拉索应变为 0.01 时拉索轴向承载基本进入塑性。图 3-5 为拉索应变为 0.01 时三种边界约束下索体内部等效塑性应变分布。从图中可见，塑性发展主要位于核心钢丝以及内外钢丝接触区域。约束拉伸中拉索伸长协同性较好，拉索截面利用率较高，核心钢丝和外圈钢丝中塑性分布较为均匀。半约束拉伸相较于约束拉伸，外圈钢丝塑性发展范围较小。而自由拉伸模型中塑性应变发展主要位于核心钢丝，外圈钢丝塑性发展很少，并且内外钢丝接触区域塑性应变水平较高，钢丝之间内力分布不均匀程度较大，截面利用率低。

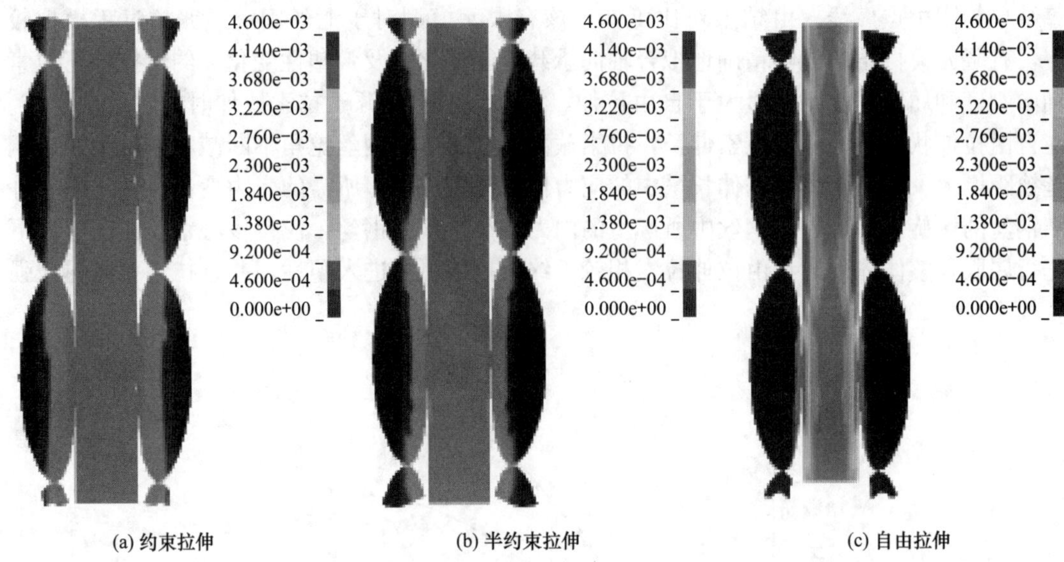

图 3-5　轴向拉伸时索体内部等效塑性应变云图（拉索应变为 0.01）

3.2.4　钢丝间接触力的变化

七丝钢绞线中钢丝之间的接触主要有外圈钢丝之间的接触（wire to wire contact，简称为 WW 接触）以及外圈绕捻钢丝与核心钢丝之间的接触（wire to core contact，简称为 WC 接触），并且两者均为线接触。为了解拉索在拉伸过程中钢丝接触力的变化，在拉索中间区段分别选取位于 WW 及 WC 接触线上的节点，提取节点接触压力和摩擦力（接触剪力），并查看其随轴向伸长的变化。由图 3-5 可知自由拉伸下钢丝内力分布不均，故在本章比较中，只对比分析约束拉伸和半约束拉伸过程。图 3-6 为拉索在轴向应变为 0.01 时，外圈钢丝上接触应力分布，在接触线上分别选取节点 A（编号 78581）代表 WW 接触和节点 B（编号 74758）代表 WC 接触。

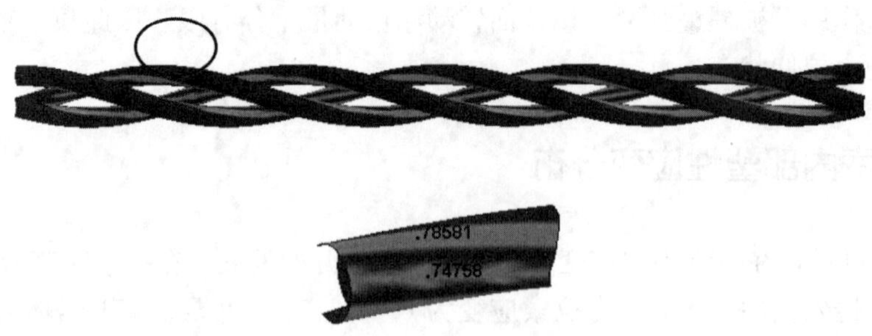

图 3-6　所选节点位置及接触应力分布（约束拉伸，拉索轴向应变 0.01）

在约束拉伸和半约束拉伸中，WW 接触压力在张拉初始阶段增长快于 WC 接触压力。产生该变化主要是因为钢绞线模型在无张力初始阶段钢丝处于互相接触状态，在受到轴向拉伸作用时，环向钢丝会产生握裹作用，并且在紧握力作用下环向接触应力迅速升高。在张拉力达到一定水平时，为适应拉索伸长，钢丝之间产生相互错动趋势，并且当该趋势超过钢丝间接触摩擦力作用时，钢丝间会产生微小的相对错动和滑移。在 Utting 的试验中也发现，接触面上塑性的发展会引起有效接触线位置的迁移，从图 3-7 和图 3-8 可见，接触位置的调整也伴随着接触力趋势的变化。综合图 3-4、图 3-7 和图 3-8 可知，拉索轴向应变大于 0.01 时拉索强度基本进入塑性，而在张拉后期，由于塑性持续发展以及泊松比的影响，WW 接触应力（压力和接触摩擦应力）持续变小，而 WC 接触应力持续增大，但增长速率逐渐减小。

塑性应变主要从接触区域开始发展。半约束模型中接触压力变化趋势的转折比约束拉伸时更为剧烈，即在张拉阶段后期，WW 接触应力减小比 WC 接触应力的增大幅度更大。半约束拉伸在轴向应变较大时两种接触应力变化均趋于平稳，表明在张拉后期，整个拉索截面产生协调的塑性发展，拉索共同协调变形。

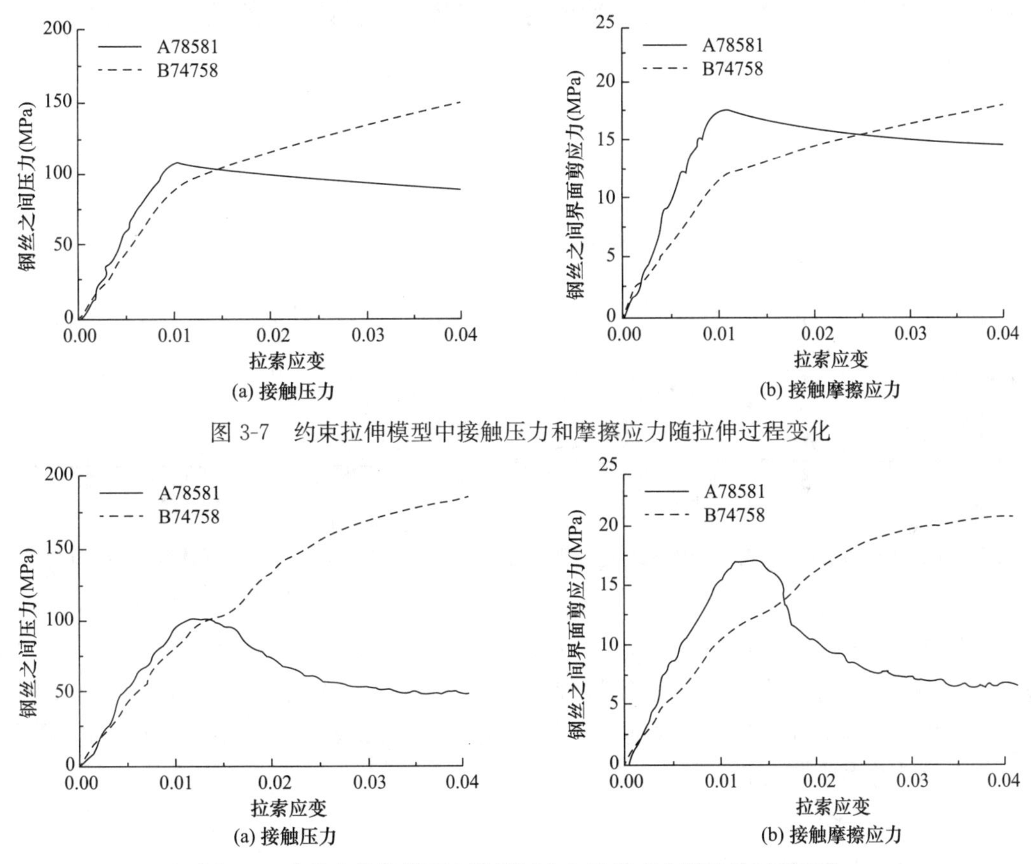

图 3-7　约束拉伸模型中接触压力和摩擦应力随拉伸过程变化

图 3-8　半约束拉伸模型中接触压力和摩擦应力随拉伸过程变化

3.2.5　钢丝之间摩擦力对拉索轴向承载性能的影响

拉索在张拉过程中，钢丝之间因相互错动趋势存在摩擦力，如果发生微量滑移，将产生摩擦能量消耗。根据能量守恒，拉索拉伸过程中外力做功主要转化为拉索应力内能以及钢丝之间的摩擦耗能。如果拉伸过大发生拉索钢丝断裂，外力能还将转化为钢丝运动的动能。因此在拉索张拉过程中摩擦力对于拉索轴向性能的影响可以通过查看摩擦耗能与拉索模型内能的比例间接得出。对于约束边界模型张拉过程中，摩擦滑移耗能占总能量消耗的比例小于0.4%，而对于半约束边界模型，摩擦能消耗比例也小于0.8%。拉索在整个张拉过程中的外力做功、应力内能以及摩擦能的变化如图3-9所示。从图中可见在整个张拉过程中，摩擦力对于轴向承载性能以及轴向刚度变化影响很小，外力做功基本全部转化为应力内能。

目前对于拉索轴向张拉过程的模拟，钢丝之间的摩擦系数均为0.115。为进一步验证摩擦力对于轴向张拉过程的影响规律，通过改变摩擦系数，增加两个半约束边界张拉过程模拟，库仑摩擦系数分别为0.2和0.4。图3-10为采用三种不同摩擦系数时轴向张拉反力的变化状况。图中可见不同状况下荷载变化曲线基本重合，摩擦系数对于轴向承载和轴向刚度基本无影响。相关文献中也曾得出类似结论：通过有限元模拟得出拉索在钢丝之间无摩擦以及无滑动（摩擦力无限大）两种极限状态下，轴向刚度基本相同。由此可见，本章中所建立的七丝钢绞线精细化有限元模型模拟精度较高，能够有效地模拟拉索轴向张拉过程，并且能够得到张拉过程中各项力学性能的变化状况。

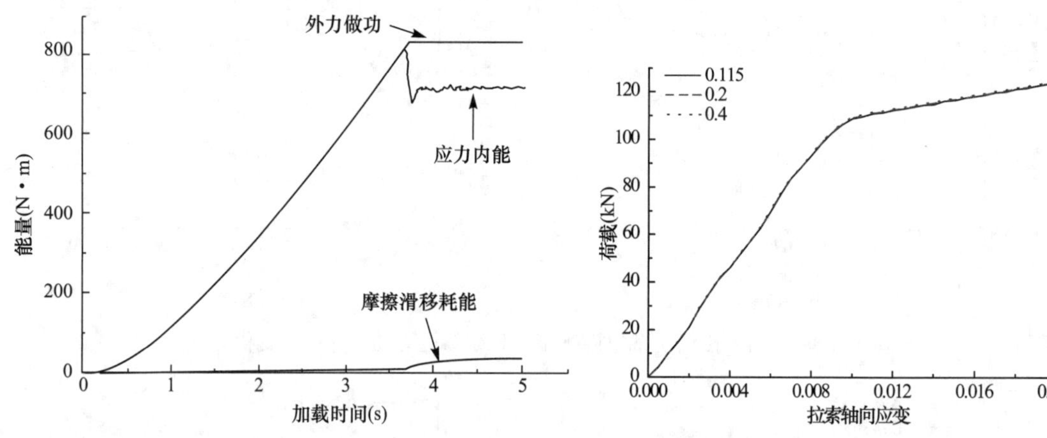

图3-9　半约束边界模型拉伸过程中各能量变化状况

图3-10　采用不同摩擦系数的半约束边界拉伸中张拉荷载变化

钢丝之间接触摩擦耗能主要分为WW接触摩擦滑移以及WC接触摩擦滑移。在约束边界拉伸中，WC接触滑移仅占总摩擦耗能的1.8%，在半约束边界拉伸中，该比例为17.3%。由此可见，拉索边界约束越强，外圈钢丝与内部钢丝之间的滑移越小，拉索钢丝之间的整体协作状态越好。

3.3　拉索抗弯性能数值模拟

3.3.1　半平行钢丝束半精细化有限元模型

3.3.1.1　半精细化有限元模型基本思路

在拉索弯曲过程中，钢丝摩擦滑移发生范围和程度较大，并对弯曲承载起重要作用。

若要正确估计拉索侧向承载性能以及弯曲过程中内部钢丝的内力变化，需要在拉索模型中考虑索体内部相互作用关系。在拉索各截面上单元节点处理过程中，增加能够反映内部钢丝随拉索弯曲下挠过程中的变位及转动，以及体现钢丝之间挤压承载和摩擦滑移状况的单元组合，建立能够反映拉索弯曲中钢丝之间黏滑状态变化以及内力状况的半精细化有限元模型。

半精细化有限元模型建立基于如下基本假定：

（1）拉索变形过程中允许其内部各钢丝相互错动，但钢丝变形遵循平截面假定，即忽略钢丝内部的剪切变形。

（2）钢丝之间相互滑移方向仅沿着拉索轴向，忽略钢丝沿拉索环向的错动和滑移；钢丝之间采用库仑摩擦力，摩擦系数为 μ。

（3）弯曲模型分析中不考虑钢丝塑性发展，假定所有钢丝采用同种材料特性并且在拉索弯曲过程中其内部钢丝始终处于弹性阶段。

该半精细化有限元模型的基本思路为：采用按照螺旋线排列的短梁模拟空间绕捻钢丝，在各钢丝截面建立发散排列的长度等于钢丝半径的刚臂单元以模拟钢丝的平截面转动；刚臂单元一端连于钢丝中心，另一端分布于钢丝边界上，因此接触通过寻找互相重合的边界点（重合节点对），在其间建立 X、Y 方向线性弹簧模拟钢丝接触压力，以及 Z 方向非线性弹簧模拟摩擦滑移。

通过这些假定和简化，拉索即成为一个梁-弹簧组合体模型。图 3-11 即为一七丝钢绞线的半精细化模型：螺旋钢丝由较短的梁单元模拟，单元沿空间螺旋线分布整体形成螺旋线形绕捻钢丝（以下简称钢丝单元），钢丝单元弹性模量为 $2.1\times10^{11}\,\mathrm{N/m^2}$。图 3-11 中各截面上由钢丝中心向外发散分布的黑线即为钢丝截面上刚臂的位置。在钢丝均匀分布的半平行钢丝束中，每根钢丝都与周圈六根钢丝相接触，接触点沿钢丝截面周线均匀分布，则刚臂单元即为连接钢丝截面中心与钢丝周边的六个接触点。因此该建模方式将钢丝截面以刚臂组合替代，在钢丝变形或挠曲过程中，刚臂组合保持相对位置的固定，即实现钢丝内部的平截面假定。图中标注的红点位于钢丝的接触线上，因此通过合理设置刚臂和相邻钢丝之间的角度和位置，在同一拉索截面上，相邻钢丝截面都将有一个刚臂单元，其外节点位于接触位置。

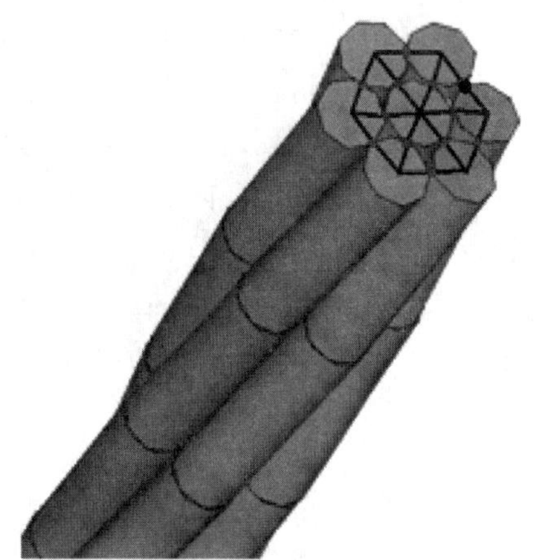

图 3-11　七丝钢绞线的半精细化有限元模型

在图中所示黑点即接触点上将有一对重合节点，分别为相邻钢丝表面的刚臂外节点，表示各自钢丝表面的接触区域。钢丝之间的相互作用可通过在各节点对中建立三个方向的弹簧实现。假定拉索轴向为 Z 轴，则 XY 平面即平行于拉索和钢丝平面。X 和 Y 方向的弹簧采用线弹性弹簧以获得拉索在受载过程中界面的挤压作用，从而计算钢丝之间的接触摩阻力大小，Z 方向采用具有弹塑性特性的弹簧以模拟拉索界面的摩擦阻力及滑移效应。

采用 ANSYS 有限元分析软件建立半平行钢丝束的半精细化有限元模型，其中钢丝和截面刚臂均采用单轴 PIPE16 单元，该单元具有拉压、扭转和弯曲性能，在两个节点有 6

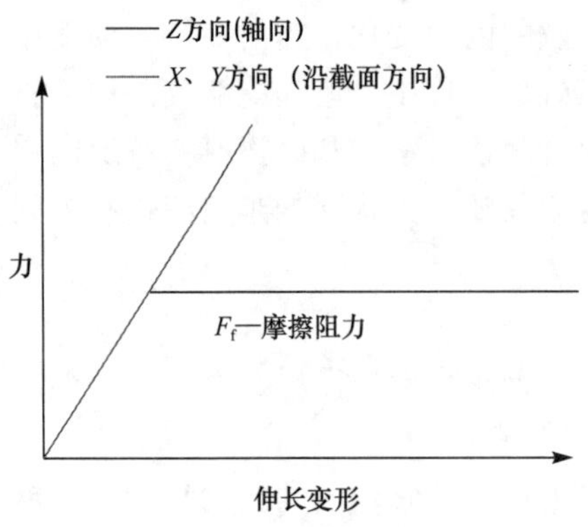

图 3-12 COMBINE39 弹簧单元内力-变形关系曲线

个自由度：沿节点 X、Y、Z 方向的平移和绕节点 X、Y、Z 轴的旋转。截面刚臂的单元截面尺寸采用与钢丝单元相同大小，但具有较大弹性模量（取为 $2.1\times10^{16}N/m^2$）以体现其刚性。

接触位置处重合节点之间设置的弹簧单元采用 COMBINE39，该单元为具有非线性功能的一维弹簧单元，常被用来分析钢筋和混凝土之间的粘结滑移性能。其非线性行为由建立单元时所输入的广义力-变形曲线定义，如图 3-12 所示。半精细化有限元模型中，接触点处 X、Y 方向采用线弹性弹簧，因此这两个方向弹簧内力变形关系为比例线性增长。Z 方向弹簧设置多折线弹塑性力-变形曲线，在某一阶段的极限阻力，即图中水平段数值可通过同一位置处 X、Y 弹簧接触的挤压力计算得出。

3.3.1.2 半平行钢丝束半精细化有限元模型建立方法

半平行钢丝束半精细化有限元模型的建立过程如图 3-13 所示，其主要步骤为：

（1）建立中心钢丝的截面中点以及与周圈 6 根环绕钢丝之间的接触节点；建立钢丝截面刚臂单元，分别连接中心节点与周圈接触节点，钢丝截面即建成。

（2）首先将钢丝截面沿中心节点与任一接触点连线方向复制建立外圈钢丝截面，此时中心钢丝和外圈钢丝之间均有一刚臂外节点在两钢丝截面的接触点位置重合。

（3）绕中心轴环向复制外圈钢丝截面，即得到拉索端面上所有钢丝截面，并且在各接触点处都有一对重合节点，分别属于所接触的钢丝截面。

（4）在接触点处建立三向弹簧单元，X、Y 向弹簧单元的输入刚度等于钢材的弹性模量 $2.1\times10^{16}N/m^2$，Z 向弹簧初始输入曲线同 X、Y 向弹簧。至此拉索端面上所有钢丝截

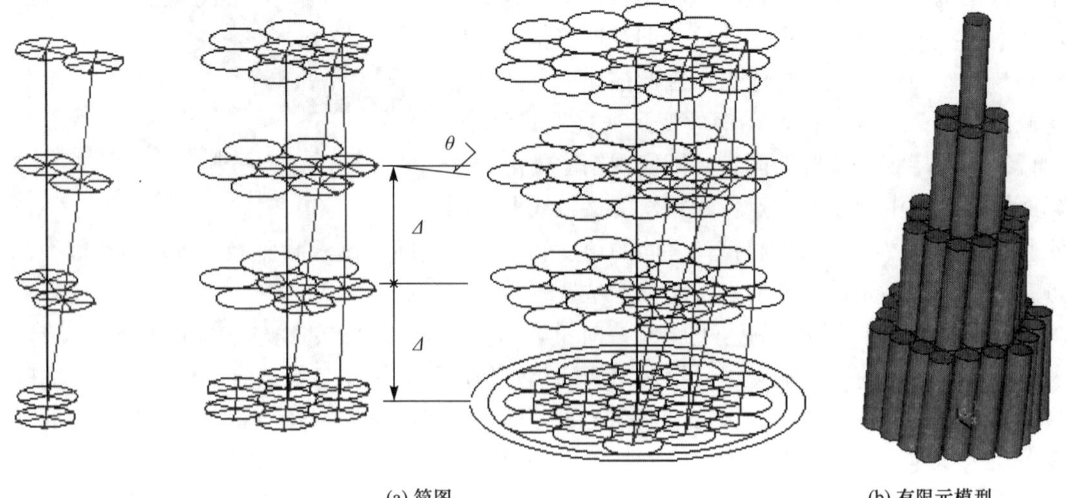

(a) 简图　　(b) 有限元模型

图 3-13 半平行钢丝束半精细化有限元模型建立过程

面及接触弹簧均已建成。

(5) 将拉索截面上所有单元和节点沿拉索轴向整体带转角复制，即沿拉索轴向一定距离 Δ 复制同时旋转 θ 角度即形成各拉索截面。θ 可通过式 (3-1) 计算得到。

$$\theta = 360^{\circ}\frac{\Delta}{L} \tag{3-1}$$

(6) 用钢丝单元连接各拉索截面上相对应钢丝中心节点，即形成拉索内部各螺旋钢丝，至此半平行钢丝束半精细化有限元模型即建成。

图 3-13(b)为一个 37 丝半平行钢丝束半精细化有限元模型图，建成后微段钢丝单元为直梁单元，通过空间排列特性描述绞捻特性。为便于查看钢丝之间接触，将部分钢丝消隐，其中图中红点即位于各钢丝之间的接触区域。半平行钢丝束模型中将线接触简化为逐点接触模式，将某微段内接触作用集中分配于微段端部接触节点处。

半精细化有限元模型中对于拉索的轴向加载可通过对拉索端面节点施加；使用该模型进行拉索弯曲分析时可通过对索段中间截面中心节点施加强迫位移方式实现。

需要注意的是，在建模时对于各接触点的 Z 向弹簧特性为线性假定，而实际中钢丝之间摩擦阻力与接触压力状况有关。半平行钢丝束在无预应力状态时其内部钢丝通过 HDPE 护套扎紧握裹，在施加预应力及弯曲过程中，由于钢丝的绞捻作用或者拉索的侧向挠曲变化，钢丝自身轴力的存在及改变也会引起握裹力的变化。因此使用该模型进行弯曲模拟之前需要计算各接触点挤压状况，从而设置合适的 Z 向弹簧承载参数即摩擦承载状况。

3.3.1.3 半平行钢丝束握裹作用及钢丝接触摩阻力计算

半平行钢丝束中确定钢丝摩阻力状况所需计算的握裹作用主要有外裹热挤聚乙烯 (HDPE) 护套的握裹作用和螺旋钢丝的紧箍效应。

(1) 外裹热挤聚乙烯 (HDPE) 护套的握裹作用

平行钢丝束和半平行钢丝束外部裹有的高密度聚乙烯套采用的是挤塑工艺。拉索排列好后在其外裹附一层加热软化的聚乙烯塑料，之后对其进行冷却成型。由于热胀冷缩的作用，成型后 HDPE 护套将会对内部的平行钢丝产生箍紧作用，产生环向正压力。

设高密度聚乙烯常温下的体热膨胀系数为 β，温度变化为 Δt，v 和 Δv 分别为护套体积及体积增量，由材料热力学公式可知：

$$\beta = \frac{1}{v}\frac{\Delta v}{\Delta t} \tag{3-2}$$

由于温度改变使得单位体积的聚乙烯套发生的应变为 $\beta \times \Delta v \times h$，所产生的应力 T_{t} 可由下式计算：

$$T_{\mathrm{t}} = E\beta\Delta vh \tag{3-3}$$

其中 E 为聚乙烯的弹性模量，h 为拉索护套的厚度，q_0 为拉索 PE 护套对内部钢丝的握裹应力。图 3-14 显示了半圈拉索截面上因聚乙烯套温度变化而致的紧箍效应，因此拉索护套内热应力有如下关系：

$$T_{\mathrm{t}} = E\beta\Delta th = \int_0^{\pi}\sin\theta \cdot q_0 \mathrm{d}l/2 = \int_0^{\pi}\sin\theta \cdot q_0 r_0 \mathrm{d}\theta/2 = r_0 q_0 \tag{3-4}$$

假定 PE 护套对最外圈钢丝的挤压作用力可按最外圈钢丝对应的圆心角分配，则各根钢丝上所受到的挤压力为：

$$q_0 l_i = q_0 r_0 \theta_i \tag{3-5}$$

θ_i 为最外圈钢丝所对应的圆心角，l_i 为按照圆心角分配对钢丝 i 产生挤压作用的聚乙烯索段长度。因此按照式（3-5），拉索的护套握裹力可以转化为施加在最外圈钢丝单元节点上的向心力作用，该向心力的大小为该节点周边区域的向心挤压力之和，如图 3-14(b) 所示。从式（3-5）中可看出外裹聚乙烯套的紧箍效应主要与索径直接相关，索径越小紧箍效应越明显。

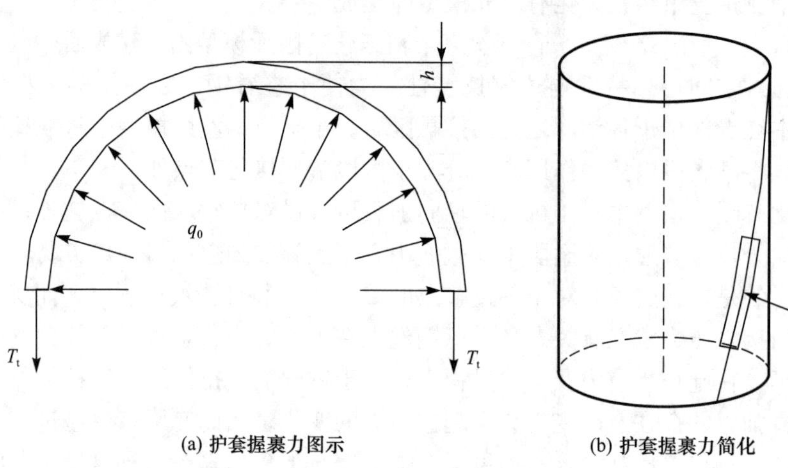

图 3-14　半平行钢丝束聚乙烯护套紧箍效应

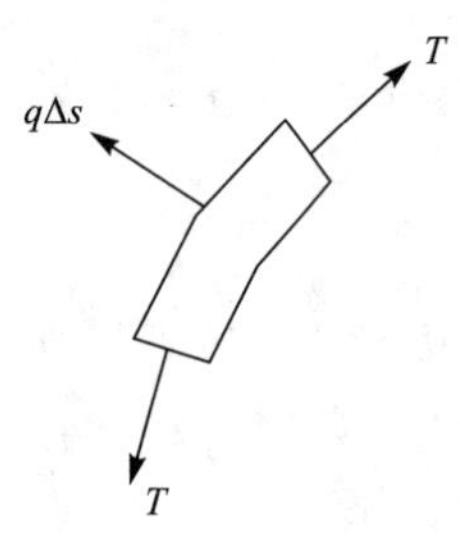

图 3-15　钢丝微段 Δs 受力示意图

（2）螺旋钢丝的紧箍效应

拉索成形时钢丝束轻度扭绞，钢丝为螺旋形则在其内部存在轴向张力作用时，将因扭绞角的存在使钢丝间产生挤压应力。螺旋钢丝的紧箍效应是钢丝之间接触挤压应力的另一重要来源，并且其大小与钢丝的绕捻角度以及扭转半径有关，以下将采用微分法计算螺旋钢丝的挤压力作用。

取一拉索微段进行分析，如图 3-15 所示。

假定钢丝的螺旋捻距为 L，绕捻半径为 r，则螺旋钢丝的空间位置为：

$$\begin{cases} x = r\cos t \\ y = r\sin t \qquad t \in [0, \pi] \\ z = L \cdot t/(2\pi) \end{cases} \tag{3-6}$$

其中 t 为钢丝内部某一点的旋转角度，则图 3-15 中拉索微段两端张拉力矢量表示为：

$$T = \frac{2\pi \cdot T}{\sqrt{(2\pi r)^2 + L^2}}\left(-r\cos t, -r\sin t, -\frac{L}{2\pi}\right) \tag{3-7}$$

$$T' = \frac{2\pi \cdot T}{\sqrt{(2\pi r)^2 + L^2}}\left[r\cos(t+\Delta t), r\sin(t+\Delta t), \frac{L}{2\pi}\right] \tag{3-8}$$

依据静力平衡关系可得下式：

$$|q \cdot \Delta s| = |T + T'| \tag{3-9}$$

因此钢丝微段内部挤压力可通过下式计算：

$$|q\cdot\Delta s|=\left|\frac{2\pi\cdot T}{\sqrt{(2\pi r)^2+L^2}}[-r\cos t+r\cos(t+\Delta t),r\sin(t+\Delta t)-r\sin t,0]\right|$$
$$=\frac{2\sqrt{2}\pi Tr}{\sqrt{(2\pi r)^2+L^2}}\sqrt{1-\cos(\Delta t)} \tag{3-10}$$

当 Δs 趋于无限小时，均布正压力大小即可计算如下：

$$|\vec{q}|=\lim_{\Delta s\to 0}\frac{2\sqrt{2}\pi\cdot Tr}{\sqrt{(2\pi r)^2+L^2}}\frac{\sqrt{1-\cos\Delta t}}{\Delta s}=\lim_{\Delta s\to 0}\frac{2\sqrt{2}\pi\cdot Tr}{\sqrt{(2\pi r)^2+L^2}}\frac{\Delta t}{\sqrt{2}\Delta s} \tag{3-11}$$

则将式（3-6）代入式（3-11）计算得到：

$$|\vec{q}|=\frac{4\pi^2 Tr}{(2\pi r)^2+L^2} \tag{3-12}$$

式（3-12）为通过解析方式所得到的钢丝握裹力。实际上，该半精细化有限元模型能够考虑螺旋钢丝的这种挤压作用。在施加轴压作用下，对于每根钢丝来说，由于螺旋的作用，其内力核心不在其形心中，从而产生握裹挤压力作用，而该挤压力的变化可以通过建立在接触点上的 X、Y 向弹簧单元提出并计算。因此该式中的推导结果可用于对比校核有限元模型的精度。选取两种尺寸的半平行钢丝束，同时采用解析的方式以及半精细化有限元模型来计算螺旋钢丝的握裹作用。

图 3-16 为用于计算并校核钢丝握裹力的钢丝位置及编号，表 3-2 为相对应钢丝的相关信息以及采用解析解和半精细化有限元所得的钢丝握裹力解。在半精细化有限元模型求解中施加截面应力为 100MPa 的轴向力（施加给各钢丝轴力为 1963.5N）。模型采用的捻距均为 1200mm，计算长度取为 500mm，内部钢丝直径为 5mm，且该验证算例中为排除护套握裹力影响外圈钢丝未施加向心力。在计算结果中提取 X、Y 向弹簧单元内力并求得合力

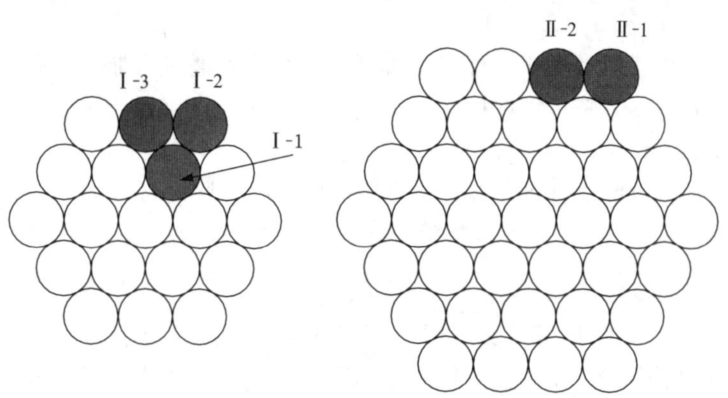

图 3-16 握裹力校核所选钢丝位置

钢丝握裹力计算对比（解析解和半精细化有限元解） 表 3-2

钢丝编号	钢丝单元长度（mm）	钢丝轴力（N）	半精细化有限元解（N）	解析解（N）
Ⅰ-1	20.01	1967.20	3.72	5.39
Ⅰ-2	20.03	1963.10	10.82	10.75
Ⅰ-3	20.02	1964.50	9.60	9.31
Ⅱ-1	20.06	1964.00	16.61	16.10
Ⅱ-2	20.05	1961.20	14.83	14.19

即为螺旋钢丝的紧箍力作用。为排除边界条件影响，选取索段中部截面相应接触节点进行计算。由表中可见，两种方式计算所得钢丝握裹力基本一致，间接验证了该半精细化有限元方法的正确性和有效性。

3.3.1.4 半精细化有限元模型钢丝摩擦阻力的确定

拉索护套握裹力作用以及钢丝的紧箍作用能够确定后，即可计算钢丝之间接触应力和摩擦阻力状况。该半精细化有限元模型中还能够考虑钢丝之间挤压力的累积作用。

在拉索弯曲过程中，由于钢丝内力会因为弯曲以及滑移作用而不断变化，钢丝之间的摩擦阻力也随之变化。而 ANSYS 中 COMBINE39 单元的力-变形关系（F-E 曲线）须预先定义，因此在正式的弯曲分析之前需进行一系列的预计算得出 Z 向弹簧的多折线承载关系曲线。基本思路为：将拉索弯曲过程分为 n 个子步，在任一子步 i 后提取各接触点接触力状况并计算得到接触摩擦阻力。利用 i 子步计算所得接触摩擦阻力修改 F-E 曲线，重新计算从初始到 i 子步的整个弯曲过程并进行下一子步 $i+1$ 子步侧向承载计算。因此在每一步中对摩擦阻力进行迭代，从而能够考虑拉索在弯曲过程中接触力及相应接触摩擦阻力的变化。拉索弯曲模拟中钢丝之间的摩擦系数取 0.5，弯曲加载方式通过在跨中截面中心点施加强制位移实现。

Z 向弹簧摩擦曲线的迭代计算和更新过程主要为（以预应力拉索为例）：

首先设置 Z 向弹簧为极限强度为 10N 的二折线理想弹塑性承载模型，对半平行钢丝束施加轴向牵引力，随后提取并计算各接触点的挤压作用，并计算相对应的最大接触摩阻力，以计算所得的接触摩阻修改多折线模型的第一转点；采用更新的 F-E 曲线重新模拟拉伸过程以及接触作用的计算。该重复计算是为了修正以得到更精确的接触摩阻分布。之后进行弯曲过程迭代分析。

弯曲过程的分析同前一步骤，且 F-E 曲线的更新主要通过增加曲线变化点的方式，首先将弯曲过程划分为 n 个子步。在拉伸分析之后，各接触点 Z 向弹簧承载为二折线模型，极限强度分别为 $F_0(1),F_0(2),F_0(3)\cdots F_0(i)\cdots$，如图 3-17 中附图 2。在索段中心施加侧向弯曲的第一子步，提取接触挤压并计算摩阻作用，同时提取 Z 轴的伸长量。

$$\begin{cases}E_{\Delta}(i)=E(i)\\F_{\Delta}(i)=\mu\sqrt{F_x(i)^2+F_y(i)^2}\end{cases}\tag{3-13}$$

通过各接触点的 Z 向弹簧伸长量以及相应的最大摩阻力$[E_{\Delta}(i),F_{\Delta}(i)]$修改 F-E 曲线，如图 3-17 中的附图 3。重新进行第一子步弯曲模拟及弹簧伸长和摩阻提取，并更新所增加点$[E_{\Delta}(i),F_{\Delta}(i)]$，每次重复是为了获得更加精确的 Z 向弹簧 F-E 变化关系。随后施加下一级弯曲位移即 2Δ，重复前步计算并修改 F-E 曲线。在后续子步弯曲中重复该求解更新，直至达到最大弯曲程度，获得附图 5 中的 F-E 承载曲线，整个迭代计算过程如图 3-17 所示。

在 F-E 曲线的更新中，如在弯曲子步 i 之后某接触点摩擦状态并未达到滑移状态，则所增加的转折点可由下式计算：

$$\begin{cases}F_{\Delta}(i)=\mu\sqrt{F_x(i)^2+F_y(i)^2}\\E_{\Delta}(i)=E_0(i)+\mid F_{\Delta}(i)-F_0(i)\mid/e\end{cases}\tag{3-14}$$

其中 e 为钢丝的弹性模量。这样在进行 n 个弯曲子步之后，各接触点处承载曲线中将会有 $n+1$ 个转折点，分别代表张拉状态以及 n 级弯曲子步时接触点的最大摩阻状态，最后使用附图 5 中 F-E 曲线进行正式的弯曲分析，获得最终的弯曲承载结果。

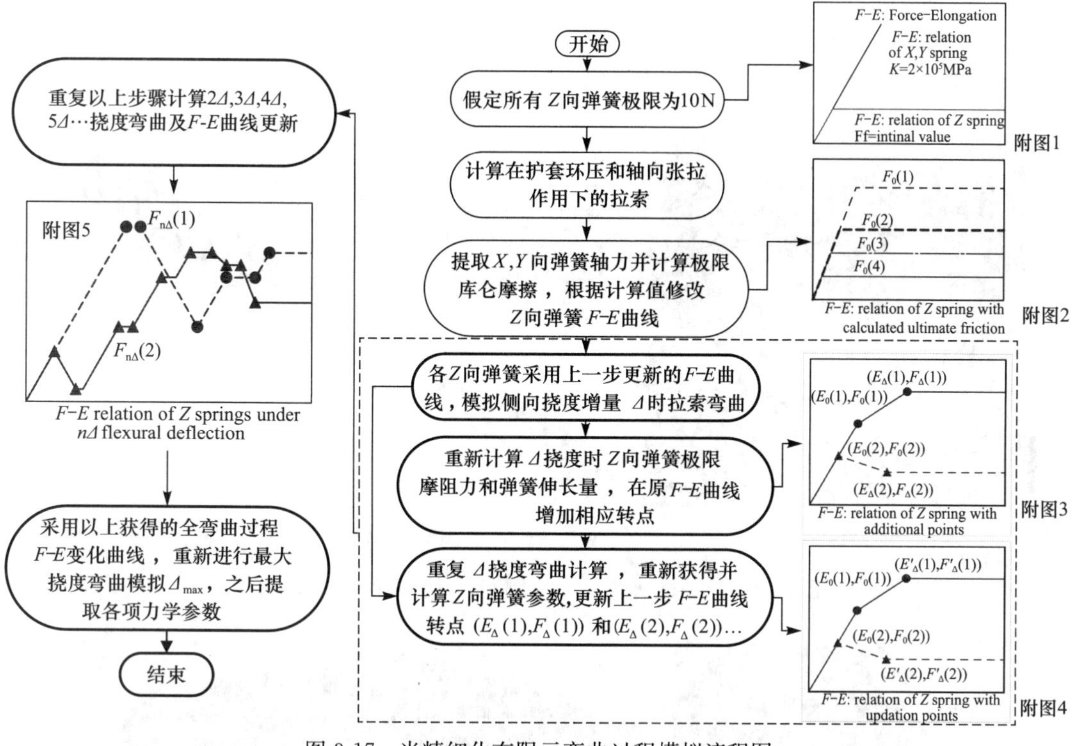

图 3-17　半精细化有限元弯曲过程模拟流程图

3.3.2　半平行钢丝束弯曲过程半精细化数值模拟

3.3.2.1　弯曲试验边界条件模拟及护套挤压效应计算

半平行钢丝束半精细化有限元模拟方法已确定，本节将采用该半精细化有限元模型模拟第 2.2 节中拉索弯曲试验，并与试验结果进行对比验证。由于试验中仅对 $\phi7$ 系列半平行钢丝束进行了三种边界条件下的弯曲试验，因此本节中仅模拟分析 $\phi7$ 系列半平行钢丝束的弯曲过程和力学性能。

弯曲试验中对于拉索的侧向加载采用千斤顶顶升施加强迫侧向位移的方式，因此在相应半精细化有限元模型中采用在索段中间截面中心施加强迫位移荷载的方式，如图 3-18 所示。试验中共考虑了三种边界条件，相应地，在有限元模拟中需考虑这三种不同的边界条件影响。图 3-19～图 3-21 即为三种不同边界条件和相对应有限元中边界条件的设置。

在半精细化有限元模拟中是通过节点自由度约束设置以实现不同的边界条件。图 3-19 为无焊接自由端弯曲，其端部钢丝允许相互之间的错动，但由于护套握裹作用，钢丝之间保持握紧状态。半精细化有限元模型的计算长度取弯曲试验的有效长度，因此约束端部即为试验中支承装置处。为模拟端面钢丝的变位和变形规律，对于端节点自由度采用刚性面约束的方式，在 ANSYS 中为 CERIG 命令，其原理是使用约束方程形式定义从节点与主节点之间的自由度关系以定义一个刚性区域。因此对于自由端，将拉索截面方向的自由度，即 X、Y 方向自由度采用刚性面约束至与中心节点一致，而在拉索轴向（即 Z 向）释放，从而实现拉索端部截面在弯曲时，端部钢丝在拉索截面方向保持相对一致，模拟钢丝保持紧握，但允许钢丝端部沿 Z 向的不同变位，即钢丝之间的滑移错动行为。

(a) 拉索弯曲试验

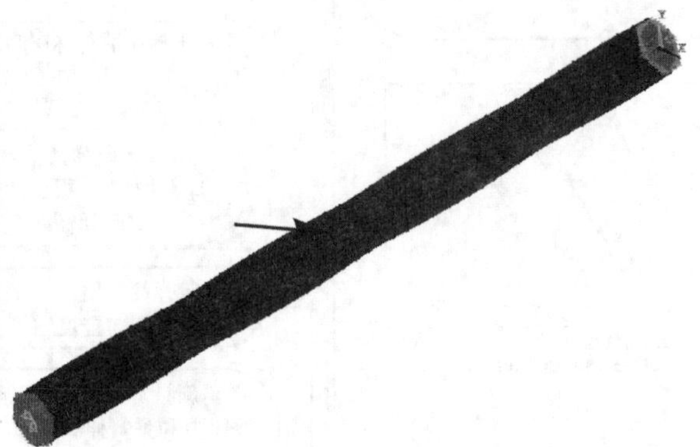

(b) 半精细化拉索中加载方式

图 3-18　半平行钢丝束弯曲试验和半精细化有限元模拟

(a) 试验中自由端

(b) 有限元中自由端边界(节点轴向不约束)

图 3-19　半平行钢丝束自由端边界设置

焊接端与自由端不同，焊接端限制了拉索端面钢丝之间的滑移效应，端部节点在拉索轴向的不同变位，仅允许发生端面的平截面转动。因此，如图 3-20 所示，在有限元设置时将端面节点除 X、Y 向自由度外，还将 Z 向线位移自由度采用刚性面约束于截面中心，这样端面将始终保持平截面状态，以实现与试验中端面状况相一致。

图 3-21 为预应力拉索端部约束状况的设置，在预应力拉索弯曲试验中，其端部处理为将钢丝焊接于一单向铰，通过单向铰实现钢丝的内部张力加载以及端部铰接。因此在有限元模拟中也采用类似方式：建立拉索整体长度模型（前两种模型长度仅为试验中有效长度 820mm），并在拉索之外建立两根加载梁，加载梁材料性能取钢材性能，截面尺寸为拉索等效换算截面；将拉索端面节点所有自由度与加载短梁内侧节点采用刚性面方式约束，

使得两者之间保持一致的变位及转动，并在加载梁外端施加轴向拉力以及铰支约束，以模拟实际状况。

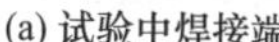

(a) 试验中焊接端

(b) 有限元中焊接端(三向自由度刚性面约束)

图 3-20　半平行钢丝束焊接端边界设置

(a) 试验预应力边界

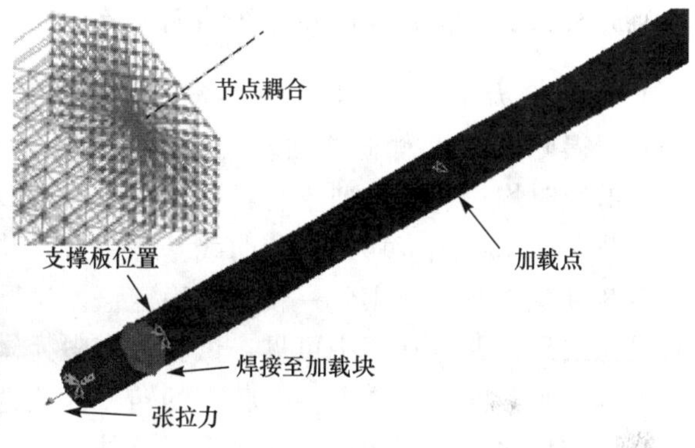

(b) 有限元中预应力边界设置

图 3-21　半平行钢丝束预应力边界设置

由于在实际试验中并未去除外侧 HDPE 聚乙烯护套，因此在有限元模拟中还需计算护套的握裹作用并在有限元模型外侧钢丝单元节点上施加等效的环向向心力。由于实际测试的拉索中聚乙烯护套的强度等力学性能未曾做相关试验，因此其对拉索所产生的约束效应仅能通过估算确定。外裹聚乙烯套挤塑成型前后温度变化约为 24℃，拉伸弹性模量≥150MPa，则由于护套握裹力所简化于各点的向心力可通过式（3-4）和式（3-5）计算得出。$\phi 7$ 系列半平行钢丝束外侧 HDPE 护套的握裹作用计算结果见表 3-3。

半平行钢丝束护套参数及握裹作用计算　　**表 3-3**

拉索类型	钢丝束直径（mm）	HDPE 护套厚度（mm）	紧箍向心力（N）	拉索截面
37$\phi 7$ 半平行钢丝束	49	8	28.15	

续表

拉索类型	钢丝束直径（mm）	HDPE 护套厚度（mm）	紧箍向心力（N）	拉索截面
55ϕ7 半平行钢丝束	58	9.5	25.07	
61ϕ7 半平行钢丝束	63	9.5	25.07	

3.3.2.2 半平行钢丝束弯曲模拟结果

图 3-22 为无预应力状态下各类型半平行钢丝束弯曲试验以及采用半精细化有限元分析所得侧向荷载-侧向挠曲变形曲线。由图中可见试验和有限元分析中半平行钢丝束侧向承载时均表现为类似于材料弹塑性发展的双折线关系，并且有限元结果的初始刚度和加载后期切线刚度均与试验曲线基本一致，均为加载初始阶段侧向刚度较大，随后刚度逐渐衰减，直至减小到一较小的稳定值。试验所测得的拉索侧向承载强度均明显大于有限元结果，并且从图中可见，试验与有限元结果之间差值基本为一定值，并且试验结果中侧向承载曲线“弹塑性”状态的转变区域范围也比有限元分析曲线中更大。推断造成两种结果之间差别的原因除测量误差外，主要为实际拉索外侧护套刚度的影响。护套自身也具有一定弯曲刚度并且由于其握裹在拉索外侧，截面转动惯矩较大，在弯曲过程中也会分担部分侧向作用力，对于拉索的侧向承载有加强作用。从结果中可以看出在弯曲加载后期，端面焊接拉索的侧向刚度均大于相对的无焊接自由端拉索，表现为图中灰色曲线的后期切线刚度大于黑色曲线。该种趋势在试验结果和有限元分析结果中均有体现，并且两种结果中焊接端对于拉索侧向刚度的加强程度较为一致。从两种结果的对比也可看出，所提出的半精细化有限元分析模型在模拟半平行钢丝束弯曲过程中的有效性。

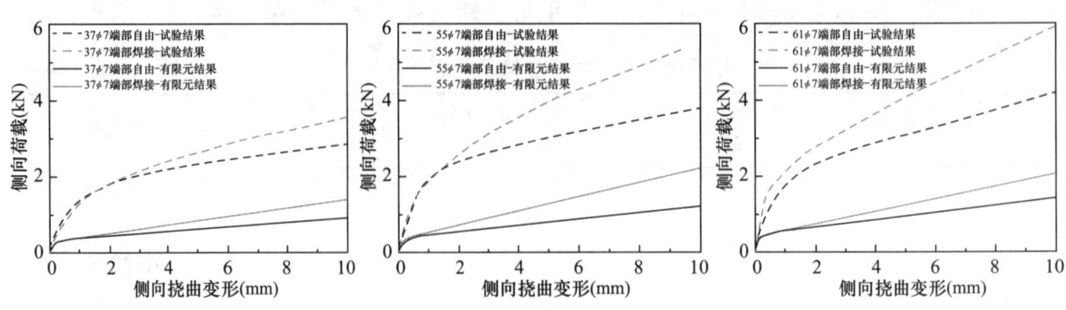

图 3-22 无预应力半平行钢丝束弯曲试验及有限元分析结果

图 3-23 为半平行钢丝束在不同预应力水平下弯曲性能的试验和有限元结果。在试验结果中拉索的侧向刚度即曲线的切线模量随着预应力水平的提高而增大，且随着拉索截面尺寸的加大，该增大趋势减弱。拉索在预应力作用下会产生拉伸应变，在 HDPE 聚乙烯护套中也会引起相应的张力作用，从而引起弯矩的改变。拉索截面尺寸增大，在相同张拉力大小时其内部张拉应力减小，HDPE 护套中的附加张力作用也减弱，从而对拉索整体侧向承载的提升效应也减小。

半精细化有限元计算所得的弯曲刚度在不同预应力水平下基本一致，预应力大小对拉索刚度无明显的提升作用，仅侧向承载力大小稍有提高，但有限元分析结果中拉索侧向刚度水平与试验结果类似。在 Hong[24] 对于拉索弯曲过程的研究中曾得出拉索的侧向刚度与钢丝之间的摩擦阻力有关。预应力作用主要改变内部钢丝之间的轴力大小，从而改变相邻钢丝接触力和接触摩擦阻力的大小。在拉索弯曲过程中拉索挠曲变形对索体内部不同位置的钢丝内力改变效应明显大于预应力的影响，因此索体弯曲所造成的摩擦阻力变化随着弯曲程度的增大而明显加强，在加载后期弯曲造成的摩阻变化为主要作用，因此预应力对于弯曲刚度的影响主要在加载初始阶段。因此推断在试验中所得的不同预应力下拉索侧向承载差异主要与 HDPE 的作用有关，而该半精细化有限元模型中无法考虑 HDPE 护套的刚度作用。

排除 HDPE 护套刚度的影响，该半精细化有限元结果也能预测到拉索在弯曲过程中微弱的“弹塑性”转化过程以及弯曲后期的刚度变化趋势和大小，因此验证了其在模拟预应力作用下半平行钢丝束弯曲性能方面的有效性。

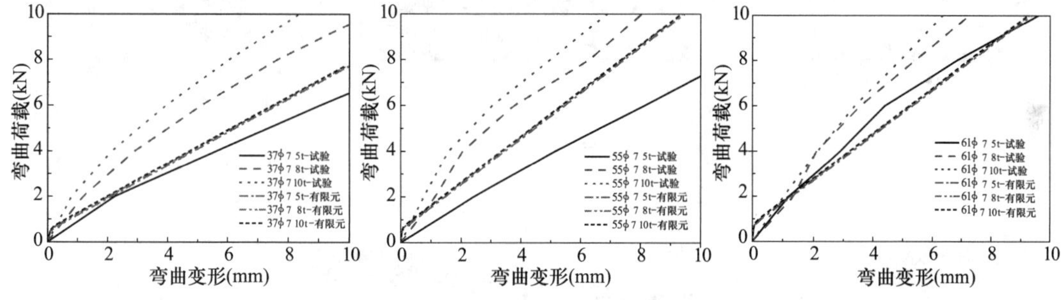

图 3-23 半平行钢丝束预应力弯曲试验及有限元分析结果

图 3-24～图 3-26 为不同边界条件下半平行钢丝束施加 4mm 弯曲挠度时拉索整体变形，以 55ϕ7 半平行钢丝束为例，结果中图示效应均被放大 15 倍以便于对比。由于拉索的绞捻特性，在单向弯曲荷载作用下，除了在弯曲平面会发生相应的挠曲变形以外，螺旋钢丝的不均匀内力作用会使得拉索在垂直于弯曲平面方向发生正弦状变形。由于绞捻特性，拉索弯曲平面下部内力较大的钢丝随着向拉索两侧延伸将旋转至索体侧面，由此将引起拉索沿垂直弯曲平面方向的变形。自由端拉索主要通过端部钢丝错动以释放弯曲中钢丝的变形需求，因此可见图 3-24(b)中拉索截面将不再与拉索长度方向垂直，且拉索的正弦曲线状变形较弱。端部焊接拉索中这种弯曲平面外的正弦状变形较相同状况下的端部自由拉索要更加明显。这是由于拉索端部存在钢丝的约束作用，使得弯曲产生的内力梯度以及加载处拉索截面上下的不同伸长量将主要通过拉索整体的变形来协调。

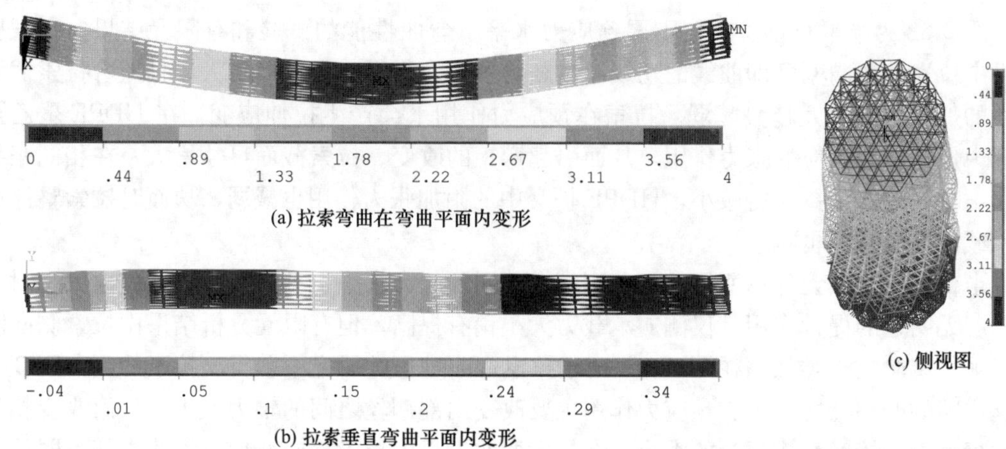

(a) 拉索弯曲在弯曲平面内变形

(b) 拉索垂直弯曲平面内变形

(c) 侧视图

图 3-24　端部无焊接拉索弯曲变形（55ϕ7 半平行钢丝束；单位：mm）

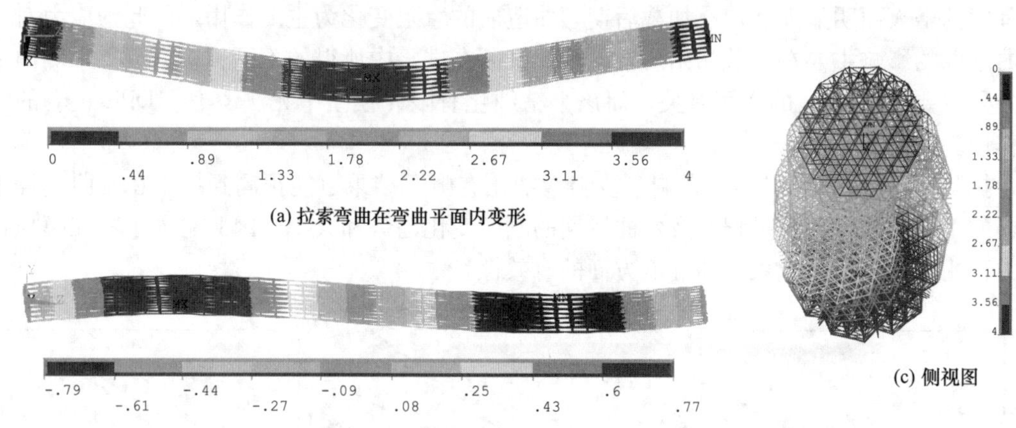

(a) 拉索弯曲在弯曲平面内变形

(b) 拉索弯曲在弯曲平面内变形

(c) 侧视图

图 3-25　端部焊接拉索弯曲变形（55ϕ7 半平行钢丝束；单位：mm）

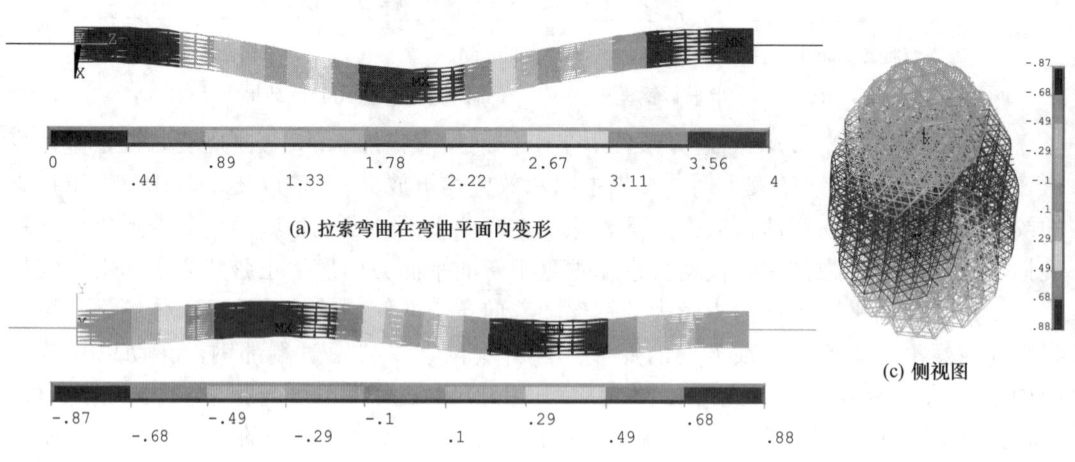

(a) 拉索弯曲在弯曲平面内变形

(b) 拉索弯曲在弯曲平面内变形

(c) 侧视图

图 3-26　预应力拉索弯曲变形（55ϕ7 半平行钢丝束；单位：mm）

图 3-26 中预应力拉索在相同弯曲挠度下其弯曲平面外的正弦变形程度比无预应力拉索弯曲更加明显。这是因为相较于前两组边界条件，施加预应力的拉索端部使得不仅钢丝不允许相对错动，拉索截面的转动程度也受到限制，因此上文提及的钢丝不均匀变形需求将全部由钢丝自身的变形程度来适应，从而面外的正弦变形程度更大。

图 3-27 为半平行钢丝束在 4mm 弯曲挠度下钢丝内力分布云图，为便于比较，两种边界条件下的无预应力拉索显示图例已进行统一。由图中可见，对于端部自由拉索，其弯曲引起的不均匀内力主要局限于拉索中段区域，由于钢丝之间不均匀变形需求可通过端部释放，使得该不均匀内力需求无法有效地传递到拉索两侧，索体端部区域钢丝内力整体减小且分布逐渐均匀。而由于焊接端拉索的端部约束作用，不均匀变形需求通过索体变形得到传递，所引起的索段不均匀内力影响区域也比自由端拉索弯曲影响区域更宽。

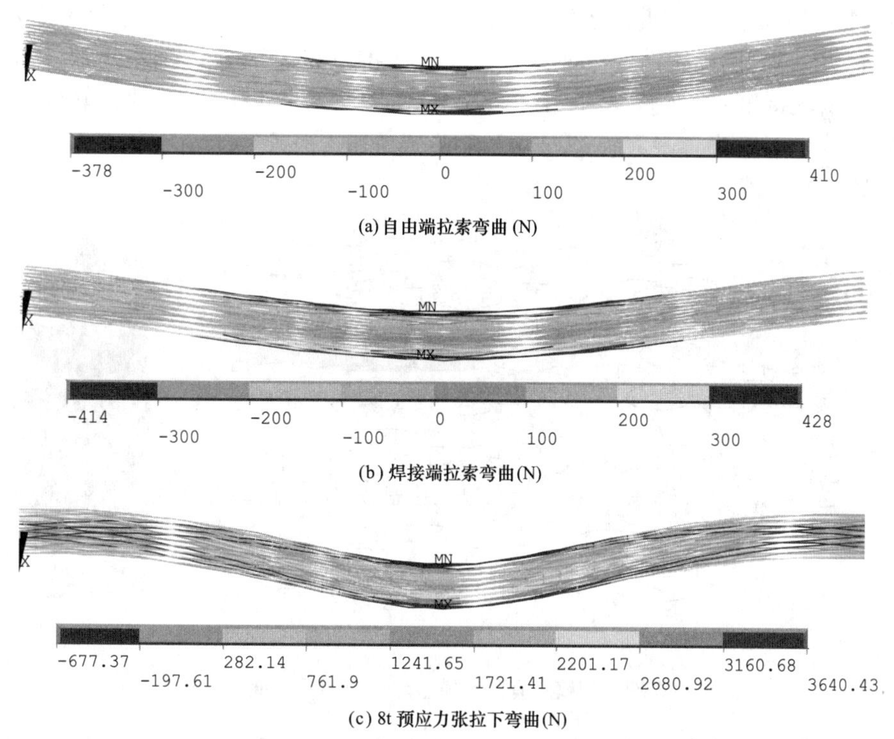

(a) 自由端拉索弯曲 (N)

(b) 焊接端拉索弯曲 (N)

(c) 8t 预应力张拉下弯曲 (N)

图 3-27　不同边界条件下 55ϕ7 半平行钢丝束弯曲时钢丝内力分布

图 3-27 中预应力拉索在索段全长范围内的预应力分布不均匀性都十分明显，拉索弯曲方向上钢丝内力下侧大、上侧小，并且该内力分布梯度随钢丝的绞捻逐步转变到弯曲平面外侧。由于预应力作用和弯曲变形的影响，使得钢丝内力梯度变化幅度明显大于无预应力拉索。

3.3.3 钢绞线半精细化有限元模型

钢绞线由于其异向绞捻方式使得钢丝之间的相互关系和接触性能更加复杂，简化的有限元模型也无法描述钢丝之间的相互作用，并且由于捻制方式的不同，半平行钢丝束的半精细化有限元模型也无法直接应用于钢绞线的模拟之中。因此需从钢绞线的钢丝排列和捻制规律出发，找到合理描述各层钢丝接触位置的方法，建立钢绞线的半精细化有限元模型。

在半平行钢丝束内部，任一根钢丝其周圈均有 6 根钢丝环绕并与之接触，因此每个钢丝截面被简化为 6 刚臂 7 节点组合：中心节点表示拉索截面上钢丝位置，钢丝周线上 6 节点为与周圈钢丝的 6 个接触点，而刚臂连接中心点与周圈 6 节点描述钢丝截面的平截面转动。然而，钢绞线中钢丝接触模式与之不同，在某一截面上仅有部分钢丝截面点接触，其余钢丝与内外钢丝的接触点在附近其他拉索截面上。在研究钢绞线钢丝的绕捻规律后发现，在任一拉索截面上，任意层钢丝截面与其相邻内侧或外侧钢丝中仅有 6 个接触点，其余钢丝处于斜跨在内部钢丝之上的状态，并未直接与内部钢丝接触。并且对于任意钢丝，其与周圈钢丝接触位置最多为 4 个，其中分别为与同层相邻钢丝的线接触，以及与内层钢丝或外层钢丝的点接触。因此对于钢丝截面，根据接触特点可将各钢丝截面简化为 4 刚臂 5 节点组合：中心节点代表钢丝截面位置，周边 4 接触点分别为与内外侧钢丝接触点位置，与同圈钢丝接触点，刚臂连接中心节点与周圈 4 节点以模拟平截面转动。图 3-28 所示为钢绞线半精细化有限元模型建立过程以及 19 丝钢绞线半精细化模型三维显示和接触点位置。

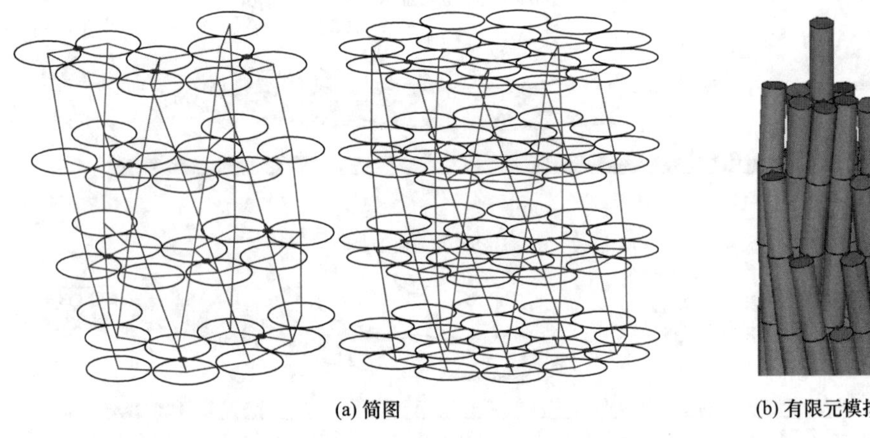

(a) 简图　　(b) 有限元模拟

图 3-28　钢绞线有限元模型建立简图及三维示意

由图 3-28 可见，在任一拉索截面，并不是所有拉索均在 4 个接触点发生钢丝接触，对于不同拉索截面，相互接触钢丝会发生变化。选定合理的拉索切分截面后，即可实现相邻层钢丝接触点的规律性变化。如图 3-28(a)所示，在最底端截面（由下向上顺序第 1 个拉索截面）上，最外层钢丝与内部发生点接触，则在其上一拉索截面（由下向上顺序第 2 个拉索截面）上，该钢丝将斜跨两根相邻内部钢丝，但在第 3 个拉索截面上，该钢丝将会与另一相邻的内部钢丝发生点接触。图 3-28 中红点即为钢绞线内部钢丝在各拉索截面上接触点的位置。钢绞线半精细化有限元模型中，拉索及钢丝截面的建立流程与半平行钢丝束类似，但在建模中需要考虑钢丝捻向与接触点的寻找和设置。本章将采用半精细化有限元模型建立拉索弯曲试验中两种尺寸的钢绞线并进行弯曲过程模拟（图 3-29），接下来主要以 Galfanϕ48 钢绞线为例介绍钢绞线半精细化模型的建立步骤。

(a) Galfan ϕ48钢绞线截面

(b) Galfan ϕ38钢绞线截面

图 3-29 弯曲试验中两种高钒索截面

Galfanϕ48 钢绞线内部有 91 根高钒镀层钢丝，共分 5 圈绕捻。实际钢绞线制造中各层钢丝为捻距控制，且各圈捻距应不大于直径的 14 倍。因此在钢绞线中各圈钢丝的捻角均有不同，在钢绞线半精细化模型建立中需分层建立各圈钢丝。图 3-30 为部分 Galfanϕ48 钢绞线的半精细化有限元模型，其中红色线为拉索截面上刚臂单元，蓝色线为钢丝单元。该索段包含三个拉索截面，相应截面上钢丝分布也在图中给出。

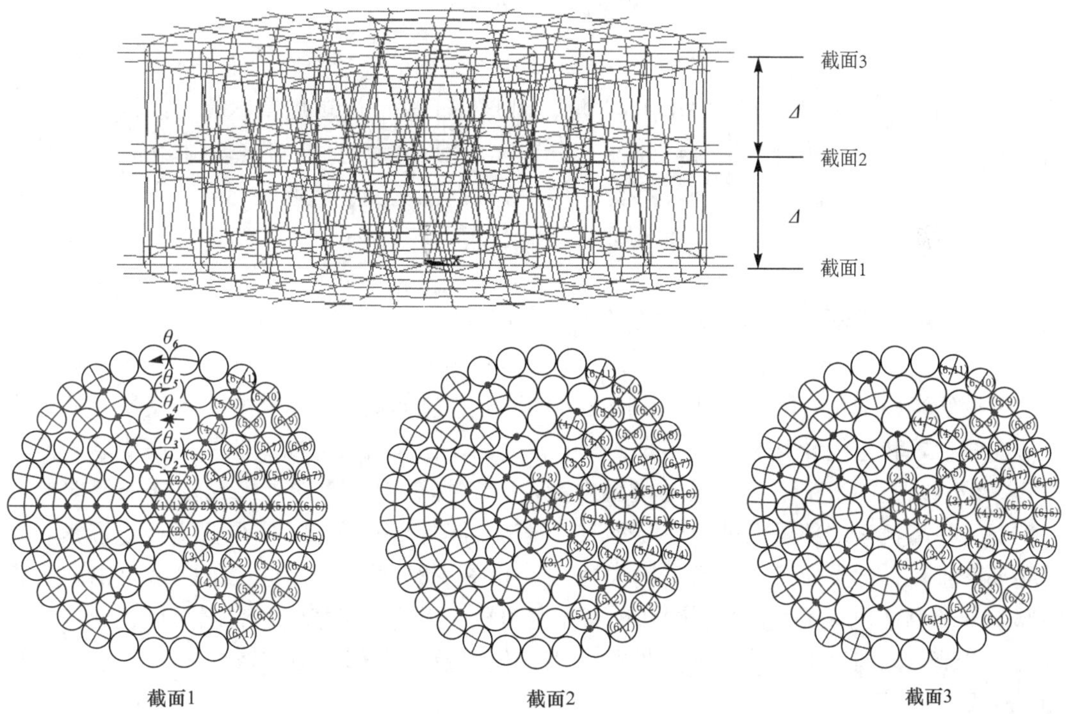

图 3-30 Galfanϕ48 钢绞线模型钢丝点接触分布

假定拉索切分截面之间的距离为 Δ，则根据各圈钢丝捻角，可得到相邻拉索截面之间各圈钢丝的转动角度，假定中心钢丝为第一圈，由内向外各圈钢丝的转动角度分别为 θ_2、θ_3、θ_4、θ_5、θ_6，如图 3-30 中所示。假定截面 1 为拉索端面，钢丝排列规律使得所有接触点均处于三条对称轴线上，用红点标出。部分钢丝截面简化而成的4刚臂组合如截面图中蓝线所示，为了更好地说明钢丝截面位置的变化规律，对一侧的钢丝截面按照圈号和相对位置进行编号，如钢丝（3，4）表明由内向外第三圈钢丝，在这一圈里按照逆时针顺序为第四根。

各圈钢丝的转动角度互不相同，方向相反，建立模型时首先采用半平行钢丝束中拉索截面上各钢丝的建模方式，随后对各圈钢丝截面分别按照各自的转角沿拉索轴向带角度复制。如从钢丝截面（3，4）由拉索截面1复制到拉索截面2时，其沿拉索轴向复制距离为Δ，且环向顺时针转动 θ_3，其他各圈同理。各圈钢丝截面复制完成后如拉索截面2。从图3-30中可见此时各接触点的位置已经发生变化。如在截面1中钢丝（5，9）与外部钢丝（6，11）发生点接触，以及（3，3）与钢丝（4，4）点接触。经过带转角复制后，钢丝（5，9）将旋转到与钢丝（6，10）相互接触，同时钢丝（3，3）与钢丝（4，3）点接触。在拉索截面3上，钢丝（5，9）和（3，3）又分别变换为与钢丝（6，9）和钢丝（4，2）点接触。并且从三个相邻拉索截面上钢丝的转动可得到接触点的变化关系：在拉索中某根钢丝（i，j）与其外侧钢丝（$i+1$，k）发生点接触，则经过沿轴向Δ距离的复制和相应各层的旋转后，该钢丝将根据该圈钢丝捻向旋转至外侧钢丝（$i+1$，$k+1$）或钢丝（$i+1$，$k-1$）位置并与之发生点接触，之间的旋转规律为：

$$\theta_i + \theta_{i+1} = \frac{360}{6i} \tag{3-15}$$

其中 θ_i 和 θ_{i+1} 即为 i 层钢丝和 $i+1$ 层钢丝在Δ距离的转动角度。而360/（$6i$）即为在第 $i+1$ 层中任意一根钢丝所占据的圆心角。因此基于这个旋转规律，就可以根据实际钢丝截面尺寸和捻距关系计算出合适的Δ切分距离，使得接触点能够实现图3-30中接触点的变化规律。并且在半精细化有限元模型中能够根据钢丝位置迅速找到与之发生接触的钢丝并在接触点上的重合节点对之间布置弹簧单元。

3.3.4 钢绞线弯曲过程半精细化数值模拟

钢绞线半精细化有限元模型中其他部分的建立方法如钢丝单元建立、弹簧单元的内力变形曲线设置和迭代计算等均与3.3.1节中相类似。在高钒索弯曲试验中，高钒索外侧无护套保护，因此在半精细化有限元模型中无需计算握裹力以及在外圈钢丝施加环向向心力。试验中高钒索端部虽未进行焊接处理，但其端部有高强缠带，使得拉索合拢握紧，对其端部产生较强的类似于焊接端的约束作用，如图3-31所示。并且在试验结果中高钒索端部无钢丝滑移现象发生，表明端部约束作用明显。因此在半精细化有限元模型中，将钢绞线端部节点三向自由度均施加刚性面约束，使得拉索端部截面在弯曲中保持平截面转动，如图3-32所示。

图3-33为两种不同截面尺寸钢绞线弯曲试验结果与半精细化有限元弯曲模拟的结果对比。可见半精细化有限元模型能够较好地描述钢绞线的侧向承载力变化，由此证明该半精细化有限元模型的适用性和有效性，并且由于拉索外侧无护套的刚度影响，有限元解与试验解的一致性明显提高。在高钒索的弯曲中也表现为类似于材料弹塑性发展的二折线关系，其初始刚度较大阶段内部钢丝之间大部分处于相互粘结状态，而由于弯曲程度逐渐加

大，不同位置处钢丝的变形需求差引起内部钢丝之间的微动滑移，整体表现为弹塑性的转化和塑性发展，弯曲承载刚度逐渐降低。侧向荷载继续增大，当大部分钢丝均达到滑移平

(a) Galfan ϕ38钢绞线弯曲试验

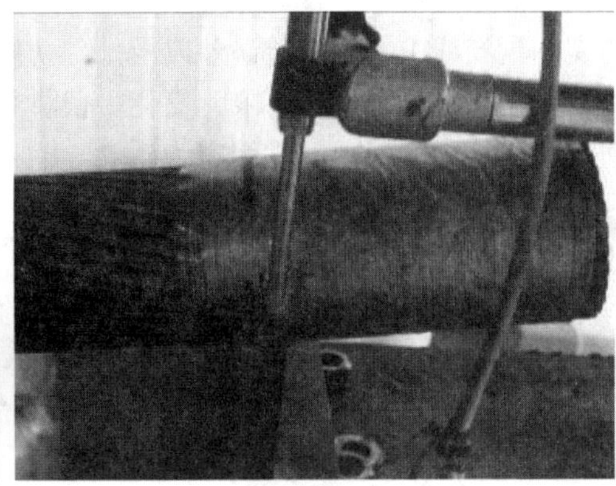

(b) 高钒索试件端部缠带

图 3-31 高钒索弯曲试验及拉索端部状况

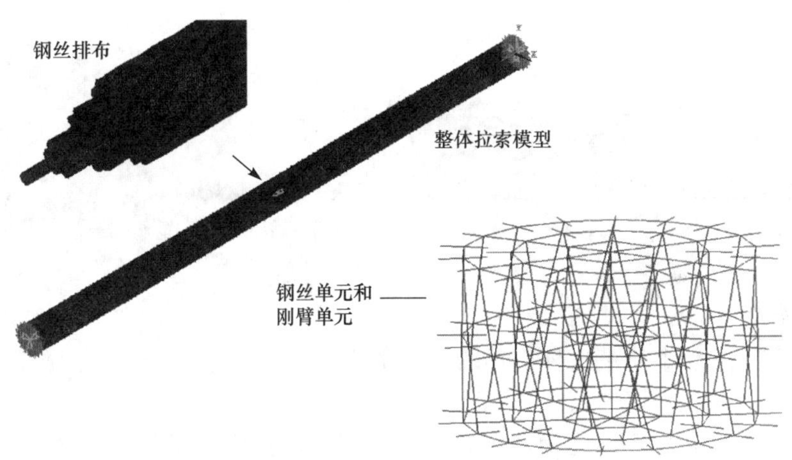

图 3-32 Galfanϕ38 钢绞线有限元模型及边界条件状况

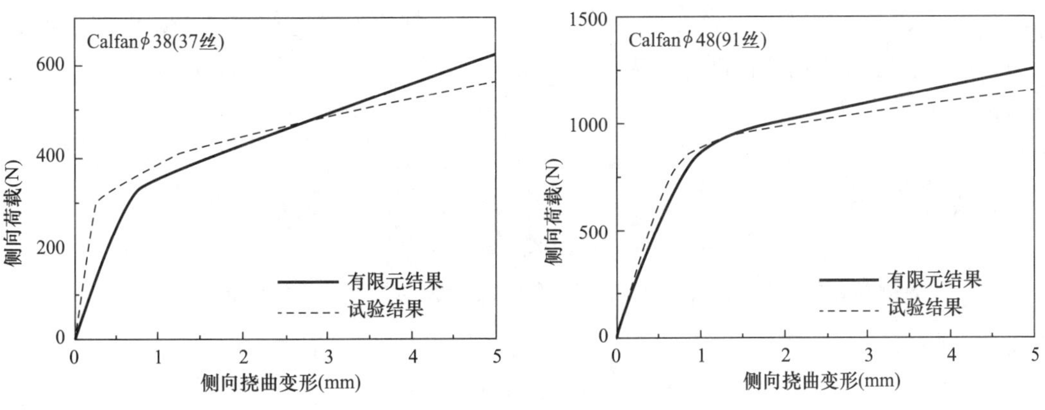

图 3-33 高钒索弯曲试验与半精细化有限元模拟结果

衡状态时，钢丝整体侧向承载刚度降低至一稳定值。

有限元解的初始刚度较试验结果偏大，而弯曲程度较大时半精细化有限元模拟所得到的侧向承载刚度略小于试验结果。两者之间的误差可能来自于对钢丝之间相互关系的简化。实际钢绞线中由于制造误差以及外部防腐涂层等影响使得各钢丝之间相互接触挤压及摩擦等作用十分复杂，在有限元简化中仅将各种相互作用采用库仑摩擦力进行简化，并且目前弯曲模拟中摩擦系数均假定为0.5，并未考虑索段中部可能产生的不均匀性。因此考虑到各种简化效应和实际误差等影响，该有限元结果与试验结果之间的偏差处于可接受范围内，拟合效果较好，精度较高。

半平行钢丝束弯曲时由于其内部钢丝的同向绞捻作用，在拉索弯曲平面之内将会产生正弦状变形。图3-34为Galfanϕ48钢绞线在3mm侧向挠曲程度时的变形状况。可见其在弯曲平面内拉索整体变形类似于简支梁，拉索端部发生转动。并且由侧视图可见其在弯曲平面之外并未出现挠曲变形，拉索弯曲过程中整体始终位于弯曲平面之内。

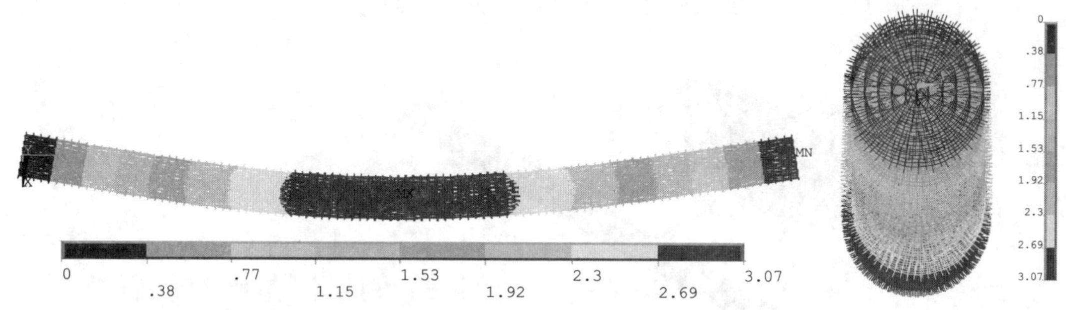

图3-34　Galfanϕ48钢绞线弯曲变形

钢绞线和半平行钢丝束这种变形的差异主要源于不同的绞捻方式。在钢绞线中部加载区域截面上，钢丝在竖向荷载作用下会产生钢丝内力梯度以及不同的变形需求。由于各层钢丝之间捻向相反，因此相邻层钢丝由于扭转对拉索产生的不平衡力矩方向相反，相互抵消，总体表现在拉索侧向的弯矩作用基本可忽略，因此钢绞线侧向无明显的挠曲现象。

图3-35为Galfanϕ48钢绞线在3mm弯曲时其内部钢丝轴力分布状况，由图中可见，钢绞线在弯曲过程中钢丝内部弯曲应力梯度较大，外圈钢丝内力梯度效应逐渐减弱。并且在拉索端部钢丝轴力逐渐恢复均匀，弯曲应力梯度效应逐渐减弱。

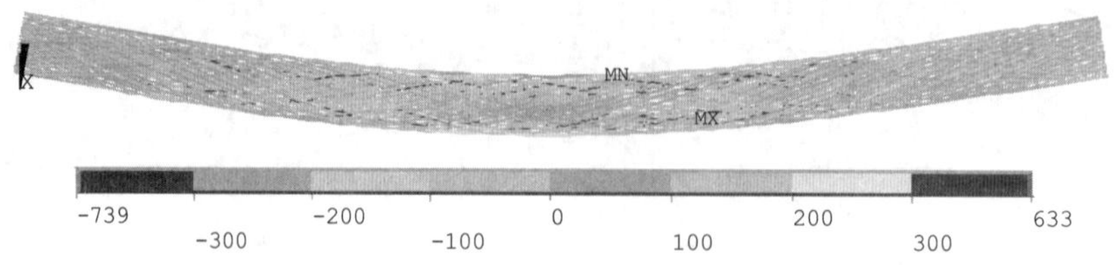

图3-35　Galfan ϕ48钢绞线弯曲时钢丝内力分布

3.4 拉索松弛性能数值模拟

3.4.1 拉索应力松弛数值模拟的基本思路

本章采用 ANSYS 有限元软件，基于本书第 2.3 节中试验获得的蠕变材料模型，提出了拉索应力松弛数值模拟的简化方法。首先根据单根钢丝的应力松弛试验结果，得到其松弛-时间曲线，然后根据应力松弛与蠕变之间的简化关系得到蠕变-时间曲线，进而选用 ANSYS 软件中合适的蠕变材料模型进行曲线拟合得到蠕变材料的关键参数，然后建立考虑钢丝螺旋绞捻的拉索三维有限元模型，通过对拉索施加强制位移并保持不变来进行应力松弛的模拟，进而可以得到拉索的应力松弛性能和相应的钢丝应力分布及退化规律。

拉索的松弛性能通常采用松弛率来衡量，式（2-7）中已给出了其计算公式。一般通过进行 60h、120h 或者更长时间的松弛试验来获得拉索的相应松弛率，并采用试验数据来推算 1000h 或结构服役期的松弛率。

金属材料在经历足够长时间的恒定荷载作用下的典型蠕变曲线包括三个阶段，分别是第一蠕变阶段（或称瞬时蠕变阶段）、第二蠕变阶段（或称稳定蠕变阶段）和第三蠕变阶段，如图 3-36 所示。在最后的第三蠕变阶段，蠕变速率将快速增长，金属材料无法承受所受的荷载并最终发生断裂。

由于在实际工程结构中，拉索在正常服役的情况下不会承受接近其极限承载力的拉力，一般最多达到极限承载力的 55%，因而并不会出现第三蠕变阶段，因此在本章的研究中只考虑第一蠕变阶段和第二蠕变阶段，相应的应力松弛-时间发展曲线如图 3-37 所示。

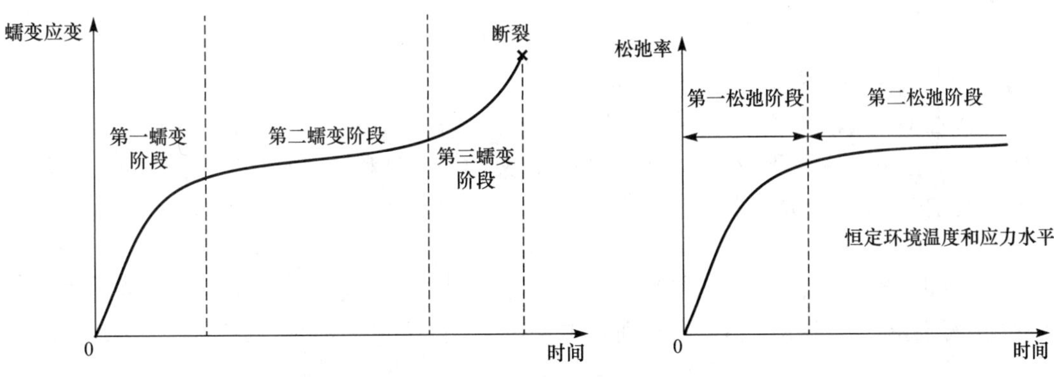

图 3-36 典型蠕变-时间曲线

图 3-37 典型松弛率-时间曲线

本章所提出的拉索应力松弛数值模拟方法需要通过 CREEP 材料模型的输入来考虑钢丝的流变特性，而 CREEP 材料模型的关键参数可以通过钢丝的应力松弛试验数据来获得。因此，需要得到应力松弛与蠕变之间的简化关系，以便通过试验中得到的松弛率-时间曲线反推蠕变应变-时间曲线，进而通过拟合得到 CREEP 材料模型的关键参数。

假定测得的钢丝松弛率-时间关系表达式为 $R(t)$，也即在松弛进行 t 时间时钢丝的松弛率为$R(t)$。根据式（2-7）可得，在t时刻由于应力松弛造成的应力损失$\sigma_1(t)$可以表达为：

$$\sigma_1(t)=R(t)\cdot\sigma_0 \tag{3-16}$$

进而在t时刻由于应力松弛造成的轴向拉力损失$F_1(t)$和t时刻的轴向拉力$F(t)$分别为：

$$F_1(t)=\sigma_1(t)\cdot A=R(t)\cdot\sigma_0\cdot A \tag{3-17}$$

$$F(t)=F_0-F_1(t)=F_0-R(t)\cdot\sigma_0\cdot A \tag{3-18}$$

式中，A是测试试件的截面面积，σ_0和F_0分别是初始张拉应力和初始张拉力。

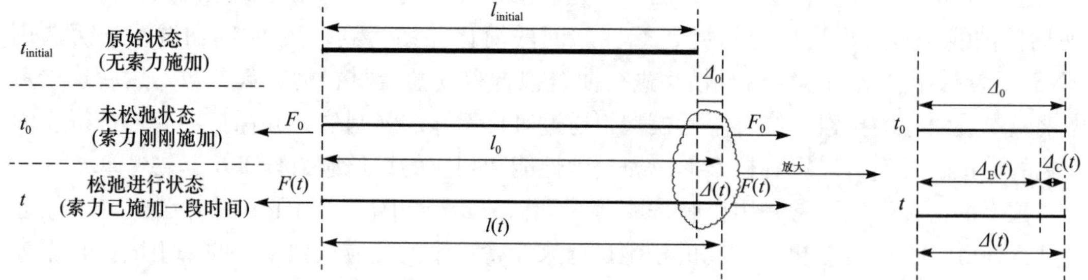

图3-38　应力松弛与蠕变转换关系推导示意图

参考图3-38，为推导应力松弛与蠕变之间的关系，选取了三个关键时刻，分别是$t_{initial}$、t_0和t。$t_{initial}$时刻为拉索的原始状态，也即索力未施加至拉索的时刻；t_0时刻为未松弛状态，也即索力刚刚施加至拉索，但还没有发生松弛的瞬间；t时刻为松弛进行状态，也即索力已经施加至拉索一定时间，应力松弛也有了一定的发展的时刻。三个时刻相应的索长分别为$l_{initial}$、l_0和$l(t)$。t_0和t时刻拉索的伸长量分别为Δ_0和$\Delta(t)$。在t_0时刻，由于拉索还未发生松弛，故此时的伸长量Δ_0可以认为全部是弹性伸长，可采用如下公式进行计算：

$$\Delta_0=F_0\cdot l_{initial}/(E\cdot A)=l_0-l_{initial} \tag{3-19}$$

式中，E是所测试拉索试件的弹性模量。

在松弛进行状态的时刻t，试件已经有了一定程度的应力松弛发展，其轴拉力已经降低至$F(t)$。但是，在拉索应力松弛测试中，拉索的伸长量和应变水平是保持不变的，因此t_0和t时刻拉索的伸长量有如下的关系：

$$\Delta(t)=\Delta_0 \tag{3-20}$$

然而，在t时刻拉索的轴向变形实际上包括两个部分，分别是弹性变形$\Delta_E(t)$和由于材料流变性质引起的塑性变形$\Delta_C(t)$，分别如式（3-21）和式（3-22）所示：

$$\Delta(t)=\Delta_E(t)+\Delta_C(t) \tag{3-21}$$

$$\Delta_E(t)=F(t)\cdot l_{initial}/(E\cdot A) \tag{3-22}$$

进而，由于材料蠕变引起的蠕变应变$\varepsilon_C(t)$可以通过式（3-18）～式（3-22）计算得到，如下：

$$\Delta_C(t)=\Delta_0-F(t)\cdot l_{initial}/(E\cdot A)=[F_0-F(t)]\cdot l_{initial}/(E\cdot A)=R(t)\cdot\sigma_0\cdot l_{initial}/E \tag{3-23}$$

$$\varepsilon_C(t)=R(t)\cdot\sigma_0/E \tag{3-24}$$

上式中得到的应变 $\varepsilon_C(t)$ 即是 t 时刻松弛发展至松弛率大小为 $R(t)$ 时相应的蠕变应变。理论上来讲，蠕变应变的计算过程中需要应力恒定。然而，在钢拉索的应力松弛试验中，拉索 120h 的松弛率通常不超过 3%，这就意味着在整个试验过程中试件的索力不会发生较大的变化。因此，在计算蠕变应变过程中，试件索力的小幅变化在此可以忽略。

这个简化关系比较适合于单根钢丝，因为单根钢丝的流变性质主要取决于其自身的材料特性。而大直径的拉索由于组成钢丝复杂的绞捻特征和钢丝之间的相互作用，此种关系并不适用。在单根钢丝的应力松弛试验数据已知时，就可以通过式（3-24）的简化关系来得到蠕变应变-时间曲线，并进一步得到相应的 CREEP 材料模型的关键参数，用于拉索应力松弛数值模拟时的材料参数输入。

3.4.2 单根钢丝松弛数值模拟

3.4.2.1 单根钢丝蠕变材料输入参数校准

上节中的推导可以用来在已知钢丝应力松弛试验数据的情况下获得蠕变应变-时间曲线。在进行由钢丝组成的大直径拉索的松弛数值模拟以获得其松弛性能和松弛率之前，首先要得到组成钢丝的流变特性，这也是拉索应力松弛模拟的基础。因此，需要适当的蠕变材料模型并进行输入参数校准以便进行后续的数值模拟。本章拉索的应力松弛模拟是在 ANSYS 中实现的。蠕变材料模型是率相关的非线性材料模型，这种材料可以在恒定荷载下连续变形。ANSYS 中的 CREEP 材料模型仅可以考虑图 3-36 中的前两个蠕变阶段，但是这对于工程结构中的应力松弛或蠕变模拟来说已经足够了。ANSYS 中有两种类型的蠕变模型，一种是隐式时间积分模型，另一种是显式时间积分模型。对于静力计算来讲，隐式积分模型准确度高，且计算效率好，显式积分模型主要用于瞬态分析。因此在本章的研究中，选用了隐式时间积分模型，与此相应，分析中采用的也是隐式算法。

对于钢丝或者其他钢拉索来讲，第一、二阶段的蠕变和松弛最为重要，因此选用了 Time Harding Creep 模型作为其控制方程，其表达式如下：

$$\varepsilon_C(t)=\frac{C_1\cdot\sigma^{C_2}\cdot t^{C_3+1}\cdot \mathrm{e}^{\frac{-C_4}{T}}}{C_3+1}+C_5\cdot\sigma^{C_6}\cdot t\cdot \mathrm{e}^{\frac{-C_7}{T}} \tag{3-25}$$

式中，σ 是等效应力（MPa），T 是环境温度（绝对温度），t 是子步骤结束时的时刻（s），$C_1\sim C_7$ 都是参数，其中 C_1 和 C_5 大于 0。在松弛试验进行中，试件周围的环境温度基本恒定，故 C_4 和 C_7 可以设置为 0。从而，式（3-25）可以简化为：

$$\varepsilon_C(t)=\frac{C_1\cdot\sigma^{C_2}\cdot t^{C_3+1}}{C_3+1}+C_5\cdot\sigma^{C_6}\cdot t \tag{3-26}$$

在获得钢丝松弛试验结果后，钢丝的蠕变应变-时间曲线可以通过式（3-24）计算得到，式（3-26）中的参数可以通过曲线拟合的方法获得。然后下文通过在 ANSYS 中使用获得的蠕变材料输入参数对单根钢丝进行简单的应力松弛模拟，并采用模拟的结果与实际试验结果进行对比来验证所提出的数值模拟方法和蠕变材料模型的有效性和正确性。

此次钢丝应力松弛试验数值模拟采用第 2.3 节中的 SW-70-20a 作为对象，此钢丝为 ϕ5 直径的高强钢丝，初始应力为 70%的极限应力，环境温度为 20±2℃，试验现场如图 3-39

所示。应力松弛试验机记录了钢丝的松弛率-时间曲线，如图 3-40(a)中的黑线所示。应力松弛和时间之间的关系可以采用对数关系式来表达［式（2-7)］，因此可以通过曲线拟合的方法得到测试钢丝的松弛率表达式和相应的曲线［图 3-40(a)中灰线所示］，原始数据由于在试验过程中存在微幅温度波动，故并不光滑，采用拟合曲线来表达其松弛率时间关系更为合适，其表达式为：

$$R(t) = 0.2191\ln(t) + 0.9656 \tag{3-27}$$

式中，$R(t)$是 t 时刻钢丝的松弛率（%），t 是试验进行的时间（h）。

在钢丝应力松弛试验中，σ_0 为 1169MPa，弹性模量 E 为 194000MPa。所以采用式（3-24）可以计算得到钢丝的蠕变应变，其随时间变化的表达式如下所示：

$$\varepsilon_C(t) = 1.3202 \times 10^{-5}\ln(t) - 4.9924 \times 10^{-5} \tag{3-28}$$

式中，t 是松弛进行的时间（s）。

得到了钢丝的蠕变应变表达式，针对目标函数式（3-26），对式（3-28）进行二次曲线拟合可以得到钢丝蠕变材料模型的参数。校准得到的参数 C_1、C_2、C_3、C_5 和 C_6 分别为 2.806E-23、5.550、−0.866、1.800E-50 和 5.323E-06。图 3-40(b)给出了由松弛试验数据得到的蠕变应变曲线和校准后得到的蠕变模型，两者吻合度极好，也反映了所选 Time Harding Creep 材料模型的准确性。

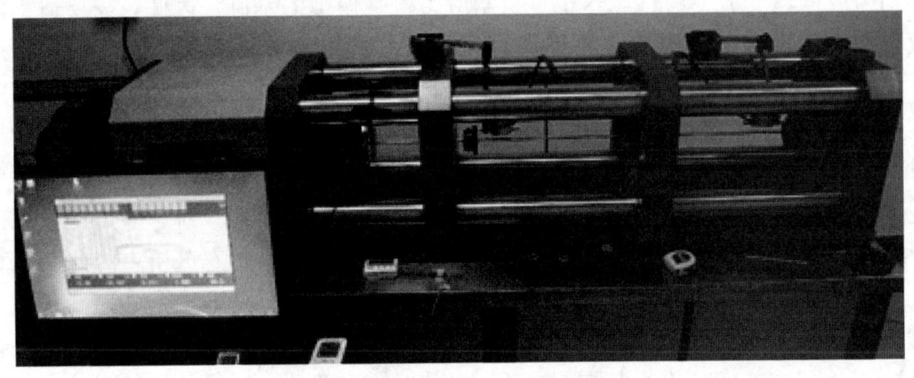

图 3-39　高强钢丝应力松弛试验现场

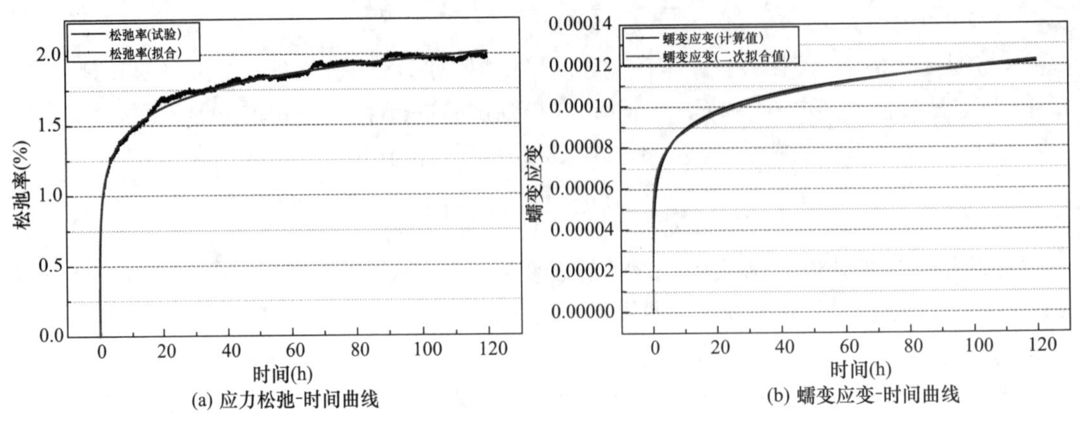

(a) 应力松弛-时间曲线

(b) 蠕变应变-时间曲线

图 3-40　钢丝 SW-70-20a 应力松弛和蠕变曲线

3.4.2.2 单根钢丝应力松弛数值模拟验证

上节中，根据钢丝应力松弛试验结果得到了钢丝松弛模拟材料模型的输入参数，这些参数的正确性和准确性可以通过采用此材料模型的输入参数对同样规格的钢丝进行应力松弛数值模拟来进行验证。首先，在 ANSYS 中建立直径为 5mm 的单根钢丝的有限元模型，单元类型选用 BEAM188 单元。与应力松弛试验中的边界约束条件相同，有限元模型中钢丝的一端固接，称为固定端；另一端仅允许钢丝纵向发生位移，称为加载端，用于对钢丝施加轴向拉力。钢丝进行应力松弛试验所需的轴向应力通过对加载端施加初始位移来实现。

在进行钢丝松弛的数值模拟时，将松弛模拟的总时长 120h 拆分为离散的时间微段，这样在每个区间微段内可以近似认为应力状态保持不变。在第一个荷载步中，将材料蠕变性能选项关闭，并将初始轴向位移施加在加载端，得到钢丝在荷载作用下的初始应力和变形。由于此荷载步的时长会影响之后分析的总时长，因此，此荷载步的时间段应设为非常小的一个值，在此章分析中均采用了 ANSYS 中的建议值 1.0E-8s。接下来，将材料蠕变性能选项打开，进行 120h 的应力松弛分析，在此过程中加载端施加的强制位移保持不变，也即试件的应变保持不变。

分析完成后，从分析结果中提取钢丝的轴向力随时间的变化曲线，根据轴向力的变化曲线可以得到相应的松弛率-时间曲线，其转换关系如下：

$$R(t)=[F_0-F(t)]/F_0\times 100\% \tag{3-29}$$

图 3-41 给出了由数值模拟分析得到的松弛率-时间曲线和相应的应力松弛试验原始数据，两者之间吻合度高，说明了所得到的材料蠕变输入参数的有效性，进而说明所提出的数值模拟方法对单根钢丝松弛数值模拟的适用性和正确性。

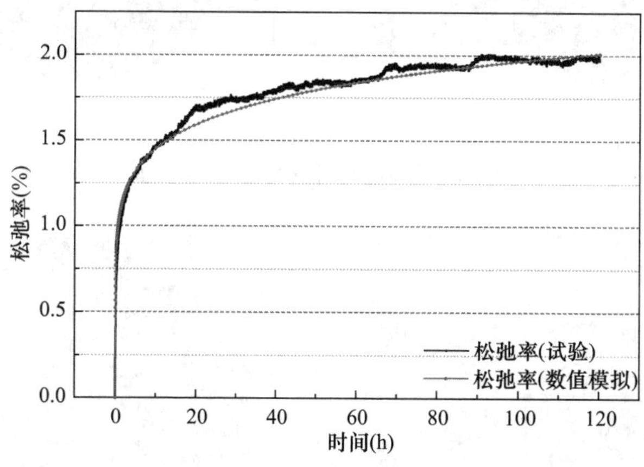

图 3-41 单根钢丝应力松弛数值模拟结果及与试验结果对比

3.4.3 钢绞线拉索应力松弛数值模拟

在 ANSYS 中对各个模型进行计算。本节对五种钢绞线拉索的钢丝位移、应力状况和分布模式，以及拉索的松弛率变化规律等进行了讨论。

同样提取了 SS _ 91 _ 70 试件几个特定时刻的试件位移结果，发现在整个应力松弛的分析过程中，试件的轴向位移均保持不变，也即试件的应变在分析中保持恒定，满足了应力松弛分析的基本要求。

以 SS _ 91 系列试件为例，提取了此系列试件三种初始应力水平下试件中间截面处不同时刻的钢丝应力分布结果，如图 3-42～图 3-44 所示，同样选取了 $t=10s$、$t=1h$、$t=50h$ 和$t=120h$四个时刻，通过不同时刻的应力分布对比得到钢丝应力发展规律。

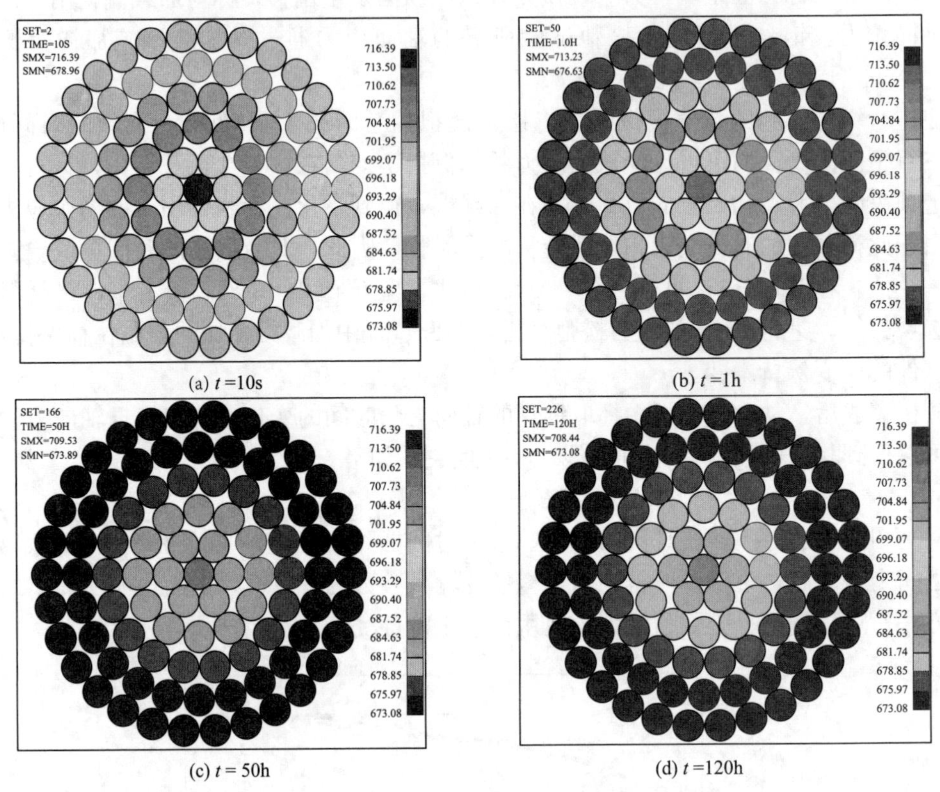

(a) $t=10s$ (b) $t=1h$

(c) $t=50h$ (d) $t=120h$

图 3-42 SS _ 91 _ 40 试件中间截面不同时刻钢丝轴向应力分布云图（MPa）

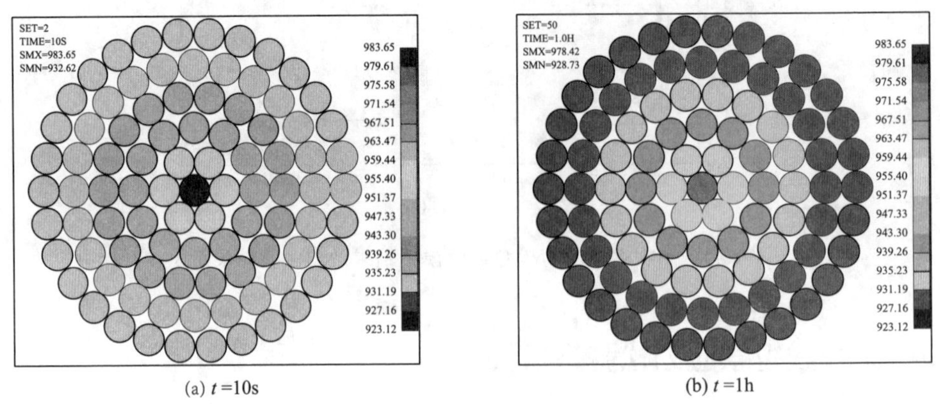

(a) $t=10s$ (b) $t=1h$

图 3-43 SS _ 91 _ 55 试件中间截面不同时刻钢丝轴向应力分布云图（MPa）（一）

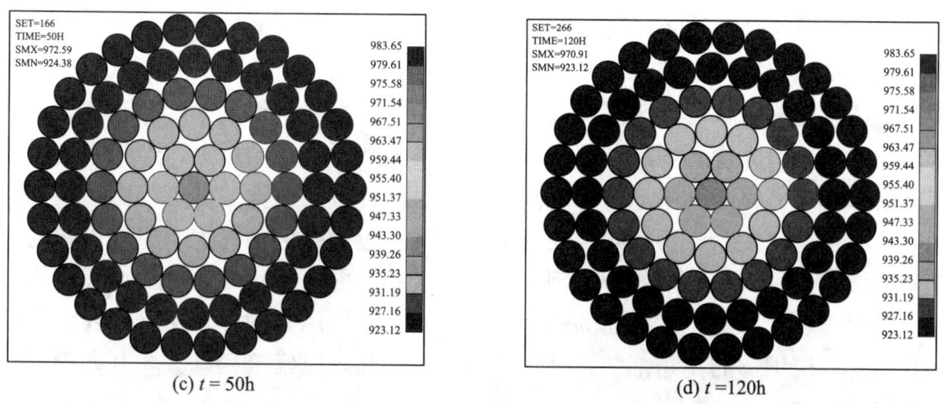

(c) $t=50$h　　(d) $t=120$h

图 3-43　SS _ 91 _ 55 试件中间截面不同时刻钢丝轴向应力分布云图（MPa）（二）

钢绞线截面中的钢丝应力不均匀分布与半平行钢丝束的分布类似，也是从中心钢丝到最外层钢丝逐渐减小。但是，由于钢绞线拉索中钢丝的绞捻角度较大，其不均匀程度比相同直径的半平行钢丝束拉索更为严重。随着应力松弛的发展，钢绞线中的钢丝应力也逐渐减小，而同一截面中应力较大的钢丝应力降低程度也相对较大，因此，在 120h 松弛发展后，截面的整体钢丝应力有一定降低，但与松弛未发展时相比应力分布更加均匀。在较高的初始应力水平下（0.70σ_u，图 3-44），钢绞线截面钢丝应力分布梯度更加不均匀，由松弛引起的钢丝内力损失也更为严重。

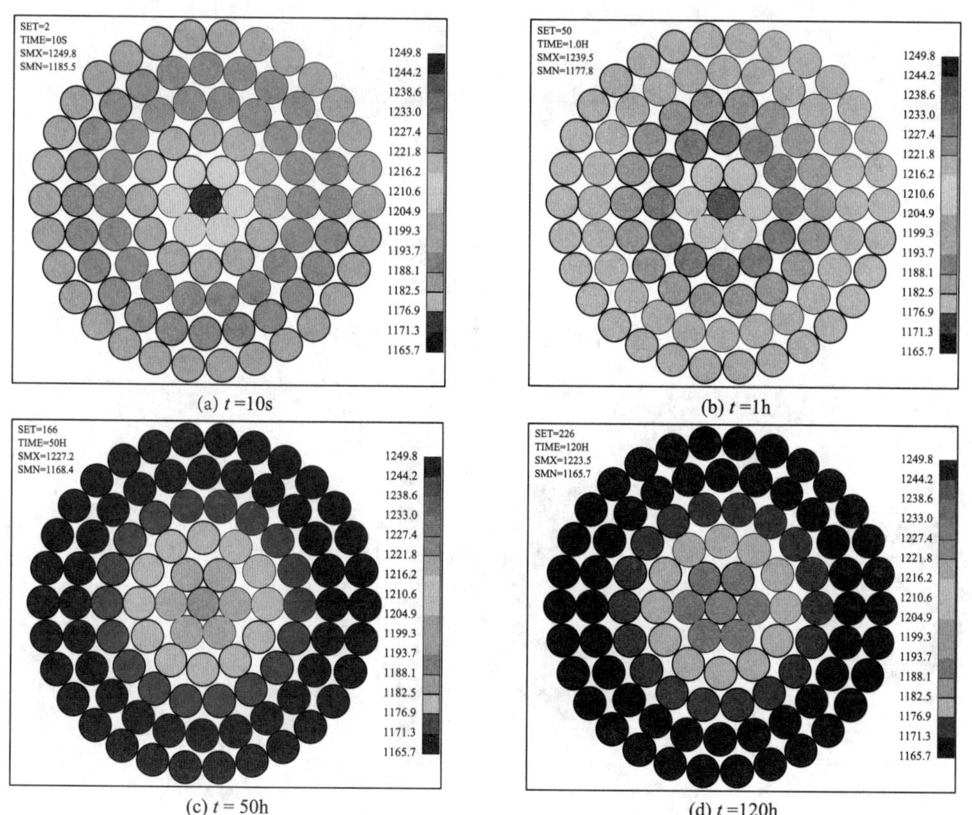

(a) $t=10$s　　(b) $t=1$h

(c) $t=50$h　　(d) $t=120$h

图 3-44　SS _ 91 _ 70 试件中间截面不同时刻钢丝轴向应力分布云图（MPa）

图 3-45 给出了计算得到的所有钢绞线拉索的 120h 应力松弛率数值及对比。与半平行钢丝束类似，不同直径的钢绞线拉索应力松弛率均大于相应条件下的单根钢丝松弛率。但是，钢绞线拉索的松弛率远大于同样直径相同条件下的半平行钢丝束，并且随着索体直径的增加或拉索中钢丝数量的增加，拉索的松弛率也出现了微幅的增加，这与半平行钢丝束拉索相应的减小趋势完全不同。这种不同的趋势是两种拉索钢丝的螺旋绞捻结构不同造成的。同时，由于捻角较大，钢绞线不同层钢丝之间的应力差值也更大，中心钢丝的应力水平与同样条件下半平行钢丝束的中心钢丝相比也更高。内层钢丝的高应力使得其松弛率发展较外层钢丝程度大，对拉索整体的松弛性能起着关键作用。同样，由于钢绞线中除中心钢丝外其他所有层钢丝的捻角都一致且数值较大，因此，拉索直径越大，其截面钢丝应力分布不均匀程度越大。

图 3-46 给出了在 $0.70\sigma_u$ 初始应力水平下不同直径钢绞线拉索的中间截面钢丝轴向应

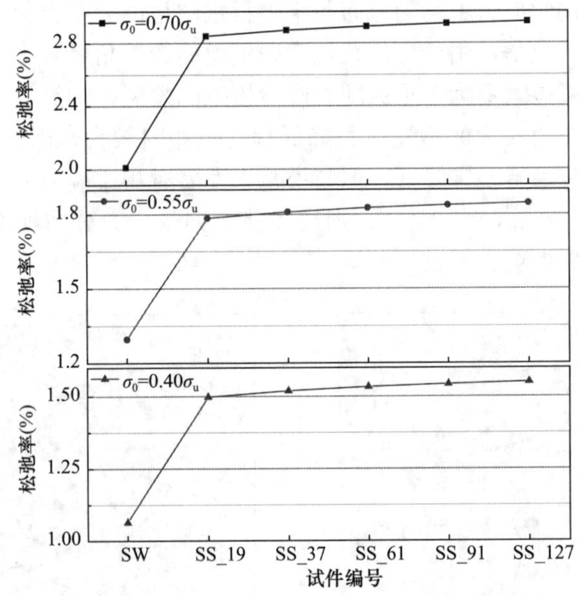

图 3-45 钢绞线拉索试件 120h 松弛率统计

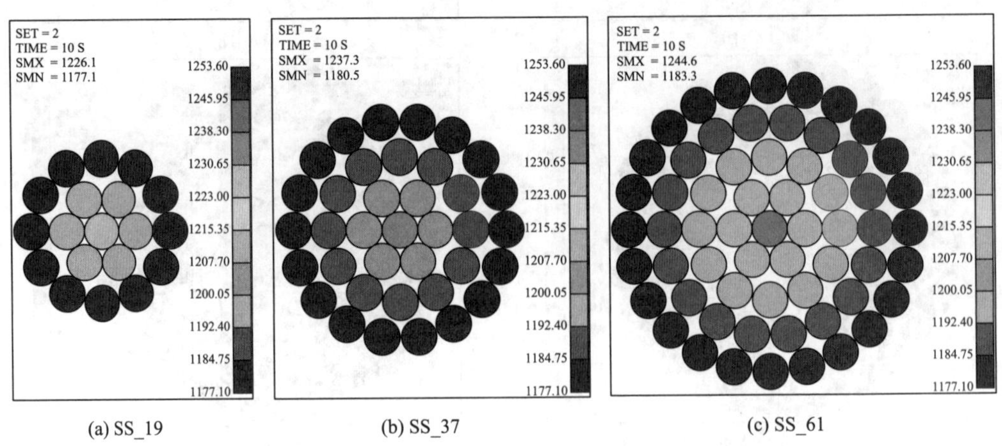

(a) SS_19 (b) SS_37 (c) SS_61

图 3-46 $0.70\sigma_u$ 初始应力水平下不同直径钢绞线中间截面钢丝轴向应力分布云图（t=10s）（一）

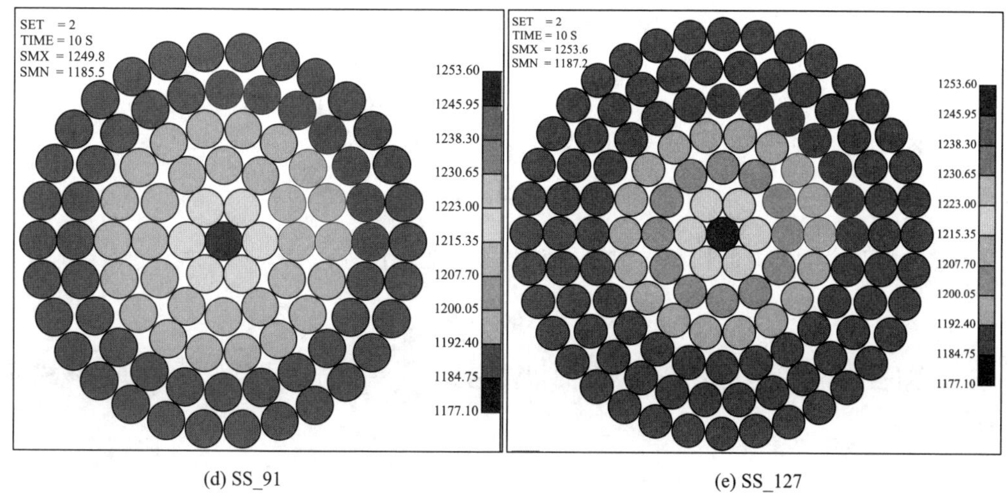

(d) SS_91　　(e) SS_127

图 3-46　$0.70\sigma_u$ 初始应力水平下不同直径钢绞线中间截面钢丝轴向应力分布云图（t=10s）（二）

力分布云图。由于应力的不均匀分布，中心钢丝的应力较大，其应力松弛发展程度也较大，对整体拉索的松弛率发展起着至关重要的作用，由于直径越大，应力分布越不均匀，因而导致钢绞线拉索整体的松弛率随拉索直径的增大而微幅增加。

3.5　平行钢丝束断丝数值模拟

3.5.1　断丝恢复长度理论计算模型

3.5.1.1　拉索内部钢丝轴向拉力系数

半平行钢丝束由初始平直排列钢丝经过轻度扭绞而成，因此在拉索内部各组成钢丝的长度和变形关系可以通过几何关系得出。如图 3-47 所示，假定拉索为左图中圆柱体且 h 为索段长度。圆柱体外侧螺旋曲线即表示拉索中的绕捻钢丝，假定钢丝长度为 l，螺旋角为 α，钢丝回转半径为 r。由于螺旋作用，钢丝长度 l 将大于拉索长度 h。

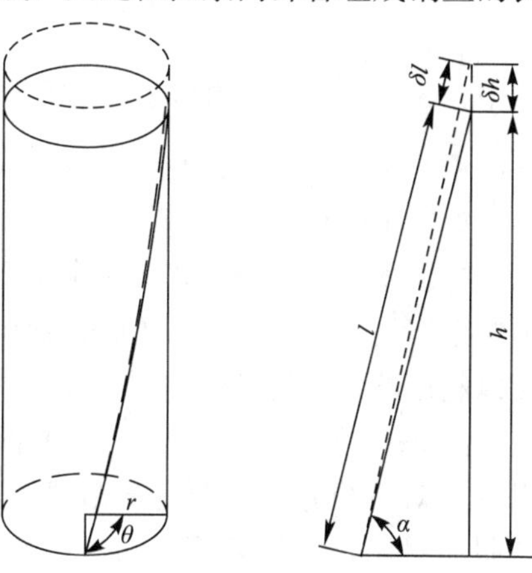

图 3-47　拉索和其内部螺旋钢丝的几何关系

在受到轴向拉力作用时，拉索整体在应力作用下伸长，其伸长量为 δh，随之钢丝参数也发生一系列变化：螺旋角变化幅度为 $\delta\alpha$，回转半径的变化为 δr，钢丝长度增量为 δl，螺旋钢丝投影角度增量为 $\delta\theta$。拉索轴向伸长时将产生两种应变：拉索整体的轴向应变 $\varepsilon=\delta h/h$ 以及内部螺旋形钢丝的伸长率 $\xi=\delta l/l$。根据螺旋钢丝长度和拉索长度之间的螺旋几何特点，该两种应变之间存在如下关系：

$$\varepsilon=\frac{\delta(l\sin\alpha)}{l\sin\alpha}=\xi+\frac{\delta\alpha}{\tan\alpha} \tag{3-30}$$

螺旋钢丝长度为 l 时，其在底面的投影转角 θ 计算式为：

$$\theta=\frac{l\cos\alpha}{r} \tag{3-31}$$

因此，由于拉索受力伸长而导致投影转角 θ 的变化量为：

$$\delta\theta=\delta\left(\frac{l\cos\alpha}{r}\right)=\frac{1}{r}(\cos\alpha\delta l-l\sin\alpha\delta\alpha-\theta\delta r) \tag{3-32}$$

定义单位拉索长度范围内螺旋钢丝的扭转应变为 $\tau=\delta\theta/h$，结合式（3-32），该式可变换为：

$$\tau=\frac{1}{r}\left(\frac{\xi}{\tan\alpha}-\delta\alpha-\frac{\delta r}{r\cdot\tan\alpha}\right) \tag{3-33}$$

假定拉索在拉伸过程中，螺旋钢丝在拉索中相对位置保持不变并且钢丝与整体拉索协同变形，则螺旋钢丝在拉索端面的投影转角在加载前后保持不变，即 $\tau=0$。结合式（3-30）和式（3-33）可得到如下关系：

$$\xi=\varepsilon\cdot\sin^2\alpha+\frac{\cos^2\alpha}{r}\delta r \tag{3-34}$$

从式（3-34）中可以看出，在拉索受到轴向力作用下，内部钢丝的拉伸应变 ξ 与其绕拉索中心回转半径的变化率即 $\delta r/r$ 相关。

拉索在轴向力作用下其整体截面收缩，且收缩程度主要受到两方面因素影响：泊松效应和钢丝接触变形，因此钢丝轴向应变 ξ 也将主要由这两方面因素决定。钢丝之间挤压变形程度计算十分复杂且变形量较小，为简化计算，本节将忽略这种挤压变形作用，则拉索轴力作用下其内部钢丝回转半径的变化只与泊松比有关。在多层钢丝索结构中，内部钢丝的回转半径不仅与其自身截面的泊松收缩有关，也与内层钢丝的累积收缩程度有关。拉索在轴向拉伸作用下，内部钢丝的回转半径变化等于其自身截面与内圈钢丝截面的泊松收缩效应之和：

$$\Delta r_i=\Delta R_0+\Delta\left(\sum_{j=1}^{i-1}2R_j\right)+\Delta R_i \tag{3-35}$$

式中，Δr_i 为钢丝 i 的回转半径变化量，ΔR_0、$\Delta\left(\sum_{j=1}^{i-1}2R_j\right)$ 和 ΔR_i 分别为中心钢丝、内部各圈钢丝和钢丝 i 的泊松收缩量。式（3-30）～式（3-35）的推导过程适用于任意种类拉索，如半平行钢丝束和钢绞线等。

接下来的推导将主要针对半平行钢丝束拉索，从半平行钢丝束内部钢丝排列规律和几何关系出发计算拉索的泊松收缩效应。半平行钢丝束截面通常为规则的六边形排列，我们可以利用这种钢丝排列的对称性对拉索截面收缩程度进行简化。

图 3-48 为一个半平行钢丝束截面示例，整体钢丝排列为一正六边形，因此钢丝可以按照对角线分为 6 个完全相同的对称区域。在每个区域中钢丝位置各不相同，为便于说明和对比，将各区域内钢丝按照各自位置进行编号，如图 3-48 所示，层数由内向外逐渐增大。各层中位于斜对角线上的钢丝为 1 号，编号由外侧向中间逐渐增大。如钢丝（4，2）表示第 4 层钢丝中由对角线开始往内数第 2 根钢丝。因此各钢丝位置即可通过

钢丝编号迅速得出。

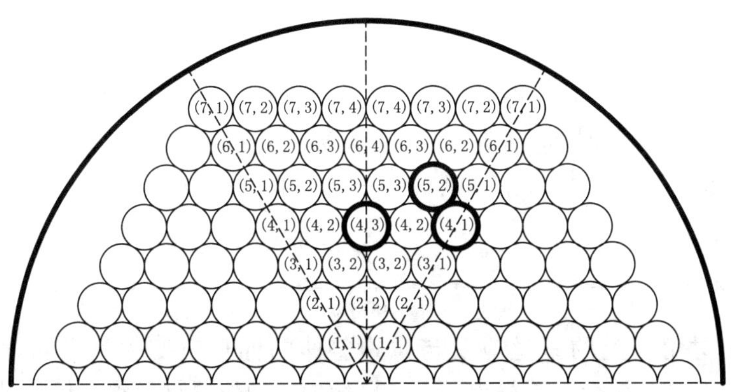

图 3-48　半平行钢丝束截面钢丝排列

由图 3-48 中可见，在斜对角线上钢丝紧密排为一条直线，因此对角线上钢丝的回转半径可表示为：

$$r_{(i,1)}=R_0+\sum_{j=1}^{i-1}2R_{(j,1)}+R_{(i,1)} \tag{3-36}$$

其由于泊松效应引起的截面半径的收缩量为：

$$\delta r_{(i,1)}=-\left(\nu R_0\varepsilon+\sum_{j=1}^{i-1}2\nu R_{(j,1)}\xi_{(j,1)}+\nu R_{(i,1)}\xi_{(i,1)}\right) \tag{3-37}$$

式中，R_0 代表中心钢丝的半径，$R_{(i,1)}$ 代表第 i 层对角线上的钢丝半径，ν 代表泊松比。本理论模型中所研究的半平行钢丝束内部所有钢丝尺寸相同，即 $R_0=R_{(i,1)}=R$，从而式（3-36)可简化为：

$$r_{(i,1)}=R_0+\sum_{j=1}^{i-1}2R_{(j,1)}+R_{(i,1)}=2iR \tag{3-38}$$

综合式（3-37）及式（3-38）可得钢丝回转半径的变化率为：

$$\left(\frac{\delta r}{r}\right)_{(i,1)}=-\frac{\nu\left(\varepsilon+\sum_{j=1}^{i-1}2\xi_{(j,1)}+\xi_{(i,1)}\right)}{2i} \tag{3-39}$$

将式（3-39）代入式（3-34），即可得到对角线上钢丝的应变：

$$\begin{aligned}\xi_{(i,1)}&=\varepsilon\cdot\sin^2\alpha_{(i,1)}-\cos^2\alpha_{(i,1)}\frac{\nu\left(\varepsilon+\sum_{j=1}^{i-1}2\xi_{(j,1)}+\xi_{(i,1)}\right)}{2}\\&=\frac{(2i\sin^2\alpha_{(i,1)}-\nu\cos^2\alpha_{(i,1)})\varepsilon-2\nu\sum_{j=1}^{i-1}\xi_{(j,1)}\cos^2\alpha_{(i,1)}}{2i+\nu\cos^2\alpha_{(i,1)}}\end{aligned} \tag{3-40}$$

第一层对角线钢丝应变为：

$$\xi_{(1,1)}=\varepsilon\cdot\sin^2\alpha_{(1,1)}-\cos^2\alpha_{(1,1)}\frac{\nu(\varepsilon+\xi_{(1,1)})}{2} \tag{3-41}$$

将式（3-41）进行变换，可求得用轴心钢丝应变表示的 $\xi_{(1,1)}$：

$$\xi_{(1,1)}=\frac{2\sin^2\alpha_{(1,1)}-\nu\cos^2\alpha_{(1,1)}}{2+\nu\cos^2\alpha_{(1,1)}}\varepsilon \tag{3-42}$$

将式（3-42）代回式（3-40），即可求出第二层对角线上钢丝应变 $\xi_{(2,1)}$，随后将 $\xi_{(1,1)}$ 和 $\xi_{(2,1)}$ 代入式（3-40）即可求出 $\xi_{(3,1)}$，以此类推，直至求出第 i 层对角线钢丝应变 $\xi_{(i,1)}$（$i>1$）。

由式（3-40）和式（3-41）综合来看，可以发现半平行钢丝束对角线上的钢丝应变 $\xi_{(i,1)}$ 是核心钢丝应变也即为拉索轴向应变 ε 的函数，并且系数与各钢丝所在位置有关。为简化计算，定义钢丝拉力系数 $\lambda_{(i,1)}$，则式（3-40）可简化表示为：

$$\xi_{(i,1)}=\frac{(2i\sin^2\alpha_{(i,1)}-\nu\cos^2\alpha_{(i,1)})\varepsilon-2\nu\sum_{j=1}^{i-1}\xi_{(j,1)}\cos^2\alpha_{(i,1)}}{2i+\nu\cos^2\alpha_{(i,1)}}=\lambda_{(i,1)}\varepsilon \tag{3-43}$$

至此，位于对角线上的钢丝应变与拉索整体的伸长应变关系即可通过式（3-40）、式（3-42)和式（3-43）综合计算得出。而各区域内其他位置钢丝轴力仍需进一步计算。在此我们引入一个简化假定：假设拉索在轴向伸长时处在相同层的钢丝以相同比例收缩，并且在拉伸引起的截面收缩后所有钢丝仍紧密排列为规则的六边形。因此，在截面泊松收缩时，同一层钢丝的回转半径变化率均相同：

$$\left(\frac{\delta r}{r}\right)_{(i,j)}=\left(\frac{\delta r}{r}\right)_{(i,1)} \tag{3-44}$$

式中，$\left(\frac{\delta r}{r}\right)_{(i,j)}$ 为第 i 层 j 号钢丝的回转半径变化率。

至此半平行钢丝束中任一钢丝的回转半径变化均为已知，则利用式（3-34）和式（3-39）将可以计算截面其他区域钢丝的轴向应变关系：

$$\begin{aligned}\xi_{(i,j)}&=\varepsilon\cdot\sin^2\alpha_{(i,j)}+\cos^2\alpha_{(i,j)}\left(\frac{\delta r}{r}\right)_{(i,1)}\\&=\varepsilon\cdot\sin^2\alpha_{(i,j)}-\cos^2\alpha_{(i,j)}\frac{\nu(\varepsilon+\sum_{j=1}^{i-1}2\xi_{(j,1)}+\xi_{(i,1)})}{2i}\end{aligned} \tag{3-45}$$

由上式可见，截面对角线之外的钢丝应变也为拉索整体应变的函数，因此也可以定义钢丝拉力系数 $\lambda_{(i,j)}$，并有如下关系：

$$\xi_{(i,j)}=\lambda_{(i,j)}\varepsilon \tag{3-46}$$

综合式（3-42)、式（3-43）和式（3-46）可见，钢丝轴向应变的求解可以转化为对于各钢丝轴向拉力系数的求解问题，并且各钢丝轴力系数主要与钢丝在拉索截面的相对位置有关。对于一个完整且无缺损的半平行钢丝束，如果给出拉索整体应变，则根据任意钢丝的轴向拉力系数 $\lambda_{(i,j)}$ 即可求得该钢丝的拉力大小：

$$T_{(i,j)}=EA\xi_{(i,j)}=\lambda_{(i,j)}EA\varepsilon=\lambda_{(i,j)}T \tag{3-47}$$

3.5.1.2　半平行钢丝束中钢丝之间联合工作模式

半平行钢丝束中的钢丝排列为规则的正六边形，并且相互之间存在轻微的扭转，钢索中断丝的破坏长度主要与钢丝间挤压力和摩擦阻力相关。因此，为了研究断丝后拉索内部的内力重分布状况和断丝恢复长度，应该考虑钢丝间联合工作模式以及拉索内部钢丝接触应力的分布状况。以图3-48中169ϕ5的半平行钢丝束为例可归纳出钢丝间挤压力的计算方法。该拉索有七层钢丝，除最外层钢丝外，每根钢丝周围都均匀地分布着六根完整钢丝，并且均与相邻的钢丝之间存在接触挤压作用（图 3-49）。对于其中任意一根钢丝，在拉索受到拉力的作用下，接触应力不仅受到其自身截面泊松收缩作用的影响，同时也会受到来自外层钢丝接触挤压的累积作用。对于某根钢丝来说，其所受的握裹力的合力应指向拉索截面的中心，如图 3-49 中较长的黑色箭头所示，以经过此根钢丝圆心且与此合力垂直的线为界，外侧的与此钢丝接触的钢丝称为外侧钢丝，相应的接触点称为外侧接触点，内侧的称为内侧钢丝，相应的接触点称为内侧接触点，根据半平行钢丝束的位置关系，此根钢丝所承受的握裹力主要由外侧钢丝共同提供，而此根钢丝产生的握裹力主要由内侧钢丝共同承担。相应的挤压接触点出现位置的数量与钢丝的位置有关，图 3-49 中显示了按照不同的挤压力传递方式所划分的三种钢丝类型，分别用第 5 层第 2 号钢丝（5，2），第 4 层第 1 号钢丝（4，1）和第 4 层第 3 号钢丝（4，3）作为代表，采用力学平衡原理来计算各接触应力的关系。图中采用 C 表示拉索的握裹力大小，而不同接触应力分别标注为 σ_1～σ_6，如图 3-49 所示。

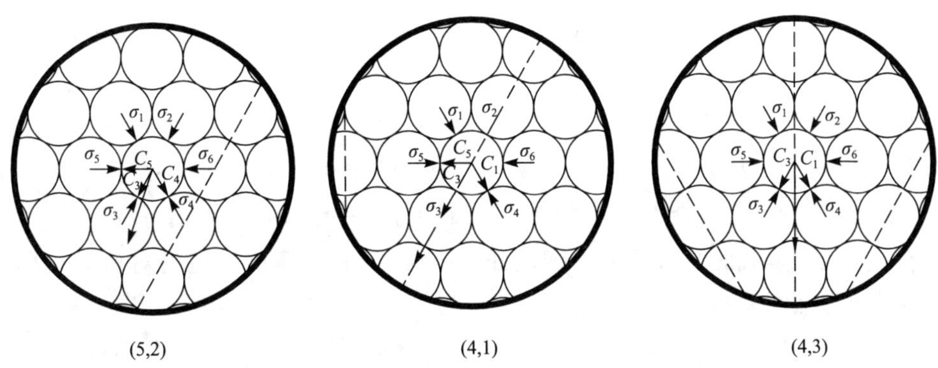

图 3-49　钢丝挤压应力计算图示

以（5，2）号钢丝为例，单根钢丝的握裹作用由位于其内侧的三根钢丝分别承担，因此挤压力被分解为（C_3-C_5）。第 3.3.1.3 节中推导了螺旋钢丝的握裹作用，其中式（3-12）算了握裹力与钢丝捻距的关系。在公式中，如将捻距 L 用钢丝螺旋角 α 表示，则有：

$$\tan\alpha=\frac{L}{2\pi\cdot r} \tag{3-48}$$

则式（3-12）表示为：

$$C=\frac{T}{r(1+\tan^2\alpha)}=\frac{T}{r}\cos^2\alpha \tag{3-49}$$

图 3-50 为钢丝握裹力的静力分解图示，根据单根钢丝握裹力的分解和分力方向，可得到各接触分力大小：

$$C_5(i,j)=C_{(i,j)}\sin\theta_{(i,j)}=T_{(i,j)}\frac{\cos^2\alpha_{(i,j)}}{r_{(i,j)}}\cdot\sin\left\{\arctan\left[\frac{iR-2(j-1)R}{\sqrt{3}iR}\right]\right\} \tag{3-50}$$

$$\begin{aligned}C_3(i,j)=C_4(i,j)&=\frac{1}{\sqrt{3}}C_{(i,j)}\cos\theta_{(i,j)}\\&=\frac{1}{\sqrt{3}}T_{(i,j)}\frac{\cos^2\alpha_{(i,j)}}{r_{(i,j)}}\cdot\cos\left\{\arctan\left[\frac{iR-2(j-1)R}{\sqrt{3}iR}\right]\right\}\end{aligned} \tag{3-51}$$

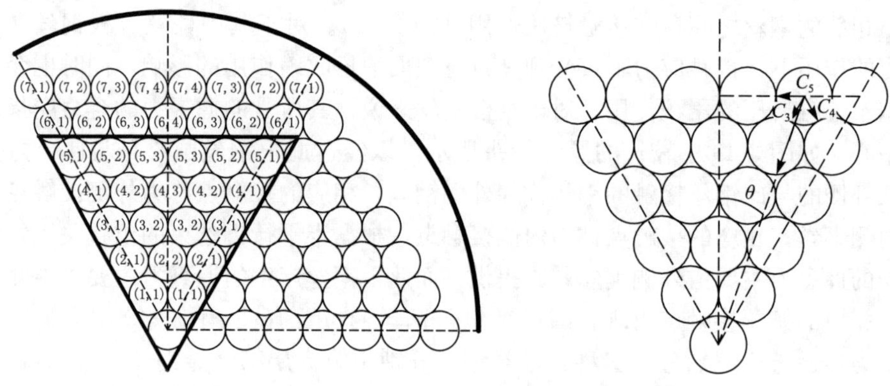

图 3-50　单根钢丝握裹力分解图示

假定位于钢丝外侧所传递来的挤压力将直接沿相同方向传递到钢丝内层接触点并与钢丝自身握裹力分力进行叠加，则根据图 3-49 中分力方向及编号以及图 3-50 中钢丝截面的分力及编号方式，第一种接触力传递类型如钢丝（5，2）的挤压应力之间相互关系计算如下：

$$\begin{cases}\sigma_1(i,j)=\sigma_4(i+1,j+1)\\ \sigma_2(i,j)=\sigma_4(i+1,j)\\ \sigma_6(i,j)=\sigma_5(i,j-1)\end{cases}\quad \begin{cases}\sigma_3(i,j)=\sigma_2(i,j)+C_3(i,j)\\ \sigma_4(i,j)=\sigma_1(i,j)+C_4(i,j)\\ \sigma_5(i,j)=\sigma_6(i,j)+C_5(i,j)\end{cases}\tag{3-52}$$

对于分布在拉索截面对角线上的钢丝如（4，1），其挤压应力也沿对角线对称分布，因此各接触应力之间关系为：

$$\begin{cases}\sigma_1(i,1)=\sigma_4(i+1,2)\\ \sigma_2(i,1)=\sigma_3(i+1,1)\\ \sigma_6(i,1)=\sigma_1(i,1)=\sigma_4(i+1,2)\end{cases}\quad \begin{cases}\sigma_3(i,1)=\sigma_2(i,1)+C_3(i,1)\\ \sigma_4(i,1)=\sigma_1(i,1)+C_4(i,1)\\ \sigma_5(i,1)=\sigma_6(i,1)+C_5(i,1)\end{cases}\tag{3-53}$$

而对于分布在竖直对称轴上的钢丝，如编号（4，3）钢丝，挤压应力的对称传递关系如下：

$$\begin{cases}\sigma_1(i,j)=\sigma_2(i,j)=\sigma_3(i+1,j)\\ \sigma_5(i,j)=\sigma_6(i,j)=\sigma_5(i,j-1)\end{cases}\quad \begin{cases}\sigma_3(i,j)=\sigma_2(i,j)+C_3(i,j)\\ \sigma_4(i,j)=\sigma_1(i,j)+C_4(i,j)\end{cases}\tag{3-54}$$

在找到钢丝之间的应力传递规律和联合工作模式之后，各圈钢丝的握裹作用即可从各层逐步向拉索中心传递，通过逐层计算挤压效应最终可得到任意钢丝周圈所有接触位置的挤压作用，从而可以计算出钢丝之间接触摩擦阻力的分布状况。这样在索体内部发生断丝现象时，将钢丝摩擦阻力沿断丝螺旋曲线进行积分即可得到断丝内力的恢复情况，从而计算得到半平行钢丝束内的断丝恢复长度。

3.5.1.3　断丝接触摩擦作用的迭代计算

Raoof 曾对钢绞线中断丝恢复长度进行系统的研究，采用理论方式计算钢丝之间的挤压作用并提出三种不同的积分方法计算钢绞线的断丝恢复长度。本节中将主要参照其中的非线性积分方法计算断丝环向接触的摩阻累积作用，从而计算半平行钢丝束内断丝的恢复长度。

首先将拉索微分，则计算长度内拉索被划分为 n 个长度为 Δx 的微段，并且假定在各微段内钢丝接触内力为线性变化。断丝的任意微段范围内的轴力恢复状况与该区域附近的接触力大小有关，则钢丝内力可表示为：

$$\begin{aligned}T_{(i,j)}(x) &= \int_0^L \mu(\sigma_1+\sigma_2+\sigma_3+\sigma_4+\sigma_5+\sigma_6)\mathrm{d}l \\ &= \int_0^X \mu(\sigma_1+\sigma_2+\sigma_3+\sigma_4+\sigma_5+\sigma_6)\frac{1}{\sin\alpha_{(i,j)}}\mathrm{d}x\end{aligned} \tag{3-55}$$

式中，X 为拉索的断丝恢复长度，L 为相应破断钢丝完全恢复其初始轴力的实际长度，μ 为钢丝间摩擦系数。在每一个钢丝微段内由于摩阻力作用引起的轴力增量为：

$$\Delta T=\frac{\mu(\bar{\sigma}_1+\bar{\sigma}_2+\bar{\sigma}_3+\bar{\sigma}_4+\bar{\sigma}_5+\bar{\sigma}_6)}{\sin\alpha}\Delta x \tag{3-56}$$

$$\bar{\sigma}_k=(\sigma_k^1+\sigma_k^2)/2 \qquad k=[1,6] \tag{3-57}$$

$\bar{\sigma}_k$ 代表钢丝微段内接触位置 k 上的平均接触应力作用，当拉索微段长度为 Δx 时，其内部实际钢丝长度以及接触线长度为 $\Delta l=\Delta x/\sin\alpha$。假定 $T^1_{(i,j)}$ 和 $T^2_{(i,j)}$ 为钢丝（i，j）微段两端的拉力值，σ_k^1 和 σ_k^2 为该钢丝微段两端的接触应力值。

由式（3-52）～式（3-54）可以看出，单根钢丝与其外侧钢丝之间的挤压应力和摩阻作用大小由外侧钢丝挤压累积作用决定，并且内侧的接触内力 σ_3、σ_4 和 σ_5 还与其自身拉力大小有关。

因此在钢丝微段中，断丝与周圈钢丝之间的摩阻力状况会影响断丝轴力的增长或恢复，而断丝内力的变化反过来也会改变其周圈的接触内力的变化，从而改变相应摩擦阻力并使得周圈钢丝内力发生改变。例如钢丝（i，j）发生断裂，则其中内力的突然损失会使其产生内部滑移趋势并在接触区产生摩擦阻力，如钢丝（i，j）与钢丝（$i+1$，$j+1$）之间的接触点 1。因断丝而产生的摩擦力会影响钢丝（$i+1$，$j+1$）的轴力状况，随之改变（$i+1$，$j+1$）号钢丝所产生的握裹力作用以及在接触点 1 所产生的挤压力和摩擦力大小。这种改变为一个迭代过程，最终相邻钢丝内力与其之间的接触摩擦会达到一个平衡状态，且该种平衡状态可由迭代法进行计算。

在本章所提出的理论计算方法中，钢丝自身轴力的变化仅改变其内侧接触力的变化，而不影响其与外侧钢丝之间的接触作用。因此将首先计算断丝外侧接触点处内力状况 $\bar{\sigma}_1(i,j)$、$\bar{\sigma}_2(i,j)$和 $\bar{\sigma}_6(i,j)$。以下将以钢丝（i，j）和钢丝（$i+1$，$j+1$）之间的相互作用关系举例，介绍采用迭代计算求解断丝周圈摩擦作用的具体步骤。

首先，假定仅在钢丝（i，j）和钢丝（$i+1$，$j+1$）之间存在摩擦阻力作用，且拉索微段两侧钢丝之间的接触应力分别为 $\sigma_4^1(i+1,j+1)$和 $\sigma_4^2(i+1,j+1)$，则拉索微段内钢丝（$i+1$，$j+1$）上轴力变化为：

$$T^2_{(i+1,j+1)}=T^1_{(i+1,j+1)}+\mu[\sigma_4^1(i+1,j+1)+\sigma_4^2(i+1,j+1)]/2 \tag{3-58}$$

因此摩擦作用将引起钢丝（$i+1$，$j+1$）两端轴力的变化从而改变该钢丝微段对内侧钢丝的握裹作用和挤压内力大小。将式（3-58）计算所得钢丝轴力 $T^2_{(i+1,j+1)}$ 与式（3-51）结合，可得微段两端接触压力关系为：

$$\begin{aligned}&\sigma_4^2(i+1,j+1)=\sigma_4^1(i+1,j+1)+\Delta C_4 \\ &=\sigma_4^1(i+1,j+1)+\frac{1}{\sqrt{3}}(T^2_{(i+1,j+1)}-T^1_{(i+1,j+1)})\frac{\cos^2\alpha_{(i+1,j+1)}}{r_{(i+1,j+1)}}\cdot\cos\left\{\arctan\left[\frac{iR-2(j-1)R}{\sqrt{3}iR}\right]\right\}\end{aligned} \tag{3-59}$$

式（3-58）和式（3-59）给出了 $T^1_{(i+1,j+1)}$、$T^2_{(i+1,j+1)}$ 以及两端挤压力 σ^2_4（$i+1$，$j+1$）和 σ^1_4（$i+1$，$j+1$）之间的计算关系。该四个指标互相影响，可以利用迭代法进行求解。

假定在迭代初始状态，钢丝（$i+1$，$j+1$）微段一侧的轴力大小为 $T^1_{(i+1,j+1)}$，与内侧钢丝（i，j）的挤压力为 σ^1_4（$i+1$，$j+1$），并且微段两端挤压力作用相等，则有：

$$\sigma^2_4(i+1,j+1)=\sigma^1_4(i+1,j+1) \tag{3-60}$$

接下来根据计算式（3-58）可得在均匀挤压和摩擦阻力作用下钢丝微段另一侧的轴力大小 $T^2_{(i+1,j+1)}$。将该计算结果代入式（3-59），即可得到在更新的钢丝轴力作用下，钢丝微段另一侧挤压作用 $\sigma^2_4(i+1，j+1)$，该值即为第一次迭代计算所获得的更新的挤压力计算值。

将该挤压力的迭代值 $\sigma^2_4(i+1，j+1)$再次代回式（3-58），从而得到此时的钢丝微段轴力 $T^2_{(i+1,j+1)}$，该求解将异于上一迭代计算中的端部轴力。重复以上计算过程，不断得到更新的 $T^2_{(i+1,j+1)}$ 和 $\sigma^2_4(i+1，j+1)$直到最后两次计算所得结果十分接近，即可得到钢丝轴力和摩擦阻力最终的平衡状态解。并且由该求解结果可得到钢丝（$i+1$，$j+1$）内侧的平均挤压力作用：

$$\bar{\sigma}_4(i+1,j+1)=[\sigma^1_4(i+1,j+1)+\sigma^2_4(i+1,j+1)]/2 \tag{3-61}$$

依据钢丝之间的挤压力传递规律，对于钢丝（i，j）来说，其与外侧钢丝（$i+1$，$j+1$）之间的接触作用为：

$$\bar{\sigma}_1(i,j)=\bar{\sigma}_4(i+1,j+1) \tag{3-62}$$

采用相同的迭代计算方法可以求得另外两个外侧接触点的挤压作用即 $\bar{\sigma}_2(i，j)$和 $\bar{\sigma}_6(i，j)$。

对于内侧接触点，由于接触内力 $\bar{\sigma}_3(i，j)$、$\bar{\sigma}_4(i，j)$和 $\bar{\sigma}_5(i，j)$的大小与其自身的轴力变化相关，并且其中任意一个变化将引起其他接触点上内力的变化。因此在钢丝内侧接触应力的迭代计算中，需要同时考虑三个接触点上界面作用的影响，并且应与断丝内力同时计算，在获得断丝微段内侧接触压力大小的同时，也可得到钢丝轴力变化。

钢丝破断点和内力恢复点之间的区域为断丝影响区域，该区域两端轴力为已知，即一端为 0，另一端轴力等于拉索无破损时所承担的内力。本节中对于恢复长度的计算将从轴力恢复端开始，假定拉索微分长度为 Δx，随后逐段计算断丝周圈接触内力和摩阻力大小以及钢丝内力的变化（图 3-51）。

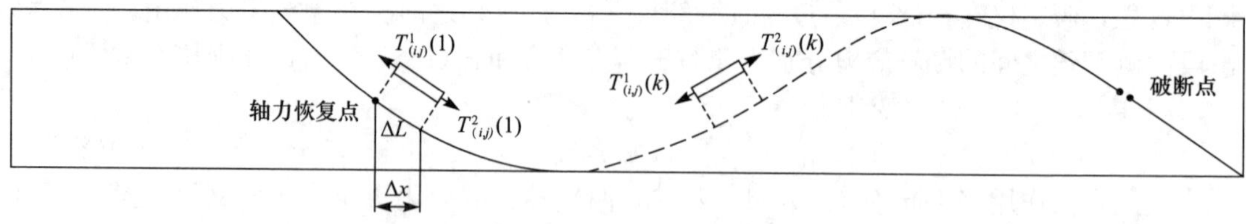

图 3-51　断丝轴力变化计算图示

在第一微段的计算中，钢丝一端的轴力与破断发生之前的拉力大小相等。定义钢丝微段两端的轴力分别为 $T^1_{(i,j)}(1)$和 $T^2_{(i,j)}(1)$，则其中一端的轴力为：

$$T^1_{(i,j)}(1)=\lambda_{(i,j)}T \tag{3-63}$$

首先假定 $T^2_{(i,j)}(1)=T^1_{(i,j)}(1)$，并且根据式（3-50）和式（3-51），钢丝自身握裹力在

其内侧各接触点的分力可计算为：

$$\begin{cases}\Delta C_3=\Delta C_4=\dfrac{1}{\sqrt{3}}(T^2_{(i,j)}-T^1_{(i,j)})\,\dfrac{\cos^2\alpha_{(i,j)}}{r_{(i,j)}}\cdot\cos\left\{\arctan\left[\dfrac{iR-2(j-1)R}{\sqrt{3}iR}\right]\right\}\\ \Delta C_5=(T^2_{(i,j)}-T^1_{(i,j)})\,\dfrac{\cos^2\alpha_{(i,j)}}{r_{(i,j)}}\cdot\sin\left\{\arctan\left[\dfrac{iR-2(j-1)R}{\sqrt{3}iR}\right]\right\}\end{cases}\tag{3-64}$$

根据钢丝拉力与周圈接触区域的摩擦损失关系以及钢丝各接触应力的传递规律，可得钢丝微段另一端的轴力值：

$$\begin{aligned}T^2_{(i,j)}&=T^1_{(i,j)}-\frac{\mu(\bar{\sigma}_1+\bar{\sigma}_2+\bar{\sigma}_3+\bar{\sigma}_4+\bar{\sigma}_5+\bar{\sigma}_6)}{\sin\alpha}\Delta x\\&=T^1_{(i,j)}-\frac{\mu[2(\bar{\sigma}_1+\bar{\sigma}_2+\bar{\sigma}_3)+0.5(\Delta C_3+\Delta C_4+\Delta C_5)]}{\sin\alpha}\Delta x\end{aligned}\tag{3-65}$$

式（3-65）中将钢丝轴力损失主要用钢丝外侧各接触点的应力 $\bar{\sigma}_1$、$\bar{\sigma}_2$ 和 $\bar{\sigma}_3$，以及断丝自身握裹力的各项分力 ΔC_3、ΔC_4 和 ΔC_5 来表示。将式（3-65）计算所得的 $T^2_{(i,j)}(1)$重新代入式（3-64）中，计算握裹力变化及对内侧挤压分力的变化，将结果再次代入式（3-65）计算，重新得到微段另一端的拉力值 $T^2_{(i,j)}(1)$。重复以上迭代过程直到两次迭代结果 $T^2_{(i,j)}(1)$相差很小或基本相等。

至此完成第一钢丝微段的轴力及接触应力计算。对于下一钢丝微段的计算，其钢丝始端的轴力等于上一钢丝微段末端的轴力：

$$T^1_{(i,j)}(k)=T^2_{(i,j)}(k-1),k>1\tag{3-66}$$

重复以上钢丝内力和挤压应力的迭代过程，计算钢丝末端的轴力大小 $T^2_{(i,j)}(k)$，直至求得钢丝微段末端轴力小于或等于零。

至此即可得到半平行钢丝束内断丝恢复长度 RL：

$$RL=k\Delta x\tag{3-67}$$

在以上计算过程中可以发现断丝的轴向力从拉力恢复端到破断点沿钢丝逐渐减小，而其周圈钢丝轴力因为接触摩擦的累积作用逐渐增大。

本节对半平行钢丝束内钢丝挤压应力传递机制以及断丝影响区域内钢丝轴力及与周圈钢丝接触力的变化关系进行了讨论并建立了理论计算模型。半平行钢丝束外侧护套的握裹作用采用 3.2.3 节中的推导方法进行计算，在模型中作用在最外圈钢丝上并且按照螺旋钢丝握裹作用引入。

整个计算的流程顺序为：

（1）计算拉索截面完整时其中各钢丝与拉索轴力相关的拉力系数，并计算半平行钢丝束外侧护套的握裹作用；

（2）根据断丝位置计算钢丝挤压累积效应，计算断丝与其外侧接触钢丝之间的接触力大小；

（3）选择合理的钢丝微段长度，从钢丝拉力恢复点出发，迭代计算断丝内力变化及其周圈接触挤压力的变化，并记录已计算钢丝微段的长度，直至计算所得钢丝轴力减小至零或为负值，则断丝恢复长度即为所计算的钢丝微段长度之和。

值得注意的是，在本节推导过程中并未考虑拉索侧向变形的影响，假定拉索在断丝前后始终保持平直状态，因此此推导过程仅适用于对称断丝的状况。对称断丝中，在拉索截面上同时有处于对称位置的钢丝失效，并且钢丝断裂主要影响其周圈接触的六根钢丝内力的变化。因此对称断丝不会在拉索截面上造成不平衡力矩的作用，拉索侧向依然保持平直状态。以上半平行钢丝束对称断丝模型以及恢复力计算过程可在 MATLAB 中采用编程实现。

3.5.2　半平行钢丝束半精细化有限元断丝模型

第 3.3.1 节中提出了半平行钢丝束的半精细化有限元模型（图 3-52），主要思路为采用沿螺旋线排列的短梁来模拟拉索内部的绕捻钢丝，以实现螺旋钢丝的轻微扭绞效应(图 3-52中红线、粉线及绿线即为钢丝短梁)；在钢丝截面上设置发散状排列且长度与钢丝半径相同的刚臂短梁来实现钢丝弯曲时的平截面假定（图 3-52 中蓝线为刚臂梁）。在各拉索截面上接触区域的重合节点（图 3-52 中的红点）之间建立三个方向的弹簧单元以模拟钢丝之间的接触挤压（X、Y 方向弹簧）和接触摩擦阻力作用（Z 方向弹簧），将半平行钢丝束内部钢丝之间的线接触等效成分散位于接触区域的点接触模式。图 3-53 为在 ANSYS 中建立的半平行钢丝束半精细化有限元模型。

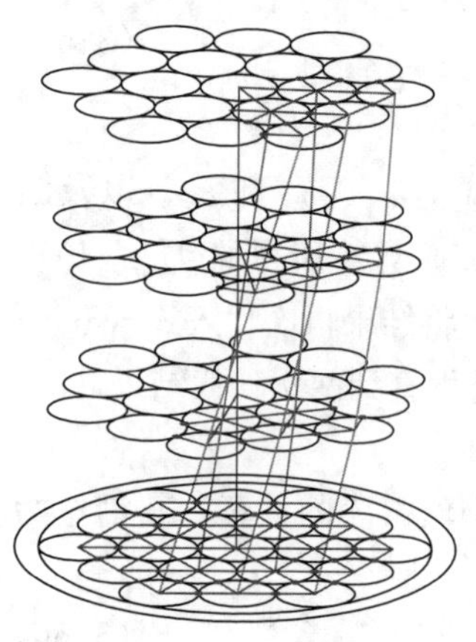

图 3-52　半平行钢丝束半精细化有限元模型组成图示

半平行钢丝束半精细化有限元模型的整体建模方法和建模步骤均与第 3.3 节相同，将不再复述，以下将主要说明内部钢丝断裂效应的模拟方法和设置流程。

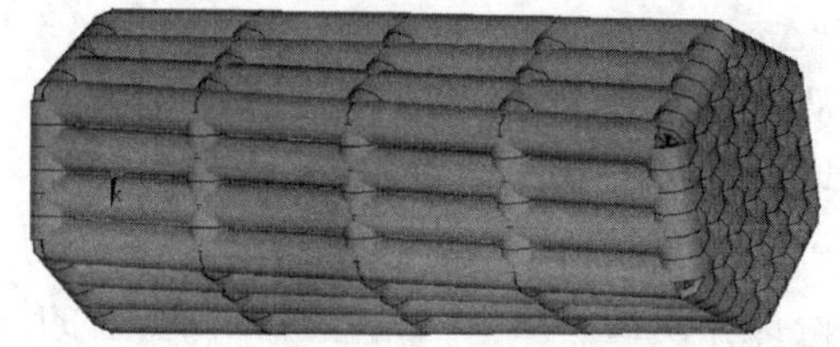

(a) 所有组成单元均显示

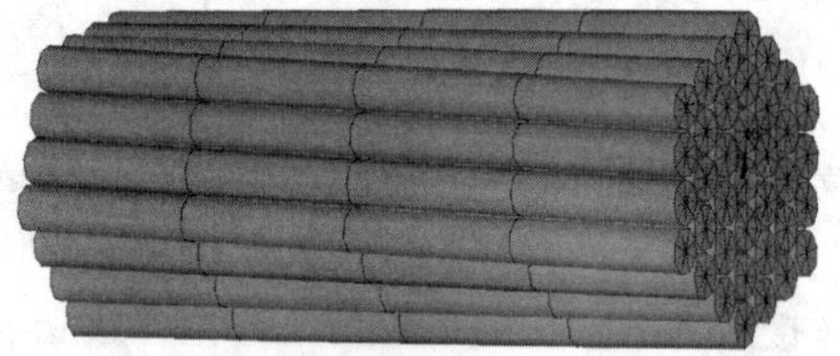

(b) 仅显示钢丝单元

图 3-53　半平行钢丝束半精细化有限元 ANSYS 模型三维示例

首先按照第 3.3.1 节建模方法建立各钢丝完好状态的半平行钢丝束模型，选取拉索中间截面一侧位于断丝位置的钢丝短梁，图 3-54(a)中与红色钢丝短梁相连并位于其下侧的钢丝被删除，删除后拉索中间截面处红色刚臂单元仅与红色钢丝短梁相连。

复制图 3-54(a)中的红色刚臂单元，即形成图 3-54(b)中的蓝色刚臂单元，在被删除的钢丝位置处重新建立钢丝短梁单元，新建立的钢丝短梁单元一端连于蓝色刚臂单元中心节点（图 3-54(b)中显示了蓝色钢丝短梁和刚臂短梁）。至此，在拉索中间截面上，断丝位置处将有两套 6 刚臂节点组合，分别代表钢丝破断后处于破断点位置的两个钢丝截面。并且在该破断截面的周线上，各接触点位置将同时存在三个重合节点，分别属于周圈钢丝（青色）、破断点处上部钢丝端面（红色）和下部钢丝端面（蓝色）。将钢丝下部截面周圈接触点与相应各外圈钢丝接触点之间各增加三向弹簧单元，以模拟钢丝断裂后，下部钢丝端面所受到的接触力作用。图 3-55 为钢丝破断后，上部断丝与下部断丝交界区域的三维显示图。

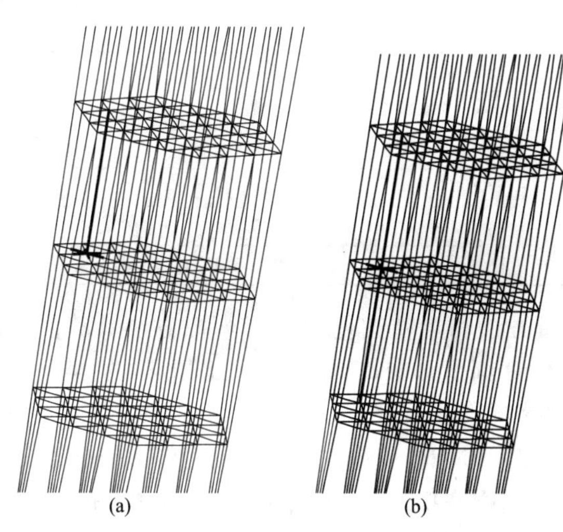

图 3-54 半平行钢丝束半精细化有限元断丝模型建立

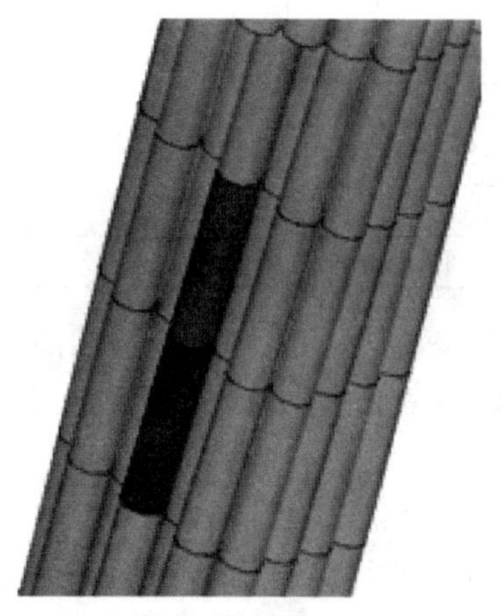

图 3-55 断丝破断点位置及模型破断区域三维显示

断丝区域设置完毕后，按照第 3.3 节中所述的模型建立方法施加握裹力及预应力作用，并进行拉索端部约束设置，最后求解分析拉索在内部钢丝断裂后拉索的力学性能变化。

3.5.3 半平行钢丝束对称断丝模拟

3.5.3.1 半精细化有限元模拟与理论计算对比

半平行钢丝束半精细化有限元模型建立后，为验证模型的有效性和正确性，首先进行对称断丝效应模拟，并采用第 3.5 节中的理论模型计算出相应的对称钢丝破断下断丝影响长度即轴力恢复长度，以进行对比验证。综合考虑计算效率以及算例验证结果的可信度，选择 37ϕ5 半平行钢丝束作为计算算例并对比分别采用两种方法计算断丝轴力恢复长度的计算结果，拉索截面及各钢丝编号如图 3-56 所示。

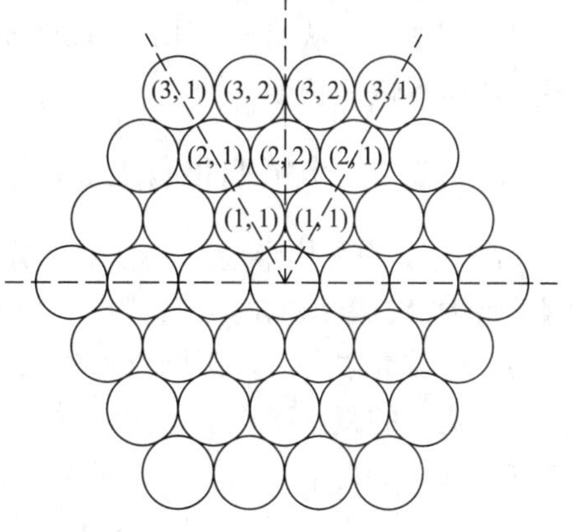

图 3-56 37ϕ5 半平行钢丝束截面钢丝排列及各位置编号

半精细化有限元模型中计算长度选为 4000mm，考虑拉索捻距和捻角的影响，变换拉索捻距，并对比 1200mm 和 1800mm 两种捻距长度下不同位置断丝的轴力恢复长度。由于在理论推导中假定拉索在断丝前后整体始终保持平直状态，因此在半精细化有限元模型中也相应地计算对称断丝效应（即拉索内部处于对称位置的两根钢丝同时发生断裂）。对比结果见表3-4。

有限元模拟与理论计算结果对比　　表3-4

拉索编号	断丝位置	拉索捻距(mm)	断丝恢复长度-MATLAB(mm)	断丝恢复长度-ANSYS(mm)
Ⅰ-1	(1，1)	1200	742	760
Ⅰ-2	(2，1)	1200	930	940
Ⅰ-3	(2，2)	1200	853	880
Ⅱ-1	(1，1)	1800	1160	980
Ⅱ-2	(2，1)	1800	1355.5	1400
Ⅱ-3	(2，2)	1800	1263.5	1280

从表3-4中可以看出，采用理论解析方法和半精细化有限元模拟方法计算所得断丝轴力的恢复长度结果彼此吻合。除在断丝算例II-1中，即捻距为1800mm的半平行钢丝束位于（1，1）位置钢丝发生断裂时，半精细化有限元模型计算结果小于MATLAB解，其他各断丝状况时有限元解均大于理论方法计算所得的断丝轴力恢复长度。这其中的大小差别主要源于两种计算方法中断丝周圈摩擦阻力的不同设置：半精细化有限元模型中各接触点的极限摩擦限值是依据内部断丝之前拉索在预应力和护套握裹力作用下钢丝之间的相互作用计算而出，并且在断丝发生前后假定其保持不变，不考虑由于断丝和周圈钢丝拉力的变化所引起的接触应力的不同。但在恢复长度的理论计算方法中，钢丝之间挤压作用随着钢丝内力的重分布也在更新变化，随之相对应的接触摩擦极限也在不断调整，并且理论方法中一个重要的计算步骤即为逐步迭代计算断丝各接触点之间的接触内力。

因此，在理论推导中，由于断丝周圈钢丝内力逐步分担断丝轴力，断丝外侧接触点之间的挤压作用（σ_1、σ_2及σ_6）及相应摩擦阻力随之增大。但由于断丝自身轴力随着与断裂点距离的减小而逐步衰减，并且断丝内侧接触作用（σ_3、σ_4及σ_5）是由外侧钢丝挤压与断丝握裹力的综合作用产生的，因此，断丝引起的周圈接触摩阻的总体效应将由上述外侧钢丝的累积挤压效应和自身握裹作用效应之间的比例决定。由于半平行钢丝束内部各钢丝的绞捻程度均较小，因此断丝握裹效应均不明显，接触内力由于周圈钢丝张拉力的增大总体摩阻效应增强，从而导致MATLAB理论计算所得恢复长度均小于ANSYS中半精细化有限元法所得恢复长度。

3.5.3.2　半精细化有限元断丝模拟结果

图3-57为采用半精细化有限元分析方法模拟37ϕ5半平行钢丝束在对称断丝时内部各钢丝轴力沿拉索纵向的分布状况。可见在距断丝点一定范围之外，各钢丝轴力基本相同，在某一区域界限之后，破断钢丝轴力线性降低至零，而剩余其他位置钢丝轴力则随与破断点之间距离的减小而逐渐增大，并在破断点处达到最大值。该结果与第3.5.1节中采用理论方法计算所得钢丝轴力变化情况一致，表明两种方法的一致性和有效性。

第3.5.1节中断丝的理论计算方法只能得到断丝周圈与之接触钢丝的轴力变化和分布，并假定其余钢丝轴力保持不变。但半精细化有限元模型能够提取拉索截面内任意区域钢丝内力的分布及重分布状况。因此提取断丝破断点所在拉索平面上各钢丝内力值，以研究对称断丝时拉索的内力重分布模式。图 3-58～图 3-60 分别为捻距为 1200mm 的 37ϕ5 半平行钢丝束内部各位置钢丝发生断裂时，拉索截面内各钢丝的内力状况。

可以发现，所列出的三种位置断丝状况中剩余钢丝内力均有提高（断丝之前施加于各钢丝轴力为 1963.5N），并且均为断丝周边钢丝内力增幅较为明显，距离断丝位置较远处钢丝内力增加程度较小。断丝周圈钢丝的轴力变化中，位于内侧的钢丝轴力变化更明显。并且钢丝断裂位置越接近内侧，断丝引起的周圈钢丝内力增加越明显，拉索截面内钢丝内力分布的不均匀程度越剧烈。

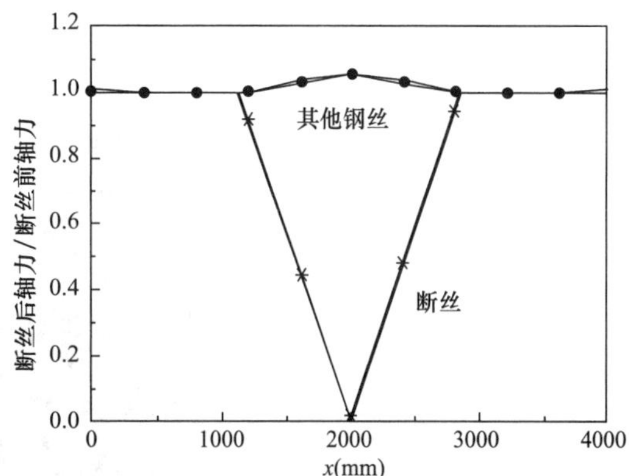

图 3-57 拉索内部钢丝（2，2）断裂时纵向拉力分布

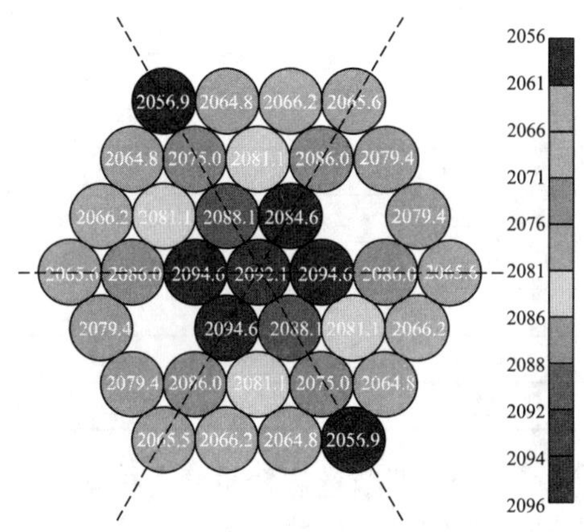

图 3-58 钢丝（2，2）断裂时索内钢丝内力分布

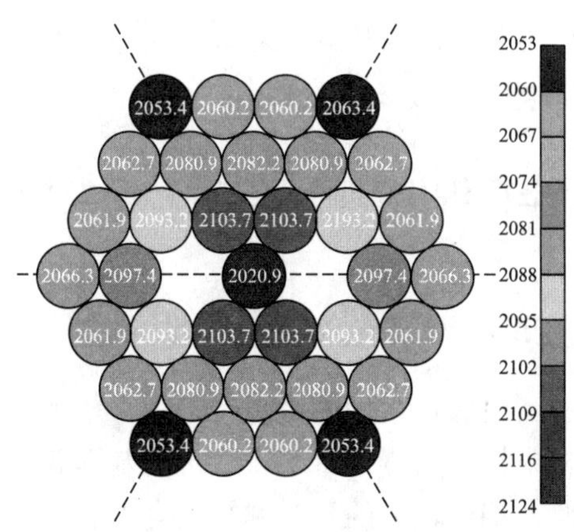

图 3-59 钢丝（1，1）断裂时索内钢丝内力分布

为进一步研究断丝位置对于钢丝内力重分布的影响，定义一个轴力增长系数，即为断丝后拉索截面内钢丝轴力与断丝前钢丝轴力之比。分别计算表 3-4 中各对称断丝算例中轴

力增长系数的极大值与极小值，计算结果如表 3-5 所示。

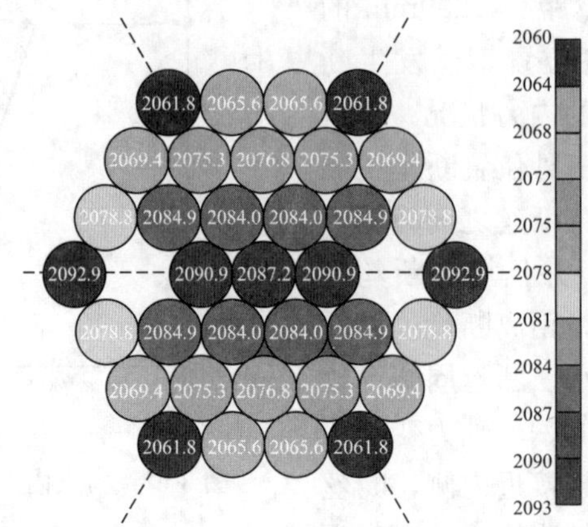

图 3-60　钢丝（2，1）断裂时索内钢丝内力分布

不同位置断丝时剩余钢丝的轴力增长系数极值　　表 3-5

断丝位置	拉索捻距（mm）	轴力增长系数极大值	轴力增长系数极小值
（1，1）	1200	1.0768	1.0452
（2，1）	1200	1.0662	1.0503
（2，2）	1200	1.0633	1.0475
（1，1）	1800	1.0668	1.0502
（2，1）	1800	1.064	1.0532
（2，2）	1800	1.0597	1.0519

该对比结果验证了之前的推断，即断丝位置越靠近拉索内侧［如钢丝（1，1）］，剩余钢丝的轴力增长系数范围越大，表明断丝引起拉索剩余截面钢丝内力分布不均匀程度更加明显，这样对拉索的安全性影响更加严重。断丝发生位置靠外时［如钢丝（2，2）］，剩余钢丝内力增长较为统一，内力分布较为均匀。此外，同等条件下，捻距为 1200mm 钢丝的内力增长系数比捻距为 1800mm 的内力增长系数大。

3.5.4　半平行钢丝束半精细化有限元非对称断丝模拟

3.5.4.1　拉索整体变形状况

对称断丝问题中钢丝破断前后拉索截面受力始终为力矩平衡状态，因此断丝后拉索侧向变形几乎为零，理论分析中拉索始终保持平直状态的基本假定是可行的。但当半平行钢丝束内断丝为非对称分布时，钢丝轴力的不对称缺失会引起拉索截面区域内产生非均匀力系分布从而形成一个附加弯矩作用。为平衡该附加弯矩作用的影响，拉索内剩余钢丝轴力将发生内力重分布，并产生垂直于拉索轴向的变形以重新达到索体平衡。

由于在半平行钢丝束半精细化有限元模型建立中并未假定拉索断丝前后整体变形特性，且半精细化有限元模型自身能够考虑索内产生不平衡力矩时拉索内部钢丝内力变化以及整体的变形，并逐步求得破断点处断丝内力逐步衰减为零的过程中整体拉索的一系列平衡状态。因此该模型不仅适用于对称断丝问题，也同样适用于非对称断丝以及多根断丝问题。对于捻距为 1800mm 和捻距为 1200mm 的 37ϕ5 半平行钢丝束，采用半精细化有限元模型分别模拟拉索内部不同位置钢丝破断后（非对称断丝）的力学效应，模型中各项几何参数及材料参数均与对称断丝模拟时的参数相同。

图 3-61 和图 3-62 分别为 1800mm 捻距和 1200mm 捻距拉索内部发生单根钢丝和多根钢丝断裂时拉索的变形状况（图中变形均放大 100 倍以便于对比）。由于拉索内部钢丝的螺旋效应，拉索各截面内所产生的附加弯矩方向也沿螺旋线方向不断变化，因此钢丝断裂

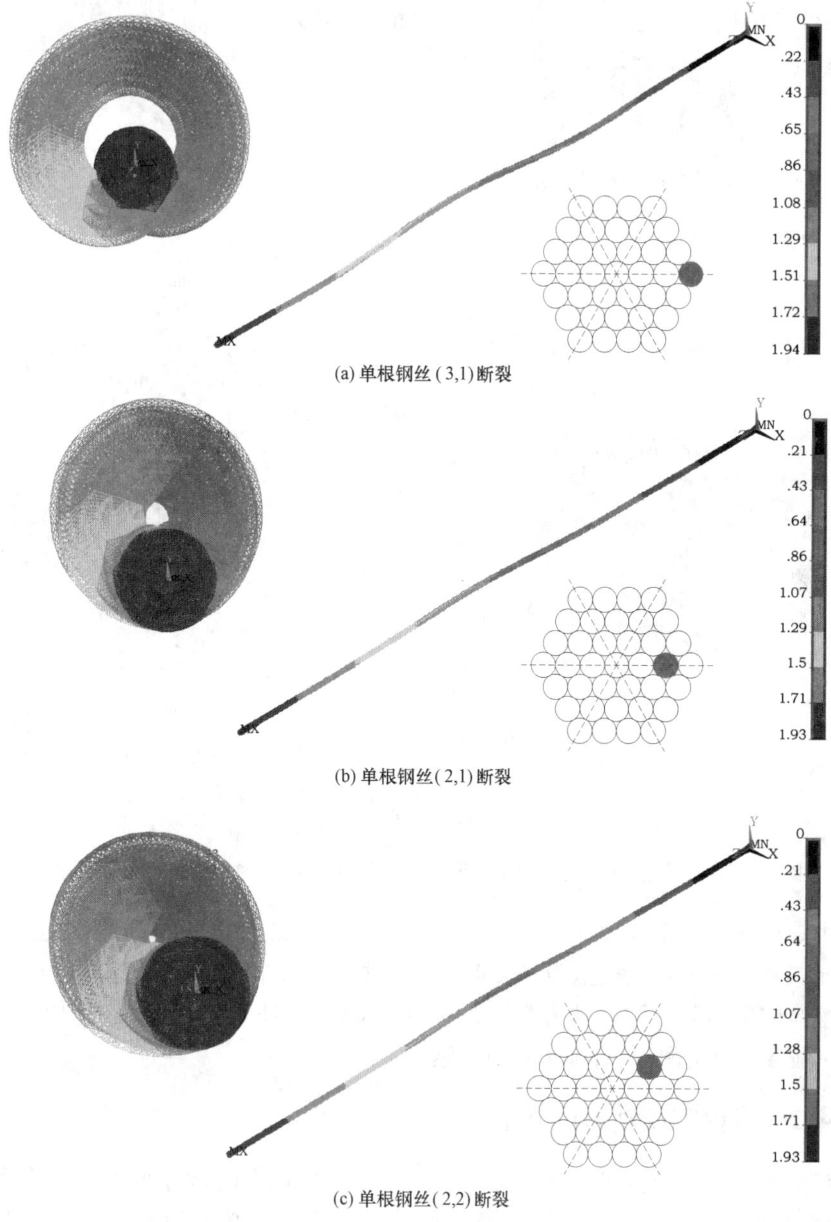

(a) 单根钢丝(3,1)断裂

(b) 单根钢丝(2,1)断裂

(c) 单根钢丝(2,2)断裂

图 3-61 不同数量及不同位置钢丝断裂时捻距 1800mm 拉索整体变形状况（一）

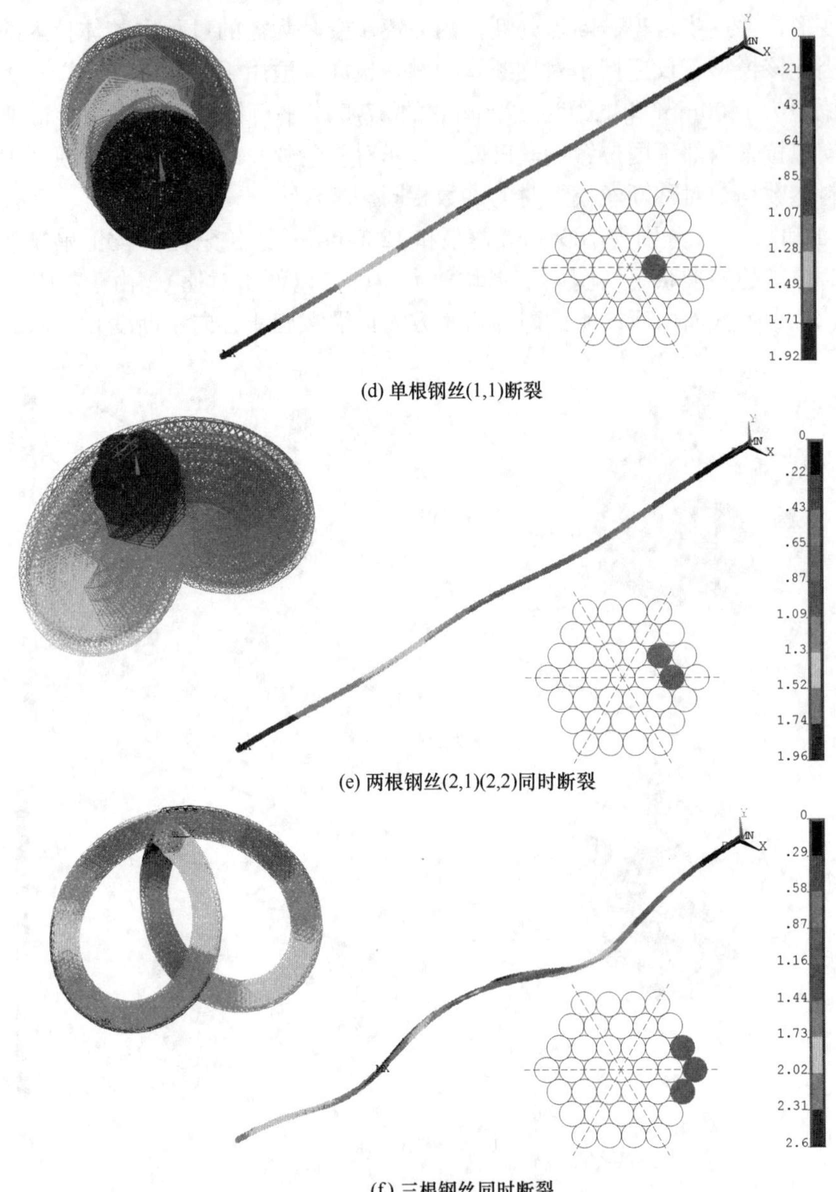

(d) 单根钢丝(1,1)断裂

(e) 两根钢丝(2,1)(2,2)同时断裂

(f) 三根钢丝同时断裂

图 3-61　不同数量及不同位置钢丝断裂时捻距 1800mm 拉索整体变形状况（二）

后拉索发生螺旋线形的整体变形。由图可见，单根断丝位置越靠外侧，拉索整体螺旋线状变形越明显，并且在钢丝断裂数量越多时，拉索截面不平衡力系所引起的附加弯矩作用越大，拉索整体的侧向变形程度越为明显。在相同位置发生断丝时，捻距为 1200mm 的拉索的侧向变形程度小于捻距为 1800mm 的拉索。

3.5.4.2　索内钢丝轴力重分布

为了解半平行钢丝束内发生非对称断丝后索内钢丝拉力的重分布状况，选择单根钢丝（2，1）断裂损伤作为算例，提取索内钢丝轴力分布进行分析。为便于比较，将钢丝按照其与断丝的位置关系进行分组，具体分组方式如图 3-63 所示。

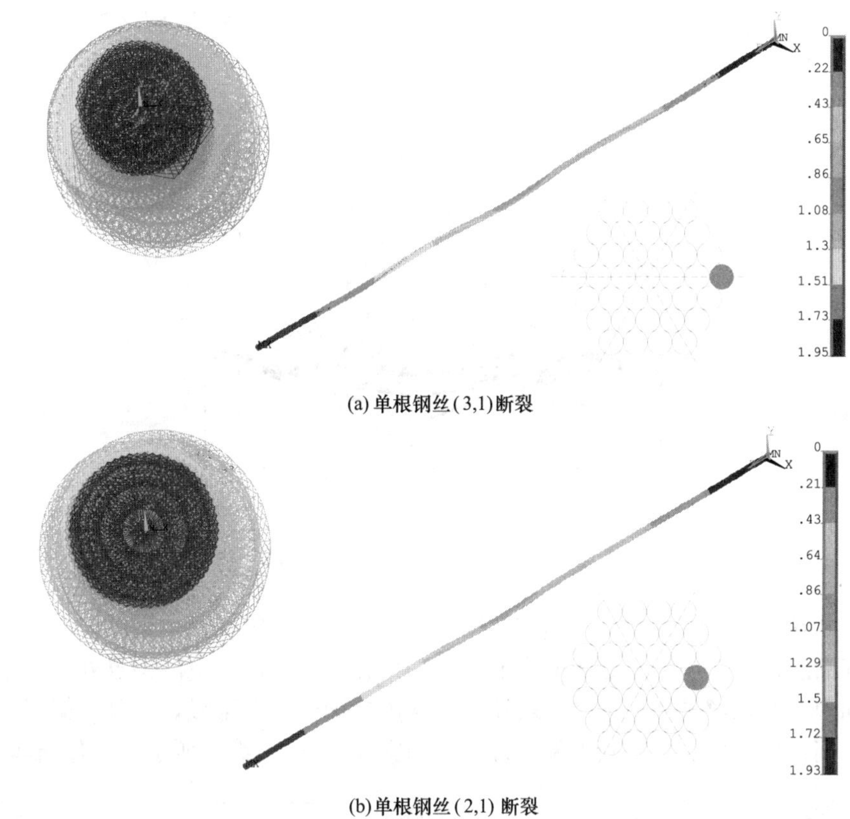

(a) 单根钢丝(3,1)断裂

(b) 单根钢丝(2,1) 断裂

图 3-62　单根钢丝在不同位置断裂时捻距 1200mm 拉索整体变形状况

图 3-64 为拉索内剩余钢丝在钢丝破断处的轴力状况。从图中可见，发生非对称断丝时，位于断丝右侧钢丝轴力增大，而断丝左侧钢丝内力随与断丝距离的增加而减小，形成明显的弯矩作用下梯度内力分布。图 3-65 为各钢丝轴力沿拉索轴向的拉力变化，距离断丝距离最远的 C1 组钢丝由轴力恢复点到破断点其内力逐渐减小，其他组钢丝内力随着与破断点距离的减小，轴力均为增大趋势，且钢丝位置越靠近断丝，轴力增长越明显。该分布状况与对称断丝时拉索内钢丝轴力重分布有较大不同。当发生不对称断丝时，所产生

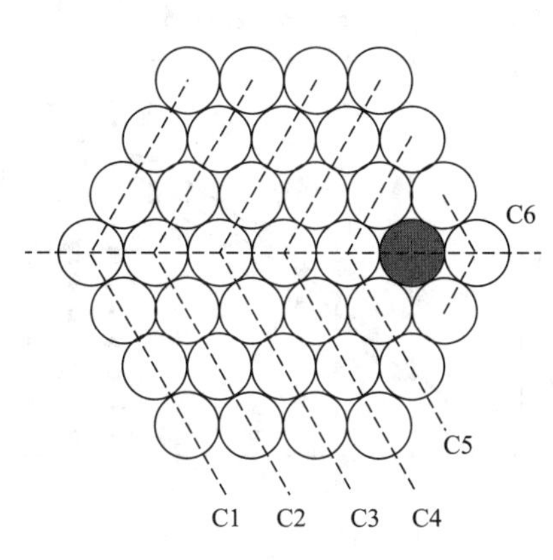

图 3-63　拉索截面内钢丝分组状况及断丝位置

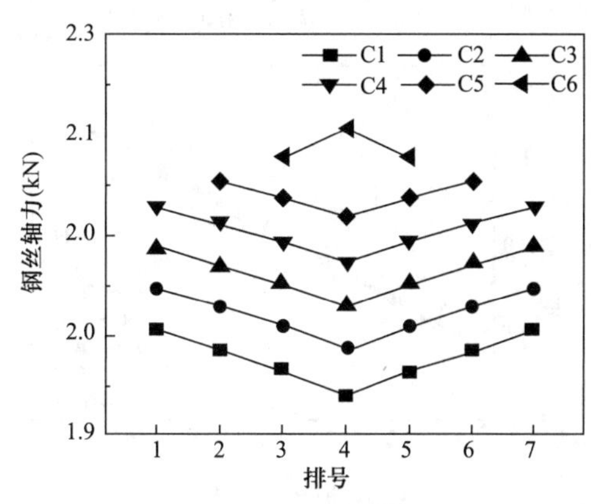

图 3-64　钢丝破断处拉索截面钢丝内力分布

的不均匀力系及偏心弯矩作用将由剩余钢丝内力分布调整及拉索的侧向变形来协调。非对称断丝所产生的不均匀力系对钢丝的内力分布起主导作用。

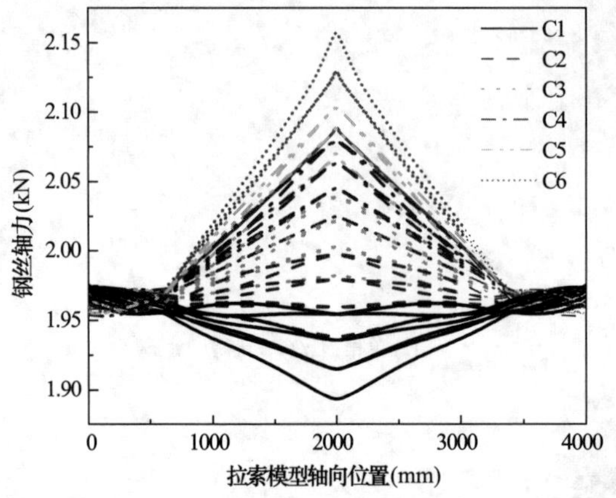

图 3-65 钢丝内力沿拉索纵向分布

非对称断丝会在拉索截面产生附加弯矩作用，从而影响索内剩余钢丝的内力重分布模式，为研究断丝位置对内力重分布的影响，分别计算并提取索内不同位置处断丝后破断点处拉索截面内各个钢丝轴力。为便于对比，将索内各钢丝重新编号，并且依据截面对称性选取 5 根不同位置钢丝作为破断点发生位置，如图 3-66(a)中编号所示。对称断丝问题中，

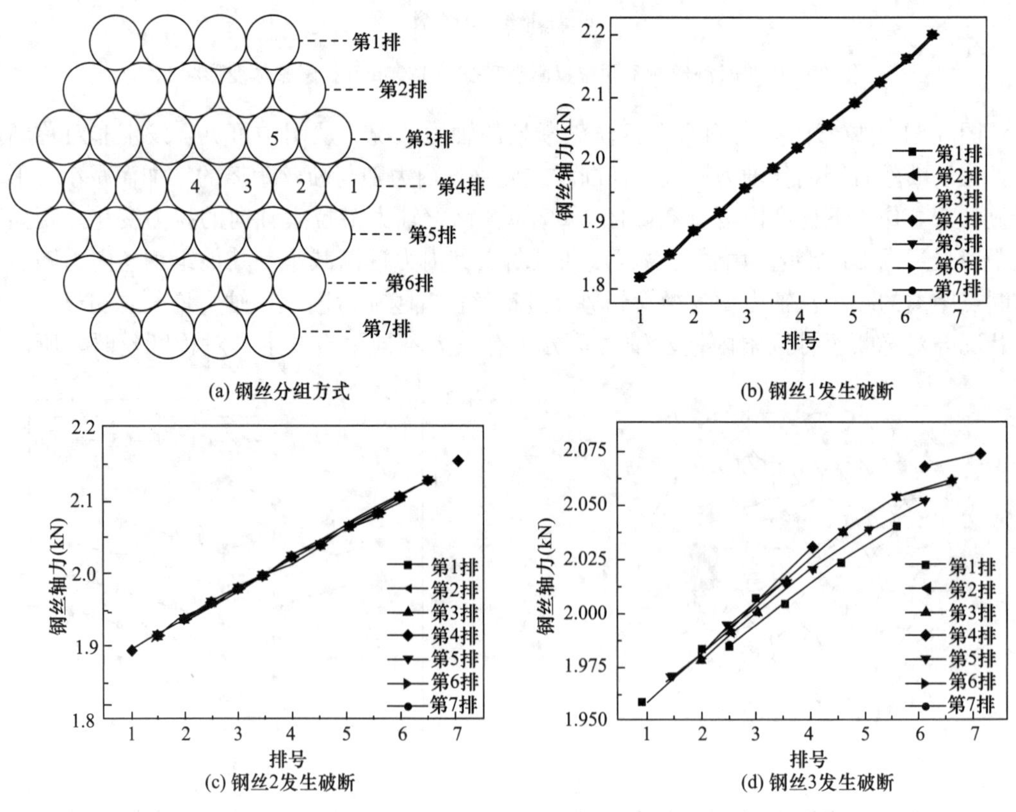

(a) 钢丝分组方式　(b) 钢丝1发生破断

(c) 钢丝2发生破断　(d) 钢丝3发生破断

图 3-66 不同位置断丝时索内剩余钢丝轴力分布（一）

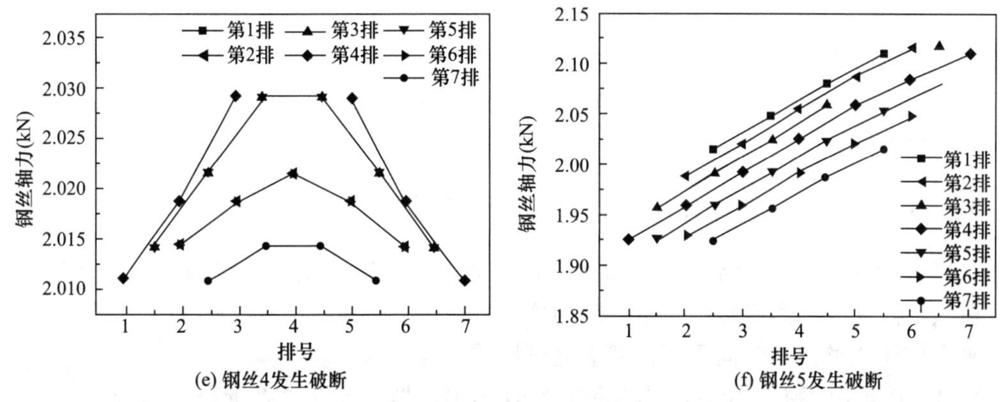

图 3-66 不同位置断丝时索内剩余钢丝轴力分布（二）

索内刚丝轴力重分布主要来源于钢丝之间的接触摩擦作用，周圈钢丝通过与断丝的接触摩阻作用逐步分担断丝所造成的轴力缺失。而在非对称断丝问题中，索内剩余钢丝的内力重分布则由该种接触摩擦作用和附加弯矩作用共同决定，并且钢丝轴力缺失所造成的附加弯矩一般为主要影响因素。

由此可见，当断丝发生在拉索边缘时，如钢丝 1 发生破断，不平衡弯矩的影响远大于钢丝间接触摩擦的影响，因此截面内钢丝内力整体分布呈直线变化，整个拉索截面内力表现为受弯梁的特性。当断丝位置逐步向内移动时，由于钢丝之间接触挤压作用逐渐增强，而不均匀力系的力臂逐渐减小，附加弯矩作用减弱，从而各层钢丝间逐步表现出轴力差异。如钢丝 1 断裂和钢丝 3 断裂中，后者所产生的附加弯矩作用较小，使得整体拉索截面内钢丝内力的梯度变化程度较小。并且中间层钢丝（第四层）轴力增长程度最大，相比于钢丝 1 断裂算例，中间层钢丝轴力不再表现为直线增长，断丝附近钢丝轴力增大较为明显。图 3-66(e)所示中心钢丝断裂不引起附加弯矩作用，从而索内钢丝内力分布主要由接触摩擦作用决定。图 3-66(f)中为 5 号钢丝断裂状况，由于该钢丝不处于对称轴上，因此截面内力呈现双向弯矩作用分布：同层钢丝内力呈线性关系，不同层钢丝之间内力变化趋势一致且相互之间为梯度变化。

为对比不同位置钢丝断裂对索内钢丝不均匀分布程度的影响，将 1～4 号钢丝发生破断时所对应的第 3 排钢丝内力变化进行对比，如图 3-67 所示。图中可见各曲线均近似于

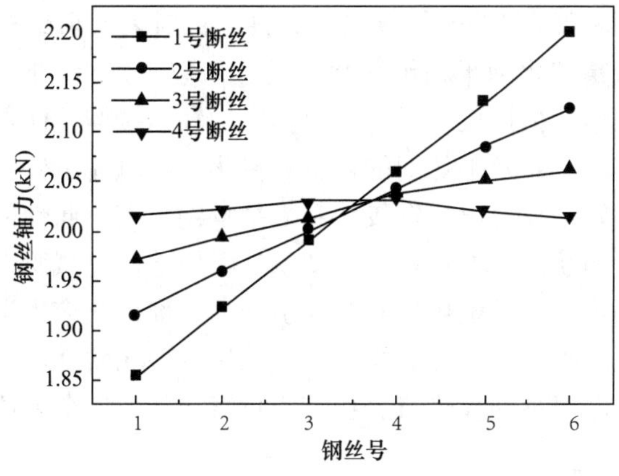

图 3-67 不同位置钢丝断裂下第 3 排钢丝内力变化

直线变化，仅在中间钢丝断裂时，其内力变化曲线略呈中间高两边低的分布，并且各变化曲线的斜率随着钢丝位置的内移近似线性减小。该变化对比验证以上结论，即非对称断丝损伤中，拉索内力重分布主要由断丝所产生的附加弯矩控制，摩擦效应只在不均匀弯矩较小时产生轻微影响。

3.5.4.3　不同位置断丝后拉索整体力学性能

半平行钢丝束内断丝将引起内部钢丝轴力的重分布以及拉索整体侧向的螺旋形变形。并且虽然经过断丝周圈接触位置摩擦阻力作用，在一定范围之后断丝内力能够恢复到其原始水平，但拉索整体的轴向刚度仍然会受到影响。

表 3-6 中给出了不同位置的非对称断丝算例中，半平行钢丝束所产生的侧向位移、拉索轴向伸长量以及断丝后拉索的轴向刚度。由对比可见，当断丝位置由内向外移动时，拉索整体在相同的轴向张力情况下其伸长量逐渐增大，因此计算所得整体拉索的轴向刚度逐渐减小。将断丝后拉索刚度与断丝前完整拉索的刚度之比作为刚度系数，可见非对称断丝都将降低拉索的整体轴向刚度，并且断丝位置越靠近拉索外侧，轴向刚度的降低程度越显著。同时，随着断丝位置的外移，拉索的侧向变形程度变大，这将会对半平行钢丝束的正常使用性能及使用寿命产生不利影响。

不同位置断丝后拉索整体力学性能　　表 3-6

断丝位置	回转半径（mm）	拉索伸长量（mm）	拉索应变	刚度降低系数	最大侧向变形（mm）
4	0	1.919	0.0048	0.993	0
3	5	1.920	0.0048	0.992	0.190
5	8.66	1.927	0.00482	0.989	0.328
2	10	1.928	0.00482	0.988	0.382
1	15	1.940	0.00485	0.982	0.415

3.6　本章小结

本章采用 ABAQUS 和 ANSYS 等有限元软件，针对索穹顶结构中常用的钢绞线、半平行钢丝束等拉索开展精细化和半精细化数值模拟研究，提出预应力拉索数值模拟方法，为相关预应力拉索的数值模拟提供参考。针对拉索的轴向拉伸性能进行模拟，获得了拉索的承载力、内部塑性应变分布及钢丝间的接触力变化，并研究了钢丝间的摩擦力对拉索轴向承载力的影响。另外，本章提出了钢绞线和半平行钢丝束弯曲性能的模拟方法，获得了拉索弯曲过程中内力分布状态。本章基于第 2 章拉索松弛性能试验，提出了拉索预应力松弛过程的模拟方法，得到了其松弛规律和松弛引起的内部钢丝应力退化规律。最后，针对半平行钢丝束断丝现象，提出理论计算方法，并采用有限元软件，采用半精细化有限元模型，对拉索对称断丝和非对称断丝进行分析，为拉索构件的安全评估提供依据。

第4章 索穹顶结构找形找力分析

索穹顶结构是一种基于张拉整体概念而提出的索杆结构，在结构内部通常存在机构位移模态，而且由于拉索为柔性构件，只有施加适当的预应力，才能够使其产生达到设计位形并抵抗外荷载的刚度。因此，给索穹顶结构引入适当的预应力是结构设计的最关键一步。

本章首先对求解索穹顶结构预应力的基础——平衡矩阵理论进行了推导，进而对整体可行预应力以及预应力设计和找形分析的概念进行了介绍，根据平衡方程解的性质提出了结构几何可行性的概念，并用算例进行了说明；介绍了索杆结构刚度矩阵的基本概念和推导过程，以及基于刚度矩阵性质的结构稳定性判断准则；基于平衡矩阵和刚度矩阵，推导了索杆结构的索长误差敏感性计算方法。最后，在平衡矩阵的基础上介绍了索杆结构找形找力方法——不平衡力迭代法以及针对椭圆形复合式索穹顶的分块-组装法。

4.1 索穹顶结构找形找力分析基本理论

4.1.1 平衡矩阵理论

假定结构由 m 个节点和 n 个构件组成，结构的拓扑关系（节点与构件的连接关系）可以用拓扑矩阵来描述。如果第 k 个构件起始于节点 i 并终止于节点 j，则拓扑矩阵 $\boldsymbol{C}$ 的第（k，e）个元素可以定义为：

$$C_{k,e}=\begin{cases}+1(e=i)\\-1(e=j)\\0(\text{其他})\end{cases} \tag{4-1}$$

根据每个方向上的约束情况拓扑矩阵 $\boldsymbol{C}$ 可以按列进行分块：

$$\begin{cases}\boldsymbol{C}=(\boldsymbol{C}_x,\boldsymbol{C}_{xf})(x\text{ 方向})\\\boldsymbol{C}=(\boldsymbol{C}_y,\boldsymbol{C}_{yf})(y\text{ 方向})\\\boldsymbol{C}=(\boldsymbol{C}_z,\boldsymbol{C}_{zf})(z\text{ 方向})\end{cases} \tag{4-2}$$

假定 x、y、z 方向的所有节点坐标向量为 $\boldsymbol{x}_0$、$\boldsymbol{y}_0$、$\boldsymbol{z}_0$，自由节点的坐标向量为 $\boldsymbol{x}$、$\boldsymbol{y}$、$\boldsymbol{z}$，被约束的节点的坐标向量为 $\boldsymbol{x}_f$、$\boldsymbol{y}_f$、$\boldsymbol{z}_f$，则三个方向的节点坐标差对角矩阵 $\boldsymbol{U}$、$\boldsymbol{V}$ 和 $\boldsymbol{W}$（$\in R^{m\times m}$）可以由下式计算：

$$\begin{cases}\boldsymbol{U}=\text{diag}(\boldsymbol{C}\boldsymbol{x}_0)=\text{diag}(\boldsymbol{C}_x\boldsymbol{x}+\boldsymbol{C}_{xf}\boldsymbol{x}_f)\\\boldsymbol{V}=\text{diag}(\boldsymbol{C}\boldsymbol{y}_0)=\text{diag}(\boldsymbol{C}_y\boldsymbol{y}+\boldsymbol{C}_{yf}\boldsymbol{y}_f)\\\boldsymbol{W}=\text{diag}(\boldsymbol{C}\boldsymbol{z}_0)=\text{diag}(\boldsymbol{C}_z\boldsymbol{z}+\boldsymbol{C}_{zf}\boldsymbol{z}_f)\end{cases} \tag{4-3}$$

若用 $\boldsymbol{L} \in R^{m\times m}$ 表示构件长度对角矩阵，则包含全部节点的结构平衡矩阵可以由下式表示：

$$\boldsymbol{D}^0 = \begin{bmatrix} \boldsymbol{C}^{\mathrm{T}}\boldsymbol{U}\boldsymbol{L}^{-1} \\ \boldsymbol{C}^{\mathrm{T}}\boldsymbol{V}\boldsymbol{L}^{-1} \\ \boldsymbol{C}^{\mathrm{T}}\boldsymbol{W}\boldsymbol{L}^{-1} \end{bmatrix} \tag{4-4}$$

若结构的预应力向量为 $\boldsymbol{t} \in R^{m\times 1}$，则索穹顶结构的平衡状态可以由下式描述：

$$\boldsymbol{D}\boldsymbol{t} = \boldsymbol{p} \tag{4-5}$$

式中，$\boldsymbol{D} \in R^{f\times m}$ 是考虑约束后的结构平衡矩阵，由 $\boldsymbol{D}^0$ 去掉与约束对应的行后得到的矩阵，f 为结构的自由度，$\boldsymbol{p} \in R^{f\times 1}$ 为结构的节点荷载向量。若不考虑外荷载，预应力仍能够使结构处于平衡状态，则此时结构处于自平衡状态，可以表示为：

$$\boldsymbol{D}\boldsymbol{t} = \boldsymbol{0} \tag{4-6}$$

节点位移和构件变形之间的关系可以由位移协调矩阵表示为：

$$\boldsymbol{B}\boldsymbol{d} = \Delta \boldsymbol{l} \tag{4-7}$$

式中，$\boldsymbol{B} \in R^{m\times 3n}$ 为协调矩阵且 $\boldsymbol{B}=\boldsymbol{D}^{\mathrm{T}}$，$\boldsymbol{d}$ 为节点位移向量，$\Delta \boldsymbol{l}$ 为构件轴向变形向量。

4.1.2　自应力模态和预应力模态

4.1.2.1　独立自应力模态

索杆结构的全部独立自应力模态即为齐次线性方程组（4-6）的基础解系，因此，自应力模态能够满足结构的平衡条件，而且各个独立自应力模态之间是线性无关的。独立自应力模态可以由求解平衡矩阵 $\boldsymbol{D}$ 的零空间、对平衡矩阵进行 SVD 分解或高斯消去求得。自应力模态仅需满足下式的平衡关系：

$$\boldsymbol{D}\boldsymbol{S}^i = 0 \tag{4-8}$$

式中，$\boldsymbol{S}^i$ 为结构的任意一个自应力模态。

索穹顶结构的独立自应力模态的数量可以由下式计算：

$$\boldsymbol{s} = 3\boldsymbol{m} - \boldsymbol{r_D} \tag{4-9}$$

式中，$\boldsymbol{s}$ 为独立自应力模态的数量，$\boldsymbol{r_D}$ 为平衡矩阵 $\boldsymbol{D}$ 的秩。

4.1.2.2　整体可行预应力

假设结构的独立自应力模态为 $\boldsymbol{S}^1$，$\boldsymbol{S}^2$，…，$\boldsymbol{S}^s$，则预应力模态可以表示为：

$$\boldsymbol{T} = \sum_{i=1}^{s} \alpha^i \boldsymbol{S}^i \tag{4-10}$$

式中，α^i 是第 i 个独立自应力模态的组合系数，$\boldsymbol{T}$ 为预应力模态。

索穹顶结构的预应力模态应该满足整体可行的要求。袁行飞和董石麟提出了整体可行预应力的概念，预应力模态需要满足：（1）节点受力平衡；（2）拉索受拉，撑杆受压；（3）结构对称性要求。在不考虑外荷载的情况下，通过式（4-10）得到的预应力模态是平衡方程式（4-6）的一组通解，故此组解必然能够满足结构节点受力平衡的要求。对于其他的要求，需要通过对自应力模态的组合进行优化予以满足。最终施加在结构上的预应力需要按照结构需求对预应力模态进行缩放。对于不规则的索穹顶结构，则仅有拉索受拉、撑杆受压的要求，这一要求也在一些文献中被称为构件受力单边性要求。

4.1.3 结构几何可行性

4.1.3.1 预应力设计和找形分析

预应力设计（或称为找力，force-finding）是指在给定的几何关系（节点坐标和拓扑关系）下，求解出结构的独立自应力模态，再以式（4-10）中的组合系数 α 为变量，通过对独立自应力模态进行优化组合得出整体可行的预应力模态。在此过程中几何关系不需要改变。

找形分析（form-finding）是在分析过程中以几何关系为变量，计算得到满足一定要求的几何关系，同时也得到对应的整体可行预应力。

4.1.3.2 几何可行性

索穹顶的设计中通常会根据建筑和结构的要求给定一个初始几何形态，当基于初始几何形态能够得出整体可行预应力，即式（4-6）的齐次线性方程组能够得出至少一组整体可行解时，进行预应力设计即可。

当然，并非所有结构都能在初始几何关系下得出整体可行预应力，当结构在初始几何关系下无法得出整体可行预应力时，就需要对节点坐标和拓扑关系进行修正，即进行找形分析。

因此，本章对索杆结构的几何可行性定义为：若基于某几何形态能够求得整体可行预应力，则该几何形态几何可行，否则该几何形态几何不可行。

下面将用两个平面索桁架的算例来对结构的几何可行性进行说明。两个算例的节点和单元编号分别如图 4-1(a)和(b)所示，图中单元 5 设定为撑杆，其余的为拉索。两个算例的节点坐标如表 4-1 所示，两个算例的 x 方向的坐标完全一致，只有节点 3 的 y 向坐标有差别。算例 1 节点 3 的 y 向坐标为−1，低于节点 1 和节点 4，而算例 2 节点 3 的 y 向坐标为 0.25，高于节点 1 和节点 4。

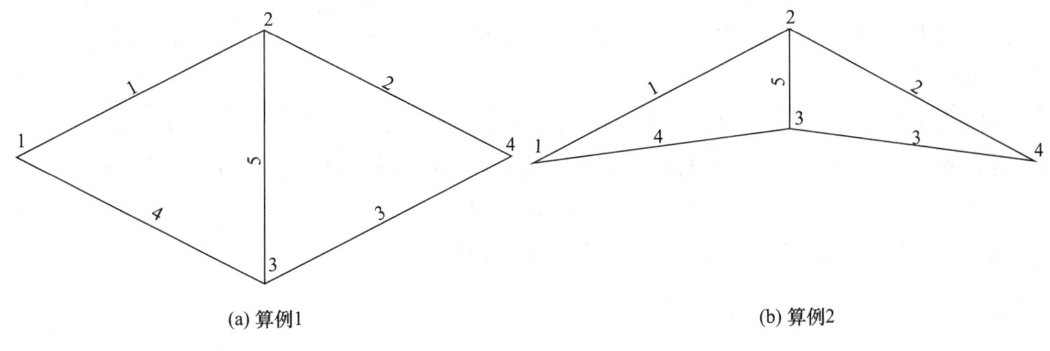

图 4-1 两个平面索桁架算例

节点坐标　　表 4-1

节点	1	2	3	4
算例 1	(0，0)	(2，1)	(2，−1)	(4，0)
算例 2	(0，0)	(2，1)	(2，0.25)	(4，0)

根据式（4-1）～式（4-4）得出的两个算例的平衡方程如下式所示：

$$\begin{bmatrix} 0.8944 & -0.8944 & 0 & 0 & 0 \\ 0 & 0 & -0.9923 & 0.9923 & 0 \\ 0.4472 & 0.4472 & 0 & 0 & 1 \\ 0 & 0 & -0.4472 & -0.4472 & -1 \end{bmatrix} \begin{Bmatrix} t_1 \\ t_2 \\ t_3 \\ t_4 \\ t_5 \end{Bmatrix} = \mathbf{0} \tag{4-11}$$

$$\begin{bmatrix} 0.8944 & -0.8944 & 0 & 0 & 0 \\ 0 & 0 & -0.9923 & 0.9923 & 0 \\ 0.4472 & 0.4472 & 0 & 0 & 1 \\ 0 & 0 & 0.1240 & 0.1240 & -1 \end{bmatrix} \begin{Bmatrix} t_1 \\ t_2 \\ t_3 \\ t_4 \\ t_5 \end{Bmatrix} = \mathbf{0} \tag{4-12}$$

对算例 1 还应考虑关于 x 轴的对称性，则 $t_1=t_2=t_3=t_4$。由于两个算例都只有唯一一组独立自应力模态，则其自应力模态也就是预应力模态，其数值如表 4-2 所示。

独立自应力模态　　表 4-2

单元	1	2	3	4	5
算例 1	1.1181	1.1181	1.1181	1.1181	−1
算例 2	1.1181	1.1181	**−4.0322**	**−4.0322**	−1

从表 4-2 中可见算例 1 得出的预应力模态是整体可行的，故算例 1 是几何可行的。但是算例 2 的预应力模态中单元 3 和单元 4 的预应力为负数，代表其受力状态为受压，这与初始设定这两个单元为拉索单元不符，故算例 2 无法得出整体可行预应力，其为几何不可行。

4.1.4　索杆结构刚度矩阵

预应力是索杆结构产生、维持自身稳定和抵抗外荷载刚度的必要条件，索杆结构与刚性结构相比除了要考虑构件自身刚度贡献外，还需要考虑预应力产生的几何刚度对结构整体刚度的贡献。

索杆结构的切线刚度矩阵是线性刚度矩阵和几何刚度矩阵之和，若用 $\boldsymbol{K}_{\mathrm{E}}$ 表示结构的线性刚度矩阵，用 $\boldsymbol{K}_{\mathrm{G}}$ 表示结构的几何刚度矩阵，则索杆结构的切线刚度矩阵可由下式计算：

$$\boldsymbol{K}_{\mathrm{T}} = \boldsymbol{K}_{\mathrm{E}} + \boldsymbol{K}_{\mathrm{G}} \tag{4-13}$$

线性刚度矩阵和几何刚度矩阵的计算推导过程如下。

4.1.4.1　线性刚度矩阵

索杆结构的线性刚度即为构件刚度对整体结构的贡献，由于拉索和撑杆均为铰接连接，因此仅需考虑构件轴向刚度的贡献。当索杆结构张拉成形后，其线性刚度的计算与刚性结构类似。

假设 $\boldsymbol{k}_{\mathrm{e}} \in R^{m\times 1}$ 为单元刚度向量，则 k_{e}^{k} 的第 k 个元素可以由下式计算得到：

$$k_{\mathrm{e}}^{k} = \frac{E_k A_k}{l_k} \tag{4-14}$$

式中，E_k 为第 k 个构件的弹性模量，A_k 为第 k 个构件的截面面积，l_k 为第 k 个构件的长度。单元刚度矩阵是单元刚度向量对应的对角矩阵，可以定义为：

$$\boldsymbol{K}_{\mathrm{e}} = \mathrm{diag}(\boldsymbol{k}_{\mathrm{e}}) \tag{4-15}$$

根据虚功原理可得：

$$\boldsymbol{p}^{\mathrm{T}}\boldsymbol{\delta}\Delta\boldsymbol{l} = \boldsymbol{T}^{\mathrm{T}}\boldsymbol{\delta d} \tag{4-16}$$

根据式（4-7）可得：

$$(\boldsymbol{p}^{\mathrm{T}} - \boldsymbol{T}^{\mathrm{T}}\boldsymbol{B})\boldsymbol{\delta}\Delta\boldsymbol{l} = 0 \tag{4-17}$$

将式（4-5）代入上式可得：

$$\boldsymbol{B} = \boldsymbol{D}^{\mathrm{T}} \tag{4-18}$$

考虑约束后的线性刚度矩阵可以由下式计算：

$$\boldsymbol{K}_{\mathrm{E}} = \boldsymbol{D}\boldsymbol{K}_{\mathrm{e}}\boldsymbol{D}^{\mathrm{T}} \tag{4-19}$$

4.1.4.2 几何刚度矩阵

构件的力密度可以定义为构件的预应力和长度的比值，因此索杆结构的力密度向量可以表达为：

$$\boldsymbol{q} = \left(\frac{T_1}{l_1}, \frac{T_2}{l_2}, \cdots, \frac{T_m}{l_m}\right)^{\mathrm{T}} \tag{4-20}$$

若用 $\boldsymbol{Q}$ 表示与力密度向量 $\boldsymbol{q}$ 对应的对角矩阵，则：

$$\boldsymbol{Q} = \mathrm{diag}(\boldsymbol{q}) \tag{4-21}$$

结构的力密度矩阵可以定义为：

$$\boldsymbol{G} = \boldsymbol{C}^{\mathrm{T}}\boldsymbol{Q}\boldsymbol{C} \tag{4-22}$$

结构的几何刚度矩阵为力密度矩阵的分块对角矩阵，对一个三维索杆结构，其几何刚度矩阵可由下式求得：

$$\boldsymbol{K}_{\mathrm{G}} = \begin{bmatrix} \boldsymbol{G} & & \\ & \boldsymbol{G} & \\ & & \boldsymbol{G} \end{bmatrix} \tag{4-23}$$

本章中所针对的索穹顶结构中构件在规范要求和工程实践中应力水平通常都控制在一个较低的水平，因此轴向变形引起的截面积变化是可以忽略的。

4.1.5 索杆结构的稳定性判断条件

对任意结构，如果它是稳定的，则要求其切线刚度矩阵 $\boldsymbol{K}$ 是正定的，可用下式表示：

$$\boldsymbol{d}^{\mathrm{T}}\boldsymbol{K}\boldsymbol{d} > 0 \tag{4-24}$$

式中，$\boldsymbol{d}$ 为任意非零的结构位移向量，或者用 $\boldsymbol{K}$ 的最小特征值大于零表示：

$$\lambda_{\min}^{K} > 0 \tag{4-25}$$

不同于一般结构，索杆结构的刚度需要考虑线性刚度和几何刚度两个因素。在不考虑构件材料非线性或屈曲的情况下，结构构件的截面和弹性模量均为非零常数，故由式（4-14）～式（4-19）可知结构的线性刚度矩阵 $\boldsymbol{K}_{\mathrm{E}}$ 为半正定矩阵。对几何刚度矩阵 $\boldsymbol{K}_{\mathrm{G}}$，由于力密度可能为负数，整个矩阵有可能为非正定矩阵。这样很有可能出现 $\boldsymbol{K}_{\mathrm{E}}$ 与 $\boldsymbol{K}_{\mathrm{G}}$ 之和为非正定矩阵，即结构不稳定的情况。为了保证结构在任意情况下都能维持稳定，已有研究提出需要确保几何刚度矩阵 $\boldsymbol{K}_{\mathrm{G}}$ 为正定矩阵，这与“超级稳定性”条件是等价的。然而，在实际工程中，线性刚度对切线刚度的贡献通常远大于几何刚度的贡献，因此只需要保证切线刚度矩阵 $\boldsymbol{K}$ 为正定矩阵就可保证整体结构的稳定性。

4.1.6　索长误差敏感性矩阵

在实际工程中，拉索长度的制造误差是不可避免的。结构的预应力、刚度和安全性等结构性能都会受到索长误差的影响。邓华等推导了索长误差和预应力偏差之间的关系，并用误差敏感性矩阵 $\boldsymbol{S}$ 表达。误差敏感性矩阵的简要推导过程如下。

假设索长误差 $\boldsymbol{\varepsilon}$ 引起的预应力偏差为 $\Delta\boldsymbol{t}$，则这时索长误差导致的结构上的不平衡力为：

$$\boldsymbol{D}(\boldsymbol{t}_0 + \Delta\boldsymbol{t}) = \boldsymbol{P} \tag{4-26}$$

式中，$\boldsymbol{t}_0$ 为结构的初始预应力。

若索长误差引起的位移为 $\boldsymbol{d}$，则构件的轴向变形为：

$$\Delta\boldsymbol{L} = \boldsymbol{B}\boldsymbol{d} - \boldsymbol{\varepsilon} \tag{4-27}$$

预应力偏差可以由下式计算：

$$\Delta\boldsymbol{t} = \boldsymbol{K}_{\mathrm{e}}\Delta\boldsymbol{L} = \boldsymbol{K}_{\mathrm{e}}(\boldsymbol{B}\boldsymbol{d} - \boldsymbol{\varepsilon}) \tag{4-28}$$

将式（4-28）代入式（4-26）有：

$$\boldsymbol{D}\boldsymbol{t}_0 + \boldsymbol{K}_{\mathrm{e}}(\boldsymbol{B}\boldsymbol{d} - \boldsymbol{\varepsilon}) = \boldsymbol{P} \tag{4-29}$$

对式（4-28）和式（4-29）进行关于初始几何坐标的差分，可得：

$$\delta\Delta\boldsymbol{t} = \boldsymbol{K}_{\mathrm{e}}\boldsymbol{B}\delta\boldsymbol{d} - \boldsymbol{K}_{\mathrm{e}}\delta\boldsymbol{\varepsilon} \tag{4-30}$$

$$\boldsymbol{K}_{\mathrm{G}}\delta\boldsymbol{d} + \boldsymbol{K}_{\mathrm{E}}\delta\boldsymbol{d} = \delta\boldsymbol{P} + \boldsymbol{D}\boldsymbol{K}_{\mathrm{e}}\delta\boldsymbol{\varepsilon} \tag{4-31}$$

其中，当只考虑第一阶几何非线性时，有 $\delta\boldsymbol{D}\boldsymbol{t}_0 = \boldsymbol{K}_{\mathrm{G}}\delta\boldsymbol{d}$。

考虑到不平衡力不变，根据式（4-13），式（4-31）可以写为：

$$\delta\boldsymbol{d} = \boldsymbol{K}_{\mathrm{T}}^{-1}\boldsymbol{D}\boldsymbol{K}_{\mathrm{e}}\delta\boldsymbol{\varepsilon} \tag{4-32}$$

将式（4-32）代入式（4-30）有：

$$\delta\Delta\boldsymbol{t} = (\boldsymbol{K}_{\mathrm{e}}\boldsymbol{B}\boldsymbol{K}_{\mathrm{T}}^{-1}\boldsymbol{D}\boldsymbol{K}_{\mathrm{e}} - \boldsymbol{K}_{\mathrm{e}})\delta\boldsymbol{\varepsilon} \tag{4-33}$$

由于索长误差引起的结构位移通常较小，因此可以假定结构满足小位移假定，则有：

$$\Delta\boldsymbol{t} = (\boldsymbol{K}_{\mathrm{e}}\boldsymbol{B}\boldsymbol{K}_{\mathrm{T}}^{-1}\boldsymbol{D}\boldsymbol{K}_{\mathrm{e}} - \boldsymbol{K}_{\mathrm{e}})\boldsymbol{\varepsilon} \tag{4-34}$$

误差敏感度矩阵可以定义为：

$$\boldsymbol{S} = \boldsymbol{K}_{\mathrm{e}}\boldsymbol{B}\boldsymbol{K}_{\mathrm{T}}^{-1}\boldsymbol{D}\boldsymbol{K}_{\mathrm{e}} - \boldsymbol{K}_{\mathrm{e}} \tag{4-35}$$

通常情况下，索穹顶结构的拉索可以分为长度可以调节的主动索和长度固定的被动索。主动索由于长度可调，预应力也可以通过张拉千斤顶等主动调节，故可以认为主动索的索力误差为 0。这时可以根据拉索的类型对误差敏感性矩阵进行分块，则式（4-34）可以改写为：

$$\begin{bmatrix}\Delta \boldsymbol{t}_{\mathrm{a}} \\ \Delta \boldsymbol{t}_{\mathrm{p}}\end{bmatrix}=\begin{bmatrix}\boldsymbol{S}_{\mathrm{aa}} & \boldsymbol{S}_{\mathrm{ap}} \\ \boldsymbol{S}_{\mathrm{pa}} & \boldsymbol{S}_{\mathrm{pp}}\end{bmatrix}\begin{bmatrix}\boldsymbol{\varepsilon}_{\mathrm{a}} \\ \boldsymbol{\varepsilon}_{\mathrm{p}}\end{bmatrix} \tag{4-36}$$

式中，$\Delta \boldsymbol{t}_a$ 和 $\Delta \boldsymbol{t}_p$ 分别为主动索和被动索的索力偏差，ε_{a} 和 ε_{p} 分别为主动索和被动索的索长误差。由于 $\Delta \boldsymbol{t}_{\mathrm{a}}=0$，被动索的预应力偏差可以表达为：

$$\Delta \boldsymbol{t}_{\mathrm{p}}=(\boldsymbol{S}_{\mathrm{pp}}-\boldsymbol{S}_{\mathrm{pa}}\boldsymbol{S}_{\mathrm{aa}}^{-1}\boldsymbol{S}_{\mathrm{ap}})\boldsymbol{\varepsilon}_{\mathrm{p}} \tag{4-37}$$

相应地，被动索对应的误差敏感性矩阵为：

$$\boldsymbol{S}_{\mathrm{p}}=\boldsymbol{S}_{\mathrm{pp}}-\boldsymbol{S}_{\mathrm{pa}}\boldsymbol{S}_{\mathrm{aa}}^{-1}\boldsymbol{S}_{\mathrm{ap}} \tag{4-38}$$

4.2 不平衡力迭代法

4.2.1 几何可行性判断

在许多工程中，索穹顶屋盖的表面形状甚至是几何关系在结构设计开始前都已经根据建筑需求而给定了。然而，对于不规则形状的索穹顶结构，这些给定的几何关系不一定能得到整体可行预应力，即如 4.1.3 节所定义的不是几何可行的。传统的判断几何可行性的方法是在求出独立自应力模态后，对自应力模态的组合进行搜索以判断是否存在整体可行的自应力模态的组合。但是，求解自应力模态并对其进行组合是比较复杂和耗时的，当最终判断结构为几何不可行时，前面求解和组合的工作相当于做了无用功。因此，实际工程面临的问题是：(1) 一种能够简便地在找形找力开始前判断几何关系整体可行性的方法；(2) 当初始几何关系整体不可行时，一种较为简单的能够得出最为接近初始几何形态的找形找力方法。为了解决上述问题，本章中针对不规则索穹顶结构，基于平衡矩阵和线性刚度矩阵提出了“不平衡力迭代法”和“分步不平衡力迭代法”。传统方法和本章提出的几何可行判断流程图对比如图 4-2 所示。

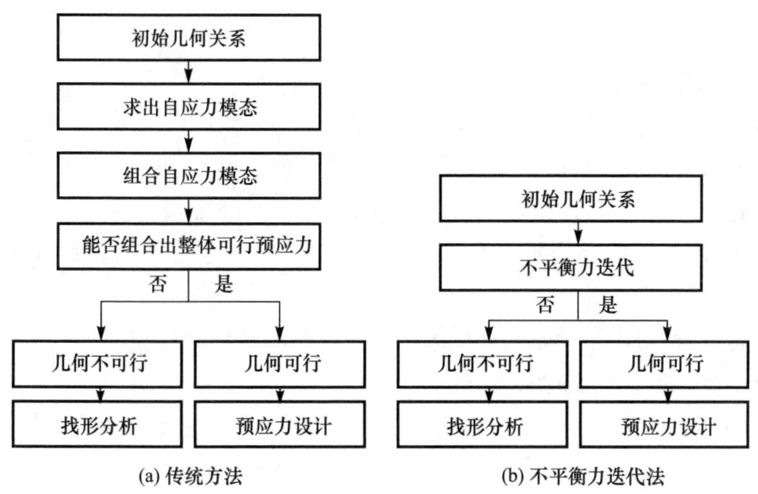

图 4-2　判断几何可行性流程图

不平衡力迭代法通过平衡矩阵和线性刚度矩阵的简单循环实现，这个循环可以在常用的通用结构分析软件中实现。结构的几何可行性通过不平衡力迭代的收敛性来判断。当结构几何可行时，结构的独立自应力模态可以直接从任意初始值求得其数量，也可以通过这个循环较为简单地得到，在这一过程克服了既有方法中使用较为复杂矩阵奇异值分解的问题。当初始几何关系不可行时，本章提出了将不平衡力迭代和有限元计算相结合的“分步不平衡力迭代法”。这种方法的循环过程中，结构自由节点逐渐被移动到几何关系整体可行的位置，这样就能得到既整体可行又能够最为接近初始位置的几何形态。本章中，通过数个不同形态的索穹顶结构算例来验证本方法的可行性和计算效率，判断几何可行性、求取自应力模态和找形的过程可以整体统一起来。“不平衡力迭代法”和“分步不平衡力迭代法”与以往的找形找力方法相比更加简单和直观，也更方便设计者掌握并在实际工程中应用。

若用 $\boldsymbol{t}_0$ 表示任意给定的初始预应力向量，当 $\boldsymbol{t}_0$ 不满足自平衡条件时，结构会产生不平衡力。不平衡力迭代法的目标就是在保证预应力符号与构件种类的一致性的同时消除此不平衡力。

不平衡力向量 $\boldsymbol{P}_0 \in R^{f\times 1}$ 可以由下式求得：

$$\boldsymbol{P}_0 = \boldsymbol{D}\boldsymbol{t}_0 \tag{4-39}$$

如果节点不平衡力能够被恰当地重分布到结构构件上，每个构件对节点不平衡力的贡献是有可能被抵消的，这样结构就能达到自平衡状态。为了消除节点不平衡力，首先需要将不平衡力反向施加到原结构的节点上，同时将原结构的所有构件均视为可以承受拉力或压力的桁架单元，此结构的自平衡状态可以表示为：

$$-\boldsymbol{P}_0 = \boldsymbol{K}_{\mathrm{E}}\boldsymbol{d}_0 = \boldsymbol{D}\boldsymbol{K}_{\mathrm{e}}\boldsymbol{D}^{\mathrm{T}}\boldsymbol{d}_0 = \boldsymbol{D}\Delta\boldsymbol{t}_0 \tag{4-40}$$

式中，$\Delta\boldsymbol{t}_0$ 为不平衡力引起的结构内力。将式（4-39）代入式（4-40）可以得出：

$$\boldsymbol{D}(\boldsymbol{t}_0 + \Delta\boldsymbol{t}_0) = \boldsymbol{0} \tag{4-41}$$

因此，将结构的预应力修正为：

$$\boldsymbol{t}_1 = \boldsymbol{t}_0 + \Delta\boldsymbol{t}_0 \tag{4-42}$$

则

$$\boldsymbol{D}\boldsymbol{t}_1 = \boldsymbol{0} \tag{4-43}$$

即在 $\boldsymbol{t}_1$ 下，结构会达到自平衡状态。

通过上面的推导结果，我们可以得到如下结论：

（1）如果结构只有一个自应力模态，则此自应力模态可以通过只求解平衡方程（4-40）一次求得。因此，我们可以避免采用较为繁琐的奇异值分解法。对于多自应力模态的结构，下文将详细论述其自应力模态的数量也可以通过本方法求得，而不必采用奇异值分解。

（2）在求解过程只用到了线性刚度矩阵，但是在求索杆结构位移时还需要考虑等于线性刚度和几何刚度之和的切线刚度矩阵。

上述过程解释了式（4-43）中求得的预应力一定能够满足自平衡的条件，然而此预应力不一定满足拉索受拉、撑杆受压的条件。如果该条件不满足，需要对预应力进行修正，修正方法如下：

$$\begin{cases} T_k^{\mathrm{c}} = |\ T_k^{\mathrm{c}}\ | + \varepsilon, & (k = 1, \cdots, m_{\mathrm{c}}) \\ T_k^{\mathrm{s}} = -|\ T_k^{\mathrm{s}}\ | - \varepsilon, & (k = 1, \cdots, m_{\mathrm{s}}) \end{cases} \tag{4-44}$$

式中，$\boldsymbol{T}^{\mathrm{c}} = (T_1^{\mathrm{c}}, \cdots, T_{m_{\mathrm{c}}}^{\mathrm{c}})^{\mathrm{T}}$ 和 $\boldsymbol{T}^{\mathrm{s}} = (T_1^{\mathrm{s}}, \cdots, T_{m_{\mathrm{s}}}^{\mathrm{s}})^{\mathrm{T}}$ 分别为拉索和撑杆的预应力向量，m_{c} 和 m_{s} 分别为拉索和撑杆的数量，ε 为一个大于零的量。通过式（4-44）的修正可以保证新的预应力满足拉索受拉、撑杆受压的条件。然后从式（4-39）～式（4-44）的过程将会再进行一遍。

不平衡力迭代的具体循环过程如下：

第一步：设置循环次数 $i=0$，任意给定初始预应力向量 $\boldsymbol{t}_0$。

第二步：通过 $\boldsymbol{P}_i = \boldsymbol{D}\boldsymbol{t}_i$ 求得不平衡力 $\boldsymbol{P}_i$，然后通过 $\Delta\boldsymbol{t}_i = -\boldsymbol{K}_{\mathrm{e}}\boldsymbol{D}^{\mathrm{T}}\boldsymbol{K}_{\mathrm{E}}^{-1}\boldsymbol{P}_i$ 求得预应力的调整值，将预应力改变为 $\boldsymbol{t}_{i+1} = \boldsymbol{t}_i + \Delta\boldsymbol{t}_i$。

第三步：如果 $\boldsymbol{t}_{i+1}$ 整体可行，则终止循环。否则根据式（4-43）对预应力进行修正，然后回到第二步进行下一个循环。

不平衡力迭代法判断几何可行性的流程图如图 4-3 所示。如果初始几何关系可行，则不平衡力 $\boldsymbol{P}$ 会收敛于 0；否则，不平衡力迭代法的循环不会收敛。因此，不平衡力迭代法可以用来判断结构的几何可行性。

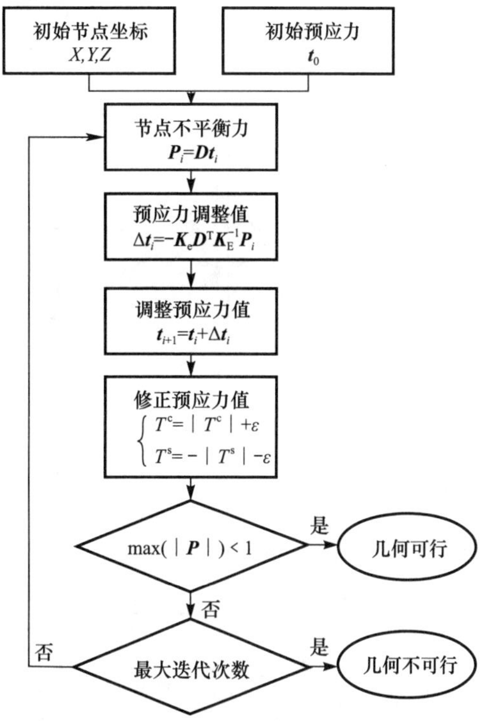

图 4-3　不平衡力迭代法判断几何可行性流程图

4.2.2　自应力模态求解

如果索杆结构只有唯一一组自应力模态，则这组自应力模态可以直接由不平衡力迭代法一步求得。如果索杆结构有多组自应力模态，则其预应力模态为自应力模态的线性组合。如果不平衡力迭代过程收敛，即结构初始几何关系整体可行，则可以用下面的方法确定自应力模态的数量并求解其全部自应力模态。

第一步：设置循环次数 $k=0$，任意给定初始预应力向量 $\boldsymbol{t}_0$。通过式（4-39）～式（4-41）的过程求解 $\Delta\boldsymbol{t}_0$，并且得到自应力模态 $\boldsymbol{s}_1^f = \boldsymbol{t}_0 + \Delta\boldsymbol{t}_0$。

第二步：将循环次数增加到 $k \leftarrow k+1$，任意给定初始预应力向量 $\boldsymbol{t}_k$。令 $\boldsymbol{s}_{k+1}^f = \boldsymbol{t}_k$，并且通过下式逐步更新 $\boldsymbol{s}_{k+1}^f$：

$$\boldsymbol{s}_{k+1}^f = \boldsymbol{s}_{k+1}^f - \frac{\boldsymbol{s}_i^f \cdot \boldsymbol{s}_{k+1}^f}{\boldsymbol{s}_i^f \cdot \boldsymbol{s}_i^f}\boldsymbol{s}_i^f \tag{4-45}$$

对 $i=0, \cdots, k$ 得到与已经得到的自应力模态正交的自应力模态。

第三步：如果 $|\ \boldsymbol{s}_{k+1}^f\ | = 0$，则自应力模态的数量为 $\eta = k$，并且这些自应力模态为 $\boldsymbol{s}_k^f$ $(k=1, \cdots, \eta)$，否则，返回第二步开始下一个循环。

上述求解自应力模态的方法流程如图 4-4 所示。通过这种方法，自应力模态能够在不进行较为复杂的奇异值分解的基础上求解。上述过程可以和 4.2.1 节中判断几何可行性的计算结合在一起，当然两者的区别在于自应力模态并不对预应力的符号有所要求。

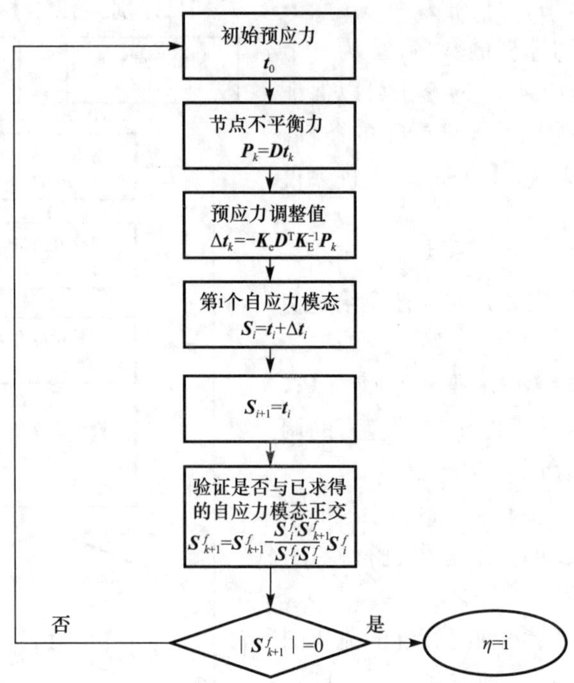

图 4-4　不平衡力迭代法求自应力模态流程图

4.2.3　找形分析

如果 4.2.1 节中不平衡力迭代没有收敛到 0，即结构的初始几何关系不可行，就需要对几何关系进行修正，本节中的方法只涉及修正结构自由节点的坐标，并不改变结构拓扑关系。节点坐标通过非线性有限元计算与不平衡力迭代相结合的“分步不平衡力迭代法”实现。

在进行有限元计算之前，预应力需要进行修正以满足拉索受拉、撑杆受压的条件。如果直接利用式（4-44）进行修正，会引起比较大的不平衡力，进而使有限元计算收敛困难。因此，本节中采取将不满足要求的预应力指定为大于零的固定值 N_1 或小于零的固定值 N_2，如下式所示：

$$\begin{cases} T_i^c = N_1, & T_i^c < 0 \\ T_i^s = N_2, & T_i^s > 0 \end{cases} \tag{4-46}$$

如果用 $\boldsymbol{t}^*$ 表示经过式（4-46）修正的预应力向量，则新的不平衡力 $\boldsymbol{P}^*$ 为：

$$\boldsymbol{P}^* = \boldsymbol{D}\boldsymbol{t}^* \tag{4-47}$$

若用 $\boldsymbol{X}$ 表示节点坐标，则其变化量就是不平衡力引起的位移 $\boldsymbol{d}$。对平衡方程取关于 $\boldsymbol{X}$ 的微分，可以得到下式来求 $\boldsymbol{d}$：

$$\boldsymbol{P}^* + \frac{\partial(\boldsymbol{D}\boldsymbol{t})}{\partial \boldsymbol{X}}\boldsymbol{d} = \boldsymbol{0} \quad \Rightarrow \quad \boldsymbol{K}_{\mathrm{T}}\boldsymbol{d} = -\boldsymbol{P}^* \tag{4-48}$$

式中，$\boldsymbol{K}_T$ 为结构的切线刚度矩阵，在非线性有限元求解过程中切线刚度在每一个循环都会根据位移更新，直到计算满足精度要求。

若用 $\boldsymbol{x}^i$、$\boldsymbol{y}^i$ 和 $\boldsymbol{z}^i$ 表示第 i 个循环时 x、y 和 z 方向的节点坐标，用 $\boldsymbol{d}_x^i$、$\boldsymbol{d}_y^i$ 和 $\boldsymbol{d}_z^i$ 表示三个方向的节点位移，则节点可以做如下的更新：

$$\begin{cases} \boldsymbol{x}^{i+1} = \boldsymbol{x}^i + \boldsymbol{d}_x^i \\ \boldsymbol{y}^{i+1} = \boldsymbol{y}^i + \boldsymbol{d}_y^i \\ \boldsymbol{z}^{i+1} = \boldsymbol{z}^i + \boldsymbol{d}_z^i \end{cases} \tag{4-49}$$

结构找形的过程可以总结如下：

第一步：用不平衡力迭代法判断结构的几何可行性。如果几何不可行，则通过式（4-44）对预应力进行修正。

第二步：用式（4-47）计算不平衡力，再用式（4-48）计算节点位移。

第三步：根据式（4-49）更新节点坐标，开始下一个循环。

对于给定的初始几何关系和预应力，首先进行不平衡力迭代。然后，将会检查预应力是否满足拉索受拉、撑杆受压的条件。分步不平衡力迭代将在预应力同时满足自平衡和构件受力要求的情况下停止，此时的预应力即为整体可行预应力，整个过程的流程图如图 4-5 所示。

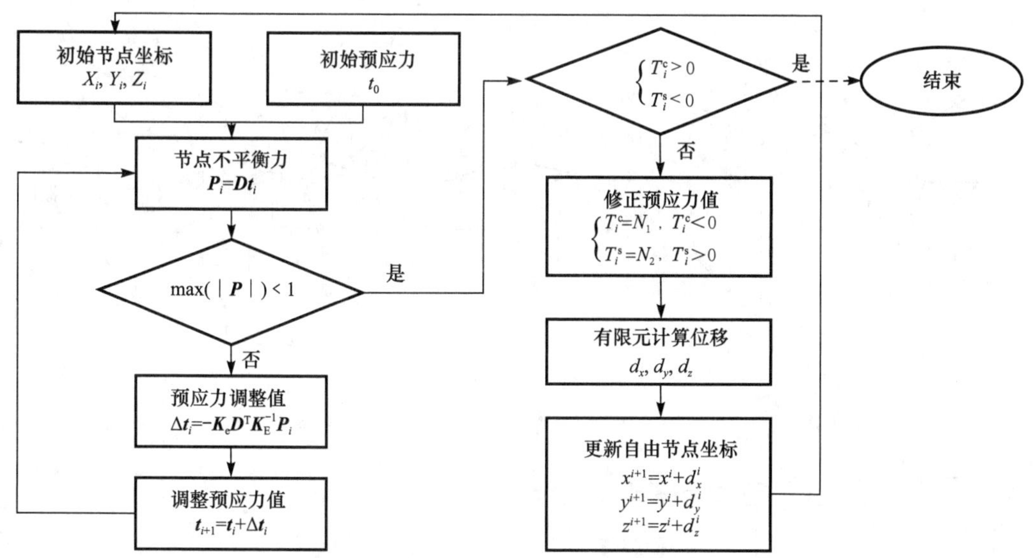

图 4-5 分步不平衡力迭代法流程图

4.2.4 算例

本节中给出两种类型的索穹顶结构来验证不平衡力迭代法和分步不平衡力迭代法。前三个算例是圆形并且几何可行的索穹顶，后三个算例是初始几何形态不可行的索穹顶。为了验证不平衡力迭代法求自应力模态的可行性，首先任意给定拉索和撑杆的初始预应力，然后对比由这些初始预应力得出的自应力模态和其他方法计算的结果。不平衡力迭代和分步不平衡力迭代是用 MATLAB 和 ANSYS 实现的。前三个算例分别是圆形 Kiewitt 式、

Geiger 式和 Levy 式索穹顶，这三种结构形式在以往的研究中已经验证过其几何可行性，其中 Geiger 式和 Levy 式只有一个自应力模态，Kiewitt 式有 4 个独立自应力模态，所有算例的收敛精度均设为 1N。

4.3　索穹顶结构不平衡力迭代法

4.3.1　初始几何形态可行的结构

（1）圆形 Geiger 式索穹顶

图 4-6 为此算例的平面图和透视图以及单元分组的编号。圆形 Geiger 式索穹顶的直径为 100m。根据对称性，此结构可以划分为 12 个相同的分块。结构中一共设有 3 圈环索，总共有 37 根撑杆和 132 根拉索。所有构件可以划分为 18 个分组，如图 4-6(c)所示，其中 1、2、4、5、8 和 9 组为环索，15～18 组为撑杆，其余为斜索和脊索。

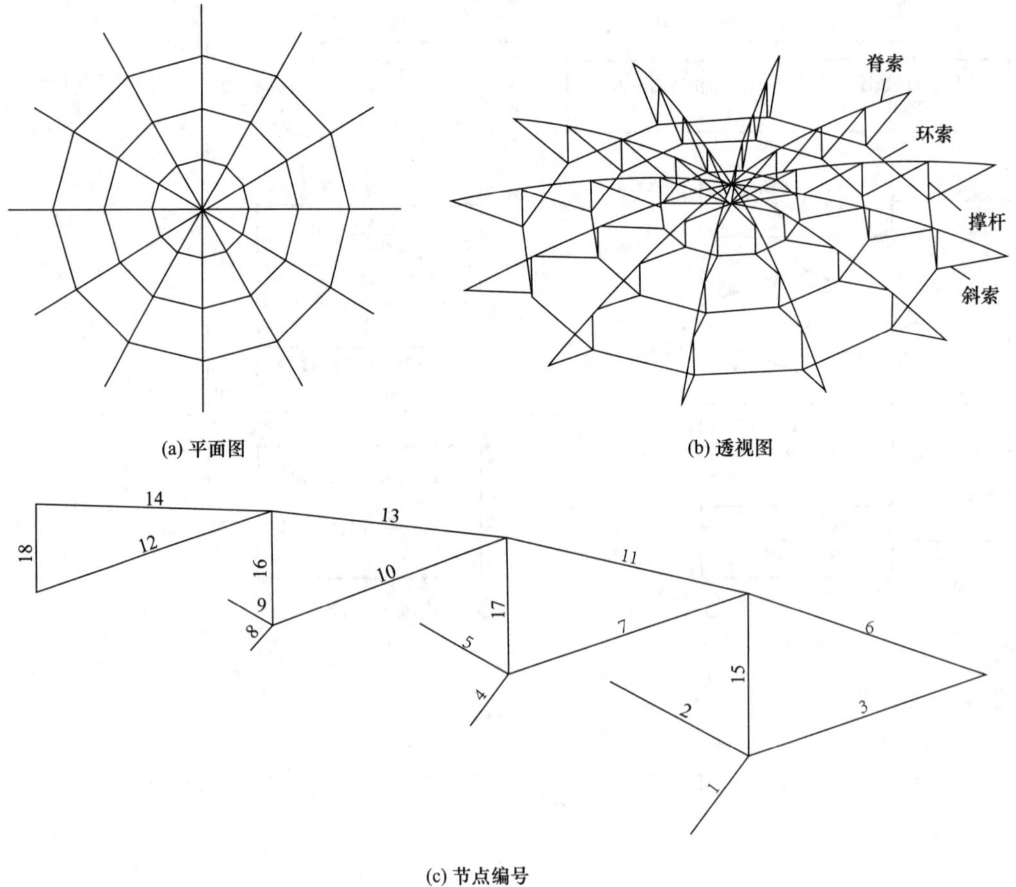

(a) 平面图　　(b) 透视图

(c) 节点编号

图 4-6　圆形 Geiger 式索穹顶

初始预应力值和不平衡力迭代计算的结果列于表 4-3，从中可见不平衡力迭代法的结果和 SVD 法的计算结果一致。通过进一步的不平衡力迭代就得到了整体可行预应力，最大不平衡力从初始的 5.75×10^{6}N 减小到了 1.01×10^{-5}N，最终值是远小于设定的收敛精度的。这也验证了圆形 Geiger 式索穹顶结构是几何可行的，并且只有唯一一组自应力模态。

圆形 Geiger 式索穹顶不平衡力迭代结果（N） **表 4-3**

单元编号	初始值	UFI	SVD	误差
1	250000.0	250000.0	250000.0	0
2	−117797.0	250000.0	250000.0	-7.45×10^{-9}
3	66824.9	135956.4	135956.4	-1.49×10^{-8}
4	−417912.0	99619.9	99619.9	-1.58×10^{-8}
5	−439494.2	99619.9	99619.9	-1.49×10^{-8}
6	30344.9	123691.1	123691.1	-5.03×10^{-8}
7	275064.3	54019.1	54019.1	-5.59×10^{-9}
8	427632.0	38110.7	38110.7	2.79×10^{-9}
9	−364654.5	38110.7	38110.7	1.86×10^{-9}
10	67812.1	20799.3	20799.3	-1.16×10^{-9}
11	−30159.5	66854.9	66854.9	-4.56×10^{-8}
12	−480924.3	6332.8	6332.8	-3.09×10^{-9}
13	−160483.5	45640.5	45640.5	-4.38×10^{-8}
14	−332852.7	39161.8	39161.8	-4.42×10^{-8}
15	289959.4	−41681.3	−41681.3	6.05×10^{-9}
16	−186010.4	−6590.4	−6590.4	9.26×10^{-9}
17	28113.8	−16090.6	−16090.6	-1.16×10^{-10}
18	−329437.3	−1885.1	−1885.1	-7.71×10^{-10}

（2）圆形 Levy 式索穹顶

本算例中 Levy 式索穹顶的直径是 80m。具体节点坐标和单元编号详见图 4-7。整个结构一共分为 15 组构件，其中 1、6、10 和 14 为撑杆，其他为拉索单元。总共有 3 圈环索，每圈环索被均匀地划分为 6 份。

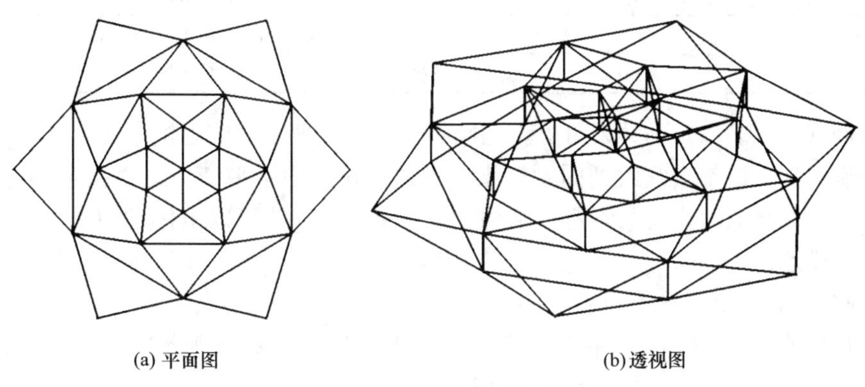

图 4-7 圆形 Levy 式索穹顶（一）

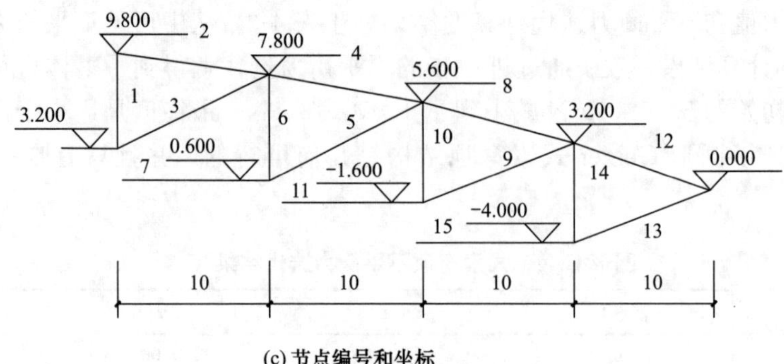

(c) 节点编号和坐标

图 4-7　圆形 Levy 式索穹顶（二）

与 Geiger 式索穹顶相似，Levy 式索穹顶的预应力可以通过一步不平衡力迭代得到。最终的最大不平衡力为 4.63×10^{-5}N，远小于收敛精度，这与 Geiger 式索穹顶也是相似的。表 4-4 中列出了不平衡力迭代法与 DSVD 法的结果并进行了对比，可见不平衡力迭代法和 DSVD 法的结果是十分接近的。

圆形 Levy 式索穹顶不平衡力迭代结果（N）　　**表 4-4**

单元编号	初始值	UFI	DSVD	误差
1	−2500000.0	−2500000.0	−2500000.0	0
2	2935689.2	2124591.5	2124591.5	-5.83×10^{-4}
3	−3148400.1	997035.4	997035.4	-3.37×10^{-4}
4	1747250.5	2569757.5	2569757.5	-3.41×10^{-3}
5	2016686.5	1200479.4	1200479.4	-3.53×10^{-3}
6	2343315.8	−898310.2	−898310.2	1.37×10^{-3}
7	−2641204.3	1315217.4	1315217.4	-1.64×10^{-3}
8	−636952.2	9100297.5	9100297.5	-1.66×10^{-2}
9	−1526193.5	4695333.2	4695333.2	-1.38×10^{-2}
10	1907147.5	−2675618.4	−2675618.4	5.49×10^{-3}
11	−435913.7	3333799.4	3333799.4	-2.39×10^{-3}
12	2609956.1	47467213.6	47467213.6	-8.56×10^{-2}
13	−2022087.3	38226219.8	38226219.8	-7.55×10^{-2}
14	−1501199.6	−14619850.8	−14619850.8	2.76×10^{-2}
15	−2252850.6	16962740.9	16962740.9	-2.55×10^{-2}

从算例（1）和（2）的结果可见，当结构只有一组独立自应力模态时，无论初始值如何，不平衡力迭代法都会收敛到同一结果，在这一过程中不平衡力也直接被消除。因此，对于有唯一独立自应力模态的索穹顶结构，不平衡力迭代法可以由任意初始值直接一步求得其预应力模态。

（3）圆形 Kiewitt 式索穹顶

本算例的直径为 60m，共有 2 圈环索，其直径分别为 20m 和 40m，根据对称性可以划分为 12 个分块。此索穹顶结构是几何可行的，自应力模态数量为 4。图 4-8 为圆形 Kiewitt 式索穹顶平面图、透视图和单元分组编号。

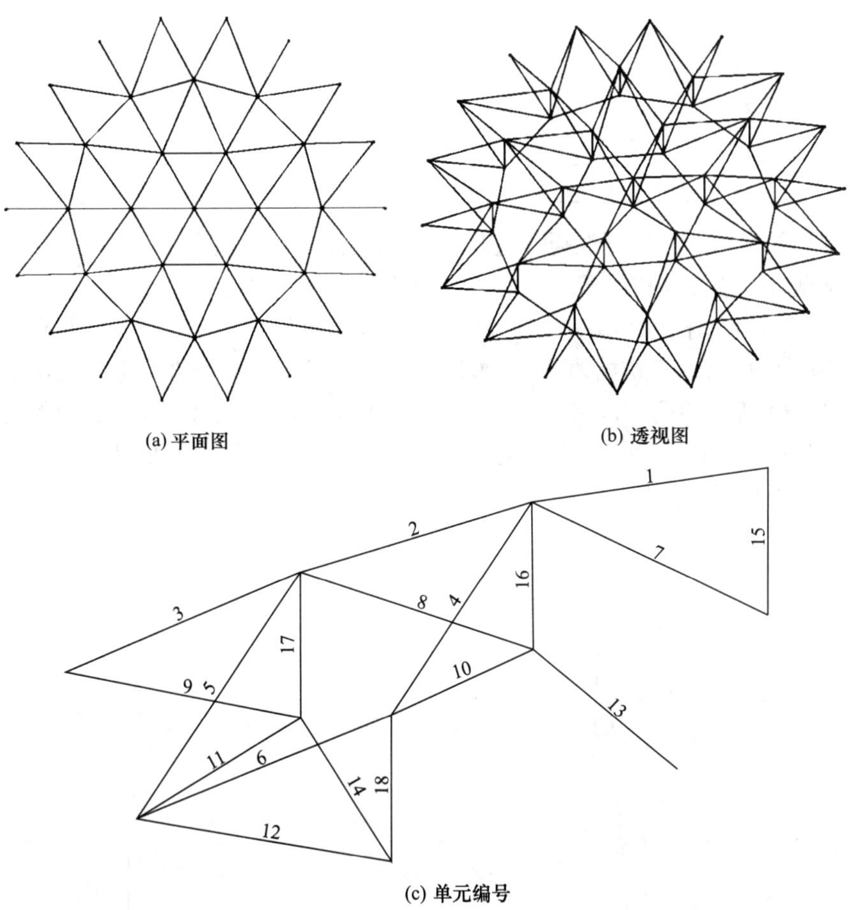

图 4-8 圆形 Kiewitt 式索穹顶

圆形 Kiewitt 式索穹顶不平衡力迭代结果（N） **表 4-5**

单元编号	UFI(1)	UFI(2)	文献［26］	文献［25］
1	435580	355826	3532423	369237
2	506049	231530	228369	234963
3	518827	126150	146112	290230
4	0.03	152218	151554	164343
5	85086	203690	183664	99060
6	111827	238329	237778	251755
7	67566	55195	54667	56529
8	99384	150186	147550	168373
9	242686	81494	150067	60432
10	108038	69092	69262	65618
11	185444	311697	257988	341831
12	270848	270848	270848	275315
13	206427	209123	206962	221044
14	875308	875308	875308	875308
15	−229101	−187153	−185363	−186758

续表

单元编号	UFI(1)	UFI(2)	文献［26］	文献［25］
16	−127798	−121209	−120137	−125512
17	−173870	−185512	−180560	−198743
18	−164256	−164256	−164256	−173178

虽然结构的几何可行性已经得到过验证，本章依然对结构进行了不平衡力迭代以验证此方法的正确性。表 4-5 中 UFI(1)列为当所有拉索和撑杆的初始预应力均为任意给定(预应力符号也不考虑构件类型）时不平衡力迭代的结果，UFI(2)列为当所有拉索的初始值为 250000N 而所有撑杆初始值为−50000N 时的结果。对于随机给定的初始值，不平衡力在第 18 次迭代后达到了 0.86N，计算历程如图 4-9 所示；而对 UFI(2)中的初始值，不平衡力迭代只用一步便收敛。因此，对于多自应力模态的结构，如果其为几何可行，不平衡力依然可以由任意初始值收敛到 0。

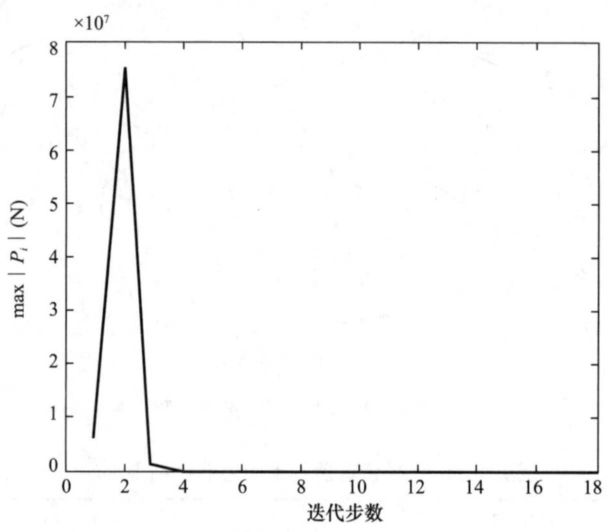

图 4-9　圆形 Kiewitt 式索穹顶不平衡力迭代历程

文献［25］和文献［26］的结果也列于表 4-5 中，为了方便对比，所有结果的 14 号单元的预应力都被统一为 875308N。通过表 4-5 可见，四组结果并不相同，这是因为 Kiewitt 式索穹顶有多组自应力模态，而预应力模态为自应力模态的线性组合，自应力模态有多种组合方式，故预应力模态不唯一，但是四组结果均是正确的。可见不平衡力迭代可以得到整体可行的预应力模态，但是这个预应力模态与初始值的设定有很强的相关性，所以需要先得出所有的独立自应力模态再对其进行组合以得到适当的预应力模态。

通过 4.2.2 节中的迭代过程可以确定结构一共有 4 组独立自应力模态。这与文献［26］中 DSVD 法的结果是一致的。表 4-6 列出了不平衡力迭代法和 DSVD 法求得的自应力模态，两种方法的结果似乎不同，这是因为自应力模态的特定组合依然可以是一组自应力模态。为了验证两种方法的结果是否一致，表 4-6 中结果经过阶梯形简化的形式列于表 4-7。表 4-7 中两种方法求得的结果最大误差仅为 4.69×10^{-12}N，因此，不平衡力迭代法和 DSVD 法在求解自应力模态上是等效的。

圆形 **Kiewitt** 索穹顶独立自应力模态 **表 4-6**

单元编号	UFI					DSVD			
	s_1^f	s_2^f	s_3^f	s_4^f		s_1^f	s_2^f	s_3^f	s_4^f
1	1.00	1.00	1.00	1.00		1.00	1.00	1.00	1.00
2	0.54	15.50	2.41	−1.61		−0.42	0.09	3.22	1.60
3	2.73	−5.86	−1.45	25.10		6.05	−0.86	1.29	6.68
4	0.52	−12.00	−1.04	2.32		1.32	0.90	−1.72	−0.37
5	−1.33	12.43	2.74	−18.56		−4.04	1.17	1.17	−3.83
6	0.76	−10.64	−0.62	1.47		1.23	1.16	−1.38	−0.09
7	0.16	0.16	0.16	0.16		0.16	0.16	0.16	0.16
8	0.46	−6.34	−0.46	2.95		1.32	0.58	−0.61	0.05
9	3.30	3.84	1.61	−12.80		−5.10	1.03	−0.60	6.77
10	0.18	2.43	0.51	−1.04		−0.21	0.17	0.50	0.30
11	−1.48	−5.24	−0.43	8.47		4.42	0.57	0.66	−4.59
12	0.80	−1.61	0.60	−1.12		0.31	1.00	0.14	0.51
13	0.61	−2.99	0.14	1.49		0.94	0.70	0	0.37
14	2.57	−5.20	1.95	−3.63		1.00	3.22	0.45	1.66
15	−0.53	−0.53	−0.53	−0.53		−0.53	−0.53	−0.53	−0.53
16	−0.35	1.03	−0.18	−0.55		−0.44	−0.39	−0.10	−0.25
17	−0.32	1.41	−0.31	−0.13		−0.59	−0.63	−0.14	0.13
18	−0.48	0.98	−0.37	0.68		−0.19	−0.61	−0.08	−0.31

圆形 **Kiewitt** 索穹顶独立自应力模态最简型 **表 4-7**

单元编号	UFI					DSVD			
	s_1^f	s_2^f	s_3^f	s_4^f		s_1^f	s_2^f	s_3^f	s_4^f
1	1.00	0	0	0		1.00	0	0	0
2	0	1.00	0	0		0	1.00	0	0
3	0	0	1.00	0		0	0	1.00	0
4	0.97	−0.84	0	0		0.97	−0.84	0	0
5	0	0	0	1.00		0	0	0	1.00
6	1.61	−0.37	−0.64	−0.82		1.61	−0.37	−0.64	−0.82
7	0.16	0	0	0		0.16	0	0	0
8	0	−1.09	1.03	1.33		0	−1.09	1.03	1.33
9	18.98	18.05	−27.08	−36.49		18.98	18.05	−27.08	−36.49
10	0.52	0.53	−0.62	−0.80		0.52	0.53	−0.62	−0.80
11	−12.17	−13.04	19.07	25.82		−12.17	−13.04	19.07	25.82
12	1.94	0.79	−1.55	−1.99		1.94	0.79	−1.55	−1.99
13	0.57	−0.39	0.25	0.32		0.57	−0.39	0.25	0.32
14	6.27	2.54	−5.00	−6.45		6.27	2.54	−5.00	−6.45
15	−0.53	0	0	0		−0.53	0	0	0
16	−0.40	0.09	0	0		−0.40	0.09	0	0
17	0	0.75	−0.86	−1.23		0	0.75	−0.86	−1.23
18	−1.18	−0.48	0.94	1.21		−1.18	−0.48	0.94	1.21

由以上三个算例可见，对几何可行的索穹顶结构，不平衡力迭代法在判断其几何可行性的基础上还能够求解出其独立自应力模态。

4.3.2 初始几何形态不可行的结构

本节将针对初始几何形态不可行的索穹顶结构验证分步不平衡力迭代法的可行性。分步不平衡力迭代的收敛准则依然为 1N。为了保证建筑外形不变，在计算过程中撑杆上节点的坐标保持不变，撑杆下节点和内拉环下层节点为自由节点。

(1) 水滴形 Kiewitt 式索穹顶

图 4-10(a)和(b)为此算例的平面图和透视图。本算例的平面投影为水滴形，设有内拉环和 2 圈环索。平面的长轴为 89.5m，短轴为 61.2m，总共有 175 根拉索和 28 根撑杆。结构边界上一共有 21 个节点。初始几何形态中，每圈环索上的节点都在相同的标高。

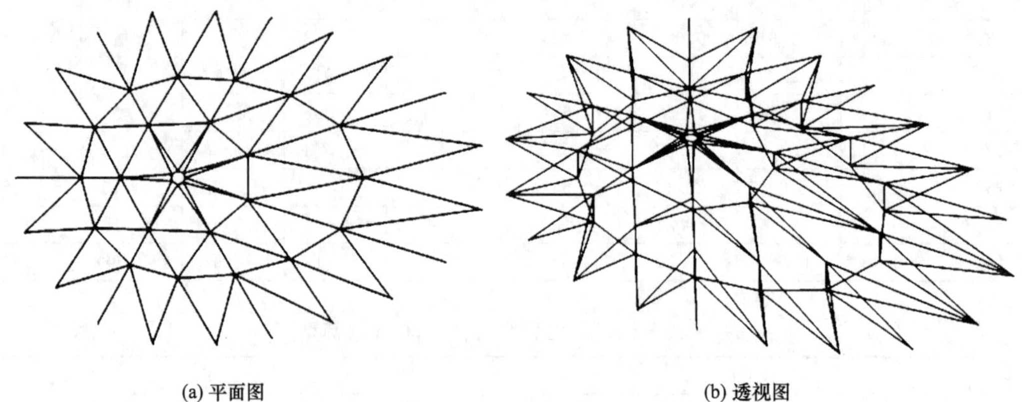

(a) 平面图　　(b) 透视图

图 4-10 水滴形 Kiewitt 式索穹顶

不平衡力迭代的计算历程如图 4-11 所示，在进行了 100 次循环后最大不平衡力依然为 4.9×10^5N，不平衡力无法收敛到 0，因此，此结构的初始几何形态是不可行的。下面将采用分步不平衡力迭代法进行找形分析。

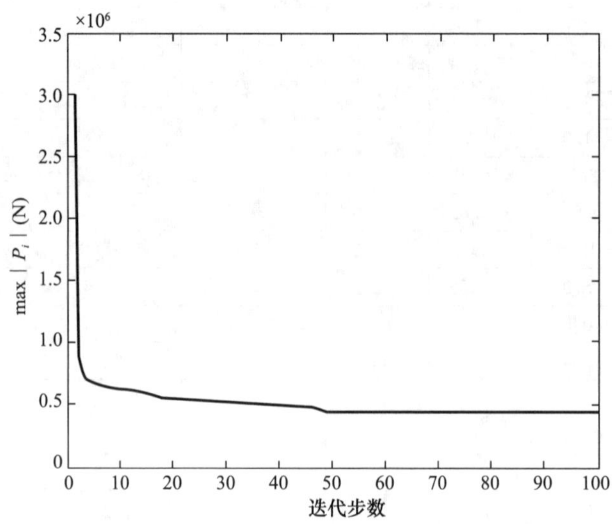

图 4-11 水滴形 Kiewitt 式索穹顶不平衡力迭代历程

初始值设定为所有拉索 $\boldsymbol{T}_{c}^{0}=250000\mathrm{N}$、所有撑杆 $\boldsymbol{T}_{s}^{0}=-50000\mathrm{N}$。式（4-46）中 N_1 和 N_2 分别设为 5000N 和－5000N。分步不平衡力迭代在第 45 次循环收敛，此时最大不平衡力为 $1.06\times10^{-6}\mathrm{N}$，分步不平衡力迭代的计算历程如图 4-12 所示。

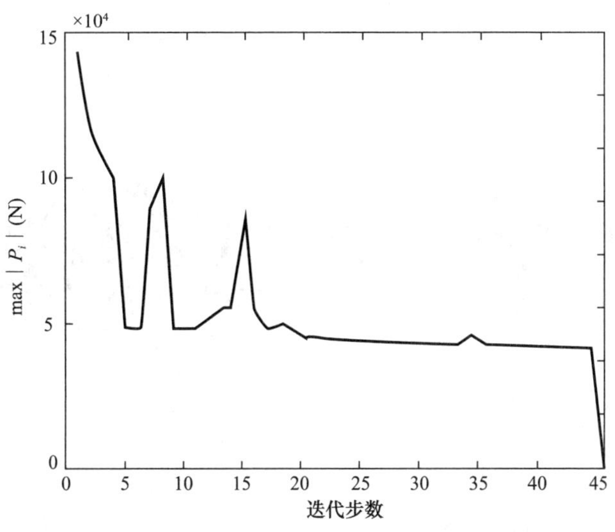

图 4-12　水滴形 Kiewitt 式索穹顶分步不平衡力迭代历程

最终的自由节点坐标和初始位置的平均距离为 0.467m，最大距离为 1.13m，相比于本算例的尺度，这样的距离并不明显。图 4-13 为初始几何形态和找形结果的对比，可见在水平方向，两者差距不大，基本重合；在竖向最大差别发生在内拉环下层，这些节点的竖向坐标变化为 1.02～1.13m 之间，这样的变化对结构的净空影响并不大。

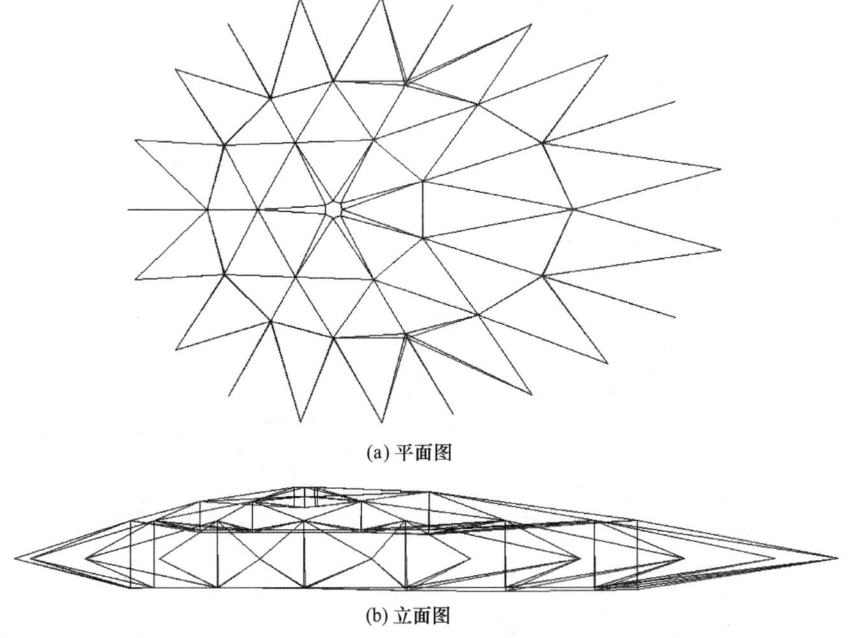

图 4-13　初始与最终形态对比（红色：初始；黑色：最终）

（2）椭圆形 Levy 式索穹顶结构

如图 4-14 所示，此椭圆形 Levy 式索穹顶采用了天津理工大学体育馆屋盖的边界，其长轴为 102m，短轴为 82m，边界不在同一平面，最高与最低点高差为 5.45m。共有三圈环索，内圈和中圈环索在平面投影上为圆形，直径分别为 25.88m 和 46.23m，外环索为椭圆形，长轴为 76.22m，短轴为 66.31m。初始时，各圈环索都分别在同一高度平面上。每圈环索都划分为 16 份，共有 272 根拉索和 92 根撑杆，三圈环索上的节点设为自由节点，共有 64 个。

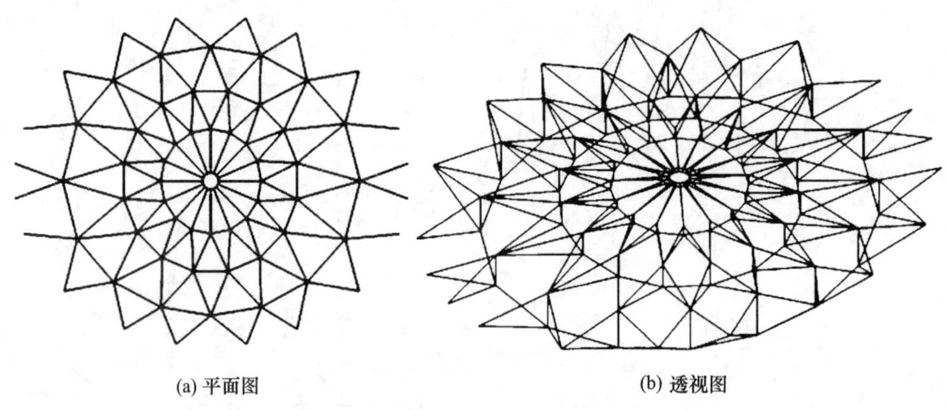

图 4-14　椭圆形 Levy 式索穹顶

所有拉索和撑杆的初始预应力分别为 250000N 和 −50000N，不平衡力迭代的历程如图 4-15 所示。在进行了 200 次迭代后，不平衡力依然不能收敛到 0。因此，其初始几何形态是不可行的。

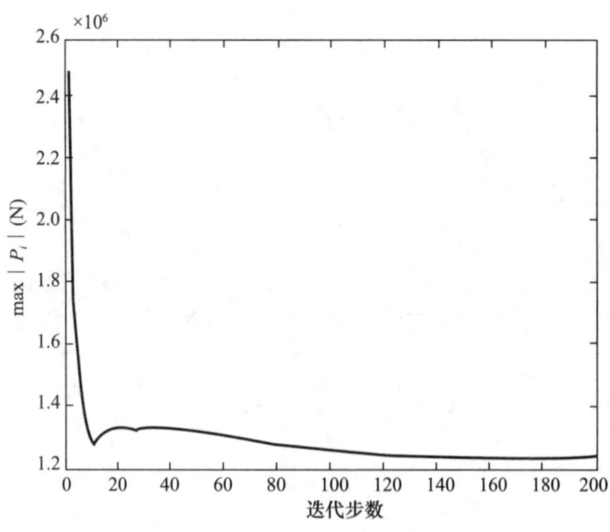

图 4-15　椭圆形 Levy 式索穹顶不平衡力迭代历程

分步不平衡力迭代法中，式（4-46）中 N_1 和 N_2 分别设为 5000N 和 −5000N。不平衡力迭代在第 49 步达到了 0.98N，满足收敛准则要求。图 4-16 为初始几何形态和最终结果。图 4-17 为分步不平衡力迭代的计算历程。初始和最终的水平坐标几乎重合，而环索则不再处于一个高度平面上，中圈和外圈的环索变成与边界相似的曲线。

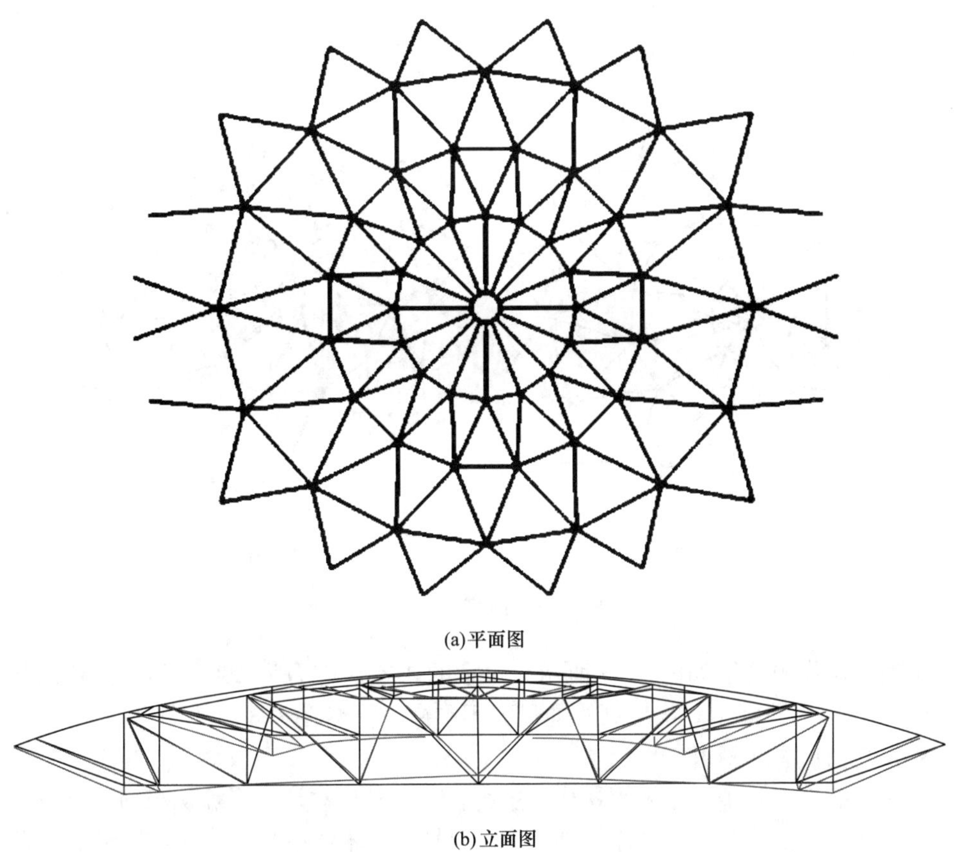

(a)平面图

(b)立面图

图 4-16 初始与最终形态对比（红色：初始；黑色：最终）

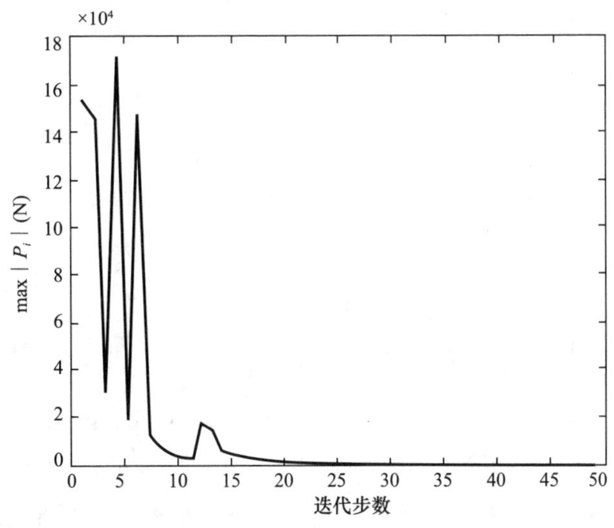

图 4-17 椭圆形 Levy 式索穹顶分步不平衡力迭代历程

(3) 不对称圆形 Levy 式索穹顶结构

本算例为一圆形 Levy 式索穹顶，与 4.3.1 节圆形 Levy 式索穹顶算例不同的是尽管其边界是圆形的，但其内部结构是不对称的，如图 4-18 所示。边界的直径是 100m，三圈环索的直径分别是 75m、50m 和 25m。每圈都划分为 12 份。一共有 252 根拉索和 48 根撑杆。环索上和内拉环下层的节点作为自由节点，一共有 48 个。

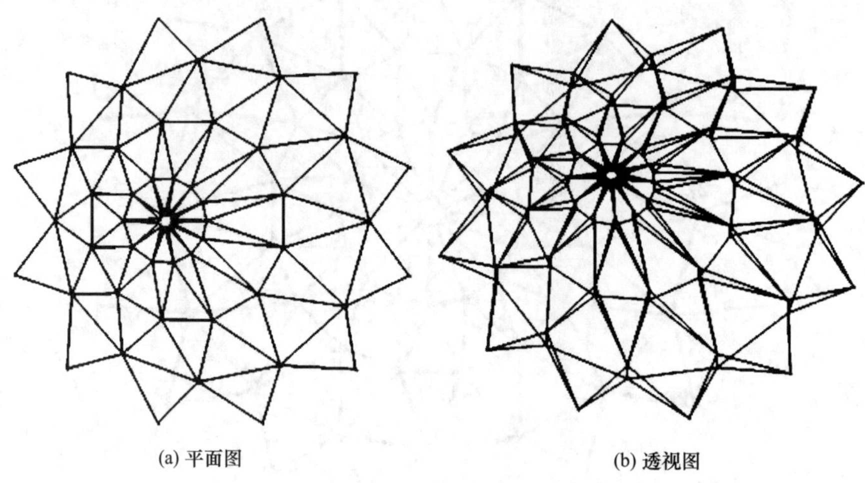

图 4-18　不对称圆形 Levy 式索穹顶

不平衡力迭代的结果如图 4-19 所示。拉索的初始预应力为 200000N，撑杆的初始应力为－50000N。在迭代 100 次后结构的最大不平衡力依然在 1.36×10^4N 左右变化，这就说明了初始几何形态并不可行。

因此，下面采用分步不平衡力迭代法进行找形分析。与前两个算例相同，N_1 和 N_2 分别设为 5000N 和－5000N。分步不平衡力在第 44 个循环减小到了 0.19N，满足了收敛准则要求。分步不平衡力迭代的结果如图 4-20 所示。

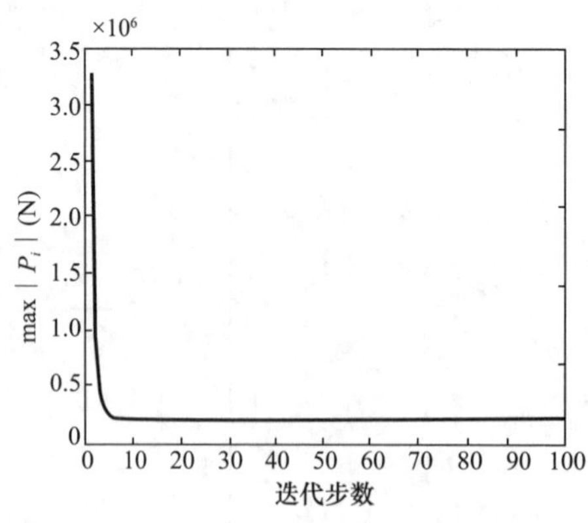

图 4-19　不对称圆形 Levy 式索穹顶不平衡力迭代历程

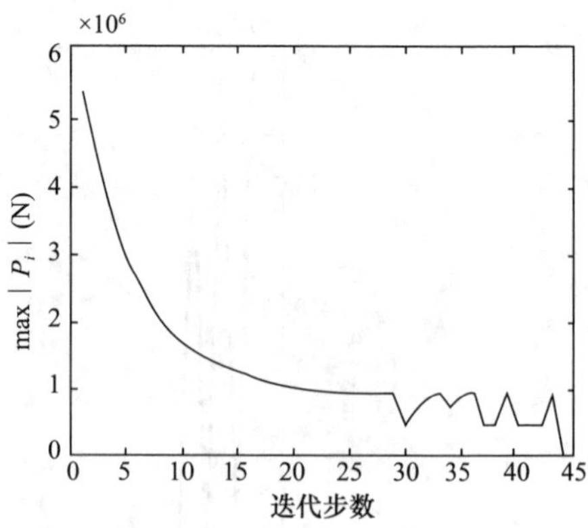

图 4-20　不对称圆形 Levy 式索穹顶分步不平衡力迭代历程

初始和最终几何形态的对比如图 4-21 所示。在水平方向，与前两个算例相同，初始和最终相差很小。初始和最终节点位置的平均距离为 0.45m，最大距离为 1.13m，最大值位置为下层内拉环，与整个结构的尺度相比，这样的差别是比较小的。

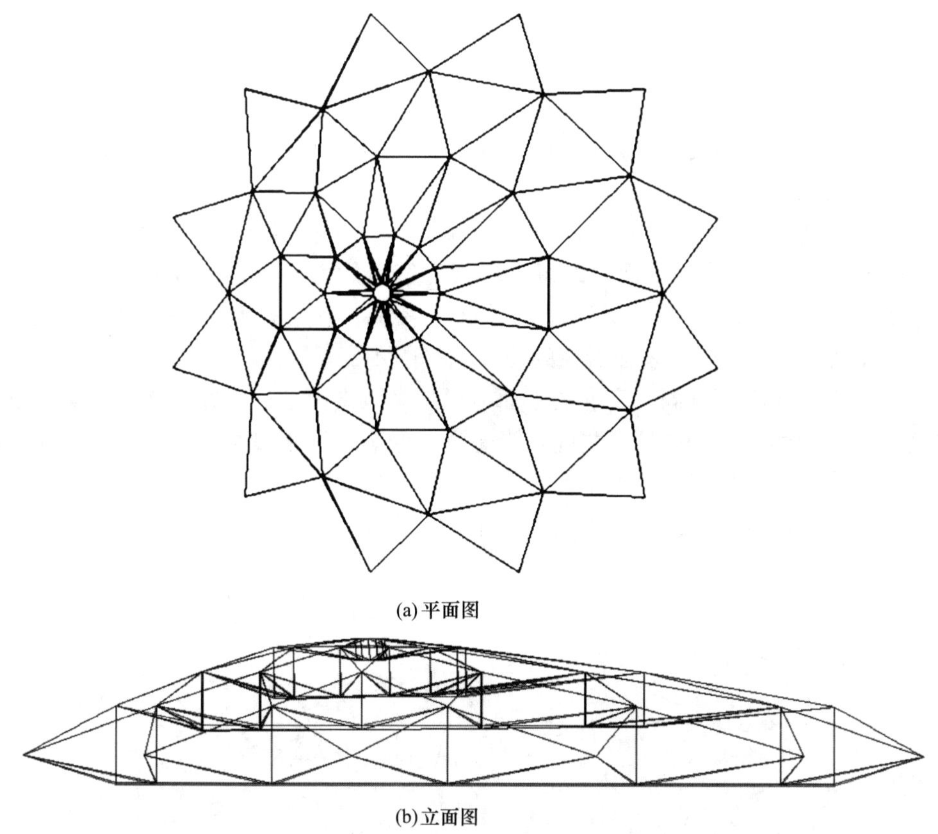

图 4-21 初始与最终形态对比（红色：初始；黑色：最终）

4.4 分块-组装法

对于椭圆形复合式索穹顶结构，其初始几何关系不一定几何可行，而且当有特定结构要求时，现有的找形找力方法可能会较为复杂和耗时。因此本章针对椭圆形复合式索穹顶结构提出“分块-组装”的找形找力方法，在得到可行几何关系和整体可行预应力的同时也能满足特定的结构要求。通过此方法实现的主要效果是：（1）通过简便的几何调整使结构的几何形态更加规则，同时保证索穹顶的外表形状不变；（2）通过较少的计算和循环得到整体可行预应力；（3）使预应力在每圈环索中均匀分布，减少索夹和拉索之间滑移的风险。

此外，现有的基于平衡矩阵的预应力求解方法通常需要较为复杂的计算和迭代过程，实际工程中工程师往往倾向于使用更加简便和直接的计算方法，董石麟等针对各种圆形索穹顶结构形式提出了一系列简化计算方法，但是上述简化方法主要针对圆形索穹顶结构。

“分块-组装”法主要分为几何调整、分块求解和整体组装三个步骤。几何调整首先将结构调整为更加规则的形状；而后将结构分块为若干个单元，通过平衡矩阵求解每个单元的预应力模态；最后，通过增加少量拉索单元、调整单元解的大小，优化外圈撑杆下节点的坐标将单元解组装为整体的预应力模态。

4.4.1　几何调整

对于具有三圈环索的复合式索穹顶结构，如果结构的初始几何关系（图 4-22a）不可行，几何调整将按如下方式进行：

第一步：先将内圈和中圈环索的平面投影调整为圆形，同时将每一圈环索上的节点（即撑杆下节点）调整到同一平面，即每圈环索上节点的 z 向坐标相等；然后，用这些节点将环索的圆周均匀等分。为了保证撑杆竖直，撑杆上节点的水平坐标和下节点保持一致，z 向坐标则要保持在屋盖表面所在的曲面上（图 4-22b）。

第二步：在与内圈环索同一高度的平面上增加第三层内拉环，并与连接脊索和斜索的内拉环连接。在内圈环索和内拉环之间，沿着脊索和斜索水平投影的方向，连接水平附加索。水平附加索将在整体组装过程中发挥作用，其预应力将在整体组装过程中计算。对于环索数量少于 3 圈的椭圆形复合式索穹顶，不必设置水平附加索。

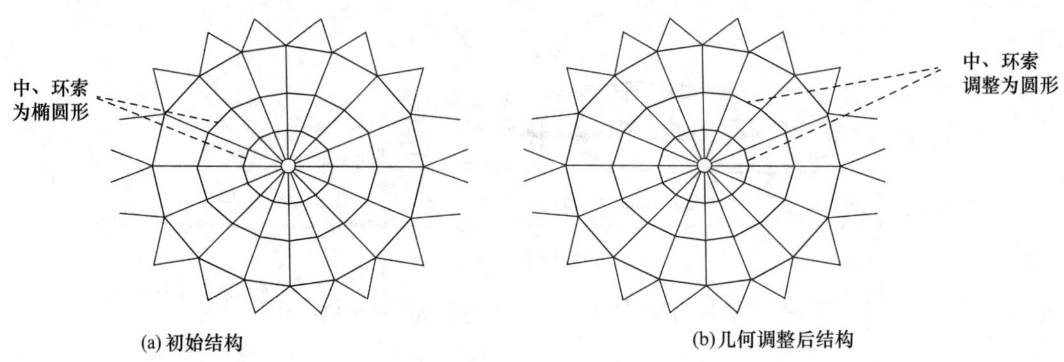

图 4-22　几何调整前后结构平面图

4.4.2　分块求解

对于 Geiger 式或复合式索穹顶结构，大部分脊索在平面上是放射式布置，相邻的各条放射线上的脊索不连接在一起。这样，整个结构就可以按照脊索的分布进行分块，图 4-23 中黑色的部分即为一个分块。

在分块求解过程中不考虑水平附加索。每个分块中，与外环梁连接的节点和与相邻分块连接的节点均约束 x、y、z 三个方向的位移；与内拉环连接的节点只约束水平方向的位移。假定结构上没有外荷载，根据式（4-6）的平衡方程可得第 i 个分块的预应力模态 $\boldsymbol{t}_{\mathrm{e}}^{i}$。

4.4.3　整体组装

对于分块求解的结果，需要将其进行组装以形成整体的预应力模态。在两个相邻的分块之间，三根环索是被这两个分块共用的（图 4-24 中黑色的构件）。当两个相邻分块的预应力模态中共用环索索力相等时，才可以进行组装，否则需要对分块的预应力模态和节点坐标进行调整。对分块的预应力模态进行调整时，除了要保证共用的环索索力相等外，还要达到三圈环索索力都是均匀分布的目标。对于内圈环索和中圈环索，在几何调整中已经变成对称的，因此每个分块的预应力模态中两根内圈环索和两根中圈环索的预应力显然是相等的，当相邻单元的共用内、中环索预应力达到相等时，组装后同圈的环索的预应力则是全部相等的。下面将分别对三圈环索进行处理。

图 4-23　复合式索穹顶的一个分块

（1）中环索

首先，以中圈环索预应力大小为基准调整分块预应力的大小。若用 t^i_{mh} 表示第 i 个单元的中圈环索的预应力，则根据中环索预应力值归一化后第 i 个分块的预应力 $\boldsymbol{t}^i_{\mathrm{ea}}$ 为：

$$\boldsymbol{t}^i_{\mathrm{ea}} = \boldsymbol{t}^i_{\mathrm{e}} / t^i_{\mathrm{mh}} \tag{4-50}$$

经过上式计算后各个分块中中圈环索的预应力已经全部等于 1，所以中圈环索已经可以进行组装。然而，内圈环索和外圈环索的预应力却不一定相等，下面将对内圈环索进行处理。

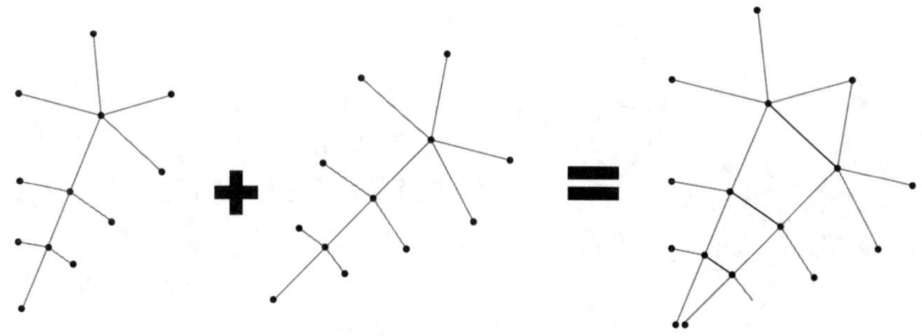

图 4-24　相邻单元拼接

（2）内环索

内圈环索的处理需要借助水平附加索的作用。因为内环索为圆形而且是被均匀分割，所以水平附加索的方向是指向内环索所在圆周的圆心的，同时也与每个分块中的两根内环索的合力方向相同（图 4-25）。这样就可以通过改变水平附加索的预应力来改变内圈环索的预应力大小的同时保持其他拉索预应力不变。当然，由于拉索只能提供拉力，水平附加索仅能够减小内环索的预应力。因此，内环索的处理方式为通过在水平附加索上施加预应力将每一个分块的内环索预应力都减小到各分块中的最小值。除了最小值所在的分块，其余分块均应设置水平附加索。

假设结构一共可以分为 k 个分块，若用 t^i_{inh} 来表示第 i 个分块的内环索预应力，则第 i 个分块的水平附加索的预应力 t^i_{au} 为：

$$t^i_{\mathrm{au}} = 2\left[t^i_{\mathrm{inh}} - \min_{i=1}^{k}(t^i_{\mathrm{inh}})\right]\sin\frac{\pi}{k} \tag{4-51}$$

通过上式，所有分块的内圈环索的预应力均被统一为 $\min\limits_{i=1}^{k}(t^i_{\mathrm{inh}})$，这样内圈环索就可以进行组装了。

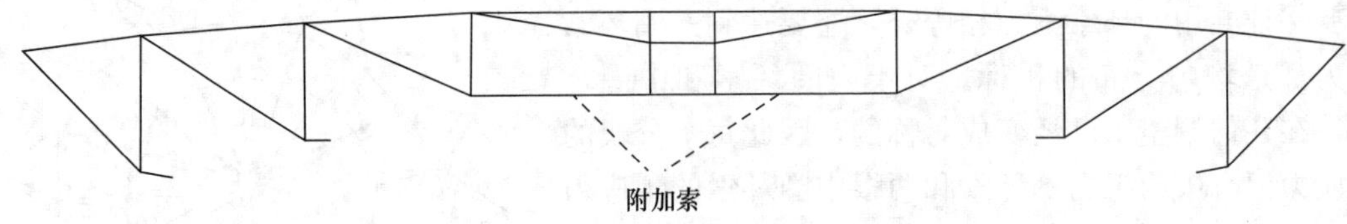

(a) 水平附加索位置示意图

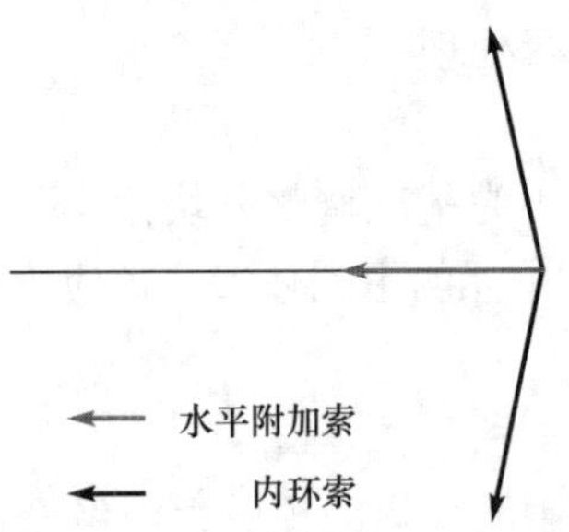

(b) 水平附加索与内环索受力简图

图 4-25　水平附加索与内环索受力示意图

图 4-26　“索网”示意图

(3) 外环索

外环索通常是整个索穹顶屋盖中标高最低的位置，因此为了保证屋盖的使用功能，外环索应当尽量靠近结构外边界。这样也使得外环索的平面投影形状与结构的边界形状是相似的，所以内圈和中圈环索的调整方法对外圈环索是不适用的。

如果把外圈撑杆的内力当作外荷载，最外圈斜索和环索就可以视为独立于整体结构并承担此荷载的“索网”子结构（图 4-26）。

首先假定外圈环索预应力均匀分布且数值为 t_{oh}，t_{oh} 与中圈环索预应力 t_{mh} 的比值为 α，即

$$t_{\mathrm{oh}}=\alpha t_{\mathrm{mh}} \tag{4-52}$$

假设 $\boldsymbol{t}_{\mathrm{os}}\in R^{k\times 1}$ 为最外圈撑杆的内力向量，“索网”上外荷载即为 $\dfrac{\boldsymbol{t}_{\mathrm{os}}}{\alpha}$，“索网”的平衡方程为：

$$\begin{cases}\boldsymbol{C}_{\mathrm{cn}}^{\mathrm{T}}\boldsymbol{U}_{\mathrm{cn}}\boldsymbol{q}_{\mathrm{cn}}=0\\ \boldsymbol{C}_{\mathrm{cn}}^{\mathrm{T}}\boldsymbol{V}_{\mathrm{cn}}\boldsymbol{q}_{\mathrm{cn}}=0\end{cases} \tag{4-53}$$

$$\boldsymbol{C}_{\mathrm{cn}}^{\mathrm{T}}\boldsymbol{W}_{\mathrm{cn}}\boldsymbol{q}_{\mathrm{cn}}=\frac{\boldsymbol{t}_{\mathrm{os}}}{\alpha} \tag{4-54}$$

式中，$\boldsymbol{C}_{\mathrm{cn}}^{\mathrm{T}}$ 为“索网”的拓扑矩阵，$\boldsymbol{U}_{\mathrm{cn}}$、$\boldsymbol{V}_{\mathrm{cn}}$、$\boldsymbol{W}_{\mathrm{cn}}$ 分别为“索网”在 x、y、z 三个方向的坐标差对角矩阵，$\boldsymbol{q}_{\mathrm{cn}}$ 为“索网”的力密度向量。假设 $\boldsymbol{Q}_{\mathrm{cn}}$ 为 $\boldsymbol{q}_{\mathrm{cn}}$ 对应的对角矩阵，$\boldsymbol{w}_{\mathrm{cn}}$ 为 $\boldsymbol{W}_{\mathrm{cn}}$ 对应的坐标差向量，式（4-54）可以写为：

$$\boldsymbol{C}_{\mathrm{cn}}^{\mathrm{T}}\boldsymbol{Q}_{\mathrm{cn}}\boldsymbol{w}_{\mathrm{cn}} = \frac{\boldsymbol{t}_{\mathrm{os}}}{\alpha} \tag{4-55}$$

根据节点在 z 向的自由度，可以将节点分为自由节点和约束节点两组。若用 $\boldsymbol{z}_{\mathrm{cn}}^{\mathrm{f}}$ 和 $\boldsymbol{z}_{\mathrm{cn}}^{\mathrm{s}}$ 表示“索网”的自由节点和约束节点向量，根据式（4-3），式（4-55）可以写为：

$$\boldsymbol{C}_{\mathrm{cn}}^{\mathrm{T}}\boldsymbol{Q}_{\mathrm{cn}}\boldsymbol{C}_{\mathrm{cn}}\boldsymbol{z}_{\mathrm{cn}}^{\mathrm{f}} + \boldsymbol{C}_{\mathrm{cn}}^{\mathrm{T}}\boldsymbol{Q}_{\mathrm{cn}}\boldsymbol{C}_{\mathrm{cn}}^{\mathrm{s}}\boldsymbol{z}_{\mathrm{cn}}^{\mathrm{s}} = \frac{\boldsymbol{t}_{\mathrm{os}}}{\alpha} \tag{4-56}$$

式中，$\boldsymbol{C}_{\mathrm{cn}}^{\mathrm{s}}$ 为考虑约束后的拓扑矩阵。

假定 $\boldsymbol{D}_{\mathrm{cn}}$ 和 $\boldsymbol{D}_{\mathrm{cn}}^{\mathrm{s}}$ 为“索网”的平衡矩阵和考虑约束后的平衡矩阵，则有

$$\begin{cases}\boldsymbol{D}_{\mathrm{cn}} = \boldsymbol{C}_{\mathrm{cn}}^{\mathrm{T}}\boldsymbol{Q}_{\mathrm{cn}}\boldsymbol{C}_{\mathrm{cn}} \\ \boldsymbol{D}_{\mathrm{cn}}^{\mathrm{s}} = \boldsymbol{C}_{\mathrm{cn}}^{\mathrm{T}}\boldsymbol{Q}_{\mathrm{cn}}\boldsymbol{C}_{\mathrm{cn}}^{\mathrm{s}}\end{cases} \tag{4-57}$$

则式（4-56）可以写为：

$$\boldsymbol{D}_{\mathrm{cn}}\boldsymbol{z}_{\mathrm{cn}}^{\mathrm{f}} + \boldsymbol{D}_{\mathrm{cn}}^{\mathrm{s}}\boldsymbol{z}_{\mathrm{cn}}^{\mathrm{s}} = \frac{\boldsymbol{t}_{\mathrm{os}}}{\alpha} \tag{4-58}$$

故外圈环索上的节点（即索网在 z 向上的自由节点）的 z 向坐标为：

$$\boldsymbol{z}_{\mathrm{cn}}^{\mathrm{f}} = \boldsymbol{D}_{\mathrm{cn}}^{-1}\left(\frac{\boldsymbol{t}_{\mathrm{os}}}{\alpha} - \boldsymbol{D}_{\mathrm{cn}}^{\mathrm{s}}\boldsymbol{z}_{\mathrm{cn}}^{\mathrm{s}}\right) \tag{4-59}$$

式（4-57）为“索网”结构在 x 和 y 方向的平衡方程，若以其为一个线性方程组，则可以求得“索网”的“独立力密度模态”，然后可以对这些力密度模态进行组合。

假定由式（4-57）得出的“独立力密度模态”的数量为 s_{q}，各力密度模态为 $\boldsymbol{q}_{\mathrm{cns}}^{1}$，$\boldsymbol{q}_{\mathrm{cns}}^{2}$，…，$\boldsymbol{q}_{\mathrm{cns}}^{i}$，则“索网”的力密度向量可以写为：

$$\boldsymbol{q}_{\mathrm{cn}} = \sum_{i=1}^{s_{\mathrm{q}}}\beta^{i}\boldsymbol{q}_{\mathrm{cns}}^{i} \tag{4-60}$$

为了求出既满足自平衡条件，又满足环索索力相等要求的力密度模态的组合，本节中采取基于遗传算法（GA）的优化方法来求解。

遗传算法（GA）是基于达尔文的“适者生存”的进化原则而提出的。遗传算法从一组任意给定的种群开始计算，种群由个体组成，而个体则由二进制编码的染色体组成。种群在计算过程中不断繁殖产生后代，每一代中的个体则根据其对环境的适应度决定其生存的可能性。遗传算法能够直接对优化的变量进行操作，避免了传统优化算法中求取目标函数梯度的问题，具有良好的收敛性和全局搜索能力。

在任意给定初始种群后，为了产生新的个体（后代），现有的个体将经过选择、交叉和变异三个基本的步骤。每一代的个体将根据其适应度（目标函数值）来进行选择，具有较好适应度的个体将有更大的概率生存下来繁殖新的后代。这个过程不断循环，直到适应度满足了预先设定的要求或者繁殖代数达到了预定的上限。

对于本章中问题的目标是“使所有外圈环索的预应力相等”，因此将外圈环索预应力的标准差作为遗传算法的目标函数，具体表达如下：

$$f(\boldsymbol{\beta}) = \sqrt{\frac{\sum_{i=1}^{k}(q_{\mathrm{oh}}^{i}l_{\mathrm{oh}}^{i} - \delta)^{2}}{k-1}} \tag{4-61}$$

在遗传算法中将对以上目标函数最小化，式中 δ 为外圈环索预应力的平均值，q_{oh}^{i} 为第 i 个外圈环索的力密度，l_{oh}^{i} 为第 i 个外圈环索的长度。q_{oh}^{i} 可以由式（4-60）求得，但是将

组合出的力密度 $\boldsymbol{q}_{cn}$ 代入式（4-59）求得新的外环索上节点的 z 向坐标后，“索网”的单元长度会发生变化。再将更新后的单元长度代入目标函数式（4-61）时，外圈环索索力不一定相等。因此，本节中将进行如下的循环以求得满足精度要求的力密度组合和对应的节点坐标。

假定循环进行到了第 j 步

第一步：将 $j-1$ 步求得的外圈环索的节点竖向坐标 $\boldsymbol{z}_{cn}^{f}(j-1)$ 代入式（4-53），求得独立力密度模态。

第二步：基于 $j-1$ 步的节点坐标和第一步求得的独立力密度模态，利用遗传算法求得满足式（4-61）的力密度组合 $\boldsymbol{q}_{cn}$（j）。

第三步：将求得的力密度组合代入式（4-59）求得新的节点竖向坐标 $\boldsymbol{z}_{cn}^{f}$（j）。

第四步：将第三步求得的竖向坐标 $\boldsymbol{z}_{cn}^{f}$（j）再次代入式（4-61），如果新的函数值满足要求则结束循环，否则返回第一步开始下一个循环。

图 4-27 为“分块-组装”法的整体流程图。

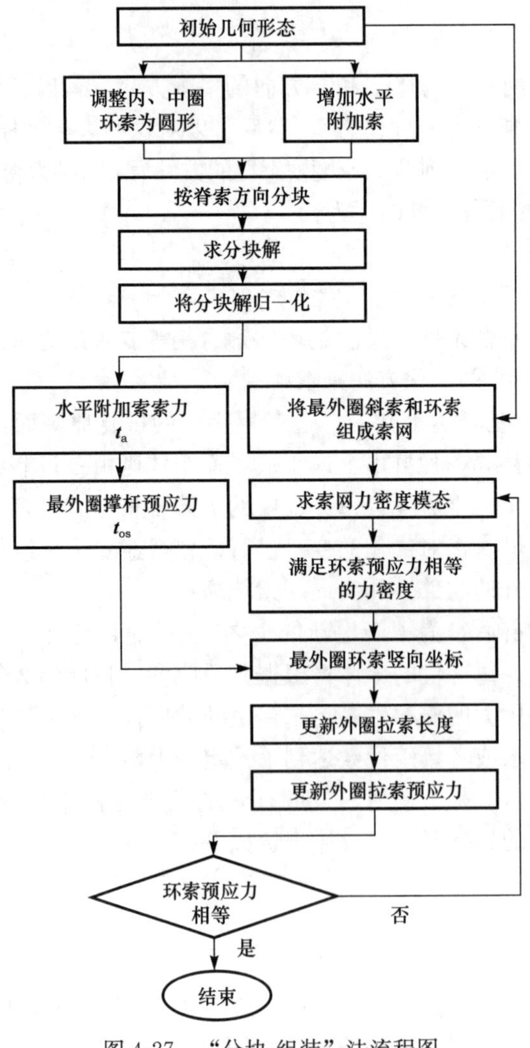

图 4-27　“分块-组装”法流程图

4.4.4 算例

本节中采用椭圆形复合式索穹顶结构和椭圆形 Geiger 式索穹顶结构算例来验证“分块-组装”法的可行性，两个算例均采用 MATLAB 软件进行计算。

4.4.4.1 椭圆形复合式索穹顶结构

本算例为天津理工大学体育馆屋盖索穹顶结构，结构平面为椭圆形，长轴为 102m，短轴为 82m。结构的边界在竖向上不等高，最高点在短轴的端点，最低点在长轴的端点，最高点和最低点的高差为 5.455m。整个屋盖的最高点为结构中心点。长轴和短轴的失跨比分别为 0.056 和 0.035。每圈环索都被划分为 16 份，也就是说每个分块之间的夹角为 π/8，内拉环的直径为 4m。

复合式索穹顶的初始几何形状如图 4-28 所示，在此初始几何形态下，只有一组独立自应力模态，但是该自应力模态整体不可行，所以初始几何形态需要进行调整。

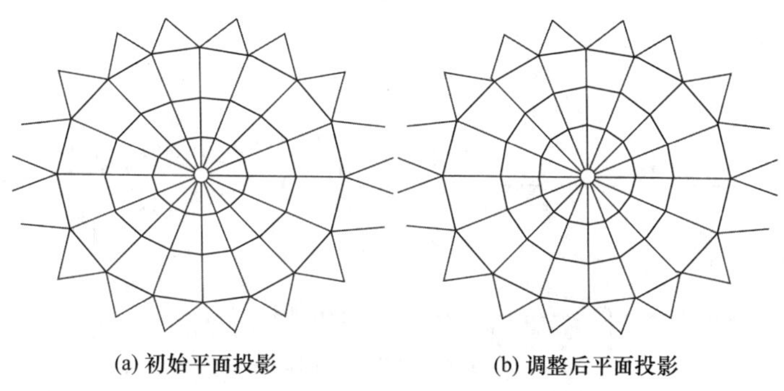

(a) 初始平面投影　　(b) 调整后平面投影

图 4-28　复合式索穹顶几何调整过程

根据“分块-组装”法，内圈和中圈环索首先分别被改变为在同一平面上的圆形，直径分别为 25.88m 和 46.23m，在平面投影上两个圆为同心圆，并且圆心与结构的中心重合。根据脊索的数量，环索被均匀地划分为 16 块。考虑对称性，这 16 个分块可以分为 5 种，这 5 种分块被编号为 A～E。图 4-29 为 A～E 分块的位置和在经过几何调整后的节点坐标。

分块 A～E 的节点和构件数是相同的，所以单元和构件的编号采用相同的编号顺序。图 4-30 为 5 种分块共同采用的编号。

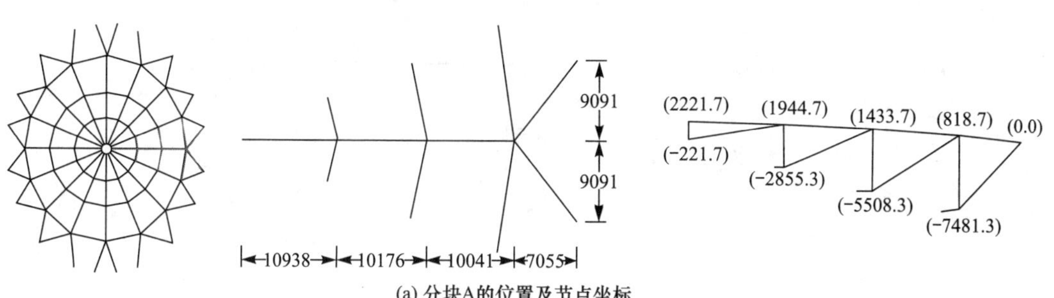

(a) 分块A的位置及节点坐标

图 4-29　椭圆形复合式索穹顶分块 A～E 示意图（一）

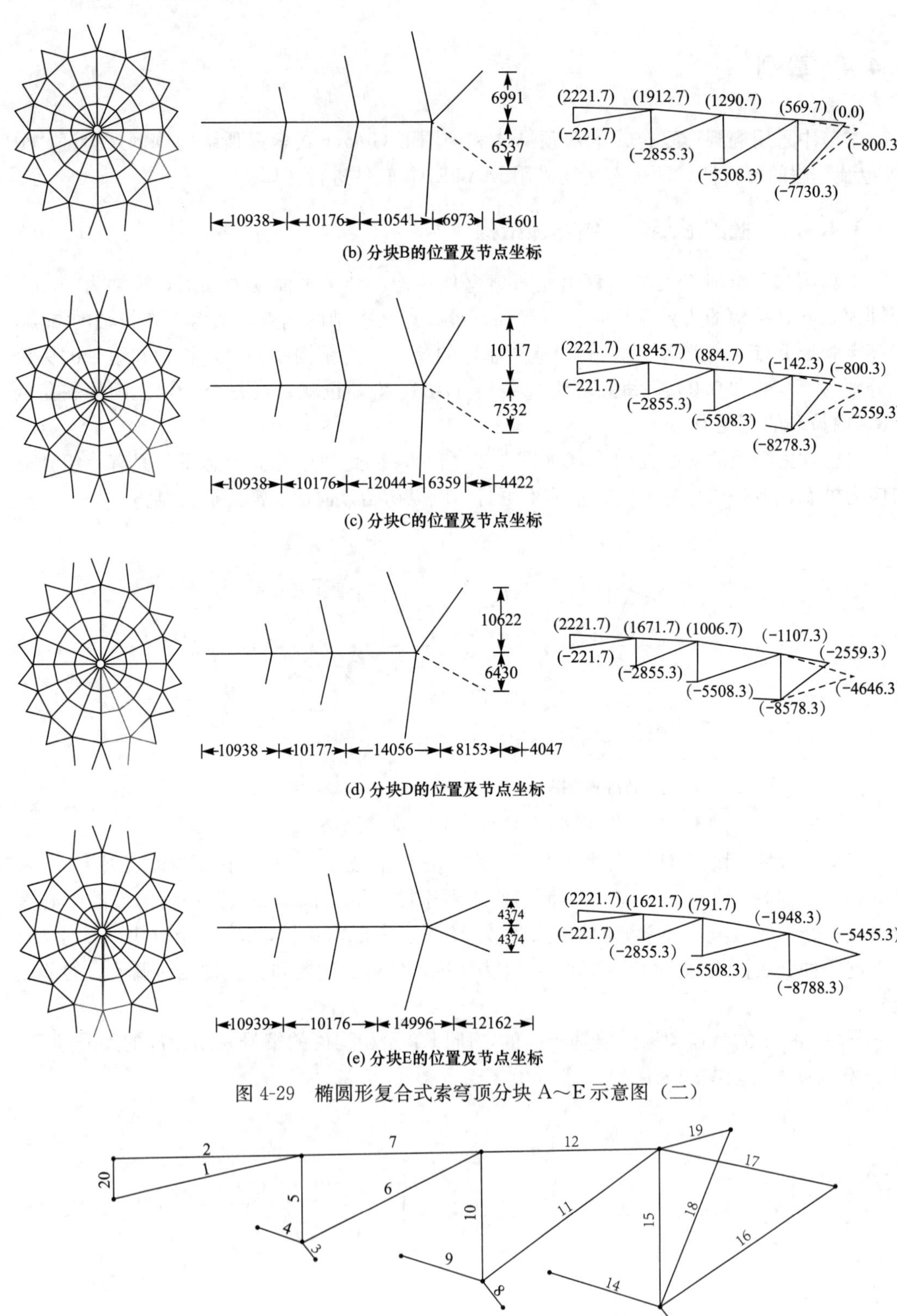

(b) 分块B的位置及节点坐标

(c) 分块C的位置及节点坐标

(d) 分块D的位置及节点坐标

(e) 分块E的位置及节点坐标

图 4-29　椭圆形复合式索穹顶分块 A～E 示意图（二）

图 4-30　每个分块的构件编号

表 4-8 为分块 A～E 的分块求解结果。在分块求解的结果中，内环索的预应力是不相等的，因此所有内环索的预应力都需要统一到 5 个分块中的最小值，即 361kN。因为分块 E 的内环索预应力为这个最小值，分块 E 没有设置水平附加索。水平附加索的预应力可以通过式（4-51）求得，表 4-8 中单元编号 Aux. 表示水平附加索。

复合式索穹顶预应力（kN） **表 4-8**

单元编号	分块									
	A		B		C		D		E	
	分块解	最终结果	分块解	最终结果	分块解	最终结果	分块解	最终结果	分块解	最终结果
1	755	755	671	671	462	462	310	310	187	187
2	4638	4638	3629	3629	1977	1977	810	810	434	434
3	1643	361	1646	361	1608	361	492	361	361	361
4	1643	361	1646	361	1608	361	492	361	361	361
5	−270	−270	−262	−262	−230	−230	−73	−73	−51	−51
6	696	696	695	695	666	666	205	205	150	150
7	5389	5389	4298	4298	2444	2444	1118	1118	622	622
8	1500	1500	1500	1500	1500	1500	1500	1500	1500	1500
9	1500	1500	1500	1500	1500	1500	1500	1500	1500	1500
10	−369	−369	−337	−337	−261	−261	−187	−187	−139	−139
11	692	692	676	676	641	641	615	615	602	602
12	6035	6035	4945	4945	3069	3069	1321	1321	773	773
13	**2589**	**2500**	**2467**	**2500**	**2337**	**2500**	**2281**	**2500**	**2297**	**2500**
14	**2589**	**2500**	**2467**	**2500**	**2337**	**2500**	**2281**	**2500**	**2297**	**2500**
15	−767	−767	−696	−696	−683	−683	−506	−506	−388	−388
16	**794**	**758**	**670**	**620**	**667**	**751**	**652**	**884**	**646**	**696**
17	5403	5403	3383	3383	2092	2092	902	902	741	741
18	**794**	**758**	**622**	**667**	**711**	**700**	**814**	**705**	**646**	**696**
19	5403	5403	3975	3975	3140	3140	1576	1576	741	741
20	−117	−117	−102	−102	−68	−68	−41	−41	−24	−24
Aux.	500		501		487		51		—	

通过表 4-8 可见，最外圈环索和斜索（图 4-30 中构件编号 13、14、16 和 18）的分块解不相等，因此最外圈环索和斜索的预应力需要在整体组装过程中进行优化。通过式（4-53）可求得最外圈环索和斜索组成的"索网"在水平方向一共有 4 个独立自应力模态。根据工程经验，设外环索索力为 2500kN，中环索索力为 1500kN。通过整体组装的迭代过程，求得了自应力模态的最优组合和对应的外环索节点竖向坐标，循环的收敛准则为外环索的标准差不大于 1N。图 4-31 显示了循环中目标函数值的变化。表 4-8 中"最终结果"列为整体组装循环后的结果，加粗的数值为整体组装过程中预应力被改变的拉索，对应的外环索节点的竖向坐标见表 4-9。

由图 4-31 可见，组装过程中仅用了 4 次循环即达到了外圈环索预应力标准差小于 1N 的要求，对比图 4-29 和表 4-9 也可见外圈环索的竖向坐标变化不大，最终结果仅仅略高于初始值。可见对椭圆形复合式索穹顶可以通过"分块-组装"法得出整体可行的几何形态，同时满足环索预应力相等和建筑外形不变的要求。

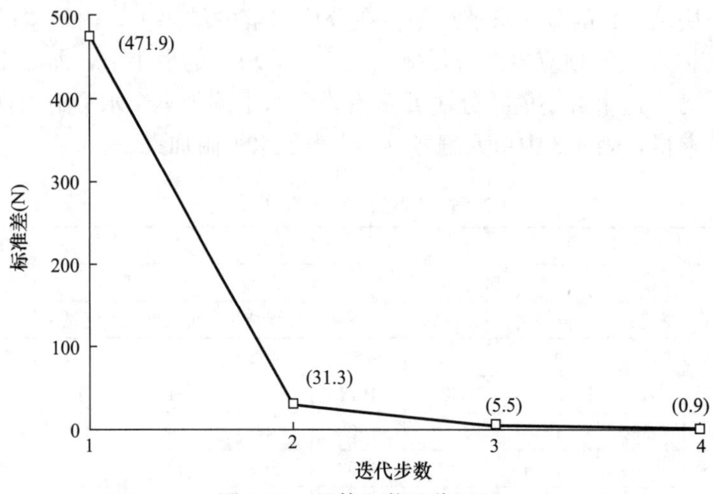

图 4-31　整体组装迭代过程

外圈环索 Z 向坐标　　**表 4-9**

分块	Z 向坐标（mm）
A	−7404.3
B	−7561.7
C	−7974.5
D	−8225.1
E	−8441.7

4.4.4.2　椭圆形 Geiger 式索穹顶结构

椭圆形 Geiger 式索穹顶结构的边界和外表形状与椭圆形复合式索穹顶算例相同，均是基于天津理工大学体育馆屋盖结构。两者在环向上同样是划分为 16 份，中环索和内环索的直径也相同。两者的区别在于 Geiger 式索穹顶的最外圈的构件数量少于复合式索穹顶，图 4-32 显示了椭圆形 Geiger 式索穹顶的平面图。椭圆形 Geiger 式索穹顶的每个分块的构件编号如图 4-33 所示。

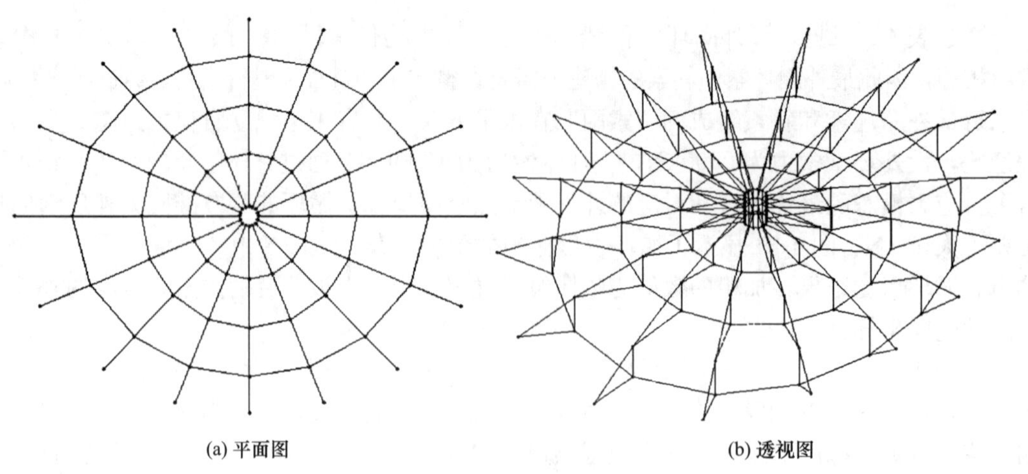

图 4-32　椭圆形 Geiger 式索穹顶

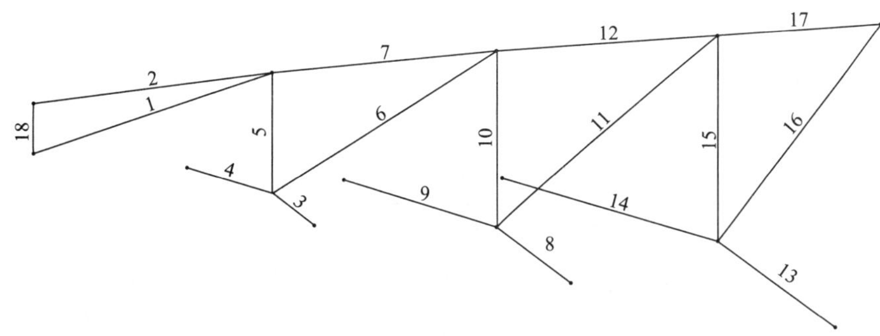

图 4-33 椭圆形 Geiger 式索穹顶单元编号

椭圆形 Geiger 式索穹顶结构的预应力依然采用“分块-组装”法求解，需要进行几何调整并增加水平附加索，其中与复合式索穹顶结构在求解中相同的部分在此不予赘述。与椭圆形复合式索穹顶不同的是，椭圆形 Geiger 式索穹顶根据式（4-53）只能求出唯一一组独立自应力模态，无需再对其进行组合，直接代入式（4-59）求解节点坐标即可。

椭圆形 Geiger 式索穹顶预应力求解结果如表 4-10 所示，此表中仅列出与椭圆形复合式有差异的部分，其余未列出的构件的预应力与复合式相同，外圈环索节点竖向坐标如表 4-11所示。

椭圆形 Geiger 式索穹顶预应力（kN） **表 4-10**

单元编号	分块									
	A		B		C		D		E	
	分块解	最终结果	分块解	最终结果	分块解	最终结果	分块解	最终结果	分块解	最终结果
13	2158	2500	2347	2443	2203	2332	2354	2221	2315	2221
14	2158	2500	2402	2500	2307	2443	2470	2332	2315	2221
15	−608	−608	−652	−652	−612	−612	−478	−478	−391	−391
16	969	1089	1036	1057	995	1042	1220	1147	1229	1181
17	6680	6680	5597	5597	3721	3721	1966	1966	1411	1411

外圈环索 *Z* 向坐标 **表 4-11**

分块	*Z* 向坐标（mm）
A	−7167.4
B	−7544.3
C	−8198.5
D	−8711.8
E	−8961.2

由表 4-10 可见，由于 Geiger 式构件数量少，根据水平方向的平衡方程，其外圈“索网”只能求出唯一的预应力模态，因此无法通过自应力模态的组合使外圈环索预应力相等，外圈环索节点的竖向坐标也略高于复合式，这也是复合式索穹顶相对于 Geiger 式索穹顶的优势之一。

4.5 本章小结

本章针对椭圆形复合式索穹顶结构的找形找力分析，提出了“分块-组装法”，该算法首先对中、内圈环索形状进行调整，而后将结构按其脊索方向划分为若干个分块，利用平衡矩阵求得分块解，再通过设置水平附加索和调整最外圈撑杆下节点的竖向坐标将分块解组装成整体解，最后通过算例验证了该方法的可行性。分块-组装法可以通过较为简单的计算和优化迭代得到椭圆形复合式索穹顶结构的几何可行的节点坐标，同时也能够得到整体可行预应力。分块-组装法的结果在保持建筑外形不变的同时可以使每圈环索的预应力均匀分布，减小了环索和索夹之间滑移的风险。分块-组装法也可以适用于椭圆形 Geiger 式索穹顶，但是与复合式索穹顶相比，椭圆形 Geiger 式索穹顶无法实现每圈环索的预应力均匀分布。

第5章 索穹顶结构的有限元分析方法

5.1 引言

结构分析方法分为线性分析和非线性分析两种。广义地说，任何结构都具有非线性，只不过对某些结构而言，并不具有很强的非线性。非线性分为三种，即材料非线性、几何非线性和边界条件非线性。线性分析忽略结构变形对结构内力的影响，结构的平衡方程始终建立在初始不受力状态的位置；几何非线性分析考虑结构变形对结构内力的影响，结构的平衡方程建立在变形后的基础上。对于任何一种结构体系，采用精确的非线性有限元分析方法都是可行的，在结构的非线性不是很强的情况下，采用线性分析方法是简捷、高效的，且其精度可以满足工程设计的需要。

本章提出了连续滑动折线索单元，假设各个索段的应变一致和各个索段线型均为直线(因为在通常的拉索结构中索的长度较短、垂度较小，采用直线来模拟已经可以达到工程的要求，而且省去了悬链线解的繁琐形式)，利用可以考虑大变形问题的格林应变和克希荷夫应力组合，给出了任意节点的滑动索单元算法。该方法可以实现任意多节点同时滑动，考虑复杂索系的滑动。最后，利用 ABAQUS 程序的自定义单元接口，将算法与现有程序结合，使之可以应用于实际结构的分析中，提高了计算效率。

5.2 连续折线索单元形式与基本假设

所谓连续折线索单元，是指各单元中任意两个相邻节点之间的索都呈直线形式，并且除了两个端部节点外，任意的中间节点都可以在外力作用下沿索全长滑动而到达其平衡位置。图 5-1 是具有 N 个节点、$N-1$ 个索段的连续折线索的示意图。在三维空间情况下，每个节点具有 3 个平动自由度，整个单元具有 $3N$ 个自由度。

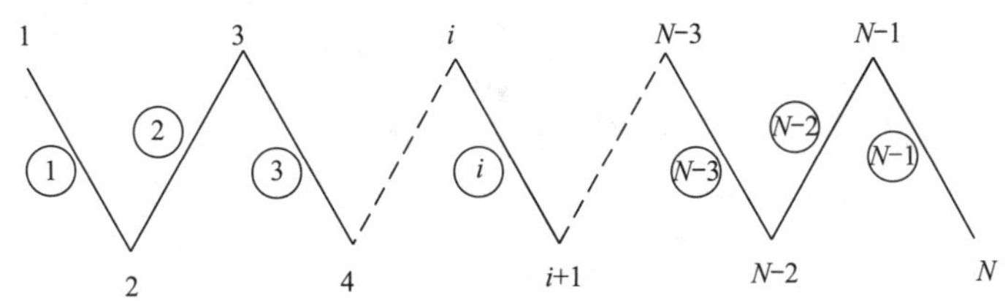

图 5-1　连续折线索

连续折线索单元的基本运动学假设有：（1）单元各索段邻近两节点间断索为直线；

(2) 节点间索段的自重被忽略，对于单元的作用力全部作用在节点上；(3) 全单元各索段应变一致；(4) 单元各节点滑动范围不大于其相邻节点（即单元中各节点顺序不变）。

5.3 连续折线索单元相关列式推导

5.3.1 单元刚度矩阵

在接下来的推导过程中为了方便区分，对一维向量在符号下添加一条下划线，例如一维向量 A 表示为 $\underline{A}$，对二维矩阵或二阶张量在符号下添加两条下划线，例如二维矩阵或二阶张量 B 表示为 $\underline{\underline{B}}$。

连续折线索单元由任意个两节点索段组成，单元节点数量多，构成复杂，直接推导其刚度矩阵与其他相关矩阵的表达形式不易于表示也不易于理解，故相关列式的推导按照如下方式进行，首先推导单独索段（两节点形式的单元），再通过全索应变一致假设推广成任意节点的折线索单元。

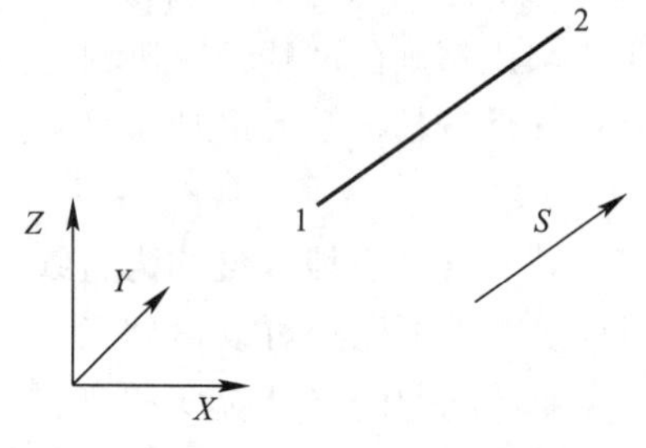

图 5-2 单元自然坐标系示意图

首先，建立两节点直线单元及其单元自然坐标系 S，如图 5-2 所示。

设在初始构型下，节点在全局笛卡儿坐标系下坐标为：(x, y, z)，在单元坐标系下坐标为：s。

索段长度为：

$$L = \sqrt{(x_2 - x_1)^2 + (y_2 - y_1)^2 + (z_2 - z_1)^2} \tag{5-1}$$

若令，$\xi = \frac{s}{L}$；由于 $s \in [0, L]$，则有 $\xi \in [0, 1]$。

取单元形状插值函数为 $\boldsymbol{N} = [N_1 \cdot \boldsymbol{I},\ N_2 \cdot \boldsymbol{I}]$，其中，$N_1 = 1 - \xi$，$N_2 = \xi$，$\boldsymbol{I}$ 为三维单位矩阵，$\boldsymbol{I} = \begin{bmatrix} 1 & 0 & 0 \\ 0 & 1 & 0 \\ 0 & 0 & 1 \end{bmatrix}$。

在全局笛卡儿坐标系下，记索段中任一点节点位移为 $\boldsymbol{u} = \{u,\ v,\ w\}^{\mathrm{T}}$，记索段节点位移向量为 $\boldsymbol{u}_{\mathrm{e}} = \{u_1,\ v_1,\ w_1,\ u_2,\ v_2,\ w_2\}^{\mathrm{T}}$。建立等参单元，则有：

$$\boldsymbol{u} = \boldsymbol{N} \cdot \boldsymbol{u}_{\mathrm{e}} \tag{5-2}$$

$$\boldsymbol{x} = \boldsymbol{N} \cdot \boldsymbol{x}_{\mathrm{e}} \tag{5-3}$$

其中，$\boldsymbol{x} = \{x,\ y,\ z\}^{\mathrm{T}}$，$\boldsymbol{x}_{\mathrm{e}} = \{x_1,\ y_1,\ z_1,\ x_2,\ y_2,\ z_2\}^{\mathrm{T}}$

由式 (5-2) 得：

$$\boldsymbol{u} = \begin{bmatrix} u_1 + \xi \cdot (u_2 - u_1) \\ v_1 + \xi \cdot (v_2 - v_1) \\ w_1 + \xi \cdot (w_2 - w_1) \end{bmatrix} \tag{5-4}$$

由式 (5-3) 得：

$$\boldsymbol{x}=\begin{bmatrix}x_1+\xi\cdot(x_2-x_1)\\y_1+\xi\cdot(y_2-y_1)\\z_1+\xi\cdot(z_2-z_1)\end{bmatrix}\tag{5-5}$$

由于单元被设计用来模拟大变形的问题，故采用格林应变，在全局笛卡尔坐标系下，格林应变的表达式为：

$$\boldsymbol{e}=\begin{bmatrix}e_{xx}&e_{xy}&e_{xz}\\e_{yx}&e_{yy}&e_{yz}\\e_{zx}&e_{zy}&e_{zz}\end{bmatrix}\tag{5-6}$$

进一步写成：

$$\boldsymbol{e}=\begin{cases}e_{xx}=\dfrac{\partial u}{\partial x}+\dfrac{1}{2}\left[\left(\dfrac{\partial u}{\partial x}\right)^2+\left(\dfrac{\partial v}{\partial x}\right)^2+\left(\dfrac{\partial w}{\partial x}\right)^2\right]\\e_{yy}=\dfrac{\partial v}{\partial y}+\dfrac{1}{2}\left[\left(\dfrac{\partial u}{\partial y}\right)^2+\left(\dfrac{\partial v}{\partial y}\right)^2+\left(\dfrac{\partial w}{\partial y}\right)^2\right]\\e_{zz}=\dfrac{\partial w}{\partial z}+\dfrac{1}{2}\left[\left(\dfrac{\partial u}{\partial z}\right)^2+\left(\dfrac{\partial v}{\partial z}\right)^2+\left(\dfrac{\partial w}{\partial z}\right)^2\right]\\e_{yz}=e_{zy}=\dfrac{1}{2}\left(\dfrac{\partial v}{\partial z}+\dfrac{\partial w}{\partial y}\right)+\dfrac{1}{2}\left[\dfrac{\partial u}{\partial y}\dfrac{\partial u}{\partial z}+\dfrac{\partial v}{\partial y}\dfrac{\partial v}{\partial z}+\dfrac{\partial w}{\partial y}\dfrac{\partial w}{\partial z}\right]\\e_{zx}=e_{xz}=\dfrac{1}{2}\left(\dfrac{\partial w}{\partial x}+\dfrac{\partial u}{\partial z}\right)+\dfrac{1}{2}\left[\dfrac{\partial u}{\partial z}\dfrac{\partial u}{\partial x}+\dfrac{\partial v}{\partial z}\dfrac{\partial v}{\partial x}+\dfrac{\partial w}{\partial z}\dfrac{\partial w}{\partial x}\right]\\e_{xy}=e_{yx}=\dfrac{1}{2}\left(\dfrac{\partial u}{\partial y}+\dfrac{\partial v}{\partial x}\right)+\dfrac{1}{2}\left[\dfrac{\partial u}{\partial x}\dfrac{\partial u}{\partial y}+\dfrac{\partial v}{\partial x}\dfrac{\partial v}{\partial y}+\dfrac{\partial w}{\partial x}\dfrac{\partial w}{\partial y}\right]\end{cases}\tag{5-7}$$

根据函数求导数的规律有：

$$\frac{\partial u}{\partial x}=\frac{\partial u}{\partial \xi}\frac{\partial \xi}{\partial x}\tag{5-8}$$

令：

$$\frac{\partial x}{\partial \xi}=J\tag{5-9}$$

则有：

$$\frac{\partial \xi}{\partial x}=J^{-1}\tag{5-10}$$

式中，J 为坐标变换的雅可比矩阵。

由式（5-4）得：

$$\frac{\partial u}{\partial \xi}=u_2-u_1\tag{5-11}$$

由式（5-5）得：

$$\frac{\partial x}{\partial \xi}=x_2-x_1\tag{5-12}$$

由式（5-8）得：

$$\frac{\partial \xi}{\partial x}=\frac{1}{x_2-x_1}\tag{5-13}$$

故有：

$$\left.\begin{aligned}\frac{\partial u}{\partial x}&=\frac{u_2-u_1}{x_2-x_1}\\\frac{\partial v}{\partial x}&=\frac{v_2-v_1}{x_2-x_1}\\\frac{\partial w}{\partial x}&=\frac{w_2-w_1}{x_2-x_1}\end{aligned}\right\}\tag{5-14}$$

由于 $e_{xx}=\frac{\partial u}{\partial x}+\frac{1}{2}\left[\left(\frac{\partial u}{\partial x}\right)^2+\left(\frac{\partial v}{\partial x}\right)^2+\left(\frac{\partial w}{\partial x}\right)^2\right]$，将式（5-14）代入可得：

$$e_{xx}=\frac{u_2-u_1}{x_2-x_1}+\frac{1}{2}\left[\left(\frac{u_2-u_1}{x_2-x_1}\right)^2+\left(\frac{v_2-v_1}{x_2-x_1}\right)^2+\left(\frac{w_2-w_1}{x_2-x_1}\right)^2\right]\tag{5-15}$$

而此时格林应变张量 $\boldsymbol{e}$ 中的其他分量并不一定为 0。记当前构型上单元任意节点坐标为 $\overline{\boldsymbol{x}}=\{\overline{x},\ \overline{y},\ \overline{z}\}^{\mathrm{T}}$，则有：$\overline{\boldsymbol{x}}=\boldsymbol{x}+\boldsymbol{u}$，进一步有：

$$\overline{x}=x+u\tag{5-16}$$

$$u=\overline{x}-x\tag{5-17}$$

索段当前长度为：

$$l=\sqrt{(\overline{x_2}-\overline{x_1})^2+(\overline{y_2}-\overline{y_1})^2+(\overline{z_2}-\overline{z_1})^2}\tag{5-18}$$

当全局笛卡尔坐标系的 X 轴正向与单元坐标系正向平行，且原点一致时，索段发生轴向变形只引起 u 的变化，此时有：

$$e_{xx}=\frac{u_2-u_1}{x_2-x_1}+\frac{1}{2}\left[\left(\frac{u_2-u_1}{x_2-x_1}\right)^2\right]\tag{5-19}$$

即 $v_1=v_2=w_1=w_2=0$，又因为 $x_2-x_1=L$，$\overline{x_2}-\overline{x_1}=l$，所以：

$$e_{xx}=\frac{u_2-u_1}{L}+\frac{(u_2-u_1)^2}{2L^2}\tag{5-20}$$

将式（5-10）代入式（5-12）有：

$$\begin{aligned}e_{xx}&=\frac{\overline{x_2}-x_2-(\overline{x_1}-x_1)}{L}+\frac{[\overline{x_2}-x_2-(\overline{x_1}-x_1)]^2}{2L^2}\\&=\frac{\overline{x_2}-\overline{x_1}-(x_2-x_1)}{L}+\frac{[\overline{x_2}-\overline{x_1}-(x_2-x_1)]^2}{2L^2}\\&=\frac{l-L}{L}+\frac{[l-L]^2}{2L^2}=\frac{2Ll-2L^2+l^2+L^2-2lL}{2L^2}=\frac{l^2-L^2}{2L^2}\end{aligned}\tag{5-21}$$

即：

$$e_{xx}=\frac{l^2-L^2}{2L^2}\tag{5-22}$$

此时格林应变张量 $\boldsymbol{e}$ 中的其他分量均为零。

式（5-13）虽然是在特定坐标系下得出的结论，但是由于直线单元只有一个应变，且 l 与 L 都有其实际的物理意义，在物质世界中是唯一的，所以式（5-13）在任何坐标系下都是成立的，这样一来，通过式（5-13）建立起了格林应变与不同位形下索长的关系，也就是建立起了格林应变与节点坐标的关系。

建立了格林应变与初始位形、当前位形坐标的关系后，就可以着手建立单元刚度矩阵了，这里采用由虚功原理得出单元刚度矩阵的方法。由虚功方程建立单元刚度矩阵，当前位形下的虚功方程可以表示为

$$\int_{V_0}\overline{S_{ij}}\delta e_{ij}\,\mathrm{d}V_0=\int_{V_0}\overline{\boldsymbol{\rho}_{0i}}\delta\boldsymbol{u}\,\mathrm{d}V_0+\int_{A_0}\overline{\boldsymbol{q}_{0i}}\delta\boldsymbol{u}\,\mathrm{d}A_0 \tag{5-23}$$

式中，S_{ij}是与格林应变e_{ij}在能量上共轭的克希荷夫应力，δe_{ij}表示格林应变的变分，$\overline{\boldsymbol{\rho}_{0i}}$与$\overline{\boldsymbol{q}_{0i}}$分别表示定义在初始位形下的当前位形下的作用于受力体的体力和面力矢量。

由于单元为直线，故式（5-23）可写成

$$S\delta eA_0L=\boldsymbol{P}_{0i}\delta\boldsymbol{u} \tag{5-24}$$

式中，P_{0i}为定义在初始位形下当前位形作用于单元节点的外荷载矩阵。

令：

$$\delta e=\boldsymbol{B}\delta\boldsymbol{u}_{\mathrm{e}} \tag{5-25}$$

将式（5-25）代入式（5-24）有：

$$S\boldsymbol{B}A_0L\delta\boldsymbol{u}_{\mathrm{e}}=\boldsymbol{P}_{0i}\boldsymbol{N}\delta\boldsymbol{u}_{\mathrm{e}} \tag{5-26}$$

式中，$\boldsymbol{N}$为型函数矩阵，由于节点位移变分$\delta\boldsymbol{u}_{\mathrm{e}}$的任意性，有：

$$S\boldsymbol{B}A_0L=\boldsymbol{P}_{0i}\boldsymbol{N}$$

因此单元平衡方程为：

$$S\boldsymbol{B}A_0L-\boldsymbol{P}_{0i}\boldsymbol{N}=0 \tag{5-27}$$

将式（5-27）写成关于节点位移的增量形式，有：

$$\boldsymbol{K}\Delta u_{\mathrm{e}}=\boldsymbol{P}_{0i}\boldsymbol{N} \tag{5-28}$$

其中：

$$\boldsymbol{K}=\frac{\partial S\boldsymbol{B}A_0L}{\partial u_{\mathrm{e}}}=A_0L\boldsymbol{B}^{\mathrm{T}}\frac{\partial S}{\partial u_{\mathrm{e}}}+A_0LS\frac{\partial\boldsymbol{B}}{\partial u_{\mathrm{e}}} \tag{5-29}$$

依据连续直线索单元全长应变一致的假设，认为全索长的应变均为e，则有：

$$\boldsymbol{B}=\frac{\partial e}{\partial\boldsymbol{u}_{\mathrm{e}}}=\frac{\partial\left(\frac{l^2-L^2}{2L^2}\right)}{\partial\boldsymbol{u}_{\mathrm{e}}}=\frac{1}{2L^2}2l\frac{\partial l}{\partial u_{\mathrm{e}}}=\frac{l}{L^2}\frac{\partial l}{\partial\boldsymbol{u}_{\mathrm{e}}} \tag{5-30}$$

又因为：$\overline{\boldsymbol{x}}=\boldsymbol{x}+\boldsymbol{u}$，$\mathrm{d}\overline{x}=\mathrm{d}u$，所以有：

$$\boldsymbol{B}=\frac{l}{L^2}\frac{\partial l}{\partial\overline{\boldsymbol{x}}_{\mathrm{e}}} \tag{5-31}$$

设l为当前位形下折线索全长，$l=\sum\limits_{i=1}^{N-1}l_i$，其中，$l_i$为各直线索段长度，$N$为索段数，$i$为直线索段编号，$i=1$，2，3，…，$N-1$

$$l_i=\sqrt{\sum_{j=0}^{2}\Delta_{ij}^2} \tag{5-32}$$

式中，$\Delta_{i,j}=\overline{x}_{i+1,j}-\overline{x}_{i,j}$表示第$i$索段（$i=1$，2，…，$N-1$），两端节点的第$j$个自由度（$j=1$，2，3）坐标之差，如图5-3所示。

按照上述规则，由于$\frac{\partial l}{\partial\boldsymbol{u}_{\mathrm{e}}}=\frac{\partial l}{\partial\overline{\boldsymbol{x}}_{\mathrm{e}}}$，$l$对第$m$个节点（$m=1$，2，…，$N-1$）的第$n$个自由度（$n=1$，2，3）的导数可以写成：

$$\frac{\partial l}{\partial x_{m,n}}=\frac{\partial\left(\sum\limits_{i=1}^{N-1}l_i\right)}{\partial x_{m,n}}=\frac{\partial(l_{m-1}+l_m)}{\partial x_{m,n}}=\frac{\partial\sqrt{\sum\limits_{j=0}^{2}\Delta_{m-1,j}^2}}{\partial x_{m,n}}+\frac{\partial\sqrt{\sum\limits_{j=0}^{2}\Delta_{m,j}^2}}{\partial x_{m,n}}=\frac{\Delta_{m-1,n}}{l_{m-1}}-\frac{\Delta_{m,n}}{l_m} \tag{5-33}$$

上式中的 x 都是当前位形上的坐标值，为了格式的整齐不再加上划线标明，下同。

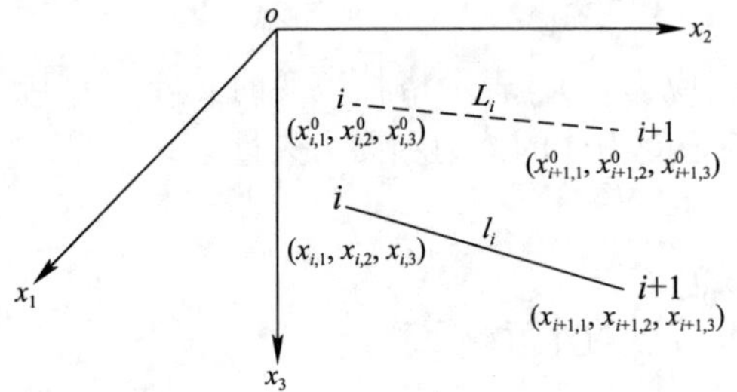

图 5-3　连续折线索单元第 i 索段

为表达统一，令 $\frac{\Delta_{0,n}}{l_0}=0$，$\frac{\Delta_{N,n}}{l_N}=0$，故：

$$B_{3(m-1)+n}=\frac{l}{L^2}\left(\frac{\Delta_{m-1,n}}{l_{m-1}}-\frac{\Delta_{m,n}}{l_m}\right) \tag{5-34}$$

其中，$m=1$，2，3，…，N，$n=1$，2，3，值得注意的是这里 B 是一个一维向量而不是二维矩阵，在接下来的推导中为使表达相对简洁，不在用下划线表示张量维数。

$$\frac{\partial B}{\partial u_e}=\frac{\partial B}{\partial x_e}=\frac{\partial\left(\frac{l}{L^2}\frac{\partial l}{\partial x_e}\right)}{\partial x_e}=\frac{1}{L^2}\frac{\partial\left(l\frac{\partial l}{\partial x_e}\right)}{\partial x_e}=\frac{1}{L^2}\left(\frac{\partial l}{\partial x_e}\frac{\partial l}{\partial x_e}+l\frac{\partial^2 l}{\partial x_e^2}\right) \tag{5-35}$$

式中，$\frac{\partial B}{\partial u}$、$\frac{\partial B}{\partial x}$、$\frac{\partial l}{\partial x}\frac{\partial l}{\partial x}$ 和 $\frac{\partial^2 l}{\partial x^2}$ 均为 $3N\times 3N$ 阶矩阵。考虑到 $\frac{\partial B}{\partial u_e}=\frac{1}{L^2}\left(\frac{\partial l}{\partial x_e}\frac{\partial l}{\partial x_e}+l\frac{\partial^2 l}{\partial x_e^2}\right)$ 而且两个 $\frac{\partial l}{\partial x_e}$ 的含义是不同的，是分别对于两组不相关的 x 分别求偏导，即分别对 $x_{3(m-1)+n}$ 与 $x_{3(p-1)+q}$ 进行求导，所以有：

$$\left(\frac{\partial^2 l}{\partial x^2}\right)_{3(m-1)+n,3(p-1)+q}=\frac{\partial\left(\frac{\partial l}{\partial x}\right)}{\partial x}=\frac{\partial\left(\frac{\Delta_{m-1,n}}{l_{m-1}}-\frac{\Delta_{m,n}}{l_m}\right)}{\partial x_{p,q}}=\frac{\partial\left(\frac{\Delta_{m-1,n}}{l_{m-1}}\right)}{\partial x_{p,q}}-\frac{\partial\left(\frac{\Delta_{m,n}}{l_m}\right)}{\partial x_{p,q}} \tag{5-36}$$

其中，$p=1$，2，3，…，N，$q=0$，1，2，$\frac{\partial^2 l}{\partial x^2}$ 可以写成：

$$\left(\frac{\partial^2 l}{\partial x^2}\right)_{3(m-1)+n,3(p-1)+q}=\begin{cases}\frac{1}{l_{m-1}}+\frac{1}{l_m}-\frac{\Delta^2_{m-1,n}}{l^3_{m-1}}-\frac{\Delta^2_{m,n}}{l^3_m} & \begin{cases}p=m\\ q=n\end{cases}\\ -\frac{\Delta_{m-1,n}\Delta_{m-1,q}}{l^3_{m-1}}-\frac{\Delta_{m,n}\Delta_{m,q}}{l^3_m} & \begin{cases}p=m\\ q\neq n\end{cases}\end{cases} \tag{5-37a}$$

$$\left(\frac{\partial^2 l}{\partial x^2}\right)_{3(m-1)+n,3(p-1)+q}=\begin{cases}-\frac{1}{l_m}+\frac{\Delta^2_{m,n}}{l^3_m} & \begin{cases}p=m+1\\ q=n\end{cases}\\ \frac{\Delta_{m,n}\Delta_{m,q}}{l^3_m} & \begin{cases}p=m+1\\ q\neq n\end{cases}\end{cases} \tag{5-37b}$$

$$\left(\frac{\partial^2 l}{\partial x^2}\right)_{3(m-1)+n,3(p-1)+q}=\begin{cases}-\frac{1}{l_{m-1}}+\frac{\Delta^2_{m-1,n}}{l^3_{m-1}} & \begin{cases}p=m-1\\ q=n\end{cases}\\ \frac{\Delta_{m-1,n}\Delta_{m-1,q}}{l^3_{m-1}} & \begin{cases}p=m-1\\ q\neq n\end{cases}\end{cases} \tag{5-37c}$$

$$\left(\frac{\partial^2 l}{\partial x^2}\right)_{3(m-1)+n,3(p-1)+q}=0\quad p\neq m-1,m\text{ 或 }m+1 \tag{5-37d}$$

将式（5-37）和式（5-34）代入式（5-35）有：

$$\left(\frac{\partial B}{\partial u}\right)_{3(m-1)+n,3(p-1)+q}$$

$$=\begin{cases}\dfrac{1}{L^2}\left[\left(\dfrac{\Delta_{m-1,n}}{l_{m-1}}-\dfrac{\Delta_{m,n}}{l_m}\right)\left(\dfrac{\Delta_{p-1,q}}{l_{p-1}}-\dfrac{\Delta_{p,q}}{l_p}\right)-l\left(\dfrac{1}{l_{m-1}}+\dfrac{1}{l_m}-\dfrac{\Delta_{m-1,n}^2}{l_{m-1}^3}-\dfrac{\Delta_{m,n}^2}{l_m^3}\right)\right] & \begin{cases}p=m\\q=n\end{cases}\\ \dfrac{1}{L^2}\left[\left(\dfrac{\Delta_{m-1,n}}{l_{m-1}}-\dfrac{\Delta_{m,n}}{l_m}\right)\left(\dfrac{\Delta_{p-1,q}}{l_{p-1}}-\dfrac{\Delta_{p,q}}{l_p}\right)+l\left(\dfrac{\Delta_{m-1,n}\Delta_{m-1,q}}{l_{m-1}^3}+\dfrac{\Delta_{m,n}\Delta_{m,q}}{l_m^3}\right)\right] & \begin{cases}p=m\\q\neq n\end{cases}\end{cases}$$

(5-38a)

$$\left(\frac{\partial B}{\partial u}\right)_{3(m-1)+n,3(p-1)+q}=\begin{cases}\dfrac{1}{L^2}\left[\left(\dfrac{\Delta_{m-1,n}}{l_{m-1}}-\dfrac{\Delta_{m,n}}{l_m}\right)\left(\dfrac{\Delta_{p-1,q}}{l_{p-1}}-\dfrac{\Delta_{p,q}}{l_p}\right)-l\left(\dfrac{1}{l_m}-\dfrac{\Delta_{m,n}^2}{l_m^3}\right)\right] & \begin{cases}p=m+1\\q=n\end{cases}\\ \dfrac{1}{L^2}\left[\left(\dfrac{\Delta_{m-1,n}}{l_{m-1}}-\dfrac{\Delta_{m,n}}{l_m}\right)\left(\dfrac{\Delta_{p-1,q}}{l_{p-1}}-\dfrac{\Delta_{p,q}}{l_p}\right)+l\left(\dfrac{\Delta_{m,n}\Delta_{m,q}}{l_m^3}\right)\right] & \begin{cases}p=m+1\\q\neq n\end{cases}\end{cases}$$

(5-38b)

$$\left(\frac{\partial B}{\partial u}\right)_{3(m-1)+n,3(p-1)+q}$$

$$=\begin{cases}\dfrac{1}{L^2}\left[\left(\dfrac{\Delta_{m-1,n}}{l_{m-1}}-\dfrac{\Delta_{m,n}}{l_m}\right)\left(\dfrac{\Delta_{p-1,q}}{l_{p-1}}-\dfrac{\Delta_{p,q}}{l_p}\right)-l\left(\dfrac{1}{l_{m-1}}-\dfrac{\Delta_{m-1,n}^2}{l_{m-1}^3}\right)\right] & \begin{cases}p=m-1\\q=n\end{cases}\\ \dfrac{1}{L^2}\left[\left(\dfrac{\Delta_{m-1,n}}{l_{m-1}}-\dfrac{\Delta_{m,n}}{l_m}\right)\left(\dfrac{\Delta_{p-1,q}}{l_{p-1}}-\dfrac{\Delta_{p,q}}{l_p}\right)+l\left(\dfrac{\Delta_{m-1,n}\Delta_{m-1,q}}{l_{m-1}^3}\right)\right] & \begin{cases}p=m-1\\q\neq n\end{cases}\end{cases} \quad (5\text{-}38c)$$

$$\left(\frac{\partial B}{\partial u}\right)_{3(m-1)+n,3(p-1)+q}=0 \quad p\neq m-1,m \text{ 或 } m+1 \quad (5\text{-}38d)$$

假定共轭的应力和应变之间服从线性的本构关系，那么格林应变与克希荷夫应力之间的关系可表示为：

$$\boldsymbol{S}_{ij}=\boldsymbol{S}_{ij}^0+\boldsymbol{E}\boldsymbol{e}_{mn} \quad (5\text{-}39)$$

式中，$\boldsymbol{E}$ 是应力应变关系变换矩阵，$\boldsymbol{S}_{ij}$ 是 PK-2 应力张量（二阶），$\boldsymbol{S}_{ij}^0$ 表示参考构形中的既有应力（也称为预应力），$\boldsymbol{e}_{mn}$ 是格林应变张量（二阶）。

上述本构关系，在一维条件下的全量形式可写成：

$$S_{11}=S_{11}^0+Ee_{11} \quad (5\text{-}40)$$

$$\frac{\partial S}{\partial u_e}=\frac{\partial(S_0+Ee)}{\partial u_e}=E\frac{\partial e}{\partial u_e}=EB \quad (5\text{-}41)$$

则式（5-29）可以写成：

$$\boldsymbol{K}=\frac{\partial S\boldsymbol{B}A_0L}{\partial u_e}=A_0L\boldsymbol{B}^{\mathrm{T}}\frac{\partial S}{\partial u_e}+A_0LS\frac{\partial \boldsymbol{B}}{\partial u_e}=A_0L\boldsymbol{B}^{\mathrm{T}}E\boldsymbol{B}+A_0LS\frac{\partial \boldsymbol{B}}{\partial u_e} \quad (5\text{-}42)$$

将式（5-38）、式（5-40）、式（5-41）推导结果代入式（5-42）便可得到单元刚度矩阵。

5.3.2 单元质量矩阵与荷载列阵

关于单元质量矩阵的建立，通常有两种方式，一种可称为协调质量矩阵：

$$\boldsymbol{M}_e=\int_V \boldsymbol{N}_e^{\mathrm{T}}\rho\boldsymbol{N}_e\mathrm{d}V \quad (5\text{-}43)$$

另一种称为集中质量矩阵，结构单元惯性特性最简单的数学模型就是集中质量法，即认为单元的质量集中于质心，再按照平行力分解的原则移置到各个节点上，这样得到的单元质量矩阵是个对角矩阵，通常称之为“集中质量矩阵”或“堆聚质量矩阵”。显然这样得到的质量矩阵与静力分析所选取的位移模式无关，它忽略了分布质量的局部效应。

鉴于索单元构造简单，每个索段质量可以看作平均分配在其两端节点上，本章中单元推导过程采用集中质量矩阵形式，认为两节点直线索单元的质量集中于两个端节点，集中质量矩阵可以表示为

$$\boldsymbol{M}_{\mathrm{e}}=\frac{\rho A_0 L}{2}\begin{bmatrix} I & 0 \\ 0 & I \end{bmatrix}_{6\times 6} \tag{5-44}$$

式中，$I=\begin{bmatrix} 1 & 0 & 0 \\ 0 & 1 & 0 \\ 0 & 0 & 1 \end{bmatrix}$，$\rho$ 表示密度（假定为常数），A_0 表示初始横截面面积（假定为常数），L 表示初始单元长度。

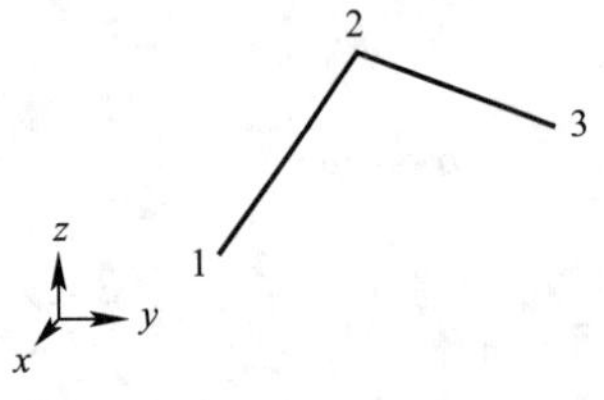

图 5-4　三节点单元示意图

对于连续折线索单元，任意两个沿索长相邻节点之间都是直线，每个直线部分各有两个节点，因此，可以将各个直线部分分别看作单独的两节点直线索单元，再将它们按照自由度的对应位置组合，就得到连续折线索单元的集中质量矩阵。

以三节点单元为例，节点编号形式如图 5-4 所示。

$$\boldsymbol{M}_{\mathrm{e}}=\frac{\rho A_0 l_1}{2}\frac{L}{l}\begin{bmatrix} I & 0 & 0 \\ 0 & I & 0 \\ 0 & 0 & 0 \end{bmatrix}_{9\times 9}+\frac{\rho A_0 l_2}{2}\frac{L}{l}\begin{bmatrix} 0 & 0 & 0 \\ 0 & I & 0 \\ 0 & 0 & I \end{bmatrix}_{9\times 9} \tag{5-45}$$

式中，$L=L_1+L_2$ 和 $l=l_1+l_2$ 分别为单元的初始总长度和当前总长度，下标表示不同索段的初始长度与当前长度，当节点数为 N，索段数为 $N-1$ 时有：

$$\boldsymbol{M}_{\mathrm{e}}=\sum_{i=1}^{N-1}\frac{\rho A_0 L l_i}{2l}\begin{bmatrix} 0 & 0 & 0 & 0 & 0 \\ 0 & I & 0 & 0 & 0 \\ 0 & 0 & I & 0 & 0 \\ 0 & 0 & 0 & \ddots & 0 \\ 0 & 0 & 0 & 0 & 0 \end{bmatrix}_{3N\times 3N} \tag{5-46}$$

下面给出单元荷载的等效节点荷载形式。设 $\boldsymbol{P}$ 为整体坐标系下作用在单元上的外力矢量，有：

$$\boldsymbol{P}_{\mathrm{e}}=\int_V \boldsymbol{N}_{\mathrm{e}}^{\mathrm{T}}\boldsymbol{P}\mathrm{d}V \tag{5-47}$$

在一维情况下：

$$\boldsymbol{P}_{\mathrm{e}}=\int_L A\boldsymbol{N}_{\mathrm{e}}^{\mathrm{T}}P\mathrm{d}s \tag{5-48}$$

对于两节点的索段：

$$\boldsymbol{P}_{\mathrm{e}}=\int_V N_{\mathrm{e}}^{\mathrm{T}}\boldsymbol{P}\mathrm{d}V=\frac{\rho AL}{2}\begin{Bmatrix} g \\ g \end{Bmatrix}_{6\times 1} \tag{5-49}$$

式中，$\boldsymbol{P}=\rho\boldsymbol{g}$ 表示单位体积的重量，重力加速度向量为 $\boldsymbol{g}=\{g_x \quad g_y \quad g_z\}^{\mathrm{T}}$。

按照集中质量矩阵的组合方法，可以得到由于自重引起的单元体力向量，对于三节点单元可写成：

$$\boldsymbol{P}_{\mathrm{e}}=\int_V N_{\mathrm{e}}^{\mathrm{T}}\boldsymbol{P}\mathrm{d}V=\frac{\rho ALl_1}{2}\frac{L}{l}\begin{Bmatrix}g\\g\\0\end{Bmatrix}_{9\times1}+\frac{\rho ALl_2}{2}\frac{L}{l}\begin{Bmatrix}0\\g\\g\end{Bmatrix}_{9\times1} \tag{5-50}$$

当节点数为 N，索段数为 $N-1$ 时有：

$$\boldsymbol{P}_{\mathrm{e}}=\sum_{i=1}^{N-1}\frac{\rho ALl_i}{2l}\begin{Bmatrix}0\\ \vdots\\ g\\ g\\ 0\end{Bmatrix}_{3N\times1} \tag{5-51}$$

5.4 连续折线索单元和间断索单元的对比分析

结构静力分析的结果可以提高人们对该体系结构特点和受力性能的认识，是结构动力分析的基础。目前国内学者对索穹顶结构静力性能的分析已经做了大量的研究工作，应该说索穹顶结构的静力分析技术发展到现在已经比较成熟。但是，目前研究中所采用的计算理论多为杆系结构理论，索单元都是间断索单元。在结构施工中，为便于张拉，下部环索经常采用连续索。限于计算理论，国内只做了少量对弦支穹顶结构连续索的结构分析，其计算理论仅限于解决结构的静力反应而不能求解结构的动力响应。

本节基于 5.3 节所介绍的连续折线索有限元理论，编制了相应的程序，针对一个直径为 120m 的 Levy 型索穹顶结构作了静力性能分析。研究了采用间断索和连续折线索的 Levy 型索穹顶结构在满跨荷载和半跨荷载作用下，杆件内力和位移的变化规律以及结构在温度作用下，结构内力和位移的变化情况。

根据《建筑结构荷载规范》GB 50009—2012 规定，结构设计应根据使用过程中结构上可能出现的荷载，按承载能力极限状态和正常使用极限状态分别进行荷载效应组合，并取各自最不利组合进行设计。作用在 Levy 型索穹顶结构上的竖向荷载包括屋面恒荷载、活荷载和结构自重三部分，屋面恒荷载实际上只有薄膜的重量，取 0.0125kN/m^2；屋面活荷载取 0.3kN/m^2。结构计算取两种荷载工况：恒荷载+均布活荷载；恒荷载+半跨活荷载。

5.4.1 均布荷载作用下结构的静力性能

屋面恒荷载和活荷载等效为集中荷载施加到结构的上层节点上，进行非线性计算，结果如表 5-1、表 5-2 及图 5-5、图 5-6 所示。

单元内力（kN） 表 5-1

单元	1	2	3	4	5	6
恒荷载下单元内力	720.598	−1930.844	503.011	659.779	−136.232	179.375
活荷载下单元内力	602.338	−1752.802	456.323	570.652	−184.037	238.261

续表

单元	7	8	9	10	11	
恒荷载下单元内力	771.004	1054.928	−570.488	858.097	3238.845	
活荷载下单元内力	1023.459	1010.379	−702.369	1041.165	3928.853	

节点位移（mm）　**表 5-2**

节点	1	2	3	4	5	6
恒荷载下节点径向位移	0	−3	−4	0	2	5
活荷载下节点径向位移	0	−11	−15	0	13	17
恒荷载下节点竖向位移	−39	−35	−17	−39	−35	−17
活荷载下节点竖向位移	−160	−147	−63	−161	−146	−62

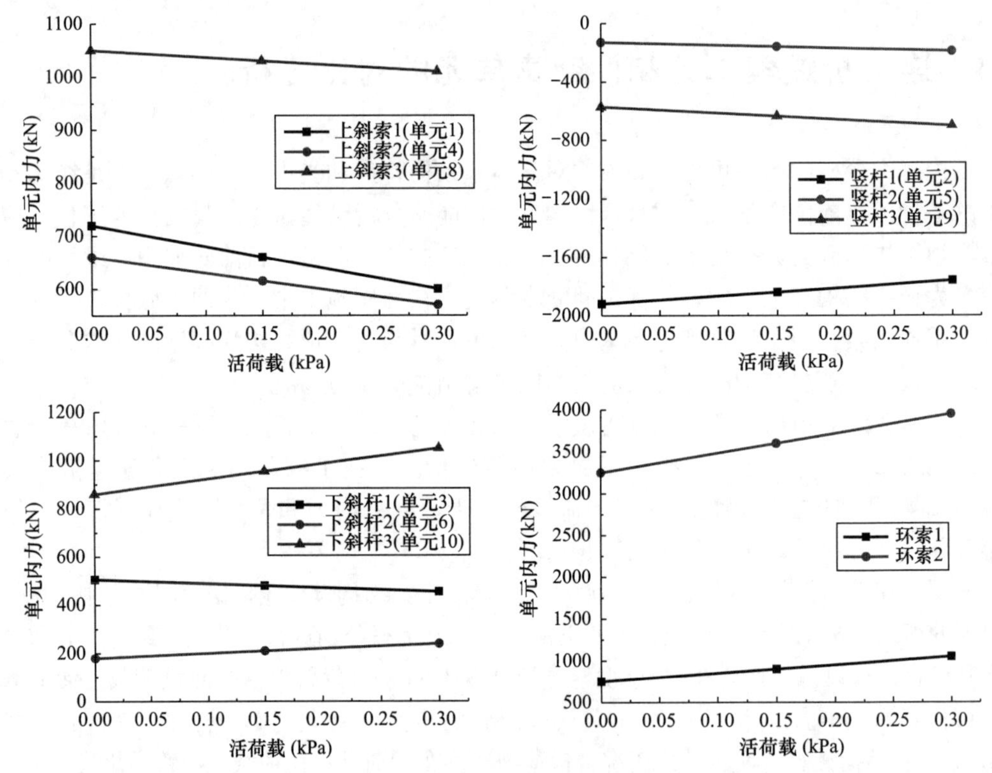

图 5-5　杆件内力-荷载曲线

在均布荷载作用下，结构的反应是对称的，上部脊索内力均减小，但都未松弛；立杆 1 的压应力减小，立杆 2、立杆 3 压应力增大；下斜索 1 内力减小，但下斜索 2、3 拉应力增大；环索 1、2 内力增大。对于 Levy 型索穹顶结构在荷载不是很大时，结构的非线性不是很明显，在计算中可以采用线性计算方法进行计算。

对节点位移而言，随着荷载的增大，节点 1～6 的竖向位移向下增大；同一压杆的两端节点竖向位移基本相同，上部节点除中心点 1 之外均略大于下部节点；中心节点 1 的位移最大，节点 2 次之，越靠周边越小，与桁架相似，在 0.3kN/m^2 活荷载作用下最大位移为 161mm。节点径向位移跟竖向位移不在一个数量级；中心节点 1 和 4 径向位移为零；其余节点同一杆件上部节点向中心移动，下部节点位移背离中心，在 0.3kN/m² 荷载作用下最大径向位移为 17mm。

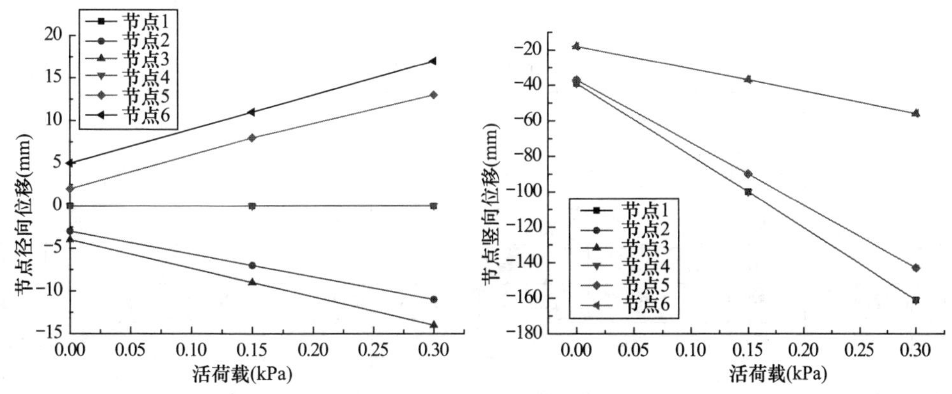

图 5-6 节点荷载-位移曲线

5.4.2 索穹顶结构在非对称荷载作用下的静力分析

按照间断索理论和连续折线索有限元理论分别进行非对称荷载作用下结构内力分析，环索编号如图 5-7 所示，荷载作用范围如图 5-8 所示，荷载取值同前文。计算结果见表 5-3 和图 5-9。按照间断索理论进行结构计算，内圈索应力平均值为 271.080MPa，外圈环索应力平均值为 267.530MPa；采用连续折线索进行结构计算，内圈应力为 278.793MPa，外圈应力为 269.802MPa。无论是内圈还是外圈底部环索，采用连续索进行计算内力略高于

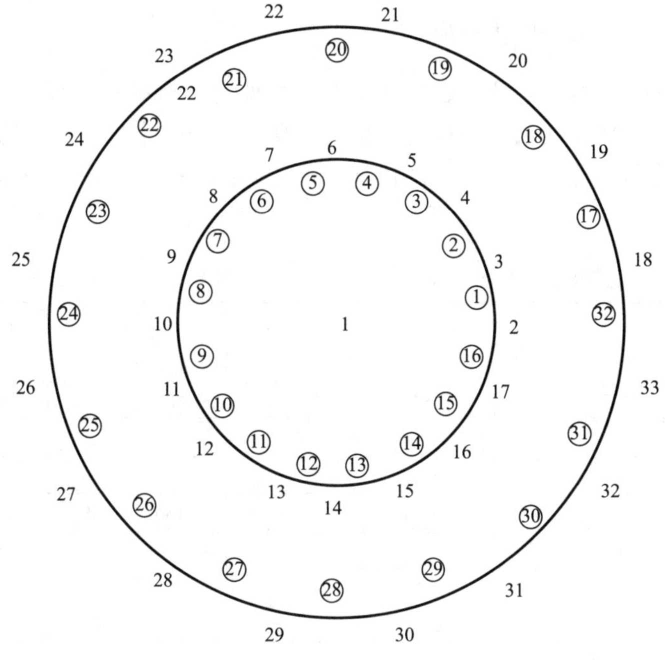

图 5-7 环索单元、节点编号

图 5-8 非对称荷载作用位置

按照间断索进行计算结果的平均值，但由于索内力均匀，相对于按照间断索进行计算各杆件内力分布不均匀性来说，对材料的有效利用还是有利的。这表明按照间断索进行计算，可以使结构的内力优化重分布。

单元应力（MPa）　　表 5-3

单元	1	2	3	4	5	6	7	8	9
应力	276.5	295.41	308.6	316.4	316.4	308.6	295.4	276.5	257.5
单元	10	11	12	13	14	15	16	平均	连续索
应力	244.2	236.3	233.7	233.7	236.3	244.2	257.5	271.080	278.793
单元	17	18	19	20	21	22	23	24	25
应力	272.3	280.6	286.4	289.3	289.3	286.4	280.6	272.3	262.8
单元	26	27	28	29	30	31	32	平均	连续索
应力	254.5	248.7	245.8	245.8	248.7	254.5	262.8	267.530	269.802

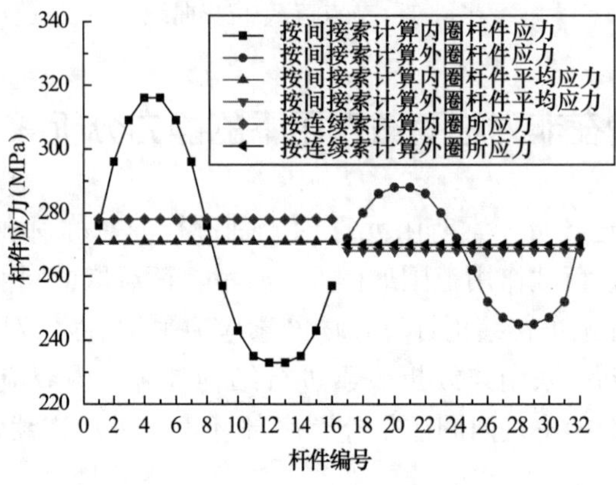

图 5-9　杆件应力

按照间断索单元理论和连续折线索单元理论进行的节点位移理论分析结果见表 5-4 和图 5-10。结果表明采用连续折线索单元的索穹顶结构节点位移高于用间断索单元的索穹顶结构节点位移。这表明采用连续折线索的索穹顶结构刚度低于采用间断索的索穹顶结构刚度。

节点位移（mm）　　表 5-4

节点	1	2	3	4	5	6	7	8	9	10	11
位移 1	−89	−80	−135	−160	−176	−182	−176	−160	−135	−80	−25
位移 2	−87	−78	−235	−347	−420	−445	−420	−347	−235	−78	78
节点	12	13	14	15	16	17	18	19	20	21	22
位移 1	0	17	23	17	0	−25	−43	−53	−59	−61	−61
位移 2	190	263	288	263	190	78	−81	−144	−188	−212	−212
节点	23	24	25	26	27	28	29	30	31	32	33
位移 1	−59	−53	−43	−21	−11	−6	−3	−3	−6	−11	−21
位移 2	−188	−144	−81	24	82	121	141	141	121	82	24

注：位移 1 为采用间断索进行计算的结果，位移 2 为采用连续折线索进行计算的结果。

5.4.3 小结

在均布荷载作用下，结构的内力和变形随荷载线性变化，结构的非线性并不明显，可以采用线性理论进行计算。结构具有良好的刚度和承载能力，当外荷载增加时，结构中的所有脊索、中心桅杆以及最内圈的斜索出现卸载，其余的构件内力则呈加载态势。结构的位移呈中心对称的形式，竖向位移中心节点位移最大，边圈节点位移较小，同一竖杆上部节点竖向位移大于下部节点竖向位移；中心节点径向位移为零，边圈节点同一竖杆上部节点向中心移动，下部节点背离中心。结构位移以竖向位移为主，径向位移和竖向位移不在同一数量级。

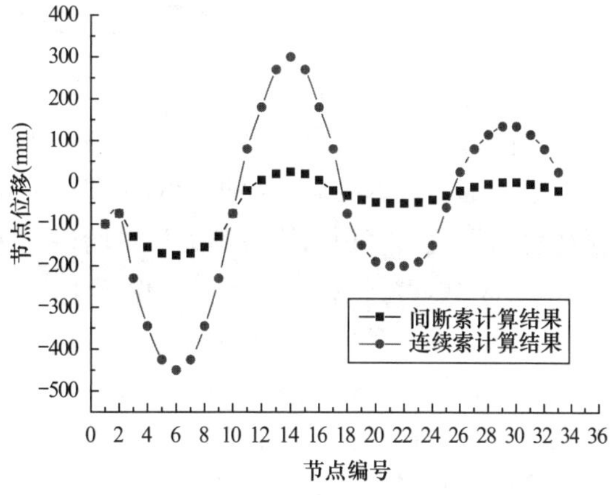

图 5-10 节点位移

半跨荷载作用下结构的受力性能比均布荷载作用的情况要复杂，结构变形呈不对称形状。采用连续索进行计算，节点位移高于采用间断索进行的理论分析结果。这表明采用连续折线索的结构刚度低于采用间断索的结构刚度。无论是内圈还是外圈底部环索，采用连续索进行计算的内力略高于按照间断索进行计算的内力结果平均值，但采用连续索进行设计，由于索内力均匀，相对于按照间断索进行计算各杆件内力分布不均匀性来说，对材料的有效利用还是有利的，但是牺牲了结构的刚度。

在结构设计时，可以采用间断索理论进行设计，在施工张拉时采用连续索进行张拉，张拉完毕后，对连续索在节点处进行固定处理。

5.5 本章小结

本章建立了任意节点连续折线索有限元方程，为结构中连续索的计算提供依据；对采用间断索和连续索的索穹顶结构，对其在荷载作用下的静力特性进行了分析。

首先，推导了空间杆（索）单元刚度矩阵和质量矩阵的有限单元方程，包括基于小变形的线性形式和考虑结构大变形的几何非线性有限元方程。然后，对采用间断索和连续索的索穹顶结构进行了均布荷载和非对称荷载作用下结构反应分析。结果表明，在均布荷载作用下，采用间断索和连续索的索穹顶结构反应一致；在非对称荷载作用下，结构受力不利，尤其是采用连续索时，结构的位移偏大，但内力趋于均匀。

第 6 章 椭圆形复合式索穹顶结构静力性能分析

椭圆形复合式索穹顶是基于天津理工大学体育馆屋盖结构实际工程提出的一种新型索穹顶结构形式（本书后文中提到的椭圆形复合式索穹顶结构形式相关研究均以天津理工大学体育馆屋盖索穹顶结构或其缩尺试验模型为研究对象），这种结构形式由 Geiger 式索穹顶和 Levy 式索穹顶相结合形成，保留了 Geiger 式索穹顶的简洁性和 Levy 式索穹顶的稳定性。复合式索穹顶和 Geiger 式索穹顶的主要区别为最外圈拉索的布置方式，复合式索穹顶可以看作是 Geiger 式的一种改进形式。为了研究这种改进的椭圆形复合式索穹顶的效果，本章分别对比了椭圆形复合式索穹顶与 Geiger 式和 Levy 式索穹顶的静力性能，介绍了预应力水平合理取值方法。而后，对比了不同边界形式和不同屋面围护结构对索穹顶结构的影响，给出了考虑边界条件和屋面作用的原则，为该类索穹顶结构的设计提供参考。

6.1 椭圆形复合式索穹顶概念的提出

6.1.1 工程背景和概况

目前国内外对于索穹顶体系的研究仅限于固定的几种形式，尤其是找力方法仅适用于比较规则的圆形或椭圆形屋盖，对于结构柱顶标高不一致、屋面曲率不规则、屋盖投影为椭圆形等情况的索穹顶结构，现有的找力方法不适用，且对于较为特殊的索穹顶结构的静力性能缺少必要的分析研究。另外，国内应用的大跨度索穹顶结构比较少，虽然对大跨度索穹顶结构做出过大量的理论分析，但大多缺乏实际工程作为背景，对于建筑造型要求较为特殊的大跨度屋盖结构索穹顶的适用性以及体系的改良问题有待研究。此外，国内外以往的索穹顶工程中多采用膜材料作为屋面材料，而考虑到膜材料的造价高、安全性以及保温性能差等缺陷，并没有在国内大跨度场馆中得到广泛应用。如何在索穹顶上铺设金属屋面板并考虑金属屋面板与索穹顶的协同作用来进行分析设计仍是值得研究的问题。

本章以天津理工大学索穹顶结构的设计为背景，通过结构方案的比选和索穹顶形式及预应力计算方法的优化创新，以及对新形式索穹顶边界、屋面刚度以及结构布置不均匀性对结构静力性能的影响分析，为国内第一座大跨度新型索穹顶结构体系的建成提供理论基础，为索穹顶结构今后在国内大跨度场馆的应用提供一定的借鉴意义。该项目的工程概况介绍如下。

6.1.1.1 建筑方案

(1) 建筑概况

天津理工大学体育馆总用地 43045m²，总建筑面积 17100m²。项目选址于天津理工大学新校区内，东侧为规划环路，南侧为东环路，西侧为八号路，北侧为八号路和规划环路交汇处。体育馆设于用地最北端，靠近湖面，从学校北入口进校后远远就能望见这座建筑。作为校园公共景观序列的一景，形成建筑景观序列的高潮，从校园各个角度可观赏到体育馆建筑；同时作为校园展示给城市的窗口，通过其简洁大气极富现代感的形象为这座生机勃勃的校园注入鲜活的能量，建筑布局充分结合周边景观，力求与地形完美融合。

用地内设置环形道路作为车行路并兼作消防车道，而被之环绕起来的体育馆，通过铺底广场、绿化等形式的慢性步行系统加以联系。在用地南侧设置停车位，方便车辆就近停靠。

该建筑建成后会成为湖面景观的延续和对景，既是校园景观节点，又是人流集散活动区，广场、绿化、小品与建筑形体的相互协调，相辅相成，共同构建出美丽的校园一景。

(2) 设计思想

采用简洁整体的造型手法，力求打造挺拔、震撼的建筑造型。建筑主体 1 层、局部 3 层，巨大的台阶直上二层平台，形成了一个坚实的“基座”，二层以上整个建筑造型采用横向线条分明的银白色铝板，由实到虚的立面变化展现出丰富的空间层次，极具动感的流线型设计将建筑与地形及周围环境、湖面完美地结合，集轻盈、动感、灵性于一体。整个立面造型线条流畅，轮廓简洁，充满张力，犹如蓄势待发驶向前方的梦想方舟，承载着理工人的梦想，在浩瀚的大海中扬帆起航，向着理想拼搏、探索。强烈的动感、有序的韵律、释放的张力将体育建筑的精髓完美地展现出来。环环相扣之势也寓意了理工人的团结精神，赋予建筑鲜活的生命力，见图 6-1。

6.1.1.2 荷载条件

(1) 恒荷载 D：

① 结构自重，重度：78.5kN/m³；

② 金属屋面部分取 0.4kN/m²，膜结构屋面部分取 0.1kN/m²；

③ 马道及风管自重：0.8kN/m；

④ 灯具、线槽、电缆等共计：2.2kN/m；

⑤ 扬声器：12×3kN；

⑥ 旗杆：0.5kN/个。

(2) 活荷载 L：

① 屋面：0.5kN/m²；

② 预留吊挂：0.3kN/m²；

③ 马道：0.5kN/m；

④ 风荷载 W（图 6-2）：基本风压取为 0.5kN/m²，风压高度变化系数 1.4，风振系数 2.0，体型系数：对于屋顶结构，$f/l=$

图 6-1 建筑效果图

0.097<1/4，均为风吸，取值为－1.0；风荷载标准值：－1.4kN/m^2。

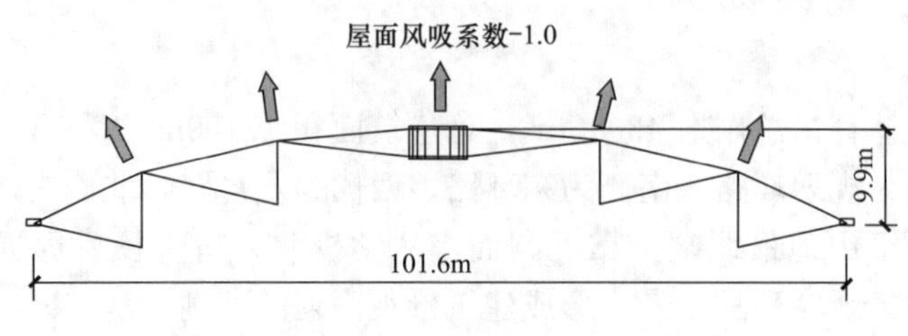

图 6-2　风荷载取值示意图

⑤ 温度（T＋、T－）：＋30℃，－30℃；

⑥ 地震（EXY、EZ）：8 度，基本地震加速度 0.20g［天津市为 7 度（0.15g），按《关于提高我市学校、医院等人员密集场所建设工程抗震设防标准的通知》（天津建设［2011］第 1469 号文件）提高一级］，设计地震分组为第二组，乙类建筑，场地类别为Ⅲ类。

6.1.2　结构形式的确定

随着我国国民经济的快速发展和大量基础设施的建设，向环境友好型和资源节约型社会发展已成为时代的主题。对于建筑结构，不但要满足安全性和适用性的要求，还要兼具美观和经济的功能。顺应时代的要求，大跨度空间钢结构以其建筑外形灵活新颖，充分利用结构骨架形式和结构材料性能的特点，得到了广泛的研究和应用。近几十年来，世界上建造了成千上万采用各类空间结构的大型体育馆、会展中心、航站楼和机库等建筑。目前的空间结构向着轻量、超大跨方向发展，这种发展趋势要求必须竭尽全力地降低结构的自重，而降低结构自重的途径：一是研制出轻质高强的新型建筑材料，二是研究开发合理的结构形式。

结构设计的目的是确定合理的结构形式和结构体系，使建筑物的结构系统既能满足使用功能、工艺要求，同时又具有足够的安全度，且具有良好的经济性。从宏观上把握结构体系的布置与设计的关键问题，确定合理的方案，为结构详图设计和顺利施工创造条件。因此在结构初步设计阶段，首先有必要对可能采取的结构形式进行方案比选，综合建筑效果及造价等因素，确定出最为合理的结构形式。

根据建筑图纸的外形和尺寸要求，在初步设计阶段共提出了单层网壳、双层网壳、辐射式桁架、索穹顶四种结构方案，利用 MIDAS GEN Ver. 800 软件在恒荷载、活荷载、风荷载、温度和地震作用下对四种方案进行了建模计算，在结构变形、内力分析、经济性、美观性等多个方面进行了对比分析。

6.1.2.1　单层网壳方案

单层网壳结构具有造型丰富、简洁美观，杆件少、重量轻，节点简单，施工安装方便等优点。兼有杆系结构和薄壳结构的主要特性，杆件形式比较单一，受力比较合理。杆件一般采用圆钢管，节点采用焊接球或螺栓球。单层网壳的传力方式类似薄壳结构，故单层网壳整体稳定性是其设计中的重要问题，单层网壳结构承载力往往由稳定性控制，这就造成单层网壳承载力受限制，从而其可做跨度受限。单层椭球面网壳对初始缺陷表现出高度敏感性，且单层网壳结构对风荷载较为敏感，增大了设计难度。多种因素都会对结构的内力与变形产生明显影响。

考虑到柱顶标高的改变使屋盖长轴方向的矢跨比提高，采用单层网壳的方案与柱顶等高时的单层网壳方案相比，支座反力会大幅降低，受力性能会明显改善。且单层网壳造型轻巧美观，施工简便，能很好地满足建筑造型的要求。但缺点是用钢量较大，结构稳定性较差。

单层网壳杆件选用圆钢管，节点选用焊接球。杆件和节点材料均采用 Q345B 钢。选择 K8 型联方-凯威特式的网格划分形式，建立的结构模型图如图 6-3 所示。

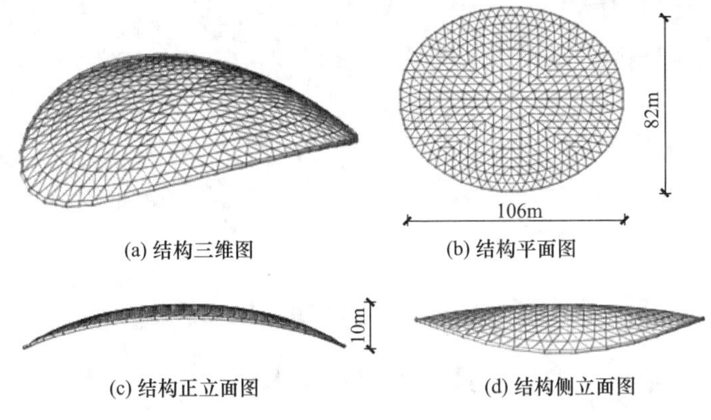

图 6-3 单层网壳方案结构模型图

经过 MIDAS GEN 软件分析计算，结构在标准组合下位移云图如图 6-4 所示，结构跨中最大挠度为 129mm，出现在结构短轴方向支座与跨中中间部分的区域，位移结果满足

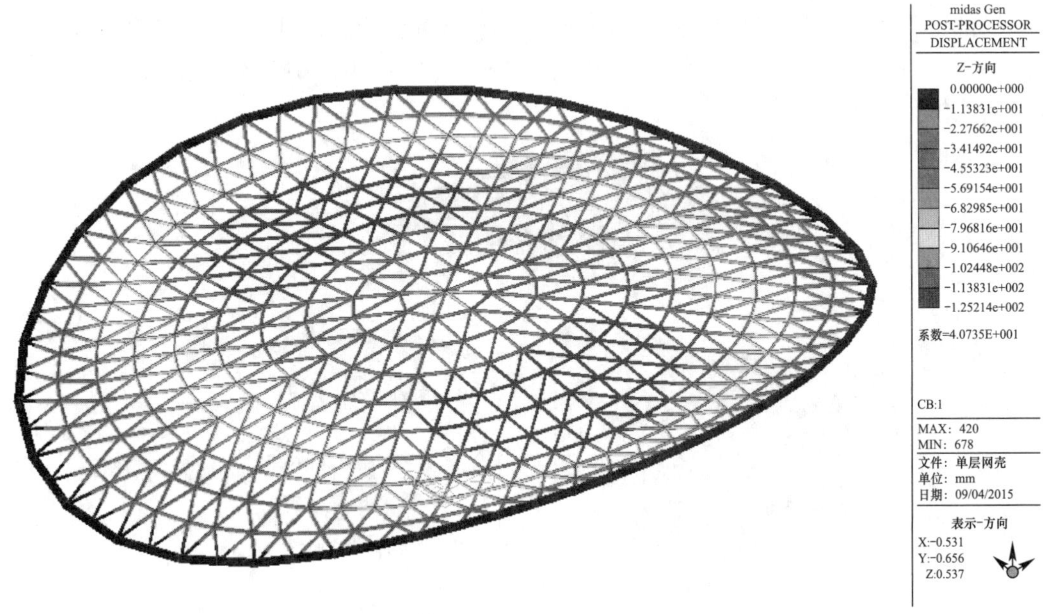

图 6-4 单层网壳方案结构位移云图（mm）

《空间网格结构技术规程》JGJ 7—2010 中规定的不超过结构短向跨度的 1/400（81000/400＝202.5mm）的要求。应力比如图 6-5 所示，从应力比结果可知，在保证杆件长细比要求的情况下，大部分杆件的利用率较低。

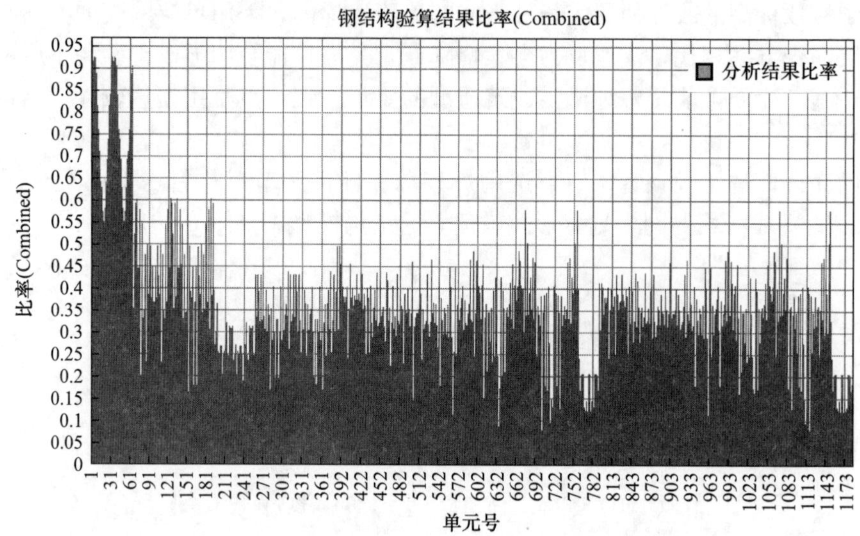

图 6-5　单层网壳方案结构应力比结果图

6.1.2.2　局部单层的双层椭球面网壳结构方案

局部单层的双层网壳结构将单层网壳结构与双层网壳结构巧妙组合在一起，将单层网壳布置在跨中位置，双层网壳布置在周边。这种结构能够很大程度上减小边缘杆件的轴力和弯矩，提高壳体的整体稳定承载力，减小对缺陷的敏感度，改善结构的稳定安全度。同时，跨中单层网壳的布置容易满足建筑中间采光的需求。

局部单层的双层网壳杆件选用圆钢管，节点选用焊接球。杆件和节点材料均采用 Q345B 钢。选择 K8 型联方-凯威特式的网格划分形式，中间采用局部单层的结构形式，建立的结构模型图如图 6-6 所示。

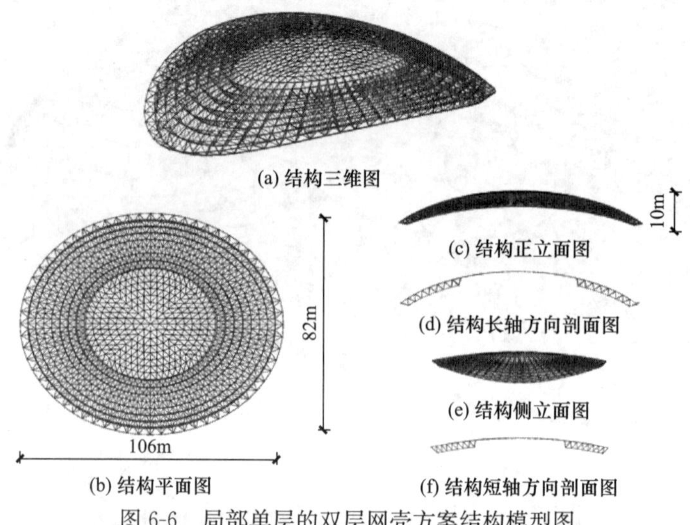

图 6-6　局部单层的双层网壳方案结构模型图

经过 MIDAS GEN 软件计算，结构在标准组合下位移云图如图 6-7 所示，结构跨中最大挠度为 182mm，出现在结构短轴方向支座与跨中中间部分的区域，此位移结果满足《空间网格结构技术规程》JGJ 7—2010 中规定的不超过结构短向跨度的 1/250（81000/250=324mm）的要求。应力比如图 6-8 所示，从应力比结果可知，杆件的利用率与单层网壳相比有了较大的提高，所有杆件应力比均在 0.9 以下，结果满足要求。

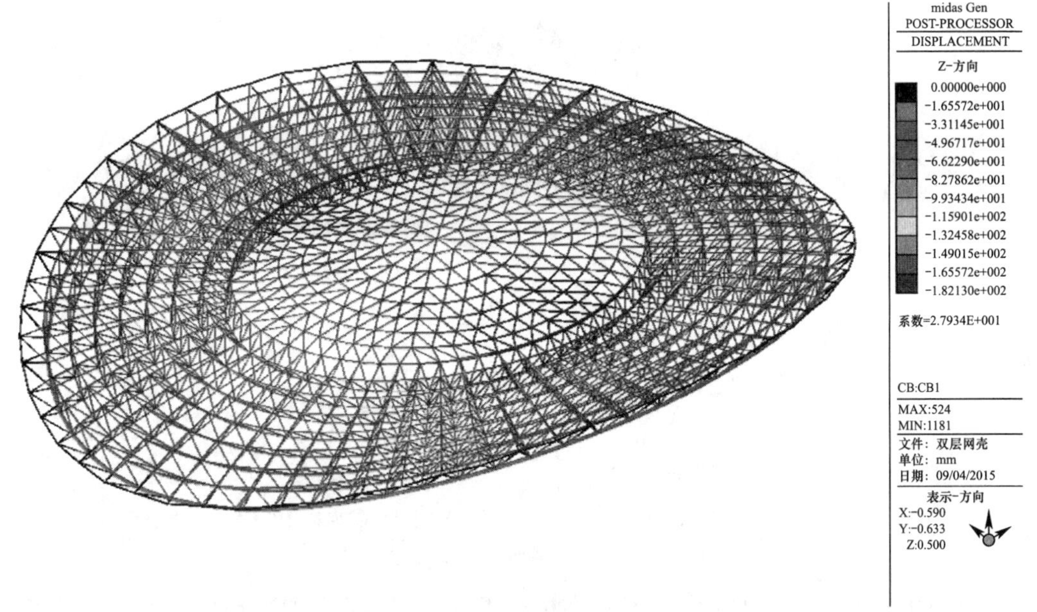

图 6-7 局部单层的双层网壳方案结构位移云图（mm）

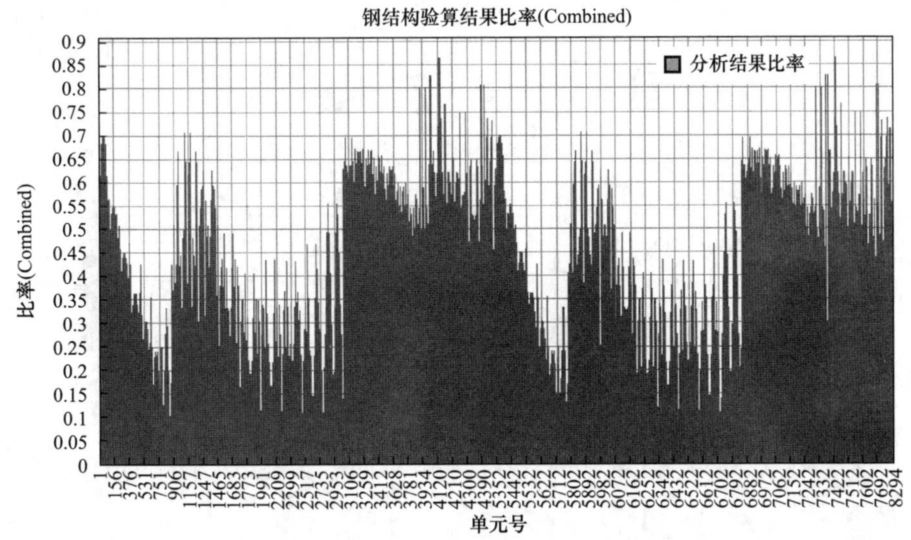

图 6-8 局部单层的双层网壳方案结构应力比结果图（mm）

6.1.2.3 辐射式桁架方案

辐射式桁架方案由从屋盖中部向周圈支座辐射布置的径向 32 榀钢桁架构成，桁架外部与混凝土支座相连，传力合理；各榀桁架之间由环向的圆钢管连接竖腹杆的上下节点，保证桁架平面外的稳定性。此方案造型轻巧美观，同时杆件之间可采用相贯节点，能很好地满足建筑外观要求。结构所用杆件较少，可大大减少用钢量。但此种结构跨中部分交汇的杆件比较多，节点需要特殊处理。结构模型图如图 6-9 所示。

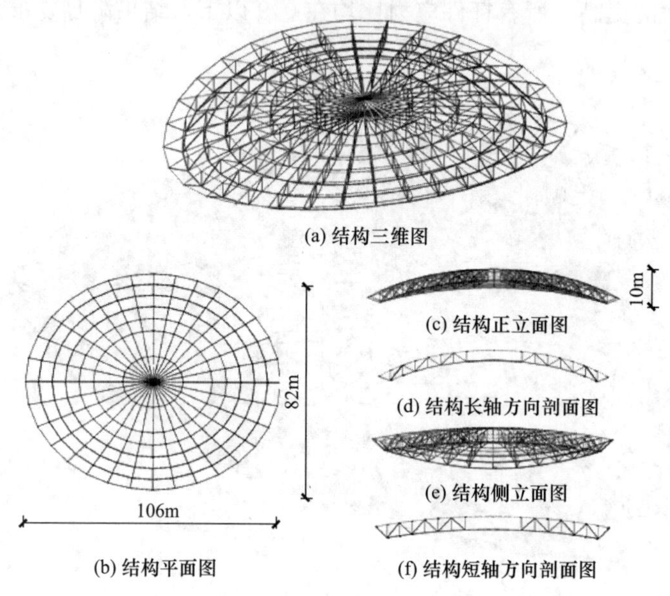

图 6-9 辐射式桁架方案结构模型图

经过 MIDAS GEN 软件计算，结构在标准组合下位移云图如图 6-10 所示，结构跨中最大挠度为 146mm，出现在结构短轴方向跨中附近的区域，此位移结果满足《空间网格

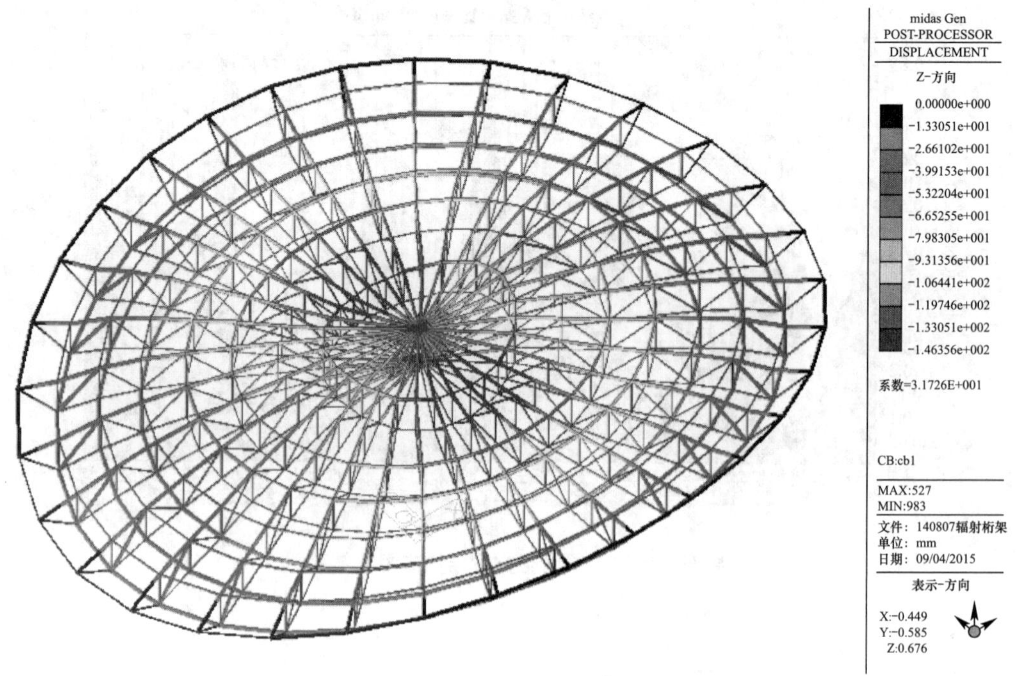

图 6-10 辐射式桁架方案结构位移云图（mm）

结构技术规程》JGJ 7—2010 中规定的不超过结构短向跨度的 1/250（81000/250＝324mm）的要求。应力比如图 6-11 所示，从应力比结果可知，杆件的利用率较低，很多杆件截面是由长细比控制的，所有杆件应力比均在 0.8 以下，结果满足要求。

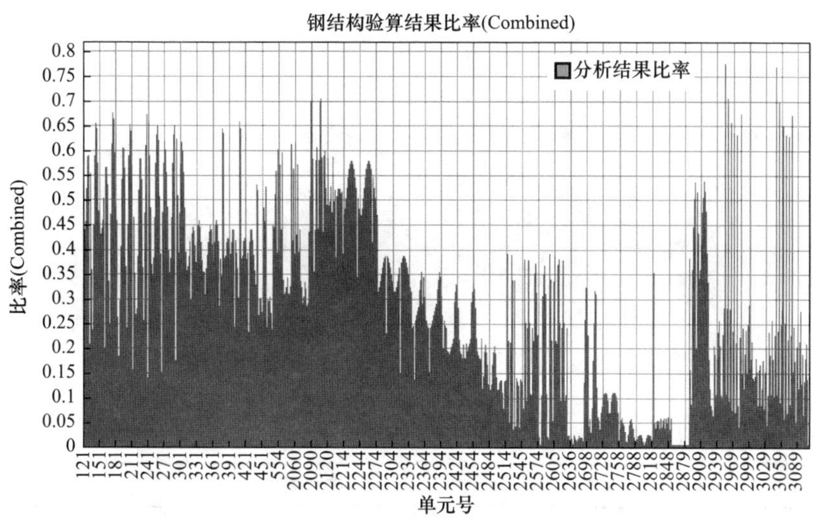

图 6-11 辐射式桁架方案结构应力比结果图（mm）

6.1.2.4 索穹顶方案

索穹顶结构体系的特点如前文所述，依据初始版建筑图，可参考美国佐治亚穹顶，建立采用 Levy 式索穹顶方案，外圈设 16 个支座节点与混凝土柱相连，内部设置三道环索，中央设置受拉桁架。

该方案的优势在于节省用钢量，造型新颖独特，受力性能良好。缺点在于索穹顶上弦构件较少，为金属屋面板的铺设造成很大的难度，且撑杆较长，对室内净空造成一定影响。建立的索穹顶结构模型图如图 6-12 所示。

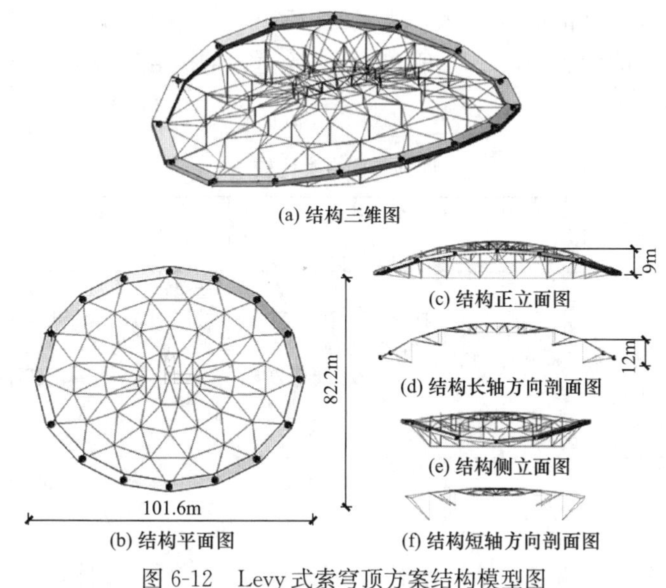

图 6-12 Levy 式索穹顶方案结构模型图

结构设计前期运用 MIDAS GEN 软件对 Levy 式索穹顶结构索力值进行了估算调整，初步得到跨中部分的最大挠度为 141mm（图 6-13），可以满足要求，结构中拉索索力值与拉索破断力比值如表 6-1 所示，拉索应力比均控制在 0.5 以下，满足要求。

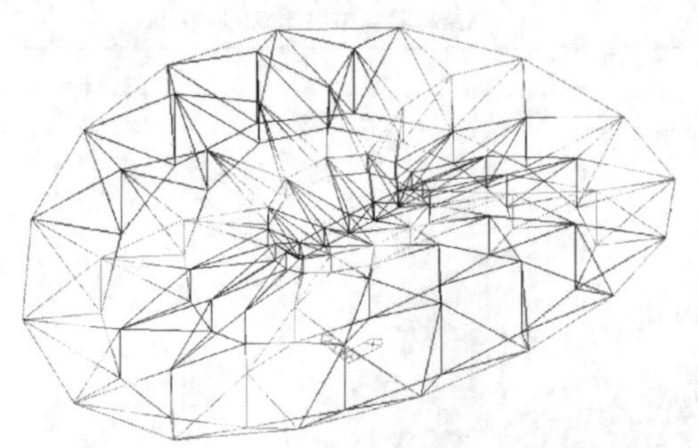

图 6-13　索穹顶方案结构位移云图

拉索在"1.0 恒+1.0 活"工况下最大内力值与破断索力比较　　**表 6-1**

构件名称	内力最大值（kN）	破断索力（kN）	应力比
内脊索	327	971	0.34
内斜索	528	2230	0.24
中脊索	887	2230	0.40
中斜索	1197	3961	0.30
外脊索	2330	5220	0.43
外斜索	3313	6951	0.48
内环索	3010	6951	0.43
中环索	7522	15293	0.49

6.1.2.5　结论

在基本荷载组合下（恒荷载 $1.0kN/m^2$、活荷载 $0.5kN/m^2$）对四种结构形式分别进行了初步分析，从结构构成特点、用钢量、支座反力、结构变形等方面对四种结构形式进行了对比，如表 6-2 所示。

四种结构方案比较　　**表 6-2**

比较项目 \ 结构方案	单层网壳	双层网壳（局部单层）	辐射式桁架	索穹顶
结构特点定性分析	杆件少，视觉效果好，结构稳定性差，支座水平推力大，用钢量大	杆件多，视觉效果差，结构稳定性好，支座反力水平推力大	造型轻巧美观，杆件之间可采用相贯节点，造型美观，用钢量较少。结构稳定性较差	用钢量少，造型新颖独特，受力性能良好。撑杆较长，屋面板铺设难度大
用钢量估算（t）	601	360	373	174
支座反力（kN）	53	80	33	265
结构变形（mm）	125	186	163	141

经过以上对比分析，索穹顶结构方案形式美观，受力合理，用钢量少。虽然存在撑杆

长度较长、金属屋面铺设难度较大等缺点，但可以通过调整预应力、设置主次檩等方式减少其影响。索穹顶设计施工难度较大，目前国内建成的大跨度索穹顶结构比较罕见，因此，此工程索穹顶结构的成功设计和施工，将为以后此类工程的建成提供重要的借鉴意义，对新形势下大跨度体育场馆新体系的发展产生重要的影响。

6.1.3　索穹顶方案比选

索穹顶结构发展至今，已发展出了 Geiger 式、Levy 式、葵花式、凯威特式、混合式等多种索穹顶结构形式，各种结构形式各有优势，并都已成功应用于国内外实际工程中，其中 Geiger 式与 Levy 式的索穹顶目前应用最为普遍。在国内索穹顶实际工程中，限于国内设计及施工技术，索穹顶的应用仍以规则的 Geiger 式为主。

对于该工程中几何形状比较特殊的屋盖结构来说，确定采用索穹顶结构方案以后，需要进一步确定索穹顶的结构形式，以使其满足经济、美观、技术可行的需求。本节依据天津理工大学索穹顶特殊的屋面造型，首先从现有施工难度、经济造价以及建筑要求等宏观概念上对比了 Geiger 式与 Levy 式索穹顶两种结构体系。在确定采用 Geiger 式索穹顶的基础上，从预应力水平、经济合理性等方面建议环索数量，并在此基础上对结构提出了合理的优化方案。

6.1.3.1　Geiger 式与 Levy 式索穹顶对比

在本工程索穹顶方案的设计中，采用 Geiger 式索穹顶和采用 Levy 式索穹顶各有优势，因此，建立了两种体系的模型，分别从受力性能、建筑需求、经济造价等方面对两种结构形式做出了比较分析。

所建立的 Levy 式索穹顶结构模型如图 6-14 所示，共设置三圈环索，内设受拉桁架，

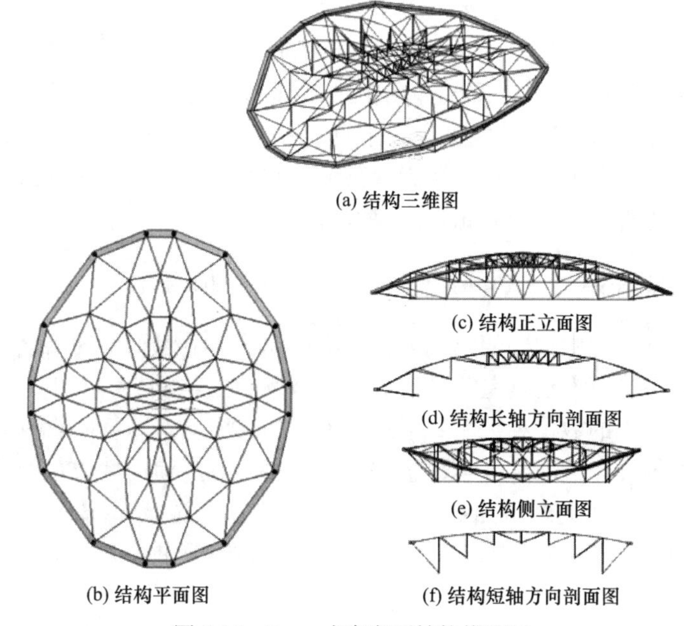

(a) 结构三维图

(b) 结构平面图

(c) 结构正立面图

(d) 结构长轴方向剖面图

(e) 结构侧立面图

(f) 结构短轴方向剖面图

图 6-14　Levy 式索穹顶结构模型图

最外圈斜索与混凝土环梁通过预埋件在与其相近的混凝土柱的位置处相连。环索可根据建筑需要设计成在同一水平面或不在同一水平面。

所建立的 Geiger 式索穹顶结构模型如图 6-15 所示，同样设置三圈环索，中部设置内拉环。镜像脊索按等角度划分，最外圈脊索与混凝土环梁在相应位置通过预埋件相连。环索可根据建筑需要设计成在同一水平面或不在同一水平面。

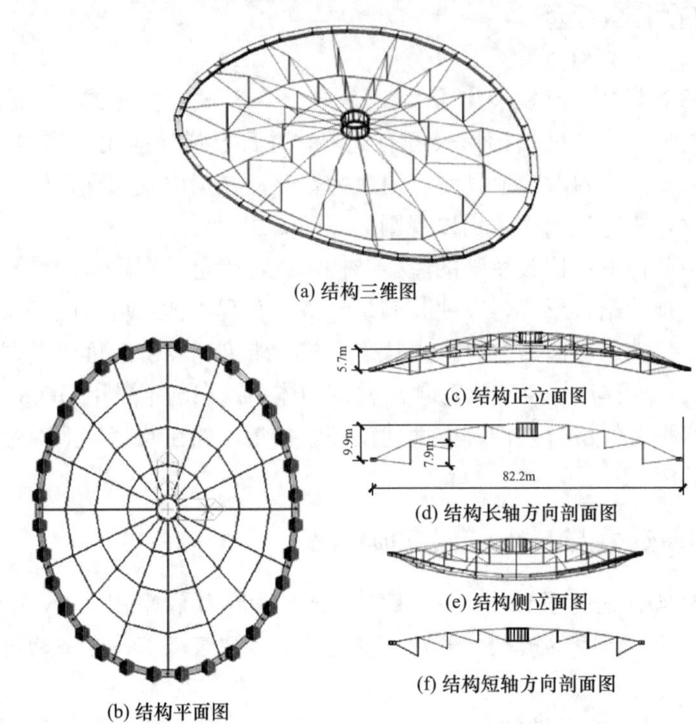

(a) 结构三维图

(b) 结构平面图

(c) 结构正立面图

(d) 结构长轴方向剖面图

(e) 结构侧立面图

(f) 结构短轴方向剖面图

图 6-15　Geiger 式索穹顶结构模型图

在本工程索穹顶方案的设计中，采用 Levy 式和 Geiger 式索穹顶均能满足建筑需求。从受力性能上来讲，Levy 式索穹顶更适用于本工程的椭圆形的平面投影形式，几何稳定性更高。从建筑角度来讲，Levy 式索穹顶上部脊索的布置更利于屋面板的铺设。而从经济性和施工难度的角度考虑，Geiger 式索穹顶大大减少了拉索和节点的数量，降低了施工难度和造价。故本工程确定采用 Geiger 式索穹顶。

6.1.3.2　两圈环索与三圈环索的 Geiger 式索穹顶对比

环索作为索穹顶结构中重要的组成部分，不仅在受力上起到平衡斜索内力、保证结构几何形态的作用，在建筑上也是屋盖马道等设备搭设的主要位置。由于索穹顶是各构件相关联的结构体系，环索的数量会影响到索穹顶上弦的几何形态，从而影响膜结构部分和金属屋面部分檩条的铺设。然而，环索数量的增加会引起节点和构件数量的增加，会带来施工费用的增加，一定程度上会增加造价。因此，有必要在选定 Geiger 式索穹顶方案的基础上，考虑以往的工程经验，从受力性能、经济性、建筑要求等方面对两圈环索和三圈环索的方案进行比选。

索穹顶结构作为一种较新的结构形式，设计计算分析的理论在国内还不够成熟。但索穹顶结构作为一种十分合理的结构体系，在国外建筑中已有了很多成功的应用，近年来在国内也有部分成功应用的案例，值得借鉴。以下将国内外应用的大跨度索穹顶工程的环索数量做了统计，如表 6-3 所示。

国内外工程环索数量统计 **表 6-3**

工程名称	结构形式	跨度（m）	环索数量（圈）
韩国首尔奥林匹克体操馆	圆形 Geiger 式	120	3
美国太阳海岸穹顶	圆形 Geiger 式	210	3
中国台湾桃园体育场	圆形 Geiger 式	120	3
日本天城穹顶	圆形 Geiger 式	54	2
中国内蒙古伊旗全民健身中心	圆形 Geiger 式	71.2	2
美国伊利诺依州立大学红鸟体育馆	椭圆形 Geiger 式	91×77	1
美国佐治亚穹顶	椭圆形 Levy 式	240×193	3

建立三圈环索结构模型如图 6-15 所示，两圈环索的结构模型如图 6-16 所示。

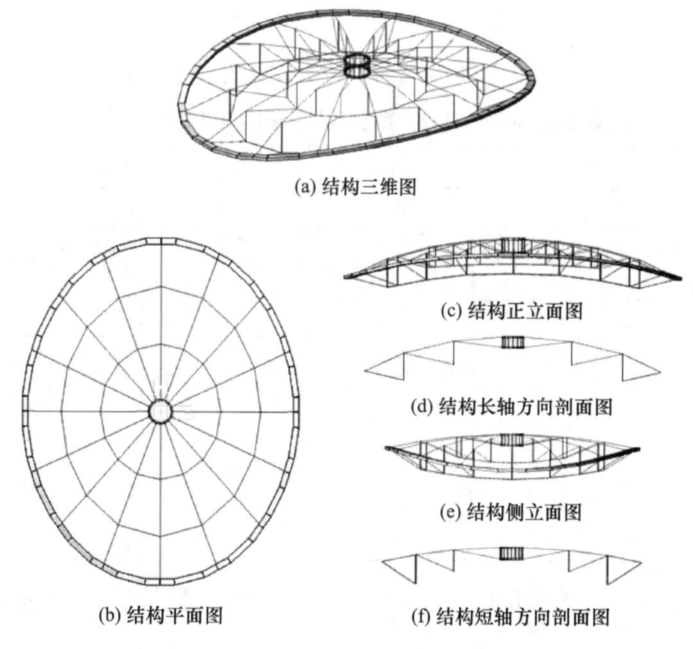

(a) 结构三维图

(b) 结构平面图

(c) 结构正立面图

(d) 结构长轴方向剖面图

(e) 结构侧立面图

(f) 结构短轴方向剖面图

图 6-16 两圈环索 Geiger 式索穹顶结构模型图

结构的预应力水平、刚度和材料的用量是评价索穹顶结构受力性能的重要指标。外环索和外环斜索往往是索穹顶中受力最大的部分，预应力状态下的外环索内力值能够反映通过张拉环索使结构成形的难易程度；预应力状态下的外环斜索最大内力值能够反映通过张拉斜索使结构成形的难易程度。外环脊索和外环斜索的最大内力值同时能够反映出拉索对环梁的压力，可用来评判不规则外环梁制造的难易程度。标准工况下结构最大位移是反映结构在正常使用状态下适用性的重要指标，能够准确反映结构刚度。

由于拉索初始预应力分布与预应力状态下拉索的内力值比较接近，因此在结构初步设计阶段，可用拉索初始预应力近似衡量索穹顶结构的性能。两圈环索 Geiger 式索穹顶模型的结构布置及编号示意图如图 6-17 所示，计算出的初始预应力分布如表 6-4 所示。

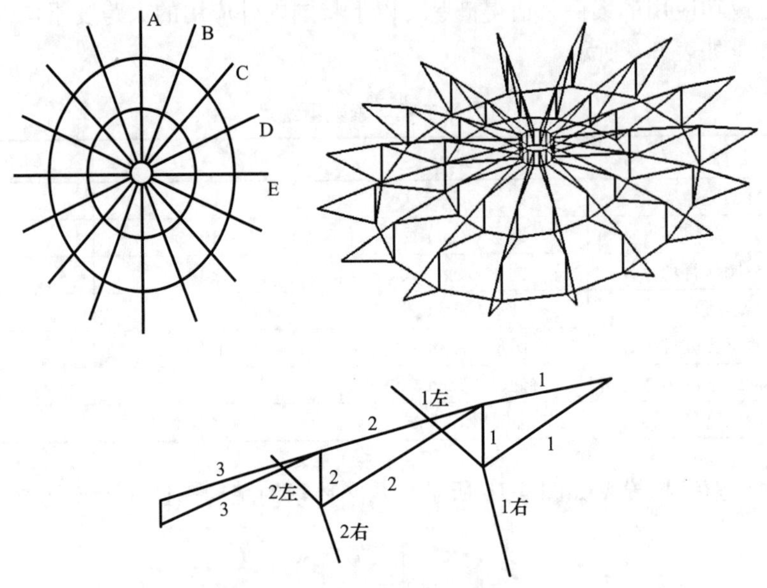

图 6-17　两圈环索 Geiger 式索穹顶模型结构布置及编号示意图

两圈环索 Geiger 式索穹顶模型拉索初始预应力值（kN）　　**表 6-4**

		A	B	C	D	E
HS	$1_{\text{左}}$	4048	4048	6439	6872	7552
	$1_{\text{右}}$	4048	6439	6872	7552	7552
	$2_{\text{左}}$	2000	2000	2000	2000	2000
	$2_{\text{右}}$	2000	2000	2000	2000	2000
JS	1	2032	3451	4321	2431	7438
	2	1431	2574	4721	3621	7541
	3	1032	2120	2564	2741	7254
XS	1	1764	1934	1872	1782	1472
	2	752	1043	1475	698	763
	3	354	204	2040	993	341

对比两圈环索与三圈环索方案所使用材料及用钢量，结果如表 6-5 所示。

两圈环索与三圈环索方案用钢量比较　　**表 6-5**

	构件分类	截面规格（mm）	材质	质量（t）	总质量（t）
两圈环索	拉索	ϕ35	1670MPa	2.0	80
		ϕ50		7.5	
		ϕ68		6.9	
		ϕ77		7.1	
		ϕ91		16.5	
		ϕ130		22.0	
	撑杆	ϕ168×8	Q345	9.7	
	内拉环	□300		7.5	

续表

	构件分类	截面规格（mm）	材质	质量（t）	总质量（t）
三圈环索	拉索	ϕ42	1670MPa	3.6	103
		ϕ50		5.6	
		ϕ60		8.3	
		ϕ90		4.3	
		ϕ100		21.5	
		ϕ100		9.6	
		ϕ150		31.5	
	撑杆	ϕ194×10	Q345	34.3	
	内拉环	□200		3.8	

以下将两圈环索与三圈环索的受力性能、经济性、施工难度、造型特点、适用性做对比分析，如表 6-6 所示。

两圈环索与三圈环索方案比较　　表 6-6

项目＼方案	两圈环索	三圈环索
受力性能	传力更为简洁，但若达到与三圈环索同等刚度的情况需要拉索施加更大的预应力	构件的长度有所降低，使结构达到相同刚度的情况下所需施加的预应力较小
经济性	构件种类和数量较少，用钢量较省，节点造价相对较低。施工费用相对较高	构件种类和数量相对较多，用钢量稍大，节点造价相对较高。施工费用相对较低
施工难度	张拉次数较少，张拉力较大	张拉次数较多，张拉力较低
造型特点	撑杆长度较长，上弦曲面形状与屋面形状吻合度较低	撑杆长度较短，上弦与屋面形状吻合度较高
适用性	环索数量过少，不利于马道等设备的布置。由于上弦节点间跨度较大，会造成金属屋面檩条跨度较大，因而不得不采用截面较大的檩条，从而增大了屋面的自重，对结构更为不利	环索数量较多，较利于马道等设备的布置。上弦节点间跨度相对较小，比较便于屋面檩条的铺设

6.1.3.3 结论

经过以上比较分析，在本工程中，三圈环索的方案与两圈环索方案相比，受力性能更好，更能满足建筑造型的要求，同时三圈环索的方案可以降低撑杆长度，提高室内净空。此外，三圈环索的方案更方便屋面檩条的铺设，通过拉索节点等的设计可以实现屋面建筑造型的构建。同时，环索作为体育馆屋盖大部分马道连接位置，设置三圈环索为马道的灵活布置提供了十分便利的条件。综合以上优点，在类似大跨度的体育馆屋盖设计中，宜采用三圈环索的布置方案。

6.1.4 椭圆形复合式索穹顶

6.1.4.1 复合式索穹顶概念的提出

考虑本工程屋盖采用金属屋面，为了减少上弦节点间的跨度以便屋面檩条的铺设，使支座节点尽量设置在混凝土支座上以减少对混凝土环梁中部产生的弯矩作用，并且不过多增加拉索及节点的数量，结合 Levy 式索穹顶结构的特点，对 Geiger 式索穹顶结构进行改进，将两种结构体系的优势进行组合，形成复合式索穹顶。复合式索穹顶以 Geiger 式索穹顶为基础，通过某圈 Levy 式的脊索和斜索的布置来实现径向索成倍数的变换。

在本项目中，外圈 32 根混凝土柱布置如图 6-18 所示。

若 16 根脊索沿支座方向布置，会造成径向索分布十分不均匀。若按图 6-18 的布置方法，则会对混凝土环梁产生过大的弯矩作用。由于外圈节点间的距离过大同时会造成屋面檩条搭设困难，考虑将径向索由周围的 32 根变换到内圈的 16 根，中间用一圈 Levy 式的脊索和斜索进行过渡，形成的新型索穹顶结构体系如图 6-19 所示。

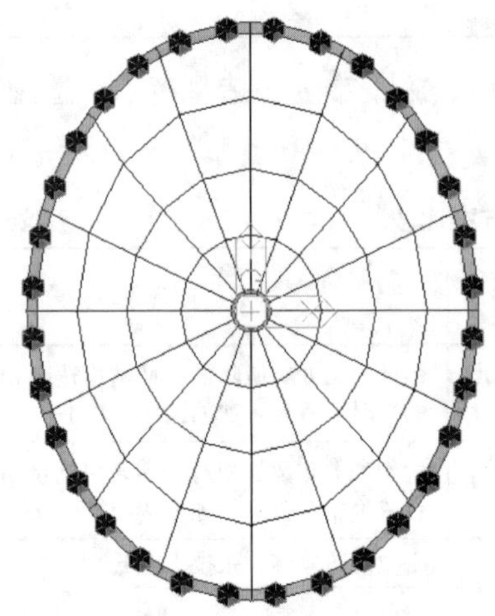

图 6-18 索穹顶结构混凝土柱位置

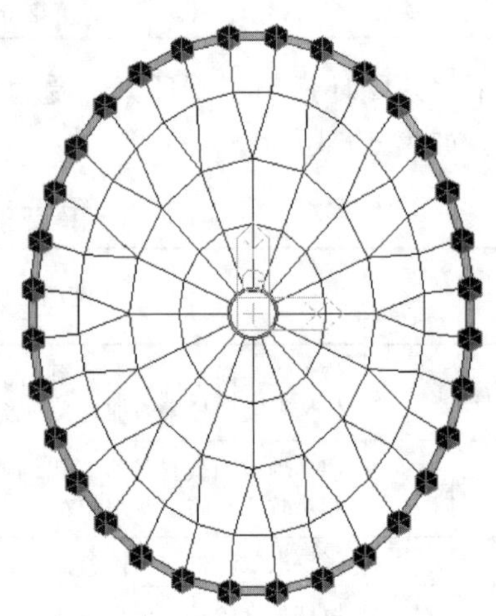

图 6-19 复合式索穹顶结构模型平面图

6.1.4.2 复合式索穹顶方案的优化

(1) 变换位置的优化

复合式索穹顶方案的提出，不仅解决了支座位置合理布置的问题，同时减小了上弦节点之间的跨度，更利于屋面檩条的铺设。复合式索穹顶可通过 Levy 式的过渡（简称过渡环）实现多种布置形式，满足不同的建筑要求。过渡环可设置在任意一环，过渡环越靠近内侧，上弦节点间跨度越小，然而也会造成拉索和节点数量的增加，增加造价和施工难度。因此，笔者建立了过渡环不同位置的三种模型进行方案比选，如图 6-20 所示。

采取图 6-20(b)、(c)的变换方式，会显著增加拉索和节点的数量，给施工难度及造价均造成不利影响，这两种变换斜索的方式与 Levy 体系索穹顶相比优势将显著降低，且结构由静定结构变为超静定结构，初始预应力设计的难度也会大大增加。综合考虑以上因素，选择第一圈变换的复合式索穹顶形式。

(2) 内圈平衡索的优化

边界不等高且环索随边界坡度变化的 Geiger 式索穹顶更能满足建筑的要求而且能使环索受力更为连续，是比较适合椭圆形屋面的结构形式。将外圈脊索和斜索变换成 Levy 式形成复合式索穹顶以后，仍存在短轴方向脊索索力值较大、内圈环索索力不均衡的问题，从而引起中央拉力环的环梁选取的截面较大、环梁变形不好控制等问题。因此需要对体系采取一定的改进措施，使其更好地适应这种边界不规则的屋盖结构。

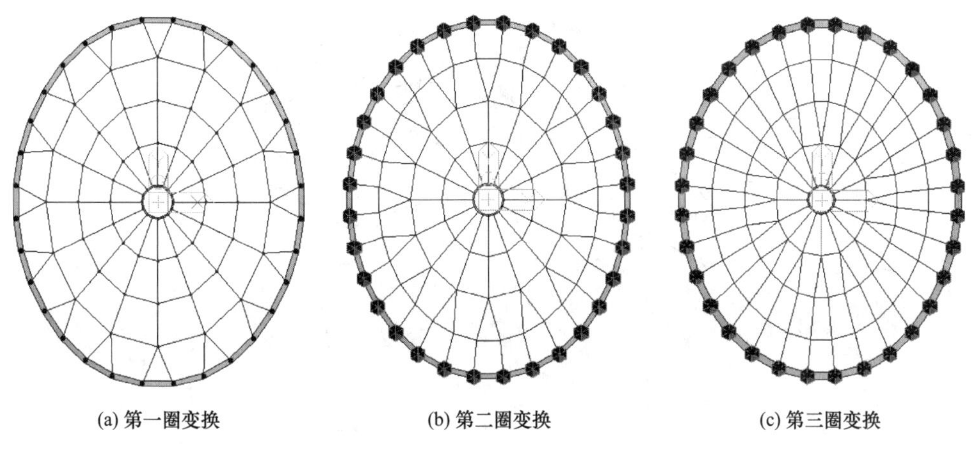

图 6-20　三种形式复合式索穹顶

因此采取在内圈短轴方向斜索下增加平衡索的办法来平衡内圈环索不平衡索力，同时对原有的中央拉力环做出相应的改进，使其适应平衡索的布置，同时减小短轴方向脊索和斜索较大索力对中央拉力环的不利影响。

改进后中央拉力环与内圈平衡索、脊索及斜索的连接情况如图 6-21 所示。改进后的中央拉力环设有脊索连接环梁、斜索连接环梁和平衡索连接环梁，三者均设有一组居中对称布置的附加横梁，所有横梁的长度方向与所述外环梁的椭圆形水平投影的短轴平行。所有脊索连接环梁、斜索连接环梁和平衡索连接环梁分别与相应位置的内圈脊索、内圈斜索及平衡索相连。

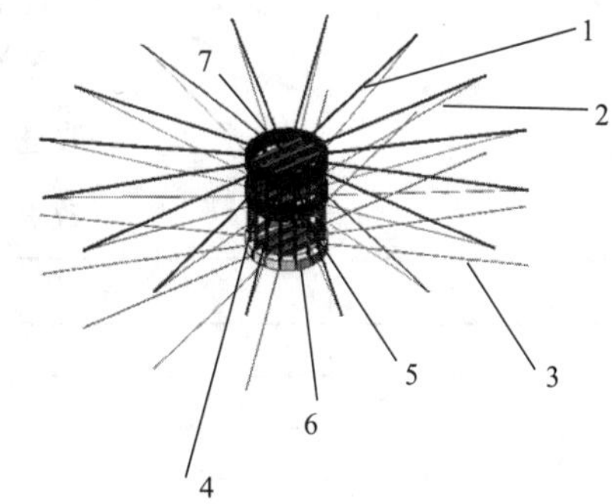

图 6-21　改进后中央拉力环构造及与拉索连接情况

1—内圈脊索；2—内圈斜索；3—平衡索；4—脊索连接环梁；5—斜索连接环梁；6—平衡索连接环梁；7—附加横梁

在短轴方向内圈撑杆下节点与平衡索连接环梁之间增设平衡索，以平衡由于结构不完全对称所产生的内圈环索索力不均衡问题，使结构传力更加均匀，稳定性增强。在内环梁的短轴方向设置横梁，以平衡由结构不完全对称产生的内圈短轴方向较大的径向索力，能够有效避免对内环梁受力和变形带来的不利影响。

经过改进后的索穹顶结构整体布置及杆件编号如图 6-22 所示，改进后方案拉索初始预应力计算情况如表 6-7 所示。

由此可见，改进后的体系各圈环索索力值较为均衡，平衡索的设置实现了内圈环索索力值的平衡。

通过方案初期 4 种不同结构体系的比选，确定索穹顶方案，然后对不同索穹顶方案进行比选优化，提出椭圆形复合式索穹顶并进行优化设计及性能分析。索穹顶结构方案与单层网壳方案、双层网壳方案及辐射式桁架方案相比，形式更为美观，受力更合理，用钢量显著减少，对于这种不规则的大跨度椭圆平面屋盖是最合理的结构形式。

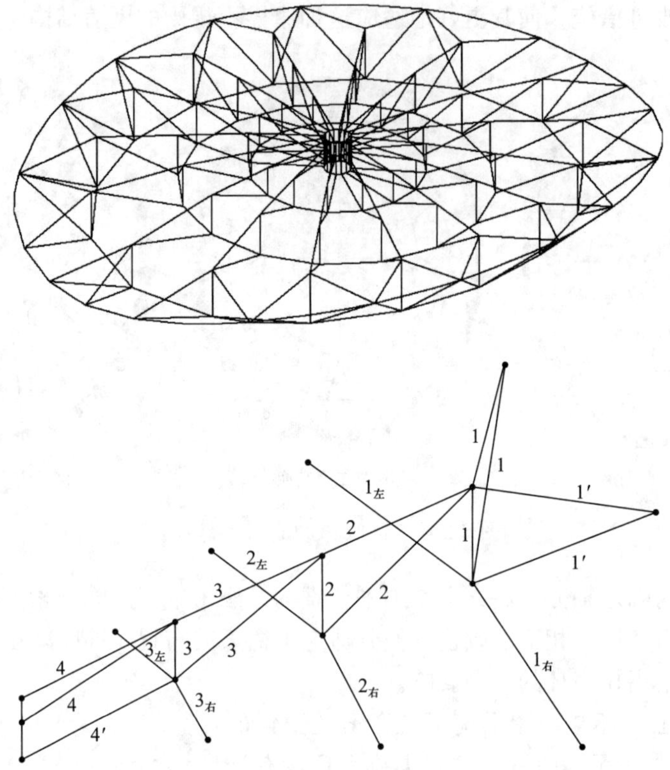

图 6-22　改进后的结构杆件布置及新增杆件编号示意图

改进后方案中各拉索预应力值（kN）　　**表 6-7**

		A	B	C	D	E
HS	$1_{左}$	3204	3204	2944	3017	3298
	$1_{右}$	3204	2944	3017	3298	3298
	$2_{左}$	1973	1973	1973	1973	1973
	$2_{右}$	1973	1973	1973	1973	1973
	$3_{左}$	465	465	465	465	465
	$3_{右}$	465	465	465	465	465
JS	1	985	2300	3805	4200	5510
	$1'$	985	1315	2525	3560	5510
	2	1030	2015	3655	5065	5975
	3	835	1815	2885	4260	5160
	4	630	1620	2250	3285	4060
XS	1	900	915	965	1044	1000
	$1'$	900	1113	797	590	1000
	2	790	810	840	885	909
	3	190	195	840	865	881
	4	210	195	610	980	1107
	$4'$			609	620	630

本工程采用 Levy 式和 Geiger 式索穹顶均能满足建筑需求。从受力性能上来讲，Levy 式索穹顶更适用于椭圆形索穹顶的平面投影形式，几何稳定性更高。从建筑角度来讲，Levy 式索穹顶上部脊索的布置更利于屋面板的铺设。而从经济性和施工难度的角度考虑，

Geiger 式索穹顶大大减少了拉索和节点的数量，降低了施工难度和造价。

与两圈环索方案相比，三圈环索方案受力性能更好，造价相对较低，更能满足建筑造型的要求，并且可以降低撑杆长度，提高室内净空。同时，三圈环索方案更方便屋面檩条的铺设，可以实现屋面建筑造型的构建。改进后的体系各圈环索索力值更为均衡，索力值比改进前索力值有所降低，平衡索的设置实现了内圈环索索力值的平衡。

6.2 常用索穹顶结构形式静力性能对比

6.2.1 椭圆形复合式与 Geiger 式索穹顶对比

6.2.1.1 均布荷载下对比

基于天津理工大学体育馆屋盖结构，利用 ANSYS 软件建立了椭圆形复合式与 Geiger 式索穹顶的有限元模型，分析了椭圆形复合式索穹顶和 Geiger 式索穹顶的基本静力性能和自振特性。两个模型的几何尺寸、节点坐标和构件截面积与 6.1 节中的两个算例相同。拉索和撑杆单元都用 Link180 来进行模拟，但是对于拉索单元需要打开只受拉选项。拉索的弹性模量设为 160GPa，撑杆钢材的弹性模量设为 206GPa。计算中采用 Newton-Raphson 法考虑几何非线性的影响。

在静力分析中考虑的荷载为屋面均布荷载，分析了荷载从 0 增加到 7.0kN/m^2 全过程结构的竖向位移最大值。屋面荷载的分布考虑了 4 种情况：(1) 全跨荷载；(2) 长轴半跨荷载；(3) 短轴半跨荷载；(4) 1/4 跨荷载。四种工况下的结构加载区域分布如图 6-23 所示。

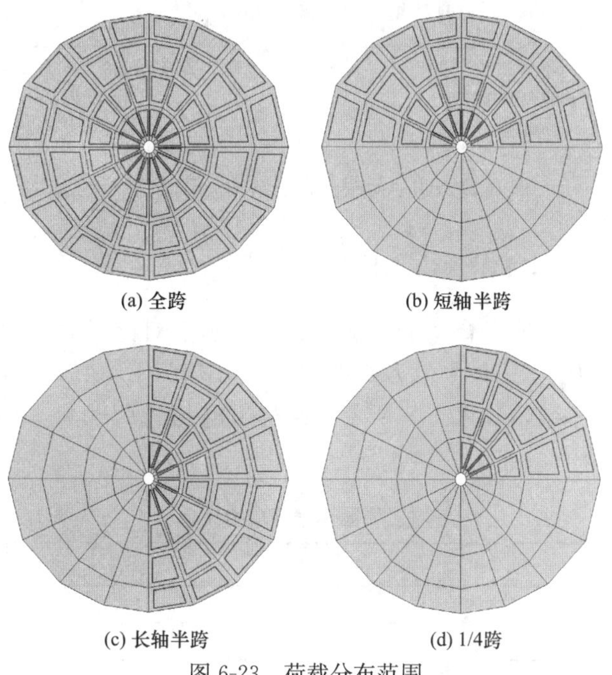

(a) 全跨　(b) 短轴半跨　(c) 长轴半跨　(d) 1/4跨

图 6-23　荷载分布范围

从图6-24可见，复合式和Geiger式索穹顶在全跨均布荷载作用下的“荷载-位移”曲线几乎重合，而在其他三种荷载分布下，复合式索穹顶的受力状态优于Geiger式索穹顶，相同荷载作用下结构竖向位移更小。短轴半跨荷载作用下荷载-位移曲线基本保持线性，这是由于短轴的拉索预应力较大因而刚度较大，几何非线性不明显。1/4跨荷载作用下，两种结构形式在相同荷载作用下竖向位移的差别最大。这说明将结构的最外圈改为Levy式能够提高结构抵抗不均匀荷载的性能，荷载越不均匀这种提高越明显，而全跨荷载作用下结构形式对结构竖向位移的影响不大。

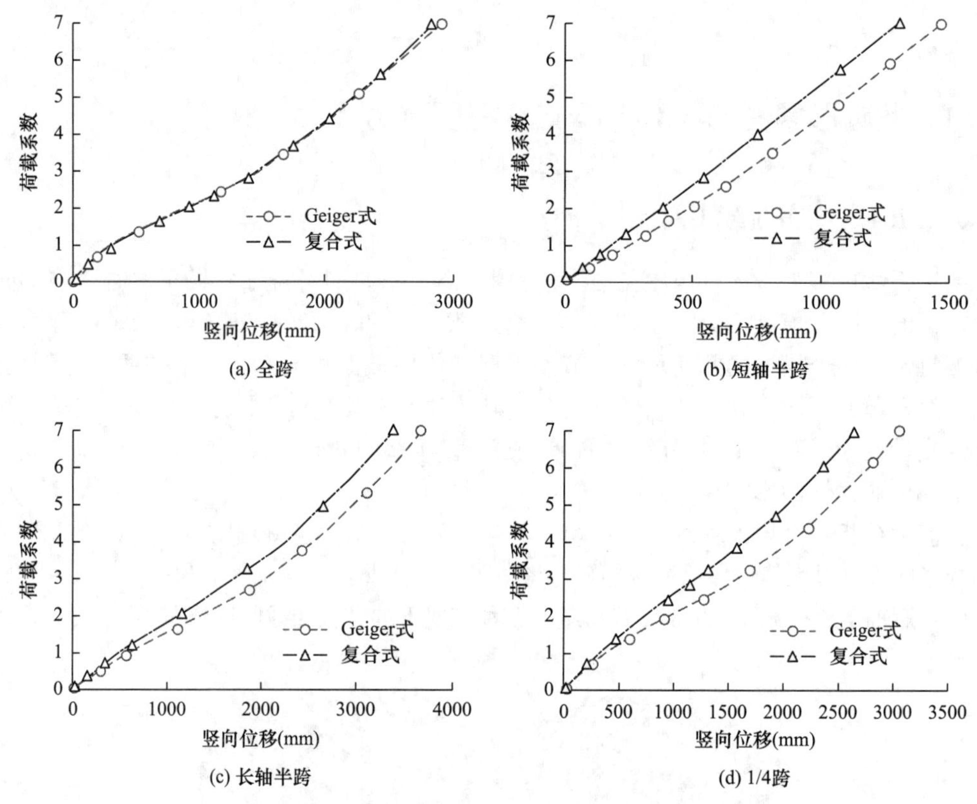

图6-24 四种荷载分布下结构荷载-位移曲线

6.2.1.2 中、外圈环索预应力比确定

为了得到外圈和中圈环索合适的预应力比值，本节对比了5种比值下结构的力学性能，其中中环索预应力 f_{mh} 的最大值为2000kN，最小值为1000kN，而外环索预应力 f_{oh} 保持2500kN不变，具体数值如表6-8所示。结构上施加的荷载为1.0kN/m^2 的屋面均布荷载。

中、外圈环索预应力比值 表6-8

f_{mh}	f_{oh}	α
1000	2500	0.4
1250	2500	0.5

续表

f_{mh}	f_{oh}	α
1500	2500	0.6
1750	2500	0.7
2000	2500	0.8

如图 6-25 所示，当 α<0.5 时，结构竖向位移大幅增加，因为这时内圈拉索尤其是最内圈脊索的预应力减小较多，在荷载较小时最内圈脊索发生了松弛，这时的竖向位移的大幅增加是局部刚度不足造成的，这在结构设计中是需要避免的。

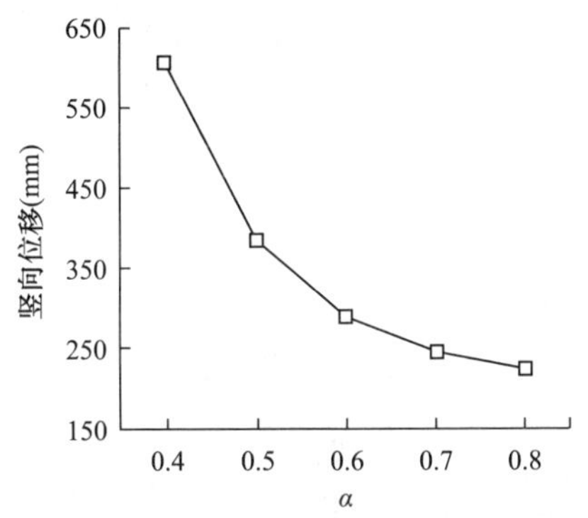

图 6-25 竖向位移与 α 的关系

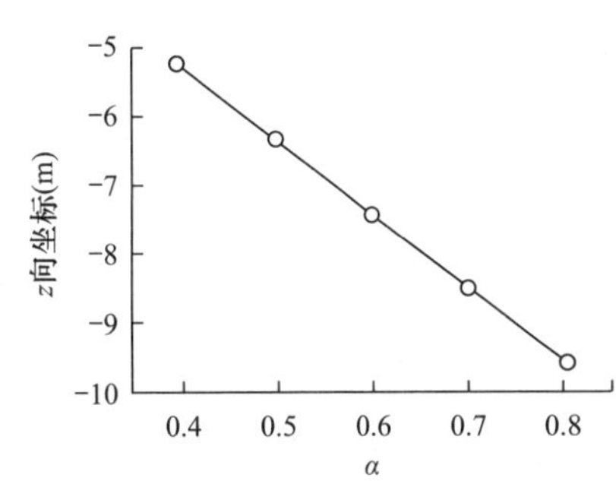

图 6-26 外圈撑杆下节点 z 向坐标与 α 的关系

根据“分块-组装”法计算的最外圈环索的 z 向坐标的变化如图 6-26 所示。可见最外圈环索的 z 向坐标基本上随着 α 的增加线性下降，因此 α 的取值应该主要考虑两个条件：(1) 外圈环索的高度不应低于建筑净空的限制；(2) 结构具有足够的刚度，即竖向位移要小于规范要求的限值。因此，在天津理工大学体育馆中选取的比值为 0.6。

6.2.2 椭圆形复合式与 Levy 式索穹顶对比

假定索穹顶结构承受 1.0 恒荷载+1.0 活荷载，将屋面均布荷载转化为节点荷载施加在结构相应节点处，并考虑屋面荷载的全跨、长轴半跨、短轴半跨布置三种情况。

图 6-27 为两种索穹顶结构在三种工况下的位移图，由图 6-27 可以看出，复合式索穹顶和 Levy 式索穹顶在全跨荷载作用下结构最大位移相差不大（复合式索穹顶为 213mm，Levy 式索穹顶为 223mm），但可以看出复合式索穹顶位移变化较大的节点集中在长轴附近，而 Levy 式位移较大的节点集中在索穹顶内环，短轴附近位移变化更大。当两个结构承受短轴半跨荷载时，Levy 式索穹顶的结构位移明显小于复合式，此时复合式索穹顶的位移甚至大于承受全跨荷载时的结构位移，说明复合式索穹顶对非对称荷载较为敏感。当两个结构承受长轴半跨荷载时，两种索穹顶结构均发生了较大位移，但复合式索穹顶结构的位移略大。

由于两种索穹顶索杆件数量较大，统计三种工况下每一根杆件的索力情况工程量较大但意义不大，因此选取几根具有代表性的杆件对两种结构的静力响应进行分析。

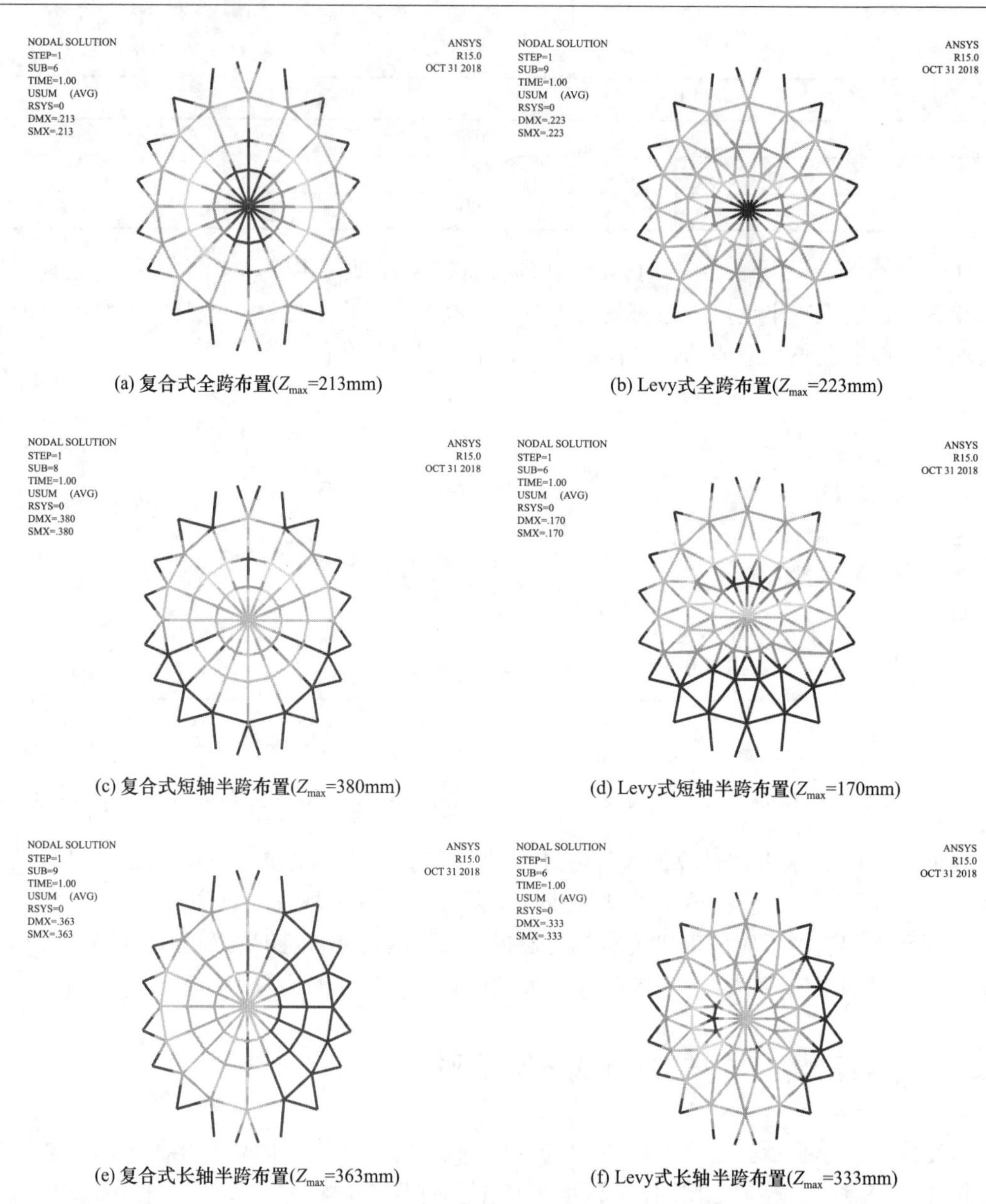

(a) 复合式全跨布置(Z_{max}=213mm)　(b) Levy式全跨布置(Z_{max}=223mm)

(c) 复合式短轴半跨布置(Z_{max}=380mm)　(d) Levy式短轴半跨布置(Z_{max}=170mm)

(e) 复合式长轴半跨布置(Z_{max}=363mm)　(f) Levy式长轴半跨布置(Z_{max}=333mm)

图 6-27　索穹顶结构位移图

对于一般的索穹顶来说，承受荷载后索穹顶的脊索索力会变小，脊索减小的索力和外荷载由环索和斜索共同承担，因此斜索和环索的索力增大。故取两种索穹顶在三种不同工况下各圈脊索的最小索力、各圈斜索及环索的最大索力分别列于表 6-9、表 6-11 和表 6-13，同时为得到结构受外界荷载的影响程度，取各圈脊索、斜索、环索索力相比初拉力变化率的最大值分别列于表 6-10、表 6-12 和表 6-14。由各环脊索索力最小值可以看出，复合式索穹顶脊索索力明显大于 Levy 式索穹顶，这与复合式索穹顶初始预应力较大有关，也与复合式索穹顶荷载作用下索力减小率较小有关。但对于索穹顶来说，当受到外荷载时，脊索索力减小，因此脊索需要具有一定的索力储备使之在外荷载作用下依然保持受力状态不松弛。由表 6-9 和表 6-10 可以看出，复合式索穹顶可以基本满足要求，而 Levy 式索穹顶的脊索索力下降较多，脊索容易发生松弛。

由表 6-11～表 6-14 可知，与复合式索穹顶的斜索和环索相比 Levy 式索穹顶均具有更大的索力，但复合式索穹顶索力相比初始预拉力的变化率更小，如复合式索穹顶索力仅在外圈某斜索相对初始拉力增大了 66.36%，而 Levy 式索穹顶的增大幅度大多达到初始拉力值的 2 倍以上。当索穹顶结构受到外荷载时，如果索构件内力与相应初始预拉力变化过大，则会对索材和节点构造提出更高的要求以适应巨大的索力变化，从这个角度来说，复合式索穹顶更为理想。

各圈脊索索力最小值（kN） **表 6-9**

索穹顶结构形式	各圈脊索索力最小值			
	全跨			
	中心脊索	内圈脊索	中圈脊索	外圈脊索
复合式	0	459.7	831.2	1210
Levy 式	0	1.0278	143.38	349.36
	短轴半跨			
	中心脊索	内圈脊索	中圈脊索	外圈脊索
复合式	0	469.1	823.09	1123.8
Levy 式	0	35.611	163.56	305.77
	长轴半跨			
	中心脊索	内圈脊索	中圈脊索	外圈脊索
复合式	0	459.25	788.49	1083.7
Levy 式	0	32.248	76.076	324.72

各圈脊索索力变化率最大值 **表 6-10**

索穹顶结构形式	各圈脊索索力变化率最大值			
	全跨			
	中心脊索	内圈脊索	中圈脊索	外圈脊索
复合式	−100.00%	−55.91%	−36.12%	−13.38%
Levy 式	−100.00%	−99.74%	−70.64%	−37.70%
	短轴半跨			
	中心脊索	内圈脊索	中圈脊索	外圈脊索
复合式	−100.00%	−55.01%	−36.75%	−9.28%
Levy 式	−100.00%	−90.83%	−66.51%	−45.47%
	长轴半跨			
	中心脊索	内圈脊索	中圈脊索	外圈脊索
复合式	−100.00%	−55.96%	−39.41%	−16.40%
Levy 式	−100.00%	−91.69%	−84.42%	−42.09%

各圈斜索索力最大值（kN） **表 6-11**

索穹顶结构形式	各圈斜索索力最大值			
	全跨			
	中心斜索	内圈斜索	中圈斜索	外圈斜索
复合式	4454.6	1608.7	1672.1	1845.8
Levy 式	112.18	245.95	684.66	1250.8

续表

索穹顶结构形式	各圈斜索索力最大值			
	短轴半跨			
	中心斜索	内圈斜索	中圈斜索	外圈斜索
复合式	4902	1513.7	1501.4	1976.8
Levy式	163.31	289.38	759.51	1296.7
	长轴半跨			
	中心斜索	内圈斜索	中圈斜索	外圈斜索
复合式	4479.1	1555.1	1487	1854.9
Levy式	209.59	297.69	618.25	1339.2

各圈斜索索力变化率最大值 **表 6-12**

索穹顶结构形式	各圈斜索索力变化率最大值			
	全跨			
	中心斜索	内圈斜索	中圈斜索	外圈斜索
复合式	17.34%	46.73%	44.85%	48.05%
Levy式	49.36%	84.36%	671.86%	193.02%
	短轴半跨			
	中心斜索	内圈斜索	中圈斜索	外圈斜索
复合式	18.85%	47.09%	29.73%	58.67%
Levy式	98.34%	235.43%	200.59%	243.07%
	长轴半跨			
	中心斜索	内圈斜索	中圈斜索	外圈斜索
复合式	21.30%	33.38%	29.97%	66.36%
Levy式	137.29%	236.21%	990.46%	348.41%

各圈环索索力最大值（kN） **表 6-13**

索穹顶结构形式	各圈环索索力最大值		
	全跨		
	内环索	中环索	外环索
复合式	971.06	3621.8	5947.7
Levy式	674.99	1846.1	2894.4
	短轴半跨		
	内环索	中环索	外环索
复合式	1031.3	3247.5	5647.6
Levy式	772.97	1938.3	2938.4
	长轴半跨		
	内环索	中环索	外环索
复合式	846.68	3226.4	5760.4
Levy式	734.47	1434.6	2605.2

各圈环索索力变化率最大值 **表 6-14**

索穹顶结构形式	各圈环索索力变化率最大值		
	全跨		
	内环索	中环索	外环索
复合式	60.37%	43.97%	47.83%
Levy式	78.40%	250.45%	176.74%

续表

索穹顶结构形式	各圈环索索力变化率最大值		
	短轴半跨		
	内环索	中环索	外环索
复合式	70.32%	29.09%	44.74%
Levy 式	96.05%	188.09%	175.26%
	长轴半跨		
	内环索	中环索	外环索
复合式	39.83%	28.25%	35.80%
Levy 式	93.31%	303.33%	183.36%

6.3 边界状态对结构性能的影响

6.3.1 边界结构形式的影响

目前实际索穹顶工程中，大部分采用了混凝土环梁，然而由于采用混凝土环梁所需截面尺寸较大，会影响建筑美观性和经济性。因此也出现了采用钢环桁架作为边界的新型索穹顶结构形式。第一个采用钢环梁的索穹顶工程是美国北卡罗来纳州费耶特维尔城的皇冠剧场屋盖，采用了其边界为平面向内倾斜的外环桁架。我国内蒙古伊金霍洛旗全民健身中心索穹顶屋盖结构也采用了钢桁架环梁，钢环梁采用了立体桁架的结构形式。

在混凝土环梁的实际工程应用中，比较典型的是美国佐治亚穹顶，其混凝土环梁宽7.9m、厚1.5m，环梁由52根支柱支承。台湾桃园体育馆索穹顶屋盖的混凝土环梁因雨水槽被加宽而向外悬挑，同时支撑环梁的基础结构向内收，这样整个体育场建筑像一顶帽子，形象而美观。1.3节提到的国外其他索穹顶工程中，也都采用了混凝土环梁的结构形式。从目前的应用现状来看，国内小跨度的圆形平面规则的索穹顶中，多采用钢桁架的形式，而在国外较大跨度的索穹顶工程中，除仅有的皇冠剧场索穹顶外，都采用了混凝土环梁的形式。本节以天津理工大学体育馆的边界造型为基础对不同形式的环梁的受力性能进行了分析。

6.3.1.1 混凝土环梁

混凝土环梁作为索穹顶的一种常规的环梁形式，在国外很多工程中取得了成功应用。由于索穹顶外环梁部分的内力以受压为主，采用混凝土环梁可以充分发挥混凝土材料的受压性能，取得良好的经济效果。通过混凝土环梁的现场浇筑，在工程中可以实现环梁空间上特殊的曲线造型，同时也方便环梁与下部混凝土柱的连接。本节采用MIDAS GEN软件进行计算，混凝土强度等级为C40，混凝土环梁截面尺寸初始设定为7000mm×1000mm的矩形截面，并忽略截面随空间曲线变化的影响，如图6-28所示。

在MIDAS GEN软件中，单元局部坐标系方向如图6-29所示。经过计算，在包络工况下，在不考虑配筋对混凝土刚度影响的条件下，混凝土环梁的轴向应力 S_{ax}，单元局部坐标系 y、z 方向的剪应力 S_{sy}、S_{sz}，单元局部坐标系 y、z 方向 M_z、M_y 引起的弯曲应力 S_{by}、S_{bz}，组合应力 S_{com} 云图以及标准工况下环梁的组合变形 v_{max} 云图分别如图 6-30～图 6-36 所示。

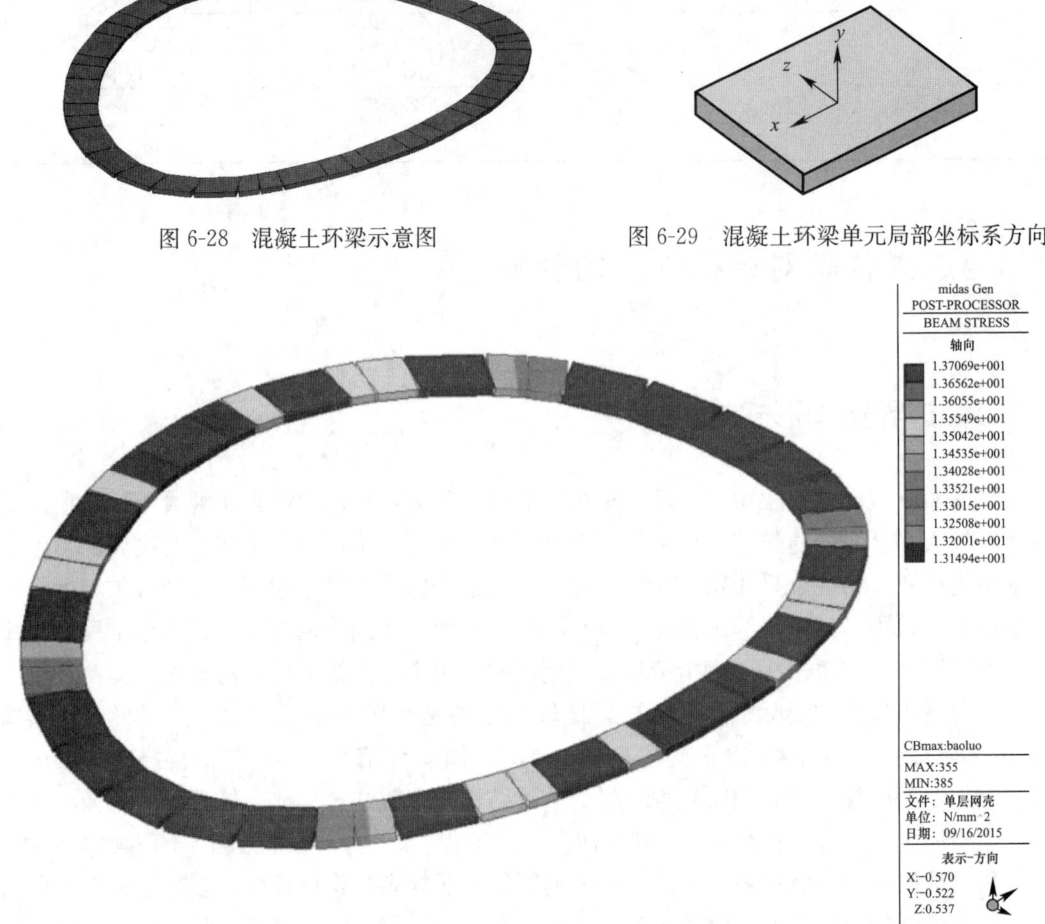

图 6-28 混凝土环梁示意图

图 6-29 混凝土环梁单元局部坐标系方向

图 6-30 混凝土环梁轴向应力 S_{ax} 云图（单位：MPa）

混凝土环梁 x 向最大轴向应力为 13.7MPa，小于 C40 混凝土的设计强度 19.1MPa；y、z 方向的最大剪应力 S_{sy}、S_{sz} 分别为 0.47MPa 和 2.1MPa；单元局部坐标系 y、z 方向 M_z、M_y 引起的弯曲应力 S_{by}、S_{bz} 分别为 4.53MPa 和 3.48MPa；混凝土环梁最大组合应力 S_{com} 为 21.5MPa。各个方向应力最大的位置在短轴方向拉索与环梁连接部位，主要是由于结构短轴方向拉索内力值较大引起的。经过配筋计算后结构能够满足混凝土结构承载力设计要求。环梁在标准工况下发生向内向下的变形，变形最大的位置位于短轴方向拉索与环梁连接部位，此处的四个拉索节点仅与环梁连接而并没有和下部支座连接，最大组合变形只有 1mm，施工过程中可实现首先完成环梁与混凝土的铰接连接，再施加拉索预应力的方式，环梁变形带来的裂缝等影响很小。

图 6-31 混凝土环梁 y 方向的剪应力 S_{sy} 云图（单位：MPa）

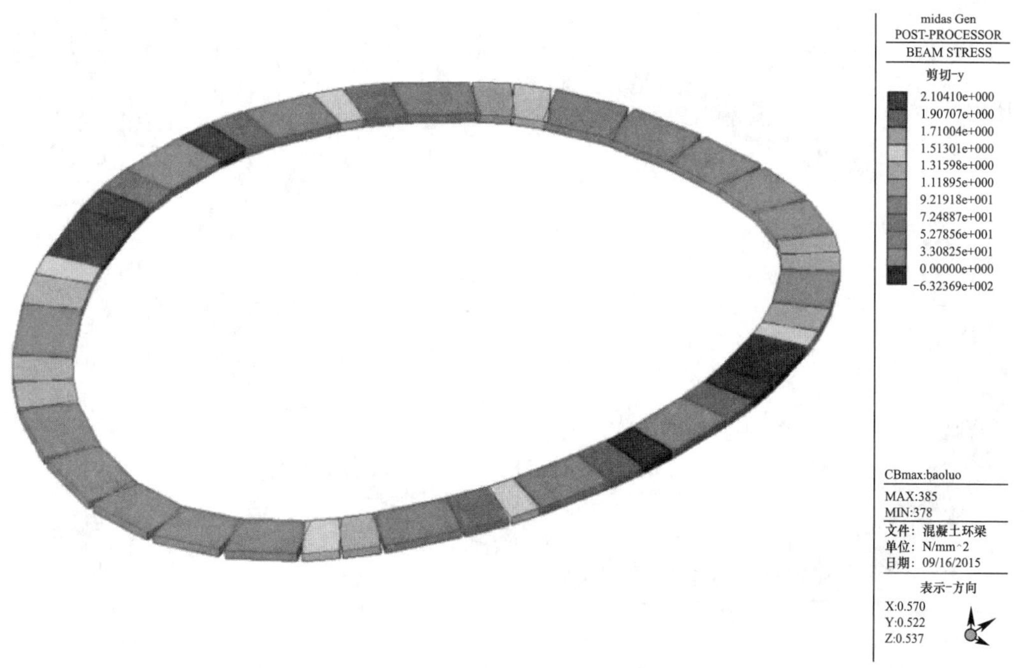

图 6-32 混凝土环梁 z 方向的剪应力 S_{sz} 云图（单位：MPa）

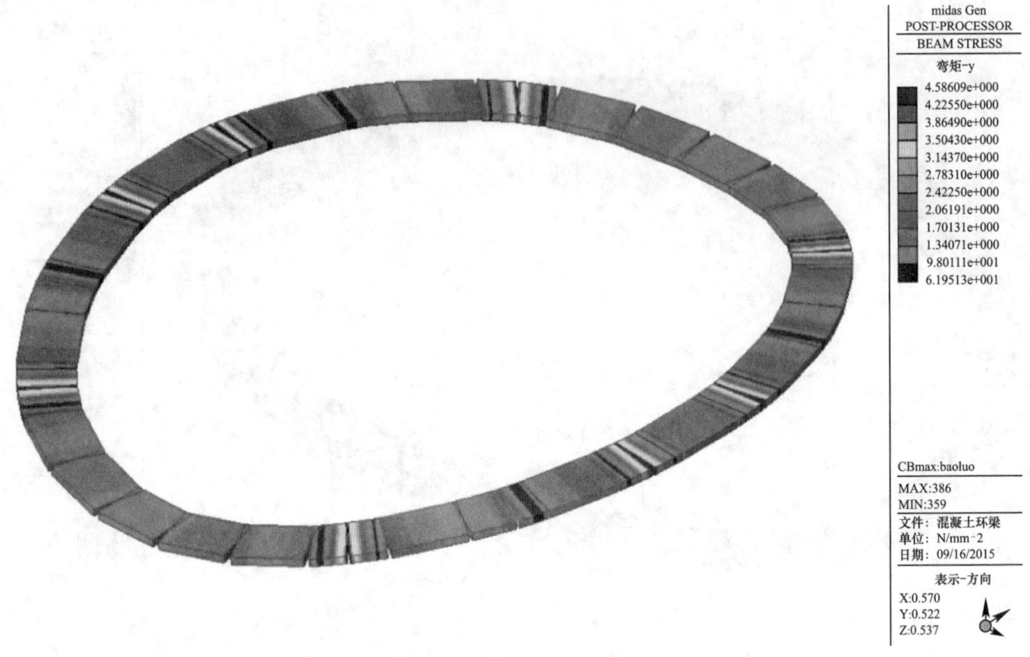

图 6-33　混凝土环梁 M_z 引起的弯曲应力 S_{by} 云图（单位：MPa）

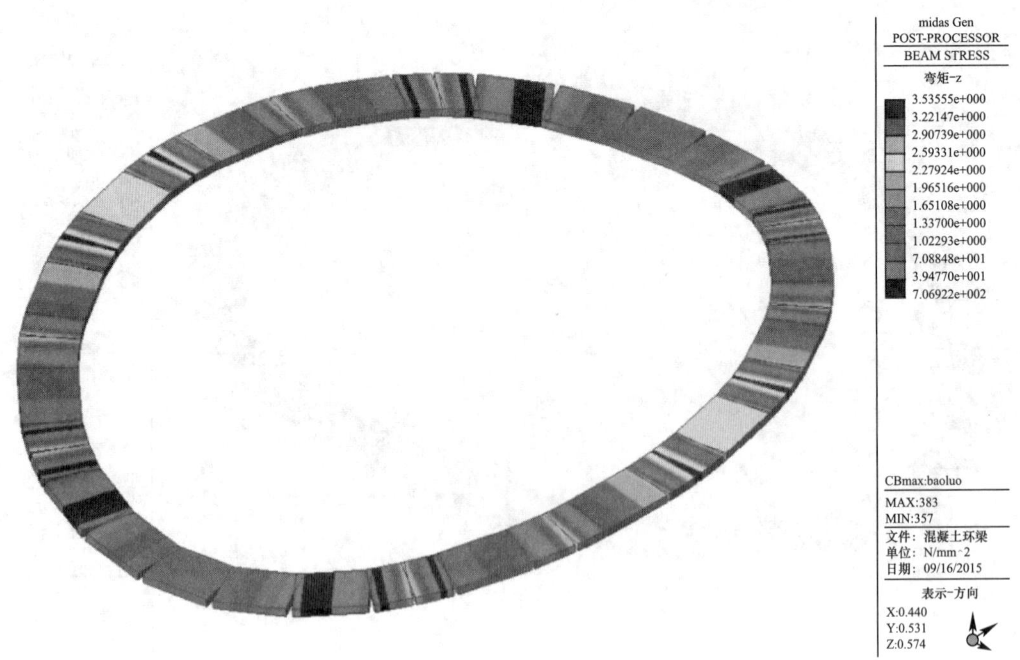

图 6-34　混凝土环梁 M_y 引起的弯曲应力 S_{bz} 云图（单位：MPa）

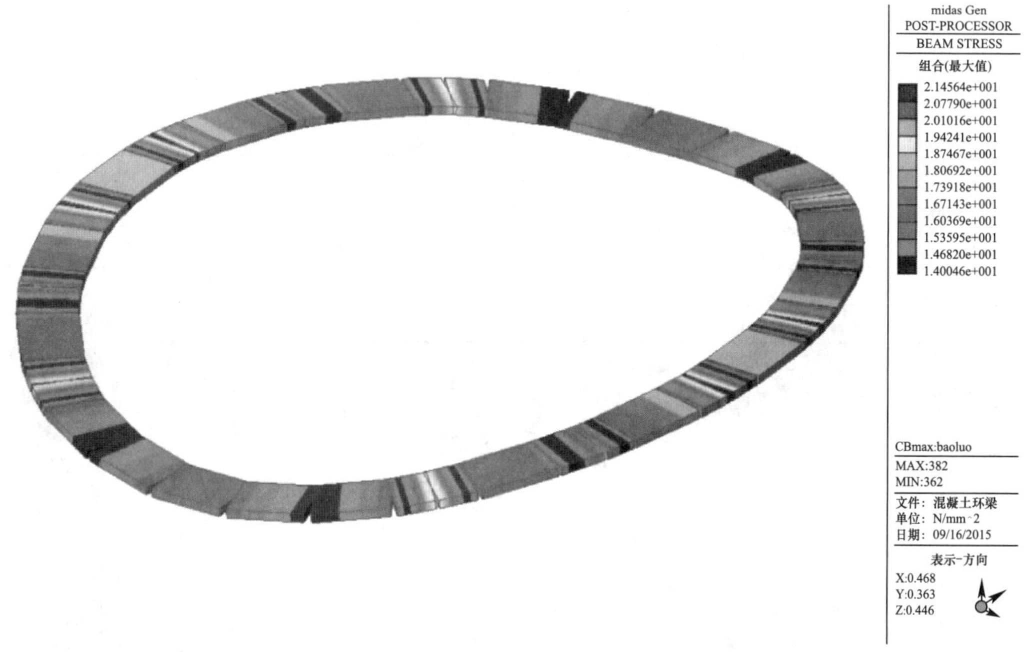

图 6-35　混凝土环梁组合应力 S_{com} 云图（单位：MPa）

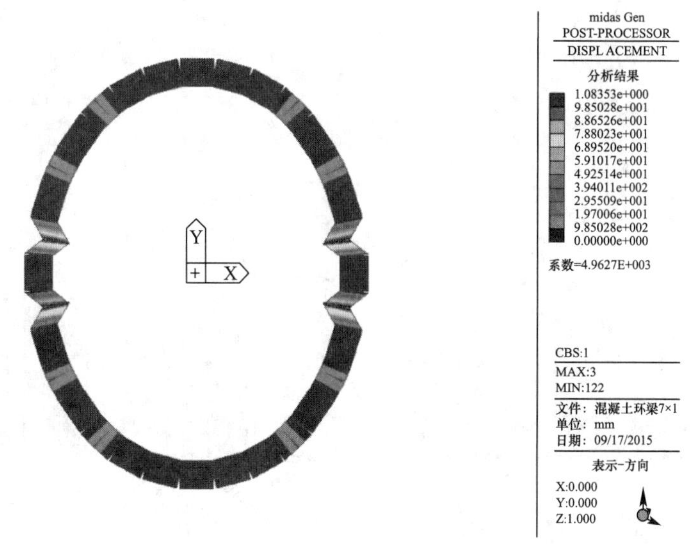

图 6-36　混凝土环梁组合变形 v_{max} 云图（单位：mm）

为了进一步研究混凝土环梁截面大小对于索穹顶性能的影响，分别选取环梁截面大小为 7500mm×1000mm、6500mm×1000mm、6000mm×1000mm、5500mm×1000mm 的索穹顶进行计算和对比分析，提取不同模型包络工况下环梁最大组合应力 S_{com}、环梁最大剪切应力 S_{sz}、环梁标准组合工况下最大组合位移 v_{max}、索穹顶最大竖向位移 v_{smax}（mm）、索穹顶包络工况下的最大索内力 N_{max}进行对比分析，得到的各项数据见表 6-15，各项数据对比见图 6-37～图 6-40。

不同截面尺寸环梁各项性能参数对比　　表 6-15

截面大小 (mm)	环梁最大组合应力 S_{com} (MPa)	环梁最大剪切应力 S_{sz} (MPa)	环梁最大轴向应力 S_{ax} (MPa)	环梁最大组合位移 v_{max} (mm)	索穹顶最大竖向位移 v_{smax} (mm)	最大索内力 N_{max} (kN)
7500×1000	20.9	2.04	13.7	0.99	127	6533
7000×1000	21.5	2.10	13.7	1.08	127	6531
6500×1000	22.1	2.17	13.7	1.18	127	6529
6000×1000	22.7	2.26	13.7	1.36	127	6526
5500×1000	23.6	2.37	13.7	1.48	127	6522

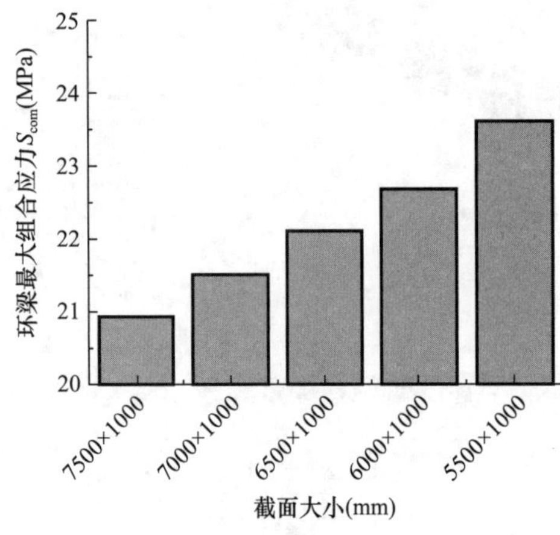

图 6-37　环梁最大组合应力 S_{com}(MPa)

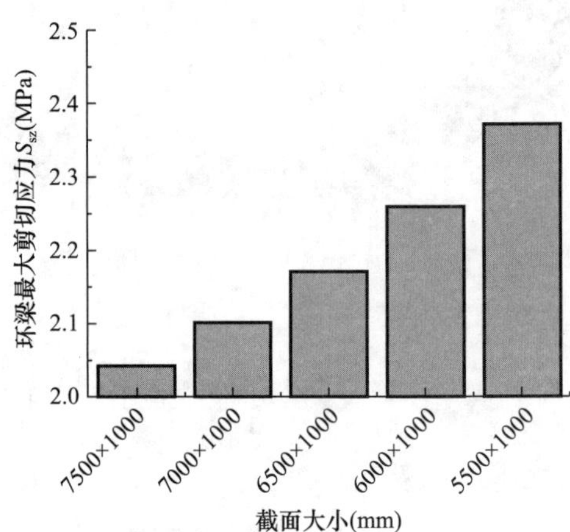

图 6-38　环梁最大剪切应力 S_{sz}(MPa)

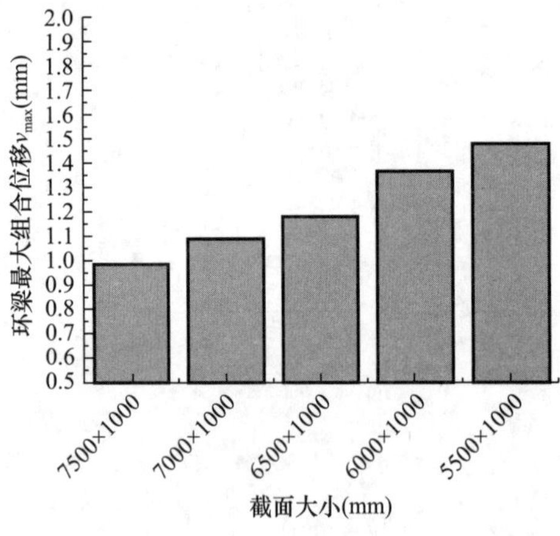

图 6-39　环梁最大组合位移 v_{max}(mm)

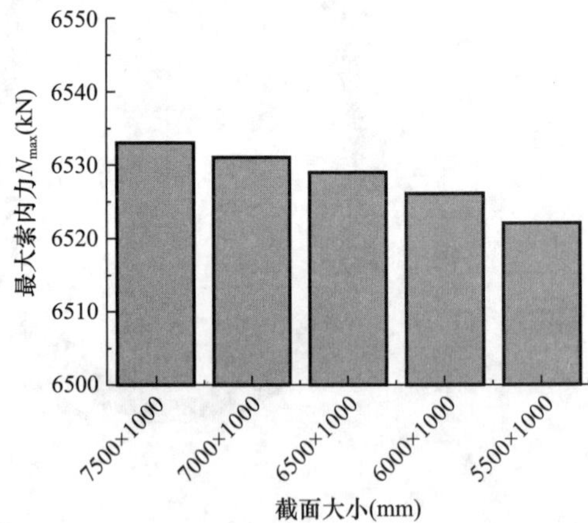

图 6-40　最大索内力 N_{max}(kN)

由以上结果可知，环梁截面面积对索穹顶刚度的影响较小；环梁最大组合应力以及环梁 z 向最大剪切应力随着环梁截面面积的减小而逐渐增大，而环梁轴向应力影响较小，这表明环梁宽度对于环梁法向刚度的贡献是明显的；环梁最大组合位移 v_{max} 随环梁面积减小而增大，且从 6000mm×1000mm 开始变化更为明显；索穹顶最大索内力 N_{max}（出现在二环脊索）随着环梁截面面积的减小而逐渐减小，表明由于环梁刚度减弱，环梁短轴方向向内变形，脊索内力值随之降低。

6.3.1.2 钢环梁

钢环梁自身重量较轻，通过桁架的形式应用在索穹顶环梁，可以通过桁架的合理布置充分发挥材料的刚度，营造出丰富多样的建筑造型，同时可避免混凝土环梁截面尺寸过大，裂缝不好控制、经济性差等许多问题。然而，在环梁平面投影为椭圆形、在空间呈马鞍形时，需要确定钢环梁是否能够提供足够的边界刚度。

依据建筑造型以及索穹顶实际受力需要，建立如图 6-41 所示的立体桁架进行设计计算，环桁架横截面为高度 2.5m、平面投影宽度 4m 左右的三角形截面，桁架上弦节点与相应位置的拉索节点连接，桁架下弦节点与下部混凝土结构采用三向铰接连接，分双排约束和单排约束两种模型进行设计计算。材料选择 Q345B 钢；构件采用 P630×16、P450×12、P325×10 等圆钢管，其中短轴受力较大位置处的杆件截面较大。

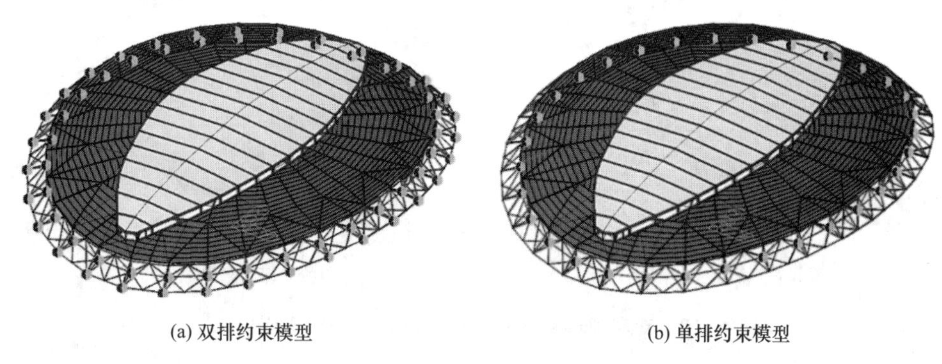

(a) 双排约束模型　　(b) 单排约束模型

图 6-41 钢桁架环梁模型

对两种模型进行 MIDAS GEN 的软件计算，得到索穹顶整体结构在标准组合下的竖向变形、环梁的变形情况如图 6-42、图 6-43 所示，包络工况下拉索内力、支座反力如图 6-44、图 6-45 所示。

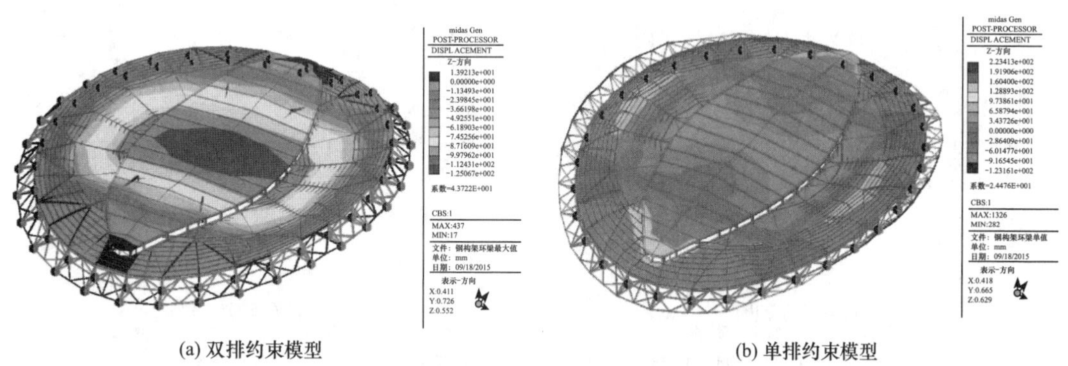

(a) 双排约束模型　　(b) 单排约束模型

图 6-42 钢环梁索穹顶整体模型标准组合下的竖向变形 v_z(mm)

由以上各计算结果图形可知，双排约束模型与单排约束模型跨中位移结果差别不大，均在 124mm 左右，可见钢环梁的约束情况对索穹顶刚度影响不大。两种模型钢环梁的变形较大，单排约束钢环梁的变形整体较大，表现为短轴方向向内的扭曲，最大为 226mm，出现在短轴方向；双排约束模型变形主要发生在短轴附近拉索，没有在支座处于环梁连接的四个节点上，最大组合变形值为 56mm。两种模型拉索的内力值较前述混凝土环梁模型有所降低，而单排约束模型比双排约束模型拉索内力值减小得更为明显，从内力最大的 JS-E-2 来看，双排约束模型 JS-E-2 的内力值为 4358kN，单排约束模型 JS-E-2 的内力值为 3619kN，主要是由于环梁向内较大幅度变形而导致的索穹顶拉索内力值降低。从支座反力情况来看，双排支座模型内圈反力向上，表现为随下部混凝土柱的压力，而外圈支座模型内圈反力向下，表现为随下部混凝土柱的拉力，且最大拉力值为 4231kN，对下部结构会带来很不利影响；单排约束模型中竖向反力相对较小，正负相互间隔，最大拉力为 651kN，水平反力相对较大，最大值为 2475kN，出现在短轴附近。

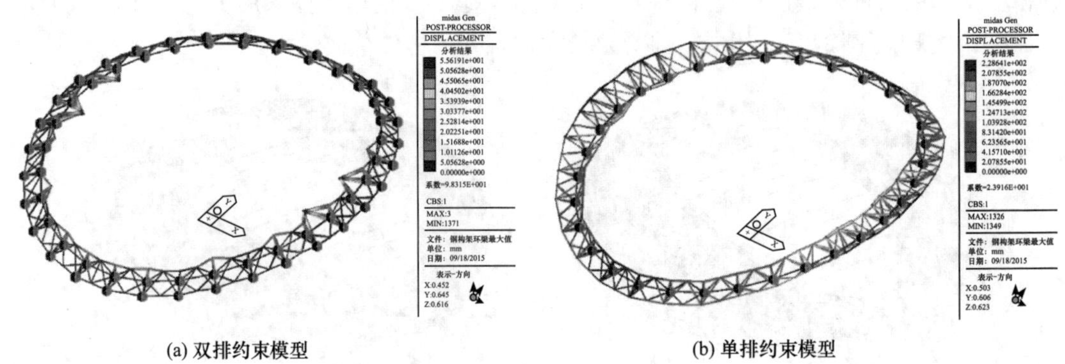

(a) 双排约束模型　　(b) 单排约束模型

图 6-43　钢环梁索穹顶环桁架模型标准组合下的组合变形 v_{xyz}(mm)

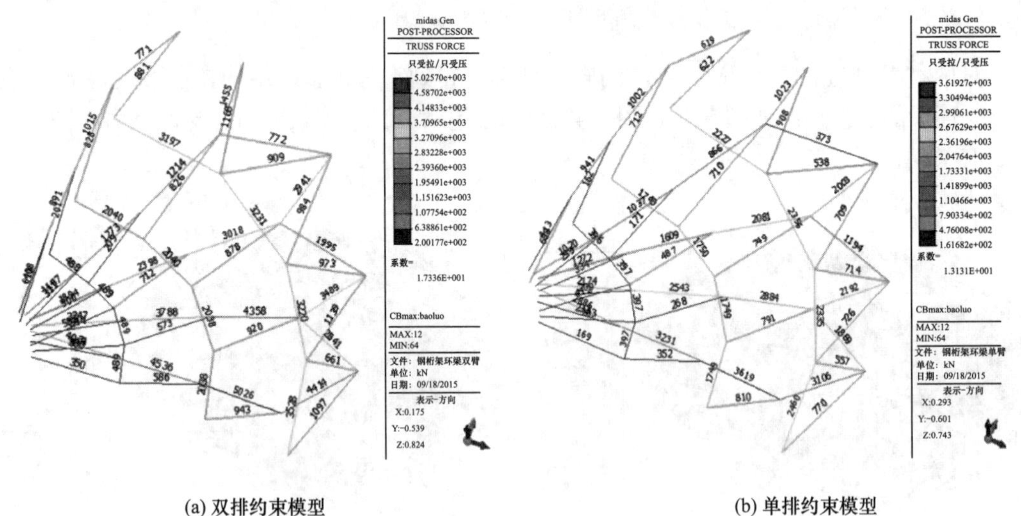

(a) 双排约束模型　　(b) 单排约束模型

图 6-44　钢环梁索穹顶模型包络工况下的拉索内力 N(kN)

6.3.1.3　型钢混凝土环梁

型钢混凝土结构是指配置轧制或焊接型钢，并配有构造钢筋以及少量受力钢筋的混凝土结构。型钢混凝土构件内部型钢与外包混凝土形成整体，共同受力，其性能优于两种结构的简单叠加。型钢混凝土结构与钢筋混凝土结构相比，提高了构件的受剪承载力和延性，提升了结构的抗震性能。此外，相比于钢环梁，型钢混凝土结构在防腐、施工等方面也存在很大优势。

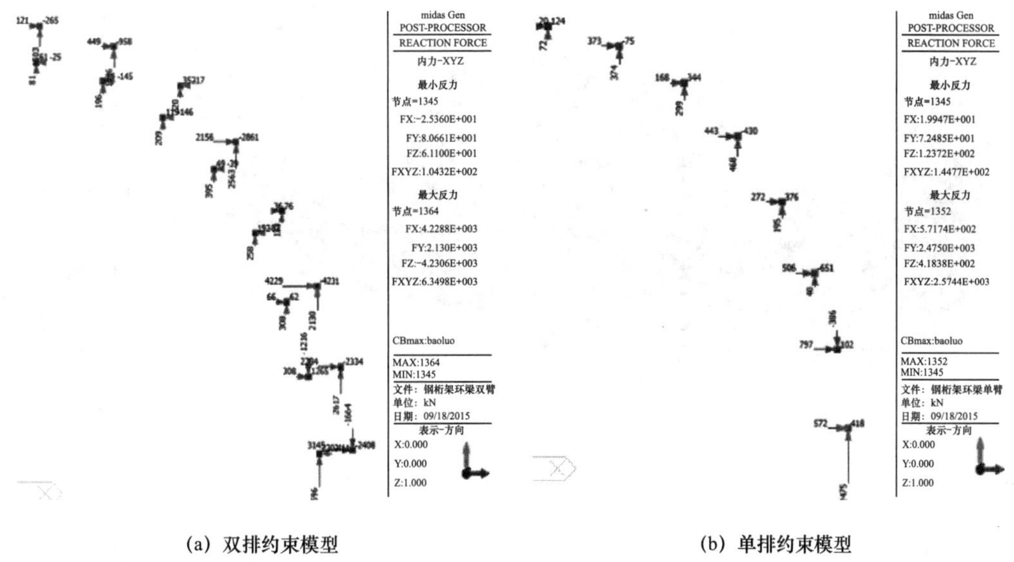

(a) 双排约束模型　　(b) 单排约束模型

图 6-45　钢环梁索穹顶模型包络工况下的支座反力（kN）

在软件中建立混凝土截面大小为 5500mm×1000mm，内部填充 HN800×300×14/26 的 H 型钢的组合截面，混凝土材料等级为 C40，钢材材料等级为 Q345B，环梁截面形式和模型如图 6-46、图 6-47 所示。

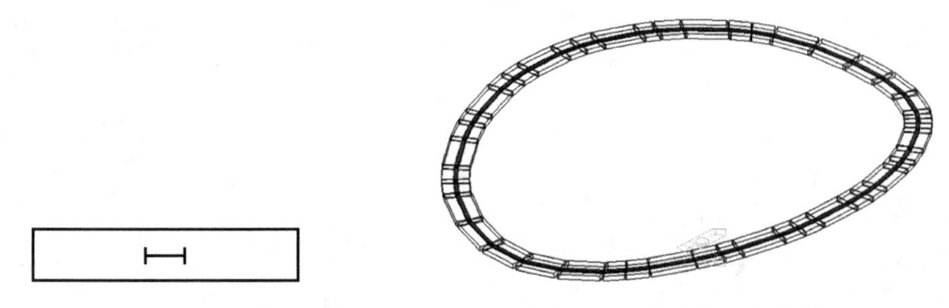

图 6-46　型钢混凝土环梁截面形式

图 6-47　型钢混凝土环梁模型

经过软件计算，在包络工况下，在不考虑配筋对混凝土刚度影响的条件下，得到索穹顶整体结构在标准组合下的竖向变形 v_z 云图、索穹顶包络工况下的内力 N 云图、环梁包络工况下的组合应力 S_{com} 云图以及标准工况下环梁的组合变形 v_{max} 云图分别如图 6-48～图 6-51 所示。

由以上计算结果可知，与混凝土环梁相同截面的型钢混凝土环梁索穹顶变形、受力性能与混凝土环梁基本相似。但由于环梁内钢骨的存在，提高了环梁的剪切刚度，使短轴变形较大处的组合应力降低。

midas Gen
POST-PROCESSOR
DISPL ACEMENT
Z-方向
1.44586e+000
0.00000e+000
-2.18580e+001
-3.35100e+001
-4.51619e+001
-5.68138e+001
-6.84658e+001
-8.01177e+001
-9.17697e+001
-1.03422e+002
-1.15074e+002
-1.26725e+002
系数=
4.1840E+001
CBS:1
MAX:384
MIN:388
文件：混凝土环梁7×1
单位：N/mm^2
日期：09/18/2015
表示-方向
X:0.577
Y:-0.608
Z:0.545

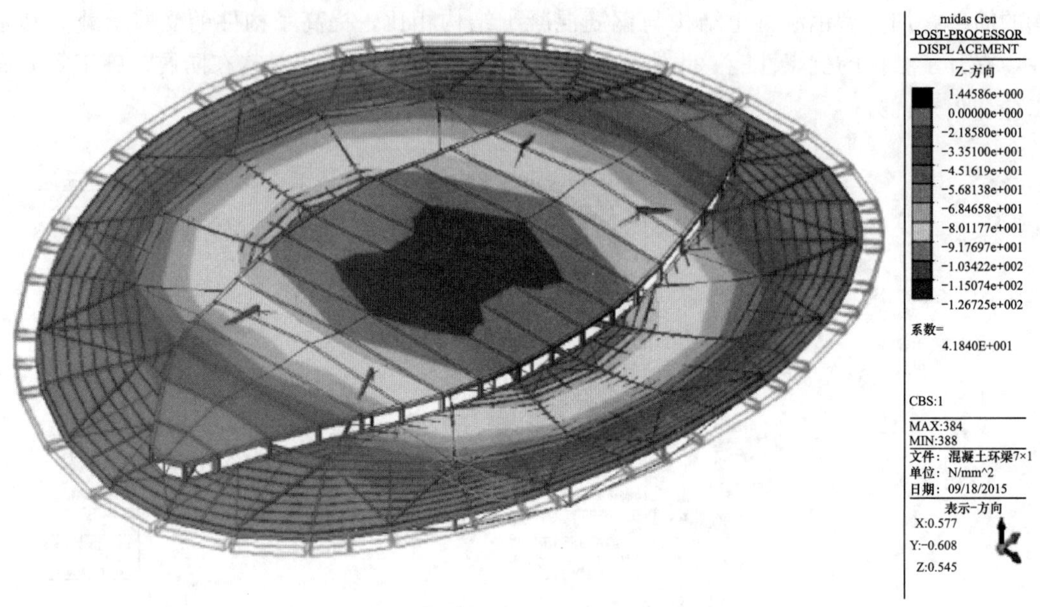

图 6-48　标准组合下的竖向变形 v_z 云图（mm）

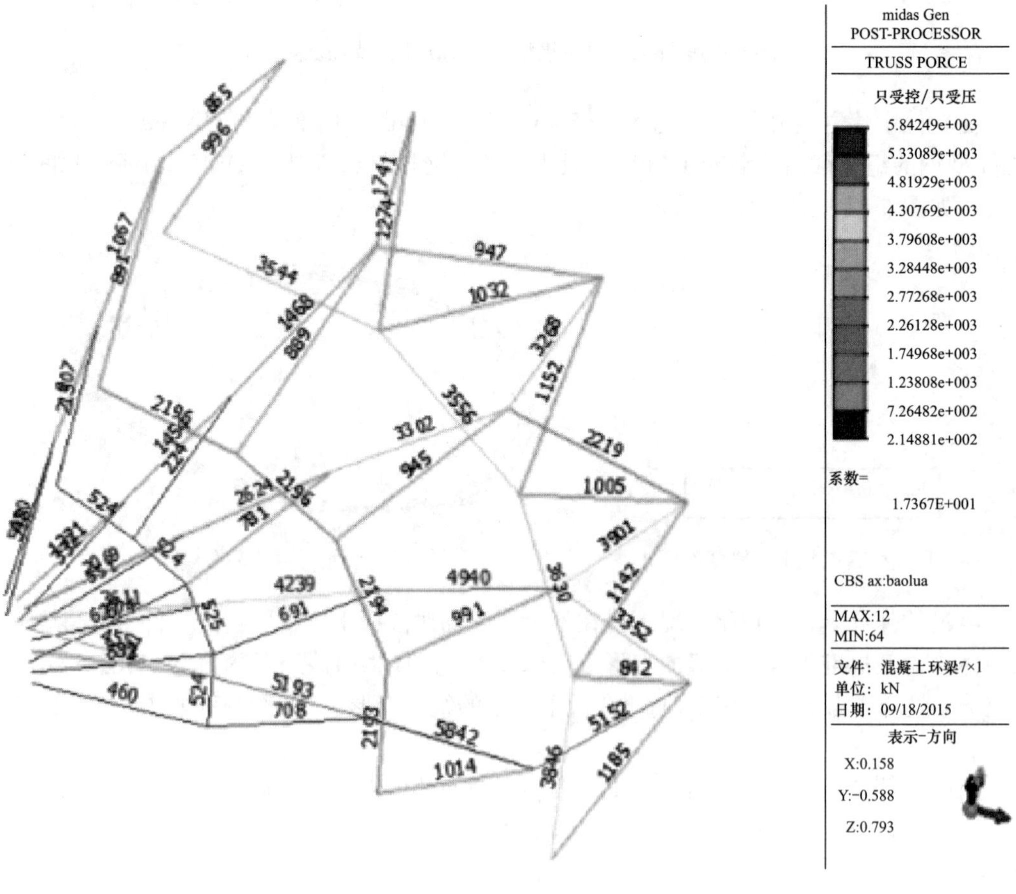

midas Gen
POST-PROCESSOR
TRUSS PORCE
只受控/只受压
5.84249e+003
5.33089e+003
4.81929e+003
4.30769e+003
3.79608e+003
3.28448e+003
2.77268e+003
2.26128e+003
1.74968e+003
1.23808e+003
7.26482e+002
2.14881e+002
系数=
1.7367E+001
CBS ax:baolua
MAX:12
MIN:64
文件：混凝土环梁7×1
单位：kN
日期：09/18/2015
表示-方向
X:0.158
Y:-0.588
Z:0.793

图 6-49　包络工况下的拉索内力 N(kN)

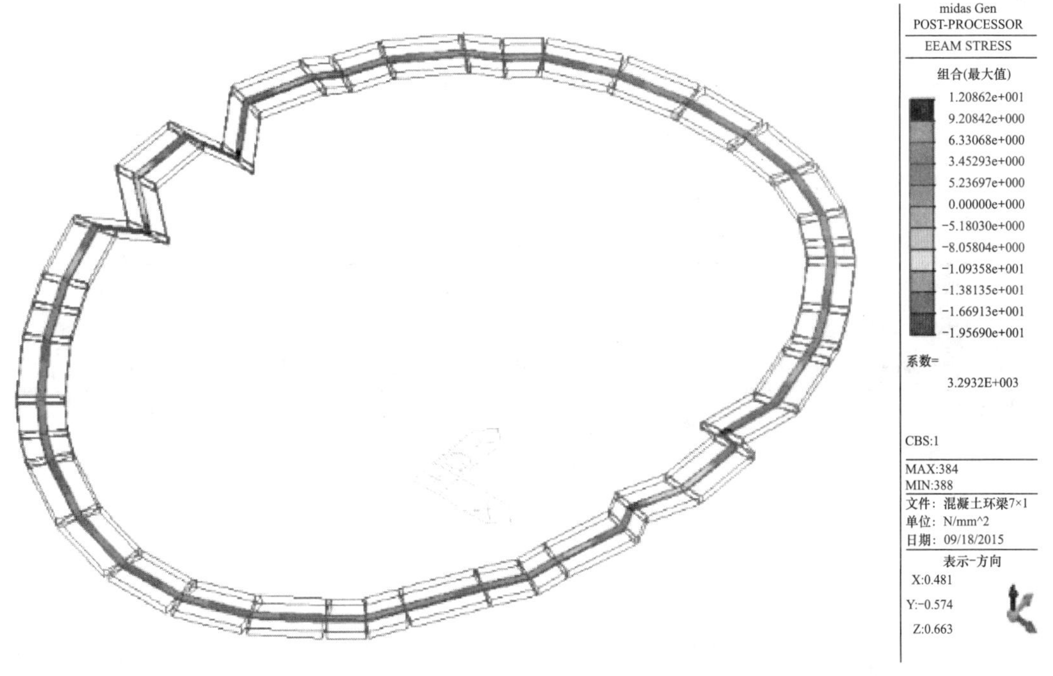

图 6-50　组合应力 S_{com} 云图（MPa）

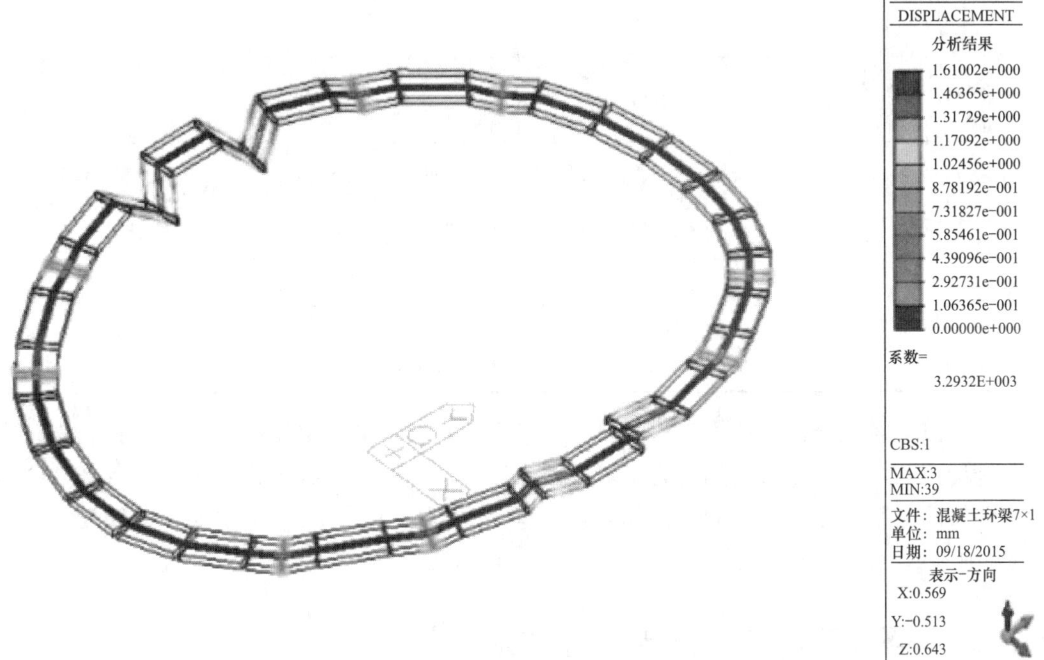

图 6-51　组合变形 v_{smax} 云图（mm）

6.3.1.4 对比分析

混凝土环梁、钢环梁以及型钢混凝土环梁各具优势，也存在各自的不足。以下从三种环梁应用于本工程中在受力、变形、建筑影响、适用性以及经济性等方面进行比较分析，为结构进行合理选型提供一定分析依据。

为便于比较，选择截面为 5500mm×1000mm 的混凝土环梁、具有两排约束的钢环梁以及截面为 5500mm×1000mm 组合 HN800×300×14/26 的 H 型钢骨的型钢混凝土环梁进行对比分析，对比结果如表 6-16 所示。

不同环梁形式下索穹顶各项性能指标对比 表 6-16

环梁形式	混凝土环梁	型钢混凝土环梁	钢环梁
截面大小（mm）	5500×1000	5500×1000	4000×2500 三角形
材料等级	C40	C40、Q345	Q345
混凝土用量（t）	4049	4049	—
钢材用量（t）	—	59.7	278.4
索穹顶变形 v_z(mm)	127	127	125
最大拉索内力值 N_{max}(kN)	6522	5842	5026
环梁最大组合变形 v_{xyz}(mm)	1.48	1.61	55.6
环梁最大组合应力 S_{com}(MPa)	23.6	15.6	—
支座最大竖向反力 F_{vmax}(kN)	2314	2376	−4231
建筑效果	与下部混凝土结构比较协调，环梁截面较大，对不规则屋面的适应性较弱	与下部混凝土结构比较协调，环梁截面有所减小，对不规则屋面的适应性较弱	制作节点需要与立柱对应，整体尺寸相对较小，对不规则屋面的协调性较好
经济性	混凝土材料较费，施工中模板量、钢筋量较大，费用较高	混凝土、型钢材料较费，施工中模板量、钢筋量较大，型钢依照空间曲线形式的连接较困难	材料较省，施工方便，经济性较好。受拉支座较难处理

经过以上对比分析，在本工程中，由于索穹顶柱与下部混凝土柱无法实现钢桁架环梁中双排约束的形式，而考虑到混凝土环梁截面较大，空间呈曲线不规则形式，因此选择混凝土环梁的方案，考虑一定的安全储备，选择了截面为 7000mm×1000mm 的钢筋混凝土环梁。

6.3.2 环梁与下部结构连接方式的影响

理想状态下，索穹顶与环梁一起可以形成自平衡的受力体系，仅在水平荷载作用时才对下部结构产生水平推力，能够大幅减小下部结构的负担。当边界为平面尤其是圆形时，水平的环梁能够提供足够的刚度，这种假设可以得到很好的实现。因此，在早期的索穹顶结构中环梁和下部结构采用了分离式设计，即环梁和立柱采用弹簧支座连接。但是，当边界为空间曲线时，如前一节的分析，环梁需要更大的尺寸来保证足够的刚度，这时环梁的重量也会给下部结构带来负担。采用合理的连接方式和计算假定来考虑下部结构的水平刚度是有必要的。

把下部支撑结构水平刚度作为环梁水平向的弹性约束进行计算。柱子水平方向的等效弹簧刚度为：

$$K_c = \frac{3E_c I_c}{H_c^3} \tag{6-1}$$

式中，E_c 为混凝土柱的弹性模量，I_c 为混凝土柱截面的惯性矩，H_c 为混凝土柱子高度。需要注意的是当下部结构为框架时，按上式会忽略掉梁柱协同受力的影响，在计算中可能会造成一定的误差。

本节以天津理工大学体育馆索穹顶为例进行比较计算，分别采用三向铰接模型，z 向铰接 x、y 向弹性连接模型以及整体模型进行对比分析，研究不同约束条件下结构的静力性能，为以后类似工程的设计提供一定的参考。

在考虑混凝土柱弹簧刚度的模型中，按式（6-1）计算柱的线刚度，由于柱子为圆形截面，按公式计算出来的柱子两个方向线刚度相等，由于柱子高度沿环向变化，因此线刚度彼此互不相等，从长轴方向过渡到短轴方向八个高度的线刚度依次为 2502kN/m、2230kN/m、2025kN/m、1777kN/m、1520kN/m、1299kN/m、1105kN/m、943kN/m，将各支座的水平线刚度输入到模型中，且 z 向仍保持铰接，建立如图 6-52 所示模型，得到标准组合下模型的竖向位移云图如图 6-53 所示。

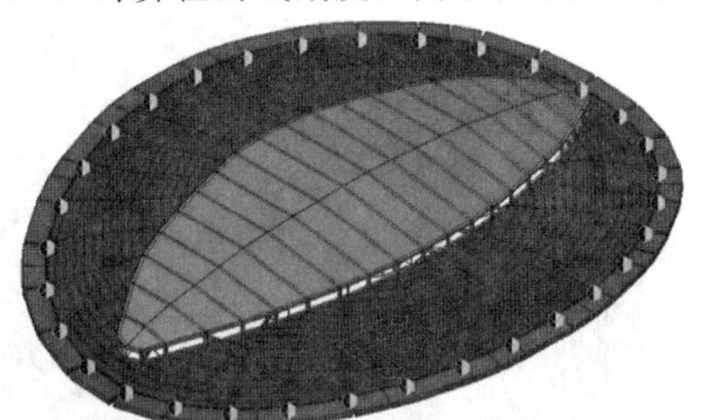

图 6-52 考虑柱弹簧刚度的模型

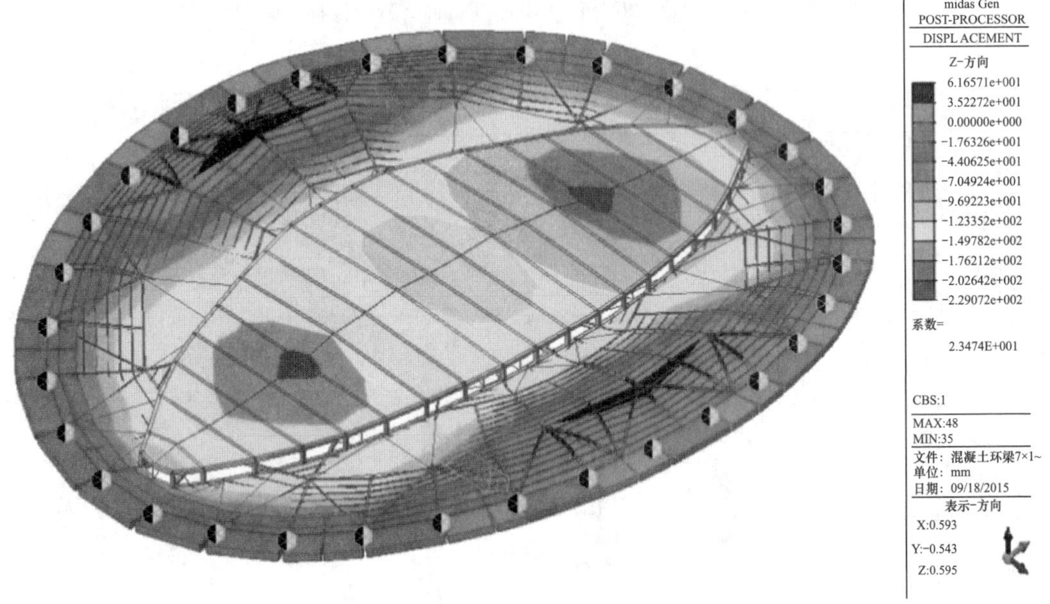

图 6-53 考虑柱弹簧刚度的模型标准组合下竖向位移云图（mm）

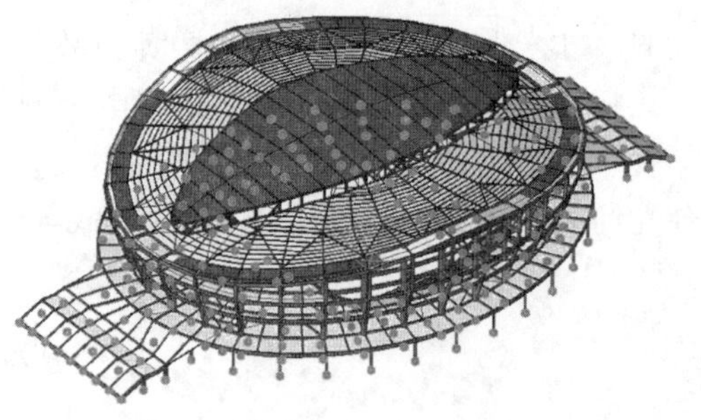

图 6-54　考虑协同作用的整体模型

整体模型如图 6-54 所示，模型中混凝土环梁原有约束位置节点与对应位置的混凝土柱上节点设置节点耦合，混凝土下部结构底端全部设置为刚接。经计算得到标准组合下模型的竖向位移云图如图 6-55 所示。

从三种模型在标准组合下的竖向变形、环梁变形以及拉索内力等参数方面进行比较，得到结果对比分析如表 6-17 所示。

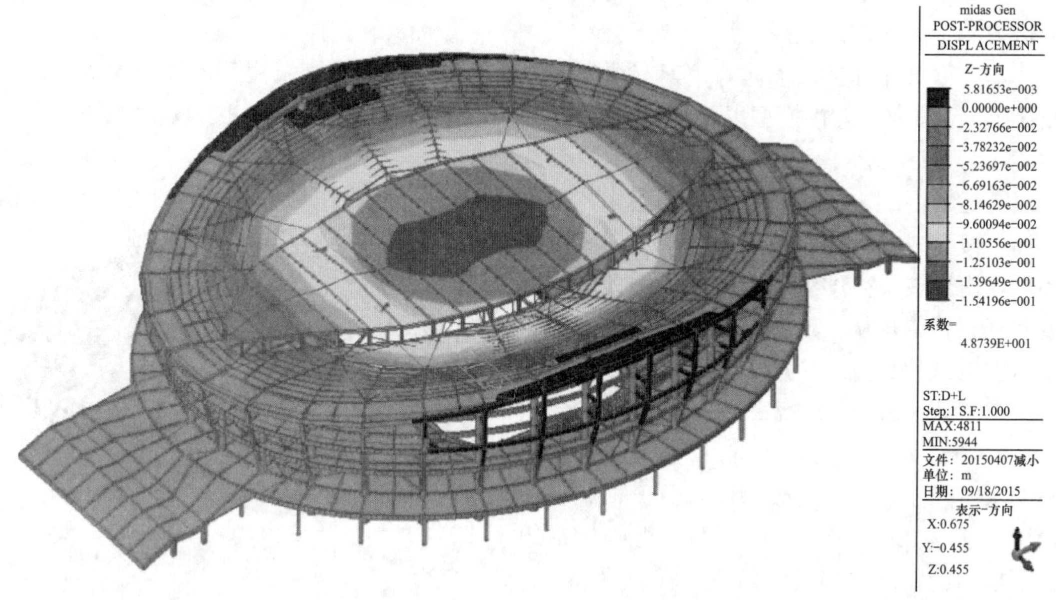

图 6-55　考虑协同作用的整体模型标准组合下竖向位移云图（mm）

不同约束条件下索穹顶各项性能指标对比　　**表 6-17**

	三向铰接模型	弹性连接模型	整体模型
整体变形云图	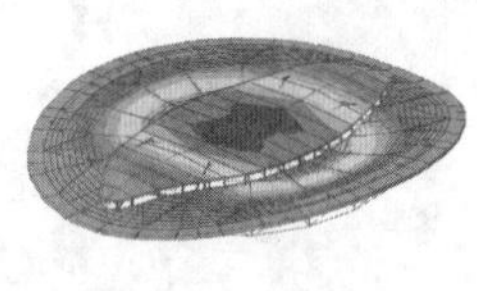	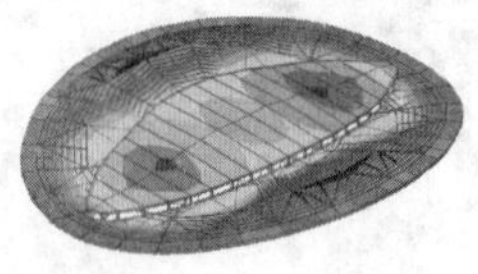	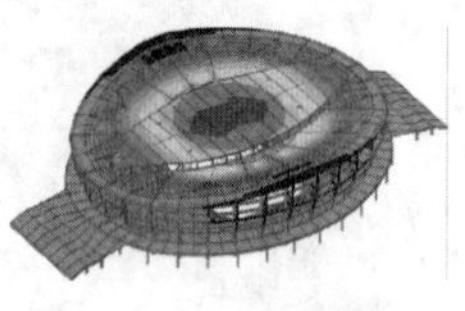
整体最大位移 v_z(mm)	127	229	154
环梁变形云图	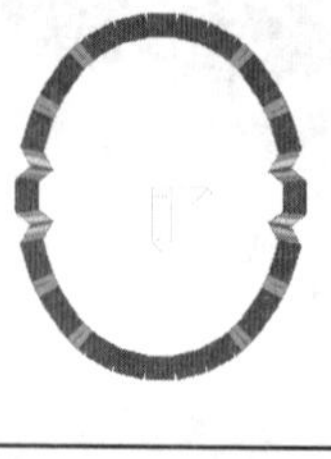		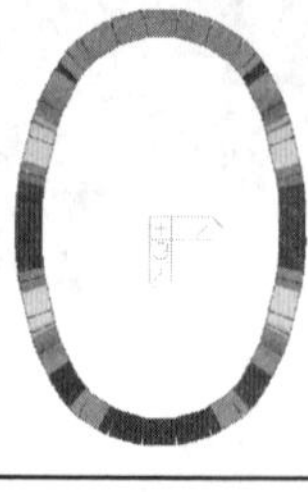

续表

	三向铰接模型	弹性连接模型	整体模型
环梁变形（mm）	1.08	136	21.4
环梁应力 S_{com}(MPa)	21.5	7.5	0.46
最大内力 N(kN)	6531	4528	4644

从以上对比结果可知，不同约束条件对索穹顶静力性能的影响是很大的。从变形结果的角度来看，三向铰接模型比考虑协同作用的模型位移减小了 27mm，而考虑弹簧约束的模型位移比考虑协同作用的整体模型位移增大了 75mm，且最大位移发生在长轴边缘与跨中之间的部位。从环梁变形结果来看，考虑协同作用的模型环梁发生短轴方向内缩的整体变形而非三向铰接模型中的局部变形，最大变形为 21.4mm；把下部结构模拟成弹簧约束的模型，环梁变形形状与协同作用模型类似，但变形明显增大了许多。

由此可见，三向铰接模型、弹簧约束模型和考虑协同作用的整体模型相比在变形方面的误差是很大的。三向铰接的模型强化了下部结构尤其是短轴方向的刚度；而考虑弹簧约束的模型中，由于将下部结构的刚度近似简化成悬臂柱的刚度，忽略了下部混凝土柱与梁、楼板之间连接而产生的刚度，造成简化后的刚度大大降低。

从环梁应力的角度来看，三向铰接的模型中由于存在拉索处于支座间的情况，由此造成的局部应力比较大，在考虑弹簧刚度和协同作用的模型中，由于环梁释放了一部分位移，使环梁的局部应力大大降低，考虑协同作用的模型中，环梁的应力及变形更接近实际情况。

从拉索内力的角度来看，由于环梁变形的影响，拉索内力也会有不同程度的降低，考虑协同作用的模型最大拉索内力比铰接模型降低 29%，考虑弹簧刚度的模型最大拉索内力比铰接模型降低 31%。由此可见，铰接模型与弹簧约束模型均会对拉索内力造成影响，而铰接模型拉索内力的影响尤为明显。在实际设计计算中应考虑下部结构与上部索穹顶结构的协同分析。

6.3.3 天津理工大学体育馆整体模型分析

根据本书第 6.3.1 节中的分析结果，边界刚度对刚柔组合屋面索穹顶有着较大的影响，需要在设计计算中考虑实际的边界刚度。因此，本节中建立了考虑下部框架结构和环梁的整体结构模型，分析了刚柔组合屋面索穹顶的基本受力性能。

天津理工大学体育馆在边界形状和屋面组成上与以往的索穹顶工程相比有很多特别之处。其边界在空间上为一不等高的空间曲线，最高点在短轴的两端，最低点在长轴两端，最高点和最低点高差为 5.455m。屋盖边界采用钢筋混凝土环梁。环梁最宽处在短轴两端，宽度为 6838mm，最窄处在长轴两端，宽度为 4957mm。环梁支承于 20 根混凝土立柱之上，如图 6-56 所示。

6.3.3.1 全跨均布荷载下分析

下部结构为钢筋混凝土框架，环梁与下部框架整体浇筑在一起，因此模型中环梁与下部结构的柱子刚接。下部结构的模型如图 6-57 所示，整体结构的模型如图 6-58 所示。

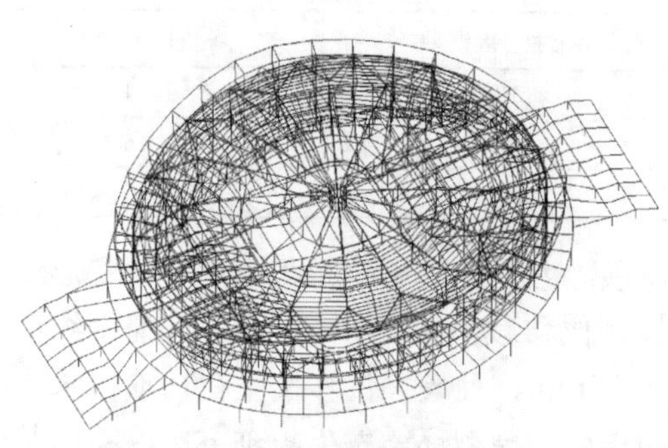

(a) 整体结构模型

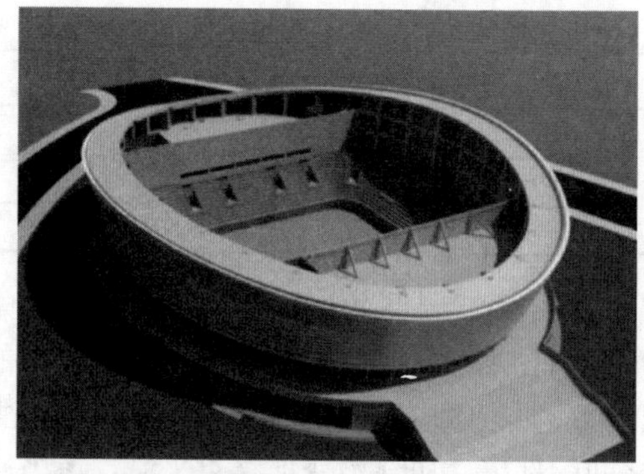

(b) 混凝土框架及环梁效果图

(c) 施工中照片

(d) 建成后效果

图 6-56　天津理工大学体育馆

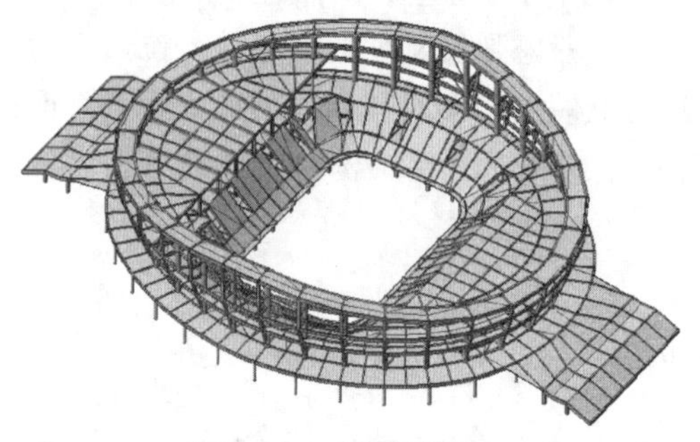

图 6-57　下部结构模型

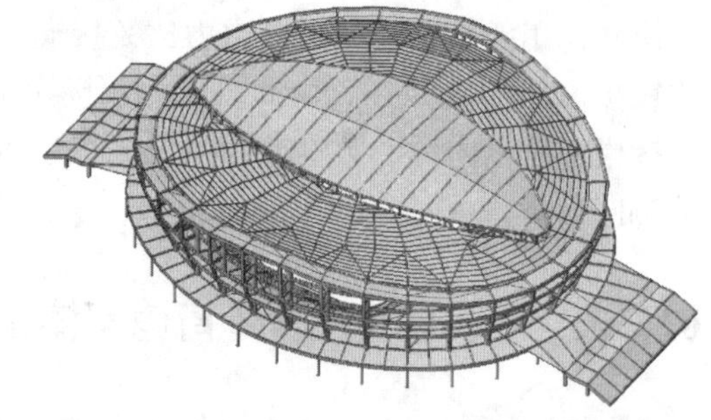

图 6-58　整体结构模型

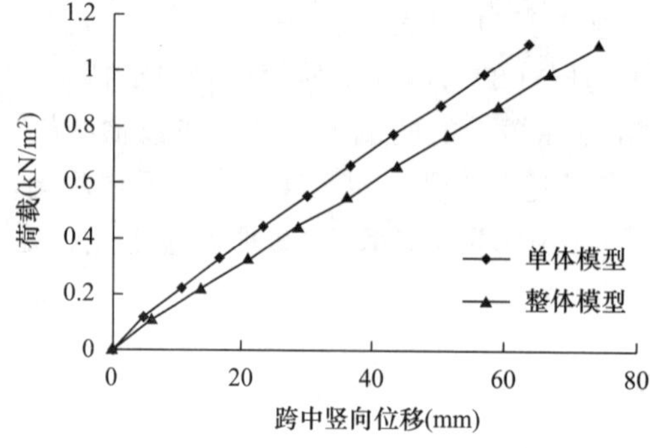

图 6-59　全跨荷载下荷载-位移曲线

在整体结构模型中没有考虑屋面板的作用，原屋面板的位置仅建立虚面以传递屋面荷载。本节中考虑的荷载为 1.1kN/m^2 的屋面均布荷载，两个模型在全跨屋面均布荷载下跨中的荷载-位移曲线如图 6-59 所示，可见整体模型的刚度略小于单体模型的刚度，这是由于整体模型中边界并不能完全限制索穹顶边界节点的位移。

表 6-18 显示了全跨均布荷载下长轴和短轴的脊索与斜索以及三圈环索的内力，可见

整体模型中三圈环索索力均小于单体模型，这也是整体模型竖向刚度小于单体模型的主要原因；整体模型中在长轴方向除了 JS1D 与单体模型索力基本一致外，其余脊索内力均大于单体模型，但是斜索却呈现不同的规律；而在短轴方向整体模型脊索索力则大幅小于单体模型的索力，整体模型斜索索力也小于单体模型。这是因为椭圆形边界的短轴方向在索力作用下发生向结构内侧的位移，与此同时由于下部框架具有良好的整体性，边界的长轴方向发生向结构外侧的位移。对索穹顶结构，在整体模型中结构的短轴有变短的趋势，而长轴有变长的趋势，长轴与短轴方向的差异小于单体模型。

全跨荷载下拉索内力　　　　表 6-18

拉索编号	索力（kN）		拉索编号	索力（kN）		拉索编号	索力（kN）	
	整体模型	单体模型		整体模型	单体模型		整体模型	单体模型
JS1A	426	404	JS5A	3555	4158	HS1	423	463
JS1B	547	493	JS5B	4273	4922	HS2	1632	1702
JS1C	661	613	JS5C	4810	5533	HS3	2835	2993
JS1D	639	640	JS5D	4382	5017			
XS1A	133	103	XS5A	581	715			
XS1B	172	189	XS5B	578	666			
XS1C	662	690	XS5C	754	786			
XS1D	744	792	XS5D	871	919			

图 6-60 为全跨均布荷载作用时环梁变形示意图，图中灰色线条为环梁未变形的位置。短轴处最大向内的变形为 21mm，而长轴处最大向外的变形为 11mm，这是由于整个结构长轴与短轴的比值较大，短轴为环梁的最高点，且短轴方向索力大于长轴方向。

图 6-60　整体模型环梁变形

6.3.3.2　半跨均布荷载下分析

在半跨荷载下，分别对比了索穹顶上竖向位移最大的节点，即短轴 1/4 跨和长轴 1/4 跨处的节点位移，其荷载-位移曲线如图 6-61 所

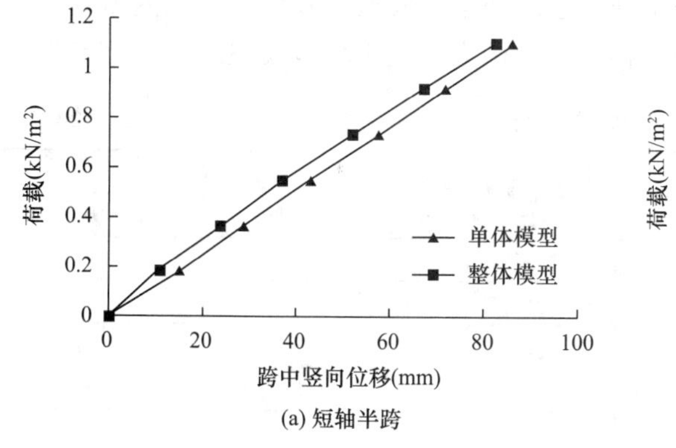

(a) 短轴半跨

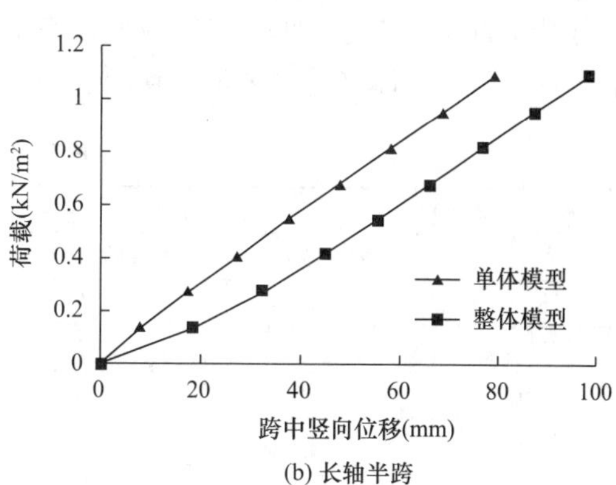

(b) 长轴半跨

图 6-61　半跨荷载下荷载-位移曲线

示，相同短轴半跨荷载下，整体模型的跨中竖向位移略小于单体模型，单体模型和整体模型的短轴刚度相差不大；而在相同的长轴半跨荷载下，整体模型的跨中竖向位移明显大于单体模型，由此可见单体模型的长轴刚度大于整体模型。

从表 6-19 也可见，虽然在长轴半跨荷载作用下整体模型的长轴脊索索力依然大于单体模型，但是由于其斜索索力小于单体模型，刚度仍然小于单体模型。而在短轴方向虽然整体模型的斜索和脊索索力都小于单体模型，但是由于整体模型短轴方向整体工作性能较好，与单体模型的刚度差别并不大。

半跨荷载下索内力　　**表 6-19**

长轴半跨荷载			短轴半跨荷载		
拉索编号	索力（kN）		拉索编号	索力（kN）	
	整体模型	单体模型		整体模型	单体模型
JS1A	450	427	JS5A	3694	4290
JS1B	591	536	JS5B	4444	5083
JS1C	711	660	JS5C	4991	5703
JS1D	653	649	JS5D	4472	5100
XS1A	127	95	XS5A	610	742
XS1B	163	179	XS5B	613	698
XS1C	608	637	XS5C	691	726
XS1D	762	813	XS5D	874	921

6.3.3.3　温度作用分析

温度作用会带来构件的内力变化，而索穹顶结构的内力变化还会影响结构的刚度等力学性能，因此温度是索穹顶结构设计计算中必须考虑的重要因素。然而，不同的边界条件下结构的温度作用有着很大的差异，为了明确在实际结构中索穹顶的温度作用，本节将对比整体模型和单体模型的温度作用。

本节中考虑的温度作用为均匀分布的升温和降温工况，升温和降温均为 30℃。表 6-20 和表 6-21 对比了整体模型和单体模型在温度作用下长轴和短轴拉索的内力变化，可见温度对索穹顶结构内力的影响由内圈向外圈逐渐增大。在考虑整体模型的弹性边界后，温度作用引起的内力变化远小于单体模型，除了外环索以外整体模型中其余拉索的内力变化均小于 100kN，总体来看，温度作用引起的整体模型的内力变化为单体模型的 1/6～1/5。

升温工况拉索内力　　**表 6-20**

拉索编号	索力（kN）		拉索编号	索力（kN）	
	整体模型	单体模型		整体模型	单体模型
JS1A	−12	−43	JS5A	−12	−382
JS1B	−19	−44	JS5B	−38	−502
JS1C	−36	−110	JS5C	−63	−624
JS1D	−52	−190	JS5D	−95	−692
XS1A	0	29	XS5A	−17	−150
XS1B	−3	−25	XS5B	−18	−125

续表

拉索编号	索力（kN）		拉索编号	索力（kN）	
	整体模型	单体模型		整体模型	单体模型
XS1C	−28	−136	XS5C	−32	−154
XS1D	−47	−270	XS5D	−52	−234
HS1	−10	−62			
HS2	−71	−335			
HS3	−403	−767			

降温工况拉索内力　　**表 6-21**

拉索编号	索力（kN）		拉索编号	索力（kN）	
	整体模型	单体模型		整体模型	单体模型
JS1A	11	44	JS5A	17	381
JS1B	19	46	JS5B	43	499
JS1C	36	112	JS5C	67	623
JS1D	51	193	JS5D	96	680
XS1A	0	−27	XS5A	18	147
XS1B	4	26	XS5B	19	126
XS1C	28	140	XS5C	32	159
XS1D	48	267	XS5D	48	235
HS1	10	65			
HS2	69	344			
HS3	581	768			

整体模型的温度作用远小于单体模型是因为考虑了弹性边界的作用，然而不同于一般的弹性边界通过允许边界位移释放温度应力，支承索穹顶的下部结构在温度作用下的变形与索穹顶本身的变形的变化趋势是相反的，因此能够在很大程度上抵消温度作用对索穹顶结构产生的影响。

边界环梁在温度作用的变形如图 6-62 所示，在降温工况，环梁向内收缩，同时拉索本身也有收缩的趋势，如果边界固定，索力将会上升，然而边界的向内收缩抵消了一部分由于构件收缩引起的索力上升。同理，在升温工况，环梁向外扩张，拉索因升温有伸长的趋势，环梁的变化也能够减小这种温度作用。

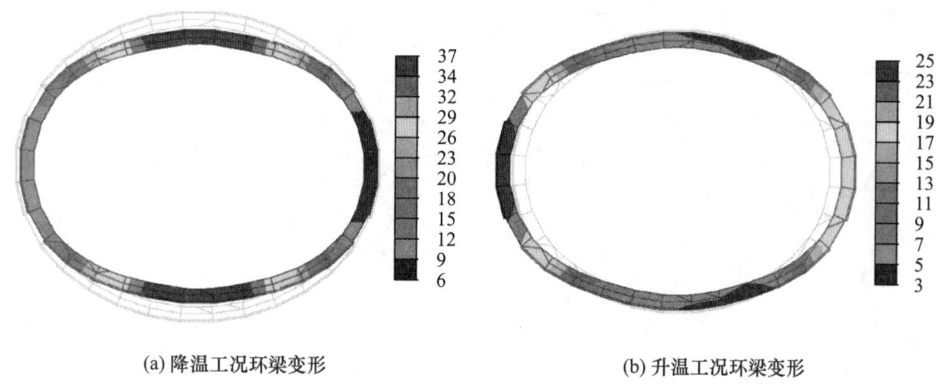

(a) 降温工况环梁变形　　(b) 升温工况环梁变形

图 6-62　温度作用下环梁变形

因此，在索穹顶结构设计中应考虑索穹顶和下部结构的协同工作性能，尤其是可以通过下部结构和索穹顶刚度的合理匹配抵消大部分温度作用。

6.4　屋面围护结构对索穹顶结构的影响

6.4.1　有限元模型

本节采用 ANSYS 软件建立了三个有限元模型进行对比分析。三个模型分别为：(1) 考虑檩条和屋面板的模型；(2) 考虑檩条的模型；(3) 仅有索杆结构的模型。模型中拉索、撑杆和次檩采用 Link180 单元，其中拉索设置为只受拉；主檩通过支托支承于索穹顶节点上，主檩和支托采用 Beam188 单元。三个模型边界上的拉索节点均为三向铰接。屋面板采用 Shell181 单元。模型中主檩根据次檩的间距等分，板单元节点与次檩上的节点连接。长轴和短轴的剖面图上构件的编号如图 6-63(a)和 (b) 所示，图 6-63(c)中节点 43 和节点 6 是后文分析长轴与短轴两个方向结构位移的控制节点。

主檩和次檩均采用矩形钢管，主檩截面为 450×250×10 矩形钢管、次檩截面为 350×250×10 矩形钢管。支托为 ϕ159×5 的圆钢管，撑杆的截面从外圈向内圈分别为 ϕ299×10、ϕ245×10 和 ϕ219×6 圆钢管。工程中由于仅有屋面底板与檩条连接，故本章分析中仅考虑屋面底板的作用。屋面底板采用厚度为 0.9mm、波高 35mm、波距 125mm 的压型钢板，压型钢板的强轴方向垂直于次檩。构件的单元选择和材料属性见表 6-22，主要拉索的截面见表 6-23。

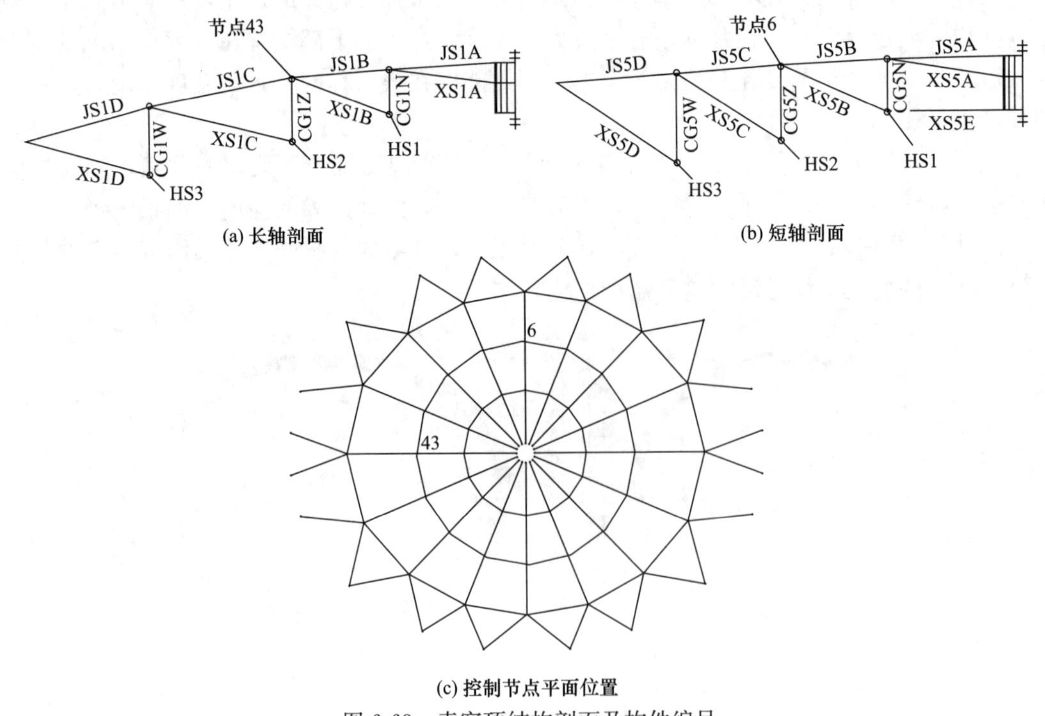

图 6-63　索穹顶结构剖面及构件编号

单元和材料属性 表 6-22

构件	单元	弹性模量（GPa）	
拉索	Link180（只受拉）	160	
撑杆	Link180	206	
檩条	Beam188	206	
压型钢板	Shell181	274（强轴）	0.02（弱轴）

主要拉索截面和预应力 表 6-23

编号	直径（mm）	编号	直径（mm）	编号	直径（mm）
JS1A	60	JS5A	116	HS1	60
JS1B	60	JS5B	133	HS2	99×2
JS1C	71	JS5C	133	HS3	99×2
JS1D	71	JS5D	133		

在本章的计算中将压型钢板等效为正交各向异性平板。压型钢板各向弹性常数可根据式（6-2）～式（6-6）计算：

$$E_{yy}=\frac{l}{a}E_0 \tag{6-2}$$

$$E_{xx}=\varepsilon\frac{I_0}{I_x}E_0 \tag{6-3}$$

$$\mu_{yx}=\mu_0 \tag{6-4}$$

$$\mu_{xy}=\frac{E_{xx}\mu_{yx}}{E_{yy}} \tag{6-5}$$

$$G_{\mathrm{eff}}=G_0\frac{a}{l} \tag{6-6}$$

式中，E_0 为钢材的弹性模量；E_{yy} 为压型钢板强轴的等效弹性模量；E_{xx} 为压型钢板弱轴的等效弹性模量；l 为压型钢板展开长度；a 为等效的各向异性板长；ε 为修正系数，一般取 2～2.5，本章取为 2；μ_0 为钢材的泊松比；G_0 为钢材的剪切模量；G_{eff} 为等效正交各向异性板的剪切模量；I_0 为等效正交各向异性板的横截面惯性矩；I_x 为真实板的横截面惯性矩。

为了研究屋面系统对索穹顶结构性能的影响，对比了全跨均布荷载和半跨均布荷载下结构的位移和内力，半跨均布荷载考虑了短轴半跨荷载和长轴半跨荷载两种情况，均布荷载的施加范围如图 6-64 所示。在模型 1 和模型 2 中施加的均布荷载为屋面恒荷载和活荷载

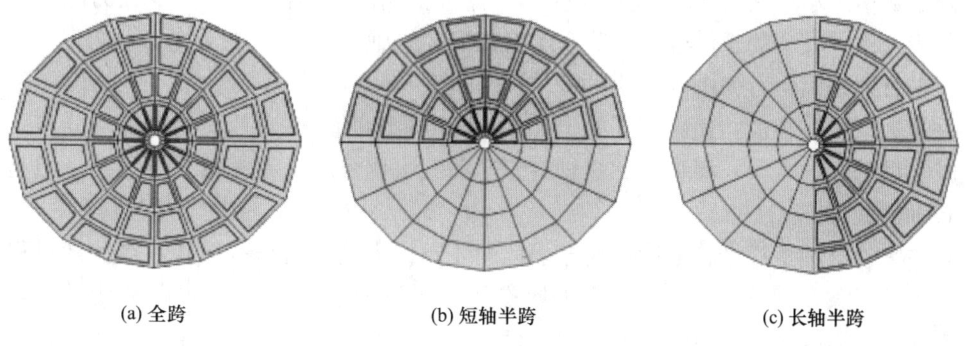

图 6-64 加载区域

标准值之和的 6 倍，即 6.3kN/m²，在模型 3 中除了模型 1 和 2 中的均布荷载，还将这两个模型中檩条的自重折算为均布荷载通过虚面施加在索穹顶上。

6.4.2　围护结构形式对索穹顶结构的影响

6.4.2.1　全跨均布荷载作用下

图 6-65 为全跨均布荷载作用下三个模型的位移计算结果。图 6-66～图 6-68 为拉索内力的计算结果。从图 6-65 可见在加载过程中三个模型的荷载-位移关系基本都保持了线性关系。对比结构的刚度，模型 2 刚度较模型 3 提高了 32.2%，模型 1 刚度比模型 2 提高了 10.3%，可见檩条对结构刚度提高有较大贡献，屋面板对结构刚度有一定贡献，但不如檩条明显。

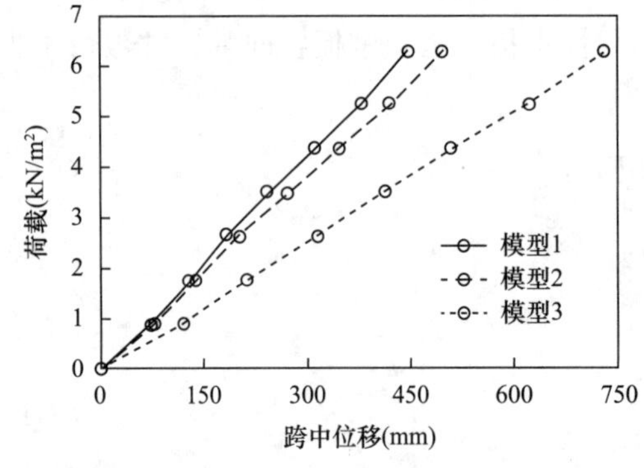

图 6-65　均布荷载下结构跨中竖向位移

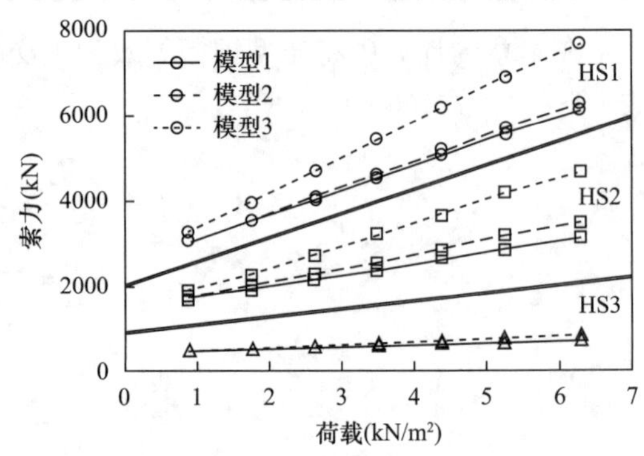

图 6-66　均布荷载下环索索力

从图 6-65 和图 6-66 可见由于屋面板对结构刚度的贡献，环索对均布荷载的敏感程度有所降低，与刚度对比的结果相似，模型 1 环索索力与模型 2 的结果比较接近，而模型 1 环索索力与模型 3 相比有较大提高。

图 6-67 显示了长轴最内圈和最外圈脊索索力随荷载的变化。三个模型长轴脊索索力在加载初期均呈现线性下降的趋势，模型 3 最内圈索力下降速度快于另两个模型，在加载至 2.7kN/m² 时，模型 3 的 JS1A 发生了松弛，此后由于内力重分布，其 JS1D 的索力反而大幅上升。而模型 1 和模型 2 中的长轴脊索的内力十分相近并保持了线性下降的趋势，但是下降的数值远小于模型 3，这说明屋面结构极大地增加了结构抵抗外荷载的能力，尤其是对预应力水平较低的长轴方向，防止了脊索发生松弛。

短轴方向脊索索力如图 6-68 所示，模型 1 和模型 2 的脊索依然保持了线性下降的趋势，并且数值十分相似，而模型 3 的 JS5D 由于长轴内脊索松弛后发生内力重分布，出现了先减小后增大的现象，模型 3 的短轴脊索对荷载也比模型 1 和模型 2 更敏感，但是差别小于长轴的程度。

总体来说，纯索杆结构刚度相对较弱，对于预应力较小的脊索构件，在加载过程中会发生松弛的现象，檩条对结构的刚度贡献较大，檩条的加入改变了结构的受力性能，内力变化规律与纯索杆结构有较大不同，而与檩条相比屋面板对结构的刚度贡献相对较小，基本上在 10%以内。

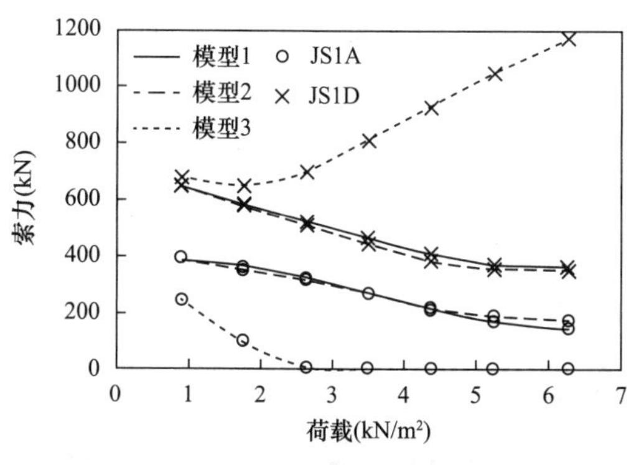

图 6-67 均布荷载下长轴脊索索力

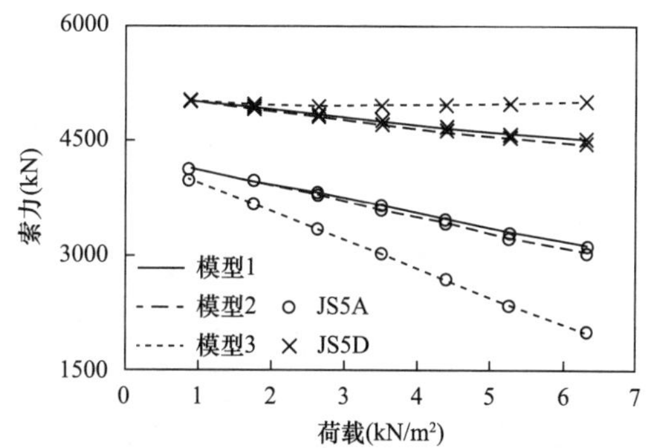

图 6-68 全跨均布荷载下短轴脊索索力

6.4.2.2 短轴半跨荷载作用下

对结构施加短轴半跨荷载，获得结构的力学性能。由图 6-69 和图 6-70 可知，与全跨荷载情况类似，在模型 3 的加载过程中 JS1A 发生了松弛。但是由于长轴上荷载小于全跨荷载情况，松弛时荷载为 3.25kN/m²，在松弛前 JS1D 索力先下降，在 JS1A 松弛后因内力重分布再上升。但与全跨荷载不同的是，模型 2 的长轴索力下降的速度快于模型 1，说明屋面板能够增强结构抵抗半跨荷载的能力。短轴脊索 JS5D 索力大幅上升是由于短轴两侧的两榀内圈脊索发生松弛，短轴上承担的荷载增加。

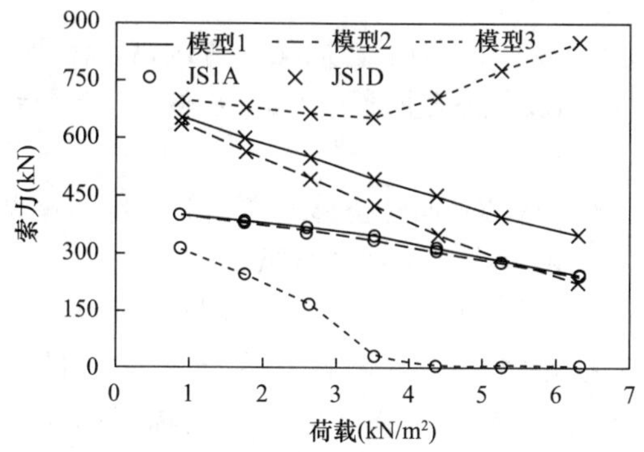

图 6-69 短轴半跨均布荷载下短轴脊索索力

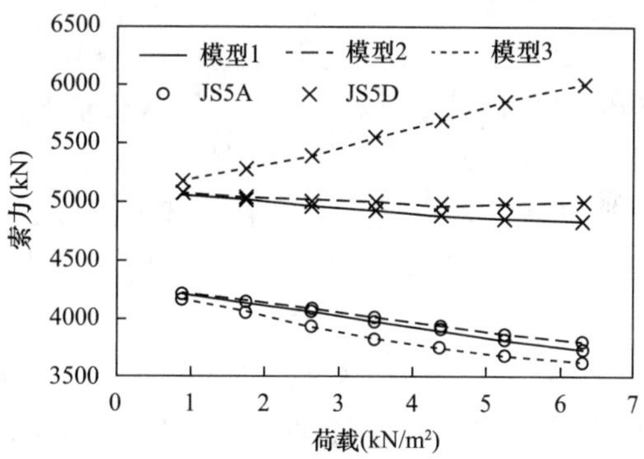

图 6-70 短轴半跨均布荷载下长轴脊索索力

图 6-71 为同圈环索最大索力和最小索力之差，从结果可见，模型 2 比模型 1、模型 3 比模型 2 的索力差均有明显减小，檩条和屋面板都可以提高结构的整体工作性能，两者的作用效果相近。

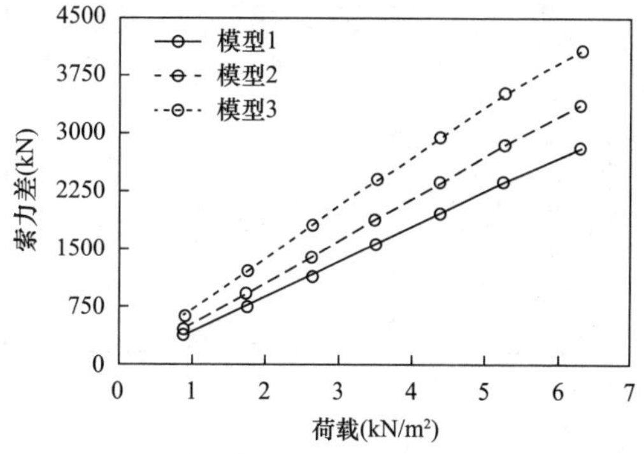

图 6-71 短轴半跨均布荷载下 HS3 索力差

节点 6 是位于短轴 1/4 跨度上的节点（图 6-63），从图 6-72 可见屋面板和檩条对短轴方向竖向刚度的提高作用是相近的。与全跨均布荷载的情况对比，屋面板对增强结构抵抗半跨荷载作用更加明显。节点 43 是位于长轴 1/4 跨度上的节点（图 6-63），从图 6-73 中长轴的竖向位移可见檩条和屋面板均对模型 2 屋盖结构竖向刚度有较大贡献。长轴脊索节点平面外位移基本与模型 3 相同，都远大于模型 1，说明屋面极大地提高了每榀索杆结构的平面外刚度。

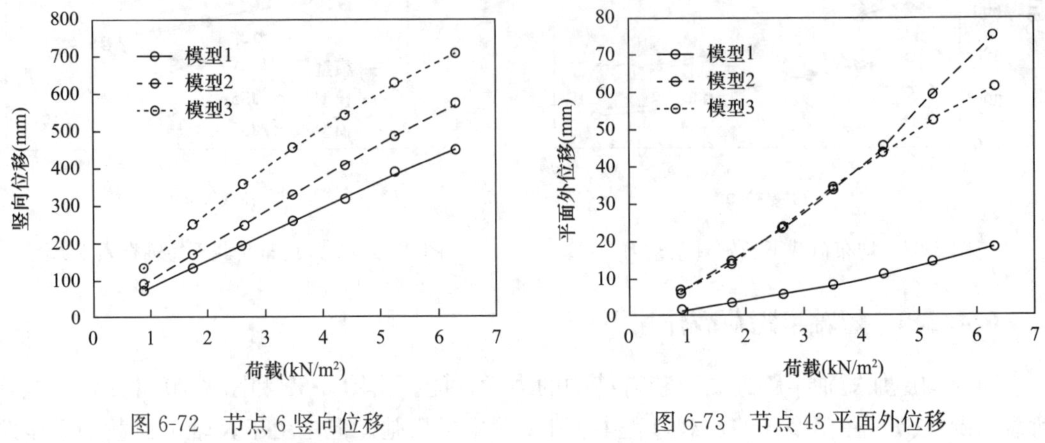

图 6-72　节点 6 竖向位移　　图 6-73　节点 43 平面外位移

6.4.2.3　长轴半跨荷载作用下

对结构施加长轴半跨荷载，获得结构的力学性能。从图 6-74 和图 6-75 中长短轴的脊索索力变化可见，对于长轴半跨荷载的情况，长轴和短轴上脊索索力变化趋势与短轴半跨荷载情况基本一致，但是外圈脊索的受力更为接近。

图 6-76 为 HS3 的索力差，三个模型的 HS3 索力差比短轴半跨情况更为接近，模型 1 和模型 2 有明显的上升，这是因为长轴方向屋面板和檩条覆盖面积较小，在这个方向受到半跨荷载后外圈拉索的受力较为相似。

从图 6-77 可见长轴半跨荷载下模型 2 和模型 3 的短轴平面外位移基本相似，也与模型 1 更为接近，这是由于节点 6 处没有金属屋面覆盖，刚度主要由檩条贡献。

如图 6-78 所示，模型 1 和模型 2 长轴方向的竖向刚度比较接近，这与短轴有明显的不同，这是因为长轴方向屋面板布置面积较小，竖向刚度的提高主要为檩条的作用，与模型 3 结果对比可见，对预应力水平较低的位置，檩条结构可以大幅提高结构的竖向刚度。

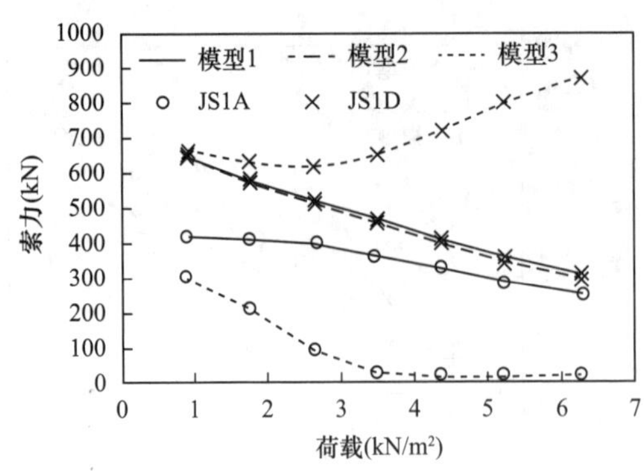

图 6-74　长半跨均布荷载下短轴脊索索力

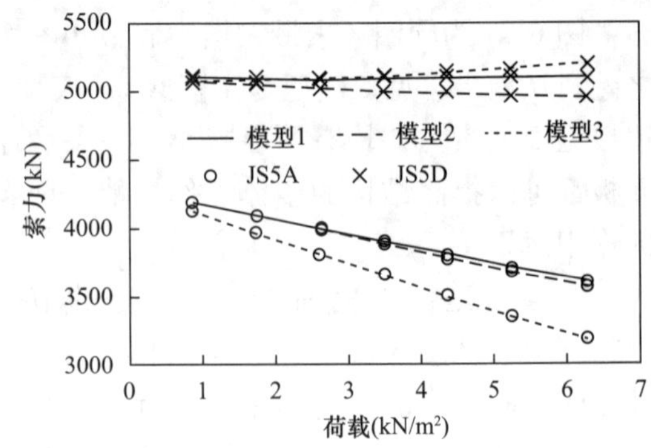

图 6-75　长半跨均布荷载下长轴脊索索力

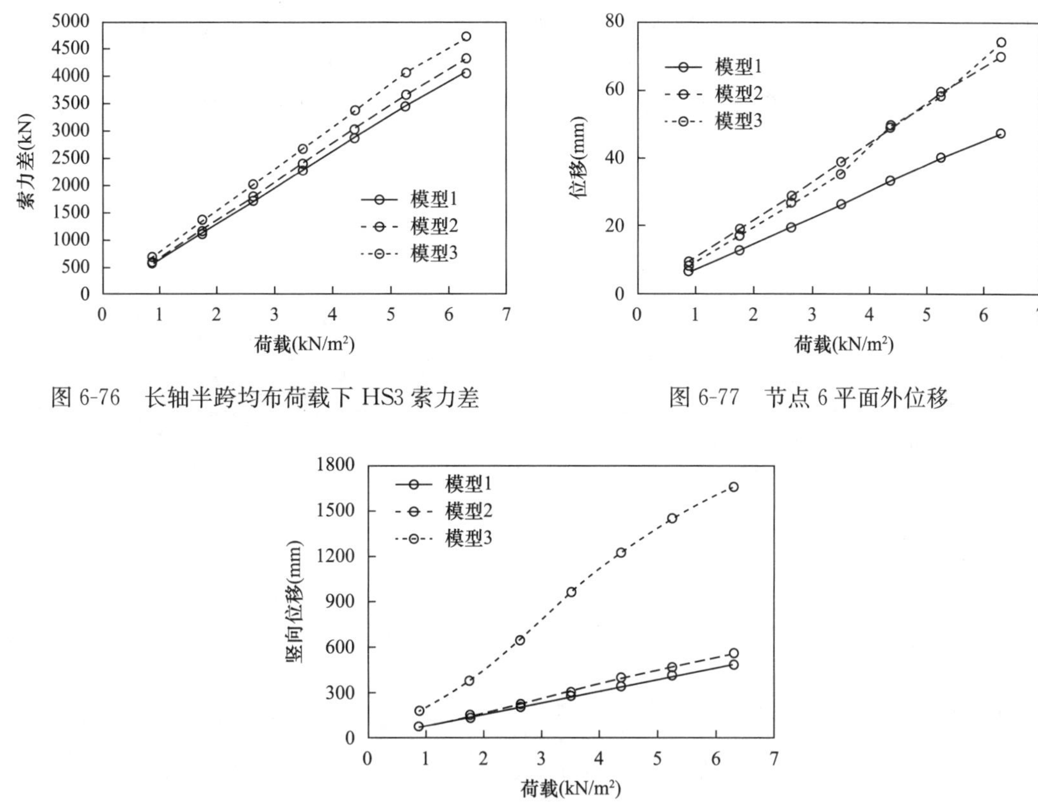

图 6-76　长轴半跨均布荷载下 HS3 索力差

图 6-77　节点 6 平面外位移

图 6-78　节点 43 竖向位移

对比两种半跨荷载工况与全跨荷载工况下结构的内力和位移，可以发现檩条对提高结构的竖向刚度起了很大作用，屋面板作用较小。但是，在半跨荷载作用下考虑檩条的结构和索杆结构的平面外位移比较相似，而考虑了屋面的模型的平面外位移则大幅小于前面两种结构，这说明屋面板对提高结构的平面外刚度起了较大的作用，檩条对提高平面外刚度作用较弱。

6.5　本章小结

本章分析了刚柔组合屋面对椭圆形复合式索穹顶的受力性能的影响，对比了屋面支承系统和屋面板的作用，分析了考虑下部支承结构时椭圆形复合式索穹顶的受力性能和温度作用。结果表明，屋面支承系统可以使索穹顶结构的刚度有较大提升；屋面板对刚度提升的作用较小，但是可以增强结构抵抗不对称荷载的能力和整体工作性能。刚柔组合屋面索穹顶结构设计中可以主要考虑屋面檩条系统的作用。结构刚度随预应力水平降低而降低，预应力过小会导致部分拉索在荷载作用下松弛。预应力水平的影响对柔性屋面索穹顶更加明显。结构的几何刚度随撑杆高度增大而增大，同时结构的预应力也会随撑杆高度大幅增加，故增加撑杆高度也可以有效提高结构刚度。结构刚度随水平支承刚度减小而减小，刚柔组合屋面索穹顶对水平刚度变化更加敏感。实际工程中下部结构无法达到刚度无限大，故设计中应考虑下部结构的弹性支承。结构刚度随水平支承刚度减小而减小，柔性屋面索穹顶对边界水平刚度变化更加敏感。考虑下部支承结构后椭圆形复合式索穹顶结构的长轴和短轴受力性能的差异小于仅考虑屋盖结构的单体模型，整体模型中的索穹顶的温度作用也大幅小于单体模型，实际工程中应考虑下部支承结构的作用。

第7章 椭圆形复合式索穹顶结构动力性能分析

结构的固有振动特性分析又称为模态分析，这种分析是为了确定结构的振动特性，如结构固有频率和振型等，自振体型分析结果可作为诸多动力分析的基础。任何结构都具有特有的固有频率和模态振型，属于结构自身的固有属性。

对结构自振频率进行计算，可以在设计初期就避免结构在服役期间可能遇到的动荷载下发生共振的危险。对一般结构而言，要求工作频率不落在模态分析某阶模态的半功率带宽内或者各阶模态频率均远离其工作频率，对结构振动贡献较大的振型，不能影响结构正常工作。

对结构进行自振特性分析后，可提取每一阶振型的频率以及其参与系数，其中动力参与系数代表了该阶振型对结构动力响应的影响程度，结构的振型则可以通过查看结构变形是否合理来校核结构质量与刚度的匹配度。

大跨度空间结构由于自重轻、跨度大，常常在风振等动力因素下遭到破坏，造成严重的经济财产损失，因此对椭圆形复合式索穹顶结构进行动力响应分析是十分必要的。本章将基于天津理工大学体育馆索穹顶结构实际工程，简要介绍索穹顶结构动力性能研究基本理论并对天津理工大学体育馆索穹顶结构进行动力性能分析。

7.1 自振特性分析

7.1.1 基本理论

在频域内研究结构在动荷载下的响应，必须在频域内求解动力平衡方程：

$$[M]\{\ddot{u}\}+[C]\{\dot{u}\}+[K]\{u\}=\{F(t)\} \tag{7-1a}$$

式中，$[M]$ 是结构整体质量矩阵，$[C]$ 是结构阻尼矩阵，$[K]$ 是结构整体刚度矩阵，$\{F(t)\}$ 是外荷载向量。根据微分方程求解理论，在求解该动力平衡微分方程时，应先求得其对应的齐次方程的通解，且暂不考虑阻尼的影响，即求解：

$$[M]\{\ddot{u}\}+[K]\{u\}=\{0\} \tag{7-1b}$$

可设方程的解为：

$$\{u\}=\{\phi\}\sin(\omega t+\varphi) \tag{7-2}$$

将式（7-2）代入式（7-1b），可得：

$$([K]-\omega^2[M])\{\phi\}=\{0\} \tag{7-3}$$

即多自由度体系的动力特征方程。式中，ω 为自振频率，φ 为相位角，$\{\phi\}$ 为振型列向量。在求解式（7-3）时，每一个 ω 对应一个 $\{\phi\}$，即每一阶自振频率都对应一个振型，自振频率和振型统称为结构的自振特性。

自振频率的求解是结构动力问题分析的基础。结构的自振特性是结构的固有属性，完全由结构自身的刚度和质量决定。同时，结构的自振频率和振型可以体现结构自身固有刚度和质量的相对大小及分布情况。

7.1.2　索穹顶结构自振特性

对天津理工大学体育馆索穹顶结构进行了自振特性的分析计算，模态分析中将恒载＋0.5 倍活载等效成节点质量加在结构相应位置，并取体系静力计算的最终状态（包括内力和位移等）作为动力初始态，有限元分析得到该索穹顶的自振特性。

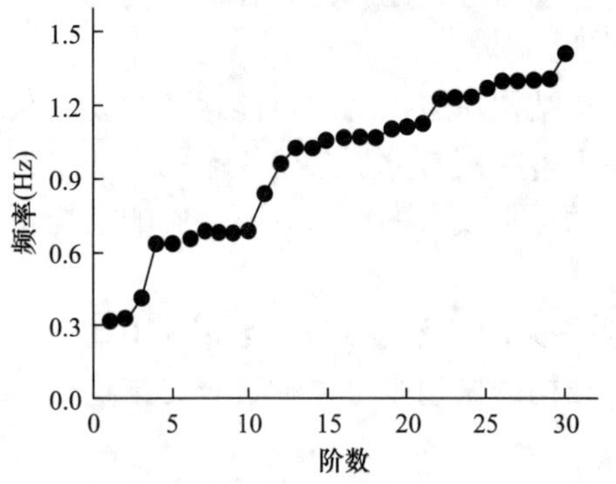

图 7-1　索穹顶结构频率变化图

天津理工大学体育馆索穹顶结构频率变化如图 7-1 所示。其前 10 阶振型以及第 60、90 阶振型如图 7-2 所示，前 30 阶频率计算结果如表 7-1 所示。

由图 7-2 可以看出，频率相对比较密集，相邻频率相差不大，但存在一定跳跃性变化，同时因为结构有多条对称轴，结果出现了大小相近的频率组。

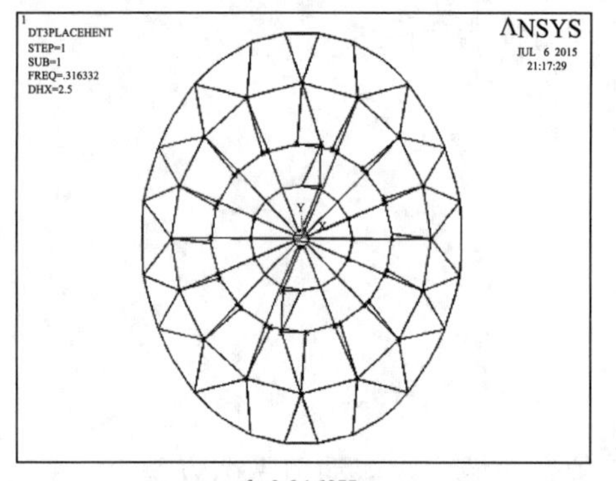

f_1=0.3163Hz

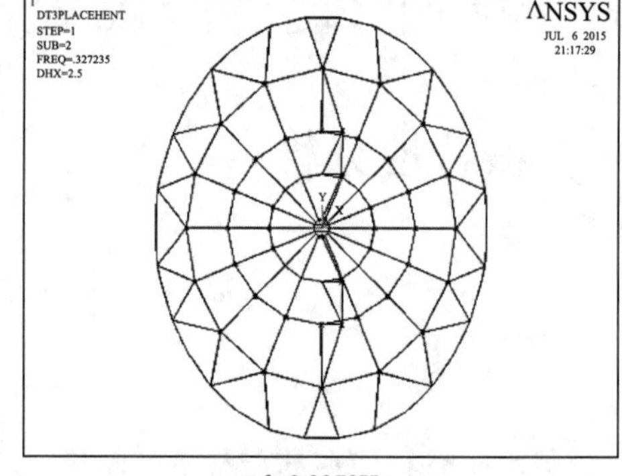

f_2=0.3272Hz

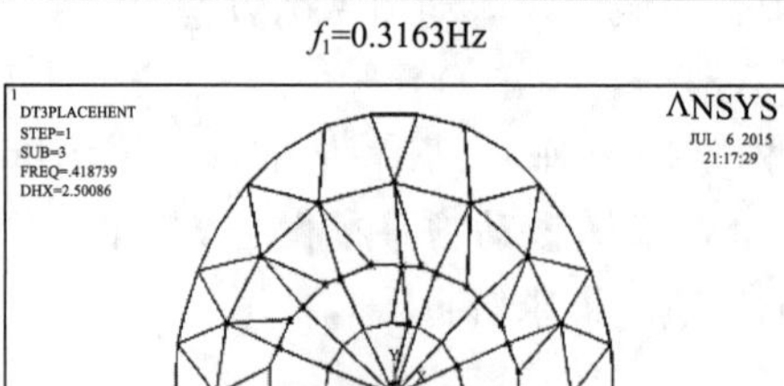

f_3=0.4187Hz

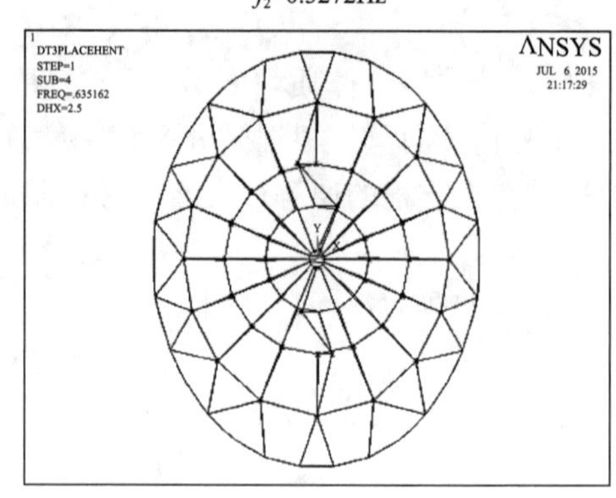

f_4=0.6352Hz

图 7-2　索穹顶结构部分振型图（一）

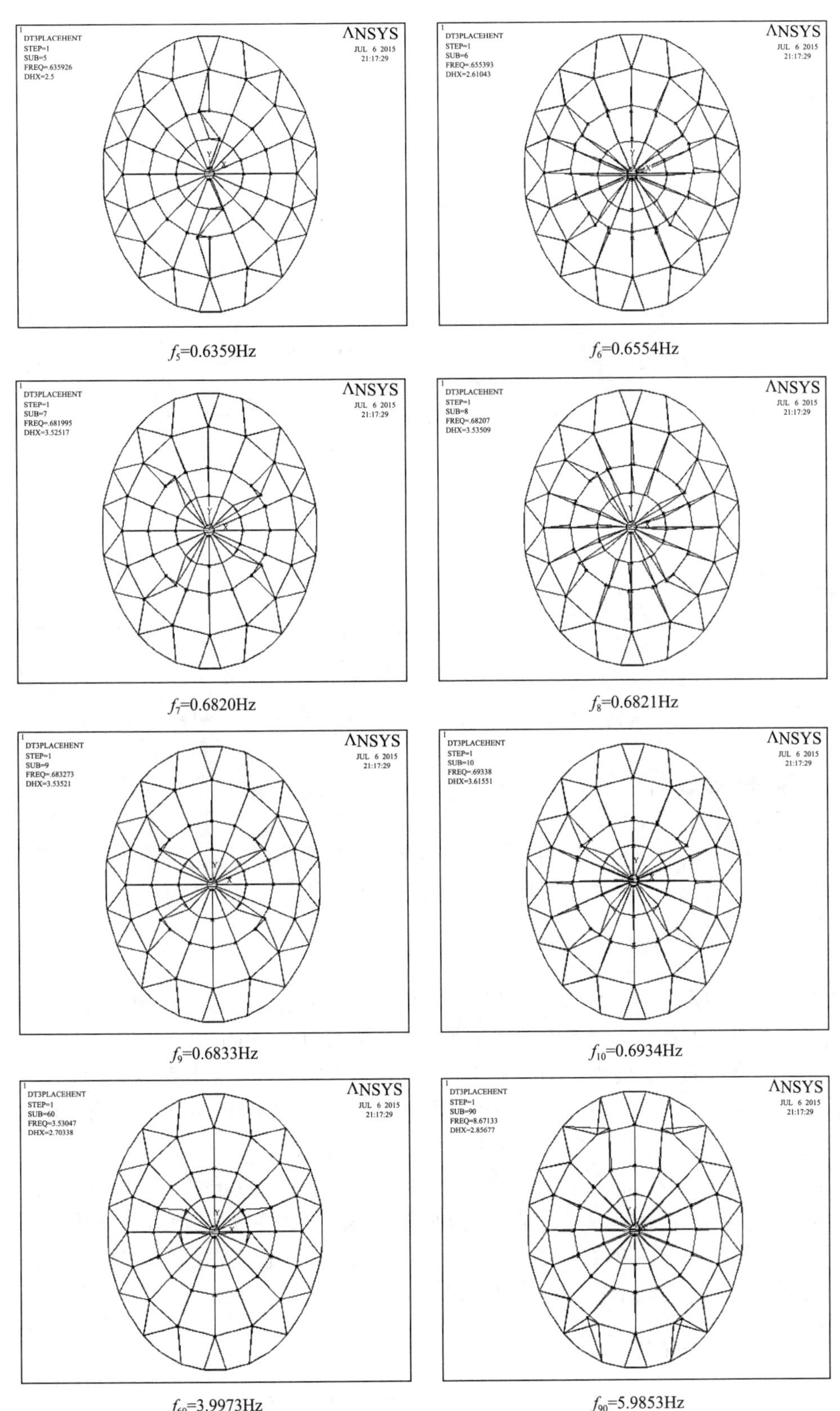

f_5=0.6359Hz　f_6=0.6554Hz

f_7=0.6820Hz　f_8=0.6821Hz

f_9=0.6833Hz　f_{10}=0.6934Hz

f_{60}=3.9973Hz　f_{90}=5.9853Hz

图 7-2　索穹顶结构部分振型图（二）

前 30 阶频率（Hz）　　表 7-1

阶数	频率	阶数	频率	阶数	频率
第 1 阶	0.3163	第 11 阶	0.8403	第 21 阶	1.1259
第 2 阶	0.3272	第 12 阶	0.9594	第 22 阶	1.2271
第 3 阶	0.4187	第 13 阶	1.0269	第 23 阶	1.2314
第 4 阶	0.6352	第 14 阶	1.0316	第 24 阶	1.2361
第 5 阶	0.6359	第 15 阶	1.0597	第 25 阶	1.2710
第 6 阶	0.6554	第 16 阶	1.0717	第 26 阶	1.3013
第 7 阶	0.6820	第 17 阶	1.0717	第 27 阶	1.3050
第 8 阶	0.6821	第 18 阶	1.0721	第 28 阶	1.3062
第 9 阶	0.6833	第 19 阶	1.1031	第 29 阶	1.3063
第 10 阶	0.6934	第 20 阶	1.1170	第 30 阶	1.4126

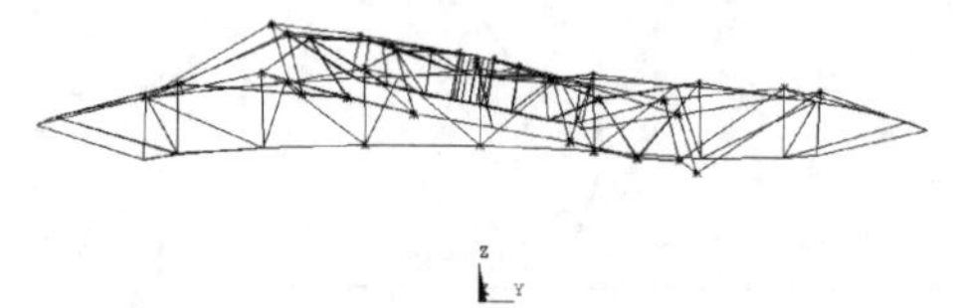

图 7-3　结构第 6 阶竖向振型图

由于该索穹顶自振过程中竖向变化较小，故图 7-2 中给出的均是振型平面图。从振型图中可以看出，本结构的振型均是以转动为主，在前几阶还出现了局部振动情况，主要原因是长轴方向的脊索侧向刚度较弱，结构在第 6 阶出现了绕短轴方向的扭转振型，如图 7-3 所示。综上可见，索穹顶的振型主要以转动为主，此外局部的振动也比较明显。

7.1.3　参数化分析

索穹顶结构是一种自平衡结构，对预应力水平、边界条件以及屋面围护体系形式等比较敏感，本节主要探索三者对椭圆形复合式索穹顶结构自振频率的影响规律。

7.1.3.1　预应力水平的影响

索穹顶是一种张拉整体结构，整体刚度均由带预应力的索提供，故预应力在索穹顶结构中起着至关重要的作用。对各索施加不同的预应力会对结构的刚度有较大改变，会很大程度地影响索穹顶的自振特性。为考察预应力水平对索穹顶的自振频率的影响，对结构施加 P、$0.4P$、$0.7P$、$1.3P$ 四种水平的预应力并分别计算其自振频率。计算所得结构自振频率的变化如图 7-4 所示，结构自振频率随预应力变化如图 7-5 所示。

由图 7-4 和图 7-5 可见，结构的频率大小随预应力的变化而改变，结构自振频率随预应力增大而明显增大，且结构在不同预应力水平下的自振频率改变趋势基本相同。预应力的增大提高了结构的整体刚度，使结构的自振频率增大，但预应力水平的改变并没有影响结构的刚度分布，结构频率变化趋势仍大致保持一致。

7.1.3.2　边界条件的影响

索穹顶结构是自平衡体系，不需要水平方向的约束，但体育馆下部结构的混凝土柱支撑混凝土环梁，会对水平方向以及转动有一定约束作用，故研究索穹顶边界条件对其自振特性的影响十分必要。本节将采用五种方案，详细信息如表 7-2 所示，其中 1 表示约束；0 表示不约束；K 表示弹簧支座，支座水平刚度分别为 $K_1=30000\text{kN/m}$，$K_2=15000\text{kN/m}$，$K_3=3000\text{kN/m}$。计算所得结构自振频率变化如图 7-6 所示。

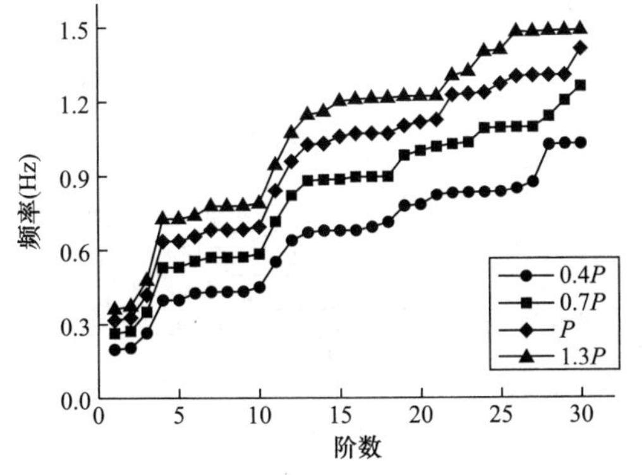

图 7-4 预应力水平对结构自振频率的影响

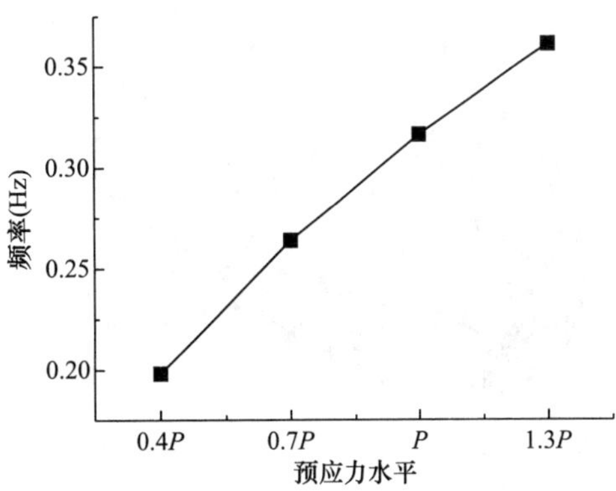

图 7-5 结构自振频率随预应力变化

边界条件汇总 表 7-2

	X	Y	Z	R_x	R_y	R_z
边界 1	1	1	1	1	1	1
边界 2	1	1	1	0	0	0
边界 3	K_1	K_1	1	0	0	0
边界 4	K_2	K_2	1	0	0	0
边界 5	K_3	K_3	1	0	0	0

由图 7-6 可以看出，边界条件的变化对结构自振频率变化有一定影响，主要表现在边界约束越强，结构的自振频率越大，结构刚性越大，但从整体来看影响并不大，对前几阶频率基本没有影响，且变化趋势亦基本一致。更进一步观察还可看出，结构水平支座刚接和铰接得到的结构自振频率变化曲线基本重合，说明对索穹顶来说，结构支座的弯曲自由度对自振特性基本没有影响。

故本章以下分析中均假定模型边界为刚接约束。

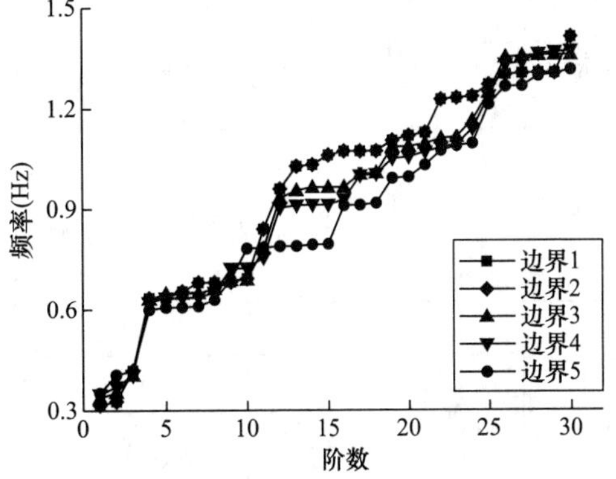

图 7-6 不同边界条件下的频率变化

7.1.3.3 屋面围护体系的影响

索穹顶作为柔性结构，屋面围护体系的刚度贡献不可忽略。在天津理工大学体育馆工程中，屋面围护体系外圈采用刚性屋面板，内圈采用膜材屋面，模型如图 7-7 所示。屋面围护体系中的刚性屋面板可以为结构提供一定的刚度，进而可能对其自振特性产生影响，本节将研究屋面对索穹顶自振特性的影响规律。计算所得结构自振频率变化如图 7-8 所示，前 30 阶频率计算值如表 7-3 所示，带屋面索穹顶的部分振型图如图 7-9 所示，不带屋面索穹顶结构的部分振型图如图 7-10 所示。

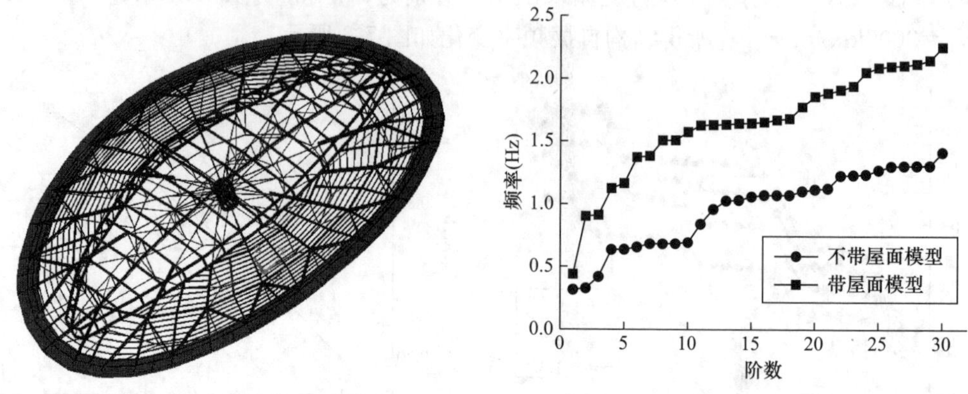

图 7-7　天津理工大学体育馆屋盖模型示意图

图 7-8　屋面对频率的影响

从图 7-8 中可以看出，屋面围护体系对索穹顶自振特性影响很大，考虑屋面围护体系影响后，索穹顶结构自振频率明显提高，说明屋面围护体系给索穹顶结构提供了刚度。但屋面刚度对索穹顶的转动振型并没有太大影响，主要是因为屋面围护体系的刚度提高在表面，对环索的转动基本没有影响。

前 30 阶频率（Hz）　　**表 7-3**

阶数	频率	阶数	频率	阶数	频率
第 1 阶	0.43887	第 11 阶	1.6256	第 21 阶	1.8862
第 2 阶	0.90213	第 12 阶	1.6301	第 22 阶	1.912
第 3 阶	0.91257	第 13 阶	1.6328	第 23 阶	1.9428
第 4 阶	1.1244	第 14 阶	1.6422	第 24 阶	2.0525
第 5 阶	1.1649	第 15 阶	1.6439	第 25 阶	2.0899
第 6 阶	1.3725	第 16 阶	1.6525	第 26 阶	2.0998
第 7 阶	1.3828	第 17 阶	1.67	第 27 阶	2.1067
第 8 阶	1.5063	第 18 阶	1.6806	第 28 阶	2.1196
第 9 阶	1.5067	第 19 阶	1.7761	第 29 阶	2.1488
第 10 阶	1.573	第 20 阶	1.8595	第 30 阶	2.2535

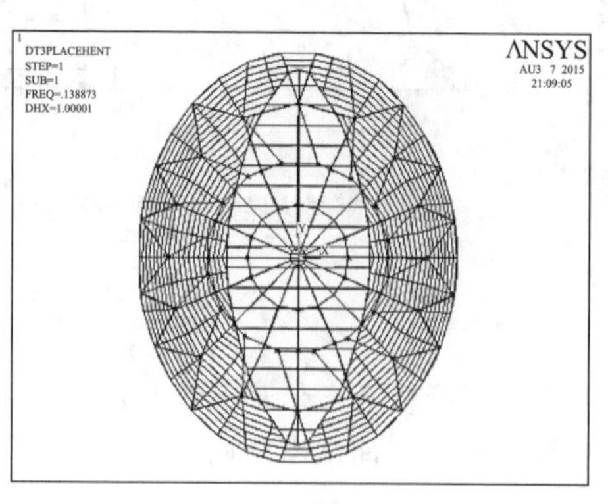

f_1=0.4389Hz

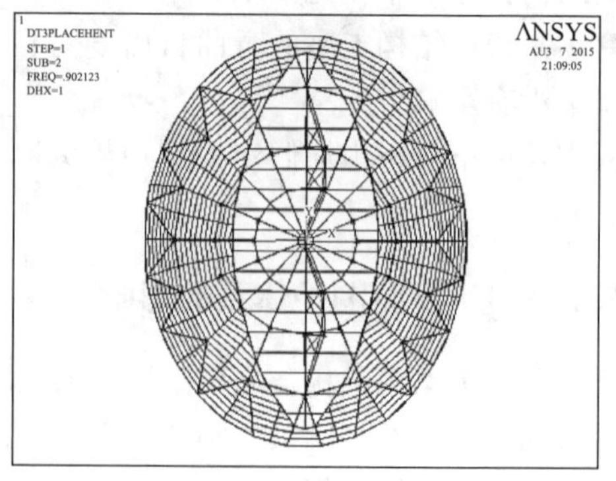

f_2=0.9021Hz

图 7-9　带屋面围护体系索穹顶的振型图（一）

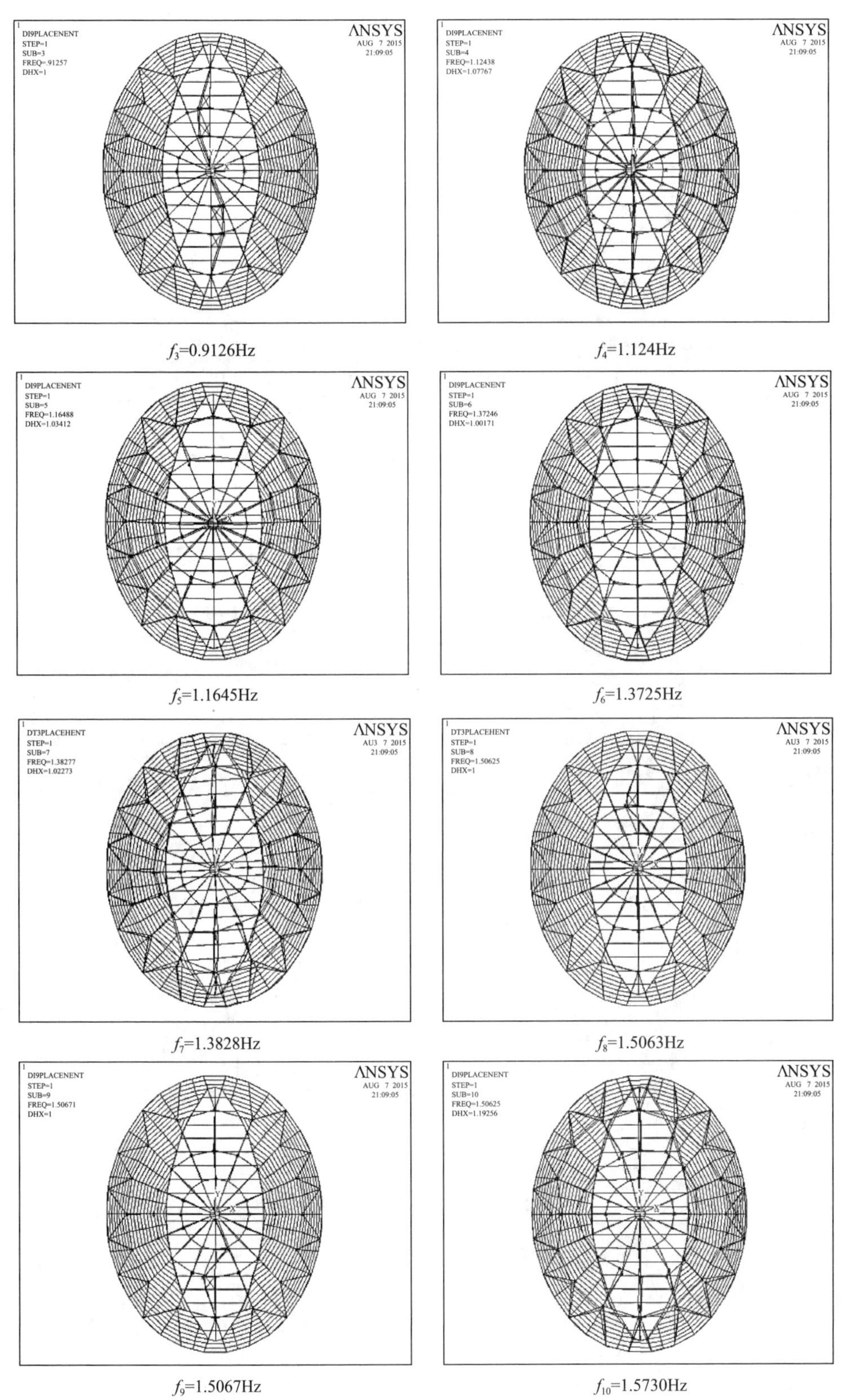

f_3=0.9126Hz　f_4=1.124Hz

f_5=1.1645Hz　f_6=1.3725Hz

f_7=1.3828Hz　f_8=1.5063Hz

f_9=1.5067Hz　f_{10}=1.5730Hz

图 7-9　带屋面围护体系索穹顶的振型图（二）

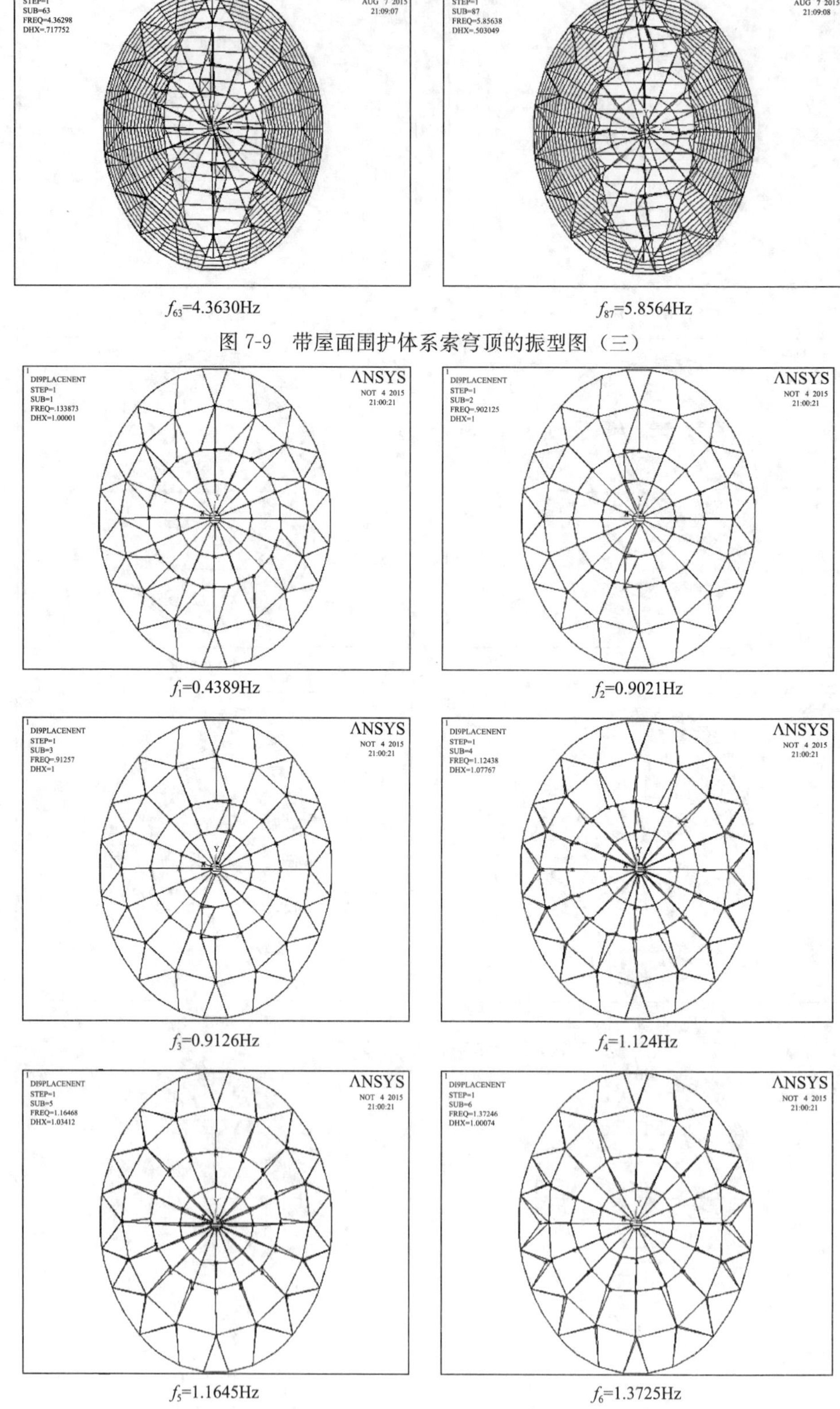

f_{63}=4.3630Hz　　f_{87}=5.8564Hz

图 7-9　带屋面围护体系索穹顶的振型图（三）

f_1=0.4389Hz　　f_2=0.9021Hz

f_3=0.9126Hz　　f_4=1.124Hz

f_5=1.1645Hz　　f_6=1.3725Hz

图 7-10　不带屋面围护体系索穹顶的骨架振型图（一）

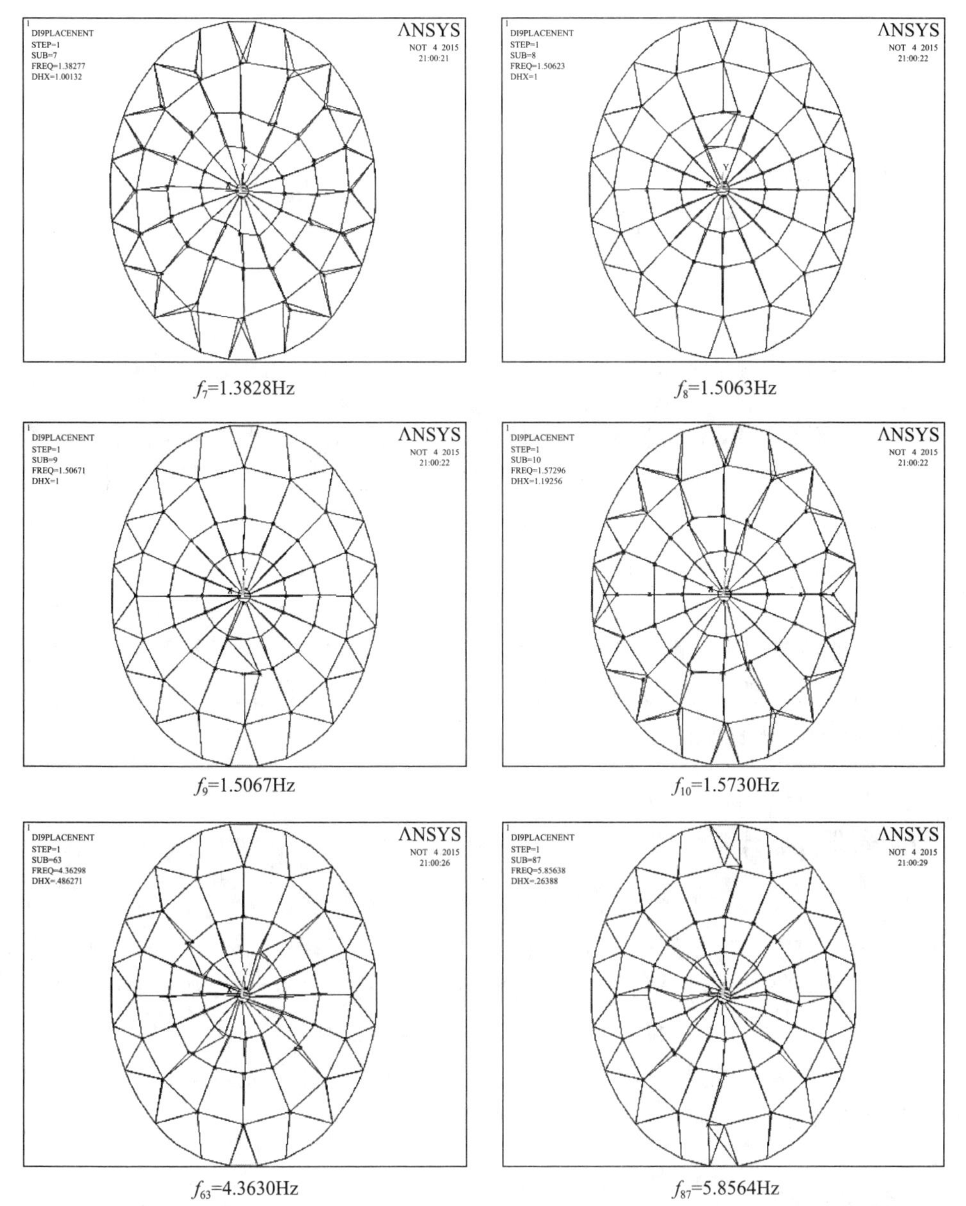

图 7-10 不带屋面围护体系索穹顶的骨架振型图（二）

由于该结构竖向振型不明显，图 7-9 均为结构水平方向的振型图，主要的振型均表现在索穹顶的骨架上以及屋脊处的竖杆等处，而屋面体系变形较小。从图中可以看出，第 1 振型仍然为发生在第二圈环索的转动振型，而第 2、3 振型有一定区别，是在屋脊处的撑杆和拉索的侧向振动。结构在第 4 阶出现了绕长轴的扭转振型，如图 7-11 所示，而在第 5 阶出现了绕短轴的扭转振型，如图 7-12 所示。另外还列举了高阶的两种典型振型，如第 63 和 87 阶振型出现了中央膜结构边缘的天窗部分的振动等。在第 2 阶及第 3 阶出现的长轴局部振动说明该索穹顶结构长轴方向的撑杆在短轴方向约束相对较弱，故出现了该部位的侧向振动，天窗部分的局部振动也说明了天窗虽然上部有膜结构屋面，提供了一定的刚度，但高阶时仍有局部振动的可能。

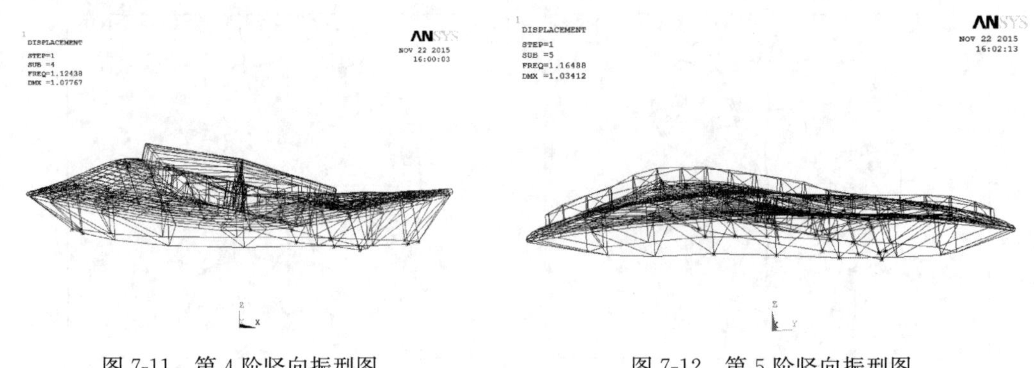

图 7-11　第 4 阶竖向振型图　　　　图 7-12　第 5 阶竖向振型图

从以上的分析结果可见，索穹顶结构属柔性结构，刚度较小，第 1 阶自振频率仅为 0.316Hz；由于索穹顶具有一定的对称性，故自振频率会出现大小相同的频率组；索穹顶结构的刚度均由索预应力贡献，故预应力对索穹顶刚度有很大影响，预应力越大，自振频率越大，反之越小；索穹顶结构的边界约束条件对索穹顶自振特性有一定影响，约束越强，自振频率越大，但影响并不显著，故本结构采用刚接的方式处理边界约束；索穹顶结构的刚性屋面围护体系对刚度贡献极大，对自振频率影响很大，索穹顶第 1 阶频率达到了 0.4389Hz，而第 2 阶频率则有跃升达到了 0.9021Hz；本结构的振型以转动为主，其次出现局部振动并且有绕坐标轴的扭转振动。

7.2　地震响应分析

根据《建筑抗震设计规范》GB 50011—2010 第 5.1.2 条，“对于特别不规则的建筑、甲类建筑和超过一定范围（8 度Ⅰ、Ⅱ类场地和 7 度高度大于 100m，8 度Ⅲ、Ⅳ类场地高度大于 80m；9 度大于 60m）的高层建筑，要求在多遇地震下，采用时程分析法进行补充计算”。由于本结构有着明显的几何非线性征，且属于特别不规则的建筑，故不适用于反应谱法计算地震作用，需要对其进行时程分析。

7.2.1　基本理论

时程分析法，是一种对结构动力方程进行积分求解的方法，可以对结构进行非线性分析。这种方法要考虑地震动的三个要素：振幅、有效持续时间、频谱特性，也要兼顾场地以及地震环境等条件。通过对动力方程的求解可以得到地震每一时刻各个质点的速度、位移、加速度以及各构件的内力。从理论上与反应谱法相比而言，时程分析方法更为先进，且计算结果更为全面，但时程分析法计算量较大且地震波并不容易预测，故而时程分析法一般作为反应谱法的补充，然而对于一些非线性极强的结构则只能采用时程分析法进行计算。在实际工程设计中，需采用时程分析法来检验结构承载力以及刚度是否满足要求，如此方可避免罕遇地震作用下结构发生倒塌等情况的发生。

计算结构在任意动力荷载作用下的反应，需用时程分析法，此方法是建立在动力方程的基础上：

$$[M]\{\ddot{u}\}+[C]\{\dot{u}\}+[K]\{u\}=\{F(t)\} \tag{7-4}$$

式中，t 为时间，$[K]$ 为刚度矩阵，$[C]$ 为阻尼矩阵，$[M]$ 为对角质量矩阵，$\ddot{u}$、$\dot{u}$、u 分别为结构的加速度、速度和位移，$\{F(t)\}$ 为所施加的荷载。线性时程分析中，刚度、阻尼和荷载都是常数，在非线性分析中，它们可能随位移、速度和时间变化，需要对运动方程进行迭代求解，称为时域逐步积分法。

对结构进行地震作用下的时程分析计算时，需要输入地震时的地面加速度信息。目前的抗震设计中，主要是输入包括实际地震波和人工模拟地震波两种形式的地震波。不同的地震波对时程分析结果有很大影响，故要保证其合理性，需保证所选地震波满足以下三个要素：频谱特性、地震波有效持续时间以及峰值。除此三要素之外还要保证输入的地震波的数量。

《建筑抗震设计规范》中提到，进行时程分析时，鉴于不同地震波输入进行时程分析的结果不同，一般可以根据小样本容量下的计算结果来估计地震作用效应值，故本结构采用小样本的输入形式，按照规范中提到的两组实际记录和一组人工模拟地震波的输入形式，进行地震波输入。按照上述三要素要求选取两条实际地震记录以及一条人工波，分别是 Imperial Valley 波（1979 年）、Northridge 波（1994 年）和一条人工波。

天津理工大学所在地理位置为天津西青区，抗震设防烈度为 7 度（0.15g），由于《关于提高我市学校、医院等人员密集场所建设工程抗震设防标准的通知》（天津建设［2011］第 1469 号文件）中提到“学校、医院等人员密集场所建设工程的主要建筑应按上述原则提高地震动峰值加速度取值”，位于地震动峰值加速度 0.15g 分区的，地震动峰值加速度提高至 0.20g，故本结构按抗震设防烈度 8 度（0.20g）进行地震作用计算，设计地震分组为第二组，乙类建筑，场地类别为Ⅲ类，阻尼比为 0.02，特征周期 T_g=0.55s。

频谱特性即指地震波中各频率的概率分布情况。根据结构所在地设计地震分组和其场地类别选择此三条地震波，并且满足规范中“时程曲线的平均地震影响系数曲线应与振型分解反应谱法所采用的地震影响系数曲线在统计意义上相符”的要求。所选地震波加速度时程如图 7-13～图 7-15 所示。

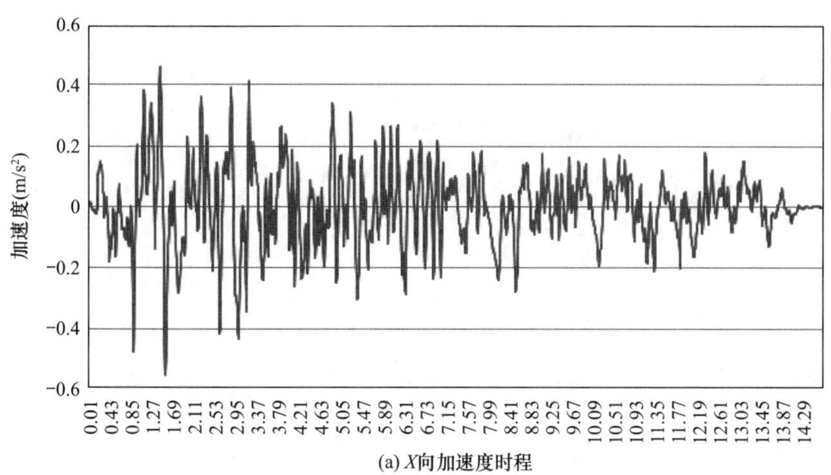

(a) X向加速度时程

图 7-13　Imperial Valley 波加速度时程曲线（一）

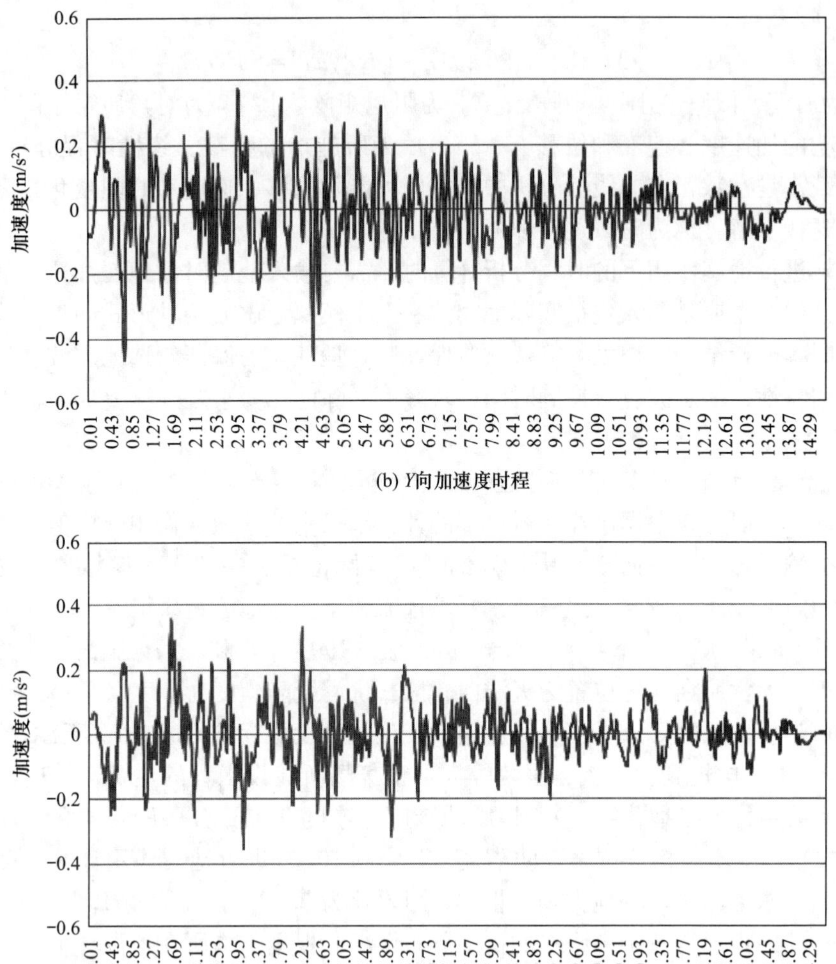

(b) Y向加速度时程

(c) Z向加速度时程

图 7-13　Imperial Valley 波加速度时程曲线（二）

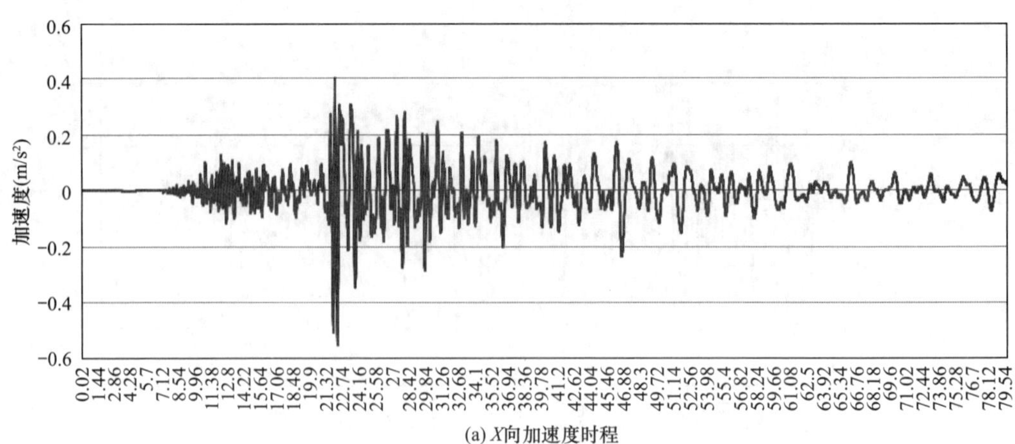

(a) X向加速度时程

图 7-14　Northridge 波加速度时程曲线（一）

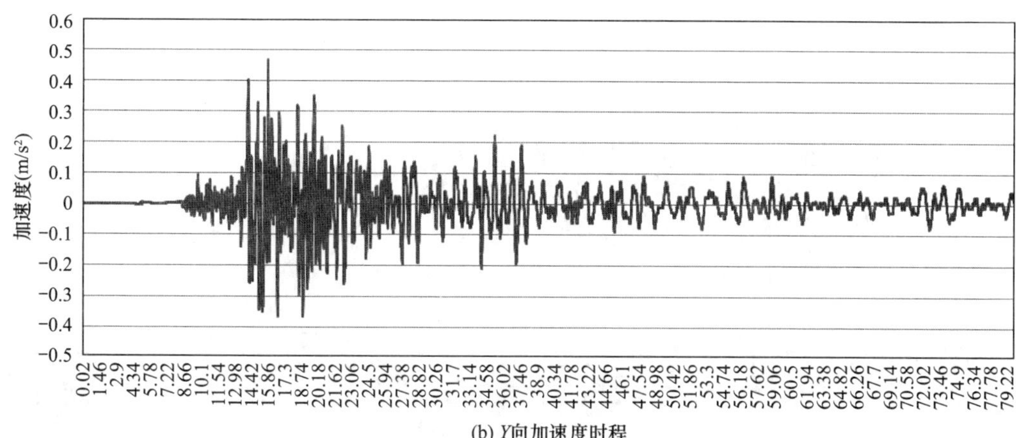

(b) *Y*向加速度时程

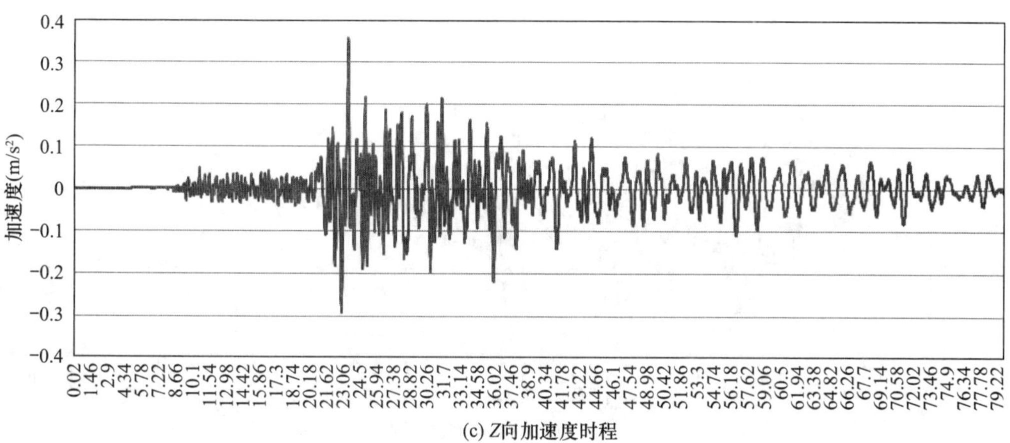

(c) *Z*向加速度时程

图 7-14　Northridge 波加速度时程曲线（二）

地震波的峰值在一定程度上将反映地震的强度，故输入的地震波峰值应与设防烈度要求的地震峰值相当，其最值按照规范要求参照表 7-4。

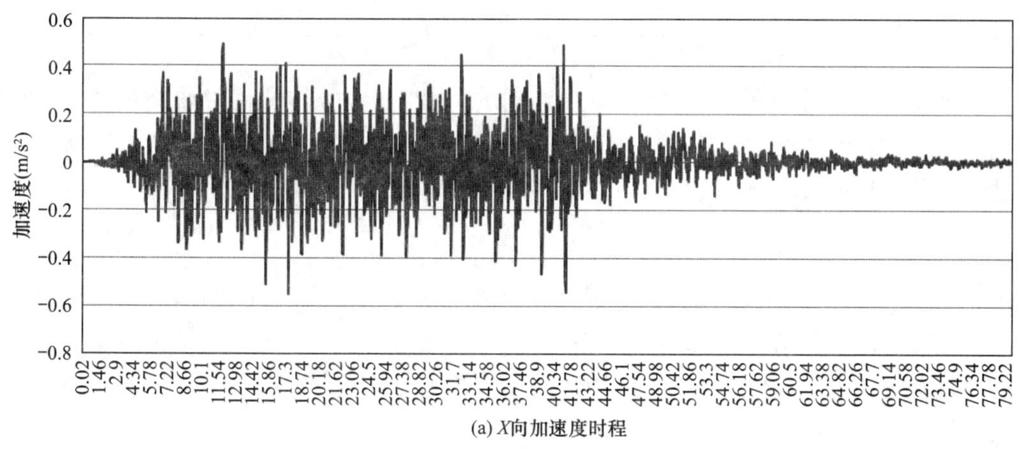

(a) *X*向加速度时程

图 7-15　人工波加速度时程曲线（一）

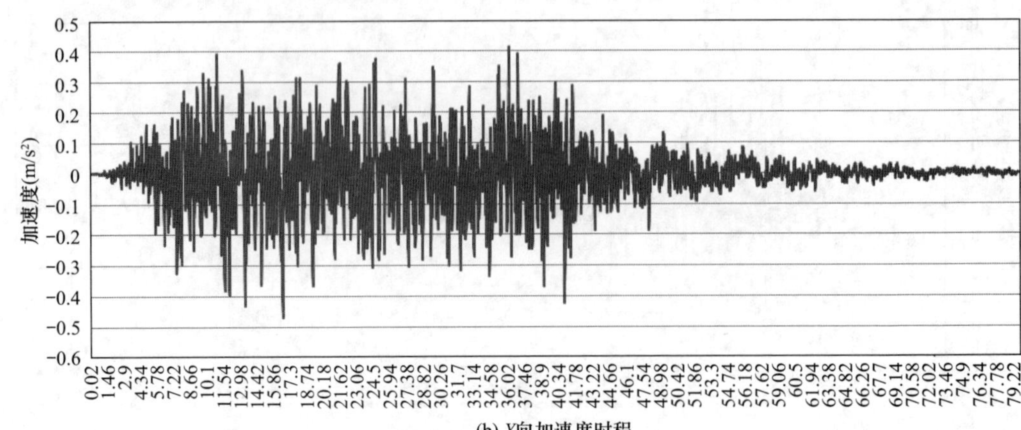

(b) Y向加速度时程

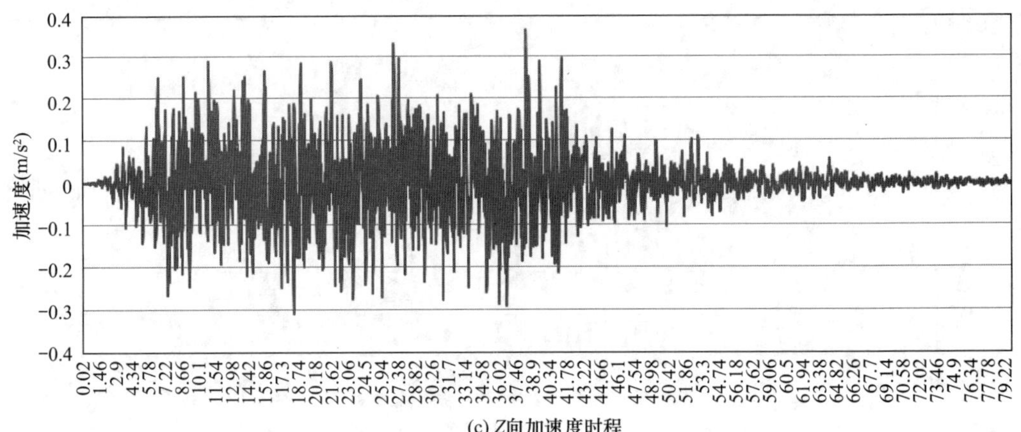

(c) Z向加速度时程

图 7-15　人工波加速度时程曲线（二）

时程分析所用地震加速度时程曲线的最大值（cm/s^2）　　表 7-4

地震影响	6 度	7 度	8 度	9 度
多遇地震	18	35（55）	70（110）	140
罕遇地震	—	220(310)	400(510)	620

注：括号内数值分别用于设计基本地震加速度为 0.15g 和 0.30g 的地区。

对地震波记录采用比例法进行一个调整，将所选地震波的加速度值利用公式（7-5）以适当的比例放大或缩小，使加速度最大值相当于表 7-4 中设防烈度相应的多遇地震或者罕遇地震的加速度最大值。

$$a'(t)=\frac{A'_{\max}}{A_{\max}}a(t) \tag{7-5}$$

式中，$a'(t)$、$A'_{\max}$为调整后地震加速度及其峰值；$a(t)$、$A_{\max}$为原地震加速度及其峰值。

根据表 7-4 对结构进行多遇地震分析过程中将其加速度时程曲线最大值调整为 70cm/s²，且按照规范中要求 X、Y、Z 三个方向的加速度峰值比例为 1.00∶0.85∶0.65，故调整后的地震波加速度时程曲线如图 7-16～图 7-18 所示。

有效持续时间是指地震加速度时程曲线中从首次达到其峰值的 10％算起，到最后一点达到峰值的 10％为止所持续的时间，而规范中亦是要求有效持续时间一般为结构基本周期的 5～10 倍。

地震动持续时间是结构在地震作用下响应的重要影响因素，其长短将直接影响结构是否破坏或者倒塌。一般情况下结构在地震作用开始阶段，只引起微小的变形或者裂缝，随着持续时间的增加，结构破坏不断加大，变形不断积累，最终导致破坏。简单来说，地震动的持续时间不同，对地震的能量损耗就不同，结构地震反应也不尽相同。

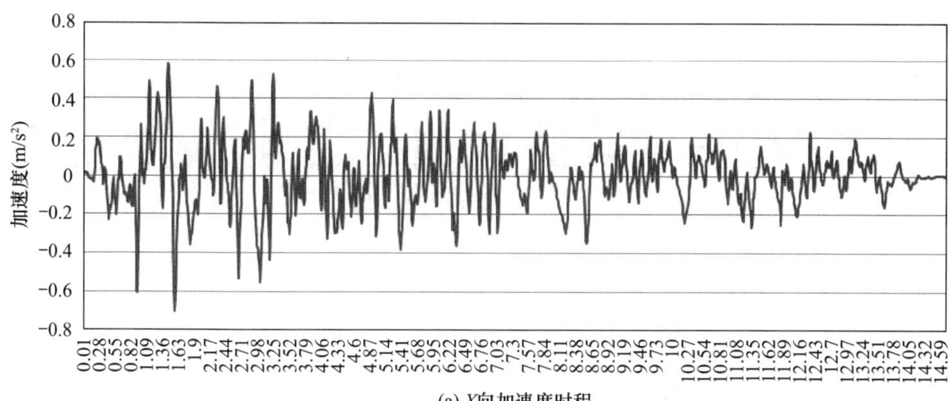

(a) X向加速度时程

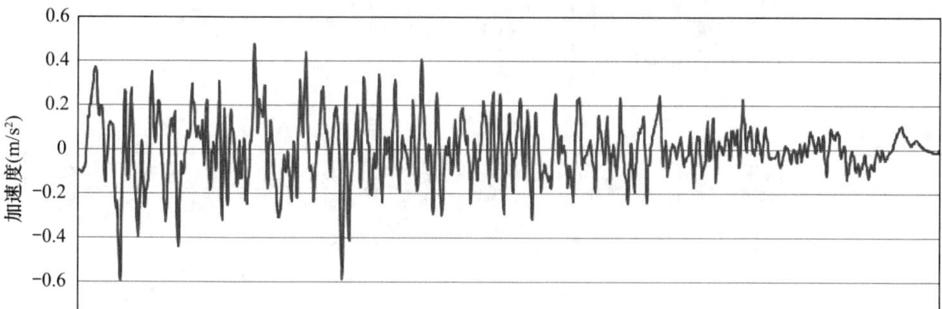

(b) Y向加速度时程

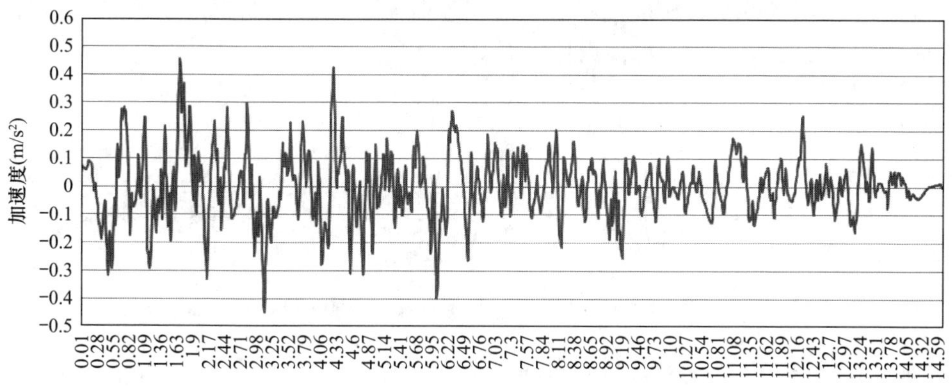

(c) Z向加速度时程

图 7-16 Imperial Valley 波加速度时程曲线

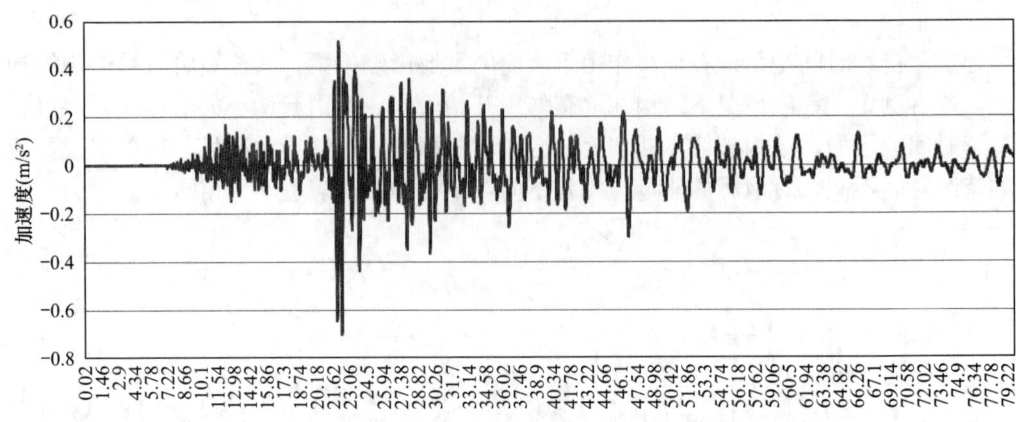

(a) *X*向加速度时程

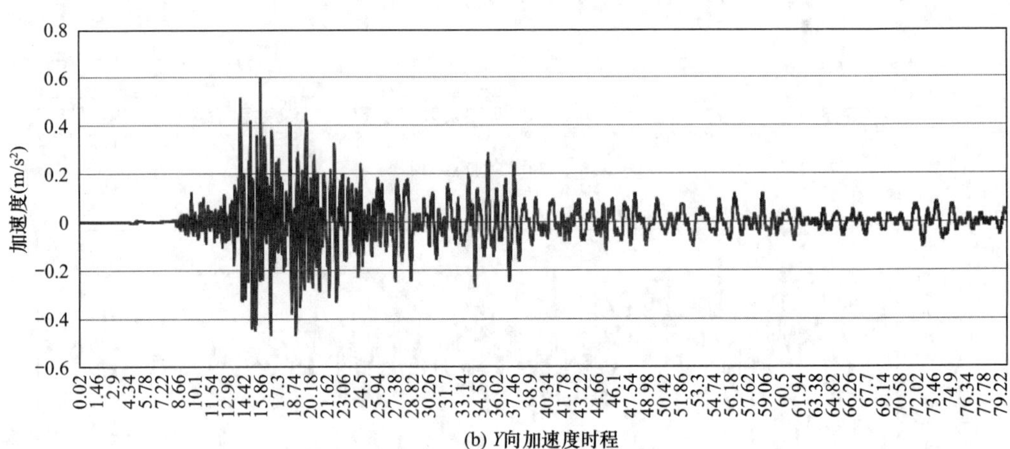

(b) *Y*向加速度时程

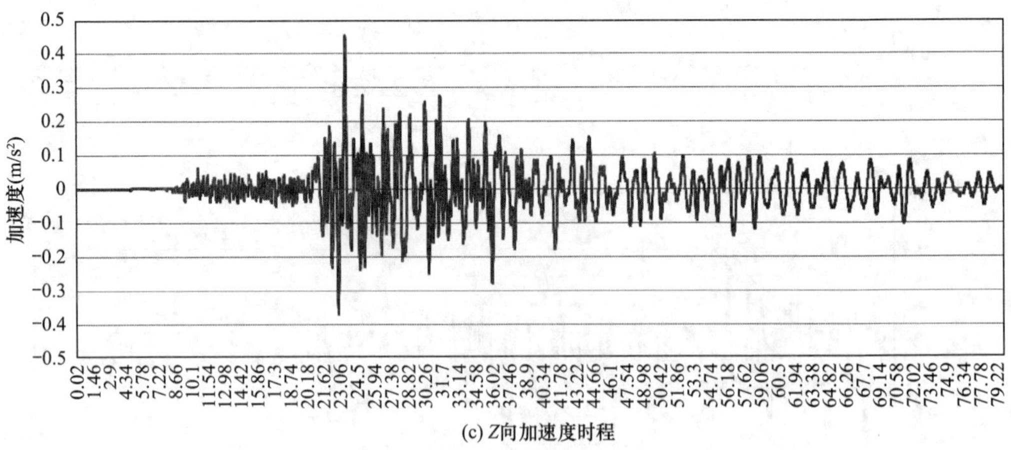

(c) *Z*向加速度时程

图7-17　Northridge波加速度时程曲线

分别计算所选三条波的有效持续时间，计算结果见表7-5～表7-7，Imperial Valley波有效持续时间最小值为13.69s，Northridge波有效持续时间最小值为62.92s，而人工波有效持续时间最小值为53.54s。由前文分析可知，索穹顶结构自振基频为0.439Hz，基本周期为2.278s。可以看出以上三条地震波的有效持续时间均大于该索穹顶结构基本周期的5

倍，均满足要求。

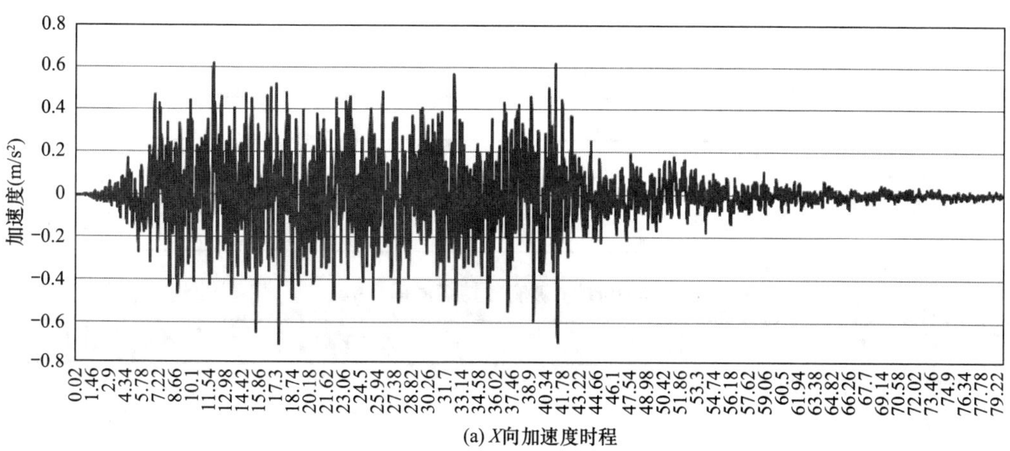

(a) *X*向加速度时程

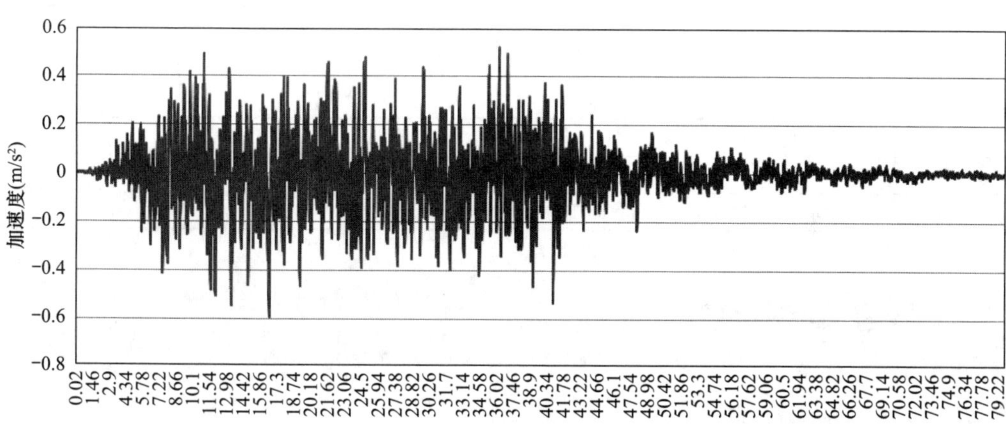

(b) *Y*向加速度时程

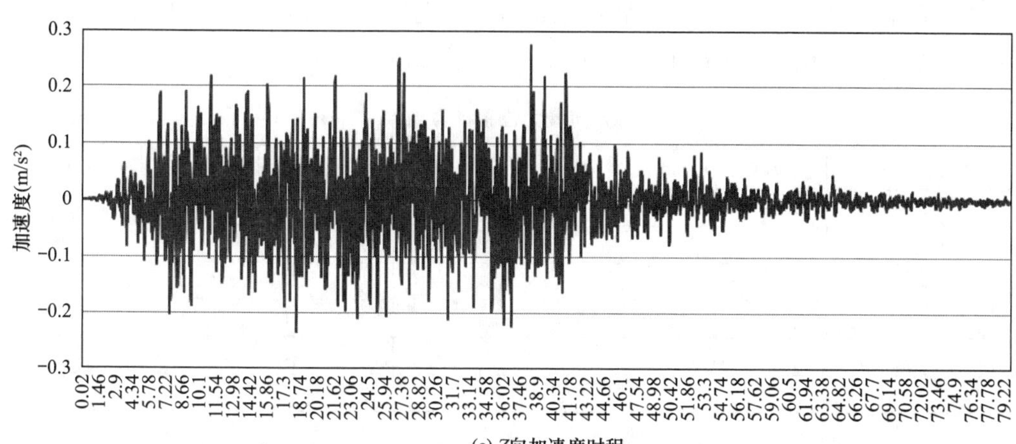

(c) *Z*向加速度时程

图 7-18　人工波加速度时程曲线

根据上文对索穹顶结构自振特性的影响因素分析，得知其屋面围护体系对其动力特性的影响极大，故本节对该索穹顶结构的时程分析模型采用带有屋面围护体系的模型。等效节点质量是将恒载+0.5活载换算成质量，加在索穹顶相应节点上。不考虑重力加速度影响，采用一致激励法，对结构同时输入三向地震波进行时程分析。由于篇幅所限，本节仅对 Northridge 波（1994 年）计算分析结果进行阐述。

Imperial Valley 波有效持续时间（s）　　表 7-5

时刻	X 向	Y 向	Z 向
达到峰值 10%第一点时刻	0.20	0.01	0.01
达到峰值 10%最后点时刻	13.89	14.10	13.95
有效持续时间	13.69	14.09	13.94

Northridge 波有效持续时间（s）　　表 7-6

时刻	X 向	Y 向	Z 向
达到峰值 10%第一点时刻	10.60	9.84	10.74
达到峰值 10%最后点时刻	73.38	75.22	78.18
有效持续时间	62.92	65.38	67.44

人工波有效持续时间（s）　　表 7-7

时刻	X 向	Y 向	Z 向
达到峰值 10%第一点时刻	3.96	3.68	2.70
达到峰值 10%最后点时刻	61.34	62.64	64.44
有效持续时间	53.54	58.96	61.74

7.2.2　索穹顶结构地震响应

7.2.2.1　变形分析

通过自编程序提取时程分析过程中结构各个方向的最大位移以及发生位置，如表 7-8 所示，并对比特殊节点在地震作用过程中的位移响应。

各方向最大位移计算结果　　表 7-8

方向	位移最值（mm）	节点号	图中标记	所在时间（s）
$X+$	25.3	43	A	24.94
$X-$	−32.0	90	B	22.98
$Y+$	12.3	118	C	38.66
$Y-$	−12.5	81	D	24.66
$Z+$	17.1	79	E	24.94
$Z-$	−16.9	35	F	30.26

从表 7-8 计算结果可以看出，各方向位移的最大值均出现在索穹顶的骨架结构上，故对比分析的特殊节点均取在骨架结构上，详细节点位置见图 7-19。位移响应最大的节点位移时程曲线见图 7-20。

由表 7-8 和图 7-19 可见，在地震作用下结构 X 方向上位移响应最大的节点出现在索穹顶结构半长轴的中间部分，本结构由于建筑要求并设置没有长轴方向的檩条约束，因此侧向约束较弱，且此处杆件较长，容易发生较大位移；Y 方向位移响应最大的节点位置则处在大概 XY 轴平分线处内圈环索上，且位移值相对 X 方向来说较小，说明屋面檩条结构使垂直短轴方向的刚度较强，位移响应最大出现在撑杆下节点，说明环索在振动过程中有一定变形；在 Z 方向上，位移响应最大的节点出现在第二圈环索上，和索穹顶静力分析中 Z 向位移最大节点出现在结构中心有所不同，这是由于第二圈环索的竖向约束较小，且体育馆的马道荷载主要加在此圈上，等效成质量后，第二圈环索处的质量较大，因此动力作用下响应明显。

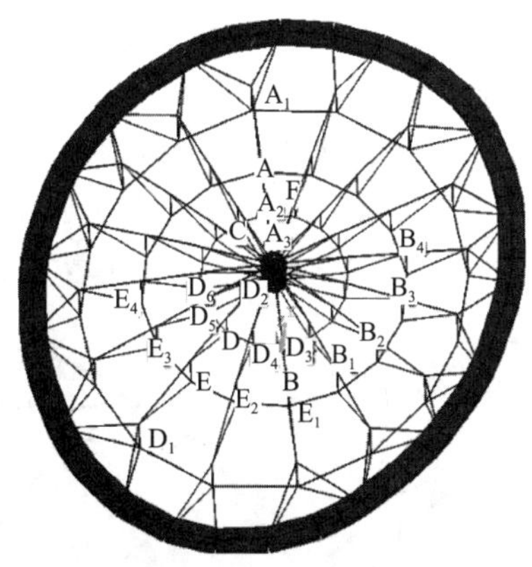

图 7-19　相关节点位置示意图

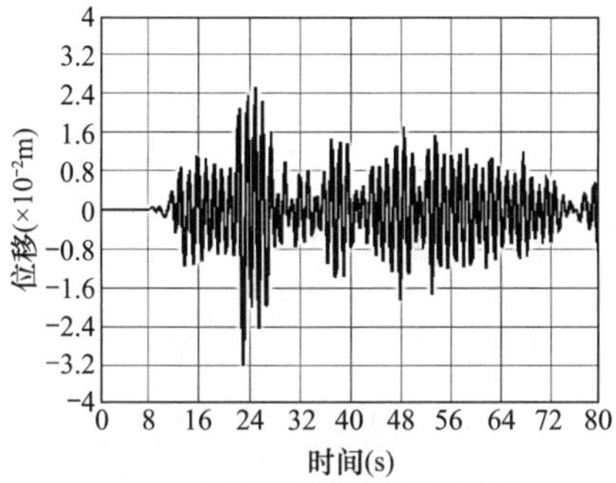

(a) 节点43X向位移时程曲线

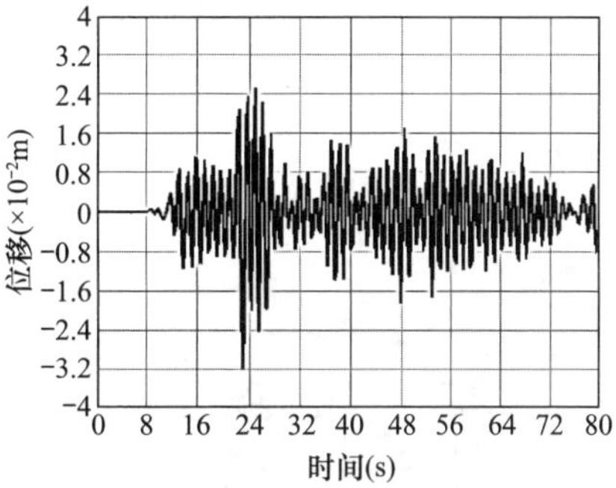

(b) 节点90X向位移时程曲线

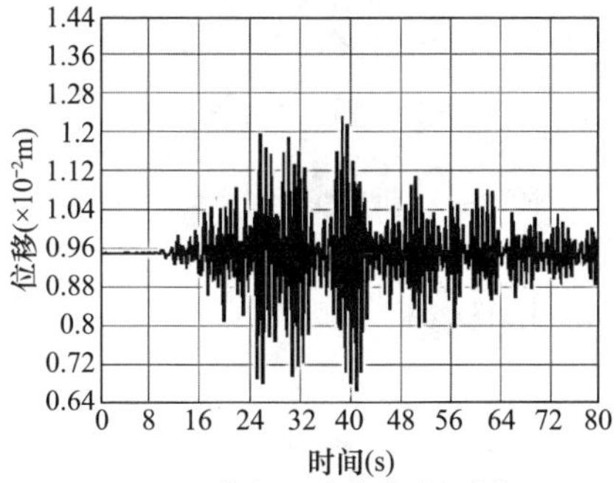

(c) 节点43Y向位移时程曲线

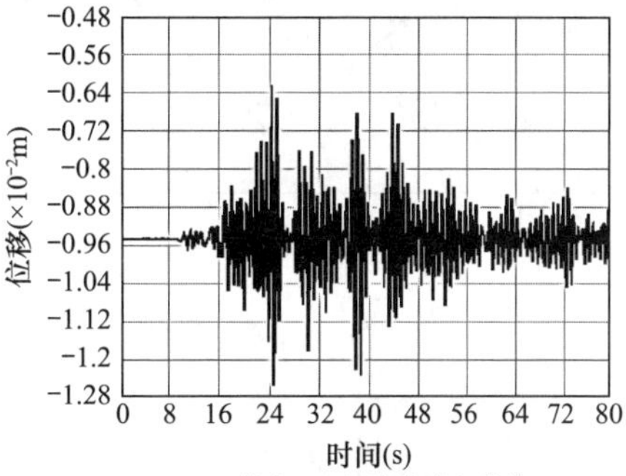

(d) 节点90Y向位移时程曲线

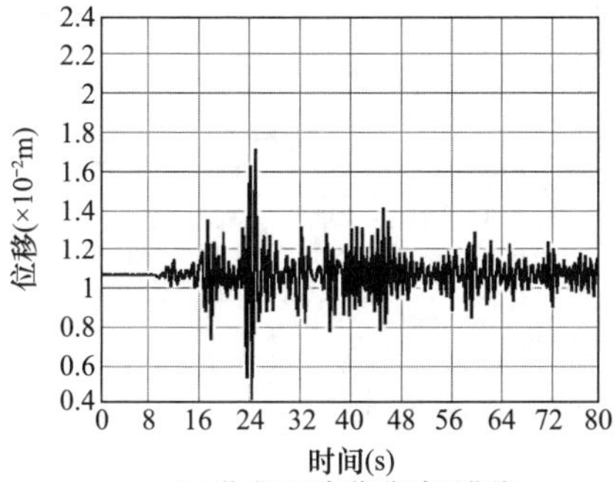

(e) 节点43Z向位移时程曲线

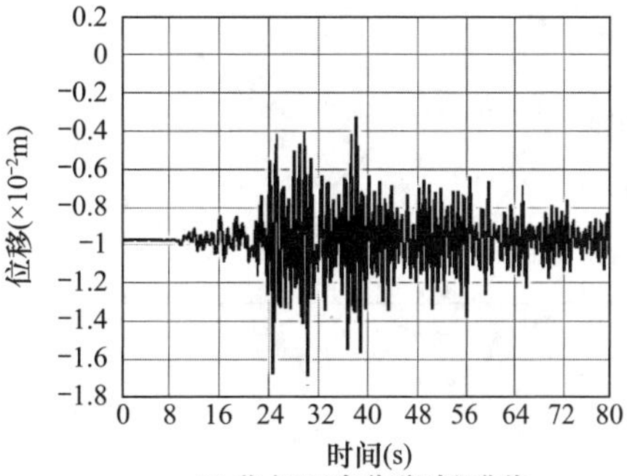

(f) 节点90Z向位移时程曲线

图 7-20　位移响应最大的节点位移时程曲线

图 7-21 为地震作用下各节点位移最值随位置变化规律，将位移响应最大的节点以及其径向和环向的相应特殊节点进行对比分析，得出以下规律：

（1）径向节点的 X 向位移在半长轴的中间位置较大，而在半长轴的两端较小；节点 Y 向位移变化不明显，且有一定离散性，说明 Y 向约束较为均衡；Z 向正负位移离散性均较大，规律性不强，但总位移大致呈现越向结构中心越大的趋势。

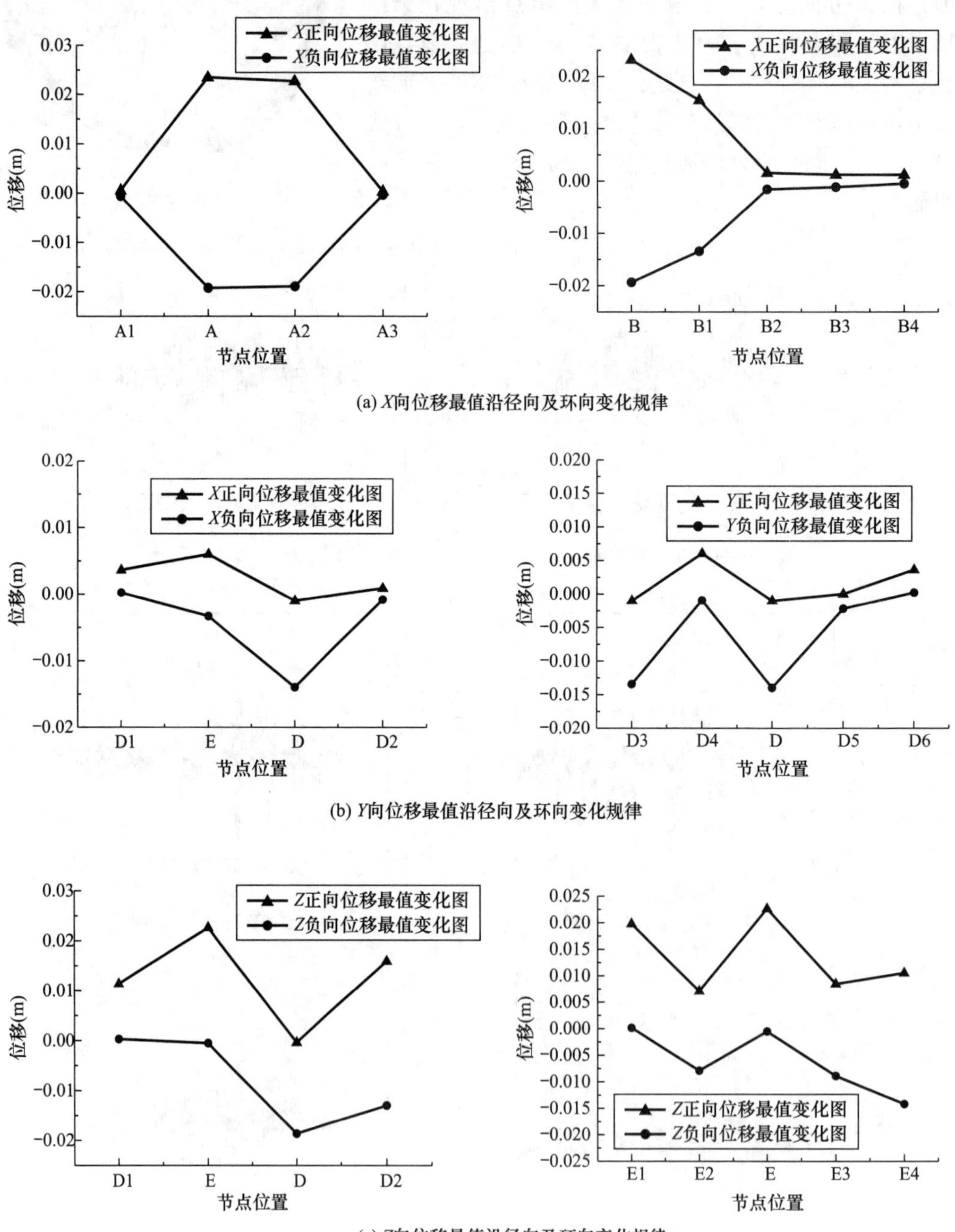

图 7-21　时程分析中各方向位移最值随位置变化规律

(2) 环向节点 X 向位移在短轴附近较大，在长轴附近变化不大，且值均较小；节点的 Y 向位移规律性不强，总位移越向短轴靠近越小；节点 Z 向位移在长轴、短轴以及中分线处较大，而在其他位置较小。

7.2.2.2 内力分析

通过自编程序提取时程分析过程中结构构件的最大内力以及发生位置，并对特殊单元在地震作用过程中的受力进行对比分析。

由上一节变形分析中可以得知，结构檩条刚度较大，变形小且受力小，故本节中将不对檩条结构受力做进一步分析，主要对拉索以及撑杆的受力进行分析，其受力的最值情况见表 7-9。选取相应单元计算结果进行对比分析，具体位置见图 7-22。

由于初始预应力的关系，外圈杆件本就受力较大，故拉索与撑杆在地震作用下的内力最大值均出现在最外圈，详见图 7-22，具体内力时程曲线见图 7-23。

构件最大内力计算结果　　表 7-9

项目	内力 (kN)	单元号	图中标记	所在时间 (s)
拉索	5779.3	82	1	29.70
撑杆	−743.4	73	2	30.26

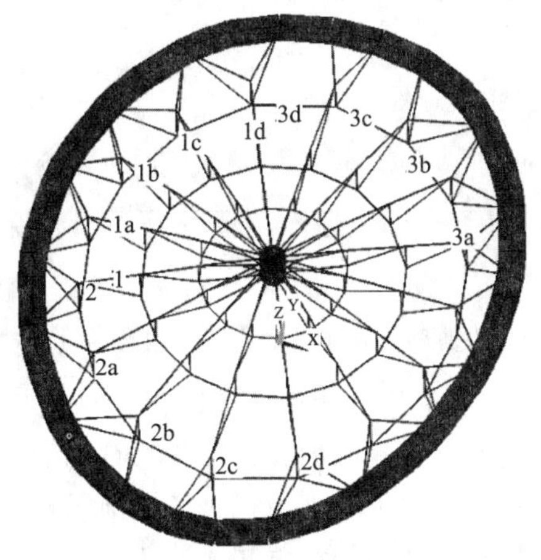

图 7-22　相关单元位置示意图

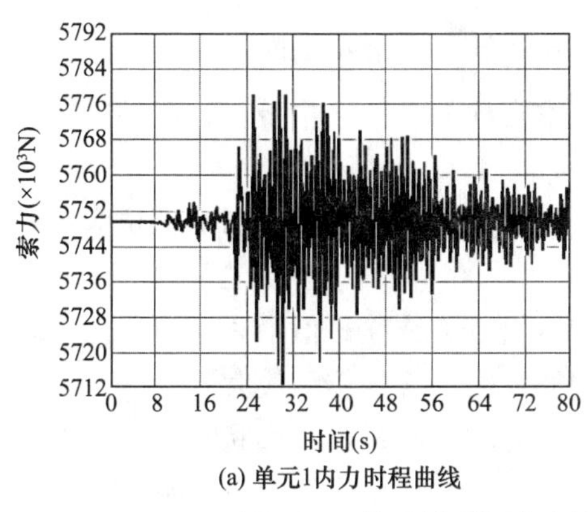

(a) 单元1内力时程曲线

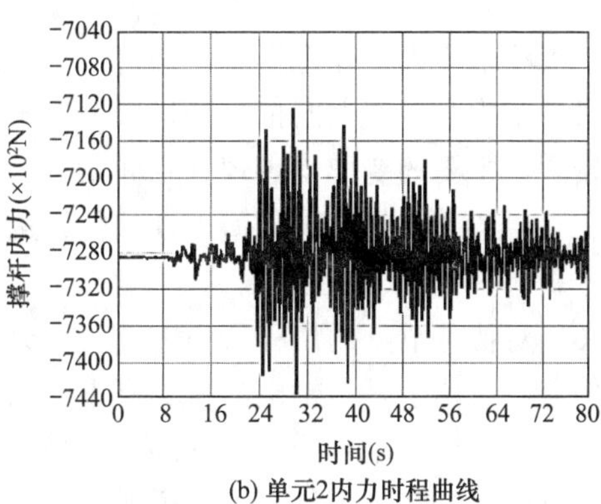

(b) 单元2内力时程曲线

图 7-23　拉索及撑杆内力最大值所在单元的内力时程曲线

从拉索和撑杆内力时程曲线可以看出结构的主要受力构件内力变化基本相似，且与地震波波形基本一致，且内力的变化值均较小，说明地震对索穹顶这种柔性结构的内力影响并不大。

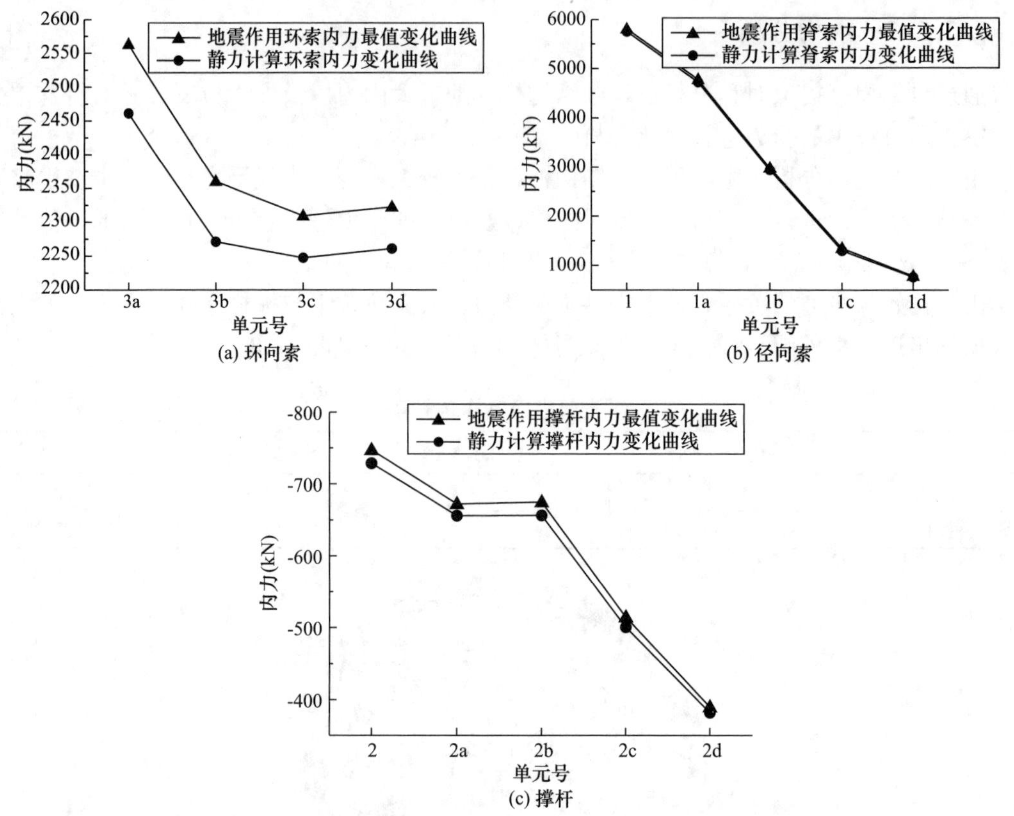

图 7-24　索穹顶中典型单元在静力计算和地震作用后内力的对比图

图 7-24 是索穹顶中典型单元在静力计算和地震作用后内力的对比图。在地震作用下的时程分析计算前会先进行该状态下的静力分析，此时结构的受力总体规律表现为在短轴处的单元内力较大，环向向长轴方向单元内力减小。在地震作用下的时程分析结果中单元内力的最值沿环向变化趋势与静力计算的结果基本一致，数值均略有增加，且增加内力并不大。

对天津理工大学体育馆索穹顶进行的地震作用进行时程分析表明：

(1) 结构节点各方向位移的最大值均出现在索穹顶的主体结构上，说明屋面围护体系刚度较大，主要的变形均出现在主体结构上；

(2) 对各个方向位移最值出现的位置进行分析，得知结构刚度薄弱的部位为半长轴中间部分；

(3) 对特殊节点的位移最值进行对比分析，得出节点位移最值沿索穹顶径向及环向的变化趋势，总体上是长轴上的位移更大，而其中第三圈环索处位移最大；

(4) 提取结构主要受力构件的内力最值及其内力时程曲线，其形状与地震波波形基本一致，且内力的变化值均较小，说明地震对索穹顶这种柔性结构的内力影响并不大；

(5) 对地震作用下特殊单元内力最值与静力分析结果进行对比分析，得出在地震作用下单元内力最值沿结构环向变化趋势与静力计算结果基本一致，且变化较小，说明柔性结构对地震作用响应不大。

7.3 风振响应分析

大气中热力时空不均匀特性引起了常见的风，而工程结构阻碍了大气边界层气流运动故而形成了风荷载。在当今时代，高层建筑与大跨结构等对风荷载较为敏感的大型结构层出不穷，风荷载对结构的影响也是越来越不能忽视。目前，风荷载已成为很多大跨结构防灾减灾分析和抗风设计的控制荷载。风一般可以分为脉动风和平均风，在风时程序列中含有不同的周期分量，周期长的部分可达十几分钟，远超结构自振周期，这部分分量相当于静力作用，称之为平均风，一般按照静力求解方法对结构在平均风作用下的响应进行求解；周期较短的分量则只有几秒甚至更短，这部分风的周期与结构自振周期很接近，很容易产生动力效应，且动力响应随时间而随机变化，这部分分量则称为脉动风。故风振作用作为结构的一种动力作用不容小觑，本节将对天津理工大学体育馆索穹顶结构进行风振响应的分析。

7.3.1 基本理论

对结构进行风振响应分析时常用频域法或时域法进行求解，其中频域法是从功率谱出发求解，其计算量相对时域法来说较小，在工程中应用非常广泛；时域法计算结构风振响应时则可以考虑到自然风随时间变化而变化，同时时域法可以考虑结构几何与材料的双重非线性影响，故而时域法比频域法计算结构风振响应时能获得更多的信息，可以更加完整清晰地描述结构风振全过程中的响应值。由于本结构具有显著的几何非线性，故本节中将用时域法对结构风振作用进行分析。计算结构风振作用下的响应所采用的时域分析法流程图如图 7-25 所示，首先输入结构体型信息以及结构所在地信息，生成相应的风速时程，将风速时程通过伯努利方程转换成风荷载时程，并将风荷载时程施加在模型上，进行结构风振时程分析，最终得到结构响应，并计算风振系数。

根据风振响应的时域分析法，可得到结构中各节点各自由度以及各杆件的脉动响应均方根值 $\sigma_{\mu i}$。这里以结构响应中的位移为例，对节点第 i 自由度的位移风振系数定义如下：

$$\beta_{\mu i} = 1 + \frac{\mu \sigma_{\mu i}}{\mu_i} \tag{7-6}$$

$$\sigma^2 = \frac{\sum_{i=1}^{n} (U_i - \overline{U})^2}{n-1} \tag{7-7}$$

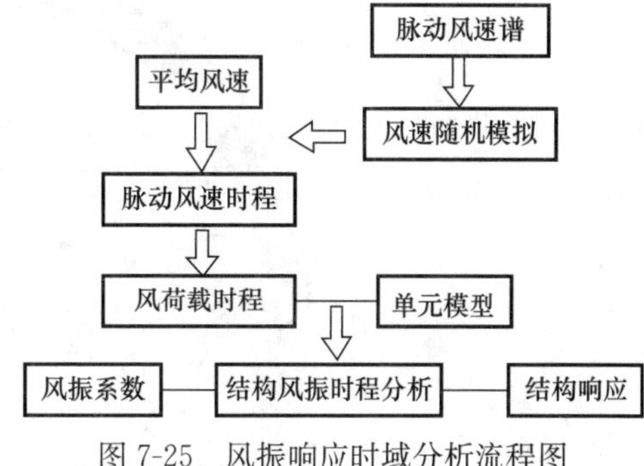

图 7-25 风振响应时域分析流程图

各个节点位移风振系数可以通过式（7-6）计算得到，查看计算结果发现在结构的一些节点存在平均风静力响应值很小，但风振系数却非常大的现象，这样的节点称为风振系数奇点，为去除这些奇点的影响以保证风振系数定义的合理性，在设计过程中，以平均风的静力响应为权重，引入一致风振系数 β_μ 的概念，如式（7-8）计算所得：

$$\beta_\mu = \frac{\sum_{i=1}^{n} \beta_i \overline{\mu_i}^2}{\sum_{i=1}^{n} \overline{\mu_i}^2} \tag{7-8}$$

式中，n 为结构自由度，即结构中选取的节点数；μ_i 为第 i 自由度在平均风荷载作用下的位移响应值；β_i 为该自由度位移风振系数。

按照同样理论，可以得到一致内力风振系数如下：

$$\beta_N = \frac{\sum_{i=1}^{m} \beta_i \overline{N_i}^2}{\sum_{i=1}^{m} \overline{N_i}^2} \tag{7-9}$$

式中，m 为结构中的单元数，$\overline{N_i}$ 为结构在平均风荷载作用下第 i 个单元的轴力值。由式（7-8）和式（7-9）可以看出，在一致风振系数定义中，结构在风振作用下的位移值较大的节点或内力值较大的杆件风振系数所占权重较大。

本节采用时域分析方法对天津理工大学体育馆索穹顶结构进行风振响应的分析计算，利用 MATLAB 对索穹顶上层节点风速时程模拟进行编程，得到相应的水平及竖直风速时程，并将其分别转化为风荷载时程，将风荷载作用施加在索穹顶表面的虚面上，对已建立的有限元模型进行风振作用下的位移响应、内力响应及风振系数的计算，并进一步分析各参数对风振系数的影响。

7.3.2　索穹顶结构风振分析

7.3.2.1　计算模型

本节采用通用有限元软件 ANSYS 建立索穹顶分析模型如图 7-26 所示，为计算简便，

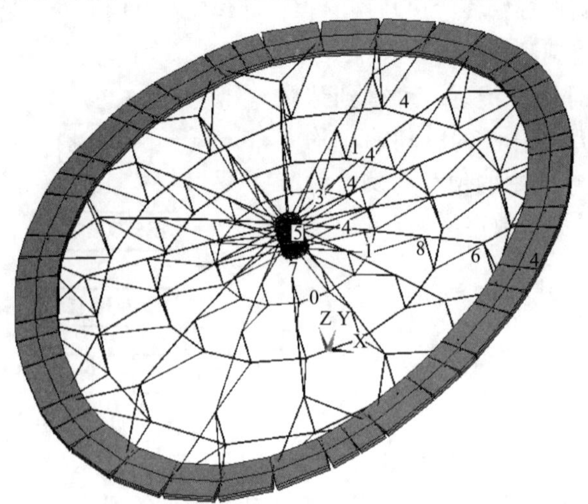

图 7-26　索穹顶骨架结构模型

只考虑了索穹顶主体结构，即只是索与撑杆以及内外环梁，并没有考虑屋盖围护体系，约束采用刚接形式。在动力计算过程中将索穹顶结构承受的恒载+0.5活载等效为节点质量施加于索穹顶相应节点上。

上文中已对结构自振特性进行了分析计算，此处引用上文计算结果，该新型索穹顶结构的前10阶自振频率如表7-10所示。

该新型索穹顶结构的前10阶自振频率 **表7-10**

阶数	1	2	3	4	5
频率（Hz）	0.31633	0.32723	0.41874	0.63516	0.63593
阶数	6	7	8	9	10
频率（Hz）	0.65539	0.682	0.68207	0.68327	0.69338

风振响应时程分析中采用Rayleigh阻尼，阻尼矩阵由结构质量矩阵和结构刚度矩阵的线性组合表示，如式（7-10）所示。本节中，ζ_i、ζ_j均取为0.02，根据前两阶自振频率计算α和β。

$$[C]=\alpha[M]+\beta[K] \tag{7-10}$$

$$\begin{cases}\alpha=\dfrac{2\omega_i\omega_j(\zeta_i\omega_j-\zeta_j\omega_i)}{\omega_j^2-\omega_i^2}\\[2ex]\beta=\dfrac{2(\zeta_j\omega_j-\zeta_i\omega_i)}{\omega_j^2-\omega_i^2}\end{cases}$$

利用自行编制的MATLAB程序，模拟索穹顶上表面各节点对应位置的风速时程。模拟参数取值如下：粗糙度系数为0.16，10m处平均风速为$v_{10}=28.3\text{m/s}$，地面粗糙度为B类；本节所采用的风速时程长度为120s；频域分割数N取5000；在整个模拟过程中频率范围为$2\pi/N\sim2\pi$Hz。

7.3.2.2 平均风作用下的响应

根据风速谱模拟作用于结构的风速时程，水平风速谱采用Danvenport功率谱，竖向风速谱采用Panofsky谱，可由上节参数得到风速时程。《建筑结构荷载规范》GB 50009—2012中规定的结构体型系数如图7-27所示，天津理工大学体育馆索穹顶结构$f/l=1/4$，故采取图7-27(b)体型系数取值。此处认为竖向风只有脉动风，计算索穹顶表面的风荷载，得到结构表面风荷载时程，并由风速时程转化为风荷载，计算公式如下：

$$p_i=\frac{1}{2}\rho(\mu_{si}vh_i)^2 \tag{7-11}$$

式中p_i、μ_{si}及vh_i表示各节点风荷载、体型系数及平均水平风速。

这里考察结构在静风荷载（即指平均风）作用下的响应，为后文进行结构风振计算做准备。ANSYS中在索穹顶主体结构上建立表面效应单元，上述计算所得风荷载平均值垂直施加在表面效应单元上，进行静力计算。提取各点位移响应及各单元应力响应，为后文风振系数计算做准备，计算结果如图7-28～图7-31所示。

由图7-28、图7-29中可以看出，静风作用下，索穹顶结构在风吸作用下发生竖向向上的位移，整体上来看呈越向中间位移越大的趋势，竖向位移最大达到51.7mm，发生在第三圈环索处撑杆上节点处，与普通大跨结构有些不同，最大位移并未发生在跨中，这主要跟该索穹顶结构的形状以及预应力有关，长轴方向的竖向刚度明显弱于短轴方向的竖向刚度，且中央环处位移并非峰值。除此之外，还可以发现在整个结构中，变形的对称性极好，对该种特殊边界的索穹顶而言，对称性对结构的找形极为重要。

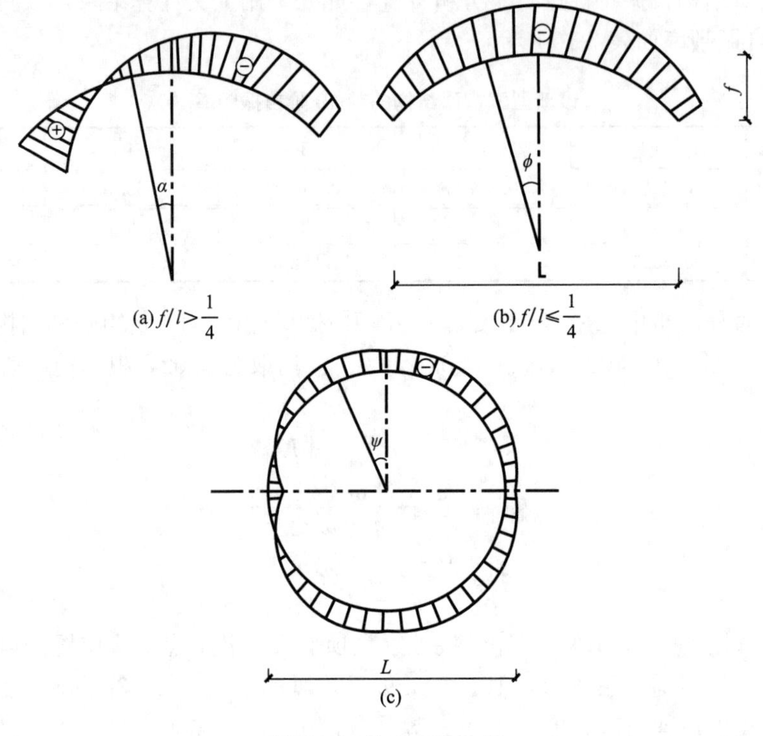

图 7-27　体型系数取值

图 7-30 为该索穹顶在静风作用下的内力图，可以看到短轴脊索索力明显大于其他位置的索力，这主要是结构椭圆形边界对结构预应力设计产生了一定的影响，图 7-31 中所示短轴半跨杆件内力值与预应力设计值相差并不大，说明静风荷载对该索穹顶结构有一定影响，但并不明显，说明结构一旦成型，荷载会使结构变形，在新的位置形成新的平衡状态，而内力变化则较小。

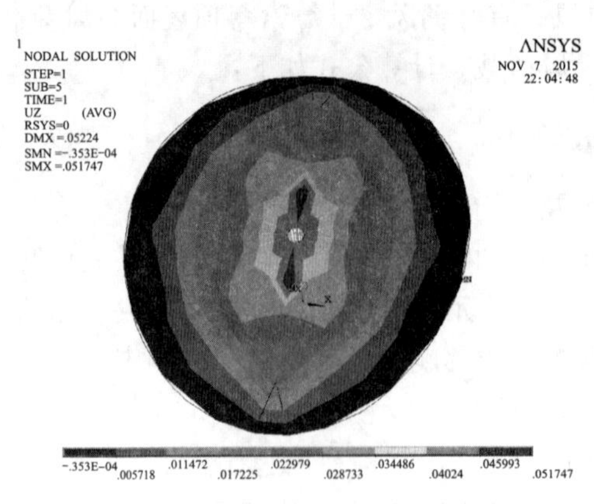

图 7-28　静风作用下索穹顶竖向位移

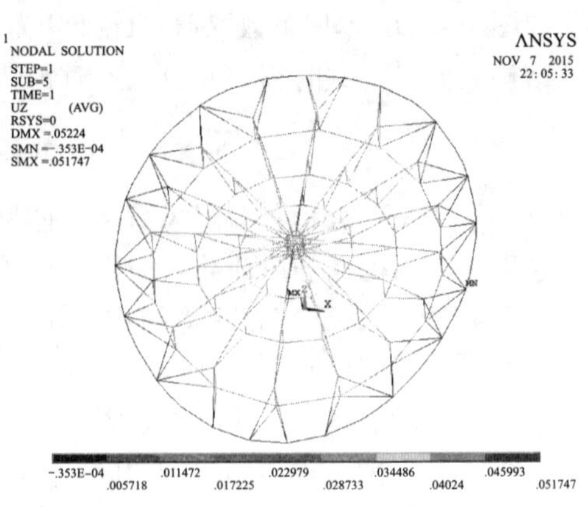

图 7-29　索穹顶在静风作用下内力

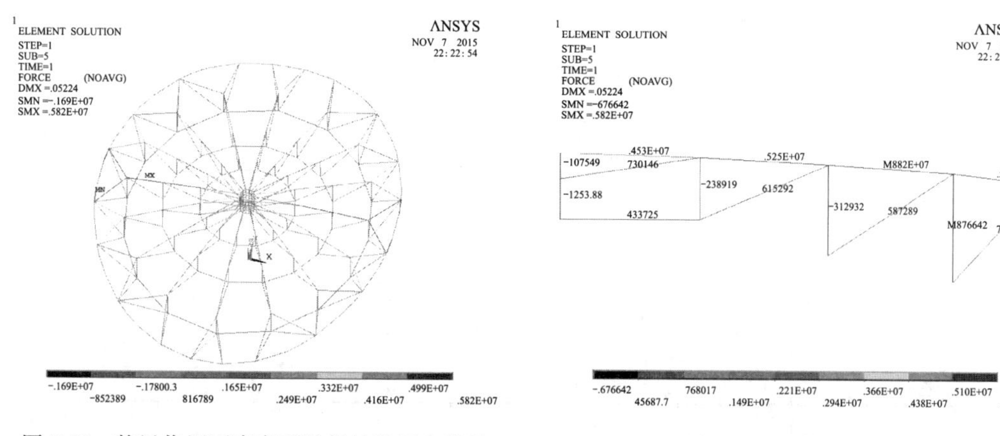

图 7-30　静风作用下索穹顶骨架结构竖向位移　　　　图 7-31　短轴半跨内力

7.3.2.3　结构风振时程分析

根据风速谱模拟作用于结构的风速时程（水平风速谱采用 Danvenport 功率谱，竖向风速谱采用 Panofsky 谱），由上节参数得到风速时程如图 7-32 和图 7-33 所示。结构的体型系数以及空气密度等参数均按照上文选取，将风速时程转化为风荷载时程，从图 7-32 及图 7-33 中可以看出竖向风速比较小，且只有脉动竖向风速，故在考虑转化风荷载时较为保守地将竖向风荷载考虑为垂直于结构表面作用，转化公式如下：

$$p_i = \frac{1}{2}\rho(\mu_{si} vh_i + vv_i)^2 \tag{7-12}$$

式中，p_i、μ_{si}、vh_i 及 vv_i 表示第 i 节点风荷载、体型系数、总水平风速以及竖向脉动风速。

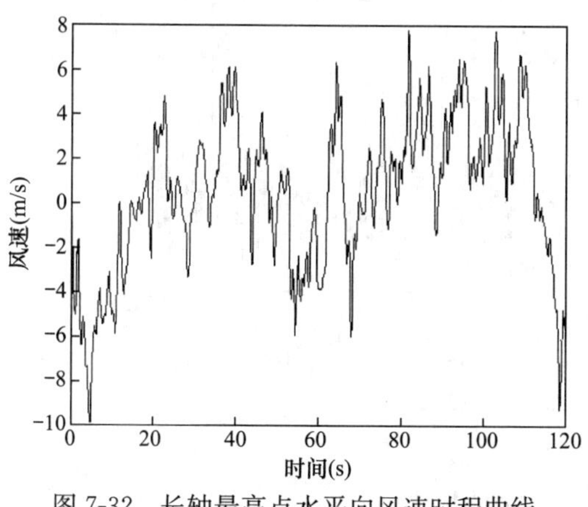

图 7-32　长轴最高点水平向风速时程曲线

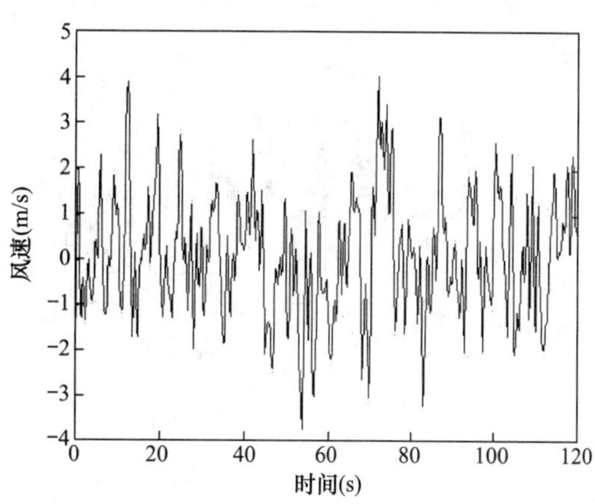

图 7-33　长轴最高点竖向风速时程曲线

（1）位移响应分析

对结构进行风振作用下的时程分析，通过自编程序提取时程分析过程中结构各个方向的最大位移以及发生位置，如表 7-11 所示。

从表 7-11 中可以看出，水平向位移均较小，说明风振作用对水平向位移影响不大，而竖向位移最大达到了 81.8mm。在此取三个有代表性的节点，如图 7-34 所示，在长轴由内而外分别为第三圈环索 E，第二圈环索 E1、第一圈环索上的撑杆下节点 E2，图 7-35～

图 7-37 为此三节点位移时程曲线，并将平均风作用下的结构响应结果分别标示在各节点竖向位移时程曲线中。结构风振响应是在静风作用下的响应上下浮动，验证了计算的正确性。

各方向最大位移计算结果　　表 7-11

方向	位移最值（mm）	节点号	图中标记
$X+$	14.3	48	A
$X-$	−15.2	1	B
$Y+$	19.4	42	C
$Y-$	−18.9	42	D
$Z+$	81.8	44	E
$Z-$	−10.6	35	F

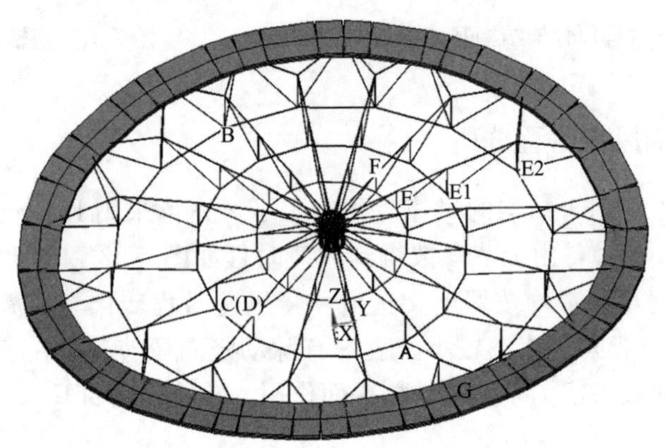

图 7-34　最值节点位置示意图

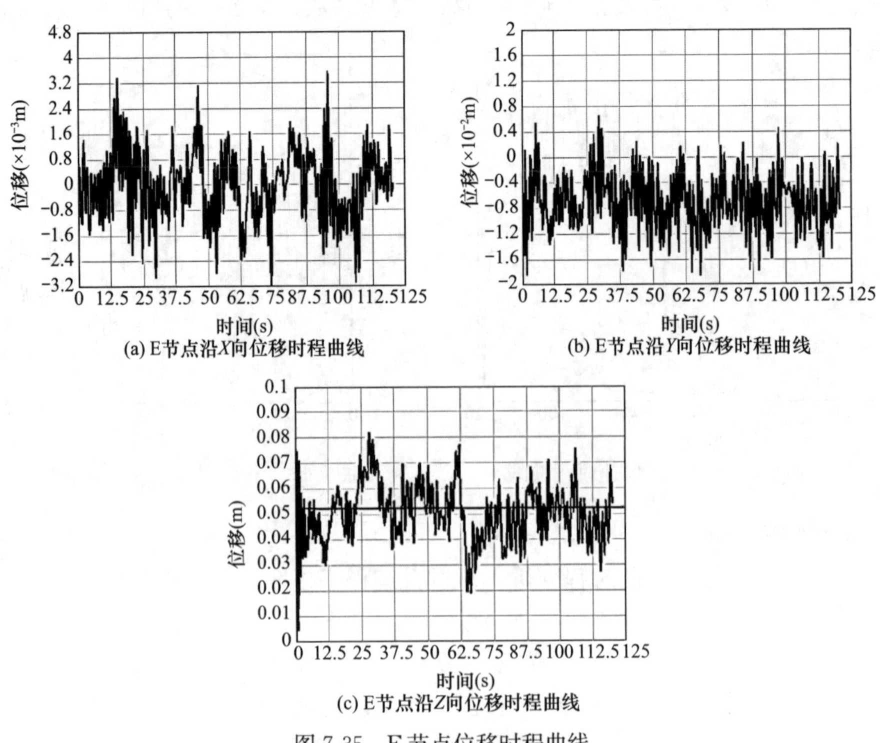

图 7-35　E 节点位移时程曲线

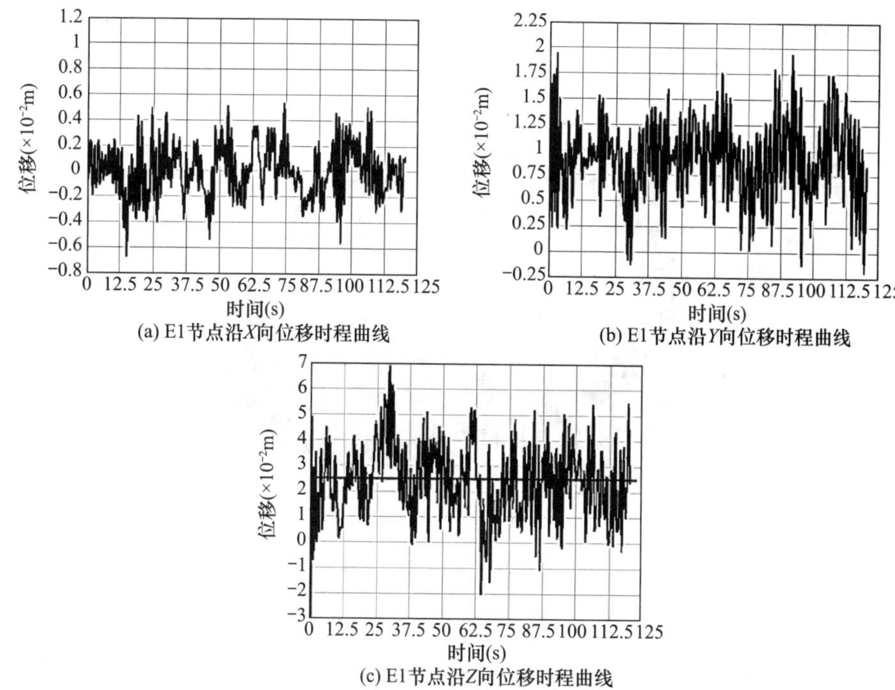

(a) E1节点沿X向位移时程曲线

(b) E1节点沿Y向位移时程曲线

(c) E1节点沿Z向位移时程曲线

图 7-36　E1 节点位移时程曲线

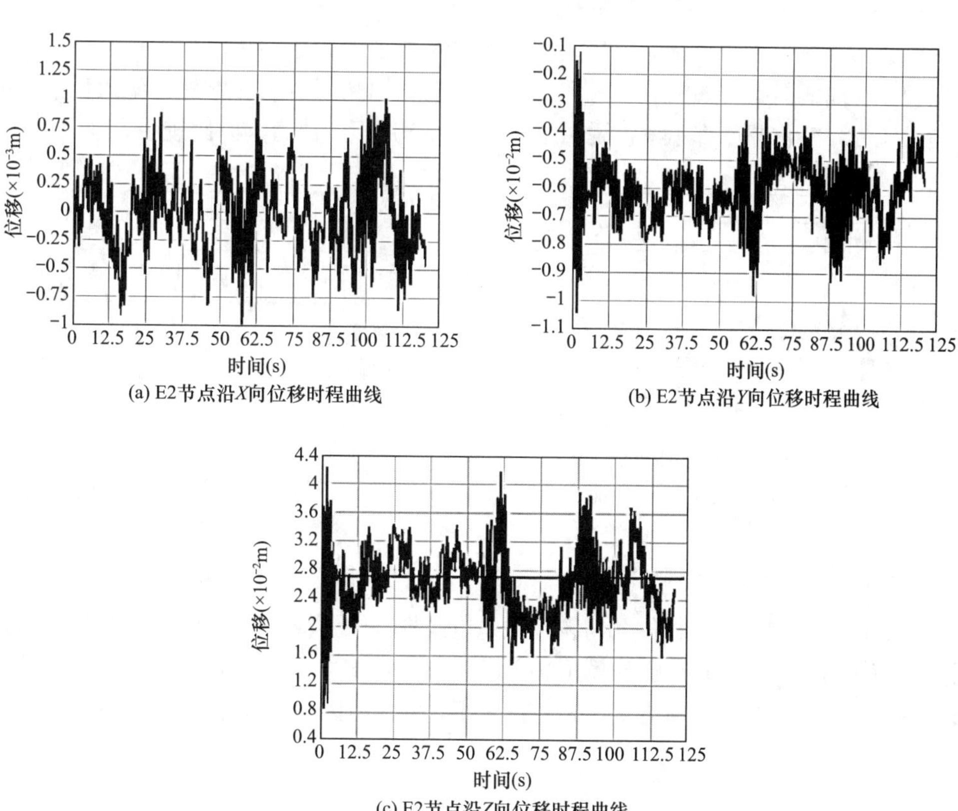

(a) E2节点沿X向位移时程曲线

(b) E2节点沿Y向位移时程曲线

(c) E2节点沿Z向位移时程曲线

图 7-37　E2 节点位移时程曲线

（2）内力响应分析

类似地，通过自编程序提取时程分析过程中结构各杆件的最大内力或者应力以及发生位置如图 7-38 及表 7-12 所示。

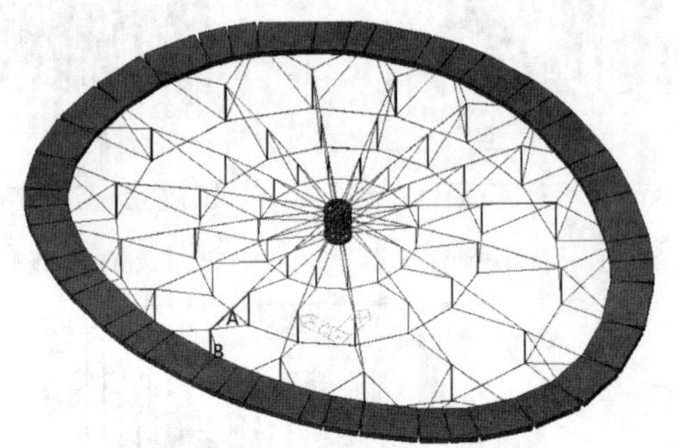

图 7-38　内力最值杆件位置示意图

构件最大内力（应力）计算结果　　表 7-12

项目	内力（应力）	单元号	图中标记
拉索	5857kN	82	A
撑杆	−732.0kN	73	B
中心拉环	213MPa	391	C

提取索力、撑杆轴力、梁应力最大的杆件的内力时程曲线，并将结构在静风作用下的内力响应表示在曲线图中，如图 7-39～图 7-41 所示。可以从图中比较清楚地看出不论是索杆内力还是梁应力，变化幅度都不大，说明结构在风振作用下的内力响应比较小。

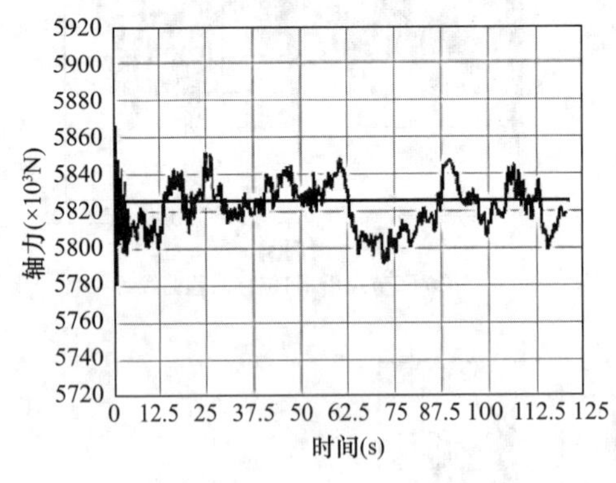

图 7-39　A 单元轴力时程曲线

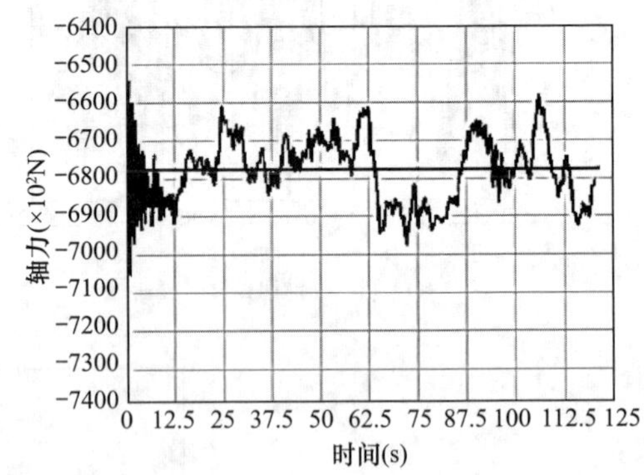

图 7-40　B 单元轴力时程曲线

索穹顶结构的刚度均由杆件几何拓扑关系以及杆件中预应力提供，而天津理工大学体育馆索穹顶结构跨度较大，在风振作用下容易发生变形，该索穹顶结构会在新的几何拓扑关系形成新的平衡，故结构中预应力仍然是设计水平，并没有因为风吸作用而变得更小。

7.3.2.4　风振系数计算

（1）风振系数

在完成结构在风振作用下的时程分析后，对本结构各个节点的位移响应数据进行提取、整理与归纳。根据式（7-6）可得到该索穹顶结构上各节点的位移风振系数。根据式（7-8）可求得结构位移一致风振系数。其中保证因子较为保守地取 3.5。

位移风振系数从统计的规律体现了结构对风振作用的敏感程度，而各节点的位移风振系数则是体现了相应位置对风振作用的敏感程度。由于本结构的对称性，取如图 7-42 所示的四分之一结构，用以对节点位置进行说明。其中 A 轴方向为长轴方向，E 轴方向为短轴方向。图 7-43～图7-45 为对各位置风振系数的对比分析。

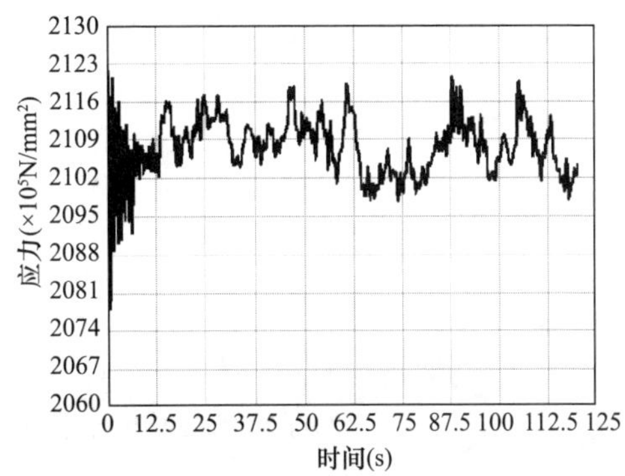

图 7-41 C 单元应力时程曲线

对本索穹顶结构而言，沿长轴和短轴对称使得在研究过程中有了很大的简化，对长轴方向各点处风振系数进行对比分析，如图 7-43 所示，从图中可以看出，不管是上节点还是下节点，位移风振系数均在第二圈环索处最大，第一圈环索及中央拉环处较小，且上节点风振系数比下节点风振系数大，在第二圈环索处差距较明显。说明该索穹顶结构在第二圈环索处对风振作用更敏感，且上节点要比下节点更敏感。

对短轴方向各点处风振系数进行对比分析，如图 7-44 所示，可以看出，短轴方向上，位移风振系数最大值亦均出现在第二圈环索处，且上节点风振系数也要比下节点风振系数大。与长轴方向风振系数所呈现出的规律不同的是，短轴方向在第一圈环索处的风振系数亦较大，而中央拉环处风振系数最小。说明在短轴方向仍然是第二圈环索处对风振作用最为敏感，但第一圈环索处也比较敏感。且上节点比下节点更为敏感。

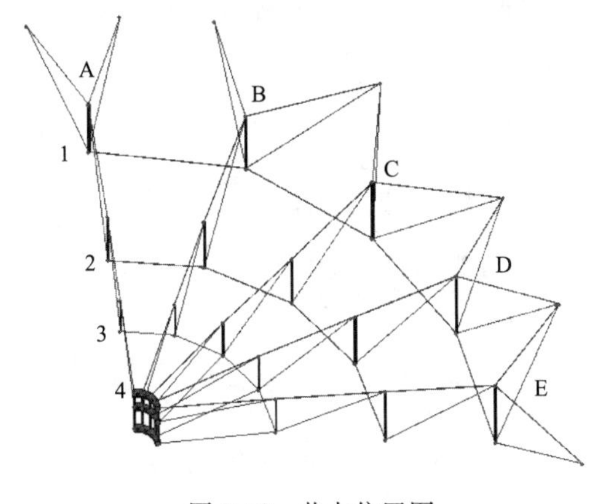

图 7-42 节点位置图

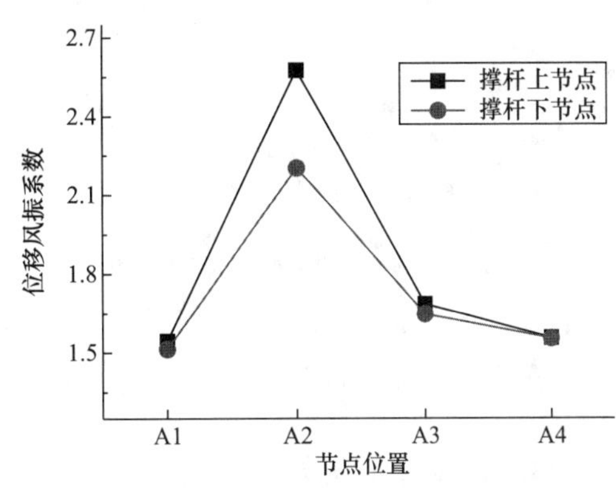

图 7-43 长轴方向节点位移风振系数

从图 7-43 及图 7-44 可以看出，第二圈环索处对风振作用最为敏感。图 7-45 为第二圈环索上各点位移风振系数对比分析，可以看出与下节点相比，上节点仍然对风振作用更为敏感。环索上，A 轴处，即长轴处位移风振系数最大，B 轴处与 E 轴处（短轴）均较小，说明该结构在长轴处对风振作用更为敏感。

去除位移极小、风振系数极大的奇点，位移风振系数见图 7-46。可以看到结构各节点的位移风振系数主要在 1.5～2.2 之间。根据上文中平均风荷载作用下的位移值求得该索穹顶结构一致位移风振系数为 1.66。

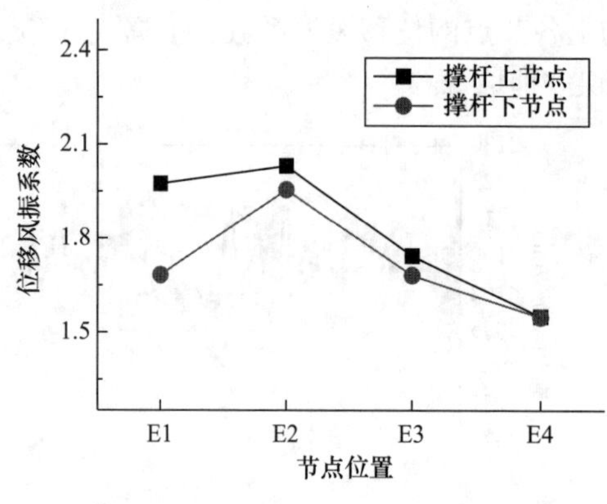

图 7-44　短轴方向节点位移风振系数

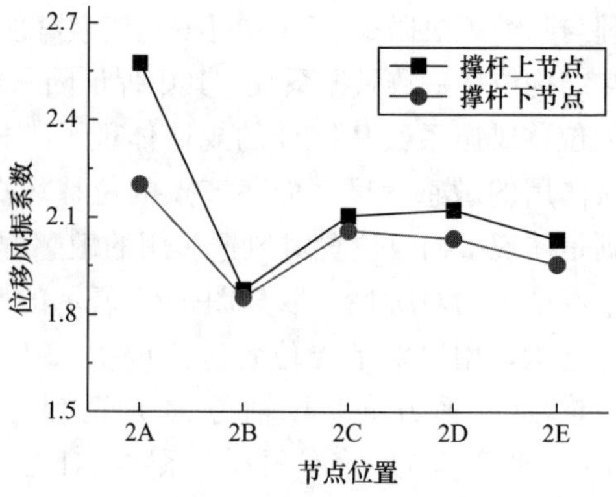

图 7-45　第二圈环索方向节点位移风振系数

（2）内力风振系数

与位移相类似，对本结构各个杆件的内力响应数据进行提取、整理与归纳。用类似位移风振系数的公式计算得到该索穹顶结构上各杆件的内力风振系数。考虑到结构分析的实际情况，提取了索和杆的轴力以及梁单元的应力，并分别计算内力风振系数以及应力风振系数，其中保证因子仍取 3.5。

图 7-47 和图 7-48 分别为索杆内力风振系数以及梁应力风振系数。可以看出结构的内力风振系数均较小，这也验证了上文中的内力时程曲线变化幅度较小。结构各节点的位移风振系数主要在 1.1 以下。根据式（7-9）及上文中平均风荷载作用下的内力值求得该索穹顶结构一致内力风振系数为 1.05。

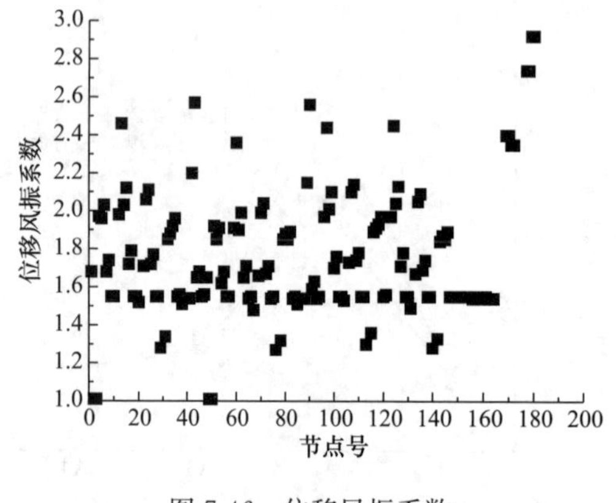

图 7-46　位移风振系数

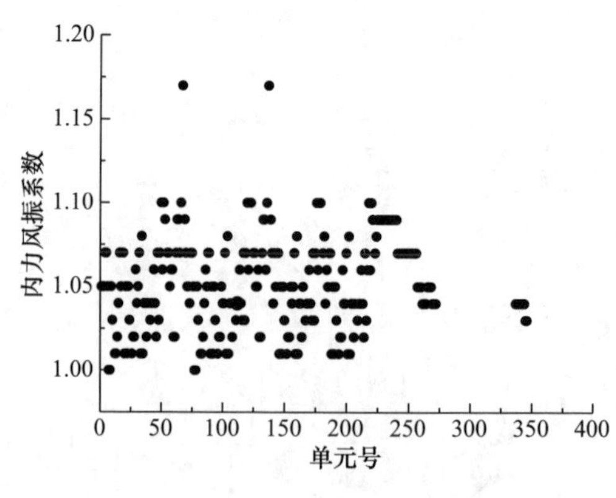

图 7-47　索杆单元内力风振系数

7.3.3　参数化分析

7.3.3.1　屋面围护体系的影响

就天津理工大学体育馆索穹顶结构而言，主要受力的部分是索穹顶主体结构，而实际中结构上还有屋面围护体系，在实际设计任务中，这些荷载不能忽略，在动力响应分析过程中，也要考虑屋面围护体系的刚度贡献。

该索穹顶屋面围护体系比较复杂，屋面外部采用刚性金属屋面，中央叶状区域向上抬起 1.5m，侧面做通风窗，上部采用膜结构，有限元模型如图 7-49 所示。根据此模型，利用 MATLAB 重新生成风速时程，并转化成风荷载时程。

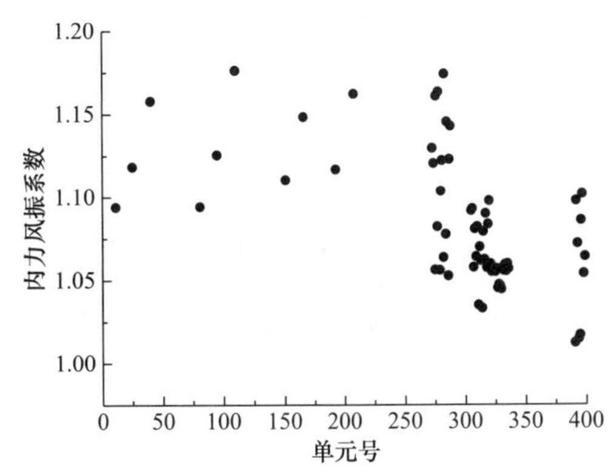

图 7-48　梁单元应力风振系数

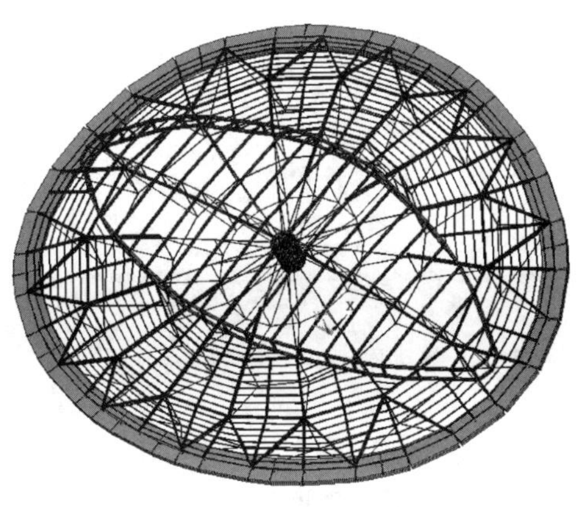

图 7-49　完整模型图

（1）结构在平均风荷载作用下的响应

依照 7.3.2 节中介绍的方法，对该结构进行在平均风荷载作用下的静力计算。提取各节点位移响应以及各单元应力响应，为后文风振系数计算做准备，计算结果如图 7-50～图 7-54 所示，可以看出，静风作用下，索穹顶结构在风吸作用下发生竖向向上的位移，整体上来看呈越向中间位移越大的趋势，竖向位移最大达到 42.5mm，发生在第三圈环索的撑杆下节点处，如图 7-52 所示。整体变形云图与没有屋面围护体系的索杆骨架结构的位移云梯形状基本一致，只是位移值有所减小。

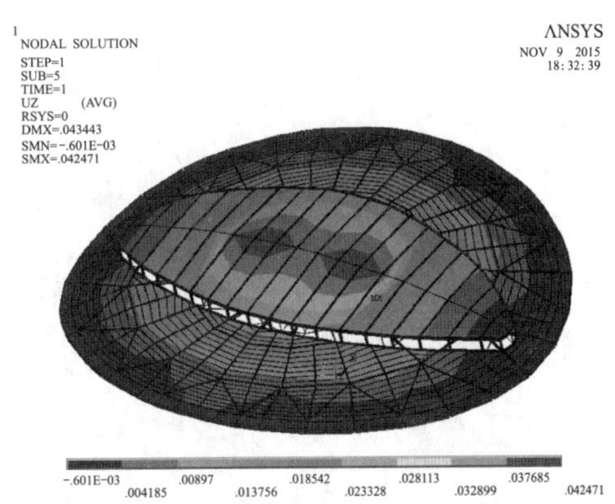

图 7-50　静风作用下结构竖向位移响应（带表面效应单元）

由于该结构上部屋面围护体系梁单元受力较小，故给出图 7-53、图 7-54 表示该索穹顶在静风作用下的索杆内力图，其内力分布基本与上文所述类似，这里不做详述。

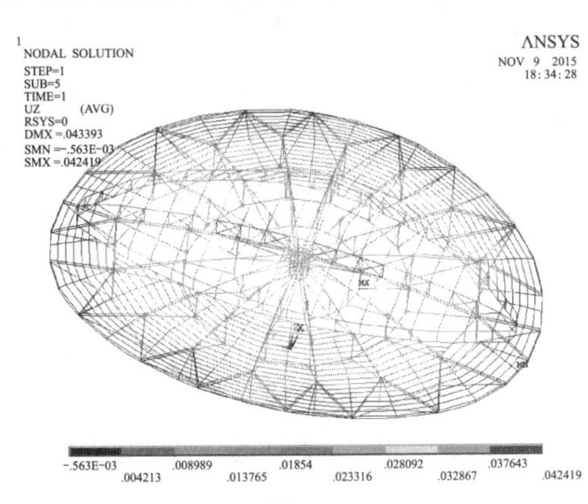

图 7-51　长轴半跨位移图

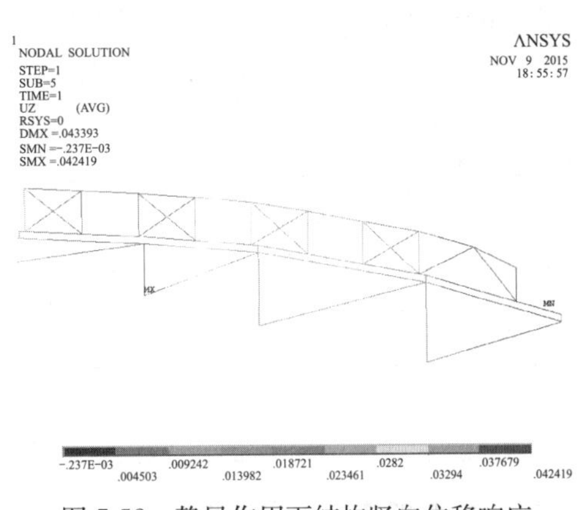

图 7-52　静风作用下结构竖向位移响应

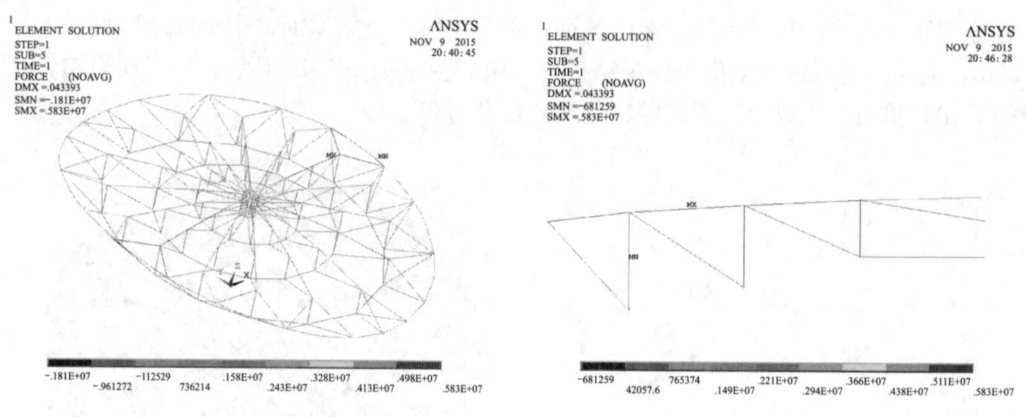

图 7-53　静风作用下结构索杆内力响应

图 7-54　短轴半跨索杆内力图

（2）结构在风振作用下的响应

根据风速谱模拟作用于结构的风速时程，参数均与 7.3.2 节相同，过程不再详述，风速时程如图 7-55 和图 7-56 所示。

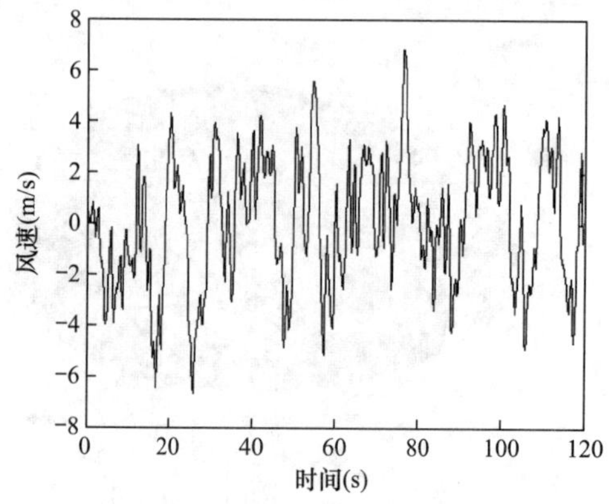

图 7-55　长轴最高点水平向风速时程曲线

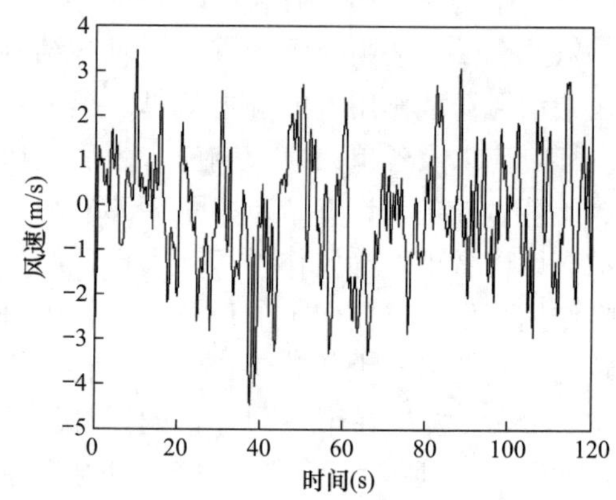

图 7-56　长轴最高点竖向风速时程曲线

将风速时程转化为风荷载时程施加在结构表面，对结构进行风振作用的时程分析计算。利用自编程序提取结构在风振作用下各方向的位移最值如表 7-13 所示。节点位置示意图如图 7-57 所示。

各方向最大位移计算结果　　**表 7-13**

方向	位移最值（mm）	节点号
$X+$	18.5	48
$X-$	−15.7	1
$Y+$	12.7	91
$Y-$	−12.4	44
$Z+$	65.9	91
$Z-$	−10.0	35

带屋面围护体系的索穹顶结构在风振作用下的位移响应与无尾面围护体系的索穹顶结

构比较相似，发生最值的节点位置基本一致，但位移值有所减小，主要是屋面围护体系为整个结构提供了一定刚度的缘故。此处给出节点 91 的位移时程曲线，如图 7-58 所示。

类似地，通过自编程序提取时程分析过程中结构各杆件的最大内力或者应力均与无屋面围护体系的模型计算结果相近，这里不再详述。给出屋面檩条结构中有代表性的构件（图 7-59）的应力时程曲线如图 7-60～图 7-62 所示。

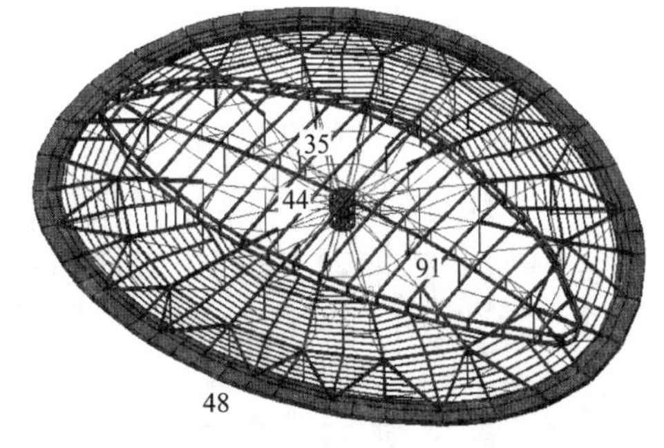

图 7-57　最值节点位置示意图

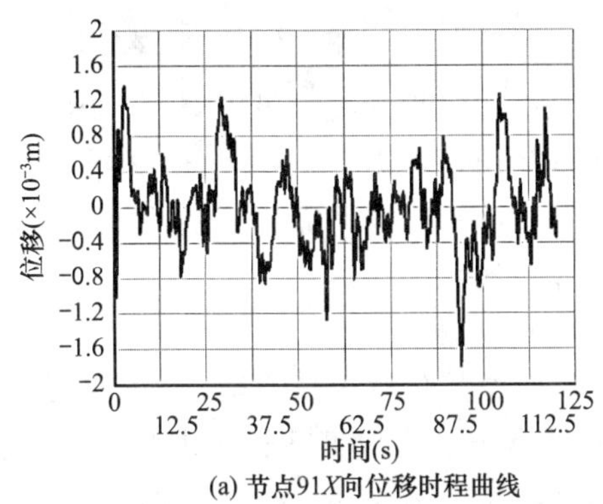

(a) 节点91X向位移时程曲线

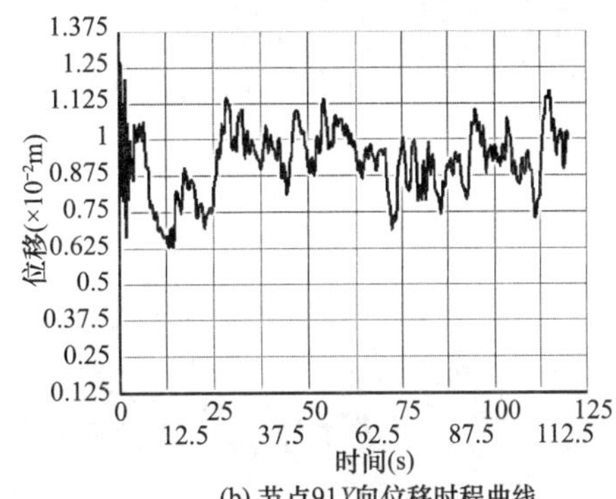

(b) 节点91Y向位移时程曲线

(c) 节点91Z向位移时程曲线

图 7-58　节点 91 位移时程曲线

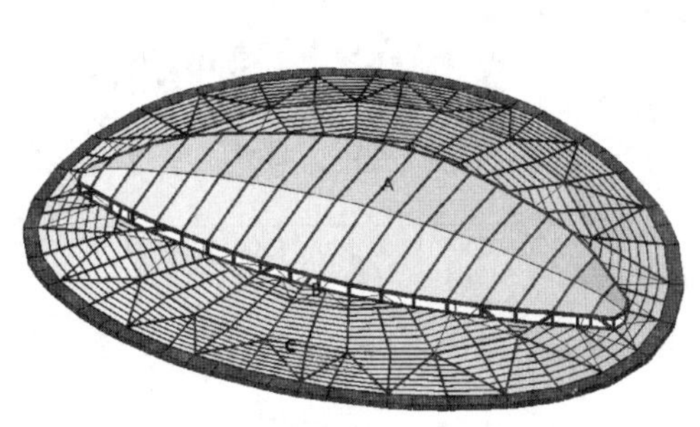

图 7-59　构件位置示意图

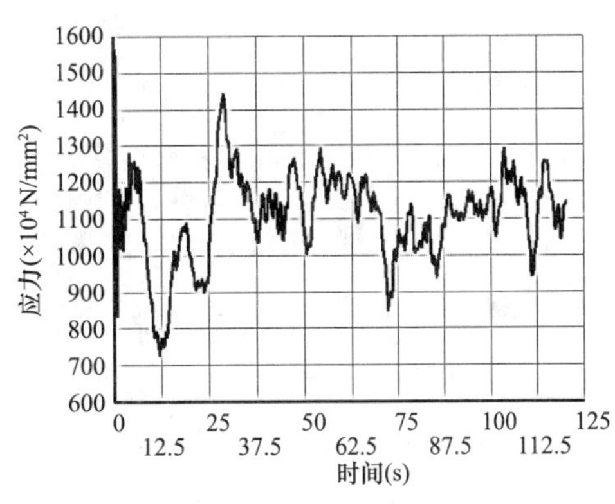

图 7-60　单元 A 应力时程曲线

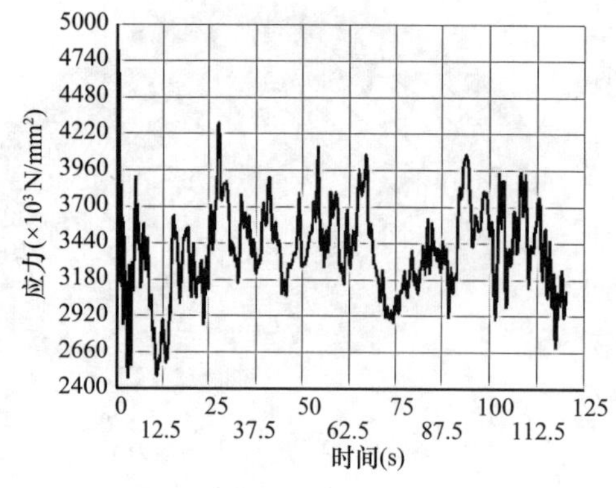

图 7-61 单元 B 应力时程曲线

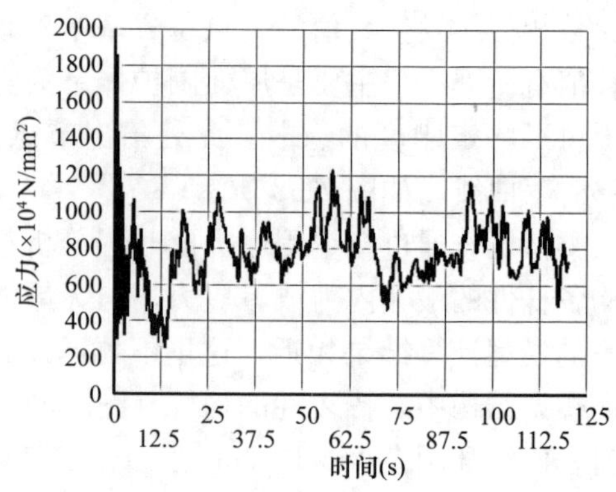

图 7-62 单元 C 应力时程曲线

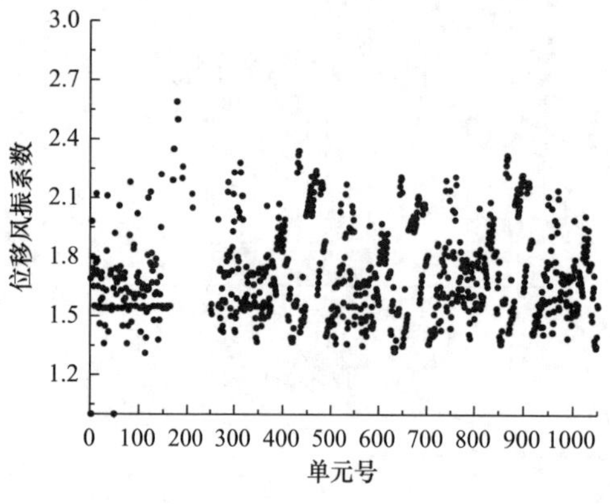

图 7-63 位移风振系数

从应力时程曲线中可以看出，屋面围护体系中的梁单元应力水平均较低，但是应力浮动较大，说明该结构屋面体系的强度满足，但对风振作用比较敏感。

(3) 风振系数

计算结构位移风振系数，去除奇点，结果如图 7-63 所示。风振系数均在 1.3～2.1 之间，一致风振系数为 1.64。与不带屋盖计算模型基本一致，说明屋盖对该结构在风振作用下的位移风振系数影响较小。

计算结构内力风振系数，图 7-64 为索杆内力风振系数，图 7-65 为梁单元应力风振系数。对照模型中各单元位置可以看出，骨架构件的风振系数与上节模型中一致，均在 1.1 左右，而屋面围护体系上的单元则比较大，主要分布在 1.5～2.4 之间。说明了屋面围护体系的内力受风振影响比较明显，故下文中将对屋面围护体系构件的内力风振系数进行计算。

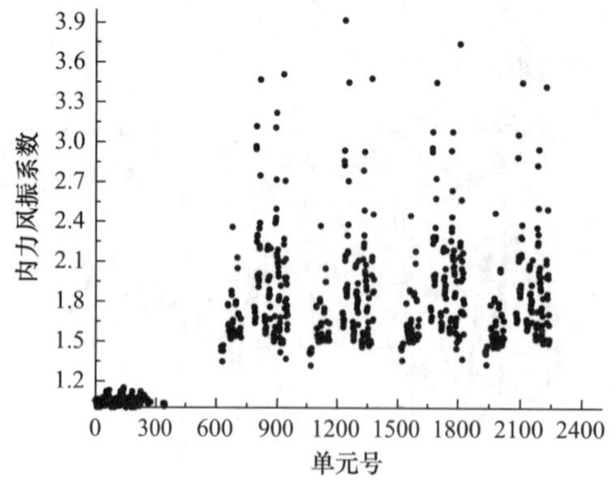

图 7-64 索杆内力风振系数

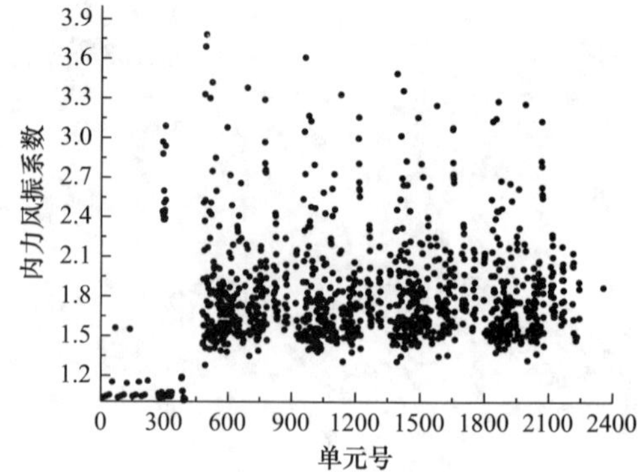

图 7-65 梁单元应力风振系数

屋面围护体系上的梁单元应力风振系数为 1.53，索杆内力风振系数为 1.66，而在骨架结构上的梁单元应力风振系数仅为 1.07，索杆内力风振系数为 1.02。

可以从以上内容比较得出，该索穹顶结构的屋面围护体系对结构刚度有一定的贡献，在风振作用下的最大竖向位移明显减小，而带屋面围护体系的模型在风振作用下的位移以及内力风振系数均与不带屋面围护体系的模型类似，只是屋面围护体系上的构件风振系数较大，但屋面围护体系中构件的安全余量普遍较高。以风振系数为研究对象，综合考虑其他因素，下文中将采用索穹顶主体结构模型对其余影响因素进行探讨。

7.3.3.2 节点等效质量的影响

索穹顶结构自重轻，这里将恒荷载+0.5活荷载等效成节点质量施加在模型上，而节点等效质量将直接影响结构的自振特性，故一定会对结构的风振响应有所影响。本节将讨论节点等效质量对该索穹顶结构风振系数的影响。

利用索穹顶主体结构模型，并将原节点等效质量设为 M，分别讨论 $0.4M$、$0.7M$、M、$1.3M$ 和 $10M$ 五种等效质量水平对风振系数的影响。分别进行模态分析，自振特性如表 7-14 所示。

五种等效质量模型的自振频率　　表 7-14

频率＼质量	$0.4M$	$0.7M$	M	$1.3M$	$10M$
第 1 阶	0.4840	0.3748	0.3163	0.2787	0.1018
第 2 阶	0.5072	0.3889	0.3272	0.2879	0.1048

对施加五种等效质量的模型分别进行风振作用下的时程分析，并提取其位移及应力，计算风振系数。各等效节点质量对应的位移风振系数对比如图 7-66 所示。

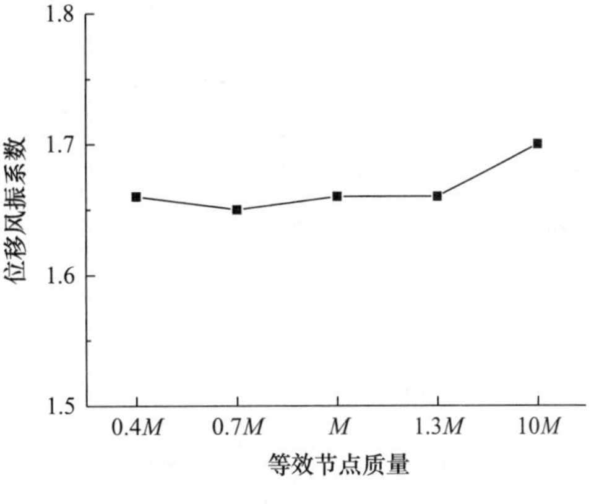

图 7-66　位移风振系数对比

由表 7-14 可以看出，节点等效质量对结构的自振特性有显著影响，质量越大，结构的频率越小，即结构越柔。施加风振时程计算，结构的位移有一定的变化，但是变化并不是很大，并且结构位移的风振系数几乎没有变化，$10M$ 模型位移风振系数也只是较 M 模型位移风振系数增大 2.5%，说明结构的节点等效质量并不能很大程度上影响结构在风振作用下的响应。

7.3.3.3 预应力水平的影响

索穹顶是一种张拉整体结构，整体刚度均由带预应力的索提供，故预应力在索穹顶结构中起着至关重要的作用。对各索施加不同的预应力会对结构的刚度有较大改变，上文已经论述预应力水平会很大程度影响索穹顶的自振特性。为考察预应力水平对索穹顶风振系数的影响，本节将对结构施加四种水平的预应力，分别计算其风振系数，设结构索中现有预应力为 P，另取 $0.4P$、$0.7P$、$1.3P$ 三种情况，各预应力水平情况下的自振特性已在上文论述，前两阶频率如表 7-15 所示。计算结构位移风振系数对比如图 7-67 所示，内力风振系数对比如图 7-68 所示。

四种预应力设计值模型的自振频率　　表 7-15

频率 \ 预应力	0.4P	0.7P	P	1.3P
第 1 阶	0.1982	0.2639	0.3163	0.3612
第 2 阶	0.2050	0.2730	0.3272	0.3735

随着预应力水平增高，索穹顶结构的自振频率增大明显，说明预应力变大，索穹顶结构刚度随之增大；风振系数随着预应力水平增高而减小，说明本索穹顶结构中预应力设计值越大，受到风振作用扰动的程度越小。结构的内力风振系数数值仍然很小，该结构总是能够在新的位置形成新的平衡，因此风振作用下内力的扰动并不大。

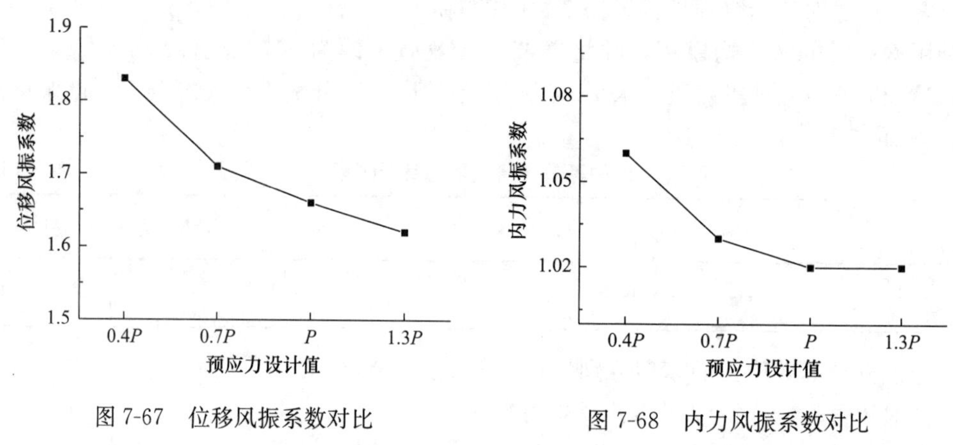

图 7-67　位移风振系数对比

图 7-68　内力风振系数对比

7.4　本章小结

本章主要对天津理工大学体育馆索穹顶结构的自振特性、地震作用以及风振作用进行了分析，研究发现：

（1）索穹顶结构属柔性结构，刚度较小。

（2）索穹顶中预应力水平对其自振特性有一定影响，预应力越大，自振频率越大，反之越小；索穹顶结构的边界约束条件对索穹顶自振特性影响较小，故本结构采用刚接的方式处理边界约束问题；索穹顶结构的屋面结构体系对自振频率影响很大。

（3）本结构的模态分析振型以转动为主，其次出现局部振动振型，再次会出现绕坐标轴的扭转振型，结构刚度薄弱的部位为半长轴中间部分。

（4）结构节点各方向位移的最大值均出现在索穹顶主体结构上，说明屋面围护体系刚度较大，主要的变形均出现在主体结构上；提取结构主要受力构件的内力最值及其内力时程曲线，其形状与地震波波形基本一致，且内力的变化值均较小，说明地震对索穹顶这种柔性结构的内力影响并不大。

（5）通过对比关键位置节点的风振系数，得知本索穹顶结构第二圈环索处对风振作用更敏感，长轴明显比短轴对风振作用更敏感，且任何位置的上节点都要比下节点更敏感。

（6）有无屋面围护体系对索穹顶主体结构的变形有一定影响，且屋面结构上构件的风振系数较大，应力水平较低，但有无屋面围护体系对索穹顶主体结构的风振系数影响较小。结构节点等效质量会明显影响结构自振特性，但是对结构风振系数影响较小。结构预应力水平越高，结构受风振作用扰动程度越小。

第 8 章　索穹顶节点设计

8.1　引言

索穹顶结构的刚度是由施加在拉索上的预应力实现的，索穹顶结构节点的合理设计和施工是保证拉索实现预应力有效传递的关键，因此节点受力合理、安全可靠是索穹顶结构安全运营的重要保障。

根据节点所在位置的不同，可以将索穹顶结构节点分为撑杆上节点（连接脊索、斜索和撑杆）、撑杆下节点（连接环索、斜索和撑杆）和支座节点（连接脊索、斜索和支座）。根据节点构造的不同，可以将索穹顶结构节点分为耳板节点、索夹节点和螺杆节点。本章将对不同位置节点的选型和不同形式的索穹顶结构节点的设计进行详细介绍。

8.2　索穹顶结构节点选型

8.2.1　撑杆上节点

索穹顶结构撑杆上节点需连接多个方向脊索、斜索和撑杆，斜索和撑杆之间及脊索和撑杆之间宜采用耳板式节点连接，而脊索之间宜采用索夹节点连接（图 8-1）。如果此处拉索可断开，则可都采用耳板连接。

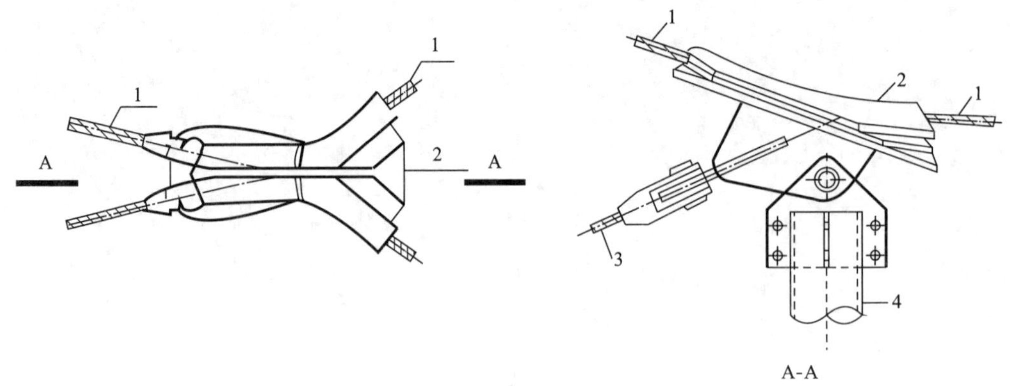

图 8-1　索穹顶撑杆上节点的连接

1—脊索；2—索夹具；3—斜索；4—撑杆

需要注意的是，不同直径拉索采用耳板连接方式共用一块节点板时，此板件厚度首先要满足所连接的每根索的受力要求，同时其厚度通常按照较小直径拉索确定，确保其顺利安装，而大直径拉索则采用在销轴处贴板局部加厚的处理与节点板连接。

天津理工大学体育馆索穹顶的撑杆上节点采用铸钢耳板式节点，耳板与中心柱体浇铸在一起，销轴和拉索索头与之栓接，销轴穿过耳板孔，将索头和耳板销拴在一起，销轴处的传力路径为：拉索→销轴→耳板（耳板与节点整体浇铸）。如图 8-2 所示。索头在拉索的顶端，通过销轴与耳板连接。脊索索夹在构造上使拉索轴线交于一点，避免了连接板的偏心受力，使得多个耳板之间形成合理的角度，部分受拉力较大的耳板孔洞边缘增加了板厚，增强了耳板与索接触部分的抗拉能力。

图 8-2 天津理工大学索穹顶外环脊索耳板节点（撑杆上节点）

8.2.2 撑杆下节点

索穹顶结构撑杆下节点（图 8-3）需要连接斜索、环索和撑杆，且大跨度索穹顶的外圈环索受力很大，根数较多，需考虑多根拉索的布置，可以分上下两排布置，或在径向分 2 列或者 3 列布置等。

索穹顶结构撑杆下节点汇集杆件多，形状和受力较为复杂，大多采用铸钢节点制成并需要通过有限元分析确定节点的安全性。

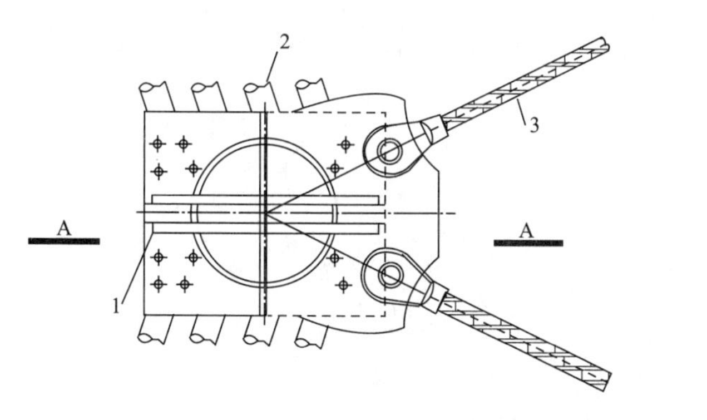

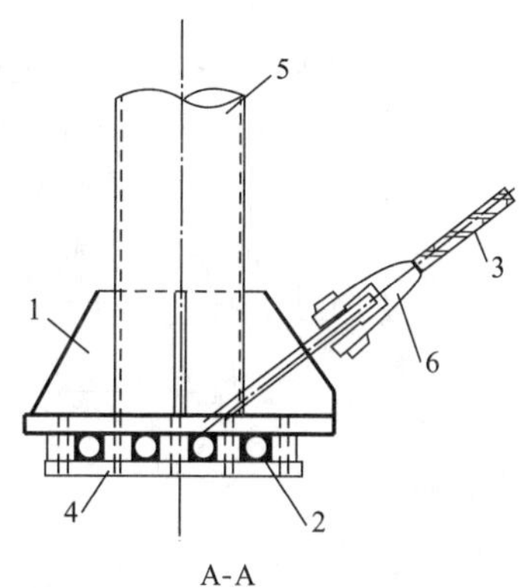

图 8-3 索穹顶撑杆下节点的连接

1—加劲肋；2—环索；3—斜索；4—索夹具；5—撑杆；6—锚具

天津理工大学体育馆索穹顶撑杆下节点由耳板、索夹组成，耳板与索夹整体用铸钢制成，如图 8-4 所示。其中，外环索铸钢节点根据环索的连接方式不同，分为叉耳连接和盖板连接两种（图 8-5 和图 8-6），对于盖板连接，夹具在节点中是固定环向拉索的主要部件，采用高强螺栓将环索上下的两块夹板夹紧。

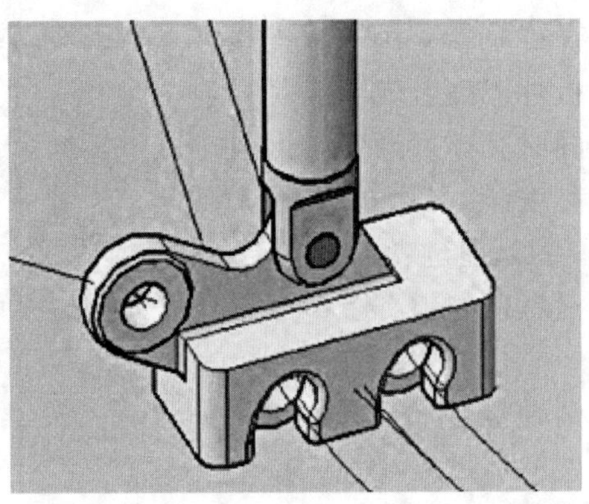

图 8-4　天津理工大学体育馆索穹顶中环索夹节点（撑杆下节点）

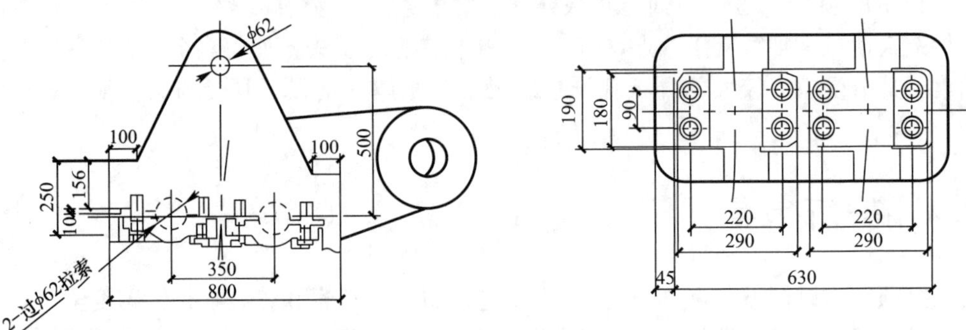

图 8-5　外环索夹—盖板连接构造示意图

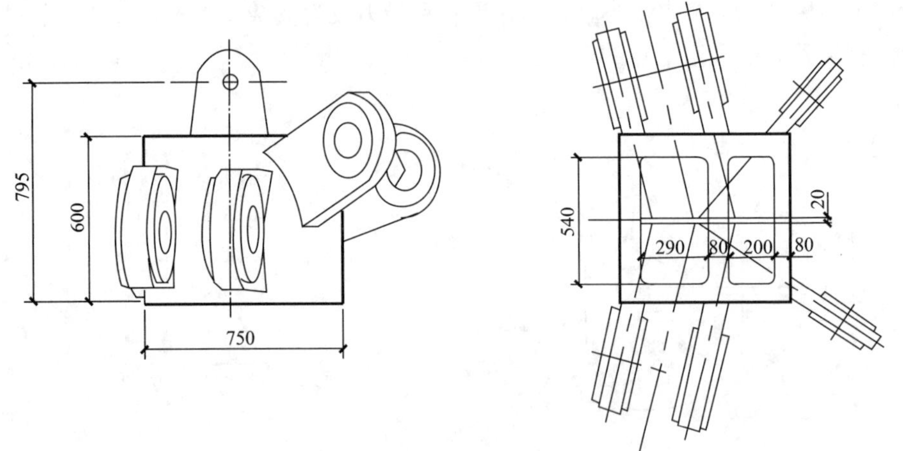

图 8-6　外环索夹—叉耳连接构造示意图

8.2.3　支座节点

索穹顶结构的拉索构件与支承构件的连接应采用传力可靠、预应力损失低且施工便利的锚具，尤其应保证锚固区的局部承压强度和刚度，其中可张拉的拉索有足够的施工空间，便于张拉施工操作。对于张拉节点，设计时应根据可能出现的节点预应力超张拉情况，验算节点承载力。张拉节点应有可靠的防松弛措施。

（1）拉索与钢筋混凝土构件的连接

拉索与钢筋混凝土构件的连接宜通过预埋钢管或预埋锚栓将拉索锚固（图 8-7）。拉索与混凝土构件的连接尤其应保证锚固区的局部承压强度和刚度，应设置必要的加劲肋、加劲环或加劲构件等加强措施。

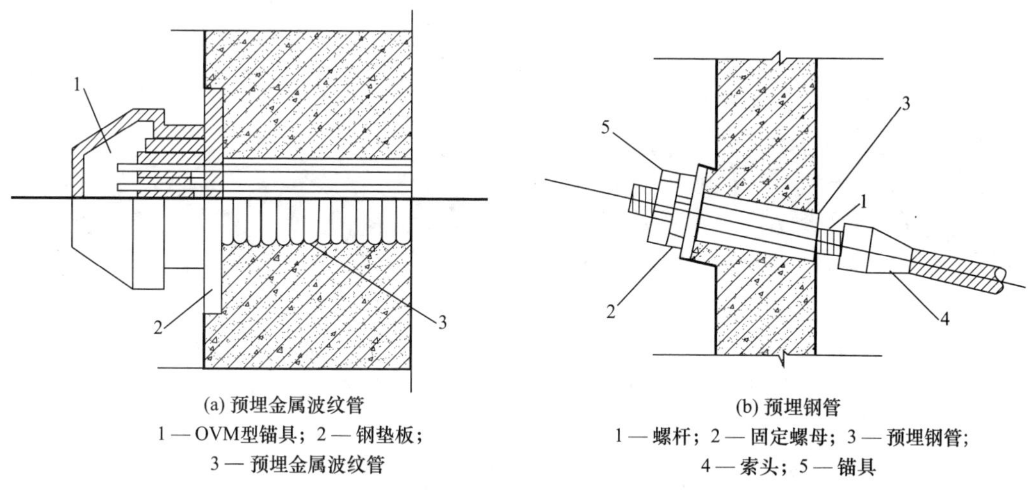

(a) 预埋金属波纹管
1 — OVM型锚具；2 — 钢垫板；
3 — 预埋金属波纹管

(b) 预埋钢管
1 — 螺杆；2 — 固定螺母；3 — 预埋钢管；
4 — 索头；5 — 锚具

图 8-7 拉索与钢筋混凝土支承结构的连接

天津理工大学体育馆外环梁采用钢筋混凝土，为了外脊索和外斜索与之相连，体育馆采用在外环梁上设置钢埋件的方式。埋件采用钢板焊接拼装而成，其中部分钢板和端部钢筋锚固入环梁中，埋件在环梁浇筑好之前定好位置，与环梁整体浇筑，以实现锚固的可靠性。通过钢预埋件连接环梁和拉索，可以将索力通过端部钢筋均匀传至环梁主体，避免了拉力过于集中的现象。埋件深入环梁较长，也可以很好地利用钢埋件和混凝土的接触摩擦传递拉应力，增加拉应力的传递面积。支座埋件模型如图 8-8 所示。

（2）拉索与钢构件的连接

拉索与钢构件的连接方式取决于边界结构的设计、预应力施加方式和索端头类型的选择，可分为以下几种形式：

① 拉索与支承钢柱或钢梁的连接可采用螺杆连接（图 8-9、图 8-10）。

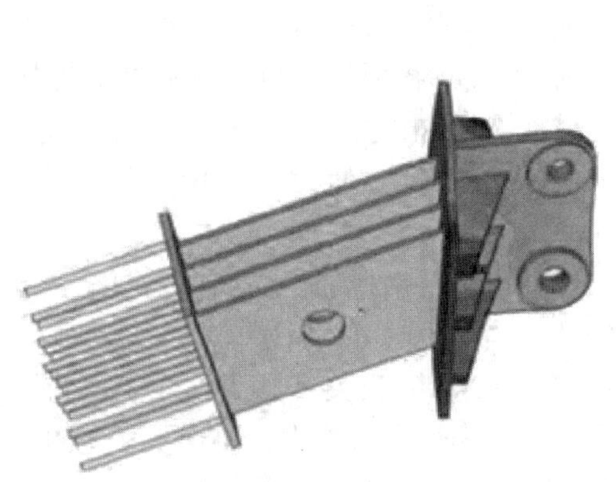

图 8-8 支座埋件模型

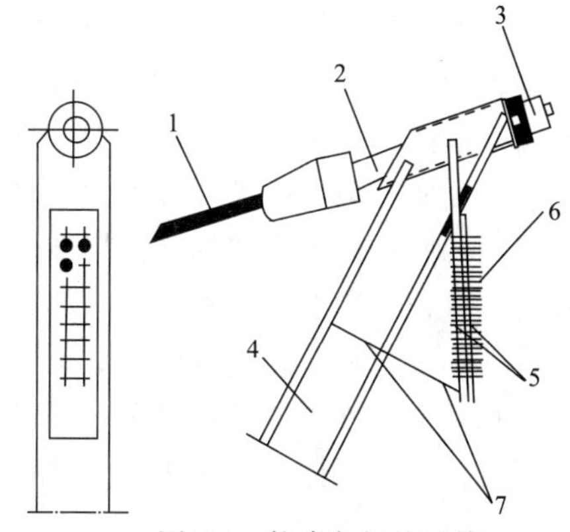

图 8-9 拉索与钢柱连接

1—拉索；2—调节螺杆；3—锚固螺母；
4—斜柱；5—锚板；6—高强螺栓；7—加劲钢板

② 径向拉索与支承钢环梁的连接可采用耳板式连接，采用带有叉耳式端头的拉索（图8-11），通过辅助工装施加预应力将拉索安装并张拉到位。

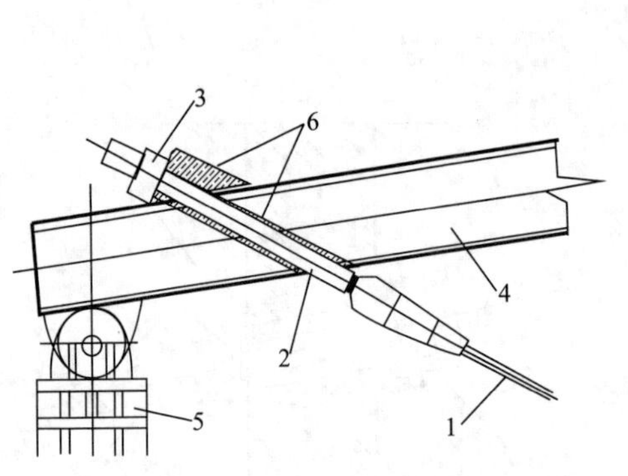

图8-10　拉索与钢梁连接

1—拉索；2—调节螺杆；3—锚固螺母；4—钢梁；5—钢柱；6—螺旋筋

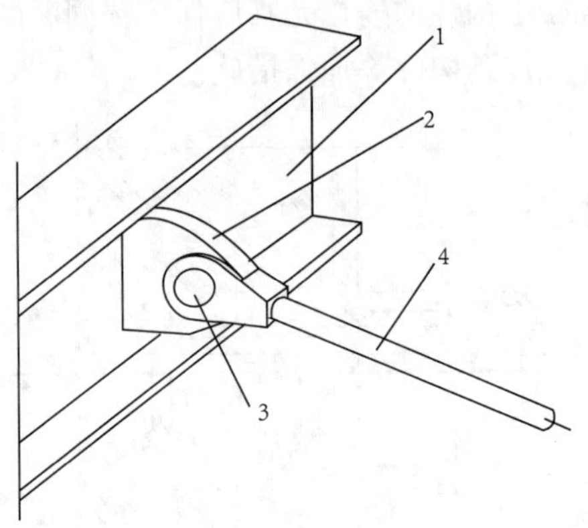

图8-11　带有叉耳式端头的拉索

1—钢环梁；2—耳板；3—销轴；4—拉索

8.3　索穹顶结构节点设计

8.3.1　节点材料的选用

综合考虑构件的重要性和荷载特征、结构形式和连接方法、应力状态、工作环境以及钢材品种和厚度等因素，合理地选用索穹顶结构节点钢材的牌号、质量等级及其性能要求。

索穹顶节点采用的热轧钢材应按现行《钢结构设计标准》GB 50017 的规定选用；采用的铸钢件应按现行《铸钢结构技术规程》JGJ/T 395 的规定选用。所用钢材（包括热轧钢与铸钢）性能要求为：应具有屈服强度、抗拉强度、伸长率等力学性能和冷弯试验的合格保证；具有碳、硫、磷等化学成分的合格保证；涉及焊接时，尚应具有良好的焊接性能，其碳当量或焊接裂纹敏感性指数应符合相关标准的规定；抗震设防时，索结构节点钢材的屈服强度实测值与抗拉强度实测值的比值应不大于0.85，伸长率应不小于20%，应具有明显的屈服台阶及合格的冲击韧性。

针对索穹顶结构选用索夹节点的部分，小型索夹可采用钢板加工而成，大型索夹宜采用铸钢件。索夹材料应采用具有良好延性的铸钢件。索夹中的紧固件应采用摩擦型大六角头螺栓。在高强螺栓紧固力的作用下，发生一定塑性变形的索夹有利于索体表面均匀受压，更好地夹持住索体，因此索夹材料必须具有较好的塑性变形能力。由于索夹受力情况较为复杂，且高强螺栓预紧后会出现明显的紧固力损失，因此应采用摩擦型大六角头螺栓，不应采用扭剪型高强度螺栓，以便根据实际情况调整预紧力或二次预紧。

针对索穹顶结构中选用耳板节点的部分，要求耳板受拉破坏形态为延性破坏，不能为脆性破坏，故耳板材料应采用具有良好延性的铸钢件，当需要焊接时耳板应具有良好的焊接性能。耳板用钢板可选用 Q345、Q390 和 Q420 等，铸钢件可选用 G17Mn5、G20Mn5 等。

索穹顶结构节点连接中的传力螺栓一般应选用高强度螺栓，其强度级别宜选用 10.9 级，并宜按摩擦型高强度螺栓连接设计，相应 Q345、Q390、Q420 钢抗滑移系数宜取 0.35～0.45。在考虑罕遇地震时可容许摩擦面滑移，此时其极限承载力可按承压型高强度螺栓连接计算。高强度螺栓连接的强度等级、规格、材质和性能要求应符合现行标准《钢结构用高强度大六角头螺栓》GB/T 1228、《钢结构用高强度大六角螺母》GB/T 1229、《钢结构用高强度垫圈》GB/T 1230 和《钢结构用高强度大六角头螺栓、大六角螺母、垫圈技术条件》GB/T 1231 或《钢结构用扭剪型高强度螺栓连接副》GB/T 3632 的规定。

若索穹顶结构需要焊接，焊条、焊丝及焊剂型号应与主体金属力学性能相适应，对直接承受动力荷载或振动荷载且需要验算疲劳的节点，宜采用低氢型焊条；手工焊接焊条的选用应符合现行标准《非合金钢及细晶粒钢焊条》GB/T 5117 和《热强钢焊条》GB/T 5118 的规定要求；自动焊接或半自动焊接采用的焊丝和相应的焊剂应符合现行标准《熔化焊用钢丝》GB/T 14957、《熔化极气体保护电弧焊用非合金钢及细晶粒钢实心焊丝》GB/T 8110、《非合金钢及细晶粒钢药芯焊丝》GB/T 10045 和《热强钢药芯焊丝》GB/T 17493 的规定要求；埋弧焊用焊丝和焊剂应符合现行国家标准《埋弧焊用非合金钢及细晶粒钢实心焊丝、药芯焊丝和焊丝-焊剂组合分类要求》GB/T 5293 和《埋弧焊用热强钢实心焊丝、药芯焊丝和焊丝-焊剂组合分类要求》GB/T 12470 的规定要求。

涂装材料应符合现行行业标准《建筑钢结构防腐蚀技术规程》JGJ/T 251 和国家标准《钢结构防火涂料》GB14907 的规定要求。

8.3.2 节点设计一般原则

索穹顶结构节点设计时，首先应进行概念设计，综合考虑建筑外观、节点传力方式并结合节点锚具和索体类型等确定节点连接形式，然后对节点进行具体构造设计。索穹顶结构节点构造应传力路线简捷明确、安全可靠，构造简单合理并便于制作、安装和维护。同时在节点构造设计中，应考虑结构安装偏差、索体松弛效应、预应力施加方式以及进行二次张拉和使用过程中索力调整的可能性。

索穹顶结构节点的强度（含局部承压强度）、刚度和受压板件的稳定性应满足现行国家标准《钢结构设计标准》GB 50017、《索结构技术规程》JGJ 257、《预应力钢结构技术规程》CECS 212、《铸钢结构技术规程》JGJ/T 395 的规定，并考虑节点刚度和变形的影响。根据节点的重要性、受力大小和复杂程度，索穹顶结构节点的承载力设计值应不小于拉索内力设计值的 1.25～1.5 倍。

索结构主要受拉节点若采用焊接连接，焊缝质量等级应为一级，其他节点的焊缝质量等级应不低于二级。

对采用新材料或新工艺的重要、复杂节点，可根据实际情况进行足尺或缩尺模型的检验性或破坏性试验，节点模型试验的荷载工况应尽量与节点实际受力状态一致。节点检验性试验时的试验荷载应不小于最大内力设计值的 1.3 倍，破坏性试验时的试验荷载应不小于最大内力设计值的 2.0 倍。可根据需要对实际工程中的节点进行健康监测。

8.3.3 耳板节点设计

（1）一般原则

常见的耳板有如下形式：矩形（图 8-12a）、带切角矩形（图 8-12b）、圆形（图 8-12c）、环形（图 8-12d）。

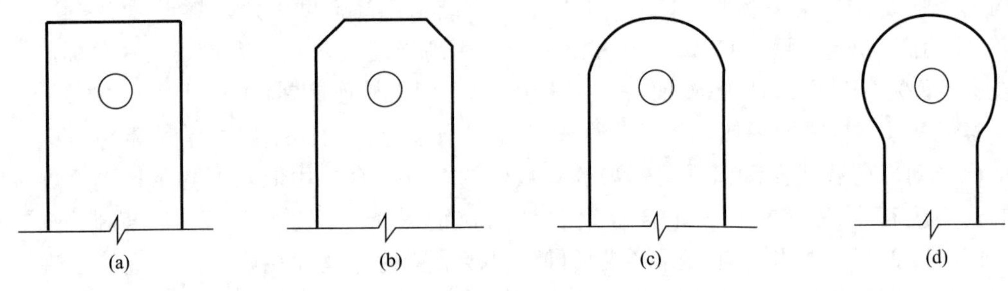

图 8-12 常见的耳板形式

对于受力较大的耳板式节点，可采用在耳板的主板两侧加贴板的形式，这有利于减小主板的厚度、保证销孔局部承压和销轴抗弯。主板和贴板的材料宜相同。对于钢板耳板，贴板应焊接在主板上，如图 8-13 所示；对于铸钢耳板，贴板与主板宜整体铸造。

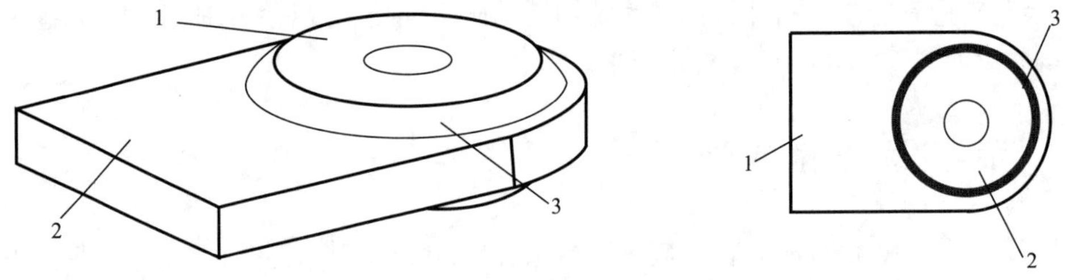

图 8-13 耳板贴板

1—贴板；2—主板；3—焊缝

耳板和销轴的设计承载力应不小于拉索内力设计值的 1.25～1.5 倍。对于一旦节点破坏会引起相连构件连续性失效、导致结构局部甚至整体出现承载力问题的重要耳板节点，其设计承载力应不小于拉索的设计承载力，且其极限承载力对于钢索宜不小于标称破断力，对于钢拉杆宜不小于屈服荷载。

对于承载力计算或者构造尺寸不满足要求、因厚度等原因材料强度难以确定、因形式特殊等原因受力特别复杂的特殊耳板式节点，应进行弹塑性有限元分析，必要时应补充节点模型试验，确定其设计承载力。

（2）耳板承载力验算

耳板承载力验算的内容主要包括：耳板孔净截面处的抗拉强度（截面Ⅰ-Ⅰ）、耳板端部截面的抗劈拉强度（截面Ⅱ-Ⅱ）、抗剪强度（截面Ⅲ-Ⅲ）；耳板根部的抗拉强度（截面Ⅳ-Ⅳ），各截面位置如图 8-14 所示；销孔的局部承压强度。对于焊接在主板上的贴板，应验算贴板焊缝承载力。

根据《钢结构设计标准》GB 50017 相关条文并考虑两侧贴板的作用，耳板承载力应按下列公式进行验算（图 8-15）：

无贴板的耳板孔净截面处抗拉强度验算：

$$\sigma = \frac{N_d}{2t_1 b_1} \leqslant f \tag{8-1}$$

有贴板的耳板孔净截面处抗拉强度验算：

$$\sigma = \frac{N_d}{2t_1 b_1 + 4t_2 b_2} \leqslant f \tag{8-2}$$

$$b_1 = \min\left(2t_1 + 16, b - \frac{d_0}{3}\right) \tag{8-3}$$

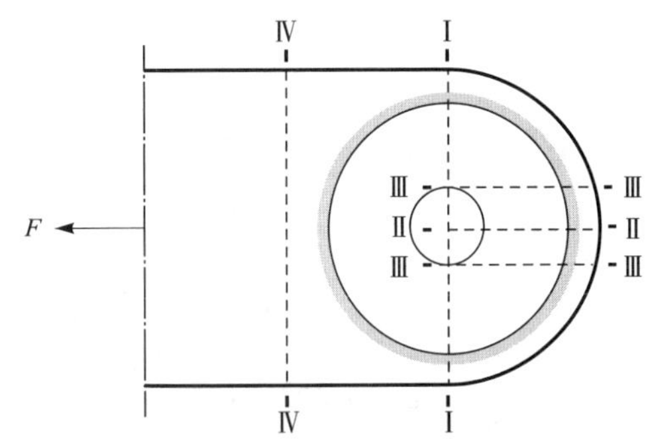

图 8-14　耳板承载力验算截面位置

$$b_2 = \min\left(2t_2 + 16, r - \frac{5d_0}{6}\right) \tag{8-4}$$

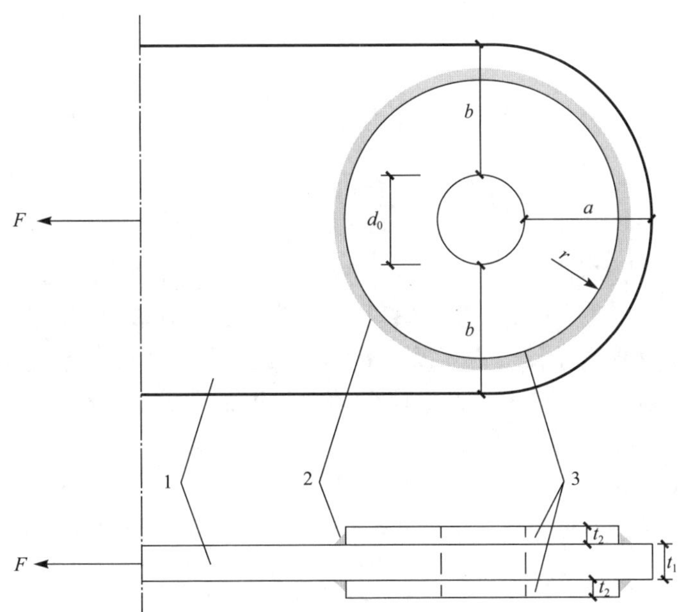

图 8-15　耳板尺寸参数

1—耳板主板；2—焊缝；3—耳板贴板

无贴板的耳板端部抗劈拉强度验算：

$$\sigma = \frac{N_d}{2t_1\left(a - \frac{2d_0}{3}\right)} \leqslant f \tag{8-5}$$

有贴板的耳板端部抗劈拉强度验算：

$$\sigma = \frac{N_d}{2t_1\left(a - \frac{2d_0}{3}\right) + 4t_2\left(r - \frac{7d_0}{6}\right)} \leqslant f \tag{8-6}$$

无贴板的耳板端部抗剪强度验算：

$$\tau = \frac{N_d}{2t_1 Z} \leqslant f_v \tag{8-7}$$

$$Z=\sqrt{\left(a+\frac{d_0}{2}\right)^2-\left(\frac{d_0}{2}\right)^2} \tag{8-8}$$

有贴板的耳板端部抗剪强度验算：

$$\tau=\frac{N_d}{2t_1 Z+4t_2 Z'}\leqslant f_v \tag{8-9}$$

$$Z'=\sqrt{r^2-\left(\frac{d_0}{2}\right)^2} \tag{8-10}$$

耳板根部全截面抗拉强度验算：

$$\sigma=\frac{N_d}{t_1(2b+d_0)}\leqslant f \tag{8-11}$$

无贴板的耳板销孔的局部承压强度验算：

$$\sigma_c=\frac{N_d}{dt_1}\leqslant f_c \tag{8-12}$$

贴板的耳板销孔的局部承压强度验算：

$$\sigma_c=\frac{N_d}{d(t_1+2t_2)}\leqslant f_c \tag{8-13}$$

贴板焊接在主板上时，焊缝受剪承载力应不低于贴板受拉承载力。角焊缝高度计算公式如下：

$$h_f\geqslant\frac{f(2r-d_0)t_2}{0.7r\pi f_f^w} \tag{8-14}$$

式中，N_d 为索承受的轴向拉力设计值；a 为顺受力方向，销轴孔边距板边缘最小距离；r 为贴板半径；d 为销轴直径；d_0 为销孔直径；t_1 为耳板主板厚度；t_2 为耳板单侧贴板厚度；b_1 为耳板主板计算宽度；b_2 为耳板贴板计算宽度；Z 为耳板端部抗剪截面宽度；f 为耳板钢材抗拉、抗弯强度设计值；f_v 为耳板钢材抗剪强度设计值；f_c 为耳板钢材承压强度设计值；f_f^w 为角焊缝强度设计值。

(3) 销轴承载力验算

销轴承载力验算内容主要包括抗剪和抗弯强度，其计算简图如图 8-16 所示。

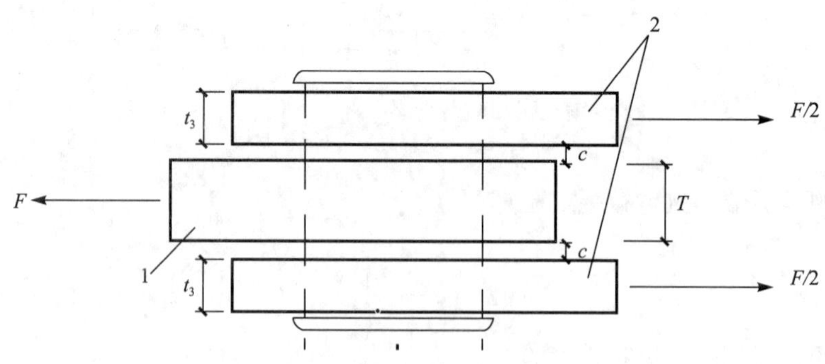

图 8-16　销轴承载力计算简图

1—结构耳板；2—叉耳

销轴承载力应按下列公式进行验算：

销轴抗剪强度验算：

$$\tau_{pn}=\frac{4F}{n_v\pi d^2}\leqslant f_v^{pn} \tag{8-15}$$

销轴抗弯强度验算：

$$\sigma_{pn}=\frac{64M}{3\pi d^3}\leqslant f_{pn} \tag{8-16}$$

$$M=\frac{N_d}{8}(T+2t_3+4c) \tag{8-17}$$

计算截面同时受弯受剪时组合强度应按下式验算：

$$\sqrt{\left(\frac{\sigma_{pn}}{f_{pn}}\right)^2+\left(\frac{\tau_{pn}}{f_v^{pn}}\right)^2}\leqslant 1 \tag{8-18}$$

式中，M 为销轴计算截面弯矩设计值；T 为结构耳板总厚，当有贴板时，为主板和贴板厚度之和；d 为销轴直径；t_3 为与耳板相连的叉耳单耳板厚度；c 为叉耳与耳板之间的单侧间隙；n_v 为受剪面数目；f_v^{pn} 为销轴的抗剪强度设计值；f_{pn}为销轴的抗弯强度设计值。

（4）构造要求

由于销轴承压会导致受力的路径缩短，且劈裂破坏是脆性破坏。对于端板被剪和端板劈裂这两种破坏形态，美欧规范都认为只要取充分的板端距离 a，这两种破坏状态就可以避免，故借鉴美国规范 ANSI/AISC 360-10 给出 a 的最短距离，要求销孔受压端外沿平行构件轴线方向延伸的最短距离 $a\geqslant 4b_e/3$［$b_e=\min(2t+16,\ b)$，t 为耳板厚度］。

研究表明，过薄的节点板不仅不利于销轴抗弯，而且会减弱节点板承压应力在板厚方向的重分布，这对节点板抗压能力也极为不利；同时销轴节点应力十分复杂，节点板厚影响着销轴抗弯和自身的承压能力，故有必要对节点板的最小板厚进行控制。《钢结构设计标准》GB 50017 要求耳板厚度不得小于耳板每侧净宽的 1/4，与英国规范 BS5950-1：2000 的规定相同。因此应控制耳板不宜过薄，建议最小厚度一般不低于 20mm。

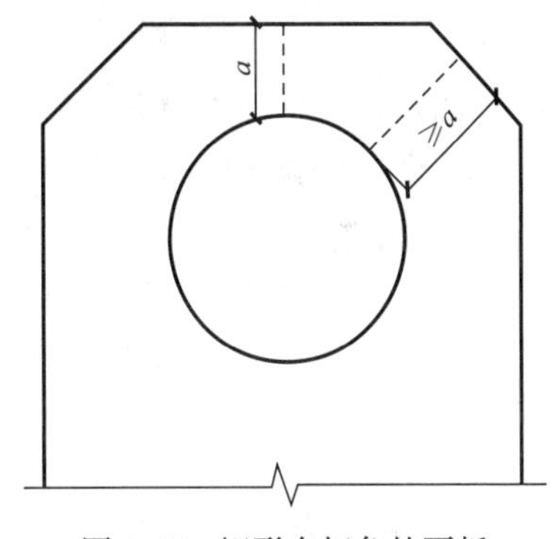

图 8-17 矩形有切角的耳板切角边净距示意图

对于加贴板的耳板，两侧贴板厚度宜相等，且每侧贴板厚度 t_2 宜按主板厚度 t_1 的 1/3～1/2 取值。

对于矩形有切角的耳板，切角可与构件轴线成 45°角，且切角边净距不小于耳板顶部的边缘净距，如图 8-17 所示。

销轴与销孔的间隙大小对构件受力影响较大，过大的间隙不仅减小两者的接触面积，进而增大接触压应力，而且容易造成连接松动，增大连接件的二次应力。另外，考虑到构件生产误差，销轴与销轴孔之间间隙宜满足如下规定：当销轴直径 $d<100$mm 时，销孔间隙 $g\leqslant 1$mm；当 $100\text{mm}\leqslant d<150$mm 时，$g\leqslant 1.5$mm；当 $d\geqslant 150$mm 时，$g\leqslant 2$mm。

销轴精加工部分的长度，应比被连接的构件两外侧面间的距离长 6mm 以上，且两端应有防止销轴横向滑脱的盖板或螺母。

8.3.4 索夹节点设计

（1）一般原则

索夹是连接索体和相连构件的一种不可滑动的节点，一般由主体、压板和高强度螺栓构成，其中主体直接与非索构件相连，而压板通过高强度螺栓与主体相连，通过高强度螺栓的紧固力使主体和压板共同夹持住索体。同时索夹应具有足够的承载力和刚度来有效传递结构内力，并在结构使用阶段应具有足够的抗滑承载力，防止索夹与索体相对位移。

索夹应采用摩擦型大六角头螺栓，高强度螺栓可采用如图 8-18 所示的穿孔式和沉孔式两种做法。

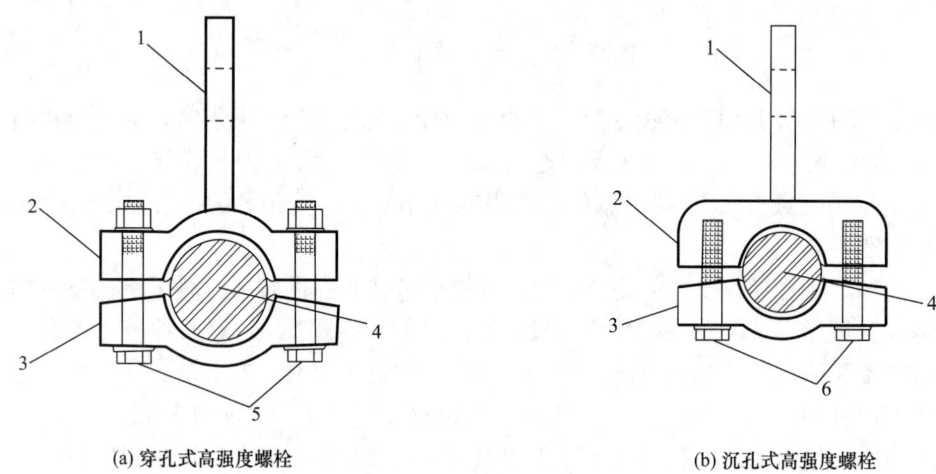

图 8-18　索夹螺栓的两种做法

1—索夹耳板；2—索夹主体；3—索夹压板；4—索体；5—穿孔式高强度螺栓；6—沉孔式高强度螺栓

(2) 强度承载力验算

索夹主体和压板的 A-A、B-B 截面（图 8-19）应进行强度承载力验算。

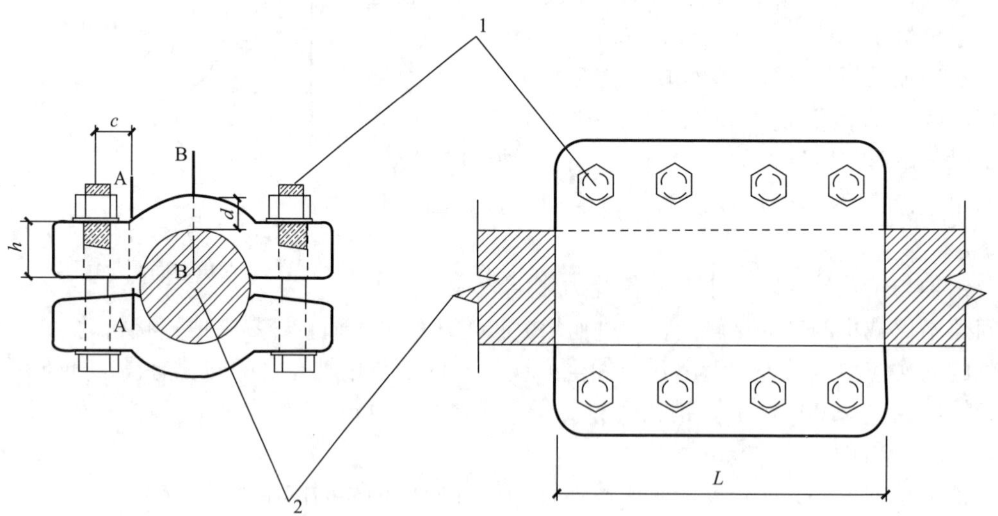

图 8-19　主体和压板计算示意图

1—高强度螺栓；2—索体

A-A 截面的抗弯应力比和抗剪应力比应分别满足式（8-19）和式（8-20）的要求：

$$K_{\mathrm{M}}=\frac{3.0P_{\mathrm{tot}}^{0}c}{Lh^{2}f\gamma_{\mathrm{P}}}\leqslant 1 \tag{8-19}$$

$$K_{\mathrm{V}}=\frac{0.75P_{\mathrm{tot}}^{0}}{Lhf_{\mathrm{v}}}\leqslant 1 \tag{8-20}$$

B-B 截面的抗拉应力比应满足下式的要求：

$$K_{\mathrm{T}}=\frac{0.5P_{\mathrm{tot}}^{0}}{Ldf\varphi_{\mathrm{R}}}\leqslant 1 \tag{8-21}$$

式中，P_{tot}^{0}为索孔道两侧所有高强度螺栓的初始紧固力之和；c 为平台根部至螺栓孔中心距离；L 为索夹夹持长度；h 为 A-A 截面厚度；f 为钢材抗弯强度设计值；f_{v} 为钢材抗剪强度设计值；γ_{P} 为 A-A 截面塑性发展系数，建议取 1.1；d 为 B-B 截面厚度；φ_{R}为强度折减系数，参考《公路悬索桥设计规范》JTG/T D65-05—2015 中 11.4.3 条的规定，建议取 0.45。

对于受力复杂的铸钢索夹宜通过弹塑性实体有限元分析确定其极限承载力。

(3) 抗滑承载力验算与试验

索夹抗滑承载力与高强度螺栓的有效紧固力、索体与孔道接触面的摩擦系数及压应力分布均匀性直接相关，这些直接因素受到了高强度螺栓的初始紧固力及其应力松弛、索力增量（指索夹安装在索体上后，由于拉索张拉和荷载增加导致的索力增加值）、索夹刚度、孔道与索体间隙及其加工精度、索体外表材料、索孔道内表面处理及其弯曲半径等众多间接因素影响，这些间接因素体现在索夹的构造设计、加工制作、安装以及拉索张拉力和使用阶段索力变化之中。

以往工程试验表明，索夹抗滑承载力存在较大的变化范围，因此在初步设计时，可按式（8-23）进行索夹抗滑承载力计算，最终对索夹实物通过试验确定索夹抗滑承载力。索夹抗滑设计承载力应不低于索夹两侧不平衡索力设计值，应满足式（8-22）的要求：

$$R_{\mathrm{fc}}\geqslant F_{\mathrm{nb}} \tag{8-22}$$

$$R_{\mathrm{fc}}=\frac{2\bar{\mu}P_{\mathrm{tot}}^{\mathrm{e}}}{\gamma_{\mathrm{M}}} \tag{8-23}$$

$$P_{\mathrm{tot}}^{\mathrm{e}}=(1-\varphi_{\mathrm{B}})P_{\mathrm{tot}}^{0} \tag{8-24}$$

式中，R_{fc}为索夹抗滑设计承载力；F_{nb}为索夹两侧不平衡索力设计值，应不小于最不利工况下的索夹两侧索力最大差值；γ_{M} 为索夹抗滑设计承载力的部分安全系数，参考《Eurocode 3 Design of steel structures》EN 1993-1-11 中 6.4.1 的规定，宜取 1.65；$\bar{\mu}$ 为索夹与索体间的综合摩擦系数；$P_{\mathrm{tot}}^{\mathrm{e}}$为索夹上所有高强度螺栓的有效紧固力之和；$\varphi_{\mathrm{B}}$ 为高强度螺栓紧固力损失系数。

式（8-23）中索夹与索体间的综合摩擦系数 $\bar{\mu}$，是综合了索体和索夹之间摩擦系数 μ 以及压应力分布均匀性的结果，其中摩擦系数 μ 受索体和孔道接触面材料和粗糙度等因素的影响，而压应力分布均匀性受索夹刚度、孔道与索体之间间隙及加工精度等因素的影响。因此，式（8-23）直接采用综合摩擦系数 $\bar{\mu}$ 进行计算。在索夹初步设计时，对于外包 HDPE 的钢丝束索、密封索和钢绞线裸索，建议值分别取 0.1、0.2 和 0.35。由于影响因素众多，多项工程试验中 $\bar{\mu}$ 变异较大，因此通过索夹抗滑承载力试验来测定为宜。

高强度螺栓预紧后，由于高强度螺栓自身应力松弛、索体蠕变和后续索力增加导致高强度螺栓紧固力显著降低，因此式（8-24）采用高强度螺栓有效紧固力进行计算。多项工程试验中，高强度螺栓紧固力损失系数 φ_{B} 大致范围为 0.25～0.55，变异较大，因此通过索夹抗滑承载力试验来测定为宜。

索夹抗滑承载力试验应满足以下规定：

① 索夹抗滑承载力受众多因素影响，因此索夹抗滑承载力试验的索夹和索体材料、索孔道和索体表面处理、索夹制作加工和关键构造尺寸，应与实际工程一致。

② 在预紧高强度螺栓后张拉拉索会引起索体直径变小，这是导致高强度螺栓紧固力衰减的主要因素之一。实际工程中，既有可能先预紧索夹的高强度螺栓再张拉拉索（此时试验中的拉索预张力为 0），然后张拉达到使用工况下的设计索力；也有可能在拉索张拉后预紧索夹的高强度螺栓（此时试验中的拉索预张力为施工方案中的拉索张拉力），再次张拉至设计索力。到达设计索力后，再加载顶推索夹直至沿索体明显滑动。

③ 由于索体蠕变的时间效应，高强度螺栓紧固力随时间逐渐衰减，试验中应充分考虑高强度螺栓紧固力损失的时间效应，在预紧高强度螺栓和张拉拉索后应分别静置足够的时间，待高强度螺栓紧固力衰减稳定后加载顶推索夹。

④ 同类型、同规格的索夹，试验数量不宜少于 2 个。在正常试验条件下，索夹抗滑承载力代表值宜取同批次的最小值。

⑤ 当多个索夹在同一索体上进行抗滑试验时，各索夹应夹持在索体的不同部位。各索夹夹持段的净距不应小于 2 倍索体直径。

⑥ 试验过程中宜跟踪监测高强度螺栓的紧固力，加载顶推索夹时应同步监测顶推力和索夹相对索体的滑移量。

⑦ 索夹抗滑极限承载力应通过顶推过程的荷载-位移曲线确定。当索夹的主体和压板的滑移量都迅速增加，且顶推力难以继续增加时，对应的顶推力定为索夹抗滑极限承载力。试验极限承载力应不低于抗滑设计承载力的 1.5 倍。

⑧ 顶推索夹的加载位置应符合结构中索夹实际受力情况。

8.3.5 螺杆节点设计

(1) 一般原则

螺杆连接是索结构节点连接的主要形式之一，在工程中广泛应用，主要用于索与索的连接、索与刚性构件的连接、索与支撑构件的连接等，多种连接形式见图 8-20。

不同索头的承载力差异较大，对支承结构的要求也不同。对不同的索头，螺杆连接有如下各种形式：①锚杯螺杆连接（图 8-20b）适用于索张拉力大、索径大的连接节点，这里锚杯直接用作螺杆；②冷（热）铸锚内螺杆连接（图 8-20c）适用于索径较大、索张力大的连接节点；③压制接头螺杆连接（图 8-20d）适用于索力小、索径较小的连接节点。工程中当索力较大时，可根据生产工艺、结构连接节点构造、结构施工安装等要求，把一根大直径的索用几根小直径索替代。

当索与刚性结构、支承等采用螺杆连接，且索的拉力通过螺母的承压传递时，由于承压位置不同，节点所采用的连接形式也就不同。承压位置选取的原则如下：①索头位于结构外部时采用前置承压（图 8-21a），可称为前置式；②连接构件尺寸相对较小或支承结构背部空间不受限制时，承压点可布置于支承结构的背部（图 8-21b），可称为背锚式；③支承结构构件截面相对索体较大时，承压点可布置于结构构件内部，此时节点不外露，成型后结构简洁美观（图 8-21c），可称为中间式。工程中应根据结构受力特性、建筑要求、支承结构截面等选取合适的承压位置。

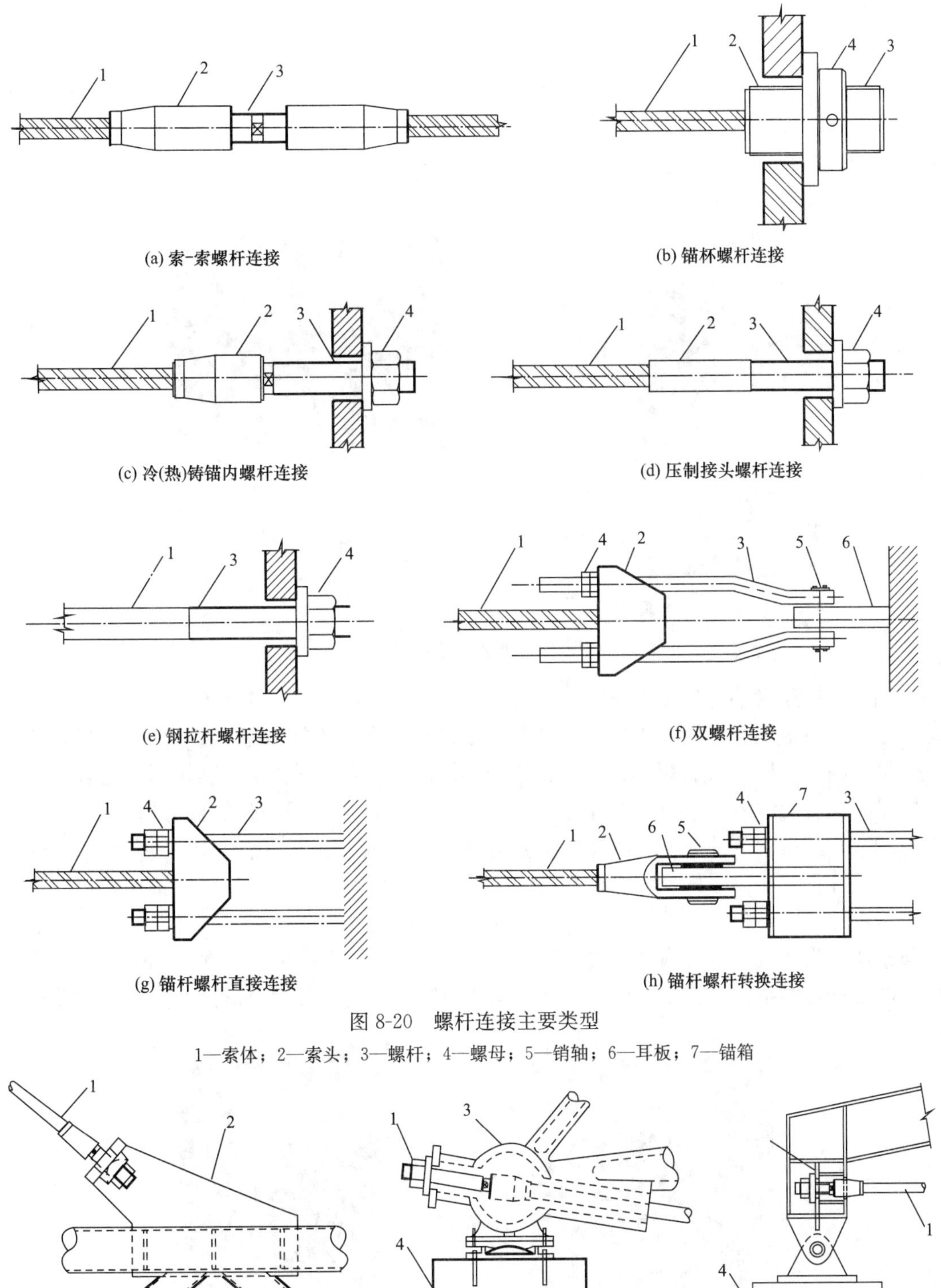

图 8-20 螺杆连接主要类型

1—索体；2—索头；3—螺杆；4—螺母；5—销轴；6—耳板；7—锚箱

(a) 前置式 (b) 背锚式 (c) 中间式

图 8-21 不同承压位置的螺杆连接

1—拉索；2—焊接节点；3—铸钢节点；4—支承柱

双螺杆连接（图 8-20f）通常是将连接索头的双螺杆与支承结构之间采用销轴连接，具有以下特点：①双螺杆连接的索头一般为铸锚，适用于索径大、张力较大的索体；②由于连接螺杆较长，可实现对索体长度较大范围调节，从而可适应因结构安装施工等引起的较大误差；③双螺杆对称布置，便于施工阶段的安装、张拉；④在构造上，因螺杆较长，且成对布置，再加上铸锚节点也较大，使得该连接节点尺寸很大，所以适用于连接节点对建筑效果影响较小的地面或屋盖的上部等不可见处（图 8-22）。

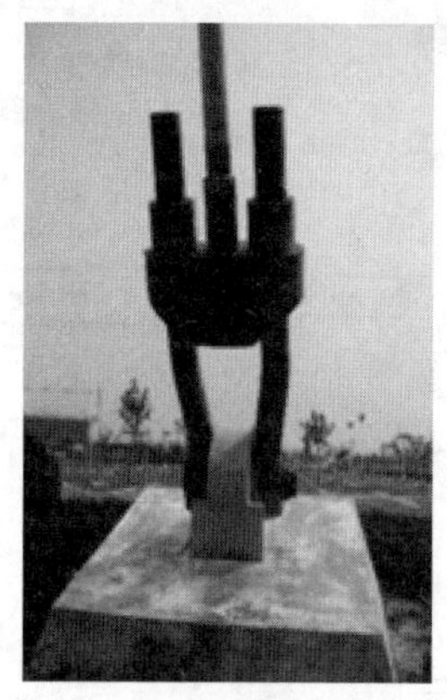

(a) 连接节点位于地面

(b) 连接节点位于屋盖

图 8-22　双螺杆连接的应用

锚杆螺杆连接是直接在锚杆上加工丝扣，作为螺杆与拉索锚具相连接，是索体与地面锚固连接中最常用的节点形式之一，可分为锚杆螺杆直接连接（图 8-20g）和锚杆螺杆转换连接（图 8-20h），具有以下特点：①锚杆螺杆连接节点与索体的连接灵活，适合于各种不同锚固类型的索体；②与双螺杆连接类似，锚杆螺杆连接可通过锚杆的外伸长度对索体进行调节，具有调节量更大、适应性更强等优点，但也存在着节点连接尺寸较大等不足；③锚杆螺杆直接连接是将预埋锚杆与索体锚头直接连接，这样可节省转换锚箱，但对锚杆的安装定位精度要求高（图 8-23a）；④锚杆螺杆转换连接是将预埋锚杆通过锚箱等转换后再与索体锚头连接，使得锚杆布置较为灵活，但要设计较大的锚箱（图 8-23b）。实际应用中，应根据索的张拉力、布置形式、地基承载力等确定连接形式、螺杆数目及布置形式。

(a) 锚杆螺杆直接连接

(b) 锚杆螺杆转换连接

图 8-23　锚杆螺杆连接的应用

螺杆连接中螺杆是索体的一部分时（图 8-20a～e），螺杆与索按照等强设计；其他情况下螺杆承载力设计值应按照索拉力设计值的 1.25～1.5 倍选取。螺杆承载力计算时应考虑螺纹对螺杆截面削弱的影响。结构长期在风等荷载作用下会产生振动，螺杆连接的端头螺母有可能松动，从而带来安全隐患，实际应用时应采用双螺母、螺母加弹簧垫片、螺母下设置止动垫圈、螺栓上设置开口销、自锁螺母等方式防止螺母松动。因螺杆连接端头具有一定的刚度，支承结构变形大时，端头部位将产生一定的附加弯矩，对节点受力极为不利。为此，应在连接节点端头增加球铰（图 8-24）等转动装置，释放因结构较大变形而引起的端部弯矩，使节点构造与计算假定一致。索体的多螺杆连接设计时应考虑合理的张拉顺序，确保多根螺杆受力均衡。

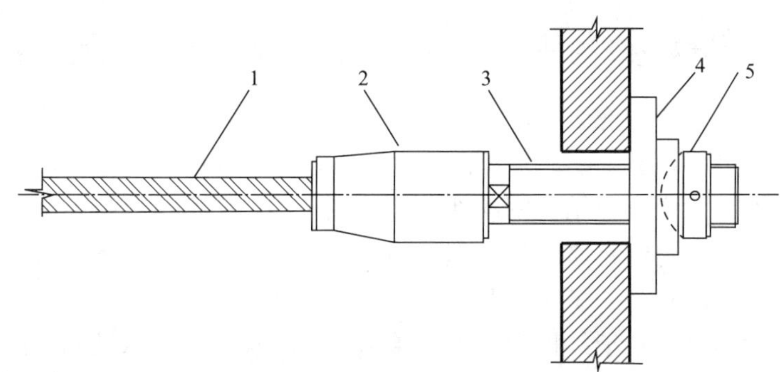

图 8-24　螺杆连接端头球铰

1—索体；2—索头；3—螺杆；4—承压板；5—球铰

（2）承载力验算

螺纹是螺杆连接的关键部位（图 8-25），应对螺纹进行专门设计，可按下列公式对螺纹进行验算。

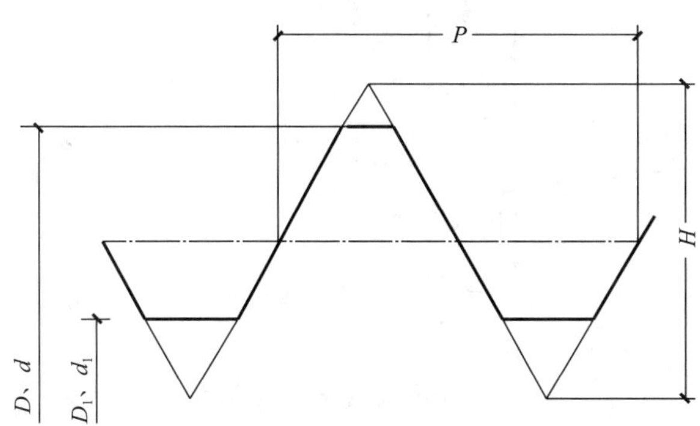

图 8-25　螺纹尺寸参数

内螺纹弯曲应力验算：

$$\sigma_{\mathrm{w}}=\frac{3F_{\mathrm{w}}H}{K_{z}\pi DB^{2}Z}\leqslant[\sigma]_{\mathrm{w}} \tag{8-25}$$

内螺纹剪应力验算：

$$\tau=\frac{F_{\mathrm{w}}}{K_{z}\pi DBZ}\leqslant[\tau] \tag{8-26}$$

外螺纹弯曲应力验算：

$$\sigma_{w}=\frac{3F_{w}H}{K_{z}\pi d_{1}B^{2}Z}\leqslant[\sigma]_{w} \tag{8-27}$$

外螺纹剪应力验算：

$$\tau=\frac{F_{w}}{K_{z}\pi d_{1}BZ}\leqslant[\tau] \tag{8-28}$$

式中，F_w 为与索体所对应螺杆的极限受拉承载力标准值；K_z 为载荷不均匀系数，当内、外螺纹均为钢：$d/P<9$ 时，$K_z=5P/d$；$d/P=9\sim16$ 时，$K_z=0.56$；当外螺纹为钢、内螺纹为铝：$d/P<8$ 时，$K_z=6P/d$；$d/P=8\sim16$ 时，$K_z=0.75$；D 为内螺纹的基本大径；d 为外螺纹的基本大径；D_1 为内螺纹的基本小径；d_1 为外螺纹的基本小径；H 为螺纹工作高度，对于普通螺纹，$H=\frac{\sqrt{3}}{2}\times\frac{5}{8}P$；对于梯形螺纹，$H=0.5P$；$P$ 为螺距；B 为螺纹牙根部宽度，对于普通螺纹，$B=0.87P$；对于梯形螺纹，$B=0.65P$；Z 为旋合圈数，一般取 10；$[\sigma]_w$ 为螺纹材料的许用弯曲应力或拉应力，由材料材质、热处理工艺及安全系数确定，可参考《大型合金结构钢锻件 技术条件》JB/T 6396—2006 采用；$[\tau]$ 为螺纹材料的许用剪应力，由材料材质、热处理工艺及安全系数确定，可参考《大型合金结构钢锻件 技术条件》JB/T 6396—2006 采用。

螺杆连接通过螺母、垫板等把索拉力传递到钢、混凝土等支承结构上时，由于锚具端头较螺杆直径大，索体要穿过支承部位就需要预留较螺杆直径更大的孔洞，使得螺母与锚固体接触面较小，导致局部压力很大，应对混凝土、钢接触面分别按照现行《混凝土结构设计规范》GB 50010、《钢结构设计标准》GB 50017 进行局部承压验算（图 8-26）。

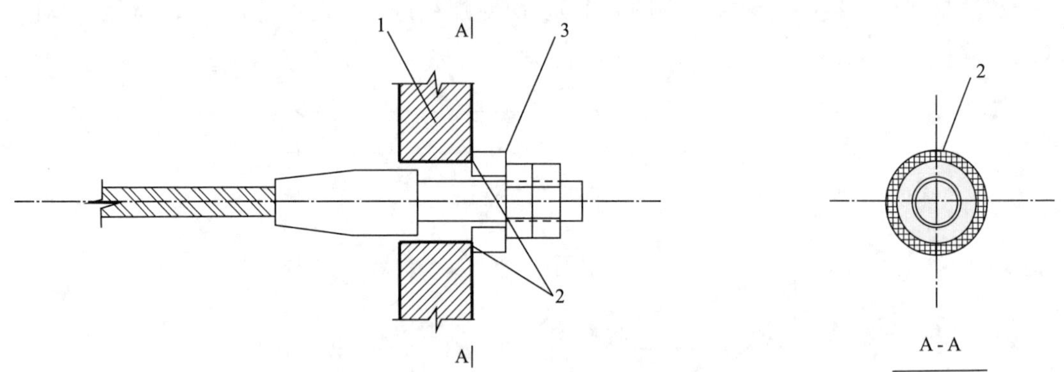

图 8-26　接触面局部承压验算截面

1—支承构件；2—局部承压面；3—垫板

同时，若支承结构构件（钢板、混凝土板）较薄时，还容易发生冲切（剪切）破坏。当支承构件为混凝土板时，应按照现行《混凝土结构设计规范》GB 50010 进行冲切验算；当支承构件为钢板时，应按照现行《钢结构设计标准》GB 50017 进行剪切验算（图 8-27）。

螺杆连接节点，因同时承受着局部压力、冲切力等，受力复杂。设计时，为提高承载力又常在节点连接域设置加劲板、隔板等，使得节点连接域构造更为复杂。为确保结构连接的安全性，对于索力大、节点构造复杂的螺杆连接节点，应建立有限元模型进行分析。

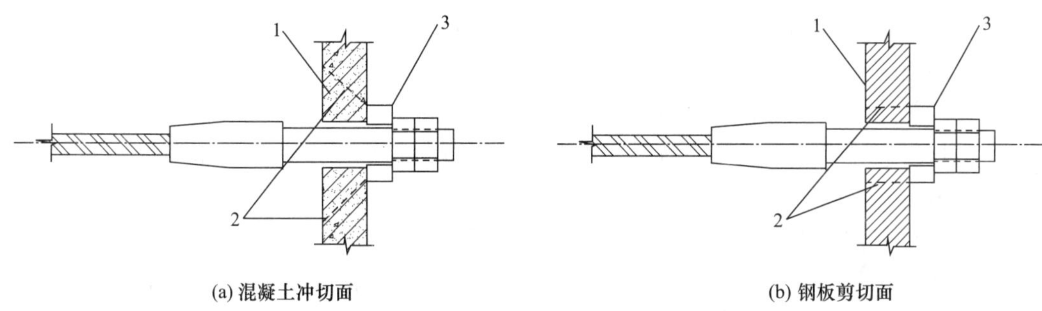

(a) 混凝土冲切面　　(b) 钢板剪切面

图 8-27　局部冲切（剪切）验算截面

1—支承构件；2—冲切（剪切）面；3—垫板

8.3.6　数值分析原则

索穹顶结构中复杂的连接节点应采用通用有限元软件进行数值模拟分析，验算其承载力和变形，节点数值分析模型应与实际节点的构造和形式一致，应根据节点约束形式确定与实际情况相符的边界条件。

对节点进行有限元分析时宜采用实体单元，径厚比或宽厚比不小于 10 的部位可采用板壳单元。在节点与构件连接处、节点内外表面拐角处等易于产生应力集中的部位，实体单元的最大边长不应大于该处最小壁厚，其余部位的单元尺寸可适当增大，但单元尺寸变化应平缓，避免出现应力集中。分析中可进行不同单元类型、不同单元尺寸分析模型的对比计算，以保证计算精度。

节点弹塑性有限元分析中，当钢材具有较长的屈服平台时，材料的应力-应变关系可采用理想弹塑性模型；为了便于数值分析，也可采用具有一定强化刚度的双折线模型，使应力-应变具有明确的对应关系，第二段折线的弹性模量可取第一段的 2%～5%。复杂应力状态下的强度准则一般采用 Von Mises 屈服条件。

节点的极限承载力可根据弹塑性有限元分析得出的荷载-位移全过程曲线确定。当曲线具有明显的极值点时，取极值点为极限承载力；当曲线不具有明显的极值点时，取荷载-位移曲线中刚度首次减小为初始刚度 10%时的荷载为极限承载力。节点承载力设计值不应大于弹塑性有限元分析所得极限承载力的 1/2。

8.3.7　防腐与防火

索穹顶节点应根据环境条件、材质、结构形式、使用要求、施工条件和维护管理条件等进行防火与防腐设计。

设计文件中应注明对防护层进行定期检查和维护的要求，维护年限可根据结构的使用条件及防护层材料种类等确定。节点防腐设计文件应提出表面处理的质量要求，并对表面除锈等级、表面粗糙度、涂层结构、涂层厚度、涂装方法做出规定。同时节点的构造应便于涂装作业及检查工作，并避免积水和减少积尘。室外处于拉索下锚固区的索节点应设置排水孔等排水措施。节点可根据具体情况选用下列相适应的防腐措施：（1）金属保护层

(表面合金化镀锌、镀铝锌等)。(2)防腐涂料：无侵蚀性或弱侵蚀性条件下，可采用油性漆、酚醛漆或醇酸漆等；中等侵蚀性条件下，宜采用环氧漆、环氧脂漆、过氧乙烯漆、氯化橡胶漆或氯醋漆等。防腐涂料的底漆和面漆应相互配套、具有相容性。(3)外包材料防腐：外包材料应连续、封闭和防水；除拉索和锚具本身应采用耐锈蚀材料外包外，节点锚固区亦应采用外包膨胀混凝土、低收缩水泥砂浆、环氧砂浆密封或具有可靠防腐性能的外层保护套结合防腐油脂等材料将锚具密封。

索穹顶结构节点耐火极限应符合现行国家标准《建筑设计防火规范》GB 50016的规定，应与节点所连接构件的最高耐火极限相同。防火涂层的形式、性能及厚度等要求应根据索结构节点的耐火极限要求确定，防火涂料应与底漆相容，并能结合良好。防火涂料的性能及参数指标应符合现行国家标准《钢结构防火涂料》GB 14907的规定。对于直接承受振动作用的节点，采用厚型防火涂层或外包构造时，应采取构造补强措施。

第9章 椭圆形复合式索穹顶结构施工模拟分析

9.1 引言

自1988年汉城奥运会体操馆建造以来，国外已经积累了大量的索穹顶施工经验，而我国目前仅有少量的索穹顶完成建造，还需要不断对施工方法进行探索和创新，形成自主的施工方法知识产权。

索穹顶的施工方法与其他预应力钢结构有明显的区别，一般预应力钢结构，包括张弦梁、弦支网架、弦支桁架、弦支穹顶在内，均需要搭设施工平台，先进行刚性构件的吊装和拼接，上部钢结构安装完成后再进行拉索的张拉。索穹顶结构的施工顺序则正好相反，需要先对索杆体系进行施工，再以此为平台对屋面钢结构进行施工。笔者在大量阅读国内外文献的基础上，总结出国内外实际运用的两种索穹顶结构施工方法——分步提升整体张拉法和整体成型分步张拉法，其中整体成型分布张拉法主要采用场地中央搭设临时塔架，空中散装构件，分批张拉斜索，高空作业量较大，但工艺成熟；分步提升整体张拉法仅通过工装索连接外脊索、外斜索与环梁，施工中由工装索牵引在地面拼装好的整体结构就位，会产生较大位移，且需要较多数量张拉设备，是近些年成功运用的新方法。

天津理工大学索穹顶结构不同于国内已建成的伊金霍洛旗全民健身中心索穹顶和无锡新区科技交流中心索穹顶、山西太原煤炭交易中心索穹顶，主要特征在于除索穹顶柔性索杆体系外还有主檩条、次檩条和金属屋面板组成的刚性屋面。对于此类索穹顶的建造，由于其施工方法和张拉成型技术的独特性，可以说是制约索穹顶从设计到建造完成的关键步骤。在天津理工大学体育馆的施工建设中，分为前后两个阶段，第一阶段进行索杆体系的安装成型和分阶段张拉，第二阶段在撑杆上节点上部接檩托，再进行刚性屋面的安装。基于这种施工思路，本书对整体成型分步张拉法进行了改进和创新，提出一种新的顶升式整体成型分布张拉法。

9.2 索穹顶结构的施工方法

9.2.1 既有索穹顶结构施工方法

索穹顶结构由于柔性构件的存在，在施工过程中会发生大变形和边界条件的改变，呈现较强的非线性，与传统的预应力钢结构明显不同，因此，首先对国内外典型索穹顶工程施工实例进行总结。

9.2.1.1　汉城奥运会体操馆

汉城奥运会体操馆采用 Geiger 式索穹顶结构，是全世界首例索穹顶工程，其建造技术与施工方法也成为其他索穹顶工程的基础和经验。其施工过程如下：

（1）首先在地面拼装脊索体系和撑杆上节点。由于当时还未出现成品拉索，该工程采用钢绞线束。脊索由钢绞线编成一股，斜索从脊索中分离。节点均采用铸钢节点，通过销轴与撑杆连接，如图 9-1(a)所示。

(a) 地面拼装脊索

(b) 安放中心拉力环

(c) 地面铺设环索

(d) 安装撑杆和环索

(e) 安装斜索

(f) 张拉斜索

图 9-1　汉城奥林匹克运动会体操馆施工过程

（2）在场地中央搭设临时塔架，并安放中心拉力环，将脊索体系与中心拉力环和外环梁连接，如图 9-1(b)所示。

（3）在地面将撑杆下节点与环索连接，环索无需张拉，按定长索设计，如图 9-1(c)所示。

（4）将撑杆上节点与脊索体系相连，环索也跟着被提升。此时仅承受构件较小的自重，通过人力操作可将撑杆安装到位，如图 9-1(d)所示。

（5）从内至外依次逐圈安装斜索。进行斜索安装时，将吊篮中的施工人员通过吊车提升至节点下方，并借助牵引工具将斜索安装就位。

（6）进行斜索的张拉。由于该工程中斜索与脊索相连位置的特殊构造，只能在撑杆下节点张拉。借助吊篮，工人可同步逐圈张拉斜索至设计内力，如图 9-1(e)所示。

（7）重复步骤（6）的张拉过程，将所有斜索张拉至设计内力，并且结构达到预定标高。

（8）安装斜索，铺设并张拉屋面膜材，如图 9-1(f)所示。

9.2.1.2 亚特兰大奥运会主场馆

亚特兰大奥运会主场馆——佐治亚穹顶是世界上第一个采用 Levy 式的索穹顶结构，具有代表性和创新性，在施工方法上也与 Geiger 式索穹顶有所不同，具体步骤如下：

（1）首先在地面进行中央索桁架和脊索体系的拼装，如图 9-2(a)所示。

(a) 拼装中央索桁架

(b) 外环梁设置牵引装置

(c) 提升索桁架

(d) 安装撑杆

图 9-2 美国佐治亚穹顶施工过程（一）

(e) 安装斜索

(f) 张拉成形

图 9-2 美国佐治亚穹顶施工过程（二）

(2) 在外环梁上设置千斤顶同步牵引脊索体系进行提升，同时场地中央的两台起重机同时起吊索桁架，至外脊索与外环梁连接，如图 9-2(b)、(c)所示。

(3) 在地面相应位置铺设环索，并与节点相连，用辅助索起吊，使之与脊索体系间距与撑杆长度基本相等，如图 9-2(c)所示。

(4) 安装各圈撑杆，与上下节点相连，如图 9-2(d)所示。

(5) 安装并张拉斜索，利用千斤顶和辅助索对斜索进行安装，通过牵引辅助索使斜索耳板与节点逐渐接近，最终安装到位，结构成型，如图 9-2(e)、(f)所示。

(6) 铺设并张拉膜材。

9.2.1.3 内蒙古伊金霍洛旗全民健身中心

2012 年建成的内蒙古伊金霍洛旗全民健身中心体育馆索穹顶是我国第一个大跨度索穹顶工程，该工程未采用传统的高空散装、拉索张拉到最终形状的方法，而是采用了一种全新的整体吊装施工方法。具体方法介绍如下：

(1) 进行环索和索夹的安装。内拉环结构重量 12t，在预定的高度焊接而成，如图 9-3(a)所示。为了使外圈环索处于同一高度，在场地搭设了一个直径 48m、高度 7.9m 的施工平台。为了使内圈环索处于同一高度，搭设了直径 25m、高度 0.5m 的施工平台。

(2) 安装斜索和脊索。先安装脊索体系，再安装斜索体系。此时斜索处于放松状态，连接斜索的上下节点之间的距离小于斜索长度。脊索在地面完成连接，并有 20 个轴线上的牵引装置牵引，如图 9-3(b)所示。

(3) 安装中撑杆和斜索。首先将中撑杆在场地上沿 20 轴的方向放置，张拉脊索使中撑杆上节点距离地面的高度为 1m，进行中撑杆安装，中撑杆安装完成后，斜索通过同样的方法进行安装，如图 9-3(c)所示。

(4) 安装外撑杆。脊索体系放松，让撑杆上下节点的间距小于撑杆长度，完成撑杆安装。张拉脊索体系，外斜索一段与外环索连接，另一端通过斜索牵引装置与外环梁连接，如图 9-3(d)所示。

(5) 安装外脊索销轴。当脊索牵引装置长度剩余 0.8m 时，将张拉装置换为张紧装置，然后同步拉伸 20 个轴线上的千斤顶，完成脊索销轴安装。

(6) 安装外斜索销轴。整体张拉斜拉索完成销轴安装。此时，除内脊索松弛外，其余拉索均处于受力状态。

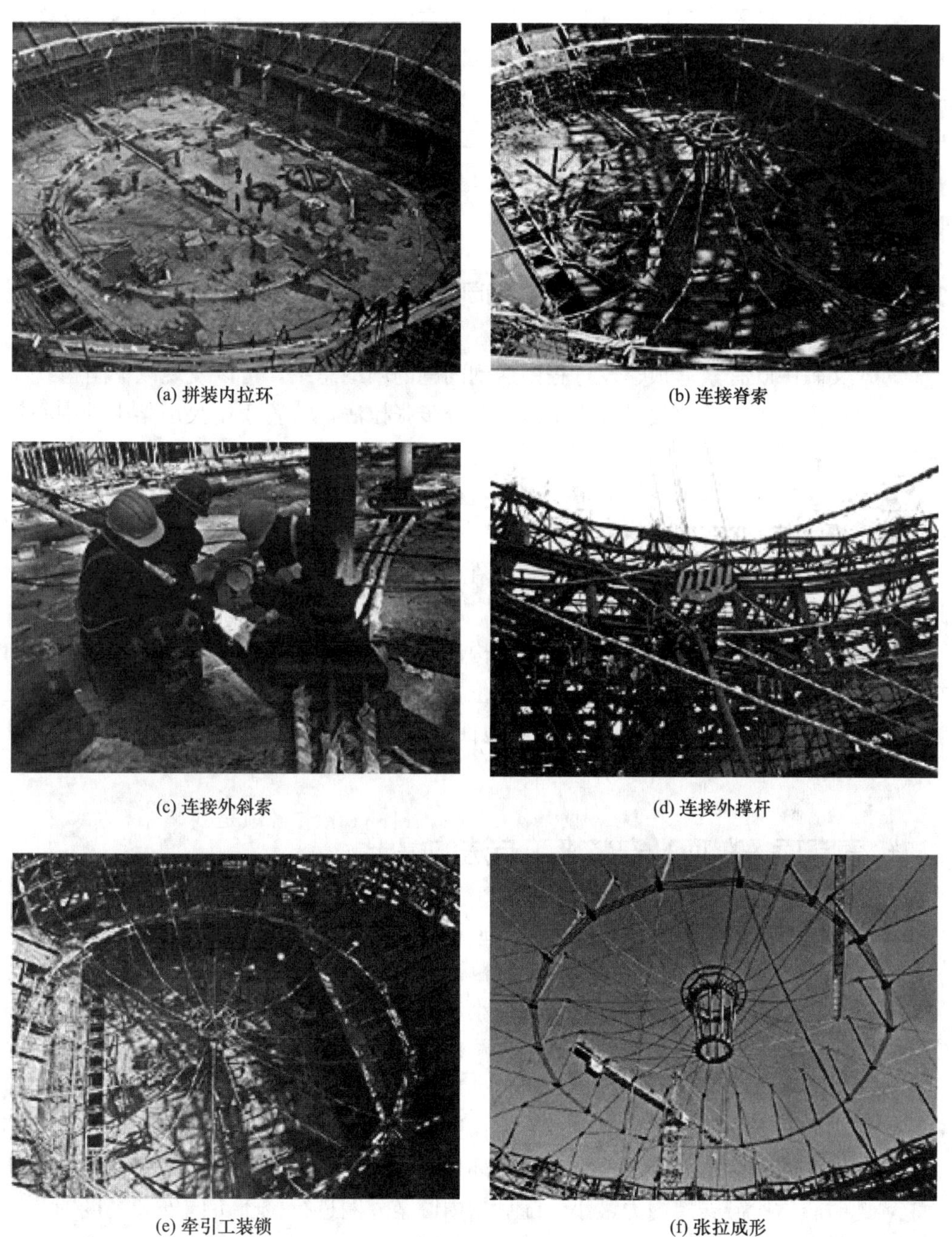

(a) 拼装内拉环　(b) 连接脊索

(c) 连接外斜索　(d) 连接外撑杆

(e) 牵引工装锁　(f) 张拉成形

图 9-3　内蒙古伊金霍洛旗索穹顶施工过程

从国内外三个具有代表性的工程可以看出，各种施工方法均有特点，各不相同，且不断发展。从最初韩国汉城奥运会体操馆采用的在场地中央搭设中央塔架、高空散装、张拉各圈斜索的成型方法，到美国佐治亚穹顶利用牵引工装和起重机起吊，强迫所有定长索就位的成型方法，再到国内伊金霍洛旗索穹顶在提升脊索过程中累计组装其余构件、张拉斜索的施工方法，均能完成索穹顶的施工安装，达到预定的成形态。

在典型索穹顶的施工方法中，各自所具有的特色是由于当时的施工水平和施工方法所决定的，具有时代性和历史性。例如，在早期的索穹顶工程中，多采用钢绞线直接缠绕成索的形式，斜索从脊索中分离出，典型的有太阳海岸穹顶和红鸟竞技场等。后期的工程脊索和斜索为不同的索体，在撑杆上节点处通过铸钢节点连接，如国内新建的天津理工大学体育馆索穹顶和四川天全县体育馆索穹顶。这是由于拉索的发展、生产水平的提高造成的，由于成品索的制作成本降低，质量稳定可靠，加工均在工厂进行，工业化水平高，所以成品索目前已基本取代钢绞线拉索。

9.2.2　既有索穹顶建造过程存在的问题

通过对文献中既有索穹顶建设过程中遇到问题的归纳总结，可以发现以下问题：

（1）已有索穹顶工程中大量采用整体成型分步张拉法，放置于中央塔架上的中心拉力环高度固定，若塔架高度设计不合理，则在脊索和斜索的安装过程中需要很大的牵引力强迫拉索就位，这种问题给高空作业带来挑战，存在安全隐患，且对拉索、节点和牵引工装受力不利，佐治亚穹顶在外环斜索的安装过程中就出现了严重的断索事故。

（2）在索穹顶的张拉成形全过程中，存在施工过程中拉索受力大于设计内力的情况，因此需要对设计施工全过程进行整体考虑。

（3）采用分步提升整体张拉法，需要在构件安装过程中不断调整脊索的牵引长度和节点与地面高度，需要在所有脊索轴线的相应位置布置牵引设备，且对牵引设备的同步提升控制要求严格。后期牵引时中心拉力环与地面分离，牵引力增大，会导致施工安全风险增大。

9.2.3　索穹顶多次顶升安装施工方法的提出

本书在既有索穹顶结构施工方法的基础上提出一种索穹顶塔架顶升施工安装方法，不但使斜索安装内力减小，同时也可以在一定范围随意调节中心塔架的支撑高度，方便对不同位置的斜索进行牵引和安装，且张拉力最小。这种张拉方式明显减小了索杆结构中斜索的安装内力，保障了施工过程中的机械和人员作业的安全。

多次顶升安装施工方法，是根据索穹顶外环梁的标高，在塔架顶部设置多点同步顶升设备，再将中心拉力环放置于顶升设备上，保证中心拉力环上的脊索耳板孔标高与外环梁顶面标高一致。将脊索体系一端与中心拉力环上耳板相连，另一端通过牵引索与外环梁连接就位，此时脊索所需安装内力最小。随后从内圈至外圈进行位于不同安装高度的各环环索、撑杆和斜索的扩展累积安装，每安装完成一圈的撑杆、斜索和环索，便将千斤顶顶升一定距离，使下一圈安装时斜索索力达到最小，便于安装。当所有节点和拉索都安装完成后，最后一步便是对最外圈斜索施加预应力。

具体步骤如下：

（1）在场地中央搭设塔架，塔架上放置千斤顶，将索穹顶的中心拉力环安装于预定位置，保证中心拉力环上的脊索耳板孔标高与外环梁顶面标高一致。

（2）将内脊索、中内脊索、中外脊索和外脊索依次相连于相应节点上，同时内脊索另一侧与中心拉力环相连，再通过牵引索将整个脊索体系牵引并与外环梁相连。

(3) 同步顶升千斤顶，由顶升设备对中心拉力环的顶升高度进行控制，实施脊索索网悬链线垂度的调整，到达预定位置后进行内圈撑杆、斜索和环索的安装，此时内斜索安装内力达到最小。

(4) 继续同步顶升千斤顶至下一预定高度，实施脊索索网悬链线垂度的调整，到达预定位置后进行中圈撑杆、斜索和环索的安装。此时中斜索安装内力达到最小。

(5) 继续同步顶升千斤顶至最后的高度，实施脊索索网悬链线垂度的调整，到达预定位置后进行外圈撑杆、斜索和环索的安装。此时外斜索安装内力达到最小。

(6) 分阶段张拉外环斜索至结构最终成形。具体操作方法为：在张拉斜索之前，将千斤顶顶升至最大行程，以减小外斜索张拉设备的张拉力。当中心拉力环与千斤顶分离后，对索穹顶外环斜索继续张拉至索穹顶达到设计标高。

(7) 拆除中央塔架和顶升设备。

具体实施方式为：在场地中心地面搭设中央塔架 61，完成塔架安装后将顶升设备 62 固定在塔架上，再将中心拉力环 51 拼接放置于顶升设备 62 上，此时保证中心拉力环 51 脊索耳板孔标高与外环梁 81 顶面标高一致。完成中心拉力环 51 安装后依次将内脊索 11、中脊索 12、外脊索 13、脊索牵引索 14 和外环梁相连接，形成脊索体系，再通过脊索牵引索 14 把外脊索 13 连接于外环梁 81（见图 9-4a）。逐渐收缩脊索牵引索 14，最终使外脊索 13 与外环梁 81 直接连接。顶升设备 62 伸出一定距离，对中心拉力环 51 进行顶升，顶升完成后安装内斜索 21（见图 9-4b）。顶升设备 62 继续伸出一定距离，对中心拉力环 51 进

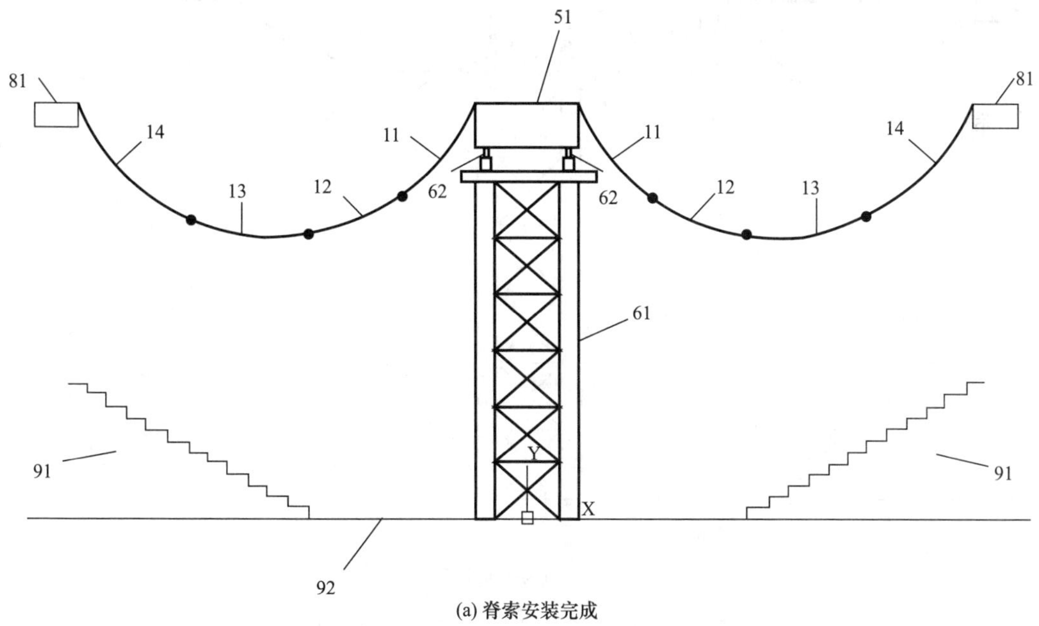

(a) 脊索安装完成

图 9-4 多次顶升安装施工方法步骤（一）

11—内脊索；12—中脊索；13—外脊索；14—脊索牵引索；21—内斜索；22—中斜索；23—外斜索；31—内撑杆；32—外撑杆；41—内环索；42—外环索；51—中心拉力环；61—塔架；62—顶升设备；81—外环梁；91—看台；92—场地地面

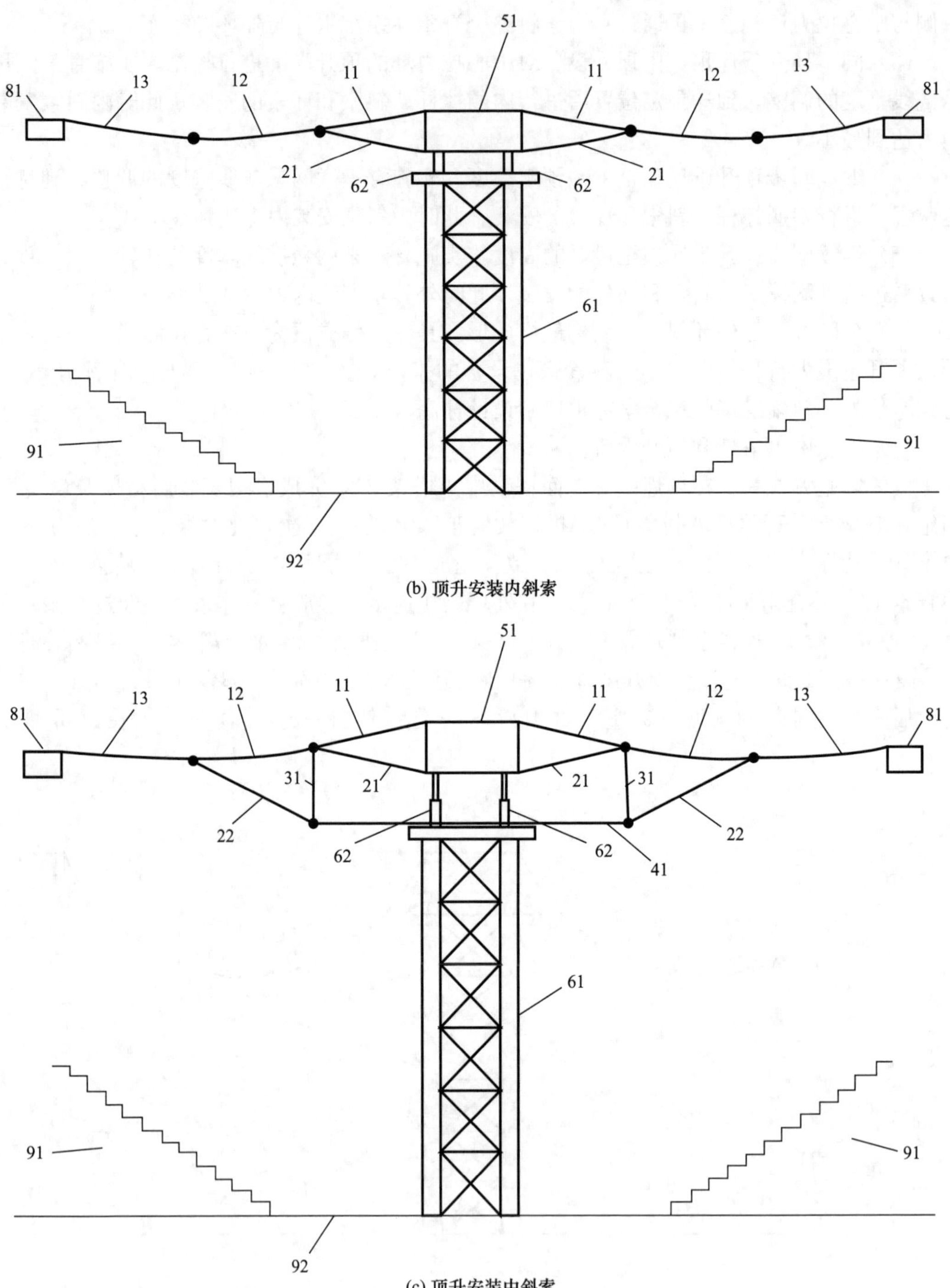

(b) 顶升安装内斜索

(c) 顶升安装中斜索

图 9-4　多次顶升安装施工方法步骤（二）

11—内脊索；12—中脊索；13—外脊索；21—内斜索；22—中斜索；23—外斜索；
31—内撑杆；32—外撑杆；41—内环索；42—外环索；51—中心拉力环；
61—塔架；62—顶升设备；81—外环梁；91—看台；92—场地地面

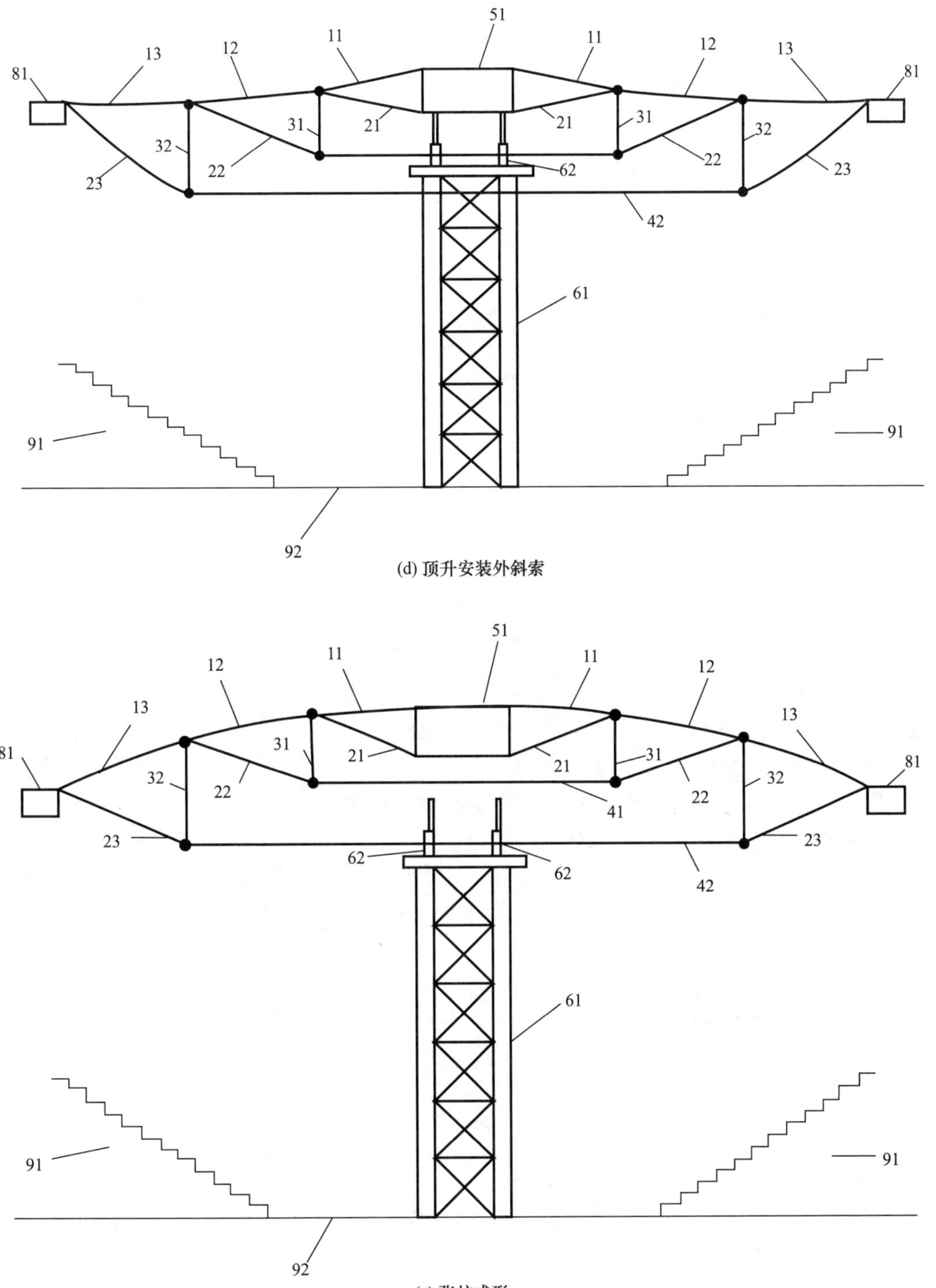

(d) 顶升安装外斜索

(e) 张拉成形

图 9-4 多次顶升安装施工方法步骤（三）

11—内脊索；12—中脊索；13—外脊索；21—内斜索；22—中斜索；23—外斜索；
31—内撑杆；32—外撑杆；41—内环索；42—外环索；51—中心拉力环；
61—塔架；62—顶升设备；81—外环梁；91—看台；92—场地地面

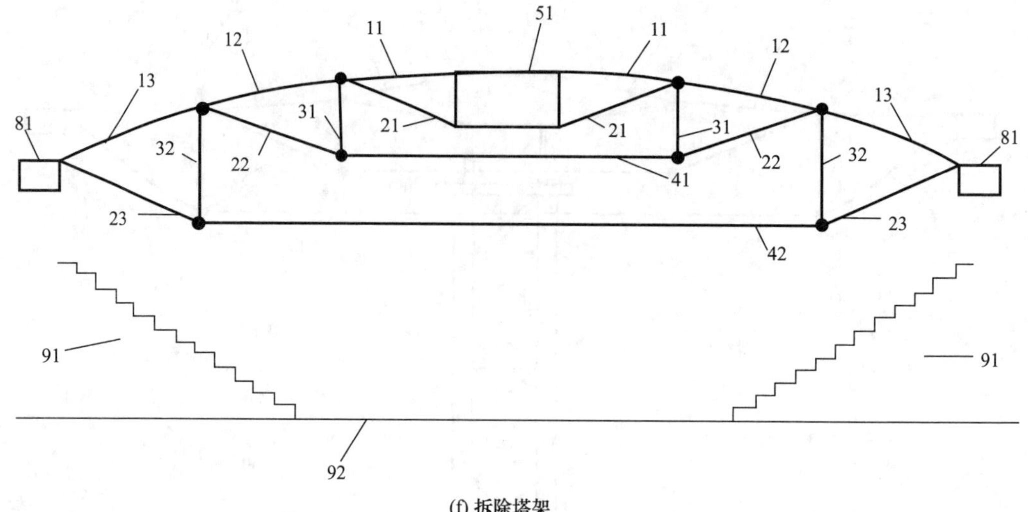

(f) 拆除塔架

图 9-4 多次顶升安装施工方法步骤（四）

11—内脊索；12—中脊索；13—外脊索；21—内斜索；22—中斜索；23—外斜索；
31—内撑杆；32—外撑杆；41—内环索；42—外环索；51—中心拉力环；
61—塔架；62—顶升设备；81—外环梁；91—看台；92—场地地面

行顶升，顶升完成后安装中斜索 22，同时安装内撑杆 31 和内环索 41（见图 9-4c）。顶升设备 62 再伸出一定距离，对中心拉力环 51 进行顶升，顶升完成后安装外斜索 23，同时安装外撑杆 32 和外环索 42（见图 9-4d）。此时完成所有构件的安装。顶升设备 62 伸出至最长状态，对中心拉力环 51 进行顶升，顶升完成后分阶段张拉外斜索 23（见图 9-4e），直到结构最终成形，并拆除提升塔架 61、顶升设备 62（见图 9-4f）。

本书提出的施工方法能显著减小各圈斜索的安装内力，使脊索体系和斜索安装时均达到各自的内力最小值，减小了高空作业难度。在斜索最终的张拉过程中，千斤顶的顶升作用能够减小外环梁上斜索张拉设备的张拉力，使索穹顶更容易达到成形状态。

9.3 椭圆形复合式索穹顶结构施工工艺研究

9.3.1 索穹顶施工安装步骤

天津理工大学屋盖索穹顶的拉索组装采用高空散拼的施工工艺。拉索组装的顺序依次为安装内拉环、安装脊索体系、安装环索、安装斜索。

（1）安装内拉环

内拉环的重量为 16t，不能采用整体吊装的工艺，因此需要利用中央塔架进行安装，首先安装中央塔架，然后在中央塔架顶部的操作平台上散拼内拉环。在钢管塔架顶部通过 H 型钢连接，并在型钢上铺放木板和栏杆作为工人操作平台，精确测量塔架中心，确定内拉环拼装的精确位置并用记号笔划定出内拉环底座的精确位置，然后采用塔式起重机分段吊装构件进行高空拼装和焊接。

为了避免在安装脊索及其他索系的过程中内拉环产生比较大的不平衡力，需要确保内拉环在拼装时位于场地中心，因此要在安装中央塔架之前准确确定场地的中心。现场一共有 4 个坐标控制点，在确认 4 个坐标控制点的数据无误以后，确定场地中心点。

（2）安装脊索体系

索穹顶一共有 16 条轴线，根据轴线的位置对称安装，一次同时对称安装 2 榀，分 8 批次安装完成，为了减小高空作业量，在安装脊索体系的过程中分别将撑杆、内斜索、中内斜索、中外斜索的上端也提前和上节点板相连，如图 9-5～图 9-7 所示。

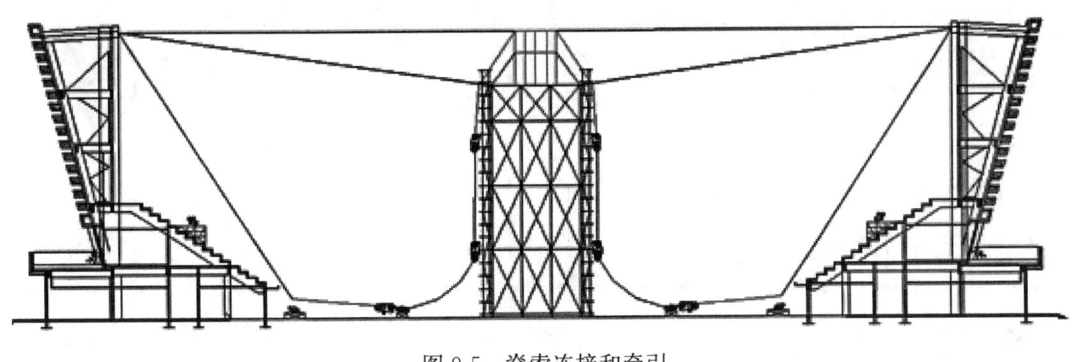

图 9-5　脊索连接和牵引

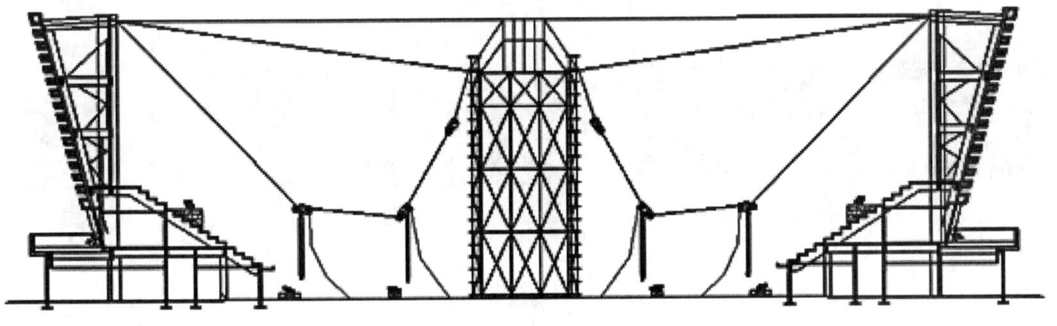

图 9-6　安装撑杆和斜索

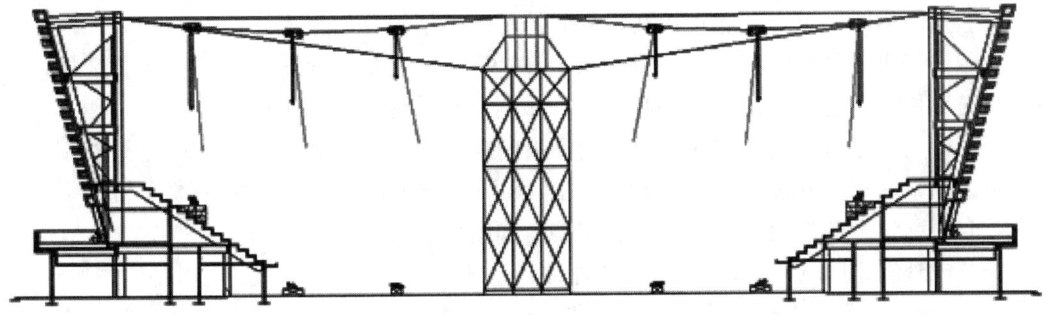

图 9-7　完成脊索安装

（3）安装各圈环索

内环索在地面的马道上展开，并将索夹按照索体上的标记点进行安装，待环索闭合以后利用 16 个内撑杆整体提升内环索，内环索达到高度以后和内撑杆下端连接，完成内环索的安装。由于拉索较长，为了确保拉索不产生跳丝，需要采用放索盘放索，可借助塔式起重机和人力将拉索放在指定位置，索夹借助塔式起重机和临时脚手管吊架安装。

中环索一部分在看台上，一部分在地面上，且有 2 段拉索（粉色标识）不满足用塔式起重机放索条件，需要采用场地内将拉索展开，利用卷扬机将拉索铺放到马道上的工艺。中环索安装完成后如图 9-8 所示。

外环索有一部分在看台上一部分在三层楼面上。图 9-9(a)所示的 2 段可以通过塔式起重机吊装至三层看台展开。其余 6 段［图 9-9(b)］在地面展开，采用和中环索同样的工艺进行铺放。并利用电动倒链进行安装。

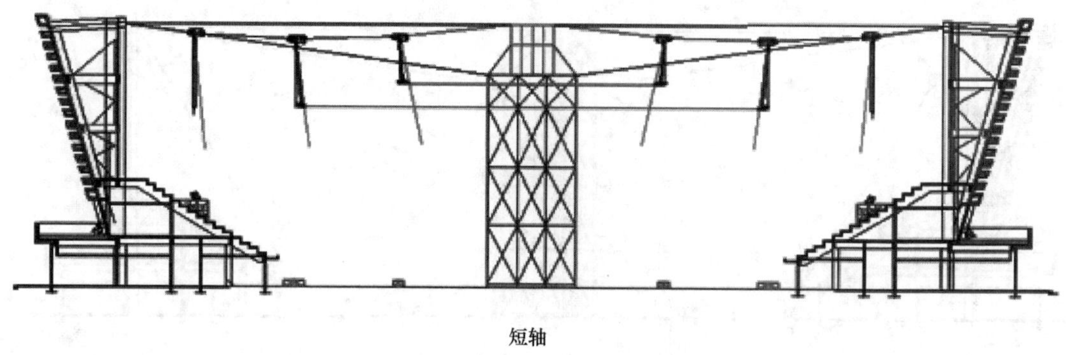

图 9-8　安装中环索

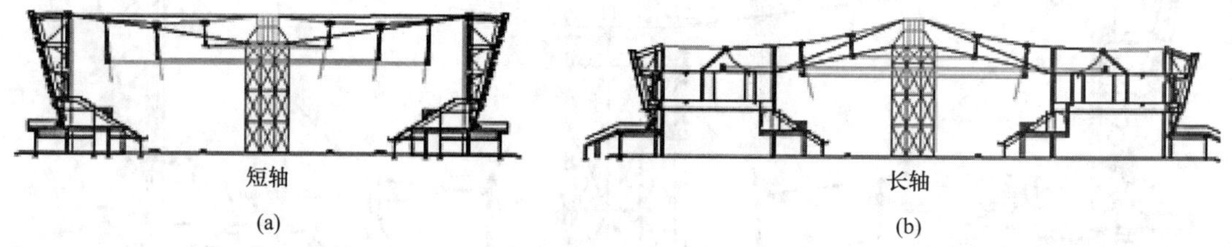

图 9-9　安装外环索

（4）安装各圈斜索

安装内斜索时通过塔式起重机在内斜索的耳板处搭设脚手架操作平台，工人在操作平台上利用倒链进行索头安装。内斜索一共有 16 根，分 8 批进行安装，一次安装 2 根，具体安装时对称位置的 2 根内斜索一起安装。如图 9-10 所示。

安装中内斜索时通过塔式起重机在内环索的索夹处设置吊笼，工人在吊笼里利用倒链进行中内斜索的索头安装。中内斜索一共有 16 根，分 8 批进行安装，一次安装 2 根，具体安装时对称位置的 2 根中内斜索一起安装。如图 9-11 所示。

安装中外斜索时的内力较大，最大达到 12t，因此需要借助工装进行安装。中外斜索一共有 16 根，分 5 批进行安装，第 1 批和第 5 批一次安装 2 根，第 2 批～第 4 批一次安装 4 根。由于先安装的中外斜索内力较小，后安装的中外斜索内力较大，为了便于设置安装平台，短轴方向的中外斜索先安装，长轴方向的中外斜索由于在三层楼面上方比较容易设置操作平台，因此后安装。如图 9-12 所示。

安装外斜索分 2 批安装就位，分批的原则有 2 条，第 1 条是对称原则，第 2 条是长轴方向设置外撑杆提升架的位置放在第 1 批进行牵引安装。具体安装位置及顺序如图 9-13 所示。

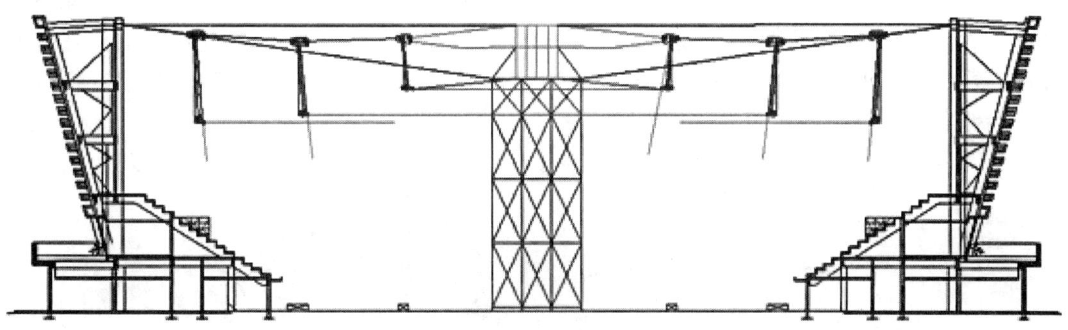

图 9-10 安装内斜索

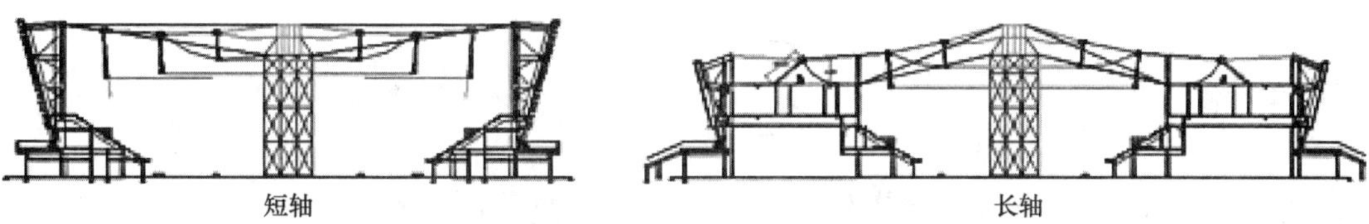

图 9-11 安装中内斜索

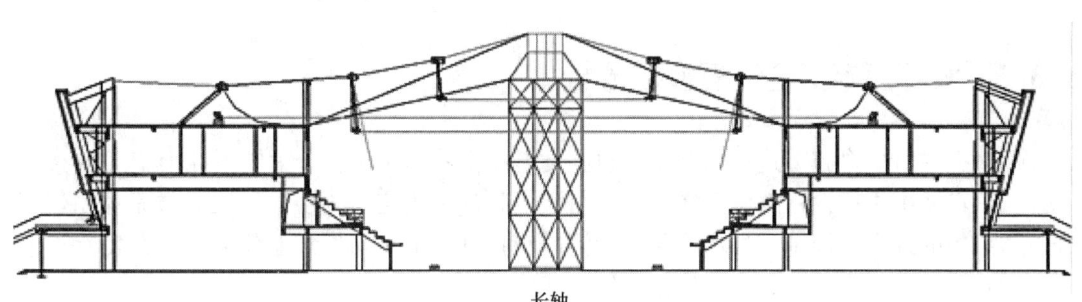

图 9-12 安装中外斜索

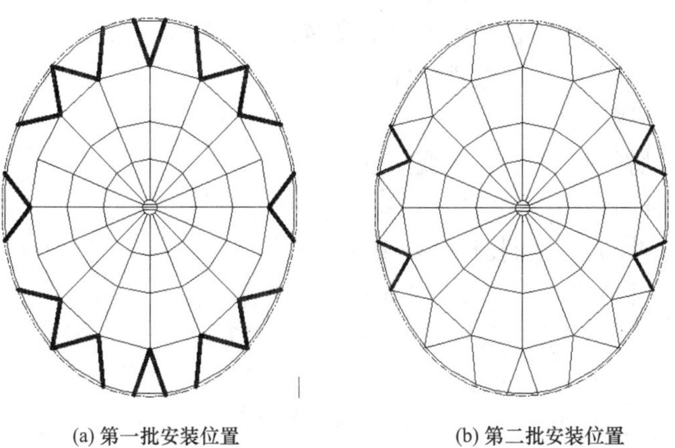

图 9-13 安装外斜索

（5）张拉脊索及斜索

天津理工大学体育馆索穹顶结构在拉索组装完毕以后，对于外脊索还有位于短轴方向的各 6 根（共 12 根）没有张拉到位，对于外斜索（共 32 根）均没有张拉到位，因此需要对该 44 根拉索进行张拉使结构成形，由于成形后的外脊索内力较大，因此先张拉外脊索再张拉外斜索。采用 U 形叉耳配合承力架以及千斤顶进行张拉。外斜索分两批进行张拉到位，外斜索分批顺序如图 9-14 所示。

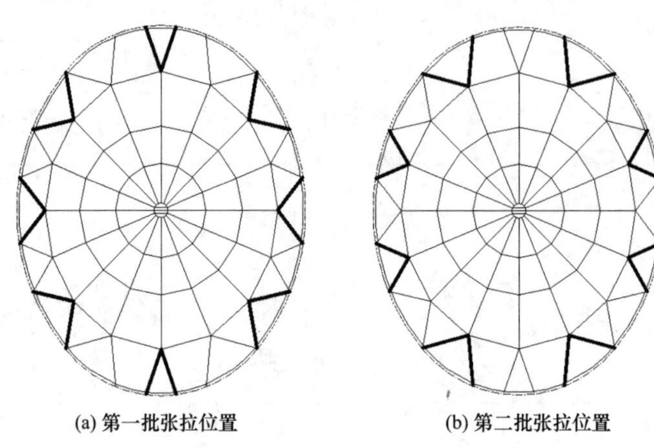

(a) 第一批张拉位置　　(b) 第二批张拉位置

图 9-14　外斜索张拉顺序

9.3.2　索穹顶施工全过程模拟分析

通过上一节中对施工过程的介绍，可在此基础上将施工过程分为以下几个施工步骤：

（1）场地中央搭设塔架，并在塔架上拼装内拉环并固定，同步对称安装脊索体系，将脊索体系中的外脊索销轴与外环梁相连。同时将撑杆上节点与斜索上节点一起安装。

（2）同步牵引安装内斜索，连接销轴完成安装。

（3）同步牵引安装中内斜索，连接销轴完成安装。

（4）同步牵引安装中外斜索，连接销轴完成安装。

（5）安装第一批外斜索，连接销轴完成安装。

（6）安装第二批外斜索，连接销轴完成安装。

（7）张拉所有可调节脊索。

（8）张拉第一批斜索至工装长度剩余 50cm。

（9）张拉第一批斜索完毕，安装销轴。

（10）张拉第二批斜索至工装长度剩余 50cm。

（11）张拉第二批斜索完毕，安装销轴，结构成形。

利用 ANSYS 非线性分析功能通过自编程序对该工程全过程进行模拟，得到每个步骤结构的变形如图 9-15～图 9-20 所示。

通过用非线性有限元对理工大学体育馆索穹顶的全过程分析，可以看到每个施工步结构整体变形的影响。为了指导施工过程中拉索内力的监测和节点坐标的变化，提取各关键步中节点坐标和内力如表 9-1 和表 9-2 所示。节点及单元示意图如图 9-21 所示。

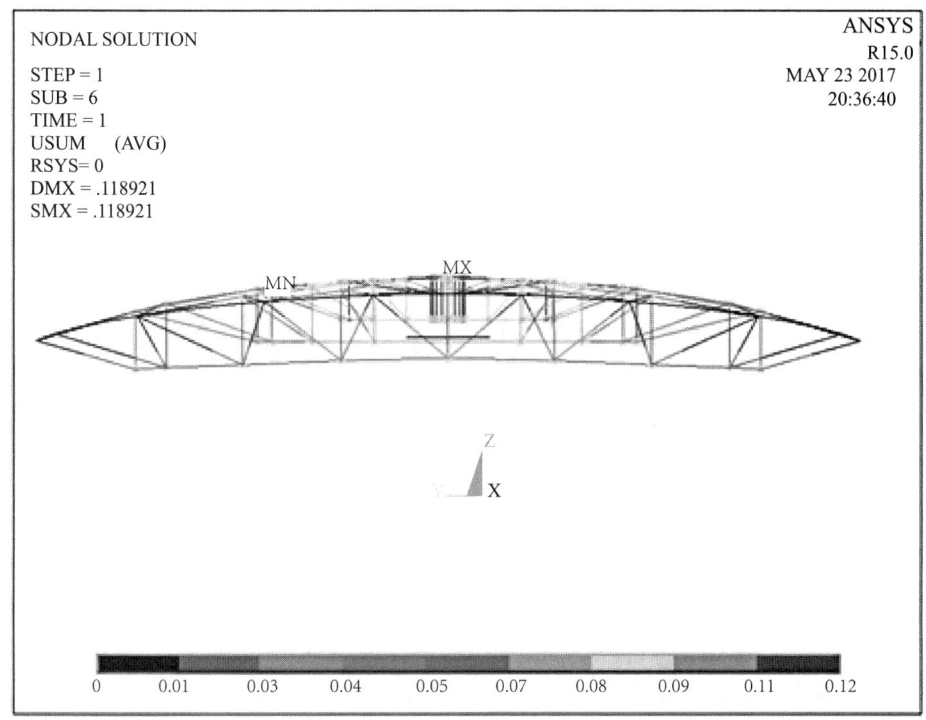

图 9-15 结构成形状态

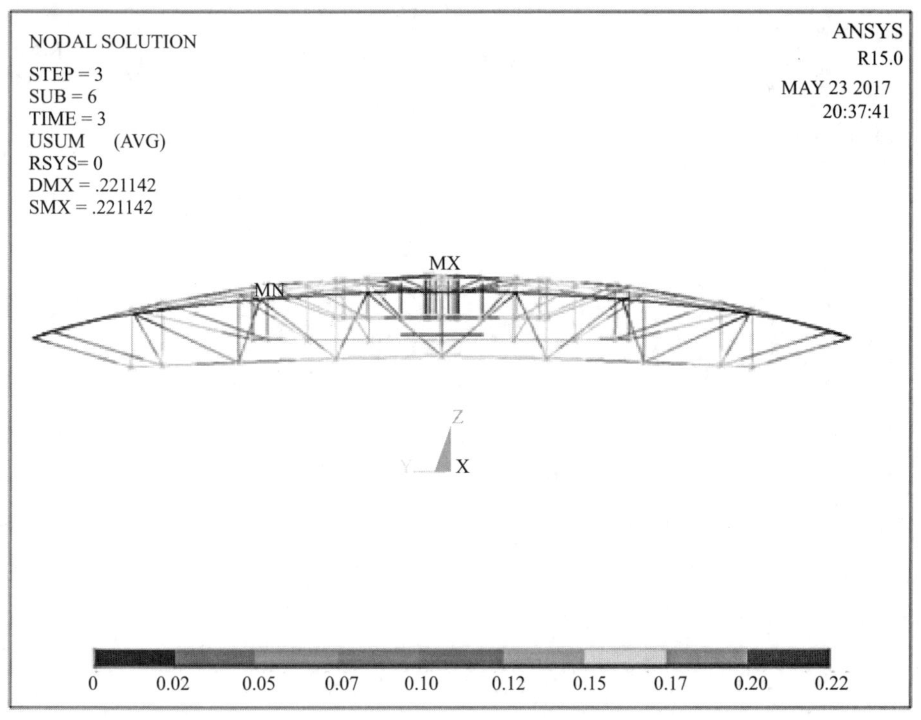

图 9-16 第二批斜索安装完成

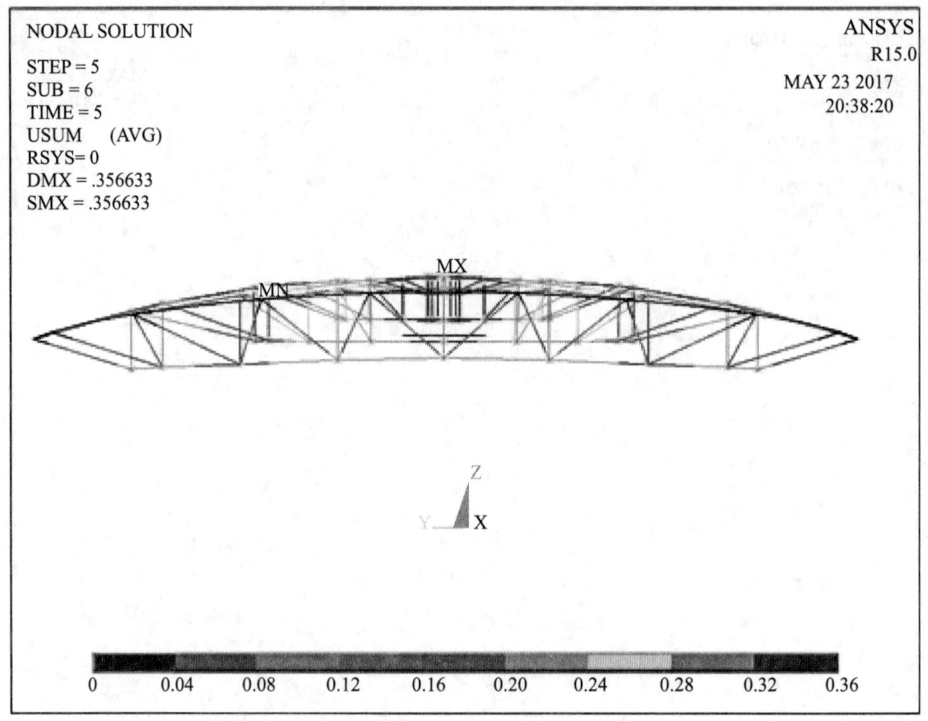

图 9-17　第一批斜索安装完成

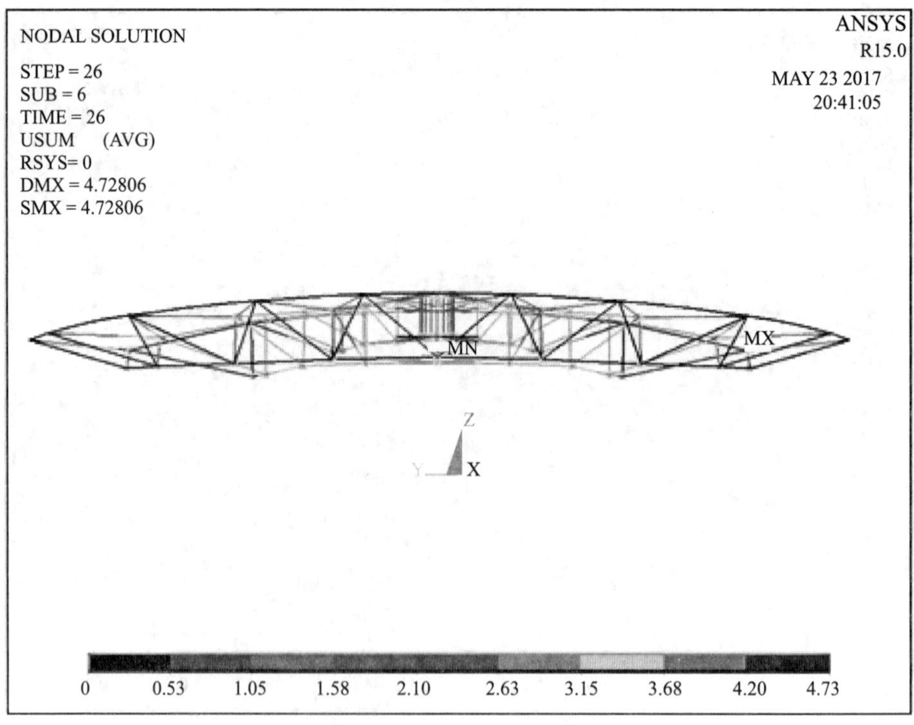

图 9-18　中外斜索安装完成

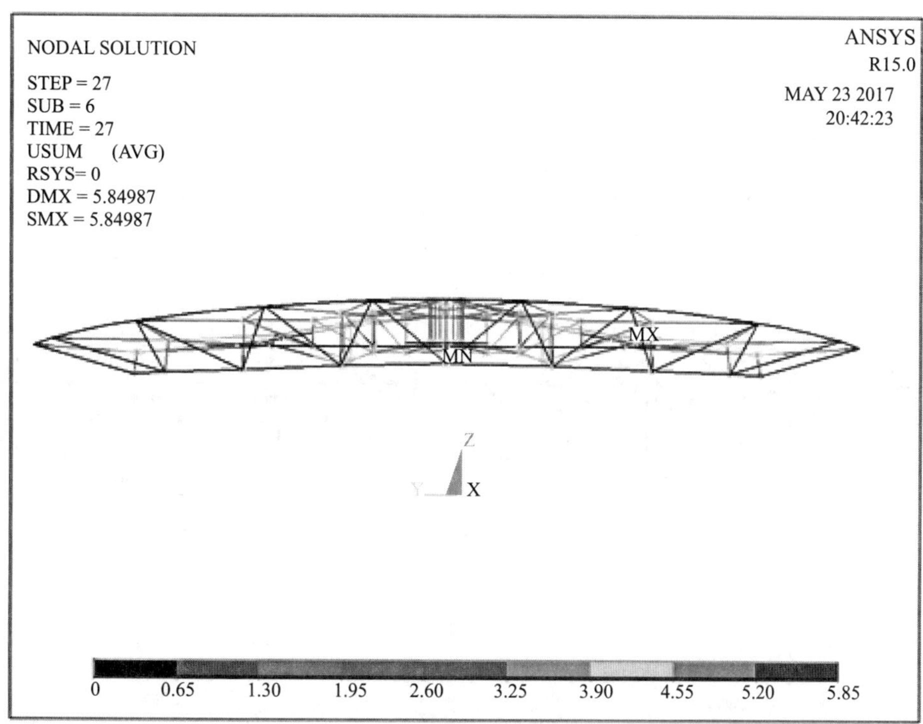

图 9-19 中内斜索安装完成

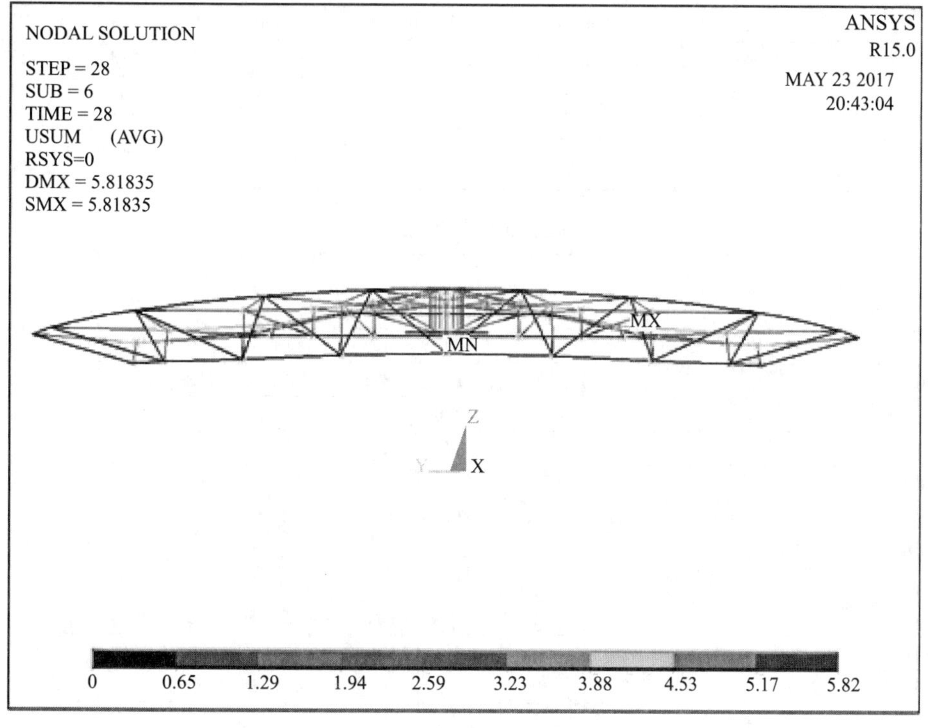

图 9-20 内斜索安装完成

节点坐标变化规律（m）　　表 9-1

步骤＼坐标	1-x	2-x	3-x	4-x	5-x	6-x
1	33.152	—	23.111	—	12.936	—
2	33.151	—	23.110	—	12.935	—
3	33.150	—	23.108	—	12.935	12.938
4	33.147	—	23.105	23.165	12.933	12.937
5	33.144	33.188	23.103	23.170	12.932	12.937
6	32.952	33.099	22.961	22.790	12.808	12.909
7	32.923	33.536	22.933	22.882	12.800	12.916
8	33.054	33.155	23.033	23.236	12.883	12.916
9	33.006	33.155	22.991	23.114	12.841	12.884
10	33.010	33.155	22.993	23.114	12.842	12.938
11	33.010	33.155	22.993	23.114	12.842	12.938
步骤＼坐标	1-z	2-z	3-z	4-z	5-z	6-z
1	23.064	—	23.360	—	23.785	—
2	23.320	—	22.915	—	23.307	—
3	23.344	—	22.885	—	23.291	18.491
4	24.763	—	25.330	18.465	25.387	20.757
5	25.076	16.779	25.585	18.645	26.073	21.275
6	25.136	16.839	25.655	18.715	26.143	21.346
7	25.174	16.876	25.999	19.060	26.264	21.466
8	25.196	16.900	25.724	18.784	26.213	21.415
9	25.226	16.929	25.781	18.841	26.269	21.472
10	25.255	16.959	25.836	18.896	26.323	21.526
11	25.255	16.959	25.837	18.897	26.323	21.526

短轴索力变化规律（kN）　　表 9-2

单元＼步骤	1	2	3	4	5	6	7	8	9	10	11
(1)	328	328	353	484	459	453	4555	4772	4932	5099	5201
(2)	0	0	0	0	371	291	733	831	880	933	952
(3)	0	0	0	0	−276	−251	−684	−769	−818	−872	−890
(4)	405	405	437	474	217	282	5013	5231	5384	5541	5652
(5)	0	0	0	145	400	324	674	723	776	833	850
(6)	0	0	0	−55	−117	−131	−349	−372	−399	−429	−438
(7)	405	405	427	418	59	112	4383	4563	4690	4817	4913
(8)	0	0	11	59	174	189	680	721	749	782	797
(9)	0	0	1	−19	−40	−54.9	−258	−273	−284	−297	−303
(10)	407	407	429	418	0	0	3700	3831	3921	4002	4082
(11)	0	0	0	0	59	114	687	736	775	820	837
(12)	0	0	0	0	203	190	425	462	487	506	516
(13)	0	0	0	305	708	724	1440	1538	1663	1800	1836
(14)	0	0	0	0	579	989	2322	2558	2791	3052	3113

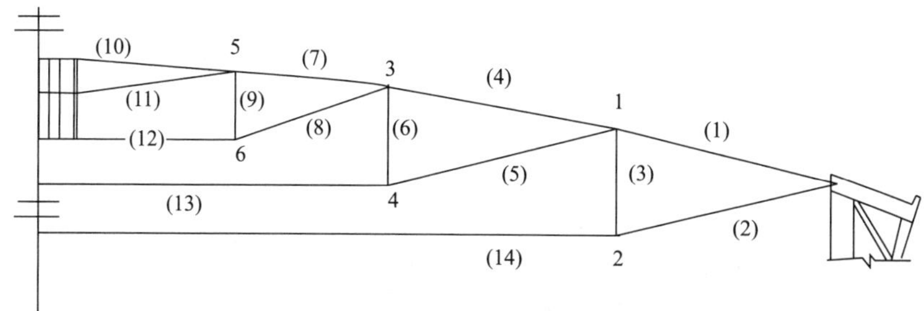

图 9-21 节点及单元示意图

从变形图和表 9-1 中节点坐标变化规律可以发现，在第一个施工步完成后，仅有脊索体系与拉力环和外环梁相连，脊索呈两端高中间底的抛物线；随着由内至外各圈斜索的安装，脊索逐渐受力并绷紧；当斜索安装完成后，仅有内脊索仍处于塌陷状态，此时环索平面外变形较大，外环索次短轴和中环索长轴处位置的撑杆倾斜角度较大，如图 9-22 所示。在斜索张拉的过程中，撑杆会回到竖直的状态。

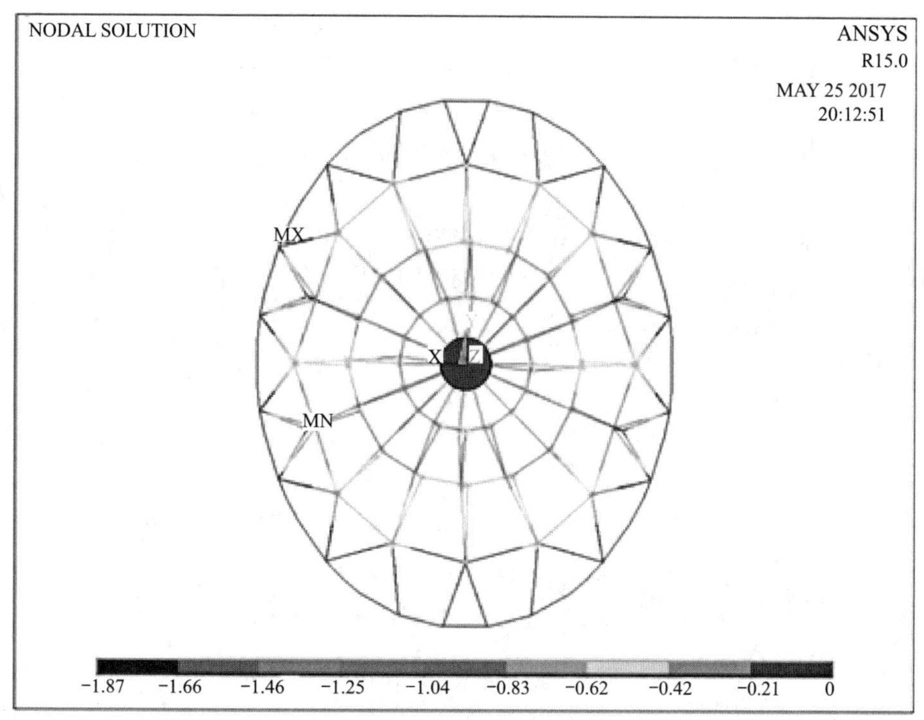

图 9-22 斜索张拉前结构变形

从表 9-2 可以看出，除构件（1）、（4）、（7）、（9）、（10）外，其余构件的内力均由小到大变化，并未出现施工过程中某些杆件内力先增加后减小，甚至超过设计值的情况。说明本施工方案索力逐渐增加，方法合理。脊索体系在第 5 个施工步即安装第一批外斜索的过程中索力达到最小，说明此时由最初脊索承担自重的状态变成斜索承担了大多数结构自重。从内撑杆（9）受力正负号的变化也可以说明。

从结构全过程变形情况可以发现，在构件安装和张拉过程中，构件会发生明显的大变形，需要在实际施工过程中进行监测控制，若产生的变形超过预定范围，需要及时停止施工并调整牵引和张拉顺序。

9.3.3　不同斜索张拉方式对比分析

国内已建成的太原煤炭交易中心索穹顶、内蒙古伊金霍洛旗全民健身中心索穹顶和四川天全县体育馆索穹顶平面投影均为圆形，外斜索由于中心对称的原因在找力分析时均将索力取为同一数值。在天津理工大学体育馆索穹顶结构中，外环梁呈马鞍形，且索穹顶平面投影为椭圆形，所以在预应力设计时，在 1/4 椭圆内各轴的预应力值均不相等。对于此类型斜索内力不相等的索穹顶，有必要研究找出合理的张拉顺序，以及在张拉过程中索力的变化规律，得到不同张拉顺序的优缺点和使用条件，为我国今后不规则索穹顶的设计提供参考。

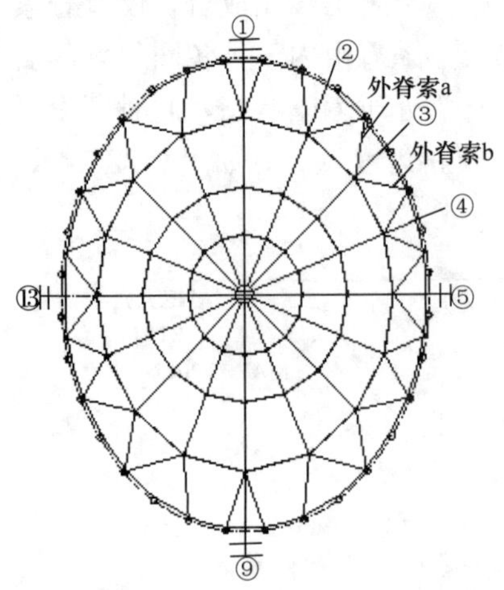

图 9-23　索穹顶轴号

本节对索穹顶施工中较为常用的张拉最外圈斜索法进行研究，提出三种不同的张拉方法，每种张拉方法均把斜索分为 2 批进行张拉。为方便对比，第一种方法采用第 1 批张拉奇数轴的斜索，第 2 批张拉偶数轴的斜索，各轴线编号如图 9-23 所示。第二种方法与第一种相反，即第 1 批张拉偶数轴的斜索，第 2 批张拉奇数轴的斜索，如图 9-24 所示。根据本索穹顶成形态斜索设计预应力，第三种张拉方式选择 1/4 椭圆形中 4 根受力最大的斜索放在第一批进行张拉，而保证每一张拉等级下成形态拉力较小的 4 根斜索最后张拉，如图 9-25 所示。

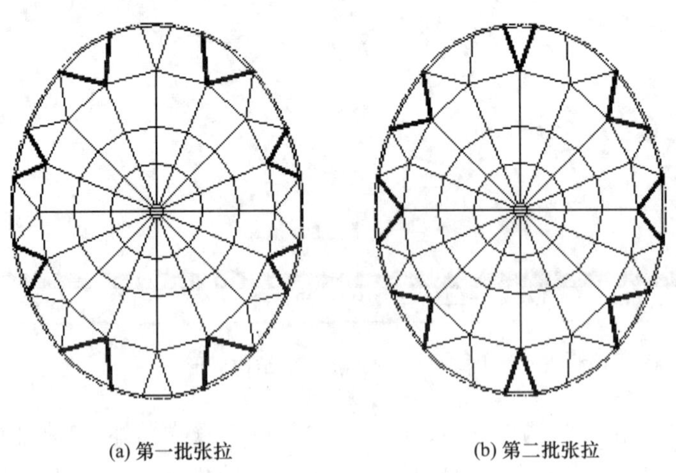

(a) 第一批张拉　　(b) 第二批张拉

图 9-24　第二种张拉方式

按照分级分批的张拉方式，控制每一级张拉时斜索调节端的剩余长度，将斜索张拉分为 4 个等级，分别为可调节量剩余长度 100mm、60mm、20mm、0mm 的状态，分三次将调节量缩小，直至最终成形态斜索的设计长度。由于本索穹顶关于长轴和短轴对称，所以列出①～⑤轴斜索的索力变化情况，如表 9-3～表 9-5 所示。

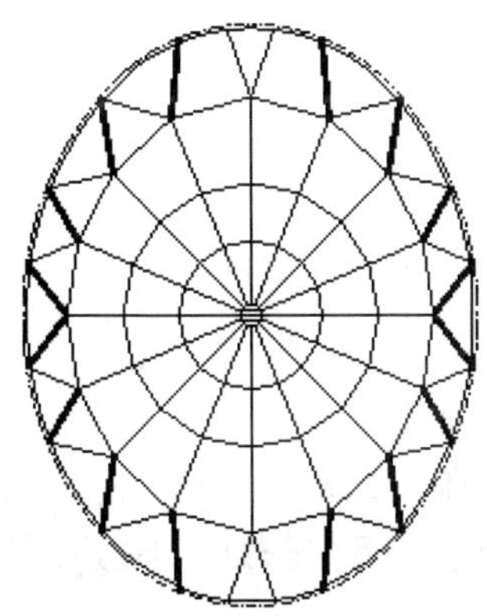

(a) 第一批张拉

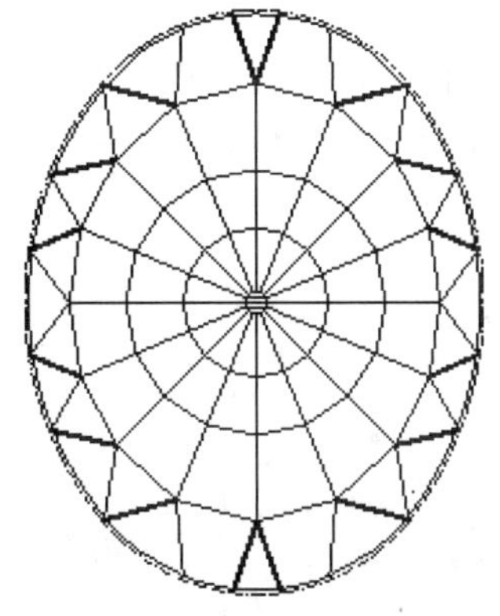

(b) 第二批张拉

图 9-25 第三种张拉方式

张拉方式 1 斜索张拉控制力 **表 9-3**

张拉顺序	张拉轴线	剩余调整长度	①～⑤轴外斜索内力（kN）
1	—	奇数轴 100mm，偶数轴 100mm	527、687、519、631、489、660、423、646
2	奇数轴	奇数轴 60mm，偶数轴 100mm	568、763、512、672、566、706、429、714
3	偶数轴	奇数轴 60mm，偶数轴 60mm	609、794、598、732、564、756、488、746
4	奇数轴	奇数轴 20mm，偶数轴 60mm	662、873、609、783、652、807、500、825
5	偶数轴	奇数轴 20mm，偶数轴 20mm	725、899、752、850、662、868、571、867
6	奇数轴	奇数轴 0mm，偶数轴 20mm	758、939、771、880、711、895、580、911
7	偶数轴	奇数轴 0mm，偶数轴 0mm	792、954、849、915、717、928、618、933

张拉方式 2 斜索张拉控制力 **表 9-4**

张拉顺序	张拉轴线	剩余调整长度	①～⑤轴外斜索内力（kN）
1	—	偶数轴 100mm，奇数轴 100mm	527、687、519、631、489、660、423、646
2	奇数轴	偶数轴 60mm，奇数轴 100mm	564、717、595、688、484、709、479、676
3	偶数轴	偶数轴 60mm，奇数轴 60mm	609、794、598、732、564、756、488、746
4	奇数轴	偶数轴 20mm，奇数轴 60mm	662、823、716、796、568、815、554、783
5	偶数轴	偶数轴 20mm，奇数轴 20mm	725、899、752、850、662、868、571、867
6	奇数轴	偶数轴 0mm，奇数轴 20mm	758、914、829、885、667、901、609、888
7	偶数轴	偶数轴 0mm，奇数轴 0mm	792、954、849、915、717、928、618、933

张拉方式 3 斜索张拉控制力 **表 9-5**

张拉顺序	张拉轴线	剩余调整长度	①～⑤轴外斜索内力（kN）
1	—	偶数轴 100mm，奇数轴 100mm	527、687、519、631、489、660、423、646
2	奇数轴	偶数轴 60mm，奇数轴 100mm	508、784、409、839、352、1048、240、853
3	偶数轴	偶数轴 60mm，奇数轴 60mm	609、794、598、732、564、756、488、746
4	奇数轴	偶数轴 20mm，奇数轴 60mm	586、922、461、870、507、1281、167、952
5	偶数轴	偶数轴 20mm，奇数轴 20mm	725、899、752、850、662、868、571、867
6	奇数轴	偶数轴 0mm，奇数轴 20mm	712、971、678、928、630、1136、413、975
7	偶数轴	偶数轴 0mm，奇数轴 0mm	792、954、849、915、717、928、618、933

从三种张拉方式的拉索内力变化规律中可以发现，随着外斜索逐步张拉到成形状态的长度，各斜索内力逐渐增大，不同方法到达最终状态时同一索索力基本一致，说明不同的张拉方法对张拉过程中各等级拉索内力有影响，而对成形态的内力分布无影响，体现了索穹顶不同荷载路径均能达到相同最终受力状态的特点。

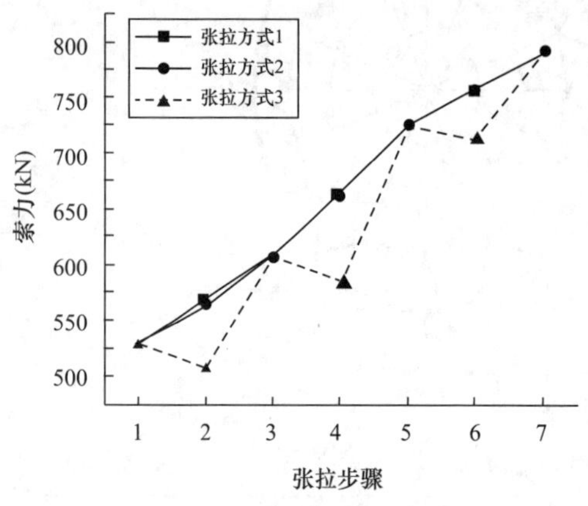

图 9-26　长轴索力变化规律

同时发现，只要每一级的张拉控制长度一定，到达该等级后所有斜索的索力分布也是一致的。对比三种方法相同拉索索力的增长规律，如图 9-26～图 9-28 所示。从图中可以发现，张拉方式 3 虽然均对成形态受力最大的 4 根拉索进行先张拉，但这种张拉方式使索力增加时变化幅度较大，在张拉第二批索时，第一批张拉的索索力会明显减小，第二批索索力会明显增大，甚至超过成形态索力，所以这种方法反而对成形不利。说明对于这种外圈为 Levy 式构造的索穹顶结构，在对最外圈斜索进行张拉时，同时张拉同一轴线上的两根斜索比分批张拉两根斜索受力更加合理。张拉方式 1 和张拉方式 2 中各斜索索力均平稳增大，几乎呈线性。两种方法均能达到索穹顶设计预应力，具体选择可根据现场情况而定。

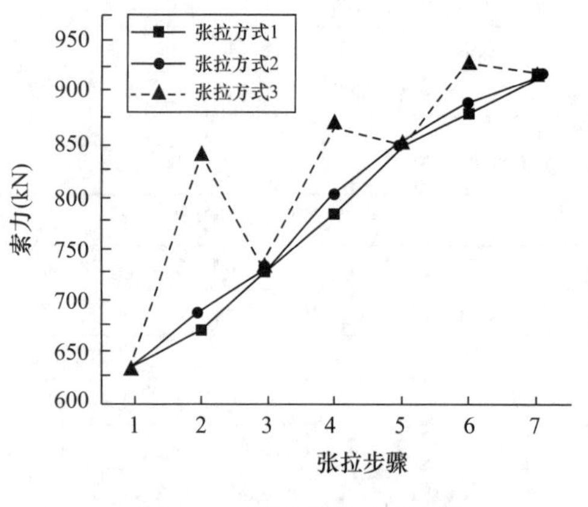

图 9-27　中轴索力变化规律

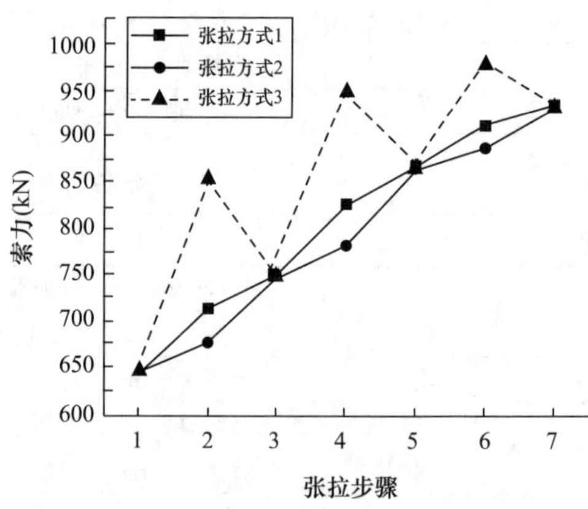

图 9-28　短轴索力变化规律

9.4　索穹顶结构施工误差敏感性分析

9.4.1　环梁施工误差的影响与控制

（1）单个耳板施工误差的影响

由于结构关于长轴、短轴存在对称关系，取结构 1/4 的 5 个边节点（图 9-23 右上方）

进行分析。以结构张拉成形后的初始态为准建立模型，每次仅考虑单个边节点存在施工偏差，分别对每个边节点与边拉索相对应的径向设置－50mm、－40mm、－30mm、－20mm、－10mm、10mm、20mm、30mm、40mm、50mm 的偏差值。

下面仅列举对内力变化规律具有代表性的①、③轴对应的节点，相应内力变化如图 9-29～图 9-31 所示。分析三图可以看出，耳板施工误差对外斜索内力值影响最大，但中外、中内、内斜索误差均小于 5%，几乎不受影响。耳板误差对脊索的影响从外到内依次增大，内脊索偏差最为明显。对于③轴而言，当边节点 3 的耳板偏差为外斜索 a 的径向误差时，引起外斜索 b 的内力变化最大；边节点 4 偏差方向为外斜索 b 时，外斜索 a 影响最大，且内力变化正好相反，相邻轴线上各拉索内力均有不同程度的影响，且影响随间隔距离增加依次递减。其余节点处的内力变化规律均同以上规律。

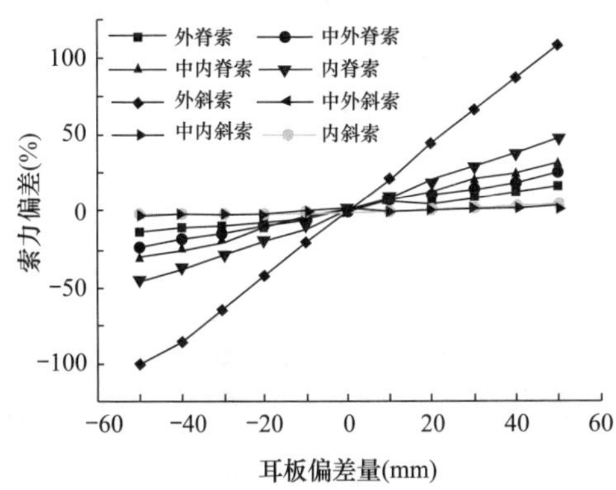

图 9-29　1 号节点施工误差对索力影响

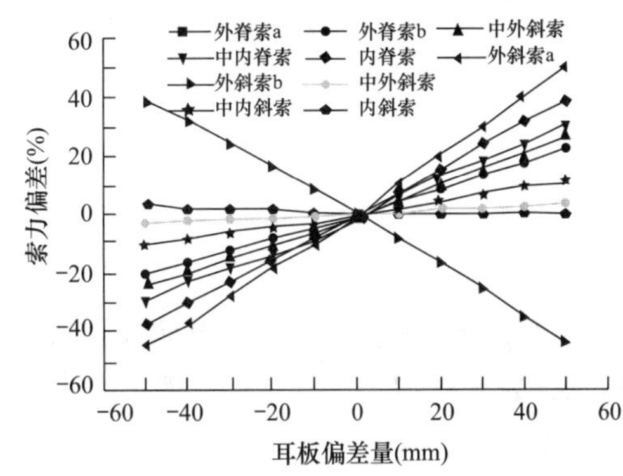

图 9-30　3 号节点施工误差对索力影响

（2）环梁尺寸施工误差对整体结构的内力影响分析

进一步研究环梁施工偏差对索穹顶整体内力的影响，假设混凝土环梁在放样过程中存在跨度的－5/10000、－4/10000、－3/10000、－2/10000、－1/10000、1/10000、2/10000、3/10000、4/10000、5/10000 的偏差，即整体偏大或偏小时，索穹顶索力变化如图 9-32 所示。可以看出，当耳板三维坐标整体存在偏差时，对索力影响显著。对本工程而言，当环梁存在 1/10000 的整体偏差时，即存在长轴 10.1mm、短轴 8.2mm 的误差时，内脊索内力改变达到 20%，其余拉索也均存在 5%左右的变化量。若将成形后拉索内力

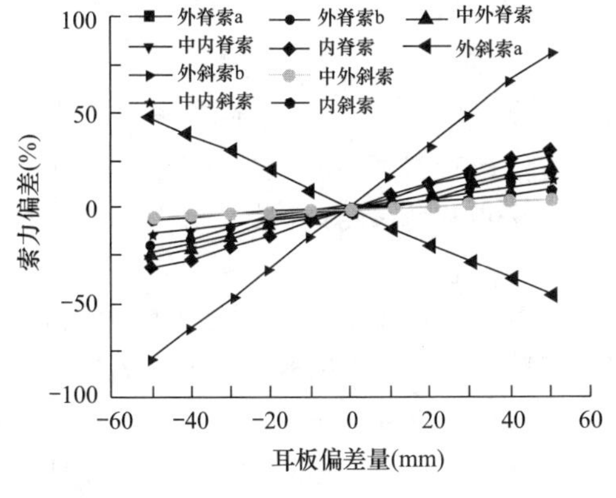

图 9-31　4 号节点施工误差对索力影响

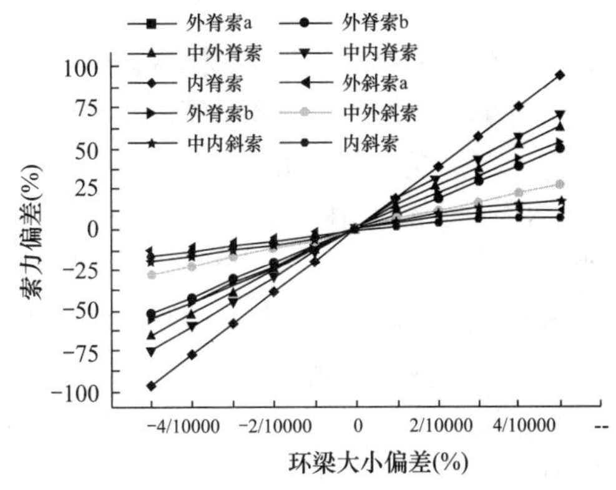

图 9-32　环梁施工误差对索力影响

偏差控制在±10%以内，则需将环梁大小误差控制在 0.5/10000 以内，这对于工程现场来说难度较大，因此需要相应的拉索调节装置来抵消环梁误差。

（3）环梁误差补偿措施

由于索穹顶施工成形后内力对耳板三维坐标偏差特别是径向误差非常敏感，当偏差值为 10mm 时，拉索误差会达到 5%～20%，所以需要给予与耳板相连的外脊索和外斜索一定的调节量，来消除环梁耳板带来的不利影响。

根据以上方法，可将除外脊索和外斜索的其余拉索制作成定长索，以节约拉索制作成本。在外脊索和外斜索靠近耳板的一端增加调节装置，通过拉索长度变化补偿环梁耳板偏差，而使中圈、内圈的脊索和斜索的拓扑关系保持不变，如图 9-33 所示。

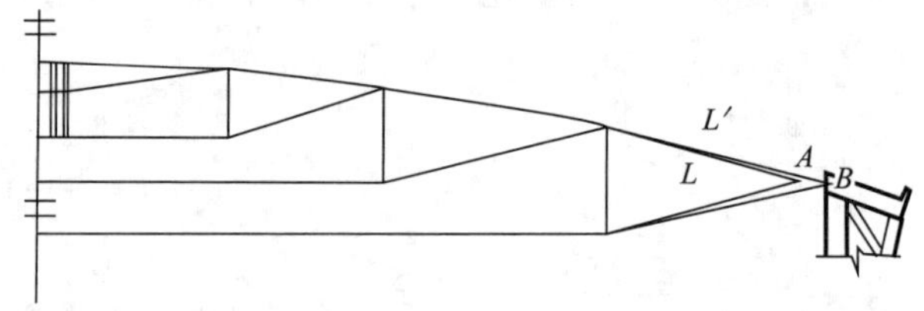

图 9-33　环梁施工误差补偿

通过拉索产生的伸长量，可使外脊索和外斜索同时伸长或缩短，从设计坐标 A 沿径向伸长到误差坐标 B，对三角形几何关系影响较小，经拉索长度调节后拉索内力与设计值能保证基本一致。

在体育馆的整个施工过程中，除采用外圈拉索调节装置补偿环梁偏差的被动补偿方式外，更应该对外环梁和耳板预埋件的设计与施工提出较高要求。在索穹顶施工之前，用全站仪对所有耳板预埋件安装位置进行多次测量，四周环梁及埋件和耳板在安装时达到以下精度：耳板孔中心的三维坐标偏差与设计值偏差小于 15mm；耳板的中心线与成形后的索轴线夹角偏差小于 0.5°。对预埋件进行仿真模拟，使耳板自身刚度满足要求，耳板含贴板的总厚度、孔径、孔边距严格符合设计要求。耳板安装完成后，再通过全站仪精确测量三维坐标，最终确定外圈拉索调节量。

9.4.2　拉索施工误差的影响与控制

（1）拉索下料随机误差及控制方法

相对于撑杆、内拉环等钢构件，拉索在未施加预应力时偏柔，在下料制索过程中会产生一定的随机误差。因此，本小节假设所有定长索存在各自索长的 1/2200、1/2000、1/1800、1/1600、1/1400、1/1200、1/1000、1/800、1/600 的误差，研究该加工误差对内力的影响。

图 9-34 和图 9-35 为所有定长索均存在较设计长度偏长或偏短时，对结构内力的影响，其中正值表示拉索下料长度大于设计长度。从图中可以看出，当下料误差小于 l/1000 时，索力变化较小；超过 l/1000 后，索力变化明显。本工程索长均在 9.7～15.4m 之间，且根据目前制索厂家工艺水平，综合考虑后将制索精度控制在±15mm（l/1000）的误差范围内。

对于索穹顶结构，为了达到足够的刚度和满足设计标高要求，拉索将承受巨大的预应力，而成形态索穹顶的拉索长度与预应力值直接相关，所以在拉索下料时必须考虑预应力成形态下的伸长量。为了满足±15mm的制索精度，需要对制索过程严格要求。首先通过拉索破断力50%～55%的预应力预张拉，消除拉索受力伸长时的非线性因素，减小工地张拉时的松弛量，使索体结合紧密，受力均匀。以索穹顶设计内力对拉索在张拉台上进行应力下料，并用测距仪和拉尺相互校核，以保证现场施工中施加预应力后拉索长度与设计长度一致。

通过以上措施，天津理工大学体育馆索穹顶结构所有定长索的制索精度均控制在±15mm以内。

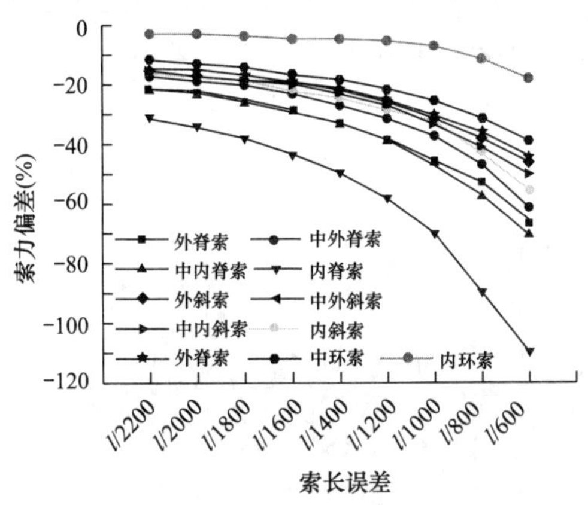

图 9-34　误差为正时对拉索内力影响

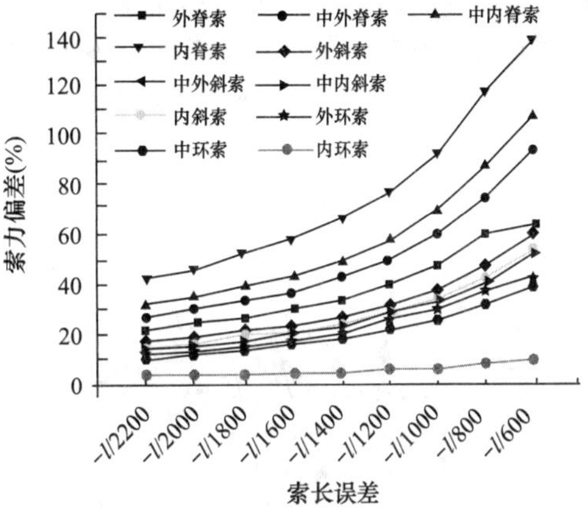

图 9-35　误差为负时对拉索内力影响

(2) 拉索施工安装误差及现场处理方法

拉索运送至现场后，若拼装位置未经规划，随意安装，则会对整体受力产生不利影响。仍假设定长索存在各自索长的1/2200、1/2000、1/1800、1/1600、1/1400、1/1200、1/1000、1/800、1/600的误差，图9-36、图9-37分别为以长轴和短轴对称分布的各定长索中，一半存在相同正值加工误差，另一半存在相同负值加工误差时，对内力分布的影响。提取两种情况下内力变化最大的短轴和长轴各索索力变化值。

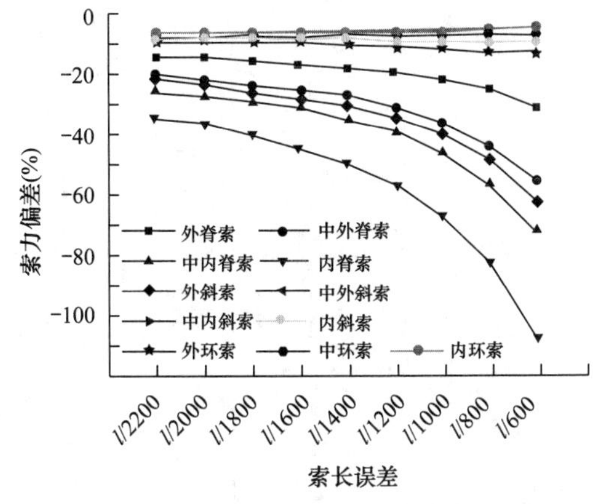

图 9-36　误差以长轴对称时拉索内力变化

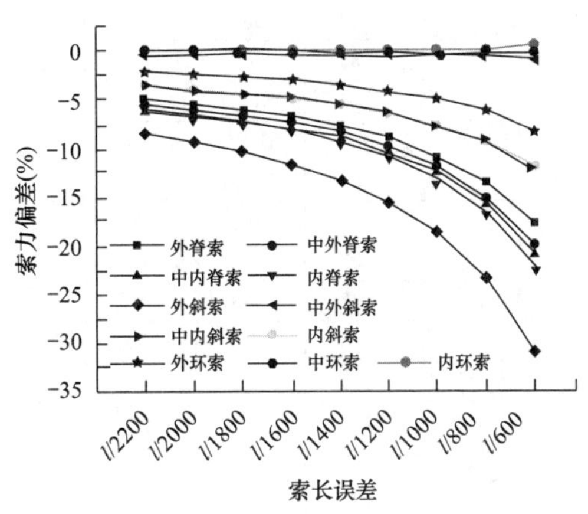

图 9-37　误差以短轴对称时拉索内力变化

分析图 9-36、图 9-37 可以看出，若存在正误差的拉索集中在轴线一侧，负误差拉索在轴线另一侧，则会带来较大的内力偏差，特别是拉索正负误差关于长轴对称，当存在索长下料误差时，内脊索索力偏差将达到 61%。

为了减小由于拉索下料产生的随机误差对内力分布的不利影响，本工程在拉索现场布放前对其放置位置进行了优化调整。例如①、⑨轴线关于短轴对称，轴线上的中外脊索、内脊索误差分别为－1mm、5mm 和－9mm、－2mm，中内脊索无误差，则将存在 5mm 和－9mm 误差的脊索放在同一轴线上，－1mm 和－2mm 误差的脊索放在另一轴线上，所有轴线脊索及斜索调整位置如表 9-6 所示。

通过拉索放置位置调整，减小了拉索随机误差对结构内力影响，使撑杆基本达到竖直状态，与设计成形态拓扑关系尽量保持了一致。根据表 9-6 中拉索排列位置，将定长索下料误差施加于模型中，计算得到所有轴线拉索内力偏差值如图 9-38 所示。可以看出，除内脊索内力误差达到 20%之外，其余拉索内力偏差基本控制在 10%以内。

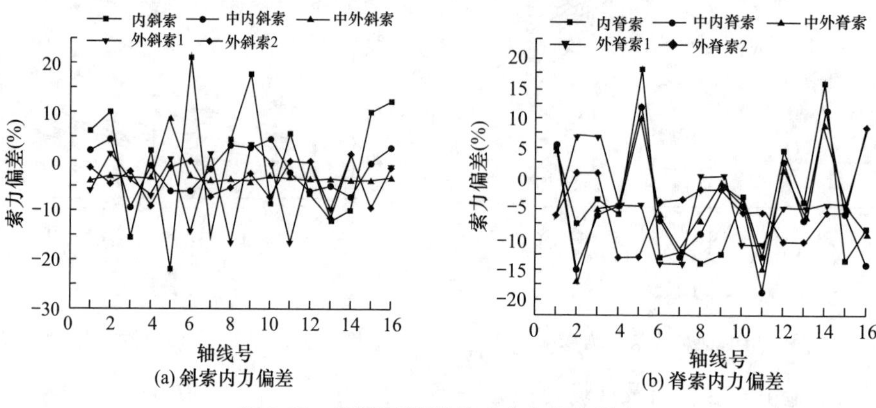

图 9-38　实际下料误差对内力分布影响

定长索下料误差及放置轴线　　表 9-6

位置	编号	索型号	理论长度	偏差	放置轴线	位置	编号	索型号	理论长度	偏差	放置轴线
中外脊索	1	71	14144	1	9	中外斜索	1	71	14163	2	9
	2	71	14144	－2	1		2	71	14163	－3	1
	3	133	13000	－10	16		3	60	13309	1	2
	4	133	13000	－14	2		4	60	13309	－6	10
	5	133	13000	－14	8		5	60	13309	1	8
	6	133	13000	15	10		6	60	13309	1	16
	7	133	10887	－10	11		7	71	11735	5	7
	8	133	10887	6	7		8	71	11735	3	15
	9	133	10887	－10	15		9	71	11735	1	3
	10	133	10887	8	3		10	71	11735	5	11
	11	133	9521	12	4		11	71	10872	－2	6
	12	133	9521	－6	14		12	71	10872	8	4
	13	133	9521	－4	6		13	71	10872	3	14
	14	133	9521	－14	12		14	71	10872	－3	12
	15	133	9010	－12	13		15	71	10568	－2	5
	16	133	9010	14	5		16	71	10568	3	13

续表

位置	编号	索型号	理论长度	偏差	放置轴线	位置	编号	索型号	理论长度	偏差	放置轴线
中内脊索	1	60	9310	0	1	中内斜索	1	60	9670	−4	1
	2	60	9310	0	9		2	60	9670	−5	9
	3	116	9099	9	2		3	60	9635	1	10
	4	116	9099	12	8		4	60	9635	0	2
	5	116	9099	−7	16		5	60	9635	−5	8
	6	116	9099	0	10		6	60	9635	0	16
	7	116	9126	12	3		7	71	9591	−11	7
	8	116	9126	3	7		8	71	9591	11	3
	9	116	9126	−4	11		9	71	9591	4	11
	10	116	9126	2	15		10	71	9591	4	15
	11	116	9095	2	4		11	71	9734	1	12
	12	116	9095	−1	12		12	71	9734	6	4
	13	116	9095	0	6		13	71	9734	6	6
	14	116	9095	2	14		14	71	9734	1	14
	15	133	8989	14	13		15	60	9743	−5	5
	16	133	8989	−5	5		16	60	9743	−8	13
内脊索	1	60	9751	−1	1	内斜索	1	60	9814	−4	1
	2	60	9751	5	9		2	60	9814	−4	9
	3	116	9646	0	2		3	60	9688	−1	2
	4	116	9646	0	8		4	60	9688	1	8
	5	116	9646	6	10		5	60	9688	6	10
	6	116	9646	9	16		6	60	9688	0	16
	7	116	9637	−12	3		7	60	9775	−5	3
	8	116	9637	1	7		8	60	9775	7	7
	9	116	9637	14	11		9	60	9775	−2	11
	10	116	9637	14	15		10	60	9775	0	15
	11	116	9641	−6	4		11	60	9789	−9	4
	12	116	9641	1	6		12	60	9789	−9	6
	13	116	9641	6	12		13	60	9789	4	12
	14	116	9641	−5	14		14	60	9789	−6	14
	15	116	9640	−15	5		15	60	9793	−3	5
	16	116	9640	−8	13		16	60	9793	−3	13

9.5 本章小结

本章在高空散装法的基础上提出了塔架顶升安装施工方法，能够在构件安装过程中小范围调节内拉环高度，不仅能减小脊索牵引的难度，而且方便不同位置的斜索进行牵引和安装，且张拉力最小。可以明显减小索穹顶在安装过程中的施工难度，使拉索在安装过程中内力较小，保证施工安全。

通过对天津理工大学体育馆索穹顶的施工全过程模拟分析，证明了该施工方案的可行性，但环梁和拉索的施工误差均会对索穹顶整体预应力水平产生不利影响，在实际工程中对环梁误差的控制较难，可采用将最外圈脊索和斜索制作成可调节索来抵消环梁的施工误差；可采用对沿轴线对称位置的拉索进行位置交换的方式减小拉索下料对整体预应力变化的影响。

第 10 章 天津理工大学体育馆索穹顶结构监测

10.1 引言

天津理工大学体育馆索穹顶结构的监测系统是包括施工全过程监测、健康监测和数据统计分析于一体的复合型监测系统。大跨度钢结构的施工及使用过程中的监测内容较多，涉及监测设备较广，涵盖知识面丰富，总体说来，本项目的监测系统主要包括测量传感器、信号传输设备、数据采集设备和分析软件。施工及健康监测系统如图 10-1 所示。

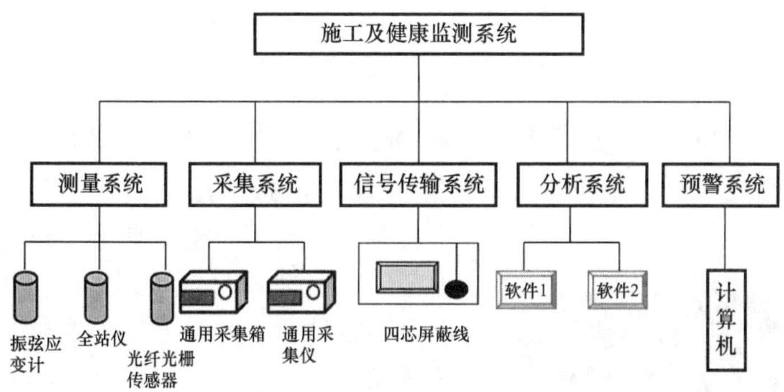

图 10-1 施工与健康监测系统

施工及健康监测系统中使用的监测设备主要有：

(1) 位移监测仪器

位移监测仪采用南方测绘 NTS-342R 全站仪（图 10-2），该型号全站仪测量精度高，适用自然条件广，可广泛应用于场地测量和工程建筑测量领域。在无棱镜的情况下，最大监测范围为 500m，可以对索穹顶所有测点完全覆盖，且可以根据环境的温度气压状态进行自动修正，能高精度地完成位移监测任务。

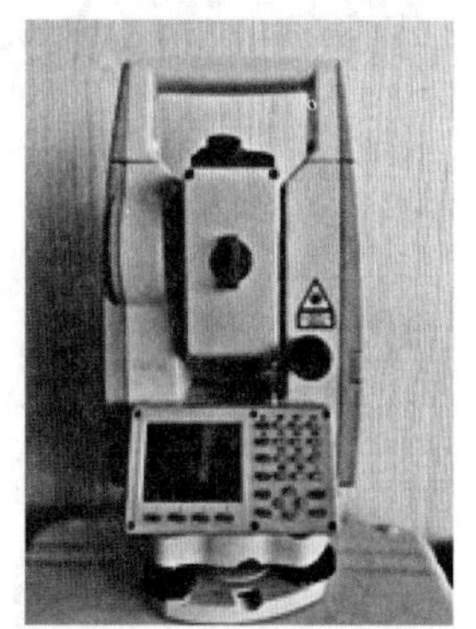

图 10-2 南方全站仪

(2) 应力监测仪器

撑杆应力监测采用振弦应变计，将应变计通过粘贴或者点焊安装块的形式固定于索穹顶的撑杆上，实现对撑杆应力的实时监测，因振弦应变计与钢材的线膨胀系数相近，所以可自动消除温度变化的影响。另外，该款应变计的内部还带有热敏电阻，可在测量应力的同时进行环境温度的测量，通过四芯屏蔽电缆可将采集数据传输至应变采集仪，具有良好的测量精度和数据传递性能，同时具有较好的防水性和耐候性，可实现长达数年时间的监测，数据安全可靠，保密性好。BGK-4000 型已带有安装块，可直接作为钢板应力计使用，结构示意如图 10-3 所示。

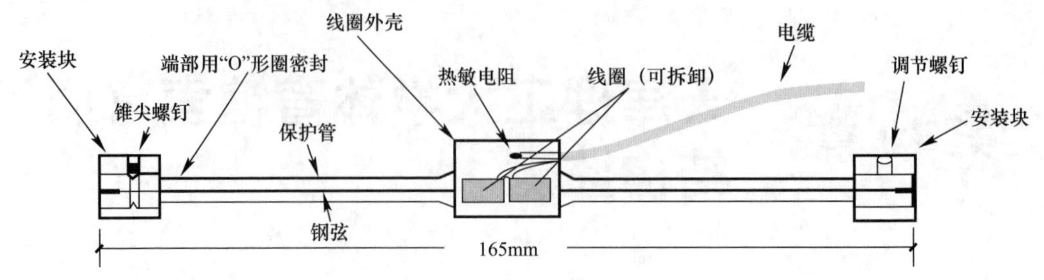

图10-3 BGK-4000应变计

（3）索力监测仪器

光纤光栅传感器是一种相对准确的索力测量仪器（图10-4），不受施工过程的干扰，可以对正在施工或施工完毕的拉索进行索力测量，测量精度也较高。

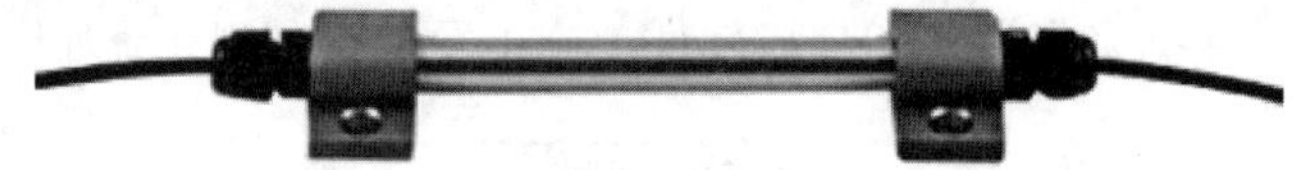

图10-4 光纤光栅传感器

测量索力的过程为：首先将光纤光栅传感器焊接于拉索索头的某特定位置，然后做好索力标定得到光纤光栅传感器的波长变化值（或换算为索的应变值）与索力变化值之间的相关曲线，这条曲线就是施工过程中索力测定的参考曲线，现场只要可以测得传感器的波长值，即可很容易地得到拉索中的实际拉力。拉索的应变范围是0～5000$\mu\varepsilon$，使用温度为−15～40℃。

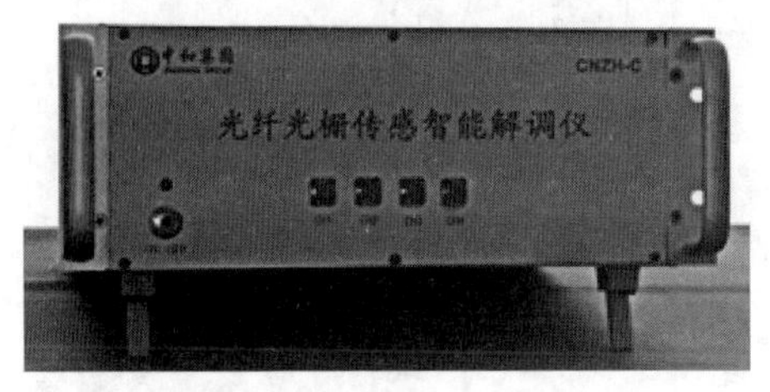

图10-5 光纤光栅解调仪

光纤压力调制解调仪是光纤光栅传感仪的地面配套解调设备（图10-5），通过接收和解调压力传感器反射回来的光谱信号，实现对井下单点温度、压力数据的监测。4通道同步解调，解调数据刷新率0.5Hz。

10.2 天津理工大学体育馆索穹顶结构施工监测

天津理工大学体育馆索穹顶结构施工监测工作流程如下：通过振弦式应变计、全站仪等设备，在施工现场采集结构产生的物理变化，并通过信号传输系统将变化量传输至采集系统，将物理信号转化为电信号，以便继续传输给分析系统。在分析系统中，主要通过计算机中的相应软件将电信号转化为数据储存，若在某个时刻结构的某些参数超过了软件设定的量，计算机便能通过预警系统传输给管理人员，以便在施工过程或使用过程中及时纠正问题、分析问题并采取解决措施。同时，施工过程的监测结果可以与模拟结果相对比，从而更好地指导工程的有序进行，对于保证结构的施工质量和维持正常使用状态有着积极的作用。

10.2.1 施工监测关键参数

施工监测的关键参数包括以下内容：

（1）支座反力、千斤顶拉力、环境温度等荷载参数；

（2）构件的应力、应变、位移等响应参数；

（3）结构振型、振动频率等振动参数。

在对关键参数进行选择时，应根据结构自身特点，结合资金投入量和监测难度综合考虑选择，在满足条件下尽可能反应结构主要的、完整的施工响应变化。

天津理工大学体育馆屋盖结构采用马鞍形边界的刚性屋面和柔性索穹顶相结合的方式，大跨度屋盖平面投影呈椭圆形，长轴 102m，短轴 82m，整个屋盖支承于截面为 7m×1m 的混凝土环梁上，有 20 个钢筋混凝土柱支承该混凝土环梁。在施工过程中通过内拉环将脊索体系与外环梁连接，再通过高空散装的方式连接撑杆、斜索和环索。由于该索穹顶的特殊性，所以在选取关键参数时也有自身特色，与其他索穹顶工程不同。

根据自身的施工特点，天津理工大学索穹顶结构的施工监测选择监测节点位移、部分撑杆应力、部分拉索内力、部分节点加速度变化和环境温度。

10.2.2 施工监测测点布置方案

测点布置应尽可能准确、全面地反映结构整体的变化规律，所以根据本工程的特点，在选取测点时考虑监测的可靠性和方便性、测点安装的难易程度以及选择有限元仿真分析所得到的施工过程中数值变化较大的构件后，确定了测点布置位置和分布情况。

由第 9 章索穹顶结构的施工全过程有限元模拟结果可知，在索穹顶的整体安装和张拉成形过程中，撑杆上下节点会发生大位移，拉索内力不断增加，所以在施工成形后以控制结构内力与设计值差距为主、节点标高与设计值差距为辅的形式作为主要控制指标。同时，以撑杆应力变化作为验证指标，对索穹顶承受风荷载和结构振动的关系进行测量和分析，得到该索穹顶的动力特征。由于振弦式应变计可以同时对环境温度进行测量，所以未单独安装温度测量设备。

（1）位移监测测点

在索穹顶结构进行安装及张拉过程中，整个结构会产生大变形，各构件的位移较大。为了跟踪索穹顶结构在施工过程中各个节点的位置变化，需要采用全站仪对各个节点的三维坐标进行观测和记录，以便掌握整体结构的变形规律，便于与施工模拟结果进行对比，及时发现施工过程中的偏差和错误，反馈给现场作业人员和设计单位，为结构的正确施工和验收提供参考，同时保证索穹顶安装过程中现场人员及器械的安全。

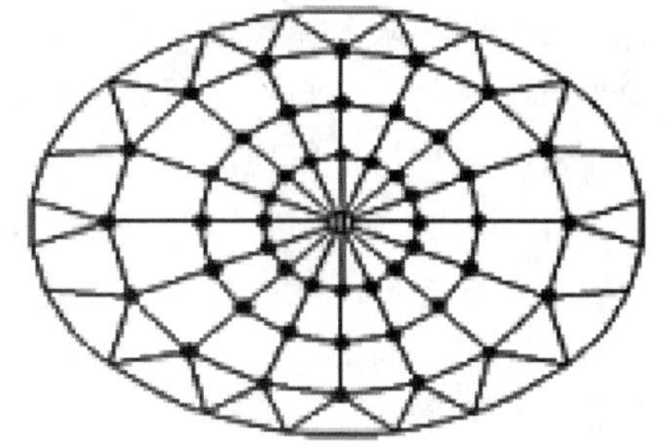

图 10-6 节点位移监测布置图

采用全站仪对施工全过程节点三维坐标变化进行监测，能够很好地监控结构位移变化，具体监测位置如图 10-6 所示，位移监测内容包括撑杆的上节点和下节点。

（2）撑杆应力监测测点

在索穹顶安装和张拉成形过程中，可以通过监测撑杆应力的方式来获取整体结构应力变化的规律，所以需要在施工过程中采用振弦计对撑杆应变变化进行监测，具体布置如图 10-7所示。

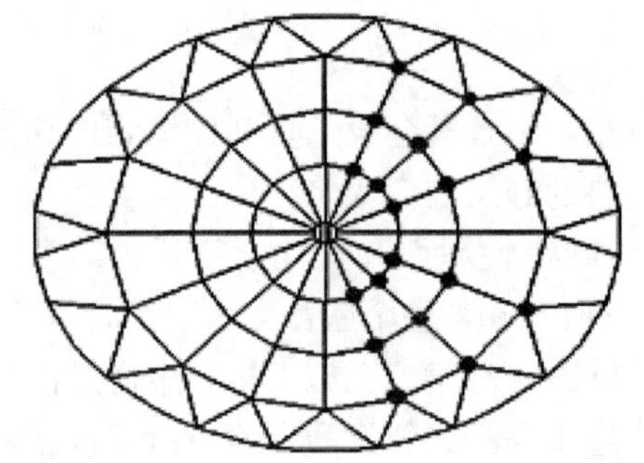

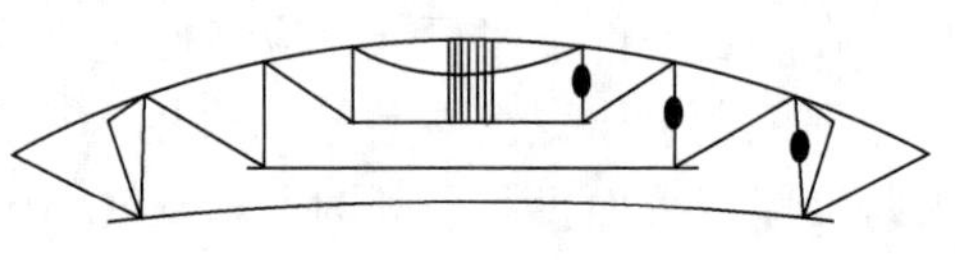

图 10-7　撑杆应力监测点布置图

（3）索力监测测点

索穹顶结构的整体刚度来自于预应力，不同预应力水平对应着不同的结构刚度，因此在施工过程中需要对提供预应力的拉索索力进行精准的监测。本工程采用光纤光栅传感器对部分拉索索力进行实时监测，以保证施工过程中拉索应力的变化规律与有限元模拟结构相同且施工成形后结构实际预应力与设计预应力一致。具体测点布置如图 10-8 所示（外环索和中环索由两根环索组成，则每根环索上都需布置测点）。

图 10-8　索力监测点布置图

10.2.3　施工监测结果与分析

（1）节点位移变化结果

在施工过程中，根据控制索穹顶各节点的标高为主、控制拉索及撑杆内力为辅的原则，对位移控制测点数据进行监测和分析。

以东南西北方向分别对应的①、⑤、⑨、⑬轴线上的撑杆上、下节点为例，对比施工监测数据与有限元模拟值。在施工监测过程中，由于①、⑤轴外撑杆测点被南北两侧山墙遮挡，全站仪无法观测，所以选择各轴线上中撑杆的上、下节点位移变化进行分析。由于本工程的对称性，仅列出①、⑤轴结果，如图 10-9、图 10-10 所示。

从图 10-9 和图 10-10 可以发现，随着施工的进行，施工仿真数值与监测值整体变化规律一致，随撑杆不断提高，最终达到设计标高。但是，第 4～7 施工步存在的误差较大，撑杆上节点标高最大误差达到 19%，撑杆下节点标高最大误差为 4%，而在最初完成脊索体系安装和最终张拉完成阶段较为接近。说明有限元模拟结果具有参考性，能够对施工进行指导。

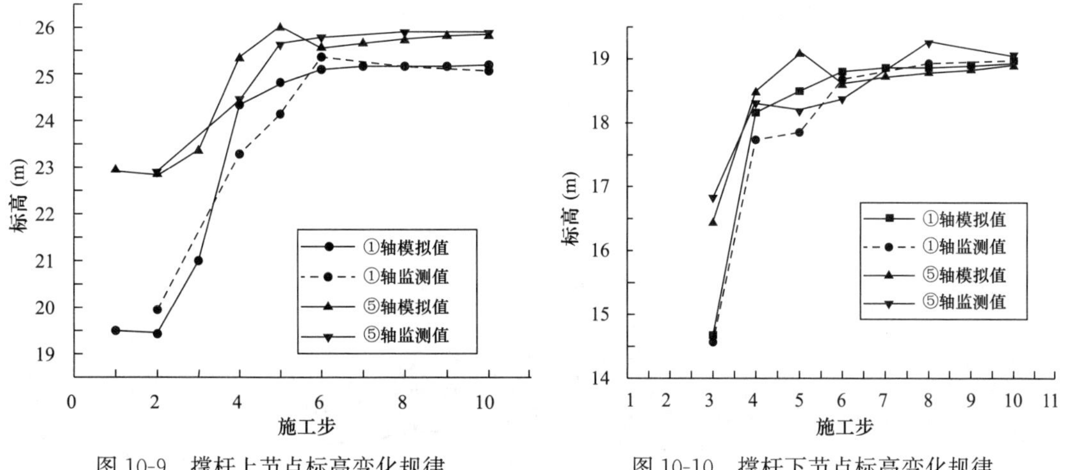

图 10-9 撑杆上节点标高变化规律

图 10-10 撑杆下节点标高变化规律

由于在施工全过程中，某些施工步骤未能监测，所以在实测值中缺少相应步骤对应的数据。同时，在监测过程中使用免棱镜观测手段，施工过程中由于其他构件或施工器械的遮挡，导致每次对撑杆节点的观测点并不相同，这成为监测误差的主要来源。

图 10-11 和图 10-12 为①、⑤轴线上中撑杆上、下节点在 xy 平面内的水平位移变化值，从图中可以发现，随着施工的进行，撑杆上节点水平位移在第 4 施工步达到最大值，然后逐渐减小，在最终成形态基本呈竖直状态。分析原因，在第 4 施工步完成了第一批外斜索的安装，第二批外斜索未安装，而①轴和⑤轴对应的斜索均在第 4 施工步安装，此时由于斜索的牵引作用，使得撑杆倾斜度达到最大。随着第二批外斜索的安装和张拉，撑杆逐渐往成形态变形，最终达到竖直状态。在进行到脊索张拉步后，撑杆已经基本竖直，水平位移在 5cm 以内。

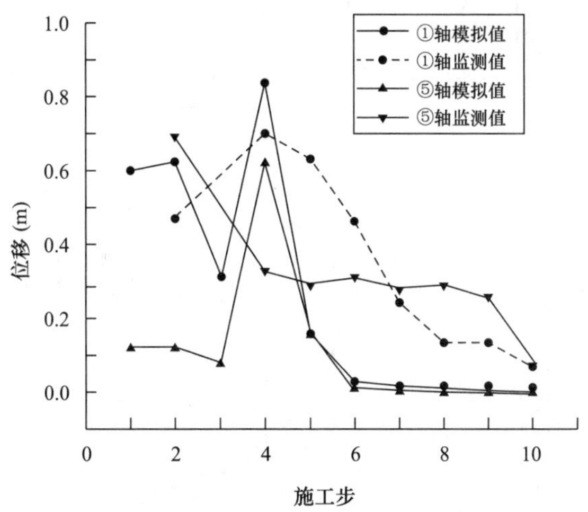

图 10-11 撑杆上节点水平位移变化规律

(2) 撑杆内力变化结果

由于本工程的对称性，仅选取具有代表性的②、④两轴线上撑杆内力变化为例，读取布置于撑杆上的振弦计数据，对比施工监测数据与有限元模拟值。在实际施工过程中，最初布置于内撑杆的振弦计均在不同的施工步中有不同程度的损坏，在马道安装完成后无法对其进行修复和更换，所以仅列举出中撑杆和外撑杆的内力变化结果，如图 10-13～图 10-16 所示。

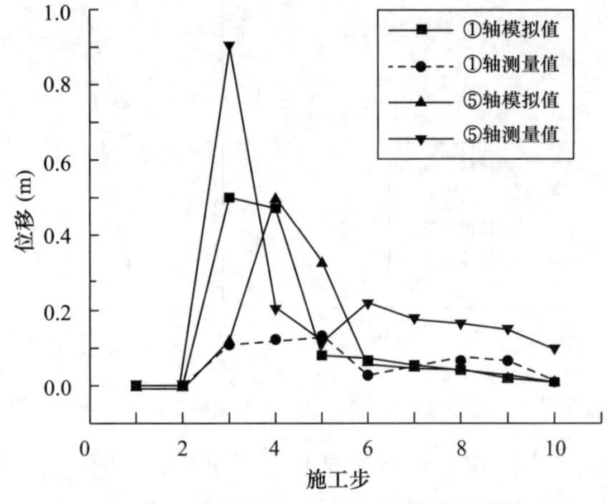

图 10-12　撑杆下节点水平位移变化规律

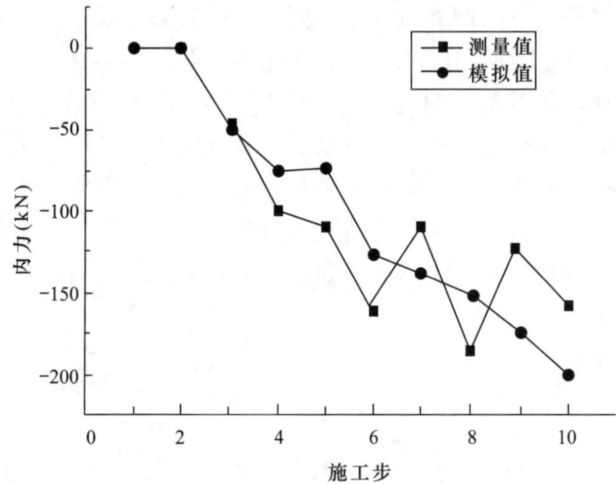

图 10-13　②轴中撑杆内力变化规律

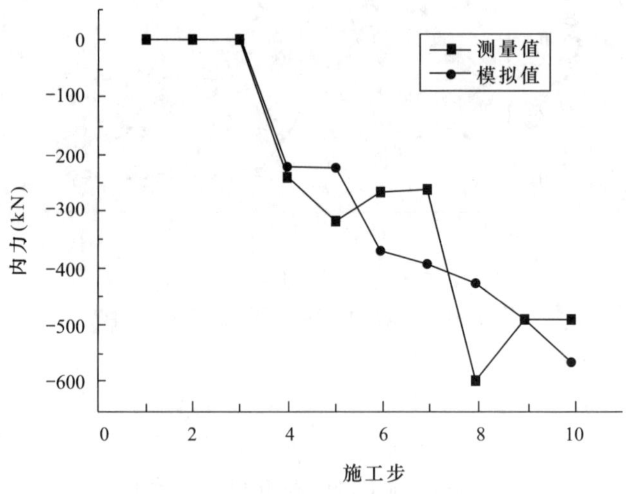

图 10-14　②轴外撑杆内力变化规律

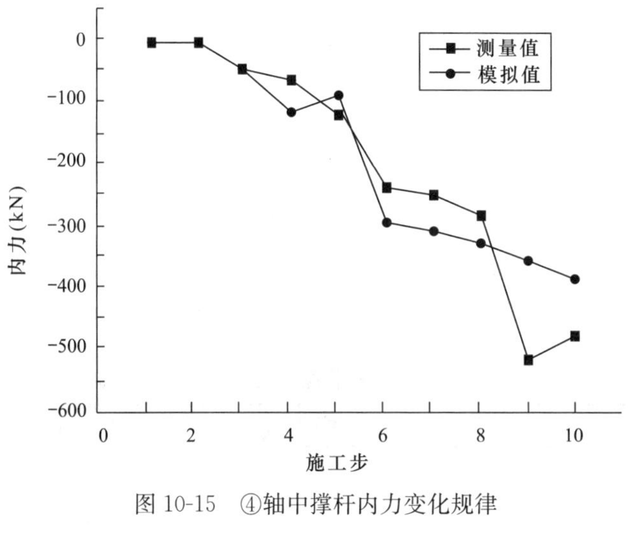

图 10-15 ④轴中撑杆内力变化规律

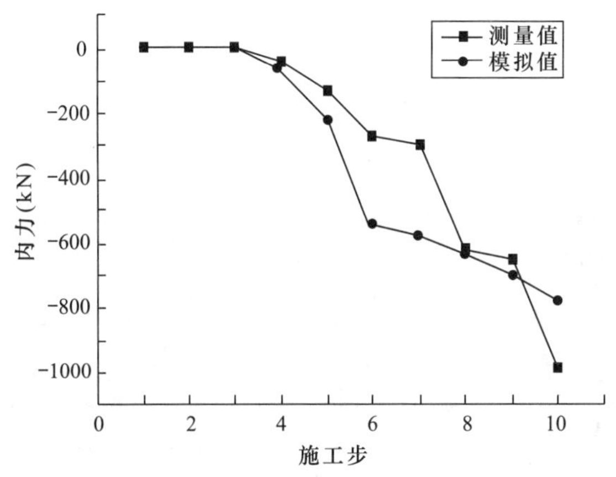

图 10-16 ④轴外撑杆内力变化规律

通过对比监测数据和施工模拟数据可以发现，撑杆内力的绝对值都在不断增大，施工和模拟数值均符合一致的规律。数值模拟出的撑杆内力随着施工的进行应力不断减小，而在实际工程中②轴的内力变化在后 5 个施工步呈现出跳跃的变化趋势，④轴的内力变化顺序与模拟值相似。分析其原因，可能是在张拉进行过程中采用手持式应变仪对测点进行依次读数的时间先后顺序不同，张拉时拉索和撑杆内力变化较快造成的。建议对于这种大型工程应尽量选择可以同时进行应力采集的大型采集箱，以便采集到同一时刻不同位置的内力变化。

(3) 张拉成形态监测结果分析

在张拉成形后，运用固定在拉索上的光纤光栅传感器和全站仪对部分拉索内力和撑杆及内拉环三维坐标进行了测量，并将监测数据与 ANSYS 有限元模拟结果进行对比。索力及构件高度测量值与模拟值对比如表 10-1～表 10-3 所示。分析表格可知，索力误差控制在 5%以内，构件下端竖向标高误差在 2.5%以内，撑杆垂直度基本满足撑杆高度 $h/150$ 的要求。通过以上对比，说明本章研究的施工监测技术能够较好地指导索穹顶的施工，满足工程质量要求，确保施工过程规范安全。

构件标高对比 表10-1

测量位置	模拟值（m）	测量值（m）	偏差（m）	误差（%）
③轴外撑杆	−2.823	−2.852	−0.029	−1.0%
⑤轴外撑杆	−2.026	−2.031	−0.005	−0.2%
⑪轴外撑杆	−2.823	−2.838	−0.015	−0.5%
⑬轴外撑杆	−2.026	−1.980	0.046	2.3%
①轴拉力环	2.595	2.649	0.054	2.1%
⑨轴拉力环	2.595	2.636	0.041	1.6%

注：标高相对于长轴外环梁处。

撑杆垂直度 表10-2

测量轴线	位置	坐标（m）	偏差	$h/150$
①轴	外撑杆上	40.718，−38.091，3.507	—	0.046
	外撑杆下	—		
	中撑杆上	40.678，−23.253，6.050	0.041	0.042
	中撑杆下	40.683，−23.294，0.554		
	内撑杆上	40.725，−13.001，6.728	0.118	0.030
	内撑杆下	40.723，−13.019，3.015		
⑤轴	外撑杆上	7.678，0.038，5.209	0.052	0.055
	外撑杆下	7.662，−0.012，−2.031		
	中撑杆上	17.715，0.057，5.797	0.045	0.046
	中撑杆下	17.716，0.102，−0.332		
	内撑杆上	27.914，0.071，6.220	0.034	0.032
	内撑杆下	27.882，0.082，2.177		
⑨轴	外撑杆上	—	—	0.046
	外撑杆下	—		
	中撑杆上	40.842，23.012，5.980	0.040	0.042
	中撑杆下	40.815，23.042，0.537		
	内撑杆上	40.826，12.815，6.758	0.021	0.030
	内撑杆下	40.829，12.836，3.044		
⑬轴	外撑杆上	73.846，0.139，5.265	0.050	0.055
	外撑杆下	73.895，0.129，−1.980		
	中撑杆上	63.848，0.120，5.916	0.046	0.046
	中撑杆下	63.803，0.129，−0.213		
	内撑杆上	53.685，0.056，6.280	0.033	0.032
	内撑杆下	53.714，0.072，2.246		

注：长轴外撑杆部分节点被土建结构遮挡；标高相对于长轴外环梁处。

索 力 对 比 表10-3

测量位置	模拟值（kN）	测量值（kN）	偏差（kN）	误差（%）
①轴中外脊索	702	732	30	4.2
①轴中外斜索	638	642	4	0.6
⑤轴中外脊索	5666	5842	176	3.1
⑤轴中外斜索	735	721	14	−2.0

10.3 天津理工大学体育馆索穹顶结构健康监测

在天津理工大学体育馆结构的健康监测中，延续了施工监测方案中应力与索力测点与设备的布置方案，此外还进行了风速、振动和温度的监测。

10.3.1 健康监测测点布置方案

(1) 振动测点

根据 ANSYS 有限元软件模拟出的前 3 阶振型，需布置 2 个竖向加速度传感器和 4 个水平加速度传感器，加速度拾振器布置于节点上。其中 1 号测点的拾振器采用竖向布置，2、3 号测点的拾振器采用水平布置且与环索方向相切，4 号测点位于内拉环上，布置 X、Y、Z 三个方向的三个拾振器。如图 10-17 所示。

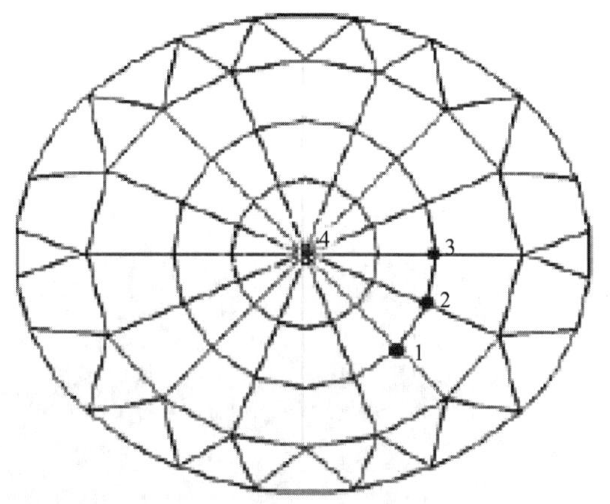

图 10-17 加速度测点布置图

(2) 温度测点

采用热电偶对结构撑杆温度进行监测。由于热电偶元件是结构服役期间安置的，因此仅有马道（图 10-18）相邻撑杆可以布置测点。测点布置考虑对称性原则，兼顾实际情况、撑杆应变测点布置方案及索穹顶屋盖结构使用阶段温度分布情况，布置如图 10-19 所示。

图 10-18 索穹顶马道

热电偶是一种感温元件，可以直接测量温度物理量，并把温度信号转换为热电动势信号，再通过采集仪转换为被测介质的温度。其工作原理基于塞贝克效应，即将两种不同成分的导体两端连接成回路，若两连接端温度不同，则在回路内产生热电流。

本工程采用 T 型（铜-铜镍）热电偶进行温度测量，该热电偶以纯铜为正极，铜镍合金为负极，主要特点为：精确度高，热点及均匀性好，使用温度范围为－200～350℃，灵

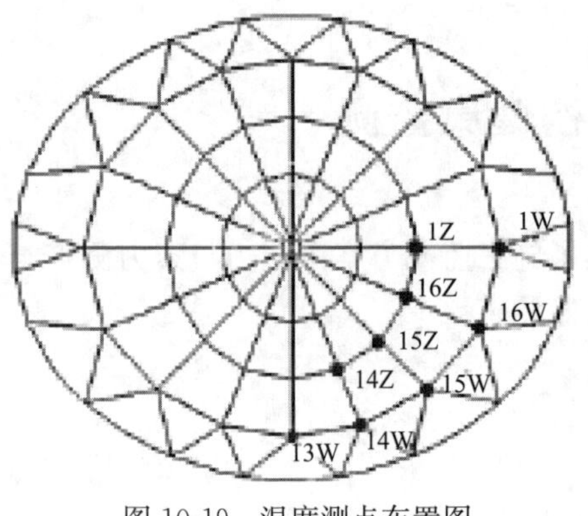

图 10-19　温度测点布置图

敏度高，价格便宜。

工作时，将铜-铜镍两端部焊接于小铜片上，小铜片固定于待测物金属表面。固定方式分为四种类型：Ⅰ-502 粘贴、Ⅱ-704 硅胶覆盖、Ⅲ-电工胶布粘贴、Ⅳ-502 粘贴同时 704 硅胶覆盖（图 10-20）。考虑到铜片和待测金属之间的粘结方式可能对温度采集值有影响，因此通过 24h 的测试结果来进行对比（图 10-21）。

由图 10-21 可以看出，四种固定方式所采集的温度值变化趋势一致，均具有较高的可靠度。固定方式Ⅲ较其他三种方式采集的温度值有一定偏差，最大误差为 3.47%，分析原因可能是由于单纯电工胶布固定不如胶体固定得牢固，存在区域性接触不良的情况。考虑到该监测持续时间较长，需要牢靠稳定的固定方式，结合固定方式试验测试结果，最终采取固定方式Ⅳ，即 502 粘贴的同时涂抹 704 硅胶覆盖，予以保护。

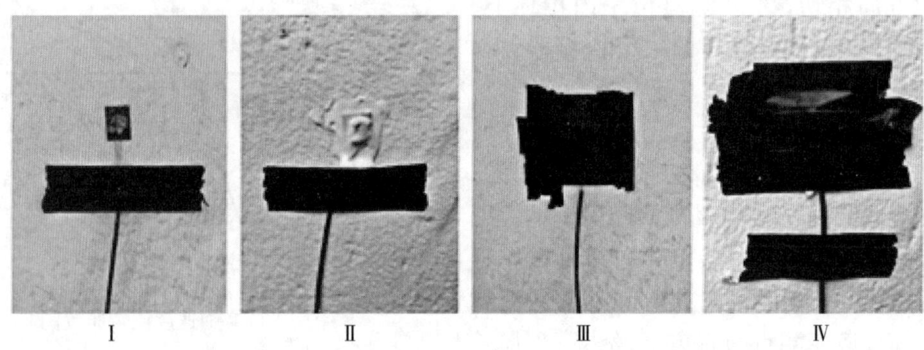

图 10-20　热电偶固定方式

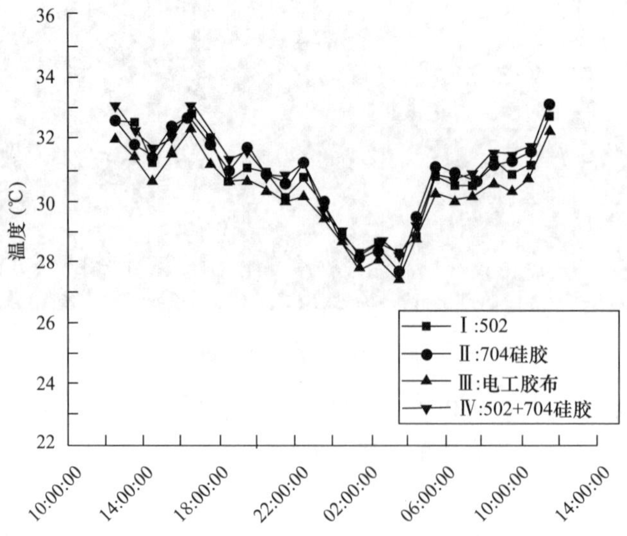

图 10-21　热电偶固定方式试验结果

（3）风速风向测点

利用直立锁边防风夹固定风速风向仪进行风速风向的测量，将其布置在铝镁锰板金属屋面上，由于中心为膜结构，无法上人，仅在长轴、短轴相应位置布置风速风向测点，如图 10-22 所示，共 3 个风速测点和 2 个风向测点。

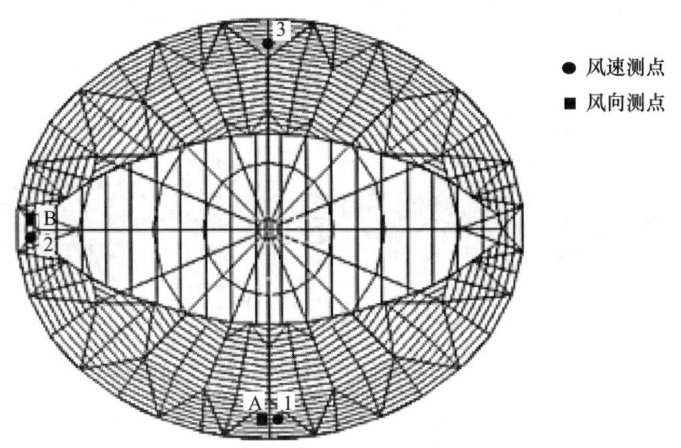

图 10-22 风速风向测点布置图

10.3.2 健康监测结果及分析

将采集到的一年中的天津理工大学体育馆索穹顶结构健康监测数据根据时间段划分成四个阶段，分别为阶段一（2017.07.25—2017.09.05）、阶段二（2017.09.12—2017.10.12）、阶段三（2017.10.27—2017.12.10）和阶段四（2018.02.21—2018.04.01），涵盖四个季度。将温度变化、撑杆内力、索力、屋面风环境及结构振动情况进行分阶段整理并分析。

（1）温度分析

温度监测结果如图 10-23 所示。

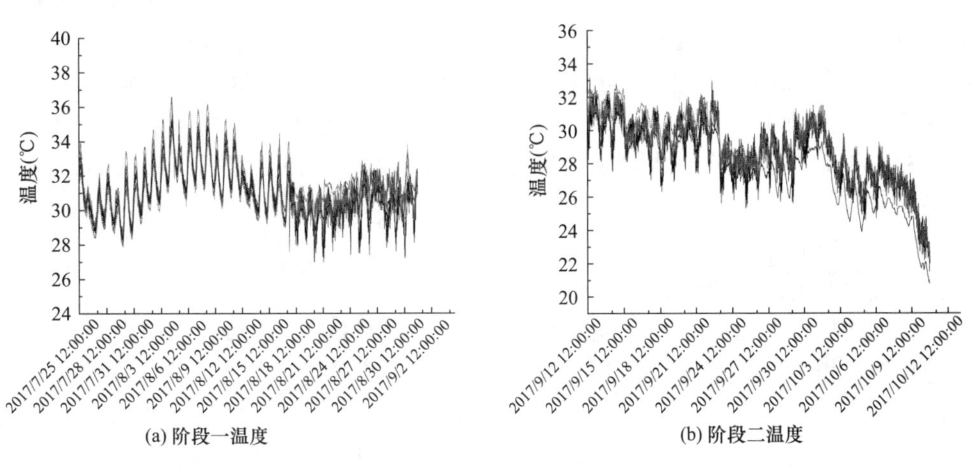

图 10-23 温度监测结果（一）

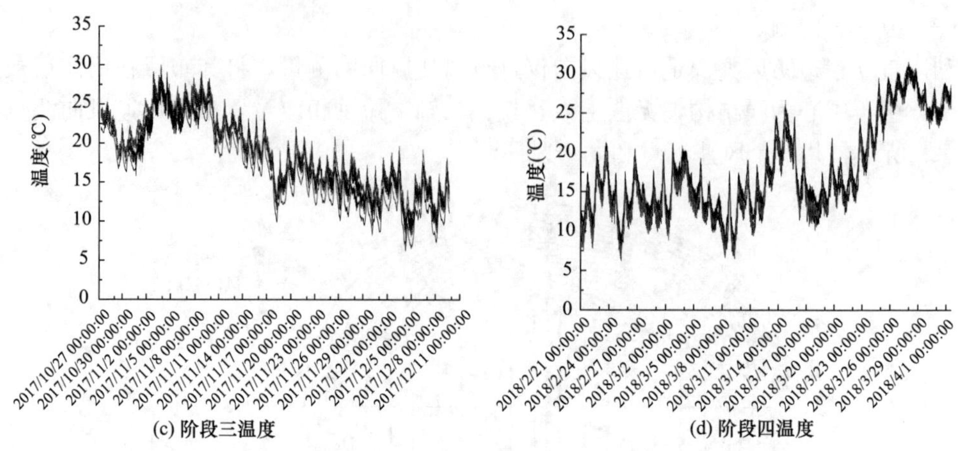

图 10-23　温度监测结果（二）

从以上数据可以看出，由于天津理工大学体育馆室内中央空调作用，屋盖结构内部全年气温变化范围在 8～36℃之间。各测点日温差均控制在 10℃以内，其中阶段一 2017.08.17—2017.09.02 期间测点温差变化相对减小，这是因为在此期间该场馆被征做天津全运会武术馆使用，校方为保障服务加大了馆内中央空调的调控频率。可以看出，对于已建成的体育场馆来说，采暖设备的存在使馆内日温差明显低于周围环境日温差。

结构内所有测点均存在每日升降温变化以及每季度的持温、升温、降温过程，变化规律和趋势一致。不同测点之间存在一定温度差异，其中第一、二、三阶段平均测点温度差异分别为：0.4℃、0.7℃、0.9℃，可见随着气温的降低，各测点间温度差异增加，但总体差别较小。值得注意的是测点 13W 秋冬季时温度较其余测点普遍偏低 1～2℃，这是因为该测点位置接近建筑外围风道与墙交界处，由于该处密封不严导致局部温度较低。由于各测点全年期温度差别不大，可以近似认为屋盖内部区域温度场均匀一致，这也是服役期间密闭环境下结构内部温度场的一个特征。

从单一测点变化趋势上看，结构内部温度随结构外部温度的变化呈现相同的规律，但变化幅度却小很多。对场馆的监测经历了一年时间，而得到的构件温度几乎均处于 8℃以上，因而在正常运营环境下，天津理工大学体育馆设计中取 25℃的降温温度作用是偏于安全的，而场馆服役期间的温度作用取值也可以以此为参考。根据气象环境记录，在 2017 年 8 月 4 日天津地区经历了同月份最高气温，最高温度达到了 36.5℃，而此时热电偶测点监测最高温度范围为 35.2～36.1℃，与当日最高气温相差不大，因而对于这类索穹顶等大跨度钢结构屋盖在非太阳辐射部位的构件来说，升温的温度作用可以选取当地最高气温。

(2) 撑杆应力分析

撑杆应力监测结果如图 10-24 所示。

由于结构具有双轴对称性且温度场均匀，相对位置的撑杆轴向应力数值与变化值一致、变化趋势相当，因此列出四分之一区域内撑杆应力图像。

由图 10-24 可知，撑杆应力总体变化幅度较小，基本维持在同一水平区域，同时存在着每天微小的变化和波动。结合温度测点变化情况可以看出应力波动趋势同温度变化趋势保持一致。具体而言，阶段二 2017 年 10 月 7 日至 10 月 12 日温度存在明显下降，与此同时，撑杆中应力出现上升趋势；阶段三 2017 年 11 月 1 日至 11 月 4 日有短暂的回暖趋向，温度上升，与此同时撑杆中应力出现一个明显的下降段；阶段四 2018 年 3 月 9 日至 3 月 28 日温度呈曲折上升趋势，与此同时，撑杆中应力有一个曲折下降的过程。可见撑杆应力在其服役期间内变化较小，变动幅值主要受到温度作用的影响，与温度变化存在反相关关系。典型撑杆全年应力范围如表 10-4 所示。

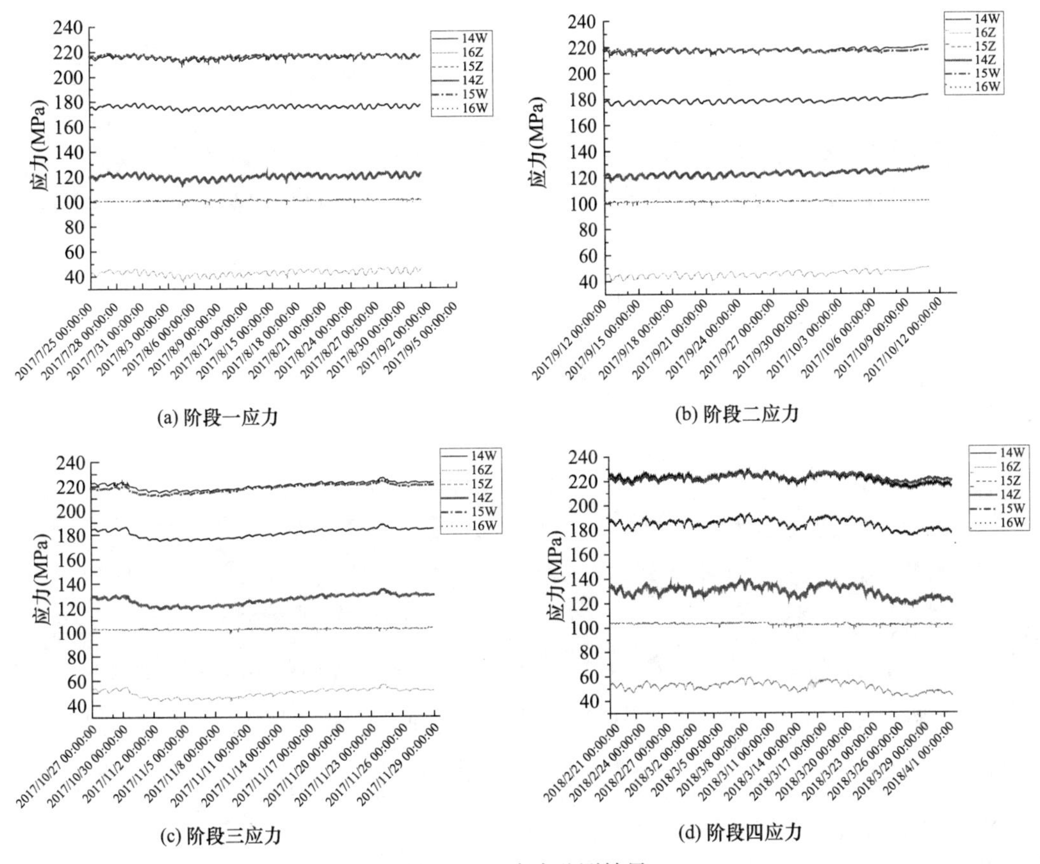

图 10-24 应力监测结果

典型撑杆全年应力范围（MPa） 表 10-4

	14W	16Z	15Z	14Z	15W	16W
应力最小值	207.71	33.71	97.04	111.29	211.81	171.57
出现阶段	一	一	一	一	三	一
应力最大值	228.97	59.75	104.81	139.78	228.05	193.36
出现阶段	四	四	四	四	四	四
最大应力比	0.66	0.17	0.30	0.41	0.66	0.56

由表 10-4 可知，全年期撑杆应力变化范围在 30～230MPa 之间，各杆件最大应力比均小于 0.7，安全储备充足。应力最小值出现在包含年最高气温的第一阶段；最大值出现在包含年最低气温的第四阶段，这再次证明撑杆应力与温度存在反相关关系。

（3）索力分析

索力监测结果如图 10-25 所示。

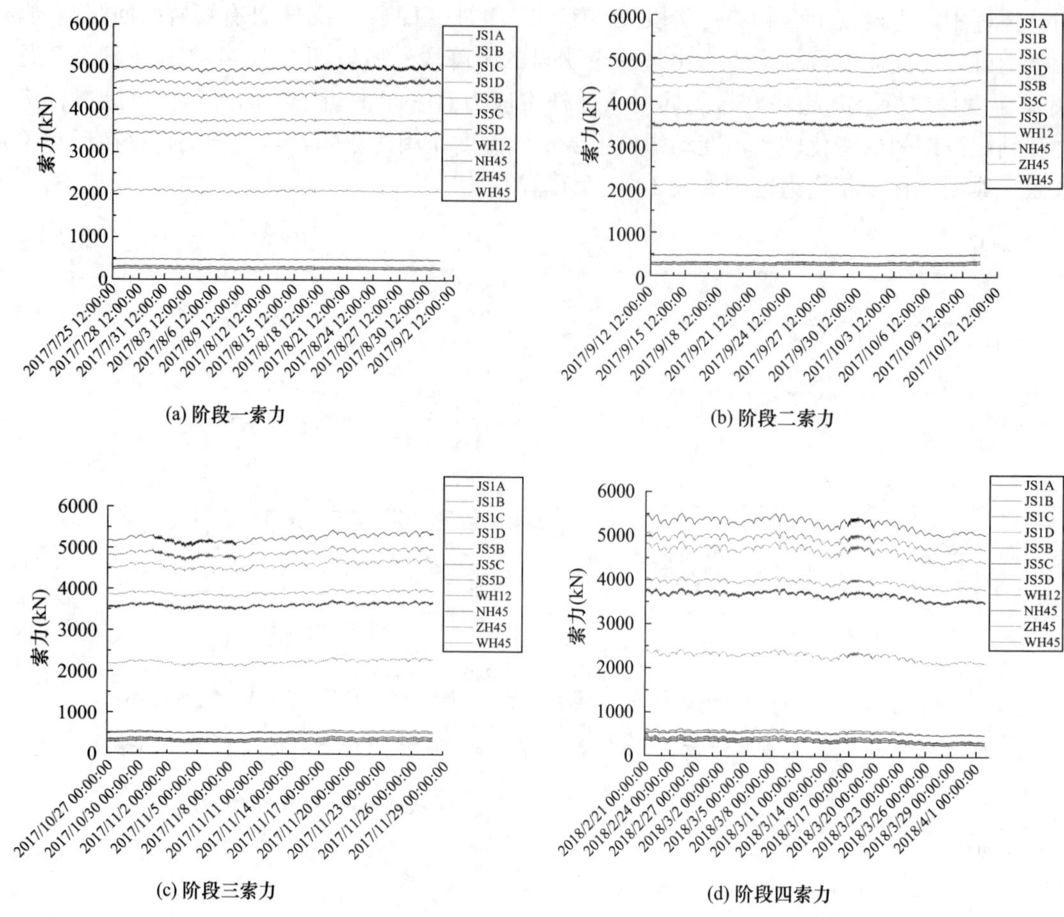

(a) 阶段一索力　(b) 阶段二索力

(c) 阶段三索力　(d) 阶段四索力

图 10-25　索力监测结果

由图 10-25 可知，结构服役期索力有明显变化，阶段三索力较阶段一普遍上涨 30～450kN，但能维持在一定范围内，结合温度测点可以看出索力波动趋势同温度变化趋势保持一致。具体而言，阶段二 2017 年 10 月 7 日至 10 月 12 日温度存在明显下降，与此同时索力上升；阶段三 2017 年 11 月 1 日至 11 月 4 日有短暂的回暖趋向，温度上升，4 日后温度持续下降，与此同时索力在 4 日前出现了一个较明显的下降段，之后开始逐步上升；阶段四 2018 年 3 月 9 日至 3 月 28 日结构环境温度由升转降再上升，与此同时索力呈现出由降转升再下降的变化过程。可见索力变动主要受温度作用影响，温度变化与索力变化存在反相关关系。典型拉索全年索力范围如表 10-5 所示。

典型拉索全年索力范围（kN）　　表 10-5

	JS5A	JS5B	JS5C	JS5D	WH12	ZH45
索力最小值	4269.50	4869.86	4558.62	3383.39	462.70	3704.50
出现阶段	一	一	一	一	一	一
索力最大值	4875.17	5512.34	5113.76	3802.09	550.15	4073.77
出现阶段	四	四	四	四	四	四
最大应力比	0.44	0.37	0.35	0.26	0.04	0.28

由表 10-5 可知，全年期拉索索力变化范围在 9%～16%之间，各拉索最大应力比均小于 0.45，安全储备充足。索力最小值出现在包含年最高温的第一阶段；最大值出现在包含年最低温的第四阶段，这再次证明拉索索力与温度存在反相关关系。

（4）屋面风环境

将一年期采集到的风向风速数据分类整理，根据农历二十四节气对四个季度的划分原则，定义春季为 2 月 3 日至 5 月 4 日，夏季为 5 月 5 日至 8 月 6 日，秋季为 8 月 8 日至 11 月 6 日，冬季为 11 月 7 日至次年 2 月 3 日。将八种风向出现次数按照四个季度进行统计，计算每个季度及全年的出现概率，得出风向统计如表 10-6 所示。

风向统计（%） **表 10-6**

季节	北风	东北风	东风	东南风	南风	西南风	西风	西北风
春	9.89	19.78	10.99	7.69	13.19	25.27	4.4	8.79
夏	7.45	13.83	14.89	20.21	9.57	23.4	3.19	7.45
秋	14.13	7.61	11.96	6.52	14.13	25	7.61	13.04
冬	14.77	11.36	5.68	4.55	1.14	21.59	2.27	38.64
全年	11.51	13.15	10.96	9.86	9.59	23.84	4.38	16.71

由表 10-6 可知，天津理工大学体育馆屋面风环境以西南风、西北风、东北风为主，概率分别是 23.84%、16.71%、13.15%，西风出现次数最少，仅 4.38%，其余风向概率均在 10%左右。春季受到天气回暖影响，西南风最多，约占整个春季的四分之一；夏季西南风和东南风居多，约占整个夏季的一半；秋季西南风最多，但北区方向（西北、北、东北）风出现概率呈上升趋势；冬季则主要以西北风为主，占整个冬季的 38.64%。可见风向受季节的影响较为显著，天气回暖时以西南风为主，而在寒冷的冬季则以西北风为主。

选取每天风速数据的平均值作为当天代表值，根据风速风力转换关系得出当天风力。对一年期风力进行统计整理，每个季度及全年的风力统计如表 10-7 所示。其中，3 级以下为微风，可造成树叶摇摆、旌旗展开；3～4 级为和风，可吹起薄纸；4～5 级为较劲风，可使小树摇晃、湖面泛起小波；5～6 级为强风，可造成树枝摇动、举伞困难。

风力统计 **表 10-7**

季节	≤3 级（%）（≤5.4m/s）	3～4 级（%）（5.5～7.9m/s）	4～5 级（%）（8.0～10.7m/s）	5～6 级（%）（10.8～13.8m/s）	平均风速（m/s）
春	30.77	39.56	20.88	8.79	6.45
夏	42.55	43.62	12.77	1.06	5.42
秋	60.87	32.61	5.43	1.09	4.36
冬	32.95	35.23	22.73	9.09	6.74
全年	41.92	37.81	15.34	4.93	5.73

由表 10-7 可以看出，天津理工大学体育馆虽位于市区范围内，但其西侧有一个人工湖，无建筑物阻挡，且测量位置位于屋顶，距地面高度约 30m，全年期平均风速达 3～4 级。春、冬两季出现 4 级以上风力的天数分别占 29.67%、31.82%，多大风天气；夏、秋两季出现 4 级以上风力的天数分别占 13.83%、6.52%，大风天气较少。

天津理工大学体育馆全年平均风速为 5.73m/s，风向以西南风、西北风、东北风为主。春、冬两季多大风天气，平均风速为6.6m/s，春季西南风最多，冬季以西北风为主；夏、秋两季大风天气少，平均风速为4.89m/s，夏季西南风和东南风居多，秋季西南风最多。

（5）结构振动情况

2017年12月16日西北风5～6级，风速采集数据达到13.7m/s，属于一年中风力最大的一天。此时结构振动情况如图10-26所示。

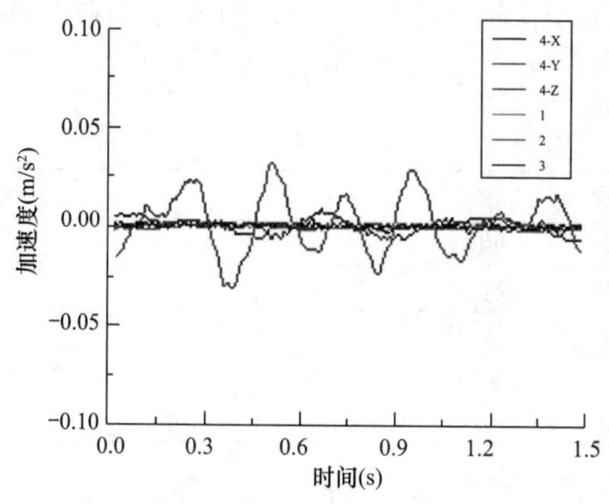

图10-26　结构振动测点时程图

由图10-26可知，在全年期最高风力环境下，结构最大加速度反应不足0.04m/s²。其中，①、⑤轴中撑杆竖向加速度反应最大，最大振幅为0.033m/s²；内环梁竖向加速度反应较大，最大振幅为0.009m/s²；其余测点除静电干扰使数据产生的毛刺外基本无反应。健康监测期间对结构的振动加速度进行了数次测量，测量结果显示当风力处于4级以下时无法捕捉到振动加速度信号，而当风力高于4级时，1测点和4-Z测点存在极小的加速度信号。可见在没有地震、爆炸等强冲击的条件下，结构的振动主要由脉动风引起，而结构在服役期间普遍处于无振动、偶尔存在极细微竖向振动状态，整体性好。

10.4　本章小结

在天津理工大学索穹顶结构施工过程中，根据控制索穹顶各节点的标高为主，控制拉索及撑杆内力为辅的原则进行监测可以较好地跟踪施工过程，监测结果表明在施工过程中各项数据都按照各自的规律变化。

张拉成形后，索力误差控制在10%以内，构件下端竖向标高误差在2.5%以内，撑杆垂直度基本满足撑杆高度$h/150$的要求，说明本书中所研究的施工技术能够较好地指导索穹顶的施工，满足工程质量要求，确保施工过程规范安全。

通过对天津理工大学体育馆索穹顶结构的健康监测，发现撑杆应力在服役期间内变化较小，变动幅值主要受温度作用影响，温度变化与撑杆应力变化存在反相关关系，而在正常服役情况下的弹性阶段范围内，这种关系是线性的。全年期所有撑杆应力比均处于0.7以下，安全储备充足，可靠性可以得到保障；结构服役期索力有明显变化，但能维持在一定范围内。索力变动幅值主要受温度作用影响，温度变化与索力变化存在反相关关系，而在正常服役情况下的弹性阶段范围内，这种关系是线性的；索穹顶结构对温度变化敏感，升温对预应力的影响较为显著，若对温度荷载考虑不充分，则可能导致构件预应力严重损失，使结构失去足够的刚度，危及结构安全，应引起重视；在没有地震、爆炸等强冲击的条件下，结构的振动主要由脉动风引起，而结构在服役期间大部分情况下处于无振动或极细微振动状态，整体性好，构件约束作用较强。

第 11 章 椭圆形复合索穹顶模型试验

11.1 引言

本书所提出的天津理工大学体育馆索穹顶结构是一种边界不等高椭圆形复合式索穹顶结构，这种新型索穹顶结构形式属世界首例，尚无相关的设计、施工经验，因此本章在前文对天津理工大学体育馆索穹顶结构进行力学分析的基础上，设计了索穹顶缩尺模型，并进行了一系列试验研究。

11.2 模型设计

11.2.1 整体模型尺寸

以天津理工大学体育馆索穹顶结构屋盖为原型进行了模型试验，考虑试验场地和构件加工等因素，缩尺比例最终确定为1∶15，模型的立柱高度最高为1.364m，最低为1m。缩尺后模型的平面图和立面展开图如图 11-1 所示。预拼装后的环梁如图 11-2 所示。

11.2.2 构件和节点设计

(1) 拉索和撑杆

模型中拉索采用直径为5mm 和 7mm 的 1670 级高强钢丝。环索和除了长轴外的所有

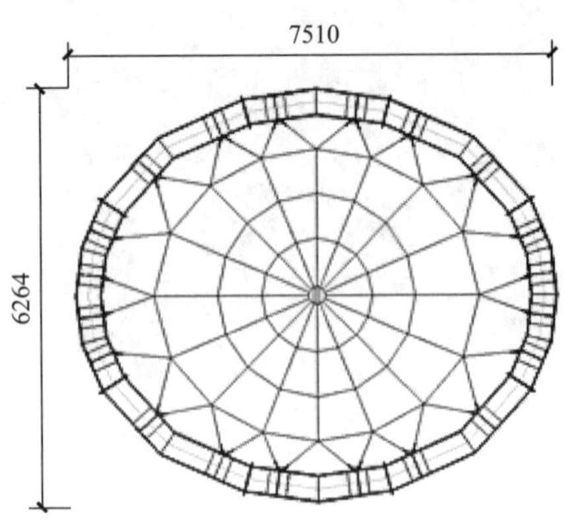

(a) 平面图

图 11-1 缩尺模型示意图（一）

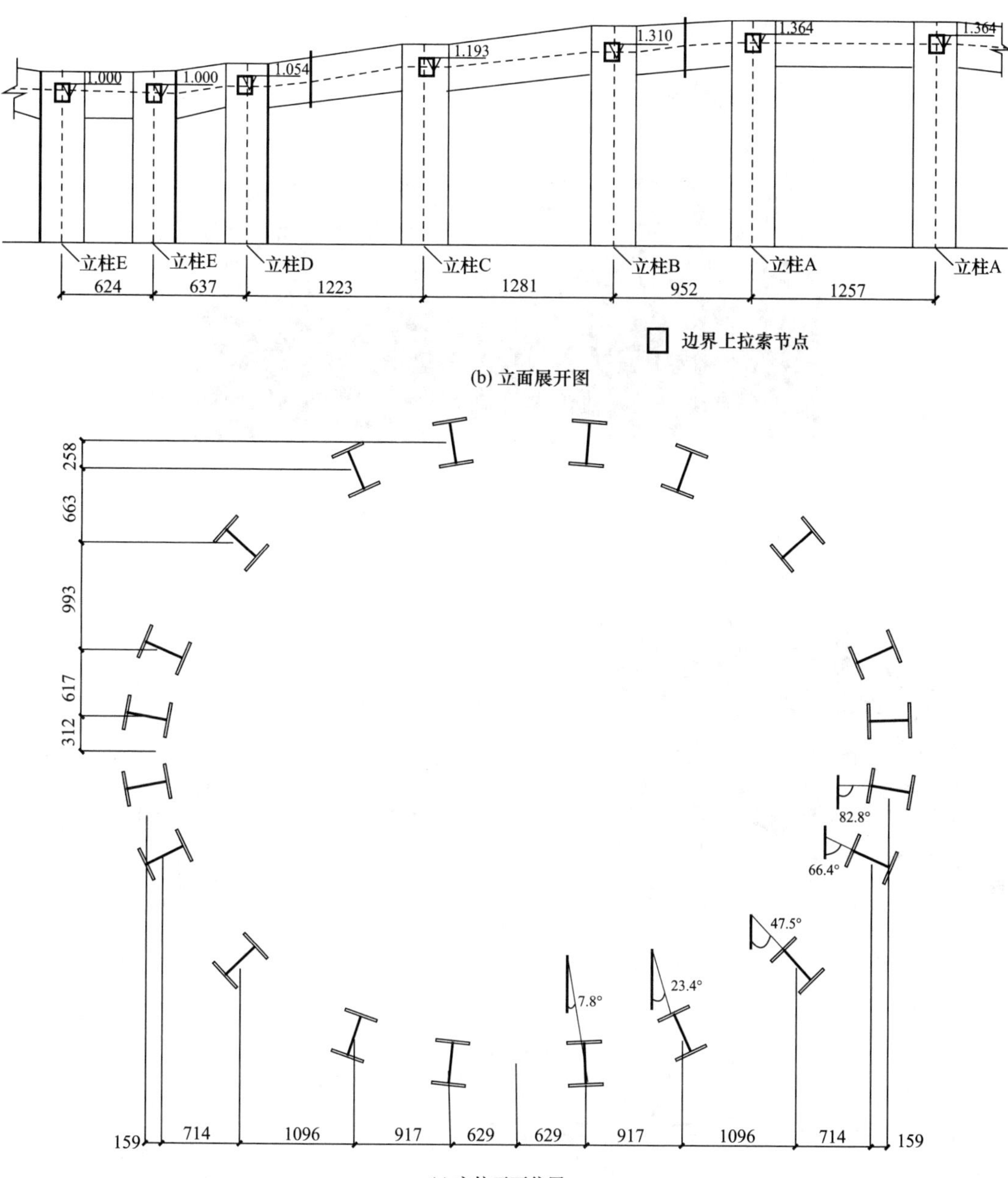

(b) 立面展开图

(c) 立柱平面位置

图 11-1 缩尺模型示意图（二）

脊索都采用 $\phi 7$ 的钢丝，所有斜索和长轴脊索采用 $\phi 5$ 的钢丝。具体的构件尺寸布置如图 11-3(a)所示。对试验中的索体在拉索加工厂中的拉力试验机上进行了抗拉强度试验，应力-应变关系如图 11-3(b)所示，索体弹性模量为 205.97GPa，抗拉强度为 1884MPa。

拉索钢丝穿过 U 形接头中心的圆孔，再对钢丝进行墩头连接，如图 11-4 所示。模型最外圈的脊索和斜索设计为主动拉索，根据安装张拉的过程要求主动索的两端均为调节端，采用螺纹杆与 U 形接头连接，拉索穿过螺纹杆后用墩头连接。

撑杆采用 $\phi 20 \times 2$ 的圆钢管，通过端头的封板焊接双耳板与节点连接，图 11-5 为撑杆示意图和实物图。

图 11-2　预拼装后的环梁

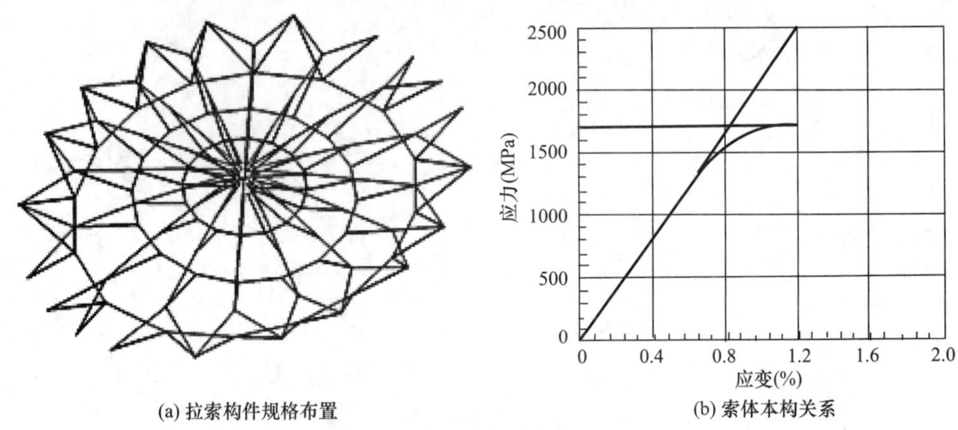

(a) 拉索构件规格布置　　(b) 索体本构关系

图 11-3　拉索布置及本构关系

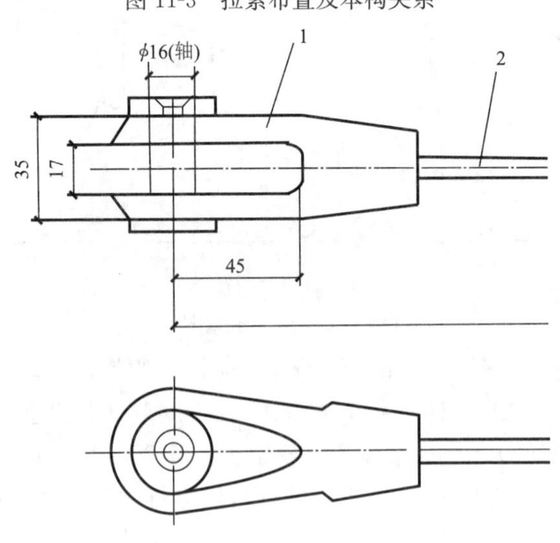

(a) 固定长度拉索端头

1—U形接头；2—拉索

图 11-4　拉索及索头（一）

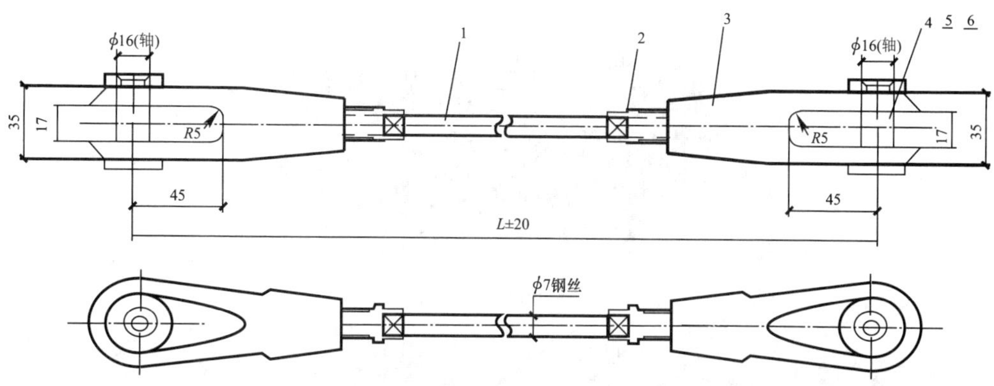

(b) 固定长度拉索端头

1—拉索；2—螺纹杆；3—U形接头；4—销轴；5—端盖；6—螺栓

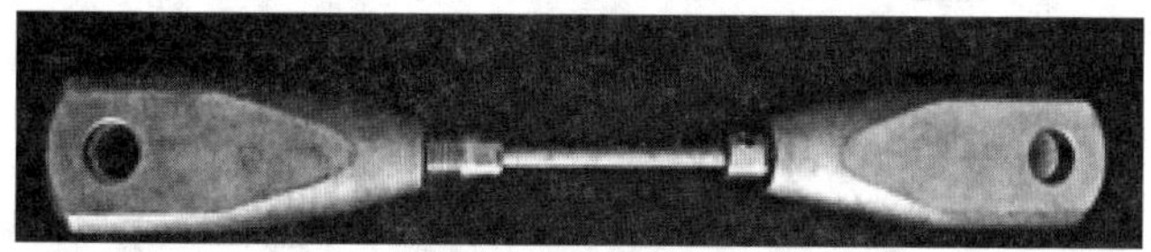

(c) 两端可调拉索实物图

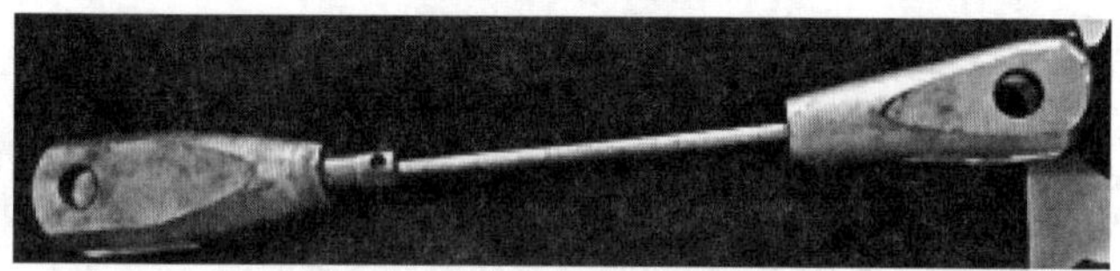

(d) 一端可调拉索实物图

图 11-4 拉索及索头（二）

（2）节点

本模型中节点采用厚度为 10mm 的钢板经过切割后焊接而成，与拉索相连的销轴孔直径均为 18mm，与撑杆相连的销轴孔直径为 12mm，节点根据抗剪和抗冲切要求进行了验算，端距和边距也满足构造要求。图 11-6 为各个位置节点的示意图。图 11-7 为节点实物图。

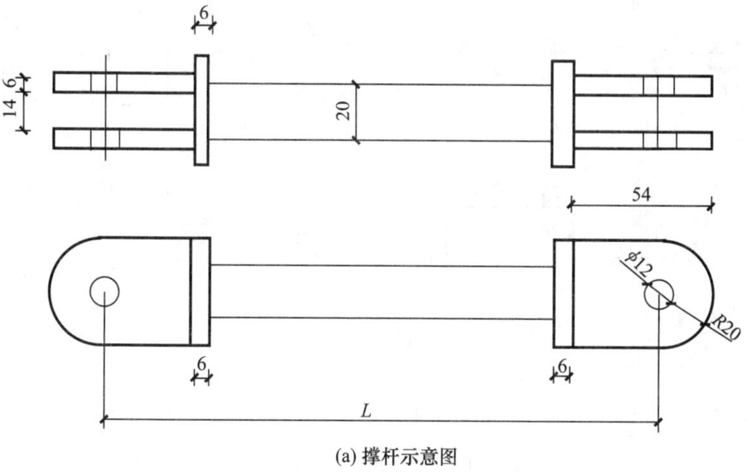

(a) 撑杆示意图

图 11-5 撑杆图纸及照片（一）

(b) 撑杆实物图

图 11-5　撑杆图纸及照片（二）

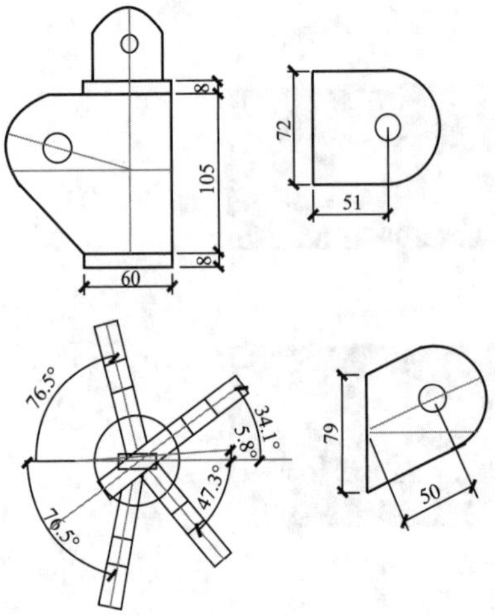

(a) 中环撑杆下节点

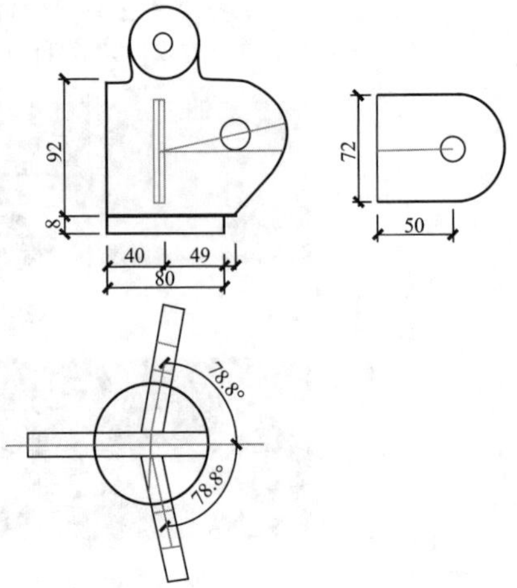

(b) 外环撑杆下节点

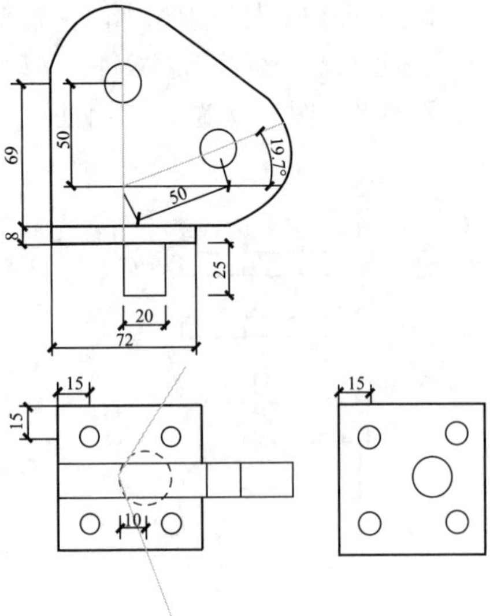

(c) 内环撑杆下节点

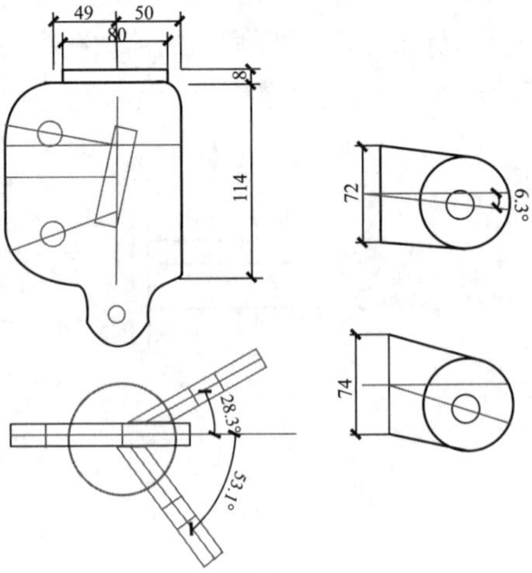

(d) 外环撑杆上节点

图 11-6　节点示意图（一）

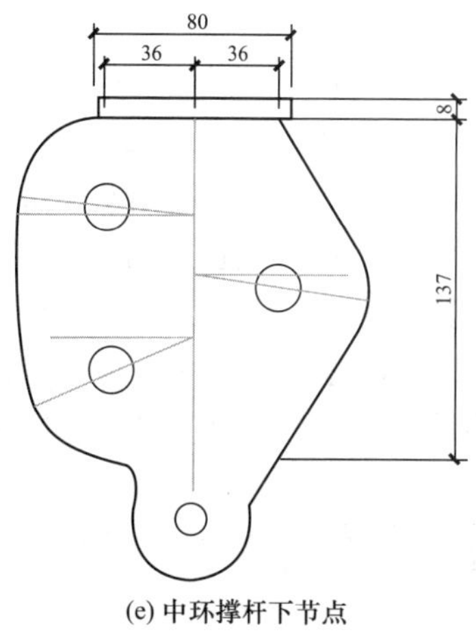

(e) 中环撑杆下节点

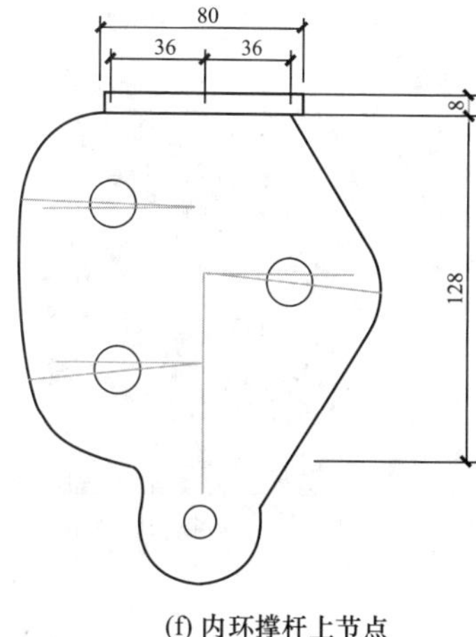

(f) 内环撑杆上节点

图 11-6　节点示意图（二）

图 11-7　节点实物图

由于模型缩尺后内部空间的限制，中心拉环退化成一个节点。节点中心为一个 $\phi 89\times 4$ 的圆钢管。三层内拉环由三块圆钢板模拟，再在圆钢板上焊接竖直的耳板以连接拉索，中心节点如图 11-8 和图 11-9 所示。

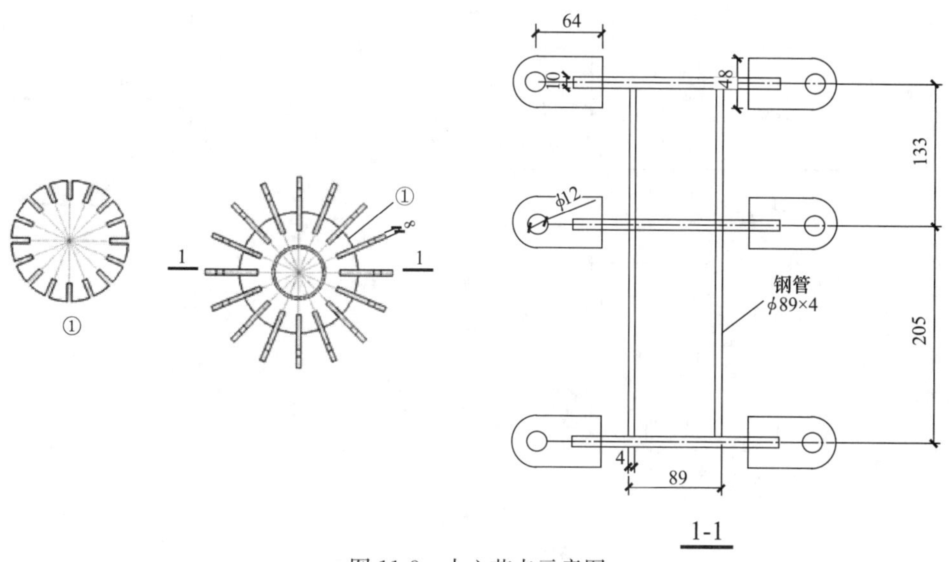

图 11-8　中心节点示意图

图 11-9　中心节点实物图

(3) 环梁

环梁和立柱均采用截面为 HM400×300×10×16 的 H 型钢，环梁的强轴方向平行于水平面，立柱的轴线方向指向椭圆的中心。为了运输安装的便利，环梁被分为 8 段，再通过法兰进行拼接，图 11-10(a) 中方框圈出的位置为法兰的位置，图 11-10(a) 为法兰和柱脚连接的具体构造，每个法兰通过周圈 12 个 M16 螺栓进行连接，每个柱脚通过 4 个 M16 化学锚栓与地面连接。

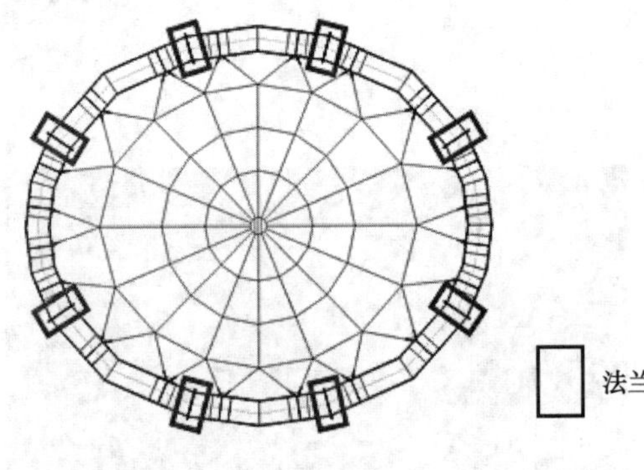

(a) 法兰位置示意图

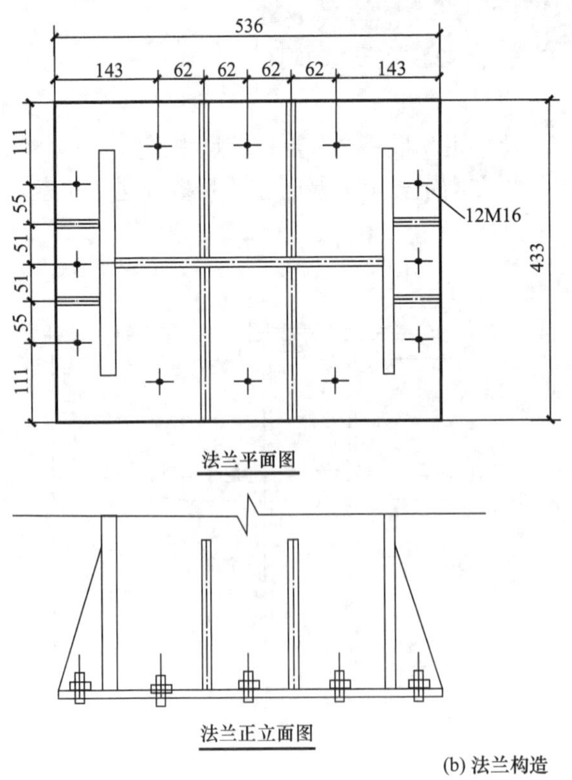

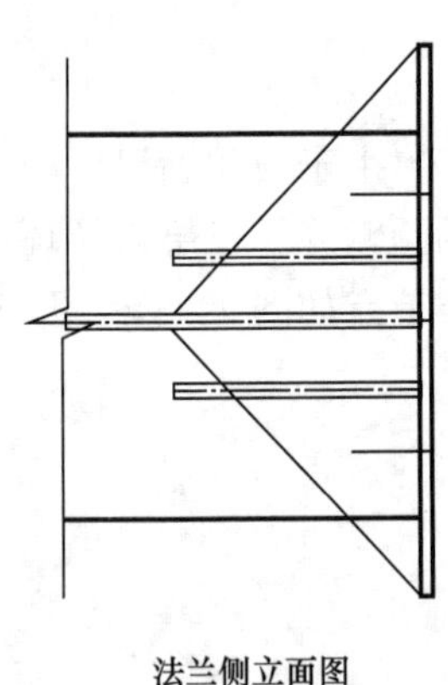

(b) 法兰构造

图 11-10　法兰连接

11.3 施工张拉试验

11.3.1 试验内容

针对本书提出的“索穹顶塔架顶升安装施工方法”，通过模型试验对该方法的适用性和正确性进行验证和分析，即分别采用传统的高空散装法和索穹顶塔架顶升安装施工方法进行施工过程模拟。

为了便于对比两种施工方法中索力大小的差别，避免因构件安装于不同位置带来的随机误差，本章采用如下的施工成形过程：

（1）依次在对称位置同时安装①轴、⑤轴、③轴、②轴、④轴脊索。

（2）张拉外脊索至设计长度。

（3）第1次顶升中心拉环。

（4）安装斜索A、内环索、内撑杆、附加索（读数）。

（5）中心拉环下降至原高度（读数）。

（6）第2次顶升中心拉环。

（7）安装斜索B、中环索、中撑杆（读数）。

（8）中心拉环下降至原高度（读数）。

（9）第3次顶升中心拉环。

（10）安装斜索C、中环索、中撑杆（读数）。

（11）中心拉环下降至原高度（读数）。

（12）第4次顶升中心拉环。

（13）安装斜索D（读数）。

（14）中心拉环下降至原高度（读数）。

（15）第5次顶升中心拉环至成形态高度。

（16）张拉斜索D（读数）。

（17）中心拉环下降至原高度（读数）。

通过以上的方法，可以通过一次构件全过程安装测试两种施工方法的索力，并便于斜索安装。

每个安装步骤中模型的形态如图11-11所示。

11.3.2 测点布置

本试验模型关于长轴和短轴两个方向对称，同时考虑到构件加工过程中存在的各种误差，并考虑了在施工模拟之后进行的多种加载和振型测试试验，最后确定在所有外圈脊索、环索和斜索上布置应变片，并在斜索上沿①轴、③轴和⑤轴布置测点，如图11-12所示。

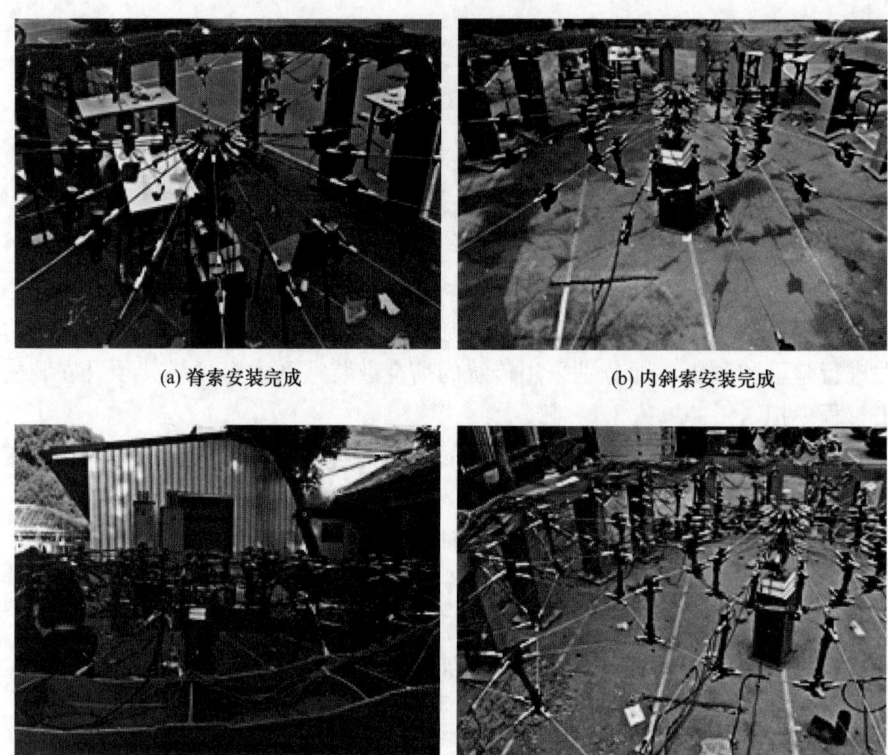

(a) 脊索安装完成　　(b) 内斜索安装完成

(c) 中外斜索安装完成　　(d) 外斜索安装完成

图 11-11　斜索安装过程

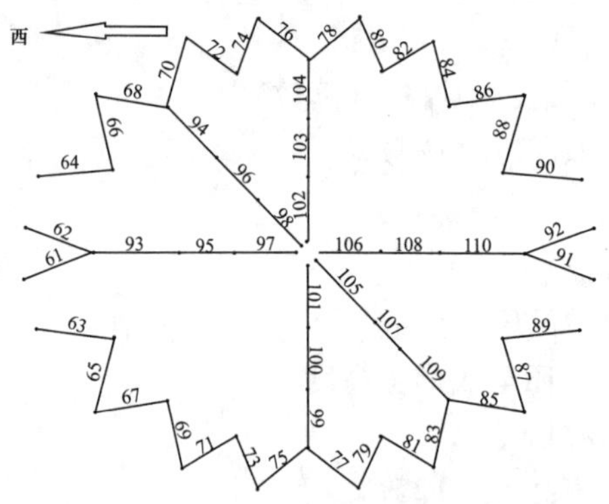

图 11-12　斜索测点布置示意图

11.3.3　试验结果

试验测得各圈斜索索力如表 11-1～表 11-3 所示。图 11-13 为中外斜索索力变化对比。

内斜索索力变化（N）　　**表 11-1**

编号 状态	97	98	102	106	105	101
未顶升模拟值	0	0	0	0	0	0
未顶升试验值	4	4	−8	0	4	−4

续表

状态＼编号	97	98	102	106	105	101
顶升模拟值	0	0	0	0	0	0
顶升试验值	0	4	8	−4	−4	8

中内斜索索力变化（N） 表 11-2

状态＼编号	95	96	103	108	107	100
未顶升模拟值	0	182	264	0	182	264
未顶升试验值	24	240	314	12	180	240
顶升模拟值	0	0	0	0	0	0
顶升试验值	0	4	4	−4	4	0

中外斜索索力变化（N） 表 11-3

状态＼编号	95	96	103	108	107	100
未顶升模拟值	502	667	644	502	667	644
未顶升试验值	554	808	866	468	594	676
误差	10.3%	25.4%	34.5%	6.8%	10.9%	5.0%
顶升模拟值	279	357	357	279	357	357
顶升试验值	330	378	396	256	320	314
误差	18.3%	5.9%	10.9%	8.2%	10.4%	12.0%

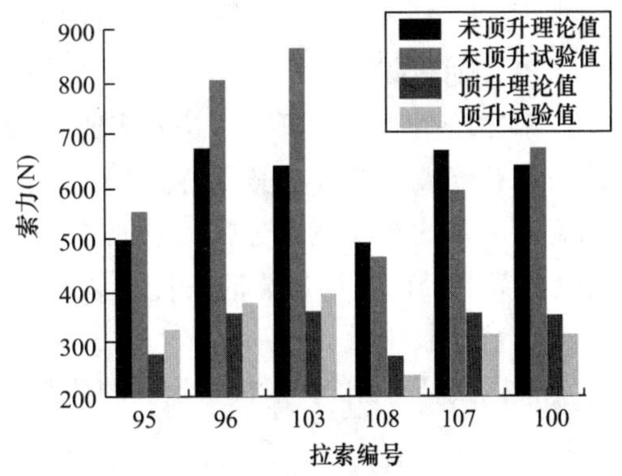

图 11-13 中外斜索索力变化对比

通过张拉过程中各圈斜索在中心拉力环顶升和未顶升状态下索力的对比，可以发现：模拟值和试验值存在一定的误差，试验值在模拟值上下浮动，且对称位置的索力大小不同，这是因为在试验过程中通过千斤顶的顶升，中心拉力环存在轻微的倾斜，造成对称位置的索力不等。通过对比顶升和未顶升中心拉力环情况下索力的变化，可以发现，在试验过程中，斜索的安装内力有明显的下降，且越靠近外圈的斜索索力下降越明显。在传统的高空散装方法下，仅有内圈斜索处于不受力状态，而采用塔架顶升安装方法后，中内斜索也可以在自重状态下进行安装就位。

在试验过程中也能发现，未顶升中心拉力环时斜索与一端节点的销轴孔距离较远，将斜索强制安装时需要两人共同推拉就位。当顶升中心拉力环后，仅需一人很小的力就能将斜索安装到位，证明顶升后斜索安装内力将减小。

11.3.4 误差分析

分析模型试验采集的应变数据可以发现，试验数据与有限元模拟数据结果规律一致，结果较相似，但存在一定的误差，分析本试验进行过程中所观察到的内容和问题，总结出以下几方面误差产生的原因：

（1）构件加工误差：包括拉索下料长度误差、节点耳板拼接角度误差、撑杆长度切割误差、外环梁耳板焊接角度误差等。经测量，外环梁部分节点与设计角度相差 5°以上，导致少数几根外脊索受弯，改变了试验中拉索的预应力分布。

（2）模型误差：在有限元模型建模过程中，将称量出的实际节点重量和拉索的锚具重量以节点荷载的形式输入模型，称量出的节点重量可能存在误差，质量分布也会出现一定的误差。

（3）测量设备误差：本试验构件粘贴应变片至施工模拟结束共历时两个星期，这段时间内静态应变仪和应变片读数存在一定的漂移，且在拉索安装过程中内力较小，造成的相对误差就相对明显。

（4）顶升高度误差：在索穹顶安装模拟过程中，需要将中心的千斤顶顶升和下落 5 次，每次的顶升高度用卷尺确定，所以很难保证每次都到达与有限元模型中的同一高度，导致斜索张拉内力存在误差。

11.4　静力性能试验

11.4.1　试验内容

（1）加载区域

本试验主要为了研究全跨和半跨荷载作用下的结构静力性能。荷载通过将全跨和半跨均布荷载换算为节点荷载的方式施加，加载范围分别为全跨均布荷载、长轴半跨均布荷载和短轴半跨均布荷载，分布范围如图 11-14 所示，加载时采用在节点下吊挂沙袋的方式施加荷载，图 11-15 为加载时吊挂沙袋示意图。

（2）加载质量

根据试验的目的，对模型施加的荷载主要有三种：自重补偿、屋面恒荷载和屋面活荷载。

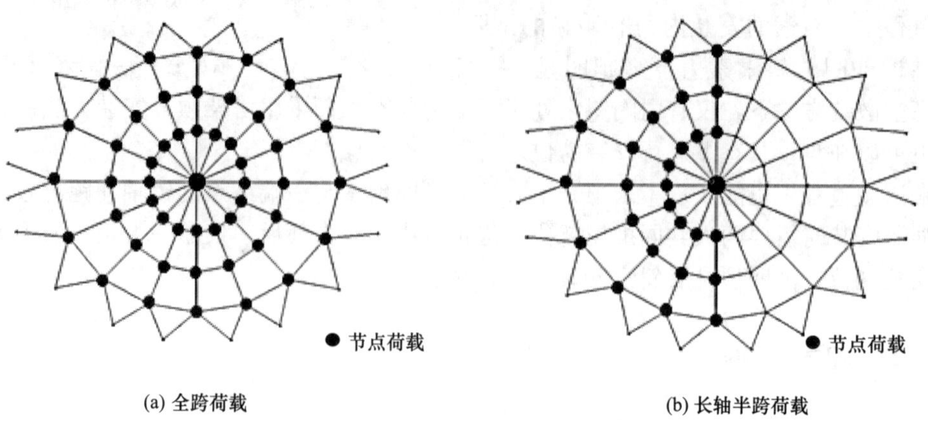

(a) 全跨荷载　　(b) 长轴半跨荷载

图 11-14　荷载加载分布范围（一）

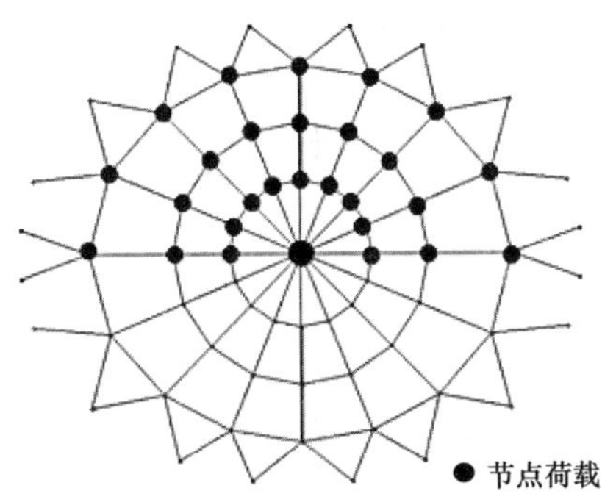

(c) 短轴半跨荷载

图 11-14 荷载加载分布范围（二）

图 11-15 节点挂载示意图

根据内力相似的原则，拉索和节点的质量应补偿到原结构的 1/225，所有的重力补偿都换算为节点荷载集中施加，各节点施加的质量补偿如表 11-4 所示。屋面恒荷载和屋面活荷载是将原结构上的屋面荷载集中施加到与檩条连接的撑杆上节点，具体数值见表 11-5。

补偿质量（kg） 表 11-4

节点名称	补偿质量	节点名称	补偿质量	节点名称	补偿质量	节点名称	补偿质量
WH-1	8.0	ZH-2	2.9	WJ-1	4.4	ZJ-2	11.9
WH-2	23.3	ZH-3	3.2	WJ-2	16.3	ZJ-3	12.1
WH-3	7.6	ZH-4	3.1	WJ-3	16.4	ZJ-4	11.9
WH-4	22.2	ZH-5	3.1	WJ-4	17.2	ZJ-5	13.3
WH-5	8.1	NH-1	2.1	WJ-5	19.7	NJ-1	1.3
WH-2(2)	23.3	NH-2	2.1	WJ-2(2)	16.3	NJ-2	8.3
WH-3(2)	7.6	NH-3	1.2	WJ-3(2)	16.3	NJ-3	8.2
WH-4(2)	22.2	NH-4	1.2	WJ-4(2)	17.2	NJ-4	8.2
ZH-1	3.3	NH-5	1.6	ZJ-1	2.7	NJ-5	10.3

屋面恒荷载和活荷载（kg）　　表 11-5

节点名称	恒荷载	活荷载	节点名称	恒荷载	活荷载
WJ-1	13.7	14.1	ZJ-2	0.6	0.4
WJ-2	34.1	12.8	ZJ-3	20.5	13.7
WJ-3	34.9	9.7	ZJ-4	16.9	8.0
WJ-4	34.8	9.1	ZJ-5	16.2	7.3
WJ-5	38.1	10.0	NJ-1	1.5	11.8
WJ-2(2)	34.1	12.8	NJ-2	0.0	0.0
WJ-3(2)	34.9	9.7	NJ-3	0.0	0.0
WJ-4(2)	34.8	9.1	NJ-4	0.5	0.7
ZJ-1	3.1	11.7	NJ-5	1.0	1.3

11.4.2 测点布置

试验中测量内容包括长轴和短轴脊索、斜索、中圈和外圈环索内力变化，以及索穹顶各节点位移。采用在拉索表面粘贴应变片，采用 WKD3813 数据采集仪测量拉索的应变。

在模型张拉时需要对外圈脊索和斜索的应变进行控制，因此所有外圈脊索、斜索均布置测点；综合考虑数值模拟的结果，以及椭圆形复合式索穹顶长短轴的差异性，在长短轴的所有脊索和斜索都布置测点，中圈、外圈环索取对角半跨布置测点；位移测量点位为索穹顶长轴西半跨以及短轴北半跨的撑杆上节点，测点编号如图 11-16 所示。

11.4.3 试验结果

11.4.3.1 全跨荷载试验结果

全跨加载共分为三级，分别为自重补偿（SW）、恒荷载（D）和活荷载（L）。以索穹顶

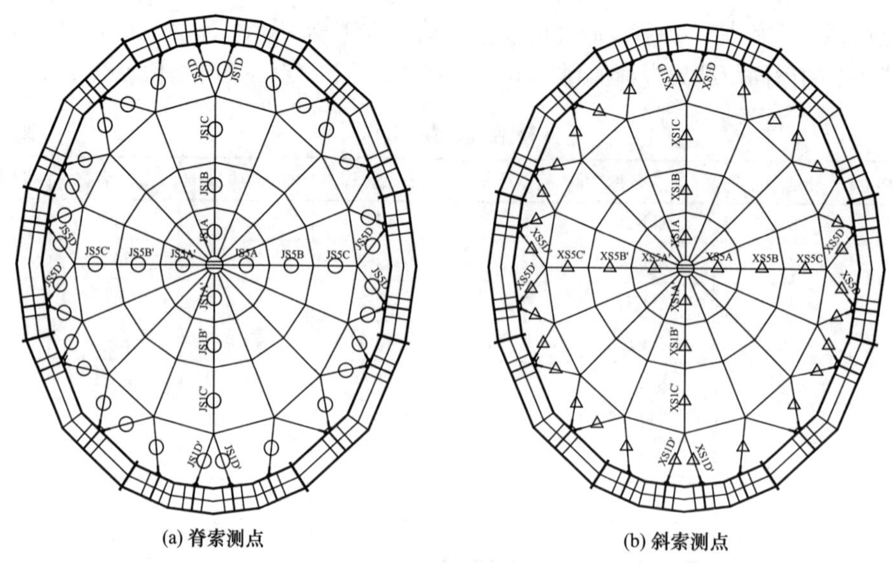

(a) 脊索测点　(b) 斜索测点

图 11-16　测点布置（一）

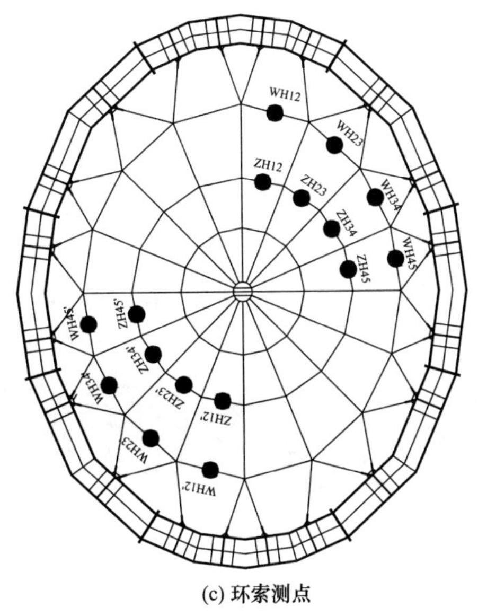

(c) 环索测点

图 11-16　测点布置（二）

模型张拉完成时的结构为零点，测量了在以上三级荷载下内力的变化值。分析了长轴和短轴上的脊索和斜索以及中圈和外圈的环索的索力变化，并和有限元计算值进行了对比。

由图 11-17 和图 11-18 可见，在全跨荷载的作用下长轴和短轴的脊索内力均大幅减小。

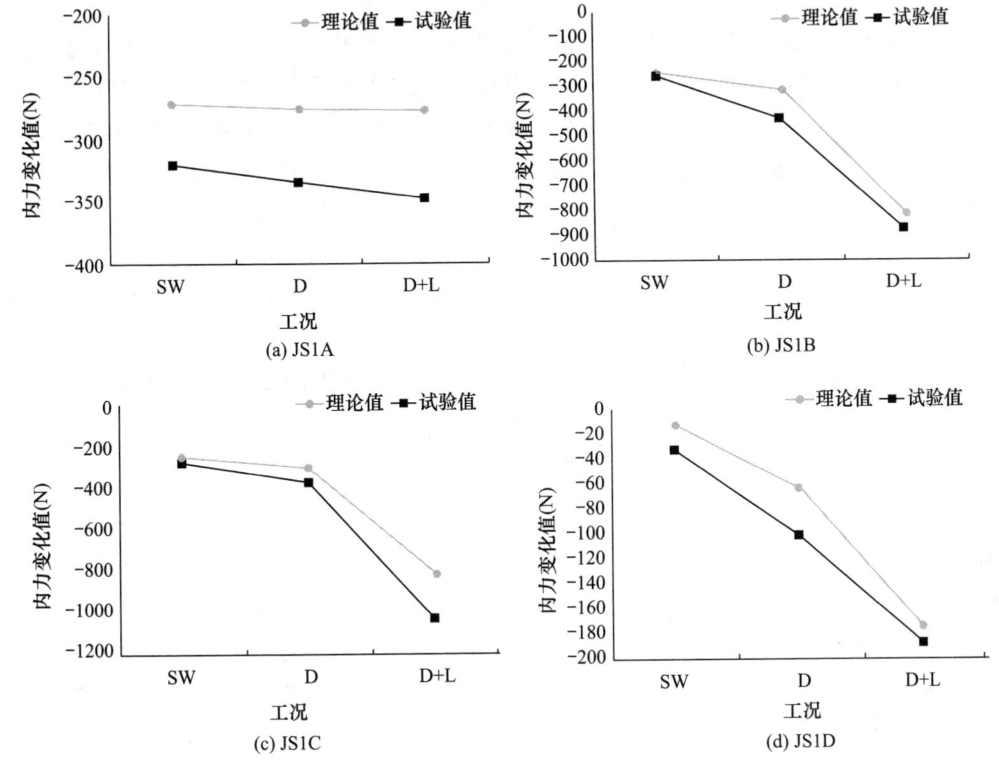

(a) JS1A　(b) JS1B　(c) JS1C　(d) JS1D

图 11-17　长轴脊索内力变化

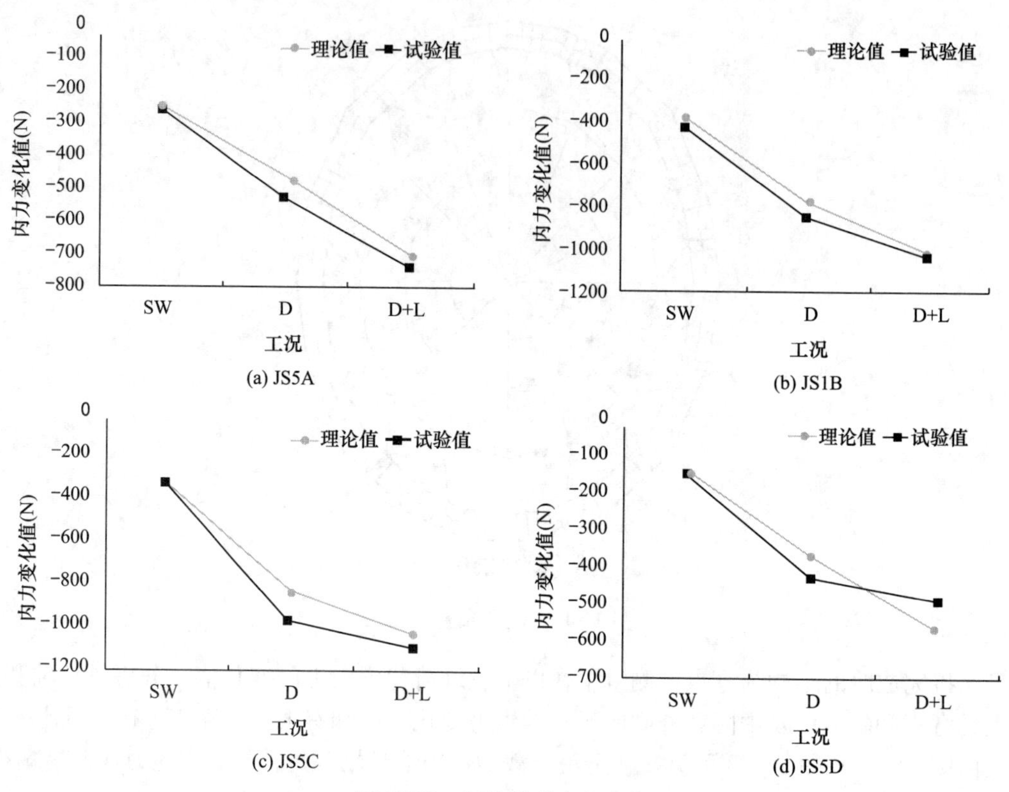

(a) JS5A　(b) JS1B

(c) JS5C　(d) JS5D

图 11-18　短轴脊索内力变化

但是，长轴的脊索内力在加载屋面活荷载时变化规律出现了明显的变化，这是由于最内圈的脊索 JS1A 本身预应力比较小，在施加重力补偿后的两级荷载中内力几乎不变，从内圈撑杆上节点的位移和拉索本身的变形来看，JS1A 的内力绝对值已经很小或已经发生松弛。这是由于受限于安装销轴的空间，内圈脊索在与中心节点连接时采用了 M12 的螺栓代替了原来直径 16mm 的销轴。由于内圈脊索的长度不可调，可以将这种误差视为拉索长度伸长的误差。在计算模型中采用给构件升温的方式予以模拟。而短轴脊索内力则在加载过程中基本保持了线性下降的趋势，也没有发生拉索松弛，这说明短轴方向的初始预应力较大而且刚度也远大于长轴方向的刚度。

图 11-19 和图 11-20 为长轴和短轴斜索在全跨荷载下内力的变化，可见在加载过程中

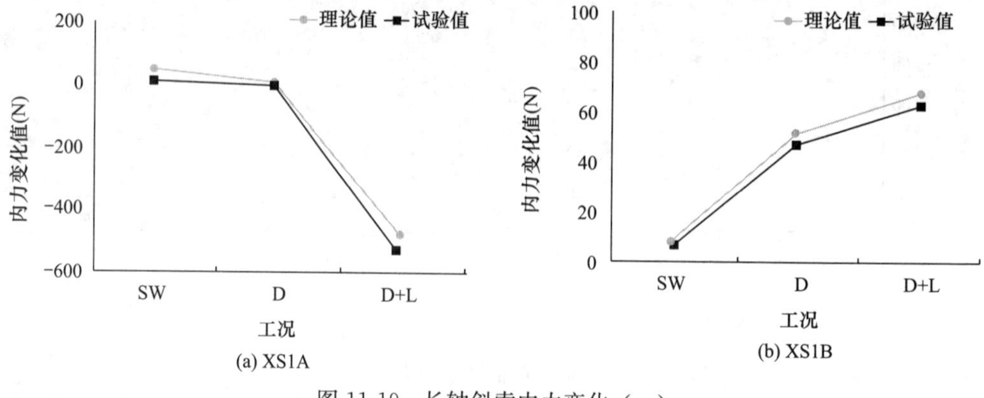

(a) XS1A　(b) XS1B

图 11-19　长轴斜索内力变化（一）

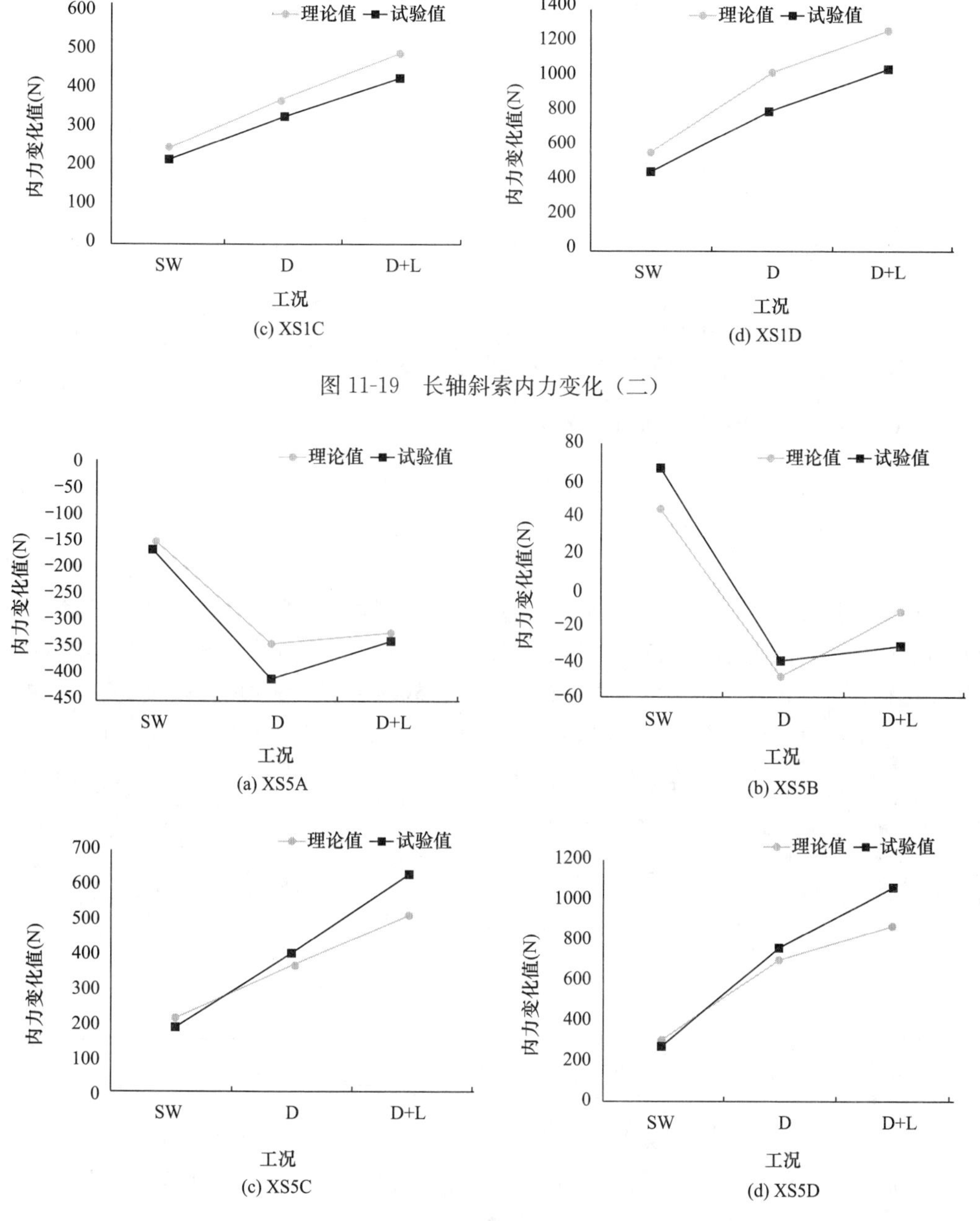

图 11-19 长轴斜索内力变化（二）

图 11-20 短轴斜索内力变化

除了 XS1A 外，其他斜索的索力均呈增加的趋势。XS1A 与 JS1A 相同，预应力较小，在加载过程中索力先小幅增大后大幅减小。由于短轴内圈撑杆上节点的恒荷载和活荷载比较小，故 XS5B 索力变化与外圈斜索相比较小。

内圈环索由于节点间距较小，无法采用高强钢丝拉索，采用了花篮螺栓代替，故没有对其内力进行测量，同时根据计算模拟可知内环索索力在屋面荷载作用下变化不大。图 11-21为中圈和内圈环索内力的变化，可见环索索力在屋面荷载作用下会随荷载增大而增加，而外环索索力的增加量大于中环索。

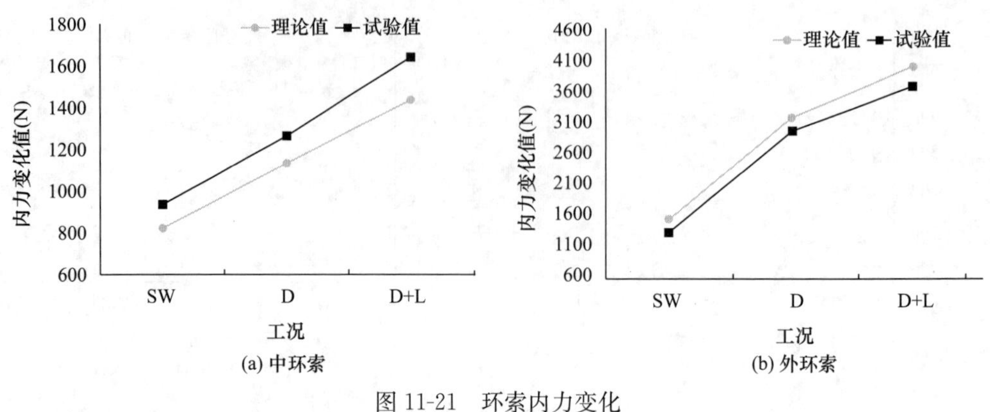

(a) 中环索　　(b) 外环索

图 11-21　环索内力变化

11.4.3.2　长轴半跨荷载试验结果

在半跨荷载的加载共考虑了 2 级荷载，分别为半跨恒荷载（D）、半跨恒荷载和半跨活荷载（D+L）同时作用，两级加载过程中重力补偿的荷载保持不变。

由图 11-22 和图 11-23 可见，与全跨荷载情况相同，在施加半跨恒荷载和半跨活荷载两级荷载时，JS1A 发生了松弛，其索力几乎不变。长轴上其他的脊索在半跨荷载作用下随着荷载的增大，索力不断下降。长轴脊索索力下降的幅度明显大于短轴，这是因为荷载主要集中在长轴一侧，短轴上的荷载值只有全跨荷载的一半。与全跨荷载的情况对比可见，长轴脊索索力下降的幅度大于全跨荷载，可见长轴方向受到荷载不对称性影响是较大的。

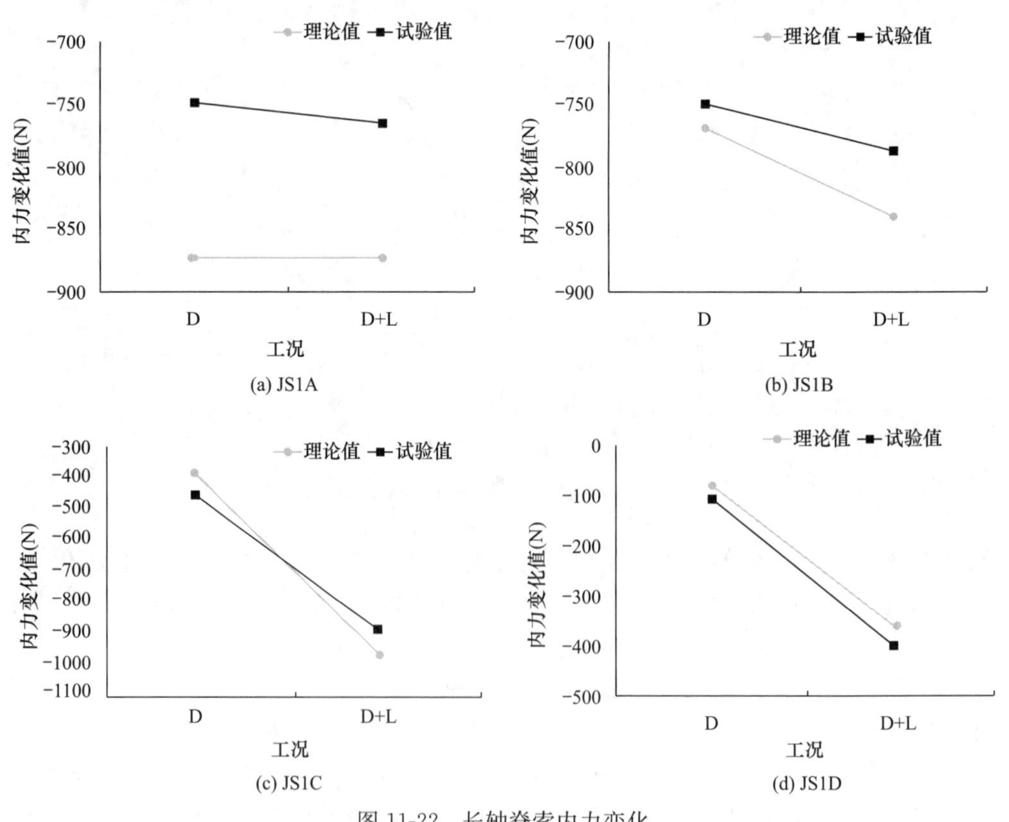

(a) JS1A　　(b) JS1B

(c) JS1C　　(d) JS1D

图 11-22　长轴脊索内力变化

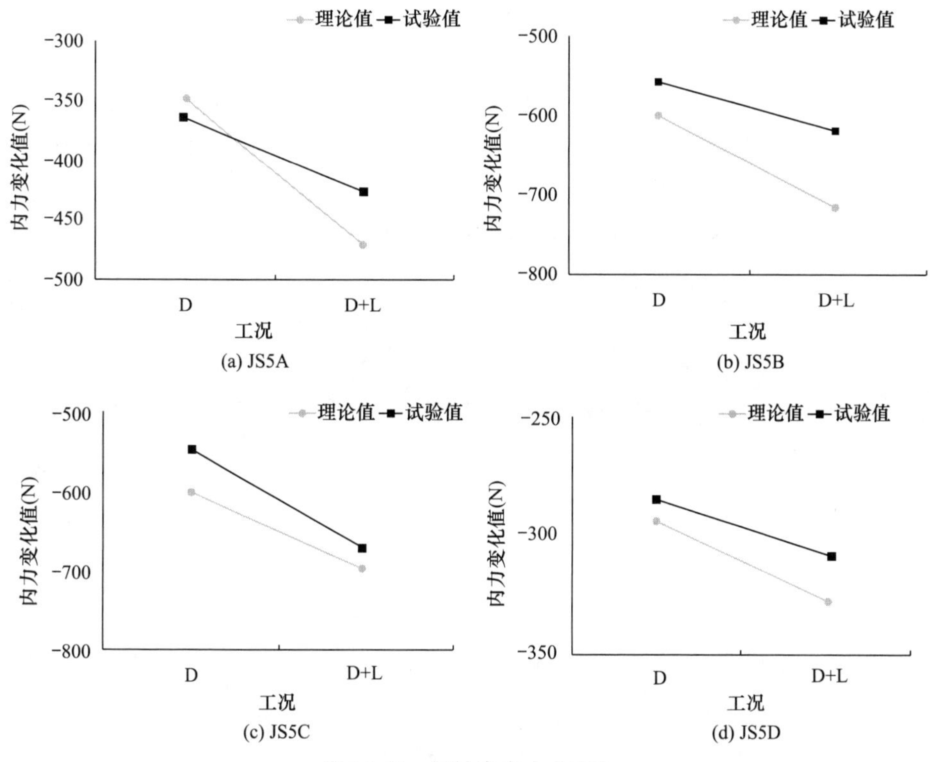

图 11-23 短轴脊索内力变化

长轴斜索索力的变化如图 11-24 所示，可见四根斜索在半跨恒荷载作用下索力均增加，

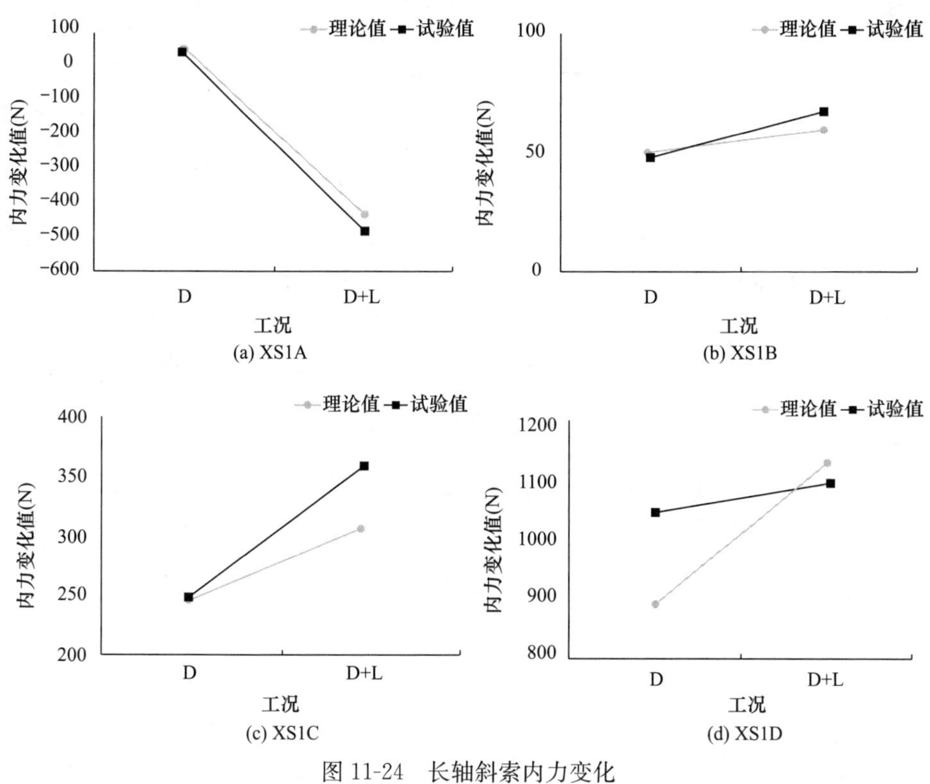

图 11-24 长轴斜索内力变化

在半跨活荷载加载后，XS1A 的索力大幅下降，结合内圈撑杆上节点的位移和脊索的索力变化，可以判断 XS1A 发生了松弛。

图 11-25 为短轴斜索索力的变化，可见除了 XS5D 其余 3 根斜索的索力均出现了不同程度的增加，而 XS5D 是下降的。这是由于编号为 XS5D 的斜索有对称的 2 根，而图 11-25(d) 中表示的是半跨荷载施加一侧的外圈斜索索力。在半跨荷载施加后短轴整体发生向荷载施加一侧的平面外位移，这时在荷载施加一侧的 XS5D 索力就会因此减小。

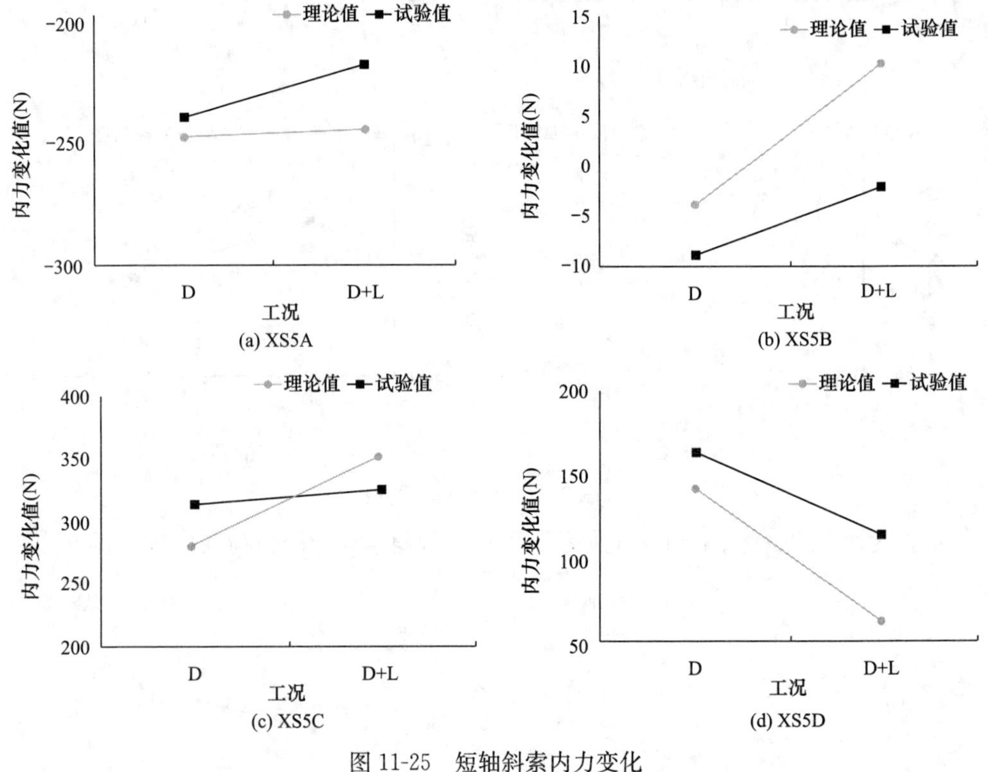

图 11-25　短轴斜索内力变化

图 11-26 为中圈和外圈环索内力的变化，此处提取的是在半跨荷载作用下这两圈环索索力的最大值，可见随着荷载的施加环索索力均增加，但是外圈环索的索力变化大于中圈环索。

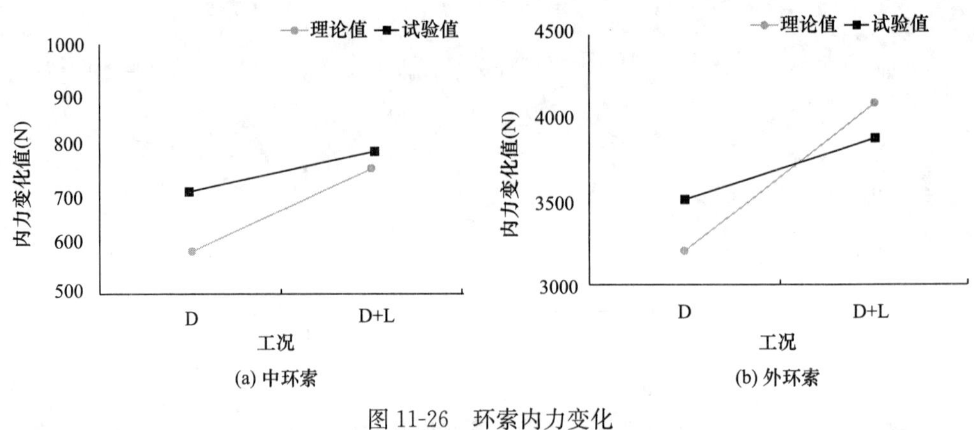

图 11-26　环索内力变化

11.4.3.3 短轴半跨荷载试验结果

图 11-27 和图 11-28 为长轴和短轴脊索的索力变化，与全跨荷载和长轴半跨荷载下的结果不同，由于长轴上作用的荷载仅为全跨的一半，但是 JS1A 也发生了松弛，而短轴脊索索力下降的幅度也比全跨荷载和长轴半跨荷载情况大。

图 11-29 和图 11-30 为长轴斜索和短轴斜索索力变化情况，可见长轴斜索的索力变化规律与长轴半跨荷载的情况类似。但是由于长轴上的荷载仅为全跨的一半，索力变化的幅度要小，XS1A 也没有发生松弛。在短轴方向，斜索的索力均出现了不同程度的增加。

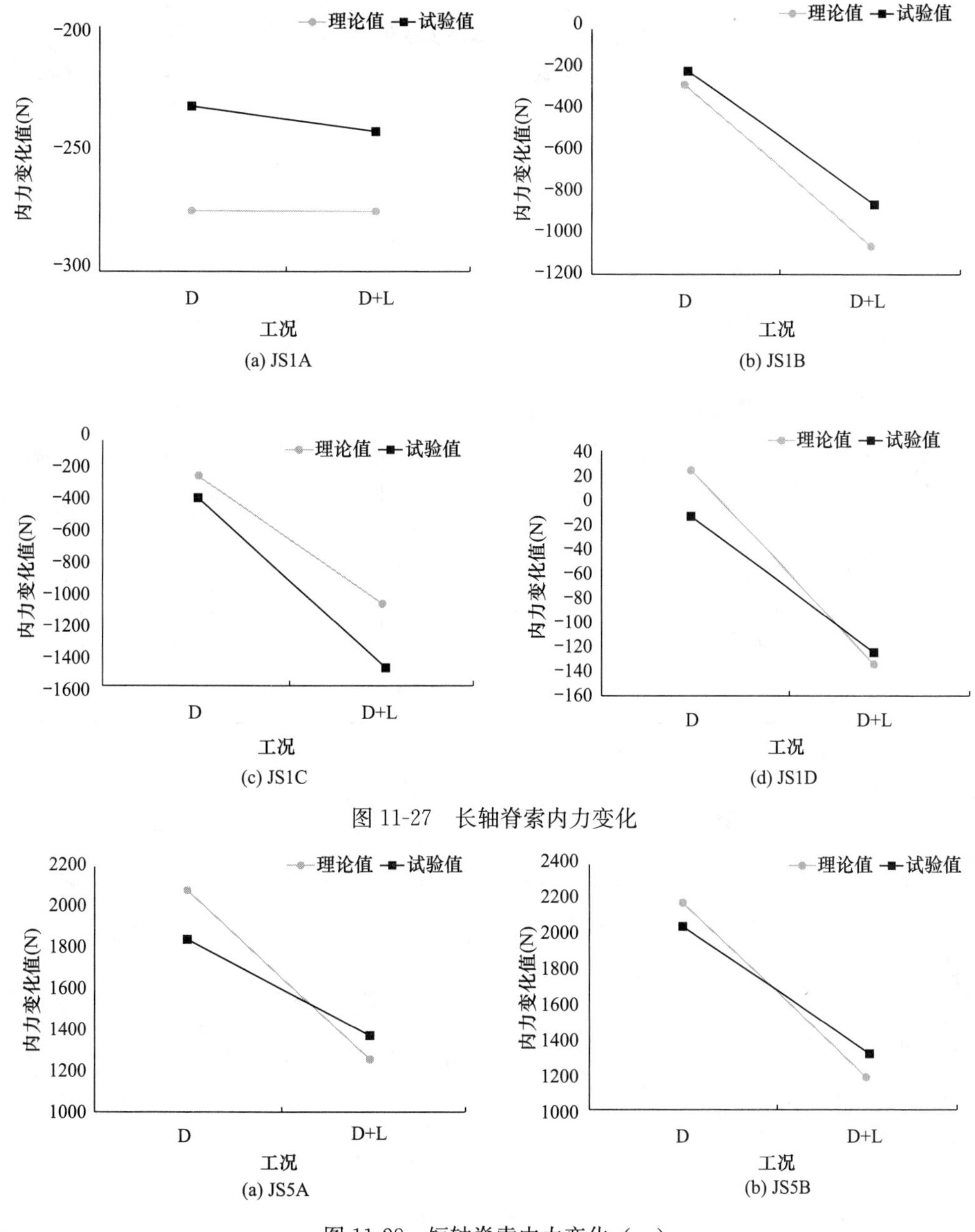

图 11-27 长轴脊索内力变化

图 11-28 短轴脊索内力变化（一）

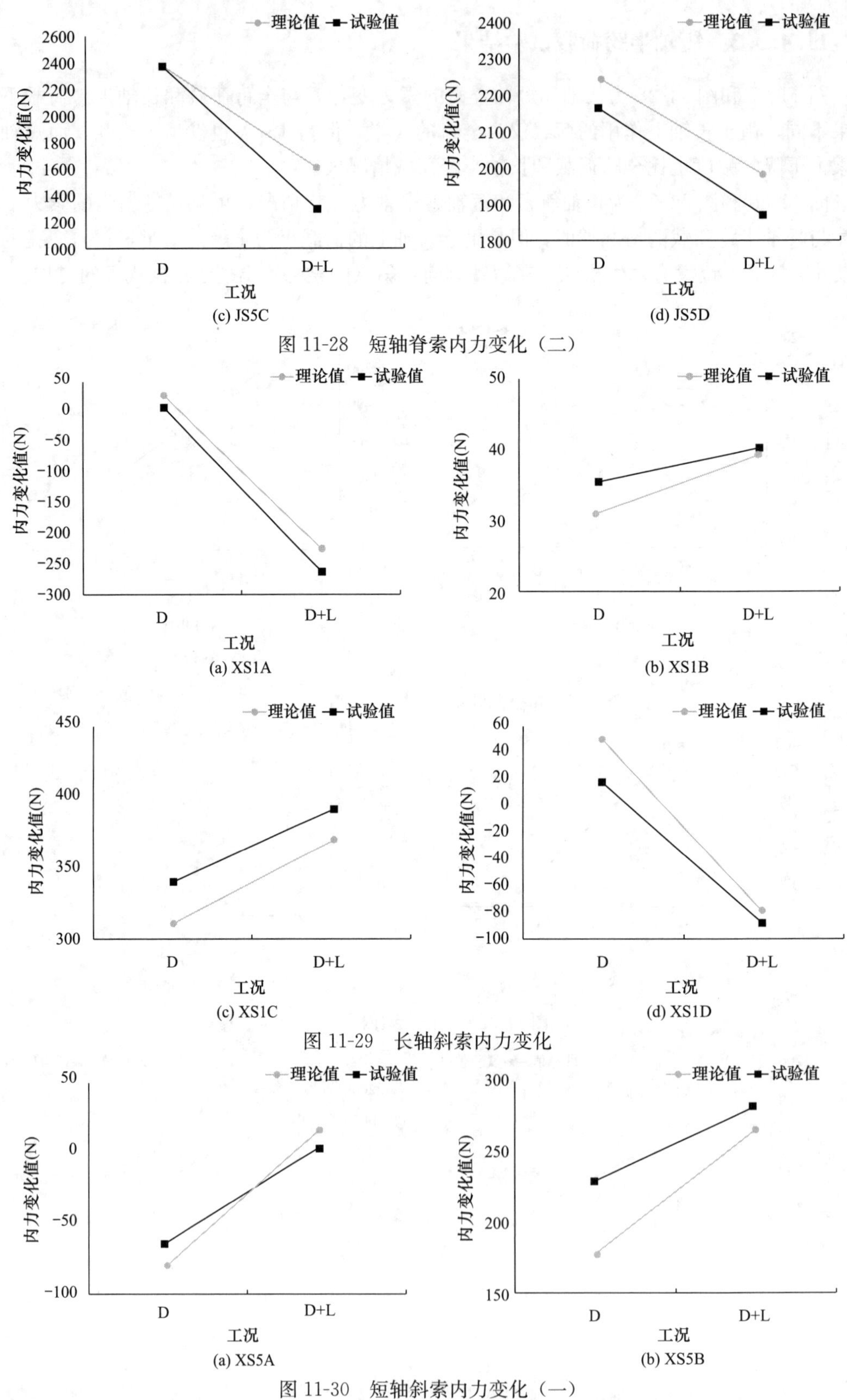

(c) JS5C

(d) JS5D

图 11-28　短轴脊索内力变化（二）

(a) XS1A

(b) XS1B

(c) XS1C

(d) XS1D

图 11-29　长轴斜索内力变化

(a) XS5A

(b) XS5B

图 11-30　短轴斜索内力变化（一）

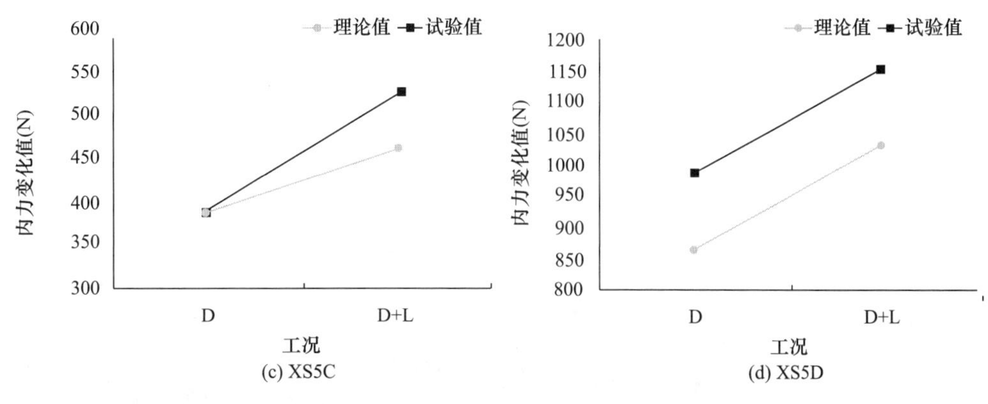

(c) XS5C (d) XS5D

图 11-30 短轴斜索内力变化（二）

图 11-31 为中圈和外圈环索内力的变化，提取的是在半跨荷载下这两圈环索索力的最大值。可见随着荷载的施加环索索力均增加，但是外圈环索的索力变化大于中圈环索。

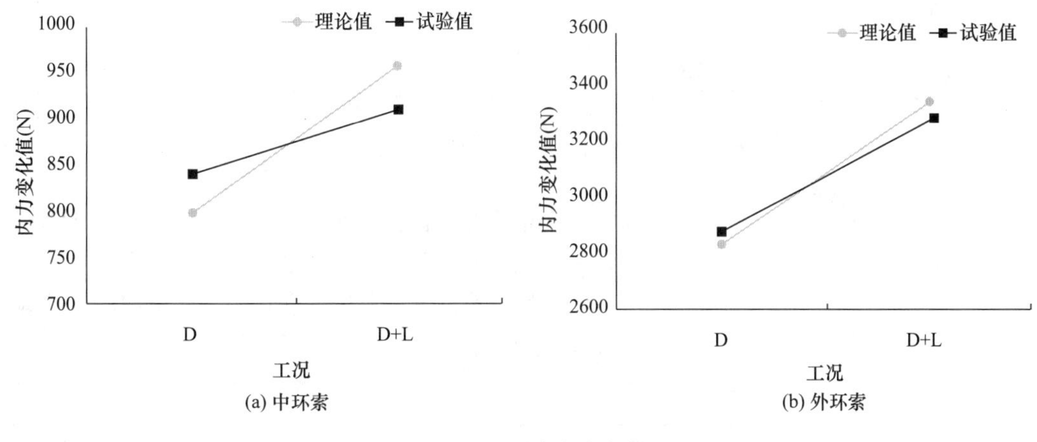

(a) 中环索 (b) 外环索

图 11-31 环索内力变化

11.4.4 误差分析

从试验结果与有限元求解结果的对比可以发现两者变化规律基本一致，但是存在一定的误差，甚至在部分测点出现了较大的误差，误差产生的原因主要有以下几个方面：

（1）外环梁加工误差：环梁构造比较复杂，在加工制作中，环梁上耳板节点的角度出现了误差，导致耳板方向与拉索方向不完全一致。

（2）拉索构件的类型：本试验选择了单根高强钢丝作为拉索构件，当耳板方向与拉索受力方向不一致且构件长度较短时，单根高强钢丝出现了受弯的状态。当用应变片测量拉索应变时，并不能完全消除弯曲的影响。

（3）质量测量偏差：计算模型中拉索、节点和吊载质量的沙袋在称重中均可能存在一定偏差，且试验历时一周左右，此过程中沙袋中沙子的含水量可能出现一定变化。

11.5　不均匀雪荷载试验

11.5.1　试验内容

为研究不同雪荷载布置对结构性能的影响，将索穹顶分为 8 个区域，编号为①～⑧，各编号索代表区域如图 11-32 所示，并假设以下 24 种雪荷载布置形式，分别研究 1/8 跨、1/4 跨、1/2 跨雪荷载作用下索穹顶构件内力变化及结构位移情况。其中 1/8 跨雪荷载在每个区域单独加荷载，1/4 跨雪荷载在每两个连续区域加载，1/2 跨雪荷载分为沿两 45°轴半跨、沿长短轴分 4 部分取对角半跨、沿 45°轴分 4 部分取对角半跨，雪荷载具体布置情况如表 11-6 所示。

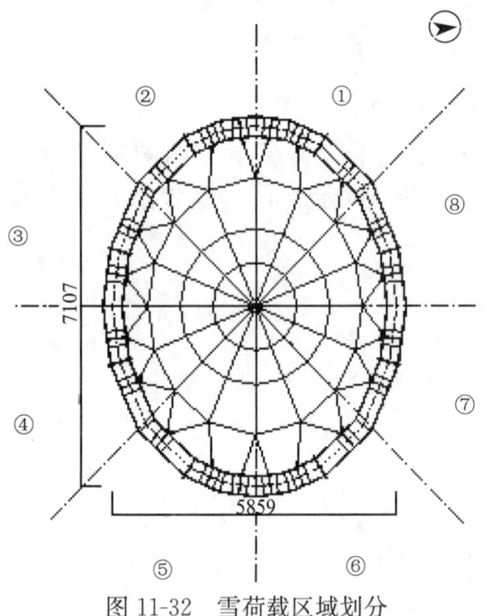

图 11-32　雪荷载区域划分

模型缩尺后，长度缩小 15 倍，均布荷载取值不变的情况下，节点荷载缩小 225 倍。由于本小节旨在研究雪荷载不同分布形式下各杆件受力变化情况，因此考虑 1.0 恒荷载+1.0 雪荷载的工况，称取缩尺后节点荷载相应质量的沙袋，通过在相应撑杆上节点吊挂沙袋的方式模拟施加荷载。

雪荷载布置形式　表 11-6

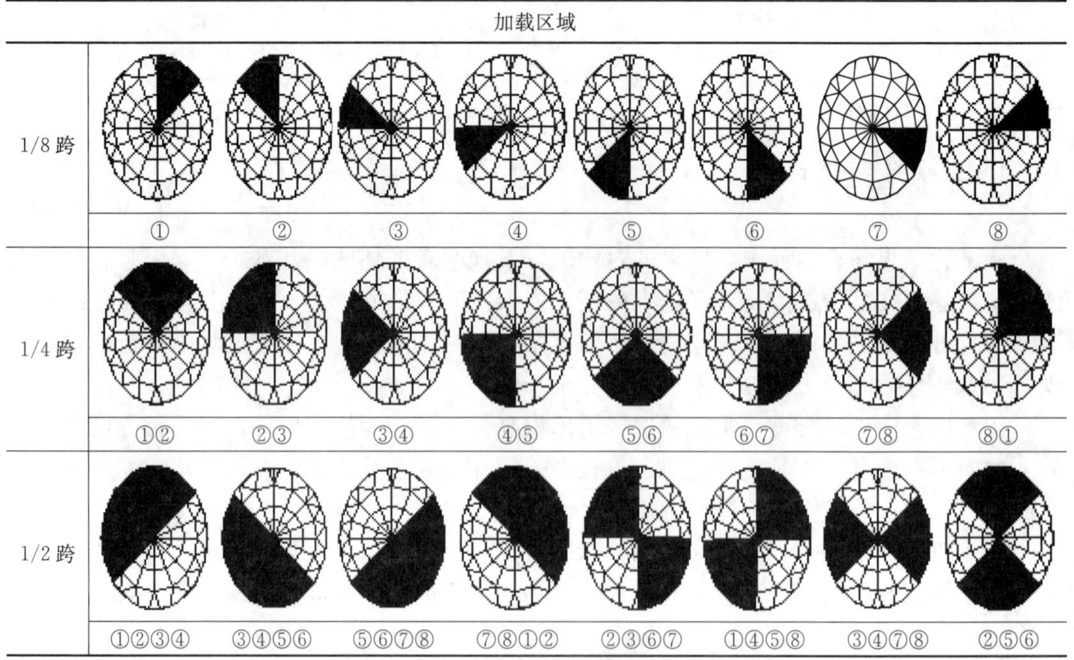

	加载区域							
1/8 跨	①	②	③	④	⑤	⑥	⑦	⑧
1/4 跨	①②	②③	③④	④⑤	⑤⑥	⑥⑦	⑦⑧	⑧①
1/2 跨	①②③④	③④⑤⑥	⑤⑥⑦⑧	⑦⑧①②	②③⑥⑦	①④⑤⑧	③④⑦⑧	②⑤⑥

加载时恒荷载始终全跨布置，雪荷载仅在相应区域各节点吊挂，按假设的 24 种作用形式分别布置。为尽可能简化试验加载过程，制定了如下雪荷载吊挂加载顺序（编号为对应荷载作用区域）：

（1）①→①②→①②③④→③④→③④⑤⑥→⑤⑥→⑤⑥⑦⑧→⑦⑧→⑦⑧①②→⑦；

（2）②→②③→②③⑥⑦→⑥⑦→⑥→①②⑤⑥→⑤；

（3）⑧→①⑧→①④⑤⑧→④⑤→④→③④⑦⑧→③。

11.5.2 测点布置

本试验重点在于获得雪荷载不同分布形式下结构受力性能的变化规律，测量内容包括脊索、斜索、环索内力变化，以及索穹顶各节点位移。试验过程中，采用在试件表面粘贴应变片，用 WKD3813 数据采集仪采集应变的方式得到索力，采用全站仪进行结构位移的测量。

由于索穹顶张拉成形过程中对外圈索控制应变进行索力调整，因此所有外圈脊索、斜索均布置测点；综合模拟结果，同时考虑到结构的双轴对称性，在长轴、短轴的所有脊索和斜索布置测点，中圈、外圈环索取对角半跨布置测点；考虑模拟结果和试验现场环境，在索穹顶长轴西半跨以及短轴北半跨的撑杆上节点进行位移测量，测点编号如图 11-33 所示。

在进行模型试验的同时，采用大型有限元分析软件 ANSYS 对 24 种雪荷载分布下的索穹顶结构进行非线性分析，有限元模拟时采用模型结构的实际尺寸，ANSYS 中 LINK10 单元选仅受拉选项使其成为仅受拉单元，每个节点均有 x、y、z 三个方向的自由度，单元不包括弯曲刚度，因此用来模拟索单元；LINK8 单元是一种能应用于多种实际工程的杆单元，只能承受单轴的拉压，每个节点均有 x、y、z 三个方向的位移，两端铰接，因此可以用于模拟撑杆；外环梁和中心拉力环选用三维线性梁单元 BEAM188 单元进行

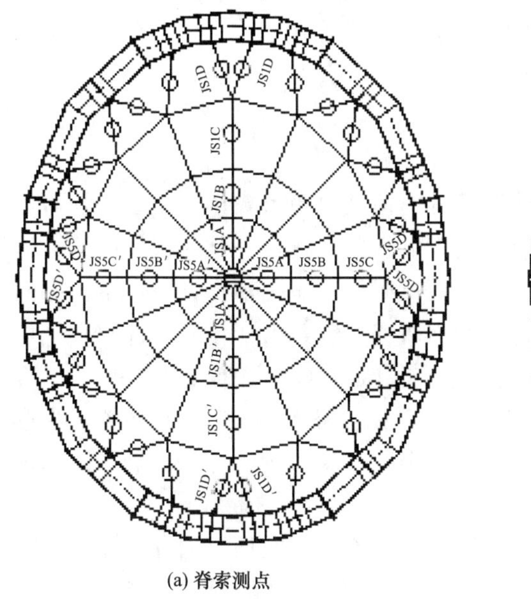

(a) 脊索测点

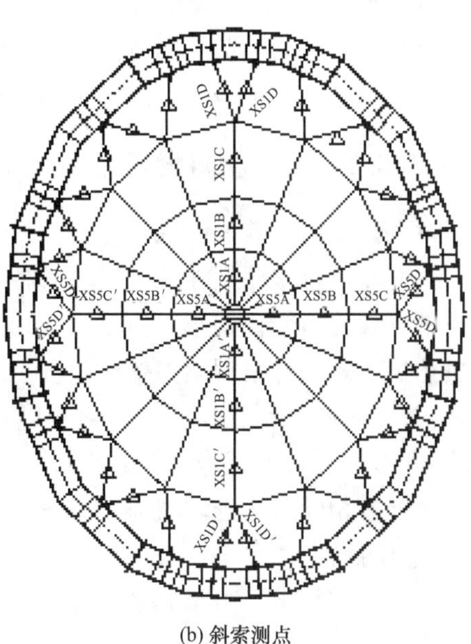

(b) 斜索测点

图 11-33 测点布置（一）

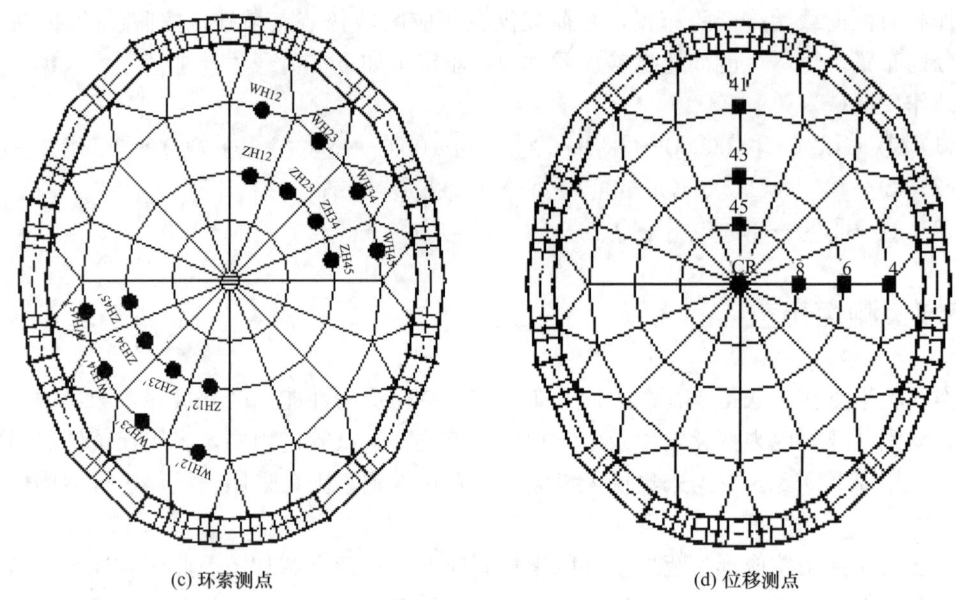

(c) 环索测点　　(d) 位移测点

图 11-33　测点布置（二）

模拟。在拉索加工厂对试验中采用的 1670MPa 级高强钢丝进行了破断性拉伸试验，得到拉索的弹性模量为 206GPa，模拟时按此值设定拉索的弹性模量。

11.5.3　试验结果

由于进行索穹顶试验时，很难保证索穹顶张拉成形时的索力与设计值相同，为减小试验误差，考虑试验模型的对称性和雪荷载布置区域的对称性，统计时取同种索力的平均值，如雪荷载分别作用于①、②、⑤、⑥区域时，对于整个长轴来说，这 4 种布置形式相同，在分析时取相对雪荷载布置同一位置的索（如雪荷载作用于①、②时的 JS1A′和雪荷载作用于⑤、⑥时的 JS1A），求其平均值进行分析。

11.5.3.1　脊索和斜索索力响应

通过试验和模拟数据的综合分析，发现当各种雪荷载分布形式作用于索穹顶时，对于长轴，仅在荷载直接作用在该轴时引起各脊索较大的索力变化，一旦荷载作用区域远离长轴，长轴脊索内力变化很小；而对于短轴来说，雪荷载作用于短轴附近时，索穹顶内力分布比较均匀，短轴脊索的索力变化值较小。因此在研究长轴索力变化时，选取直接作用于长轴的雪荷载分布形式进行研究，包括直接作用在长轴的 1/8 跨布置（①）、1/4 跨布置（①②）和沿长轴对角半跨（①②⑤⑥）布置和沿 45°轴半跨（①②③④）布置，为形成对比，对短轴按相同形式选取雪荷载布置形式，即取出⑦、⑧、③④⑦⑧、⑦⑧①②这 4 种布置形式进行研究。

对于脊索和斜索，由于数量较多，且分布不均匀，因此选取长短轴脊索和斜索索力变化的最值进行比较。由图 11-34、图 11-35 可以看出，长轴脊索在荷载直接作用时索力减小比较明显，随着雪荷载作用区域增加，索力不断减小，当雪荷载沿长轴对角半跨布置

(①②⑤⑥) 时脊索索力达到最小值；随着外荷载的增加，长轴斜索的索力不断增大，在脊索索力达到最小值时斜索索力达到最大值。短轴脊索和斜索内力随荷载位置的变化规律与长轴基本相同，但索力数据变化值较小，当雪荷载沿短轴对角半跨布置 (③④⑦⑧) 时，短轴脊索索力达到最小值，同时斜索索力达到最大值。

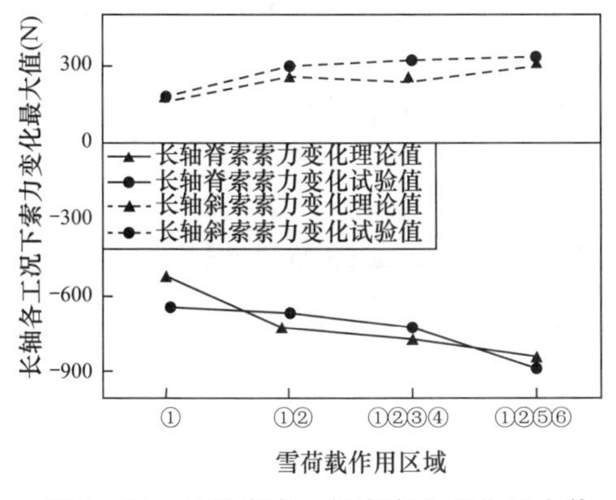

图 11-34 长轴脊索、斜索索力变化最大值

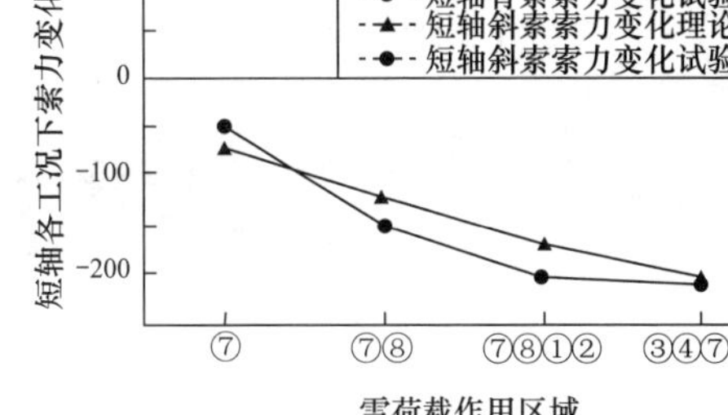

图 11-35 短轴脊索、斜索索力变化最大值

11.5.3.2 环索索力响应

复合式索穹顶的中圈环索为圆形，外圈环索为椭圆形，结构承受荷载时，结构进行内力重分布，环索内力在各圈内自行调整。

中圈环索为标准圆形，内力重分布后索力分布较为均匀，各段索索力基本相同，因此在研究时取其平均值进行分析，试验和有限元分析结果表明 (图 11-36)：(1) 随着结构承受雪荷载面积的增大，环索内力不断增大；(2) 雪荷载 1/8 跨布置时，雪荷载越靠近短轴分布，中环索索力越大；雪荷载 1/4 跨布置时，随着雪荷载从长轴到短轴的移动，中环索内力呈线性增长；雪荷载 1/2 跨布置时，中环索索力在雪荷载短轴对角半跨布置 (③④⑦⑧) 时达到最大值，长轴对角半跨布置时 (①②⑤⑥) 达到最小值，即雪荷载越靠近短轴，中环索索力增大越明显。

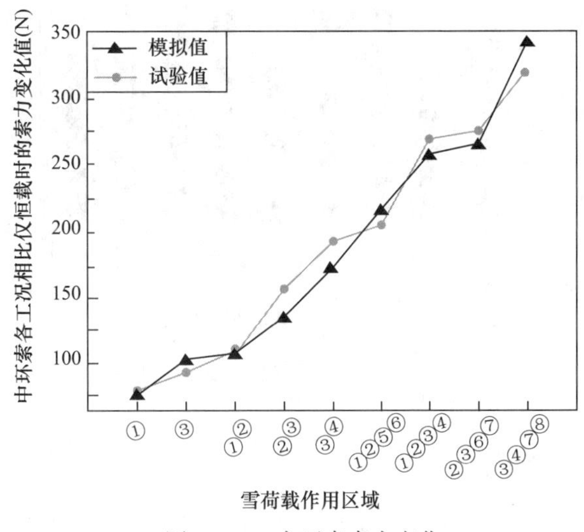

图 11-36 中环索索力变化

外环索呈椭圆形，因此各根外环索的索力有一定差距，现取各工况下外环索索力的最大值和最小值进行分析（图11-37、图11-38），结果表明：雪荷载1/8跨布置时，外环索应力最大值和最小值均出现在雪荷载布置在①区域即长轴附近时；雪荷载1/4跨布置时，可得到与1/8跨雪荷载布置时相同的结论，同时随着雪荷载布置位置由长轴向短轴移动，外环索索力最大值不断减小，最小值呈线性增长，环索内力分布趋于均匀；雪荷载1/2跨布置时，外环索内力在雪荷载沿45°轴布置（①②③④）时达到最大值，索力峰值变化趋势与前两者相同，雪荷载短轴对角半跨布置（③④⑦⑧）时外环索内力峰值谷值差距最小，外环索内力分布最为均匀。

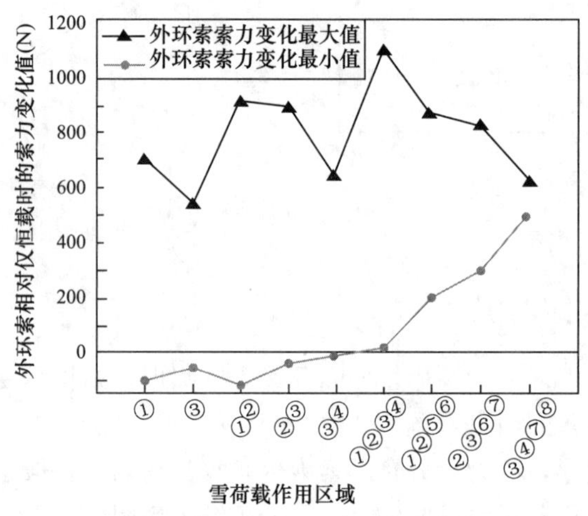

图11-37　外环索索力变化

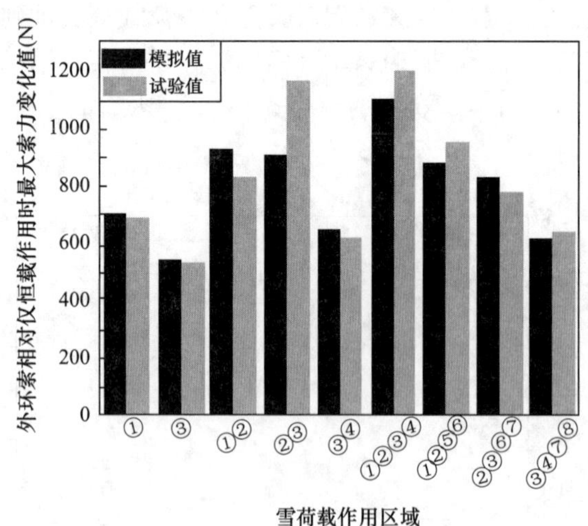

图11-38　外环索索力变化值对比

11.5.3.3　结构位移响应

根据ANSYS分析结果，结构在承受恒载及各种分布形式雪荷载时，结构的最大位移一般出现在长轴外节点（如图 11-39 节点 41 和节点 88），为比较直观地描述结构承受荷载时的变形情况，取索穹顶长轴和短轴各撑杆上节点以及内拉环位移进行分析。其中长短轴脊索与内拉环相交于 4 个节点（图 11-40），随机取 4 种雪荷载分布模式下的内拉环各点位移进行对比，对比结果列于表 11-7，发现各节点位移数据最大值与最小值误差基本在 5% 以内，因此分析时取内拉环各节点的平均值作为内拉环位移。

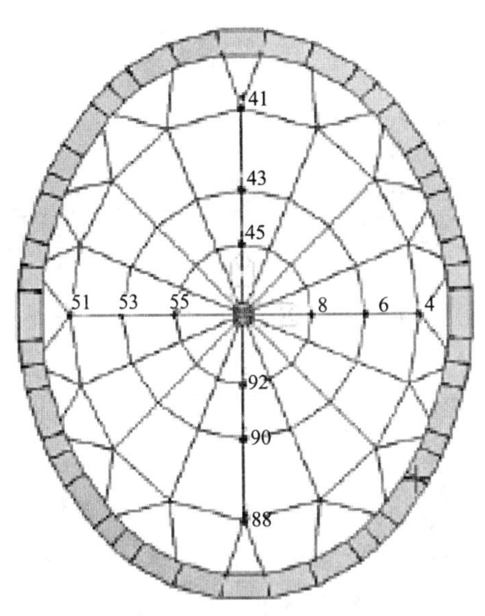

图 11-39 位移节点编号

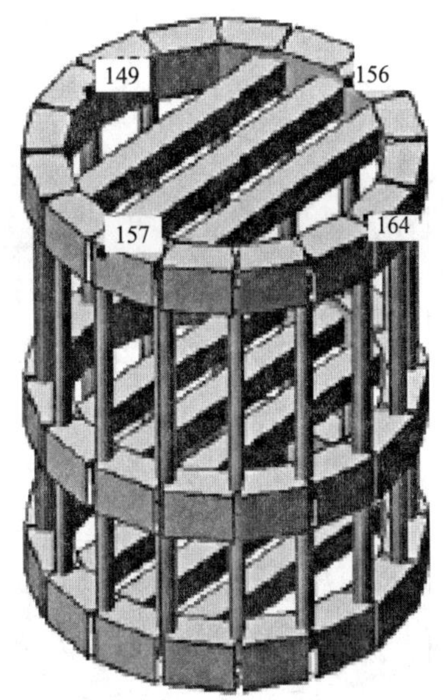

图 11-40 内拉环节点编号

内拉环各点竖向位移值对比（mm） 表 11-7

节点标号 \ 雪荷载分布区域	①	③④	①②⑤⑥	③④⑦⑧
164	−7.81	−7.75	−8.15	−8.14
157	−7.73	−7.69	−8.21	−8.20
149	−7.48	−7.75	−8.15	−8.14
156	−7.68	−7.94	−8.21	−8.20
误差	4.13%	3.17%	0.72%	0.82%

以各节点位置为横轴，对应节点竖向位移为纵轴绘制索穹顶长轴各节点不同工况下的竖向位移图，以相同方式绘制短轴上各节点竖向位移图，得到图 11-41。

进行模型试验时，综合 ANSYS 模拟结果和试验现场环境，选取长轴和短轴各半跨对其撑杆上节点以及内拉环共 7 点位移分别测量（图 11-41），并针对每个节点在不同工况下的试验值和模拟值进行了对比，发现试验所得到的各节点位移变化规律与模拟值基本吻合，虽然有个别试验数据与分析值存在一定差距，但总体变化规律一致，试验结果与有限元结果对比如图 11-42 所示。由图 11-41、图 11-42 可知：

（1）无论雪荷载如何分布，长轴外节点（即节点 41 或节点 88）位移始终最大，短轴外节点（节点 51 或节点 4）位移始终最小且变化不大，内拉环位移也变化不大。

（2）当 1/8 跨雪荷载作用于索穹顶时，随着雪荷载作用位置的改变，长轴各节点位移的变化值较大，而短轴各节点位移对雪荷载作用位置的变化相比长轴不大；当雪荷载布置在②区域时，节点 41、43、45 的位移明显大于对称半跨相对应的节点 88、90、92，整个长轴表现为绕中点向雪荷载作用区域有倾斜的趋势，随着荷载作用区域远离长轴，长轴倾斜程度变小，当 1/8 跨雪荷载作用于短轴附近时，短轴也会发生类似的倾斜，但短轴的倾斜程度远远小于长轴。

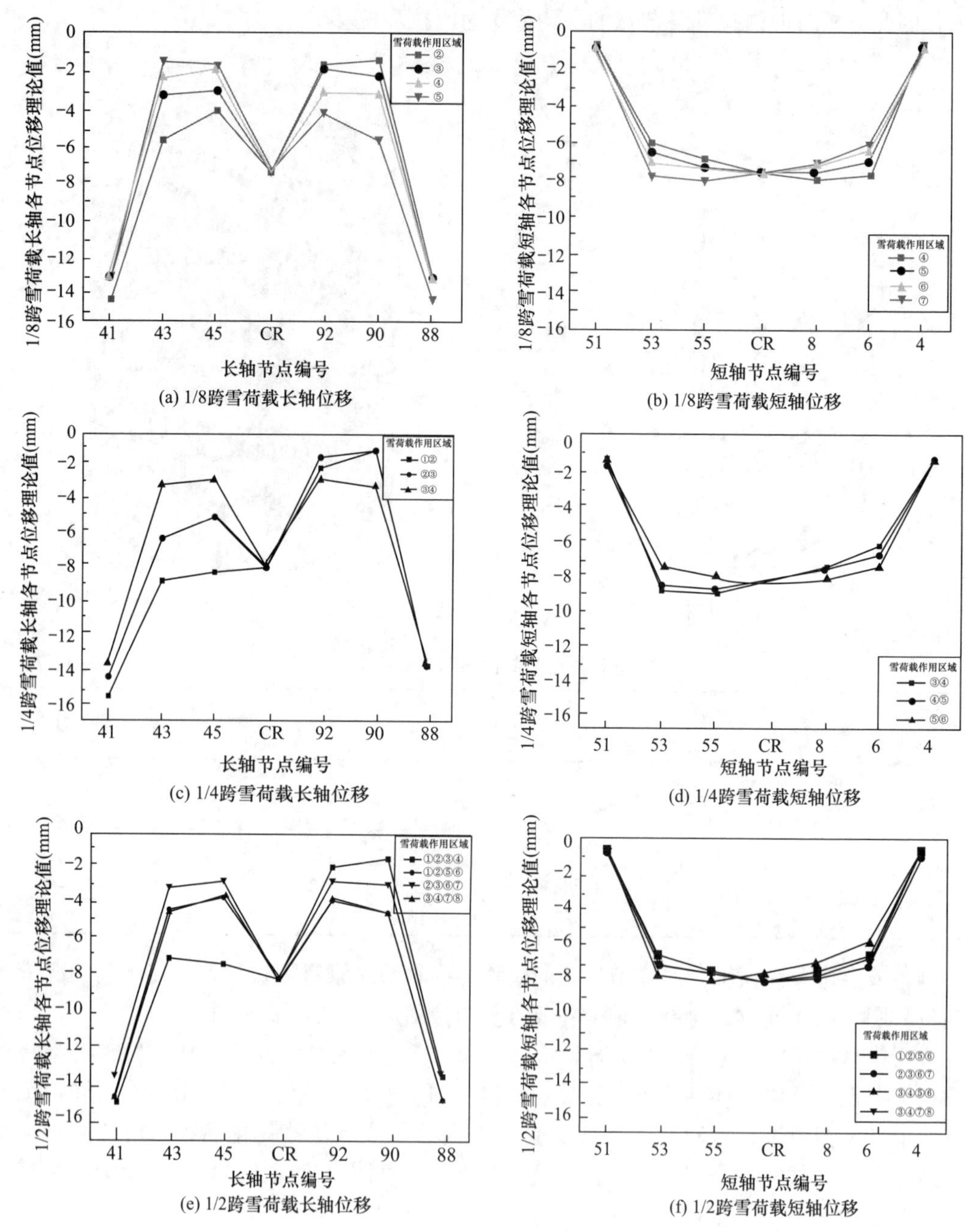

(a) 1/8跨雪荷载长轴位移　(b) 1/8跨雪荷载短轴位移

(c) 1/4跨雪荷载长轴位移　(d) 1/4跨雪荷载短轴位移

(e) 1/2跨雪荷载长轴位移　(f) 1/2跨雪荷载短轴位移

图 11-41　长轴、短轴位移曲线

（3）当 1/4 跨雪荷载作用于索穹顶时，随雪荷载布置区域的改变，长轴各节点位移变化更为明显，且长轴外节点 41 的竖向位移在荷载直接作用于①②时达到最大值，且位移值随着荷载区域远离长轴逐渐减小，当雪荷载直接覆盖短轴半跨（即③④）时达到最小值，此时长轴各节点位移关于中心拉力环对称。短轴各节点位移的变化趋势与长轴相同，但由于短轴刚度较大，因此变化程度远小于长轴。

（4）当 1/2 跨雪荷载作用于索穹顶时，索穹顶位移在雪荷载沿 45°轴半跨布置（①②③④）时达到最大值，而覆盖短轴对角半跨布置（③④⑦⑧）时位移最小。在索穹顶承受半跨布置时，雪荷载长轴对角半跨布置（①②⑤⑥）时位移小于沿 45°（①②③④））轴半跨布置，这是由于前者雪荷载布置区域关于短轴对称，索穹顶的竖向位移由于承受荷载的对称性有所减缓，因此长轴对角半跨（①②⑤⑥）雪荷载作用下的结构位移有所减小。

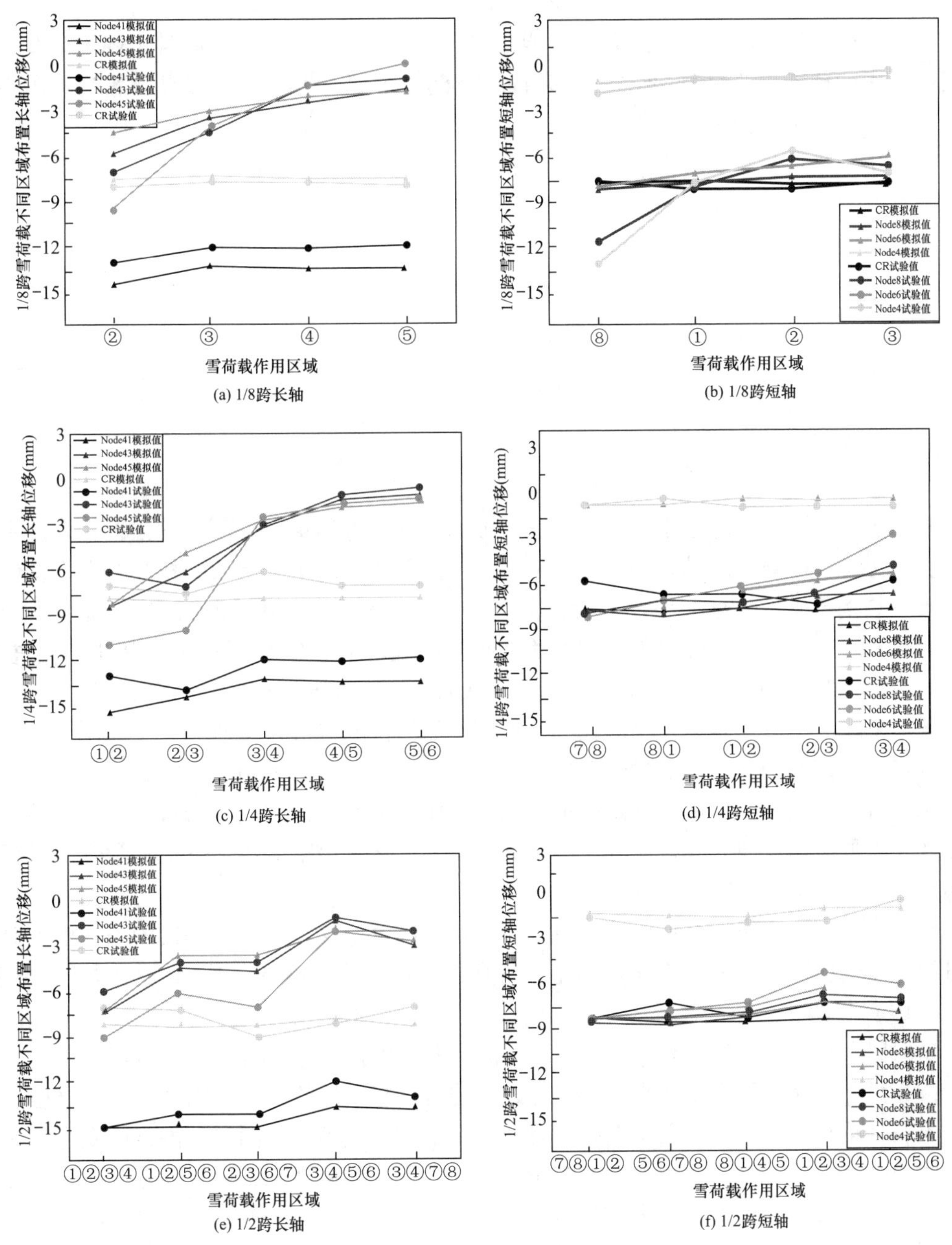

图 11-42 位移试验值与模拟值对比

11.5.4 误差分析

索穹顶模型试验值与模拟值总体吻合较好，但个别数值存在较大差异，分析误差存在原因如下：

（1）索穹顶为自平衡结构，作用于结构荷载的变化会引起整个结构的内力重分布，在调整索力过程中，并非对称位置同时张拉，因此张拉某一根索完成后，继续张拉其余索会造成整个结构的内力重分布，导致张拉完成时的实际索力与设计值并不相同；

（2）试验模型在制作安装过程中可能存在误差，在试验过程中，各种不同雪荷载分布形式下，索的预应力变化值和结构位移值都比较小，试验模型制作和安装时很容易出现毫米级别的误差，试验精度难以保证；

（3）由于采用静态应变采集仪进行试验索力的测定，应变片非常灵敏，容易发生漂移，对试验数据产生影响。

11.6 温度效应试验

11.6.1 试验内容

索穹顶结构在施工过程中，极少对未成形的索穹顶进行保温、隔热的处理，因此主体结构在施工阶段暴露于室外，极易受到环境温度的影响。由于索穹顶结构具有自平衡的特性，整个结构传力呈闭合回路，不能像混凝土结构一样设置伸缩缝来释放温度应力与变形，且结构存在边界条件和杆件之间的相互约束，因此杆件的收缩和膨胀都不能自由进行，只能靠结构杆件的协同变形来抵抗温度变形，从而在结构内部产生不容忽视的温度应力。

国内外已有学者对索穹顶结构在温度作用下的结构响应进行了研究，但其研究的索穹顶结构形式大多集中于已建成的经典构型的索穹顶结构，本书采用的复合式索穹顶结构形式为国内首例，这种新型索穹顶结构形式在温度作用下的结构响应是否符合索穹顶结构在温度作用下的普遍规律还有待研究，因此针对复合式索穹顶温度作用下的力学性能进行了试验研究。

给复合式索穹顶模型施加设计预应力，在索穹顶模型仅施加质量补偿的条件下，对结构进行温度效应监测，使用应变片测量索穹顶各构件的应力变化，从而分析索穹顶脊索、斜索、环索索力随温度的变化。

试验时间从 2017 年 11 月持续至 2018 年 6 月，由于测量时间较长，索穹顶所挂的加载沙袋有可能因为沙子吸水或水分蒸发导致沙袋质量与设计值不同，因此在每次试验前对沙袋重新称重和吊挂，以保证每次测量时索穹顶受力基本相同；同时，由于应变片具有一定的时效性，因此试验过程中温度测量分 3 次进行，每次持续 5d 左右，为保证每次测量的数据有效，在每次正式测量之前先对应变数据进行 2h 左右的预采集，更换没有数据或者数据有明显偏差的应变片之后，再开始正式采集。

11.6.2 测点布置

试验过程中采用应变片测量构件的微应变，采用 WKD3813 数据采集仪采集微应变数据从而计算得到索力变化值。由结构设计预应力大小可知，该复合式索穹顶结构长轴刚度最弱而短轴刚度最强，在研究温度作用的影响时索穹顶两个对称轴上的杆件更具有代表性，因此在长轴和短轴的所有脊索和斜索均布置应力测点（图 11-43、图 11-44），环索则仅在外环索和中环索的对角半跨布置测点（图 11-45）。

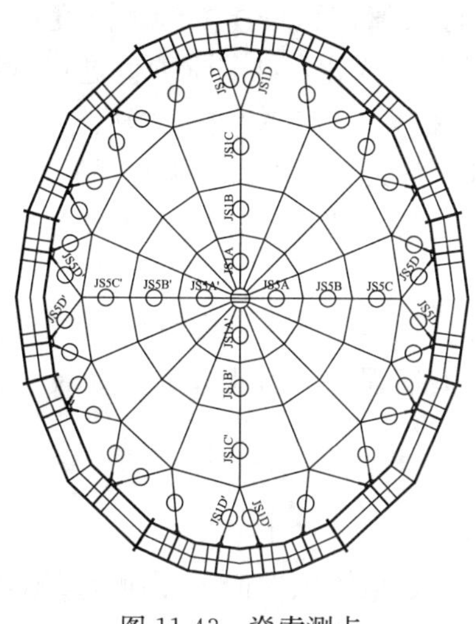

图 11-43 脊索测点

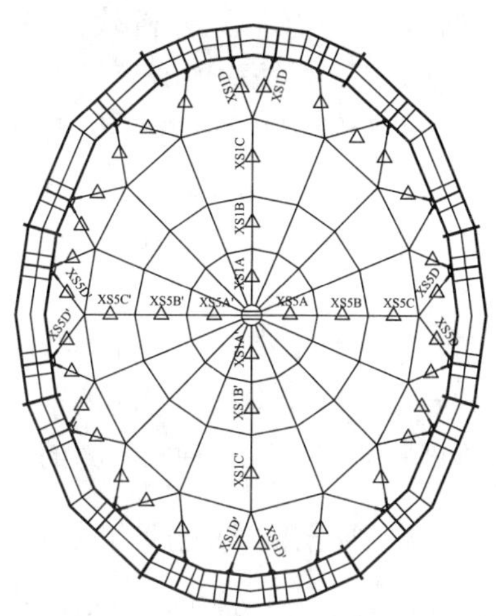

图 11-44 斜索测点

11.6.3 试验结果

试验时间从 2017 年 11 月持续至 2018 年 6 月，温度监测时间跨度长达 8 个月，但应变片本身具有时效性，连续不间断进行半年之久的监测难以实现，因此试验进行过程中，选择环境温度有较大变化时进行连续采集。本试验共进行了 3 次持续时间为 5d 的应力监测，根据国家气象数据网站监测数据，实际测量期间天津地区环境温度最低达－8.8℃，最高达 38.9℃。2017 年 11 月 28 日至 2017 年 12 月 2 日，进行了第一次数据采集，此期间测量的温度跨度为－6.1～8.8℃；2018 年 3 月 13 日至 2018 年 3 月 17 日，进行了第二次数据采集，此次测量的温度跨度为－1.8～21.7℃；2018 年 5 月 31 日至 2018 年 6 月 4 日，进行了第三次数据采集，测量期间温度跨度为 18.9～38.9℃。

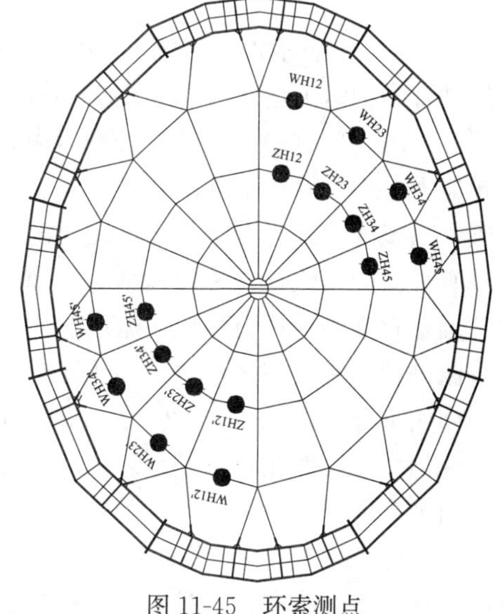

图 11-45 环索测点

对试验数据进行处理时，剔除最高、最低温度时的试验数据，仅考虑－5～35℃温度下的索穹顶结构响应，以5℃为步长，分别提取第一次采集结果中－5～0℃、0～5℃，第二次采集结果中5～10℃、10～15℃及15～20℃，第三次采集结果中20～25℃、25～30℃及30～35℃的试验数据进行分析。绘制索力变形图时，可以将以上每一个温度梯度变化结果叠加，以得到一个连续的索力变化曲线。试验数据分析过程中，每个温度梯度的数据均选取温度连续变化且变化速率较快时间段对应的微应变测量值进行分析，这是为了尽可能减小周围环境如风、振动等因素对应变片数据造成的影响。

与此同时，采用有限元分析软件ANSYS进行数值模拟分析，考虑温度从－5℃到35℃温度梯度为5℃时结构的脊索、斜索、环索的索力变化，并与试验值进行对比分析。模拟时尺寸与试验模型相同，选用LINK10单元模拟索，LINK8单元模拟撑杆，外环梁和中心拉力环选用BEAM188单元。取钢材的弹性模量为206GPa，线膨胀系数取为1.2E-5(1/℃)；取拉索的弹性模量为206GPa（在拉索加工厂的破断性拉伸试验测得），线膨胀系数为1.38E-5(1/℃)。

由于索穹顶为自平衡结构，在张拉时调整任意一根索的索力将会引起整个索穹顶的内力重分布，导致索穹顶张拉成形时的索力与设计值有所误差，因此考虑试验模型的双轴对称性，分析试验数据时取同种索索力的平均值。

11.6.3.1　脊索内力响应

为得到索穹顶不同杆件内力随温度的变化规律，提取不同温度下长轴、短轴脊索的索力进行分析，如图11-46(a)、图11-47(a)所示。

由于索穹顶各个杆件的初始预应力值不同，因此最终索力可能受到初始预应力值的影响，为方便对比各杆件索力相对于初始预拉力的变化程度，取索力变化值与初始值的比值（以下简述为增幅）进行对比，计算方法如下式：

$$\gamma=\frac{t-t_0}{t_0} \tag{11-1}$$

式中，γ表示索力增幅，t表示杆件最终索力，t_0表示杆件初拉力。不同温度下长轴、短轴脊索的索力增幅分别如图11-46(b)、图11-47(b)所示。

由图11-46(a)可知，长轴脊索内力均随着温度的升高逐渐减小，其中JS1A由于初始预应力较小，由于温度的升高，甚至出现了索膨胀而松弛的现象；JS1B、JS1C和JS1D的索力随温度的升高基本呈线性减小的趋势，但从图中可以看出在0℃前后索力-温度曲线斜率有轻微的变化，长轴脊索索力的变化在低温阶段略微明显。由图11-46(b)可以看出，与长轴各脊索的初拉力相比，温度作用下各脊索相比初始值的变化非常明显：其中JS1A在升温过程中索力完全松弛，而JS1B、JS1C和JS1D在35℃时初拉力值在荷载和温度的共同作用下分别降低了89.2%、73.7%和49.3%。部分学者将脊索的松弛作为判断结构失效的依据，虽然在脊索松弛后依然具有一定的承载力，但我们依然不希望结构在使用过程中出现索完全松弛失去作用的现象。

由图11-47可知，短轴脊索索力随着温度的升高呈线性减小的趋势，索力-温度曲线没有出现斜率的改变，这是由于短轴初始预应力大，本身具有较大的刚度，在温升过程中结构响应依然保持线性。根据图 11-47(b)，发现短轴脊索内力相对于初拉力的减小程度远远小于长轴脊索，最大值出现于 JS5B 且最大值仅为 21.22%，说明短轴脊索的初始预应力足够抵抗温度变化带来的影响。

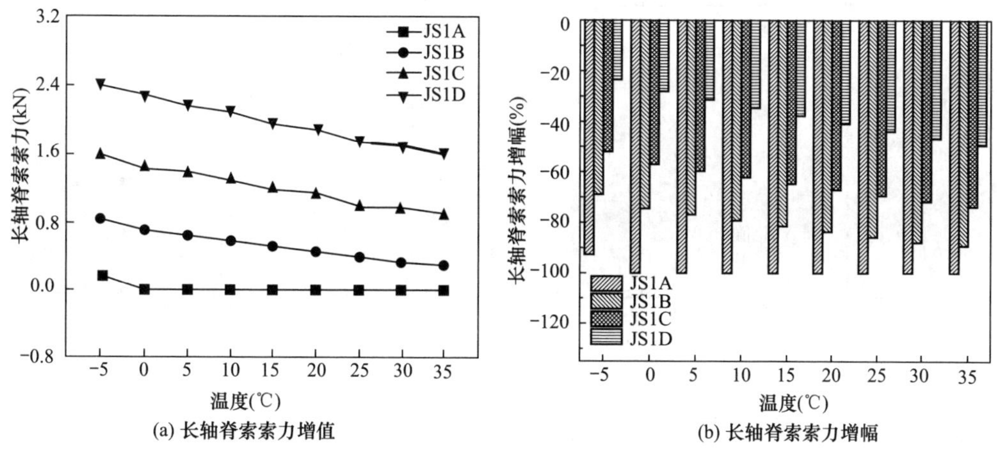

(a) 长轴脊索索力增值　(b) 长轴脊索索力增幅

图 11-46　长轴脊索索力变化模拟值

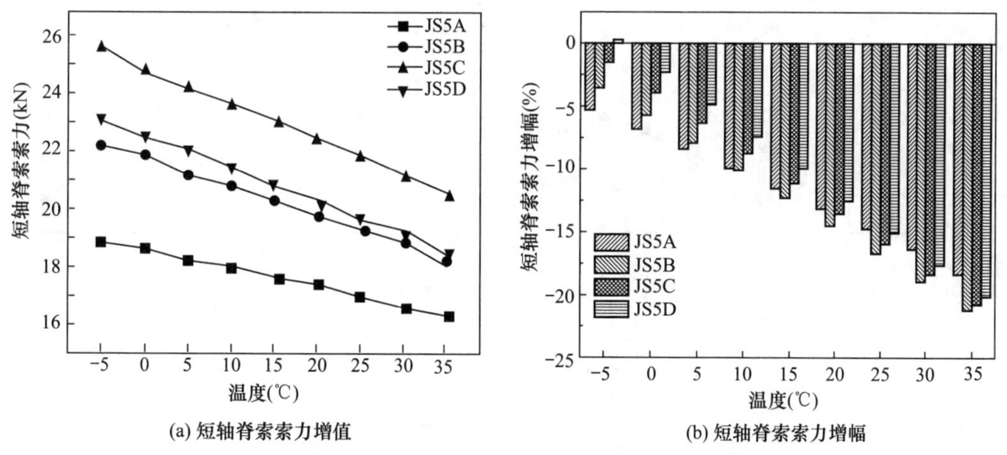

(a) 短轴脊索索力增值　(b) 短轴脊索索力增幅

图 11-47　短轴脊索索力变化模拟值

为便于分析，在对试验数据和模拟结果进行处理时，将各温度条件下的各脊索索力与 0℃时的脊索索力相减，得到各脊索的索力变化值，如图 11-48、图 11-49 所示，下文斜索、环索皆采用同种处理方法进行分析。

由图 11-48、图 11-49 可知，脊索索力的试验值与模拟值具有相同的变化趋势，大多数索力变化的试验值与模拟值存在一定差距但差值不大，且两者的差值具有一定的变化规律：试验值与模拟值最初吻合较好，随着温度的升高，试验值和模拟值的差距逐渐增大。初步考虑出现这种情况的原因有两个，首先是试验并非在短时间内完成，每次温度测量之间有大约两个月的时间间隔，在此期间索穹顶在受荷状态下可能发生了索力松弛，造成误差持续增大；其次随着温度的升高，用于分析的试验数据大多取正午时温度达到最高点的数据进行分析，此时索穹顶受太阳辐射影响较强，在太阳辐射的影响下，索穹顶构件的实际温度一般大于环境温度，即索构件内力会有更明显的变化，因此导致了试验值与模拟值的差值。

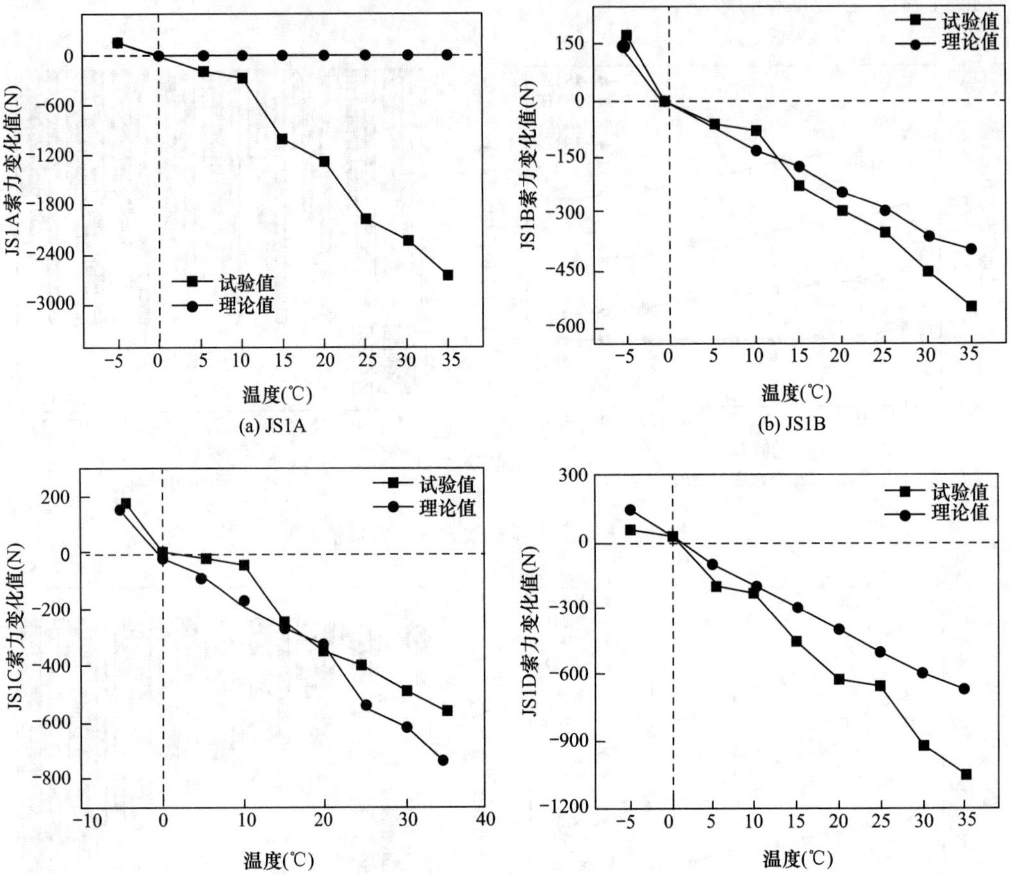

(a) JS1A

(b) JS1B

(c) JS1C

(d) JS1D

图 11-48　长轴脊索索力变化试验值与模拟值对比

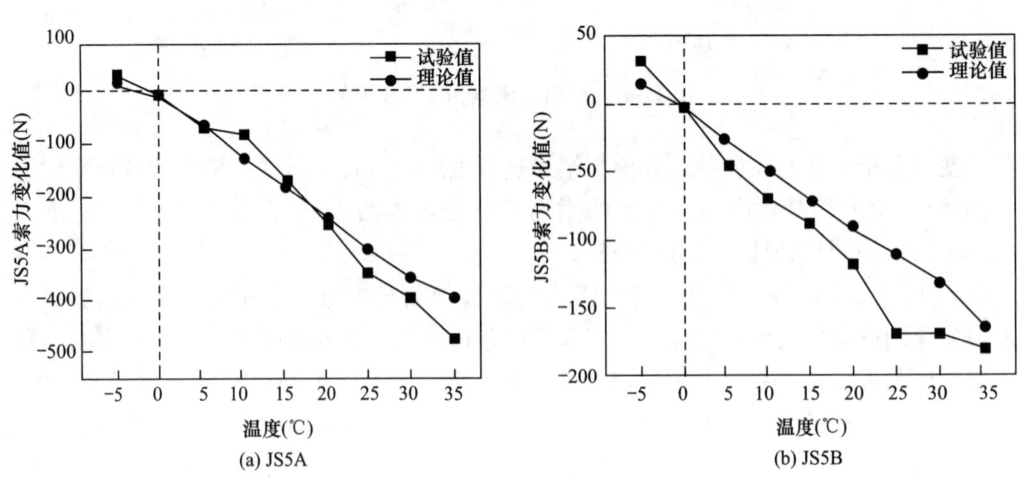

(a) JS5A

(b) JS5B

图 11-49　短轴脊索索力变化试验值与模拟值对比（一）

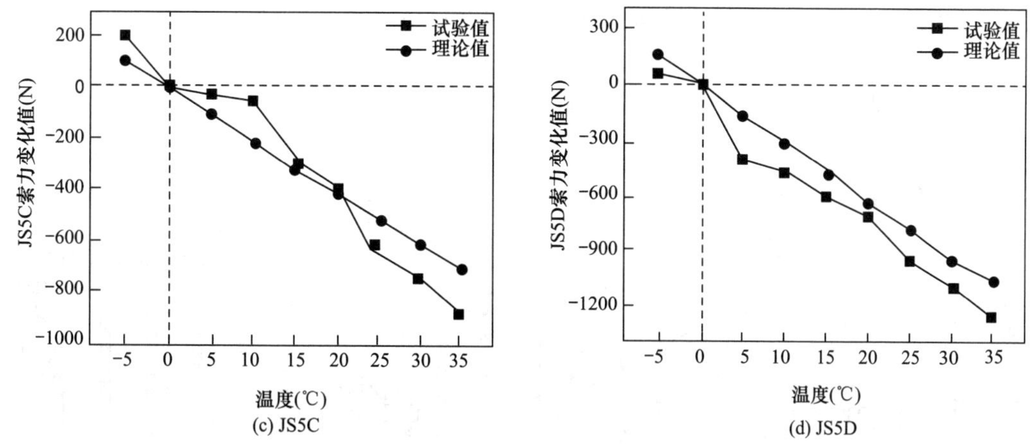

(c) JS5C　　(d) JS5D

图 11-49　短轴脊索索力变化试验值与模拟值对比（二）

11.6.3.2　斜索内力响应

温度作用下复合式索穹顶斜索索力的变化值与变化率如图 11-50、图 11-51 所示。由图 11-50、图 11-51 可知，随着温度的升高，长轴、短轴斜索索力均随着温度的升高呈线性下降趋势，符合索穹顶结构杆件在温度升高过程中受热膨胀索力松弛的一般规律，只是索力变化程度各有不同，但没有出现由于温度升高索力完全松弛的现象。

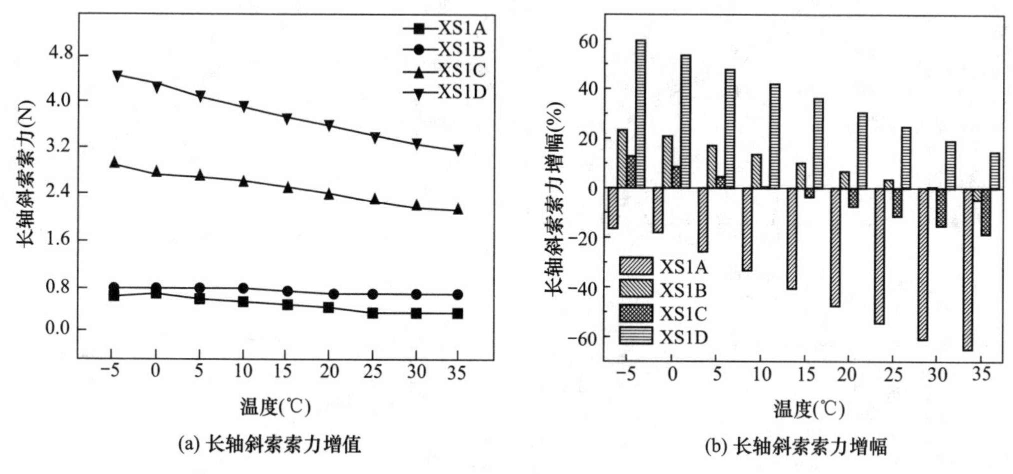

(a) 长轴斜索索力增值　　(b) 长轴斜索索力增幅

图 11-50　长轴斜索索力变化模拟值

由图 11-50(b)可以看出，XS1A 和 XS1D 对温度的变化比较敏感，在温度由－5℃升高至 35℃的过程中，XS1A 的索力增幅由－16.50％降至－65.06％，XS1D 的索力增幅由 59.49％降至 14.55％，增幅的变化均在 45％以上，而 XS1B 和 XS1C 的索力增幅的变化明显较小。由图 11-51(b)可以看出，XS5A 对温度变化特别敏感，而其余三根短轴斜索索力的变化率则明显较小。

图 11-52、图 11-53 为各温度条件下的各斜索索力与 0℃时的斜索索力相减，得到各斜索的索力变化值，发现斜索索力随着温度的升高均线性减小，试验值与模拟值具有大致相

同的变化趋势，但部分索出现了试验值和模拟值差距逐渐增大的情况。考虑出现这种情况的原因与脊索相同，即模型长时间的搁置使结构发生了索力松弛，因此索力下降更多；太阳辐射对结构造成了影响，使构件实际温度大于环境温度造成了误差。

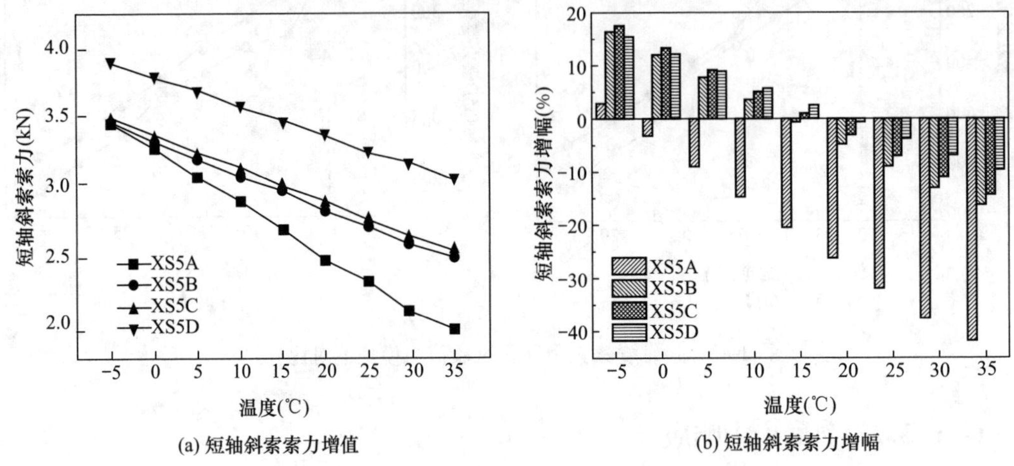

(a) 短轴斜索索力增值　　(b) 短轴斜索索力增幅

图 11-51　短轴斜索索力变化模拟值

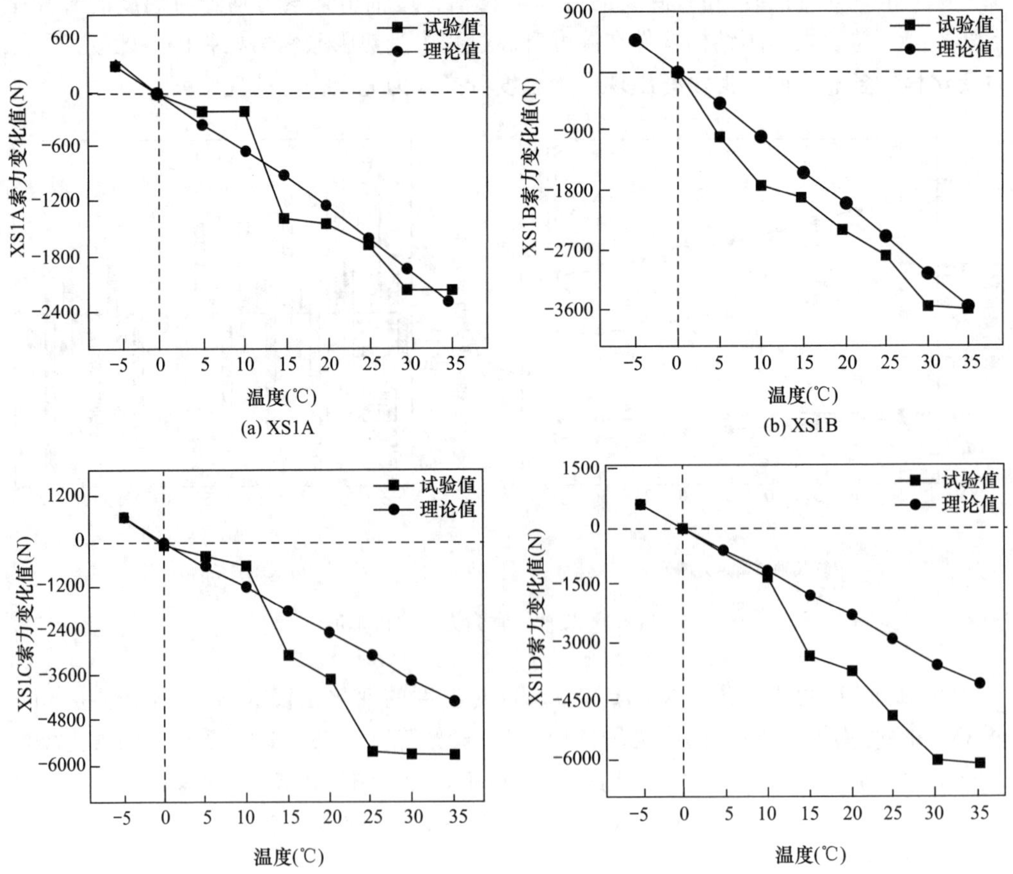

(a) XS1A　　(b) XS1B

(c) XS1C　　(d) XS1D

图 11-52　长轴斜索索力变化试验值与模拟值对比

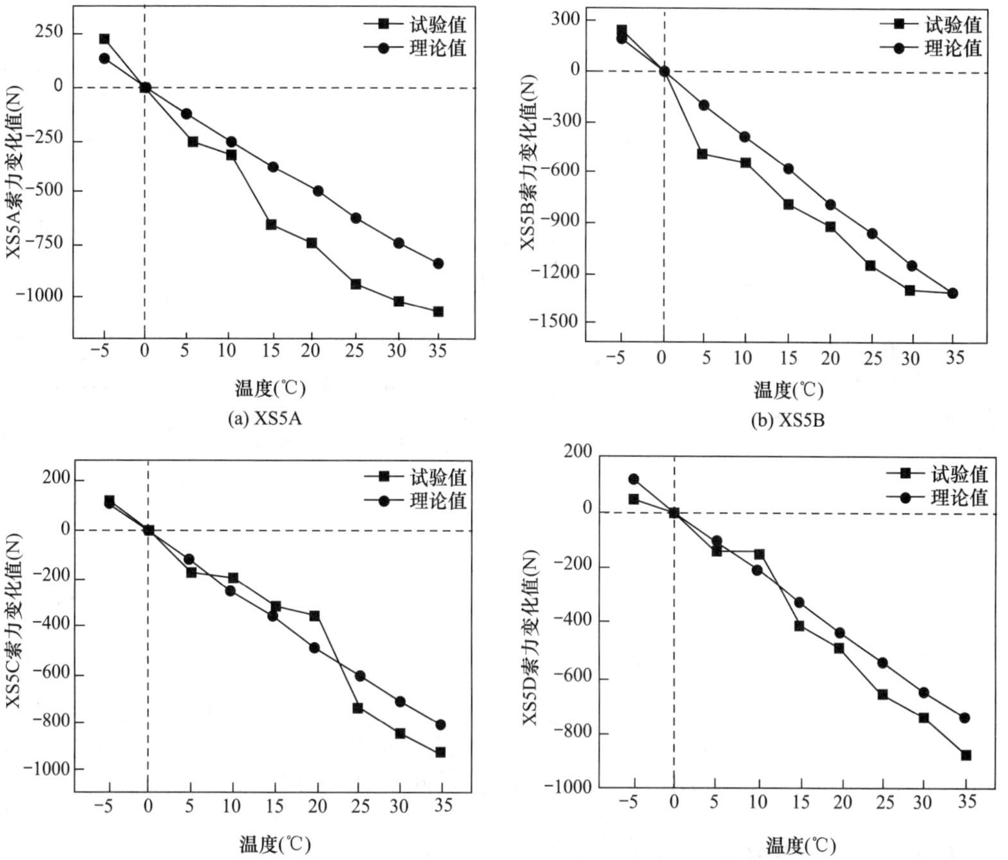

温度(℃)

(a) XS5A

温度(℃)

(b) XS5B

温度(℃)

(c) XS5C

温度(℃)

(d) XS5D

图 11-53 短轴斜索索力变化试验值与模拟值对比

11.6.3.3 环索内力响应

图 11-54 为不同温度下环索索力的变化情况。由图 11-54(a)可知，各圈环索索力随着温度的升高索力均呈线性下降的趋势，但由于各圈环索的预应力水平有所差距，因此绘制

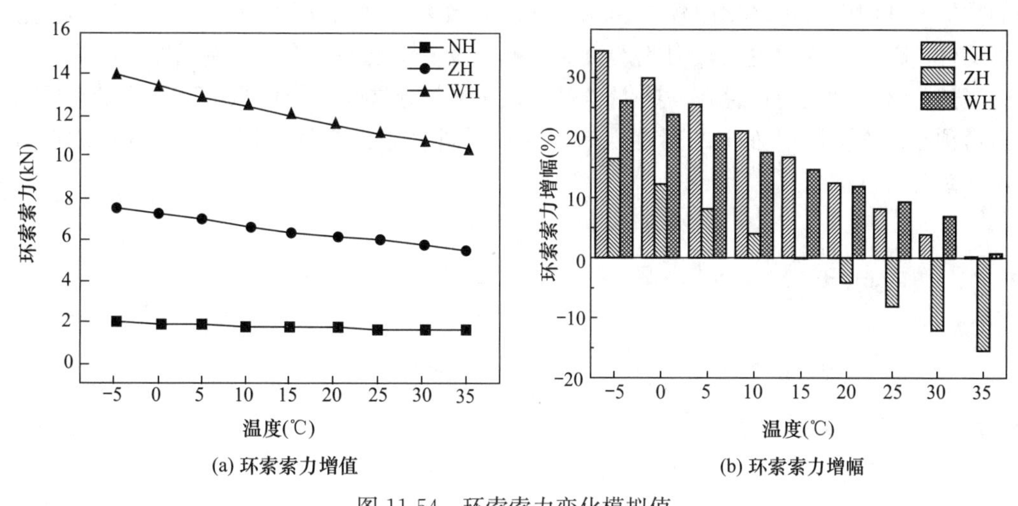

(a) 环索索力增值

(b) 环索索力增幅

图 11-54 环索索力变化模拟值

了各圈环索索力相对初始预拉力的变化率见图 11-54(b)。由图 11-54(b)可知，温度从 −5℃升高至 35℃的过程中，内环索索力增幅由 34.43%降至 0.22%，中环索索力增幅由 16.51%降至−15.48%，外环索索力则由 26.17%降至 0.74%，增幅的变化范围分别为 34.21%、31.99%、25.37%，发现内环索对结构温度的变化最为敏感，这与其本身预应力水平较低也有一定的关系。

图 11-55 为环索索力试验值与模拟值的对比，也出现了随着温度的升高两者差距变大的情况，考虑其原因与上述脊索、环索出现该情况的原因相同，此处不再赘述。

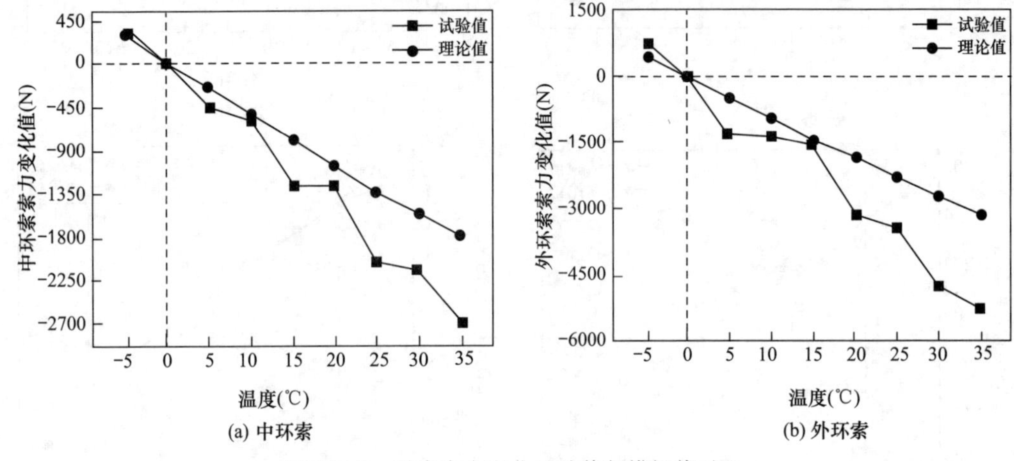

(a) 中环索　　(b) 外环索

图 11-55　环索索力变化试验值与模拟值对比

11.6.3.4　误差分析

在对比分析试验值与模拟值的过程中，发现部分构件试验值与模拟值的误差随着温度的升高有逐渐增大的趋势，出现这种情况的主要原因如下：

(1) 由于该温度测量试验并非在短时间内完成，每次温度测量之间有较长的时间跨度，在此期间索穹顶由于持续受荷发生了索力松弛，造成误差持续增大。

(2) 当温度较高尤其是高于 25℃时，用于分析的试验数据大多取正午时温度达到最高点的数据，此时索穹顶受太阳辐射影响较强，导致索穹顶构件的实际温度大于环境温度，即索构件内部温度变化更大，因此索力变化更明显，导致了试验值与模拟值的误差。

当然，试验过程中也存在一些偶然误差，导致部分试验值与模拟值有一定的差距，例如索穹顶在制作安装过程中的精度误差；在测量过程中由于风、汽车经过等因素造成振动，导致应变片的数据漂移等。

11.7　断索试验

11.7.1　试验内容

将索穹顶缩尺试验模型撑杆上、下节点编号如图 11-56 所示。

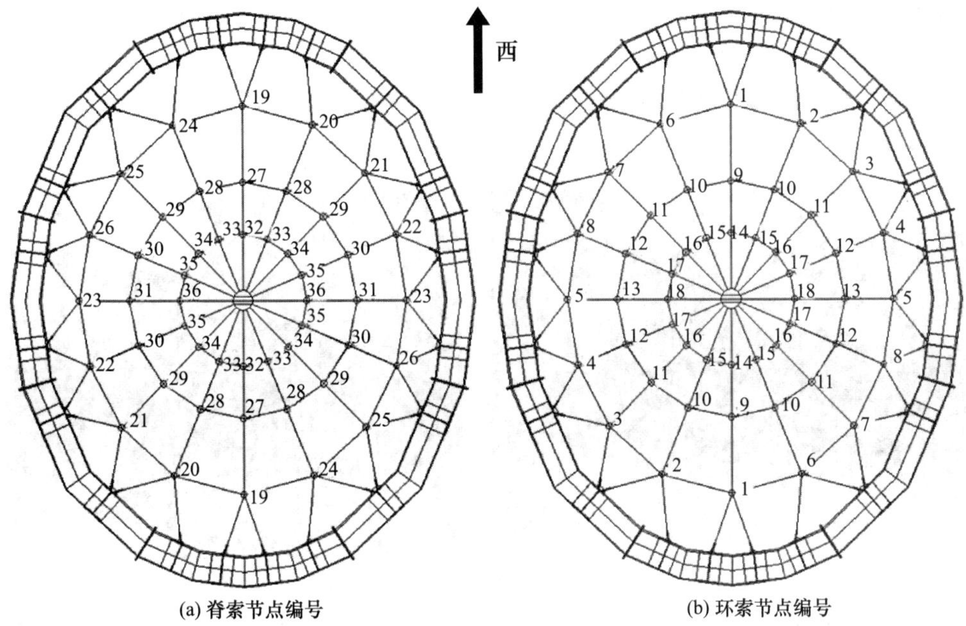

图 11-56 撑杆节点编号图

断索的最终目的是对索穹顶结构不同位置的拉索进行安全评级，服务于结构的安全性评定。由此衍生出三个断索位置选取的具体原则：

（1）宜选取结构中内力较大或关键位置处的拉索。

（2）宜选取实际情况中易接触、易受到人为因素破坏的拉索。

（3）宜选取不同类型的拉索。

根据 ANSYS 分析结果（图 11-57）可知，索体最大拉力出现在短轴中外脊索（JS5C）

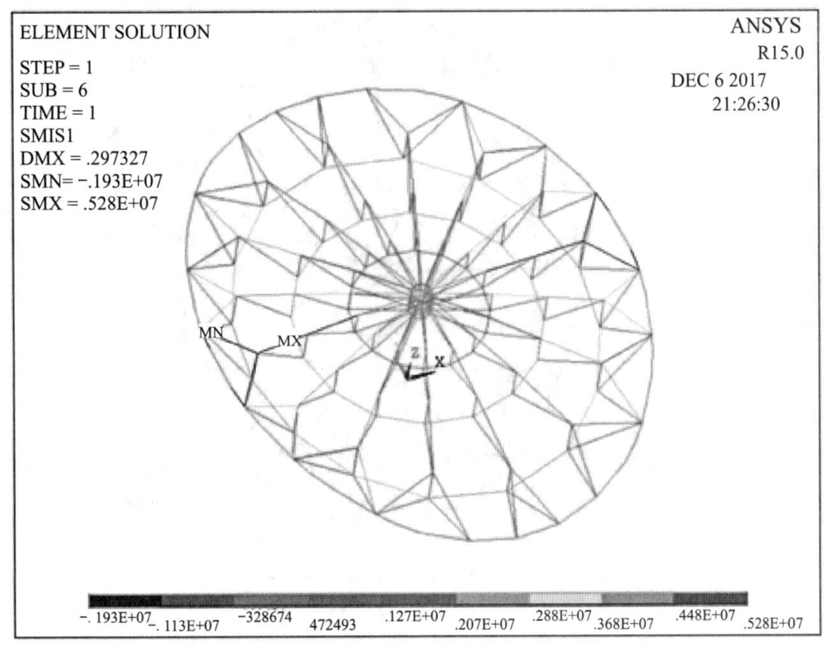

图 11-57 成形态索穹顶内力图

处，因此考虑断 JS5C；由实际工程情况考察可知，长轴外斜索（XS1D）和外环索（WH23）距离上人平台较近（图 11-58），易受到突发情况和人为因素的破坏，因此考虑断 XS1D、WH23。至此已包含脊索、斜索、环索三种类型的拉索，最后选取 JS5C 进行逐丝断索试验。

图 11-58　XS1D、WH23 位置图

图 11-59 为试验现场布置示意图，索穹顶长轴为东西向，短轴为南北向，数据采集操作区位于索穹顶东侧。由于该模型有两个对称轴，因此可以划分为四个象限，按逆时针顺序编号Ⅰ～Ⅳ；每个象限内有五条径向轴线，按照长轴到短轴的顺序依次编号为 1～5；每条轴线上的脊索和斜索又被三道环索切分为 4 段，由内到外依次编号为 A、B、C、D 和 D′，其中靠近长轴的为 D′；三道环索由内到外分别为内环索（NH）、中环索（ZH）和外环索（WH）。为方便试验数据采集及后续处理工作，将断索位置集中于象限Ⅰ内。具体的缩尺模型试验断索位置示意图如图 11-60 所示。

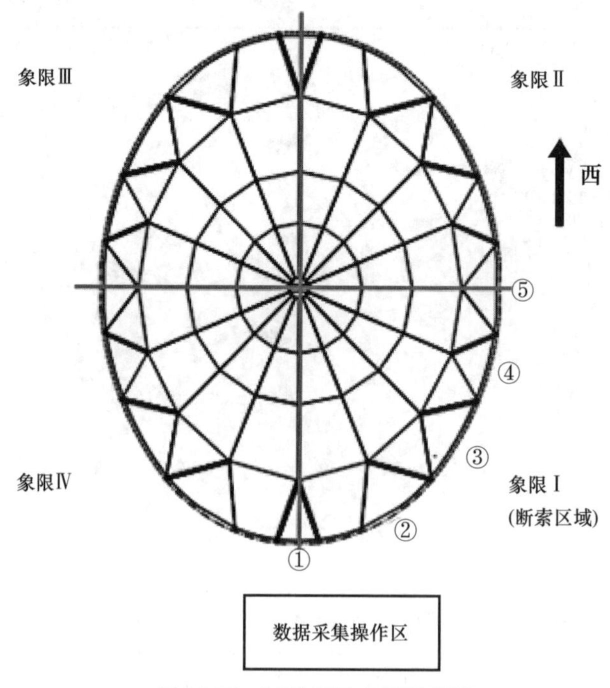

图 11-59　试验现场布置示意图

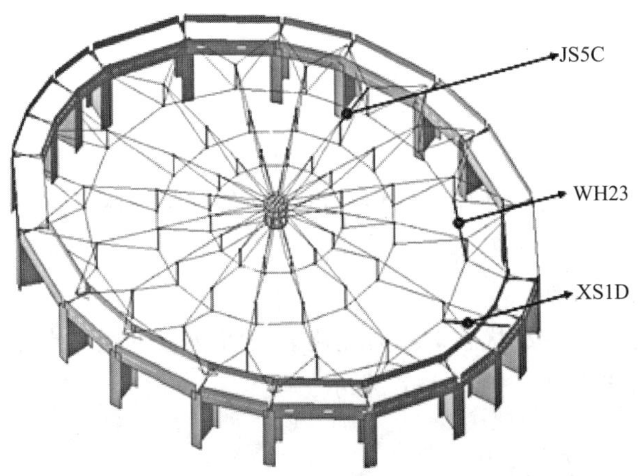

图 11-60 缩尺模型试验断索位置示意图

断索分为四组进行，每组破断一根，按照顺序，分别进行 XS1D、JS5C、WH23 的单索破断试验以及 JS5C 的逐丝断索试验。试验流程如图 11-61 所示。

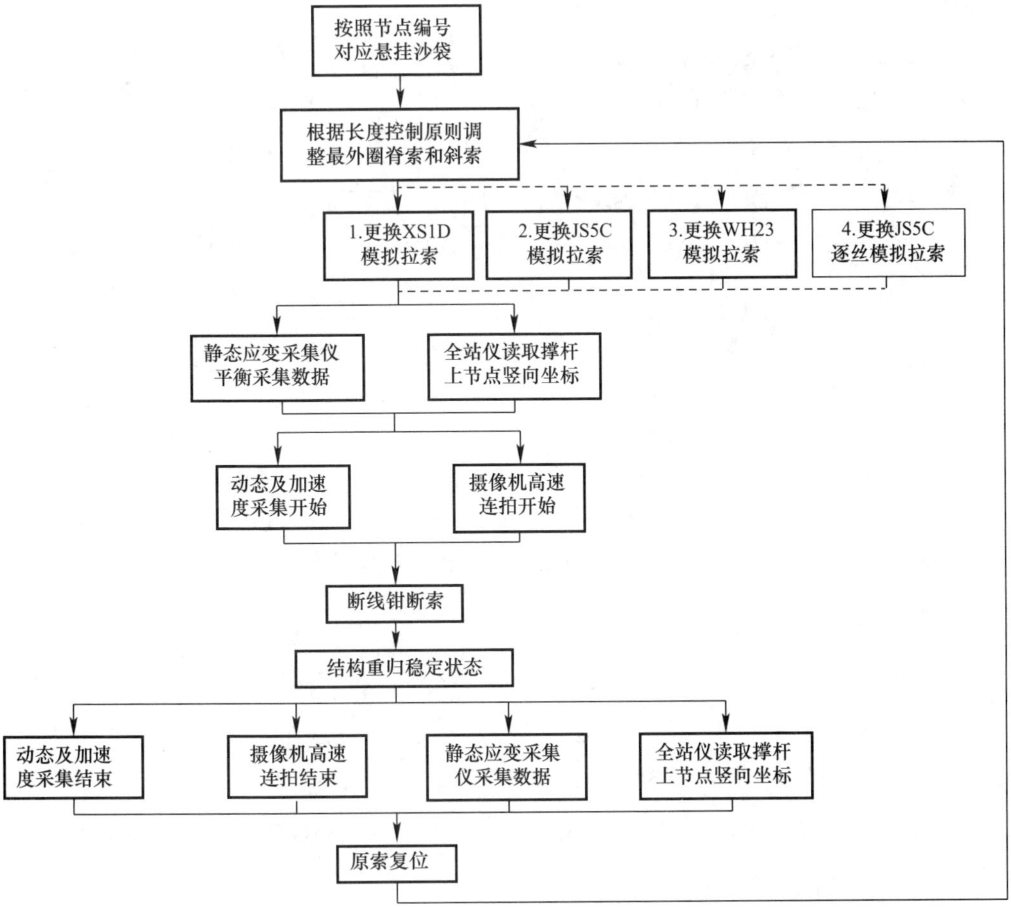

按照节点编号对应悬挂沙袋
↓
根据长度控制原则调整最外圈脊索和斜索
↓
1. 更换XS1D模拟拉索 | 2. 更换JS5C模拟拉索 | 3. 更换WH23模拟拉索 | 4. 更换JS5C逐丝模拟拉索
↓
静态应变采集仪平衡采集数据 | 全站仪读取撑杆上节点竖向坐标
↓
动态及加速度采集开始 | 摄像机高速连拍开始
↓
断线钳断索
↓
结构重归稳定状态
↓
动态及加速度采集结束 | 摄像机高速连拍结束 | 静态应变采集仪采集数据 | 全站仪读取撑杆上节点竖向坐标
↓
原索复位 →（返回"根据长度控制原则调整最外圈脊索和斜索"）

图 11-61 断索试验流程图

11.7.2　测点布置

（1）竖向位移测点布置

为测量断索前后撑杆上节点竖向位移，将测点布置于象限Ⅰ内环梁及①、③、⑤轴撑杆上节点，测点编号布置图如图 11-62 所示。

（2）静态应变测点布置

为测量断索前后结构稳定状态下索力变化值，将静态应变测点布置在脊索、环索、斜索上，具体布置图如图 11-63～图 11-65 所示。

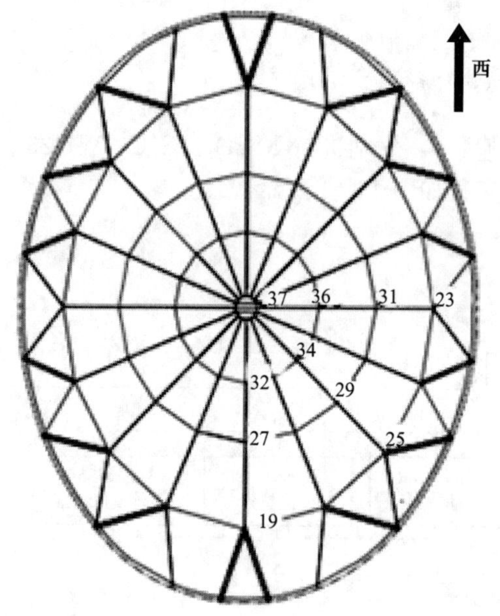

图 11-62　竖向位移测点布置图

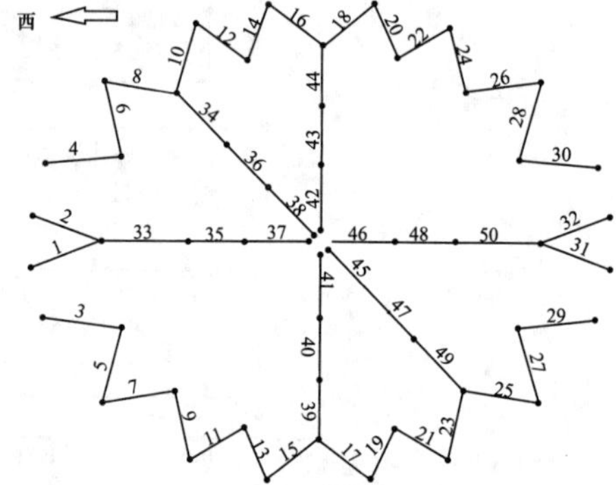

图 11-63　脊索静态应变测点布置图

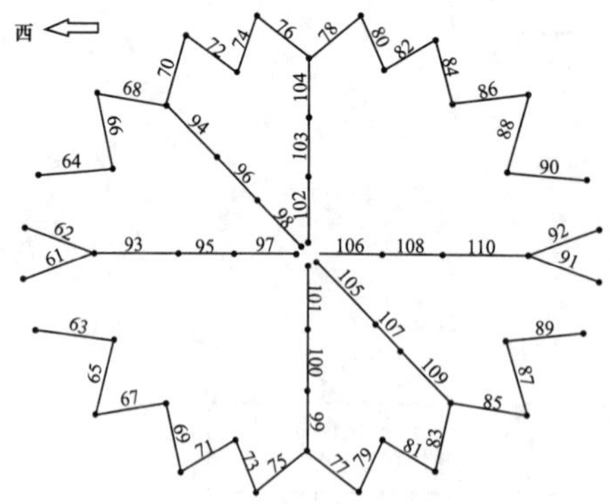

图 11-64　斜索静态应变测点布置图

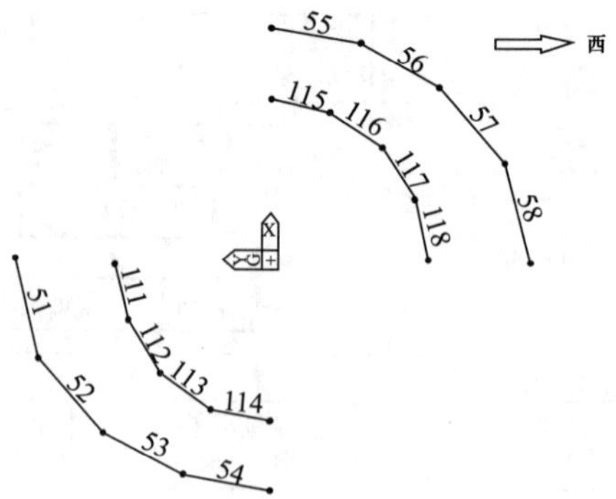

图 11-65　环索静态应变测点布置图

（3）动态应变测点布置

为捕捉断索过程中结构索力变化情况，在Ⅰ象限④轴和Ⅲ象限④轴选取部分脊索、斜索布置动态应变测点，具体索号为：象限Ⅰ的 JS4A、JS4B、JS4C、JS4D、XS4A、XS4B、

XS4C、XS4D、ZS4A；象限Ⅲ的JS4C、XS4C。测点位置如图11-66所示。

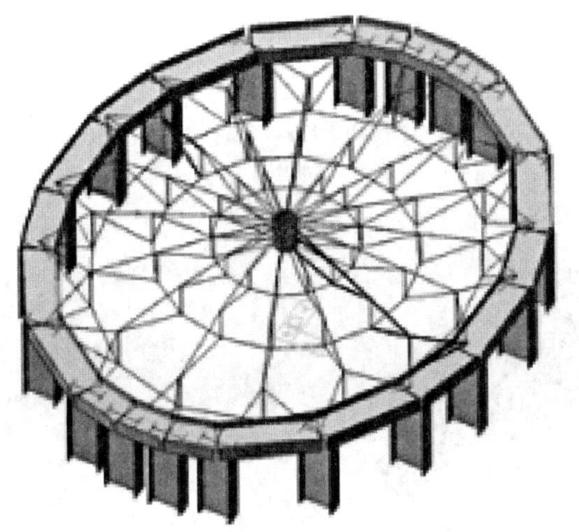

图11-66 动态应变测点布置图

(4) 竖向加速度测点布置

为捕捉撑杆下节点在断索过程中的竖向加速度，判断结构振动程度，于象限Ⅰ及象限Ⅲ内撑杆下节点布置加速度传感器，如表11-8所示。

竖向加速度测点布置 表11-8

传感器编号	XS1D破断	JS5C/JS5CZS破断	WH23破断
1	象限Ⅰ-6	象限Ⅰ-5	象限Ⅰ-8
2	象限Ⅰ-9	象限Ⅰ-8	象限Ⅰ-10
3	象限Ⅲ-9	象限Ⅲ-13	象限Ⅲ-11

(5) 变形图像采集测点布置

为直观地观测索穹顶结构在断索过程中的位移和振动，设置一台佳能EOS60D摄像机捕捉变化图像。为尽可能地在断索瞬间捕捉更多图像，设定光圈优先模式，最大光圈4.0，ISO800，高速连拍。为保证拍摄过程中不出现脱焦情况，使用三脚架支撑，单反事先对好焦距后转换为手动对焦模式。观测区域示意图如图11-67所示。

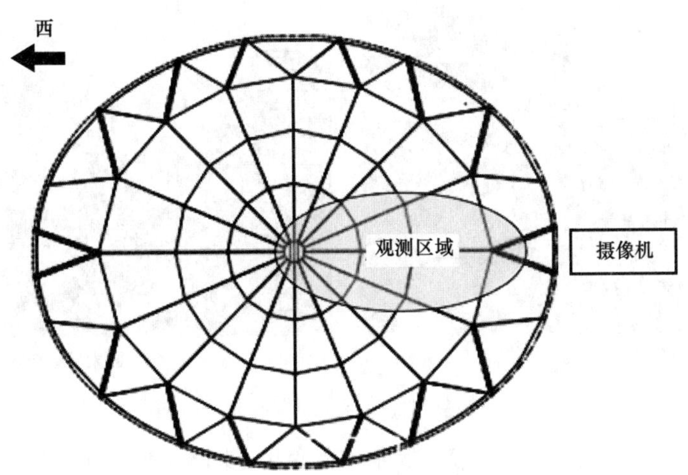

图11-67 观测区域示意图

为使观测过程具有针对性，在内环梁上用粉笔添加十字标记，断索过程中相机焦点始终处于内环梁十字标记区域内。十字标记尺寸为横向 18mm，竖向 24mm，如图 11-68 所示。

图 11-68　内环梁十字标记

11.7.3　试验结果

11.7.3.1　长轴外斜索断索试验

XS1D（长轴外斜索）破断瞬间产生小响，同时结构发生微幅振动，这是结构释放能量、势能转化为动能的过程，同时也是结构进行内力重分布的过程。

XS1D 断索前后结构状态如图 11-69 所示。断索前后内环梁十字标下沉量如图 11-70 所示，其中黑色线代表十字标断索前位置，红色线代表十字标断索后位置。

(a) XS1D 断索前结构状态

(b) XS1D 断索后结构状态

图 11-69　结构断索前后状态

由图 11-69 可知，结构在断索前后整体状态变化不明显，断索后仍保持原状继续承担荷载。由图 11-70 可知，内环梁十字标下沉量仅为 2mm，下沉量小。XS1D 破断对结构整体状态影响小。

(a) XS1D 断索前十字标

(b) XS1D 断索后十字标

图 11-70 内环梁十字标下沉量

XS1D 断索后撑杆上节点竖向位移变化如表 11-9 所示。

XS1D 断索试验撑杆上节点竖向位移变化 表 11-9

测点	单元号	断索前（mm）	断索后（mm）	$\Delta_{试验}$（mm）
长轴外_19	88	1327	1327	0
三轴外_25	133	1496	1496	0
短轴外_23	4	1591	1590	−1
长轴中_27	90	1486	1485	−1
三轴中_29	135	1529	1526	−3
短轴中_31	6	1608	1605	−3
长轴内_32	92	1532	1530	−2
三轴内_34	137	1565	1561	−4
短轴内_36	8	1569	1565	−4
内环梁_37	139	1518	1516	−2

由表 11-9 可知，XS1D 断索后整体竖向位移小，最大值仅为 4mm，位于长轴内和短轴内节点；最小值为 0mm，位于三轴外和长轴外节点；内环梁竖向位移为 2mm；平均竖向位移为 2.0mm。外环接近支座节点，受支座节点约束作用较强，测点竖向位移较小，某些测点甚至无法观测出竖向位移值，而中环、内环处于跨中区域，远离支座节点，受支座约束作用较弱，测点竖向位移相对明显。又因结构边界不等高，长轴构件标高较低，短轴构件标高较高，破断较低处拉索 XS1D 后，长轴中节点竖向位移发展量不大，而三轴、短轴中节点竖向位移发展量相对较大。

XS1D 破断后加速度测点与索力测点时程图如图 11-71 所示。

由图 11-71(a)可知，XS1D 破断引起的测点加速度动态波动幅值不足 0.2m/s²，反应非常小，这一点从结构断索后仍保持原状态，继续承担荷载也可看出来。其中，测点 1 最大振幅 0.195m/s²、测点 2 最大振幅 0.12m/s²、测点 3 最大振幅 0.032m/s²，由此可知拉索破断动态效应沿环向和径向传播并衰减，环向衰减低于径向，到对象限时衰减至 20%以下。由图 11-71(b)、(c)可知，XS1D 的破断对索力影响小，具体表现为：索力前后差别低、波动幅值小、波动时间短。从图 11-71(d)可知，断索象限内的索力波动程度略大于对象限，差别很小，这说明 XS1D 破断后结构能保持良好的整体性能，各构件能继续协同工作。

XS1D 断索后象限Ⅰ、Ⅲ环索索力增量如图 11-72 所示。

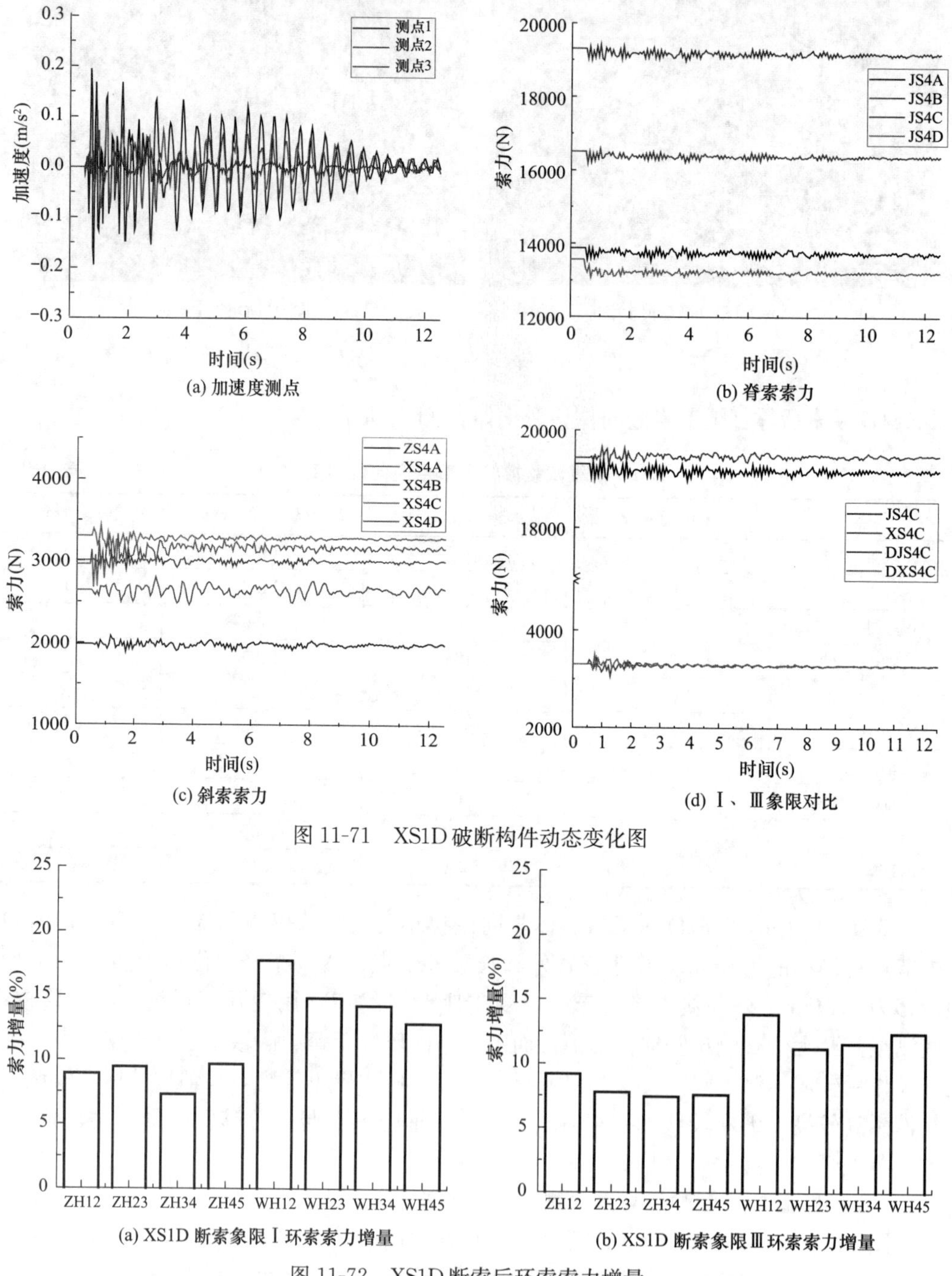

图 11-71　XS1D 破断构件动态变化图

图 11-72　XS1D 断索后环索索力增量

由图 11-72 可知，随着 XS1D 的破断，象限Ⅰ、Ⅲ中、外环索索力增加，其中象限Ⅰ中环环索索力平均增大 8.8%，外环环索索力平均增大 14.9%；象限Ⅲ中环环索索力平均增大 8%，外环环索索力平均增大 12.2%。外环索索力增量高于中环索约 5%且破断侧象限略大于对侧象限；环索索力增量整体差距不大，随环索位置内移，这种差距有缩小的趋势。

XS1D 断索后脊索索力增量如图 11-73 所示。

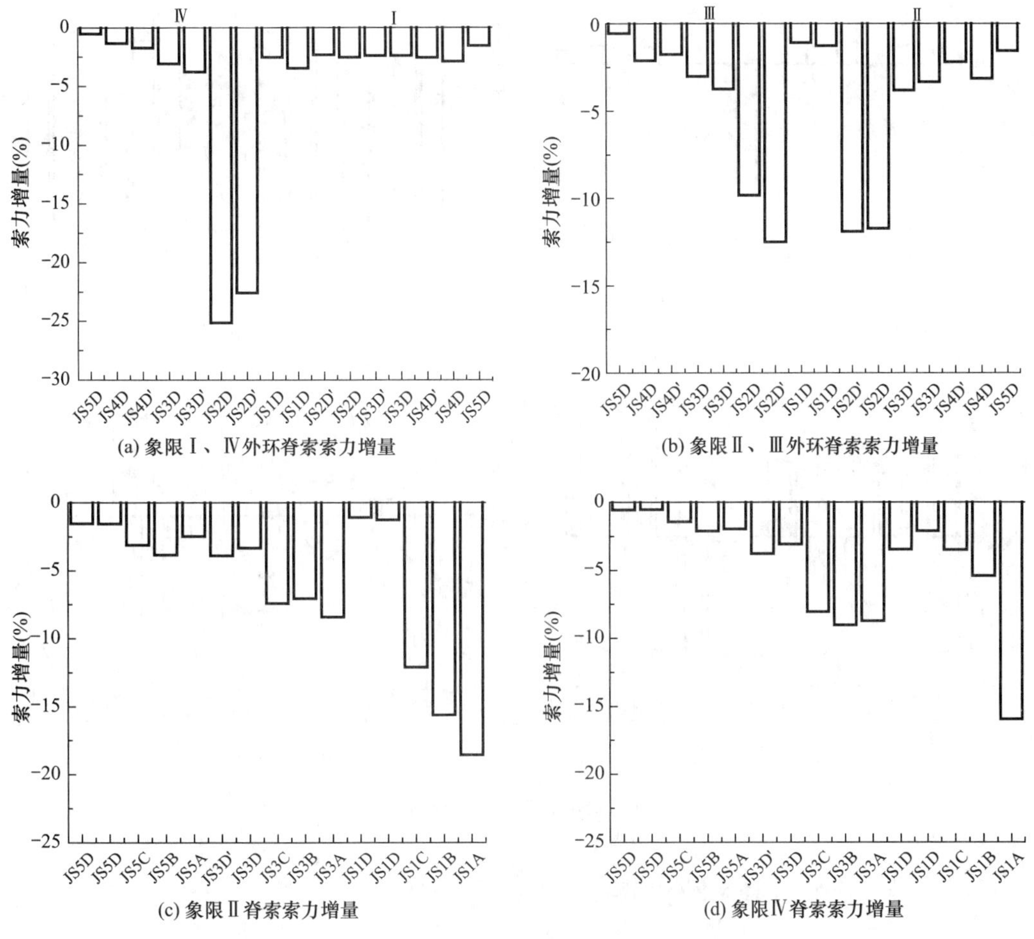

(a) 象限Ⅰ、Ⅳ外环脊索索力增量

(b) 象限Ⅱ、Ⅲ外环脊索索力增量

(c) 象限Ⅱ脊索索力增量

(d) 象限Ⅳ脊索索力增量

图 11-73 XS1D 断索后脊索索力增量

由图 11-73 可知，XS1D 破断后，脊索索力均下降，最大下降位于象限Ⅳ②轴处，索力减小 23.9%。破断侧除 JS2D 外索力下降值小于 5%且分布均匀；非破断侧索力变化有以长轴为对称轴的对称分布趋势。由图 11-73(c)、(d)可知，内环、中内环脊索索力下降明显大于外环脊索，可见跨中区域脊索对外斜索的破断更敏感。

XS1D 断索后斜索索力增量如图 11-74 所示。

由图 11-74 可知，XS1D 破断后，斜索索力有增有降，以增为主，最大增量为 116.6%，于四象限 XS1D 处，究其原因，是由于一象限 XS1D 破断，导致内力重分配，大多集中到与之相邻的四象限 XS1D 上；下降的斜索集中出现在内环且值较小。由图 11-74(a) 可知，破断侧斜索索力变化有一定反对称趋势，这是由于对称轴一侧斜索破断所带来的局部反对称现象；由图 11-74(b)可知，非破断侧斜索索力变化有以长轴为对称轴的对称趋势。由图 11-74(c)、(d)可知，在轴向上，越靠近跨中区域斜索索力增量越小，甚至内斜索出现负增量状态，可见外斜索对外斜索破断的敏感度最高。

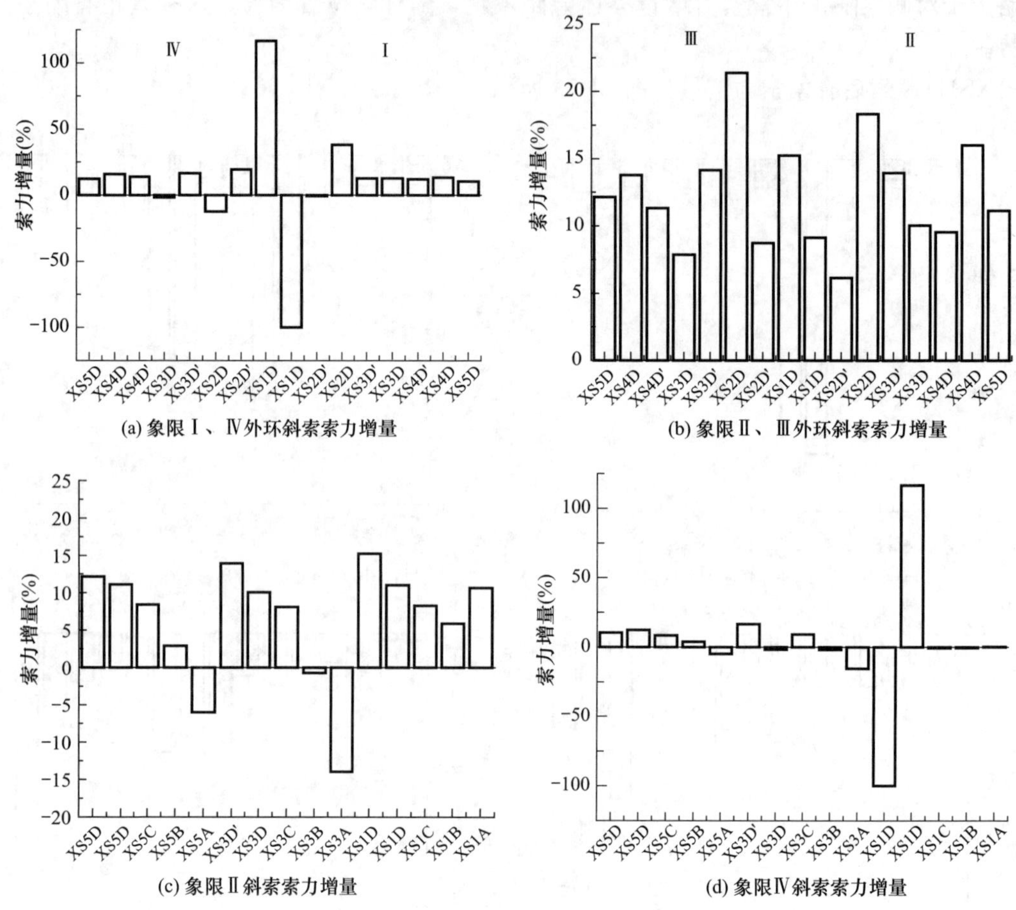

(a) 象限Ⅰ、Ⅳ外环斜索索力增量

(b) 象限Ⅱ、Ⅲ外环斜索索力增量

(c) 象限Ⅱ斜索索力增量

(d) 象限Ⅳ斜索索力增量

图 11-74 XS1D 断索后斜索索力增量

11.7.3.2 ②轴外环索断索试验

WH23（②轴外环索）破断瞬间发出巨大响声，同时整个结构产生巨大振动，最终形成肉眼可见的竖向位移。WH23 断索前后结构状态图如图 11-75 所示。断索前后内环梁十字标下沉量如图 11-76 所示，其中黑色线代表十字标断索前位置，红色线代表十字标断索后位置。

由图 11-75 可知，整体结构在断索后发生显著变化，断索象限内，构件下沉非常明显，部分节点竖向位移大、索体出现松弛、变形和变位，造成结构形态上的改变，丧失正常使用功能；非断索象限内结构形态改变相对较小，距断索处越远，构件变形变位越小。由图 11-76 可知，内环梁十字标下沉量为 46mm，下沉较多，由此可见 WH23 破断对结构整体状态影响极大。

WH23 断索后撑杆上节点竖向位移变化如表 11-10 所示。

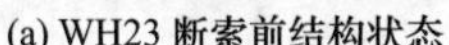

(a) WH23 断索前结构状态

(b) WH23 断索后结构状态

图 11-75 结构断索前后状态图

图 11-76 内环梁十字标下沉量

WH23 断索试验撑杆上节点竖向位移变化 **表 11-10**

测点	单元号	断索前（mm）	断索后（mm）	$\Delta_{试验}$（mm）
长轴外 _ 19	88	1328	1258	−70
三轴外 _ 25	133	1479	1377	−102
短轴外 _ 23	4	1587	1539	−48
长轴中 _ 27	90	1482	1418	−64
三轴中 _ 29	135	1523	1455	−68
短轴中 _ 31	6	1605	1554	−51
长轴内 _ 32	92	1528	1466	−62
三轴内 _ 34	137	1555	1502	−53
短轴内 _ 36	8	1567	1518	−49
内环梁 _ 37	139	1519	1473	−46

由表 11-10 可以看出，WH23 断索后整体竖向位移较大，最大值为 102mm，发生在③轴外节点，最小值为 46mm，发生在内环梁，平均竖向位移为 61.3mm。在轴向上，③轴受到的影响最大，这是断索处与③轴外撑杆下节点相连的原因，长轴其次，短轴受到的影响最小；在环向上，竖向位移沉降值按外撑杆、中撑杆、内撑杆、内环梁的顺序依次减小，这是因为距断索处越远的构件，受到的影响越小，变形变位也就越小。

WH23 破断后加速度测点与索力测点动态变化过程如图 11-77 所示。

由图 11-77(a)可知，WH23 破断引起节点加速度幅值最大约 $15m/s^2$，动态反应较大，表现为断索前后结构状态发生改变、产生肉眼可见的竖向位移、局部塌陷、结构无法继续承载。波动最大幅值出现在断索瞬间，之后快速衰减，大幅度波动持续时间仅为 2s。其中，测点 1 最大振幅 14.568m/s^2、测点 2 最大振幅 13.533m/s^2、测点 3 最大振幅 3.928m/s^2，环向相邻测点 1 波动大于径向相邻测点 2，对象限测点 3 最小，由此可知拉索破断动态效应沿环向和径向传播并衰减，环向衰减低于径向，到对象限时衰减至 30%以下。由图 11-77(b)和(c)可知，在断索瞬间索体内力大量下降，并和节点加速度类似，产生了大幅值波动，波动幅值在 3s 内迅速衰减，之后保持小程度振动，直至达到新的平衡态，趋于稳定，断索前后索力差别较大。由图 11-77(d)可知，脊索索力较斜索索力下降值大，脊索波动较斜索波动更为明显，可见对于环索的破断，脊索动态反应高于斜索。

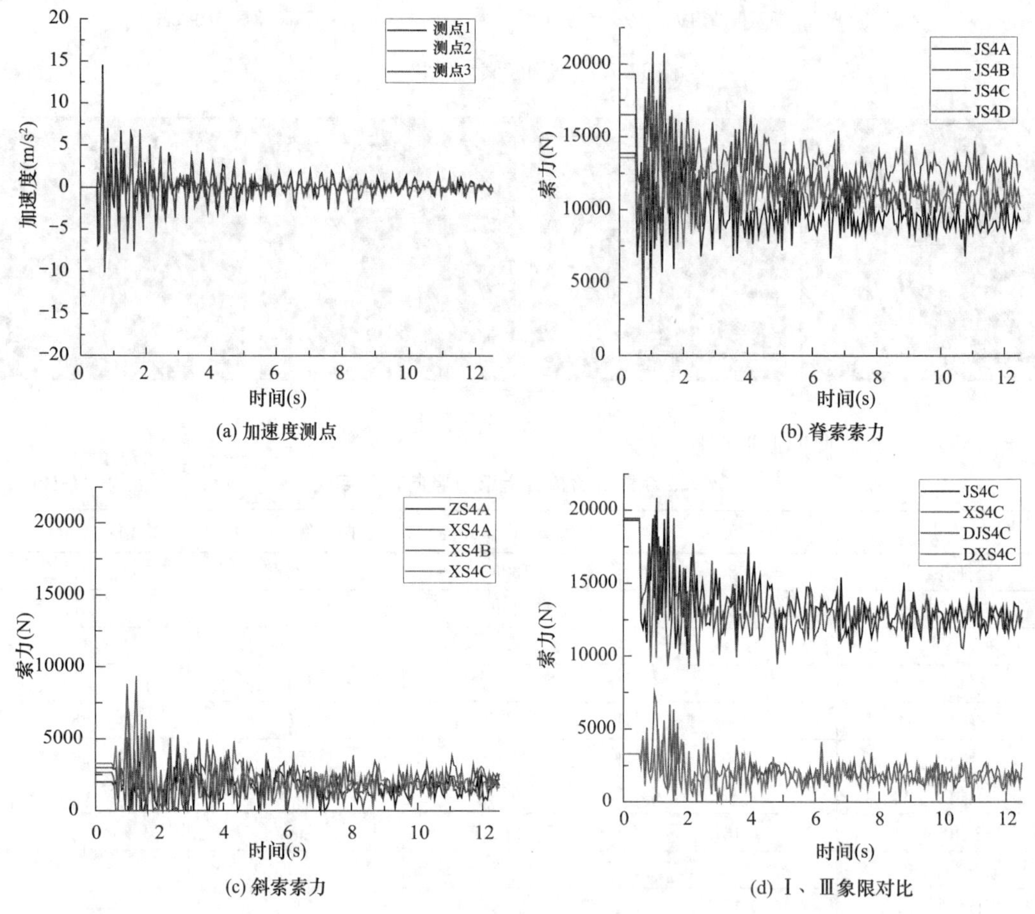

图 11-77　WH23 破断构件动态变化图

通过布置在脊索、斜索、环索中的应变片测量 WH23 断索前后索体中应变变化，计算出轴力变化，进行不同位置试验值索力变化的对比分析。

WH23 断索后象限Ⅰ、Ⅲ环索索力增量如图 11-78 所示。

由图 11-78 可知，随着 WH23 的破断，外环索和中环索索力均下降。破断象限内外环索索力下降最大，约为 79.1%，中环索受结构竖向变形的影响，索力也有所下降，但下降均匀，为原索力的 28.3%；对象限中、外环索索力下降均匀，下降量分别为 25.1%、14.5%，可以看出环索索力下降值与断索后结构竖向位移值存在正相关关系，即断索处竖向位移较大，对应外环索索力下降明显，中内环索竖向位移值较均匀，对应环索索力下降均匀。

(a) WH23 断索象限Ⅰ环索索力增量

(b) WH23 断索象限Ⅲ环索索力增量

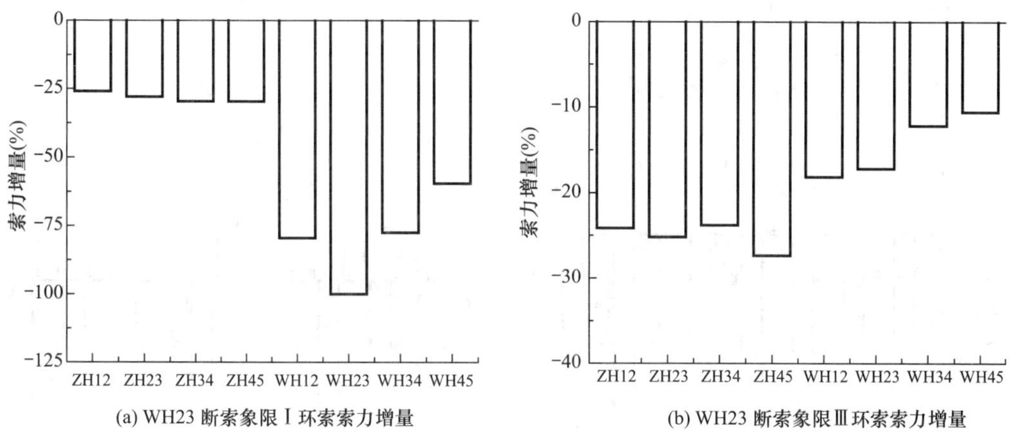

图 11-78 WH23 断索后环索索力增量

WH23 断索后脊索索力增量如图 11-79 所示。

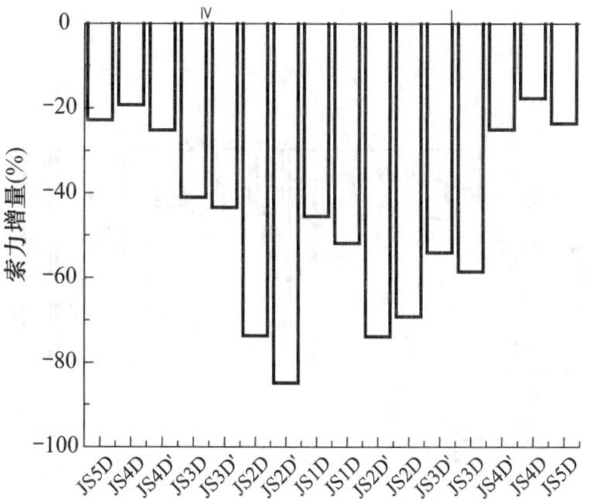

(a) 象限Ⅰ、Ⅳ外环脊索索力增量

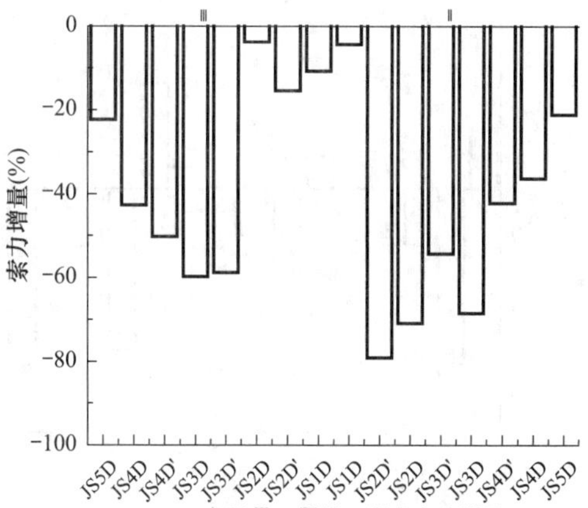

(b) 象限Ⅱ、Ⅲ外环脊索索力增量

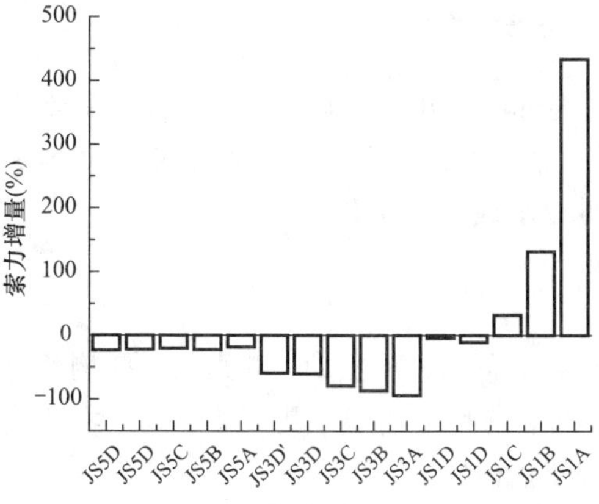

(c) 象限Ⅱ脊索索力增量

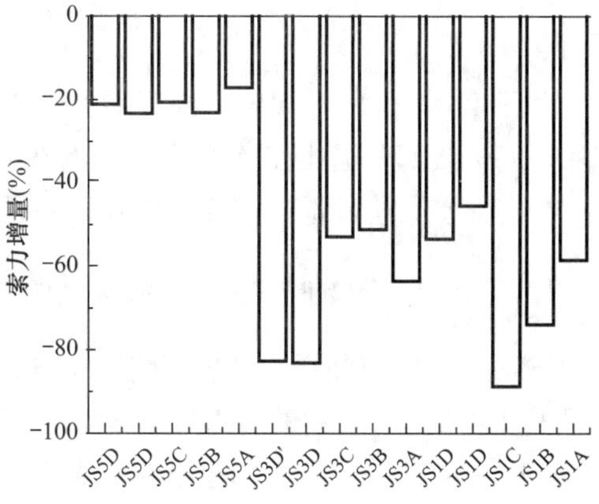

(d) 象限Ⅳ脊索索力增量

图 11-79 WH23 断索后脊索索力增量

由图11-79可以看出，脊索索力大多下降，且在测量的50根脊索中下降量大于50%的有24条，可判断出由于结构的整体变形和局部垮塌，脊索索力损失严重。这从试验过程中断索后部分脊索出现松弛，用较小力推动即可造成构件晃动也能看出。此时结构中约有一半脊索基本退出工作，已不适于继续承载。

WH23断索后斜索索力增量如图11-80所示。

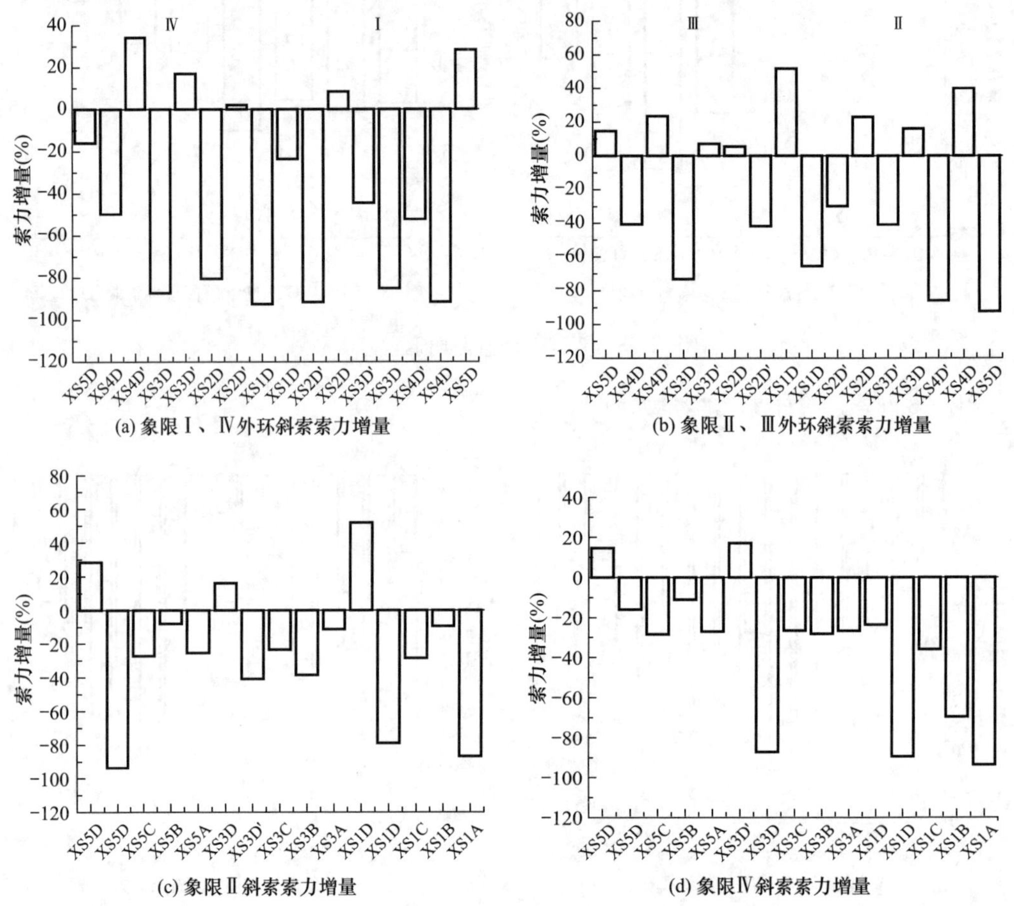

图11-80 WH23断索后斜索索力增量

由图11-80可知，WH23断索后斜索索力重分布并未出现明显规律，大部分斜索索力下降，完全或部分退出工作状态，仅有少数斜索索力上升，进一步说明了WH23的破断使结构中大多数构件退出工作，结构已不适于继续承载。

11.7.3.3 短轴中外脊索断索试验

JS5C（短轴中外脊索）破断瞬间结构发出响声，同时产生振动，断索前后结构状态图如图11-81所示。断索前后内环梁十字标下沉量如图11-82所示，其中靠上的短横线代表十字标断索前位置，靠下的短横线代表十字标断索后位置。

由图11-81可知，结构整体在断索前后状态变化不明显，仍可保持原状态继续承担外荷载。由图11-82可知，内环梁十字标下沉量为8mm，下沉量较小。断掉JS5C虽使结构产生了一定程度的竖向位移，但结构整体变形不大，可继续承担荷载。

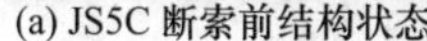

(a) JS5C 断索前结构状态

(b) JS5C 断索后结构状态

图 11-81 结构断索前后状态图

图 11-82 内环梁十字标下沉量

JS5C 断索后撑杆上节点竖向位移变化如表 11-11 所示。

JS5C 断索试验撑杆上节点竖向位移变化 **表 11-11**

测点	单元号	断索前（mm）	断索后（mm）	$\Delta_{试验}$（mm）
长轴外 _ 19	88	1330	1326	−4
三轴外 _ 25	133	1496	1493	−3
短轴外 _ 23	4	1594	1547	−47
长轴中 _ 27	90	1486	1475	−11
三轴中 _ 29	135	1532	1522	−10
短轴中 _ 31	6	1608	1618	10
长轴内 _ 32	92	1534	1526	−8
三轴内 _ 34	137	1565	1556	−9
短轴内 _ 36	8	1574	1563	−11
内环梁 _ 37	139	1521	1513	−8

由表 11-11 可知，JS5C 断索后节点竖向位移最大值为 47mm，发生在短轴外节点；最小值为 3mm，发生在③轴外节点；内环梁竖向位移 8mm；平均竖向位移为 12.3mm。其中，短轴外节点竖向位移明显大于其他节点，短轴中节点出现了向上的竖向位移。根据现场试验现象（图 11-83）可知，由于 JS5C 破断，短轴外撑杆下节点下移，同时外脊索牵引上节点发生转动，导致撑杆不能维持竖向垂直状态而产生侧移，综合判断短轴外撑杆上节点下沉明显；又因为 XS5C 牵引短轴中撑杆下节点上移，导致中撑杆上节点出现向上的竖

向位移。除与断索处相连的此两个节点，其余节点竖向位移值遵循一定规律：由于外环节点接近支座，受支座约束作用强，测点竖向位移较小，而中环、内环处于跨中区域，受支座约束作用弱，测点竖向位移相对偏大。

图 11-83　JS5C 断索试验现场图

JS5C 破断后加速度测点与索力测点动态变化过程如图 11-84 所示。

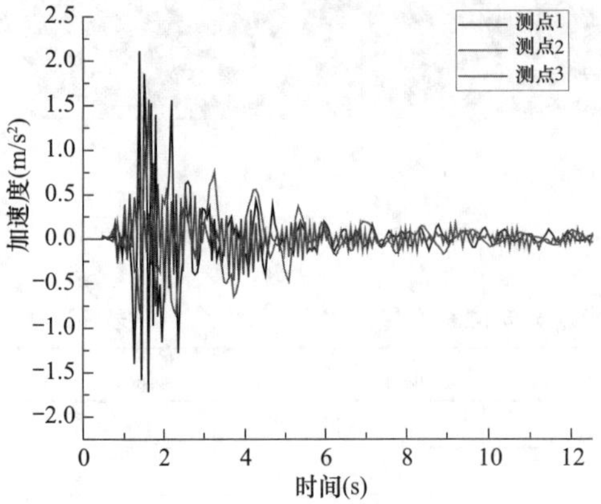

(a) 加速度测点

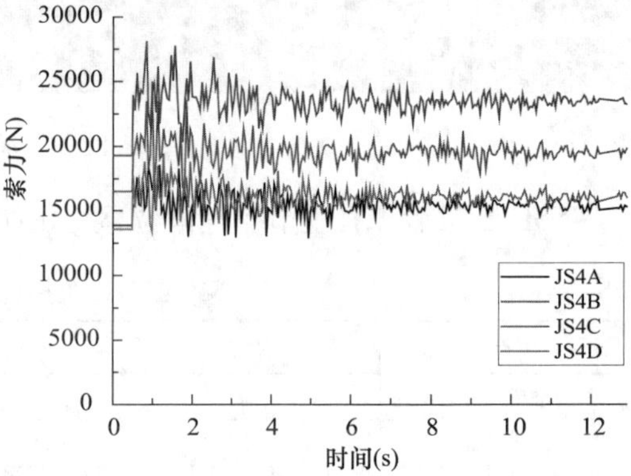

(b) 脊索索力

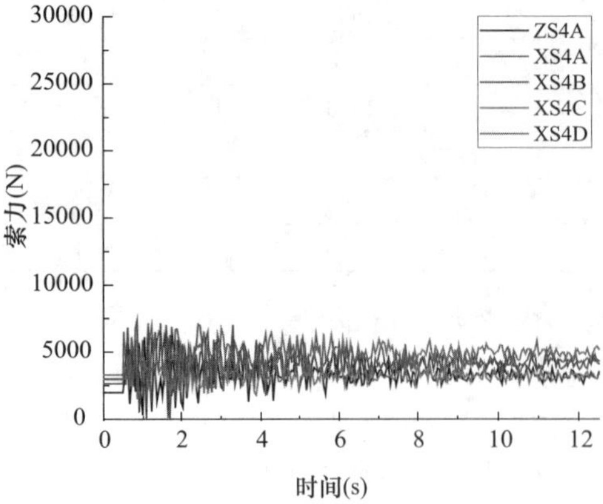

(c) 斜索索力

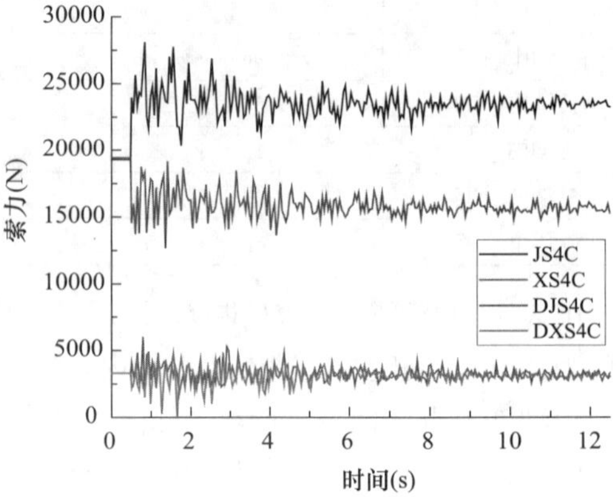

(d) Ⅰ、Ⅲ象限对比

图 11-84　JS5C 破断构件动态变化图

由图 11-84(a)可知，断索引起动态波动幅值最大约为 2.3m/s²，之后迅速衰减，大幅波动持续时间仅 1.75s 左右，可见 JS5C 的破断导致结构动态反应较小。其中，测点 1 最大振幅 2.112m/s²、测点 2 最大振幅 1.571m/s²、测点 3 最大振幅 0.859m/s²。由于破断位置与对象限测点为同轴径向索，动态效应传递路径短、能耗低，到对象限测点时衰减至 40%。由图 11-84(b)和(c)可知，在断索瞬间，和节点加速度类似，索体内力产生大幅值波动，而后波动幅值衰减，最终达到新的平衡态，趋于稳定。由图 11-84(d)可知，断索象限和对象限的索力波动程度大致相当，这说明 JS5C 破断后结构仍能保持良好的整体性，使各构件继续协同工作。值得注意的是断索侧④轴脊索、斜索索力都有一定程度的上升，分析原因，这是由于⑤轴中外脊索破断后进行内力重分布，相应索力由邻近④轴索体承担引起的；而断索对侧④轴脊索索力下降则是由于中心拉力环下沉，脊索不易受力导致。JS5C 破断引起的结构振动幅度不大、衰减较快，稳定后能继续承载，这是因为索穹顶结构为柔性结构，耗能减震效果好，同时也说明此复合式索穹顶结构有较高的冗余度。

JS5C 断索后象限Ⅰ、Ⅲ环索索力增量如图 11-85 所示。

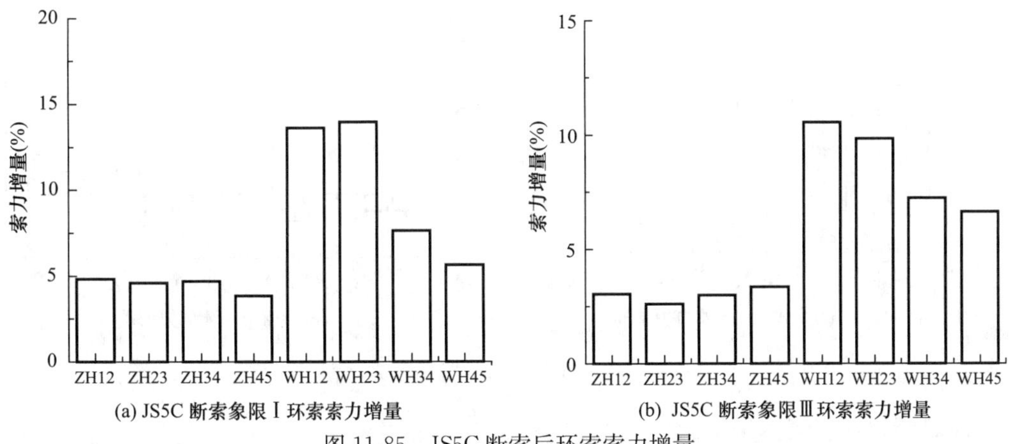

图 11-85 JS5C 断索后环索索力增量

由图 11-85 可以看出，随着 JS5C 的破断，象限Ⅰ、Ⅲ处环索索力均增加。其中，断索侧中环索索力增量平均为 4.5%，非断索侧中环索索力增量平均为 3%，分布均匀，影响较小。断索侧外环索索力增量平均为 10.2%，由于⑤轴外撑杆对下节点约束力减弱，WH45 索力增量仅为 5.6%，WH34 受到 WH45 松弛效应的影响，索力增量只有 7.6%；非断索侧外环索索力增量平均为 8.6%，以靠近短轴方向呈阶梯状下降。总体来说，中环索索力增量较小且均匀，外环索增量较大，且受断索位置影响增量值长轴大、短轴小。

JS5C 断索后脊索索力增量如图 11-86 所示。

由图 11-86(a)、(b)可知，JS5C 破断带来的脊索索力变化呈明显的对称分布，对称轴为断索所在位置的短轴，破断侧（象限Ⅰ、Ⅱ）外环脊索中除 JS5D 完全松弛，其余索力有增有降，变化绝对值在 25%以内；非破断侧（象限Ⅲ、Ⅳ）外环脊索索力均下降，平均变化值为 19.7%，且靠近短轴变化值减小。由图 11-86(c)、(d)可知，JS5C 的破断使短轴脊索一致退出工作状态，而象限Ⅳ脊索索力普遍降低。JS1A 索力增量大于 150%，但其初始索力极小，根据设计资料得出其索力增长 32 倍才可能发生破断，因此 JS1A 处于安全状态。综上，JS5C 的破断使断索轴脊索退出工作，内力经重分布大部分分担给了邻轴脊索，对半跨脊索出现一定程度松弛。

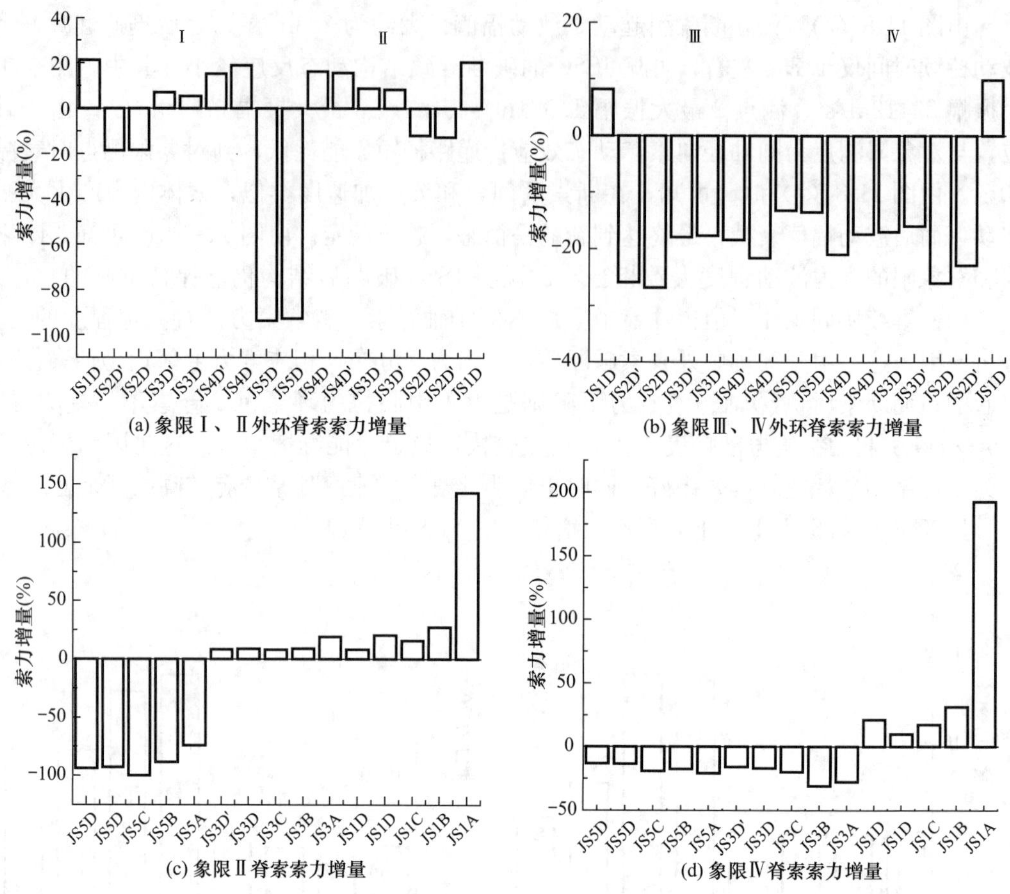

图 11-86　JS5C 断索后脊索索力增量

JS5C 断索后斜索索力增量如图 11-87 所示。

由图 11-87(a)、(b)可知，JS5C 破断带来的斜索索力变化有增有降，且同样呈现明显的对称分布，对称轴为断索所在位置的短轴。破断侧（象限Ⅰ、Ⅱ）索力越靠近长轴变化值越小；仅有 XS4D 索力增加 76.5%，与之相邻的 XS4D′索力下降 48.9%，基本处于松弛状态。非破断侧（象限Ⅲ、Ⅳ）索力以增为主，大部分增量不足原索力的 5%，仅有 XS1D、XS2D 索力增量在 20%以上。可见 JS5C 破断后外环斜索内力重分布以断索处局部区域为主。由图 11-87(c)、(d)可知，断索轴内力重分布明显，靠近内环梁处索力下降较大，XS5B、XS5A 基本退出工作状态，而③轴、长轴大部分索力变化值不足 10%。可见 JS5C 断索仅对本轴局部区域有明显作用，整体影响不大。

11.7.3.4　短轴中外脊索逐丝断索试验

在实际情况中，除人为破坏等因素，拉索的破断不是瞬间形成的，而是一个逐丝断裂、横截面不断减小、变形逐步增加、索力逐渐变化的过程。为了能够在试验中重现断索过程，研究断索过程中结构内力重分布进程，针对 JS5C 进行逐丝断索试验。将 JS5C 的模拟拉索改为 3 根 $\phi 2$ 钢丝绳，断索时依次剪断左、右、中 3 根钢丝绳来模拟拉索截面不断减小的过程，每剪断一根拉索便采集一次断索数据，共计 3 次，试验流程如图 11-88 所示。

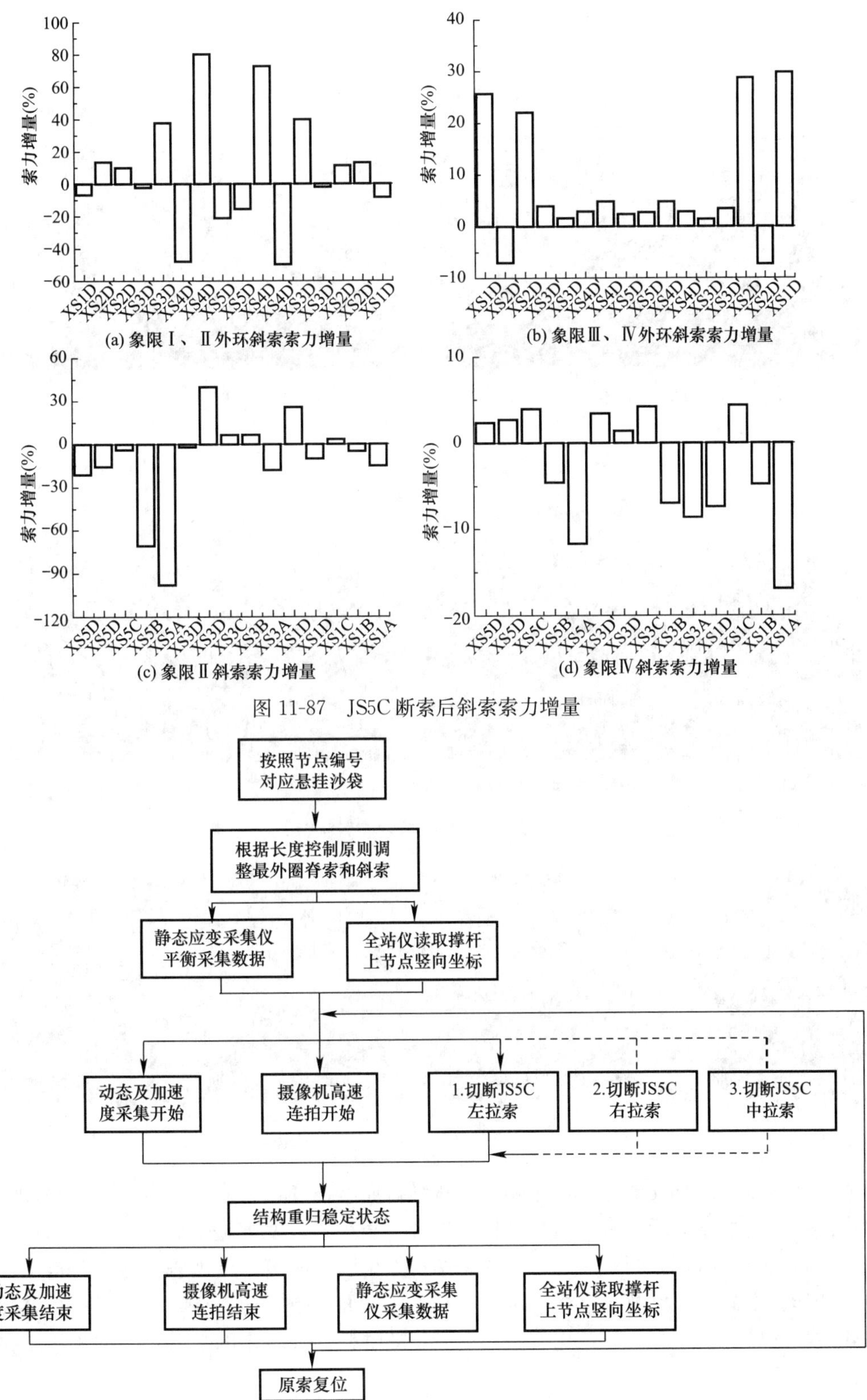

图 11-87 JS5C 断索后斜索索力增量

图 11-88 逐丝断索试验流程图

断索过程结构状态图如图 11-89 所示，断索前后内环梁十字标下沉量如图 11-90 所示。

(a) JS5C 未断索

(b) JS5C 断1根

(c) JS5C 断2根

(d) JS5C 断3根

图 11-89　结构断索前后状态图

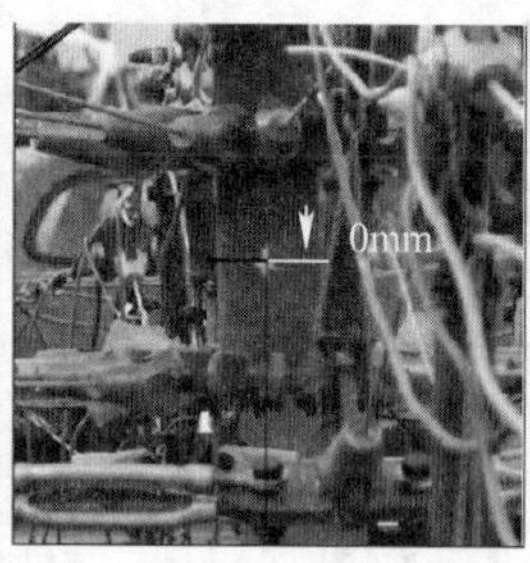

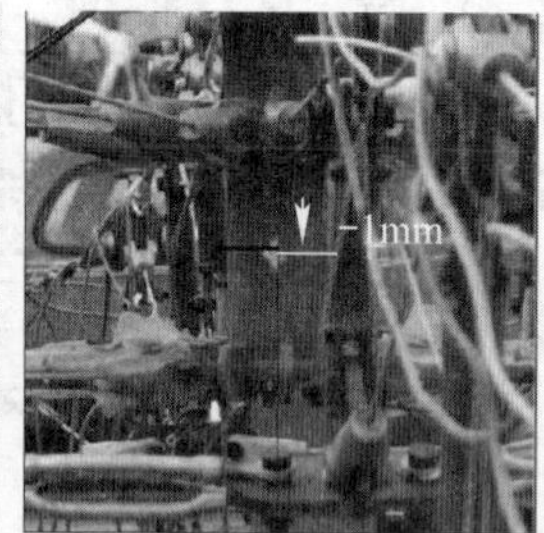

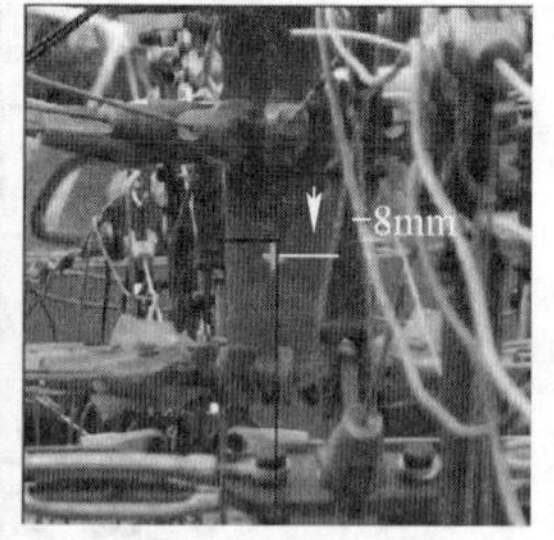

图 11-90　内环梁十字标下沉量

剪断一根索体时仅产生一声小响，基本维持原状不变，未发生肉眼可见的振动；待结构恢复稳定，继续剪断一根索体，结构又出现一声小响，发生轻微振动，但并未产生显著变形；再次稳定后，剪断最后一根索体，结构发出明显响声，产生较大振动和肉眼可见的竖向变形。由试验现象及十字标下沉量可知索体截面破断率达 1/3 时结构竖向位移无明显变化，截面破断率达 2/3 时结构有微小反应，随着截面破断率的上升，竖向位移增量迅速提升，直至破断。

JS5C 逐丝断索撑杆上节点测点竖向位移变化过程如表 11-12 所示。

JS5C 断索试验撑杆上节点竖向位移变化（mm） 表 11-12

测点	断索前	断 1 根	断 2 根	断 3 根	Δ_1	Δ_2	Δ_3
长轴外 _ 19	1329	1329	1328	1325	0	−1	−4
③轴外 _ 25	1504	1504	1504	1500	0	0	−4
短轴外 _ 23	1593	1592	1590	1543	−1	−3	−50
长轴中 _ 27	1485	1485	1484	1474	0	−1	−11
③轴中 _ 29	1535	1535	1534	1526	0	−1	−9
短轴中 _ 31	1605	1606	1607	1613	1	2	8
长轴内 _ 32	1535	1534	1533	1526	−1	−2	−9
③轴内 _ 34	1571	1570	1569	1562	−1	−2	−9
短轴内 _ 36	1583	1583	1581	1571	0	−2	−12
内环梁 _ 37	1531	1531	1530	1523	0	−1	−8

将表 11-12 中竖向位移变化绝对值用折线图形式表示如图 11-91 所示。由于短轴外撑杆属于失效构件，数值可靠度不高，分析时舍去。

由图 11-91 可知，断索截面率为 1/3 以下时结构竖向位移反应约为总反应的 5%～10%，有些节点甚至无变化，断索截面率为 2/3 以下时结构竖向位移反应约为总反应的 20%，而最后一根索的破断完成了整个竖向位移的 80%。可见竖向位移多产生于断索末期，它并不是随索体截面的减小线性增加的，而是一个变化值逐渐增多的过程。

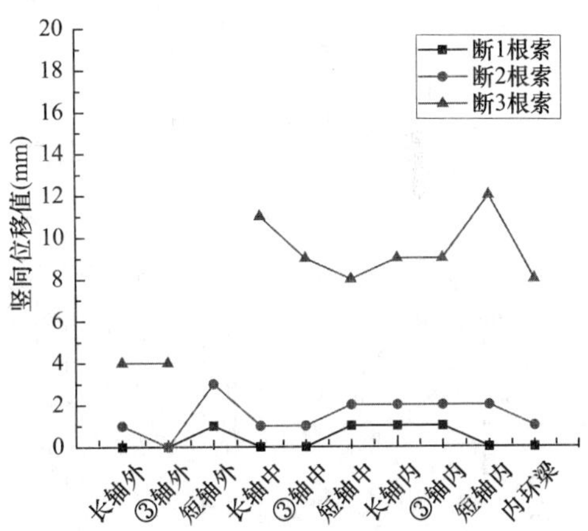

图 11-91 JS5C 断索试验撑杆上节点竖向位移绝对值

JS5C 逐丝断索加速度测点动态变化过程如图 11-92 所示。

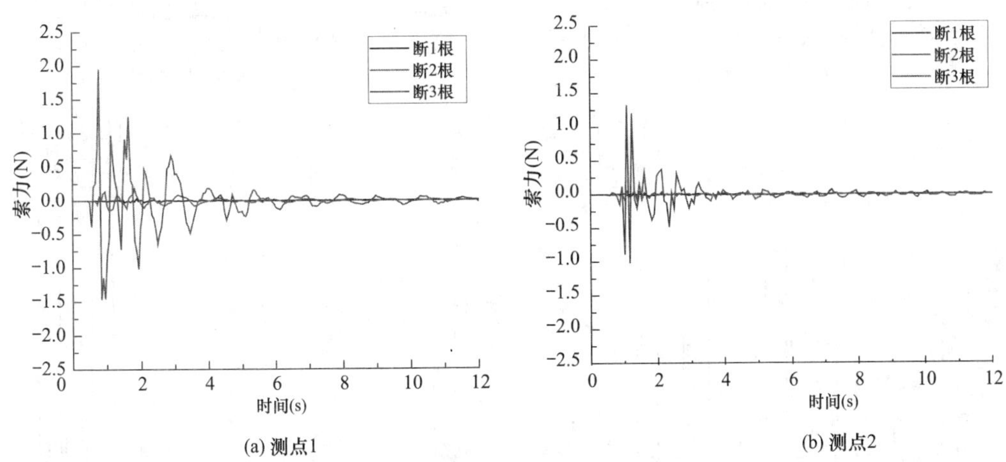

(a) 测点1 (b) 测点2

图 11-92 JS5C 逐丝破断加速度动态变化图

由图 11-92 可知，逐丝断索过程中随拉索横截面减小结构动态反应不断加大，具体来说：断 1 根索时，节点加速度最大振幅为 0.03m/s²，振动持续时间约 1s；断 2 根索时，

最大振幅可达 $0.181m/s^2$，振动持续时间约 2s；断 3 根索时，最大振幅达 $1.958m/s^2$，振动持续时间约 4～5s。节点加速度幅值和振动持续时间都逐步递增，可见随着断索截面的减小结构振动反应加剧、振动持续时间变长。

选取环索、脊索、斜索代表性测点，获取相应位置处 JS5C 三根索逐丝断裂过程中的内力重分布值，取其增量绝对值绘制成内力分布柱状图，如图 11-93 所示。

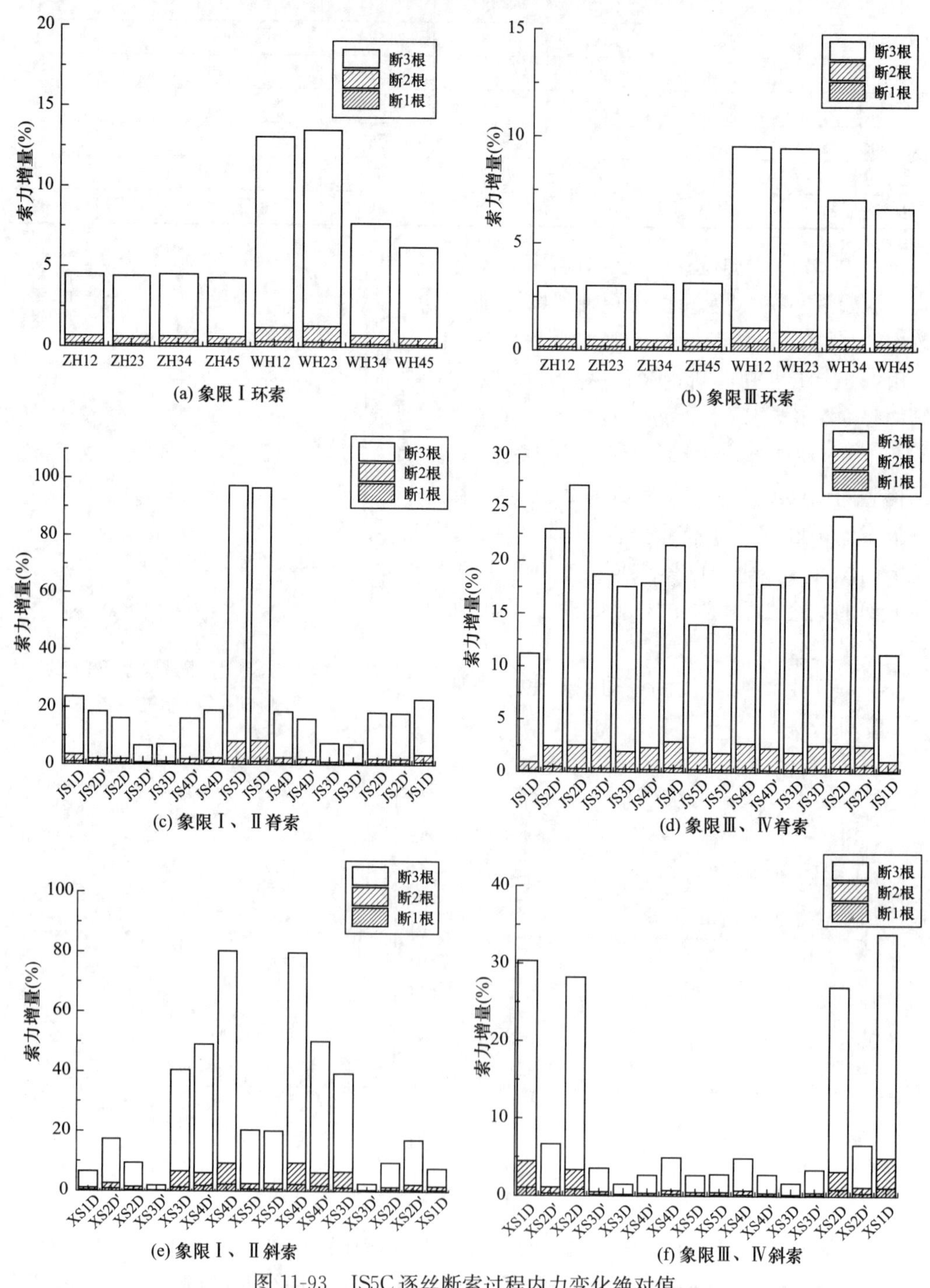

(a) 象限Ⅰ环索　(b) 象限Ⅲ环索

(c) 象限Ⅰ、Ⅱ脊索　(d) 象限Ⅲ、Ⅳ脊索

(e) 象限Ⅰ、Ⅱ斜索　(f) 象限Ⅲ、Ⅳ斜索

图 11-93　JS5C 逐丝断索过程内力变化绝对值

JS5C逐丝破断同单索破断在内力重分布上具有一致性，可互为验证。逐丝断索过程中，不论何种类型、何处位置的拉索，内力重分布比例接近最终破断比例，但对比最终内力重分布状态，断索过程中的内力重分布相对均匀。断1根索时，结构内力产生微小变动，在总变化值的5%以内，断2根索时，结构内力变化值在总变化值的20%以内。实际工程中拉索破断不是瞬间发生的事情，而需要一段时间的累积。由试验过程可以看出，结构反应及状态变化均集中于破断后期，而初、中期较小，不到全部变化值的20%。因此，实际工程中拉索破断后期结构十分危险且不易修复，而通过定期维护和日常检查，可在拉索发生破断的初、中两个时期及时预警，采取措施，将事故防患于未然。

11.8 本章小结

本章对天津理工大学索穹顶结构进行了缩尺模型试验研究，对这一新型索穹顶结构施工张拉过程中的受力性能、静力性能、不均匀雪荷载作用下的力学性能、温度效应以及断索后的力学性能进行了研究，得到以下结论：

(1) 在缩尺模型张拉安装完成后，实测内力与模拟值存在一定的误差，因构件的加工误差难以避免，根据本书第9章中施工误差调节方式的研究，通过调节外圈脊索和斜索的可调节量能够使实际内力与模拟值更加接近。

(2) 静力性能试验结果与有限元求解结果规律一致，椭圆形复合式索穹顶结构长轴与短轴方向受力性能有较大差别。长轴方向预应力较小，内圈拉索在竖向荷载作用下可能发生松弛。短轴方向预应力较大，刚度也较大，在结构整体受力中起主要作用。长短轴两个方向在受力和变形上较为独立，长轴内圈拉索的松弛对短轴受力性能影响不大。

(3) 通过不均匀雪荷载试验研究，建议在椭圆形、马鞍形索结构设计中除考虑《索结构技术规程》JGJ 257—2012中规定的雪荷载全跨、长轴半跨、短轴半跨外，还应重点考虑雪荷载沿长轴对角半跨布置、沿45°轴半跨布置这两种布置形式。

(4) 索穹顶各索力均随着温度的升高逐渐减小，索力的变化在低温阶段较为明显。短轴脊索索力随着温度的升高呈线性减小的趋势，但其相对初拉力的减小程度远远小于长轴脊索。长轴、短轴斜索索力均随着温度的升高呈线性下降趋势，只是索力变化程度各有不同，且没有出现由于温度升高索力完全松弛的现象。各圈环索索力随着温度的升高索力也呈线性下降的趋势，其中内环索对结构温度的变化最为敏感。

(5) 拉索破断是一个逐丝断裂的过程，结构反应及状态变化均集中于破断后期，而初、中期较小，不到全部变化值的20%。因此，通过定期维护和日常检查，可在拉索发生破断的初、中两个时期及时预警，采取措施，将事故防患于未然。

第12章 椭圆形复合式索穹顶结构断索分析与评估

12.1 引言

本章基于ANSYS的单元生死功能模拟拉索和撑杆的断裂，即将构件断裂处的单元杀死，被杀死的单元载荷为0，不对结构其他构件计算产生影响。杀死单元后的结构计算采用瞬态动力学分析方法，分析时将构件失效前的反力施加于相应的节点上，然后令其在一段极短的时间内减小到零。

现有的研究表明，失效时长处于剩余结构自振周期的十分之一以内时才能保证其动力效应不被过分削弱，但也可以近似采用失效之前完整结构自振周期来代替剩余结构自振周期。天津理工大学索穹顶模型完整结构的一阶自振频率为0.316Hz，周期为3.165s，为尽可能地保证其动力效应，将失效时长设置为0.025s，远小于其自振周期的十分之一，可认为满足要求。通过通用结果后处理提取单索（杆）破断后节点竖向位移、拉索和撑杆内力；通过时间历程后处理提取相应的时程曲线对断索后结构力学性能进行分析。

12.2 天津理工大学索穹顶缩尺模型有限元分析

12.2.1 缩尺模型斜索XS1D断索有限元分析

缩尺模型有限元分析的节点编号与本书第11章中缩尺模型断索试验的节点编号保持一致，本章所述节点编号均与11.6.1节所述节点编号一致。

(1) 斜索XS1D竖向位移分析

XS1D（长轴外斜索）断索后撑杆上节点竖向位移变化如表12-1所示，结构竖向位移图如图12-1所示。

XS1D断索分析撑杆上节点竖向位移变化 表12-1

测点	单元号	$\Delta_{试验}$（mm）	$\Delta_{理论}$（mm）	测点	单元号	$\Delta_{试验}$（mm）	$\Delta_{理论}$（mm）
长轴外_19	88	0	−0.6	短轴中_31	6	−3	−4.4
③轴外_25	133	0	−0.3	长轴内_32	92	−4	−5
短轴外_23	4	−1	−1.8	③轴内_34	137	−2	−2
长轴中_27	90	−1	−1.5	短轴内_36	8	−4	−4.9
③轴中_29	135	−3	−4.1	内环梁_37	139	−2	−3.6

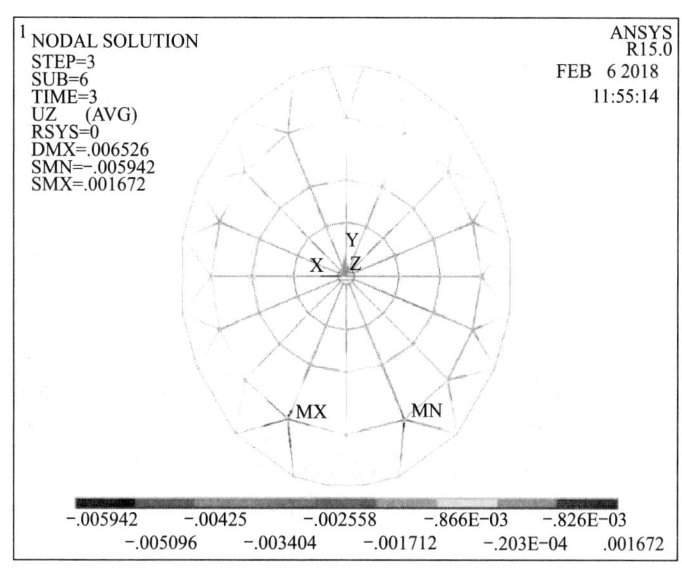

图 12-1 XS1D 断索后节点竖向位移变化图

由图 12-1 和表 12-1 可以看出，理论值和试验值具有相同的变化规律和分布趋势，XS1D 断索后，标高最低的长轴竖向位移很小，可见竖向位移与拉索标高位置有关：破断低位处的拉索时，高位处节点竖向位移更大。断索侧②轴外节点下沉量最大，对称侧②轴外节点下沉量最小，即当破断对称轴一侧外斜索时，结构竖向位移有一定的反对称趋势。靠近破断处的Ⅰ、Ⅳ象限下沉量比远离破断处的 II、III 象限下沉量大，即拉索破断对同半跨区域的影响大于对半跨区域。

（2）斜索 XS1D 断索过程动态分析

XS1D 破断后加速度节点与索力单元节点动态变化过程如图 12-2 所示。其中模拟值在相应拉索编号后加撇号表示。

模拟值和试验值有相同的变化规律，XS1D 破断造成的结构动态反应非常小，对索力影响不大，具体表现在索力波动幅值小、波动时间短、前后差别低，断索后结构仍能够保持良好的整体性能，各构件仍能继续协同工作。值得注意的是模拟值振动持久性略高于试

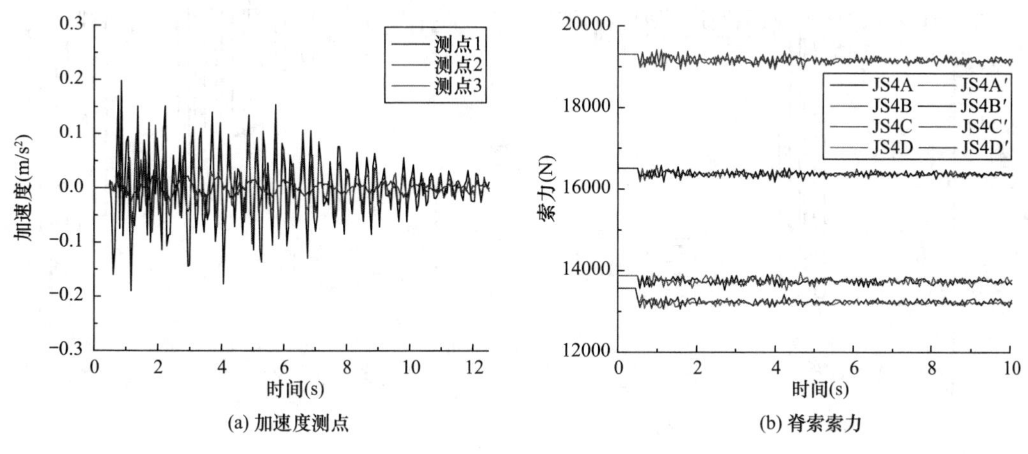

(a) 加速度测点　(b) 脊索索力

图 12-2 XS1D 破断构件动态变化图（一）

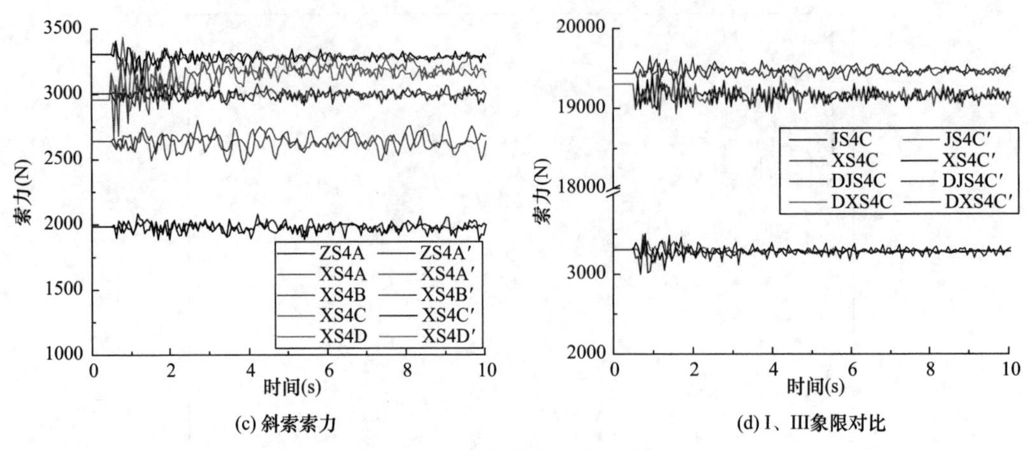

(c) 斜索索力　　(d) Ⅰ、Ⅲ象限对比

图 12-2　XS1D 破断构件动态变化图（二）

验值，分析原因在于试验时各节点处加挂了用于补充质量的沙袋，在结构振动过程中沙袋起到阻尼作用，使振动衰减加快。

（3）斜索 XS1D 断索索力增量分析

XS1D 断索后各拉索索力增量如图 12-3 所示。

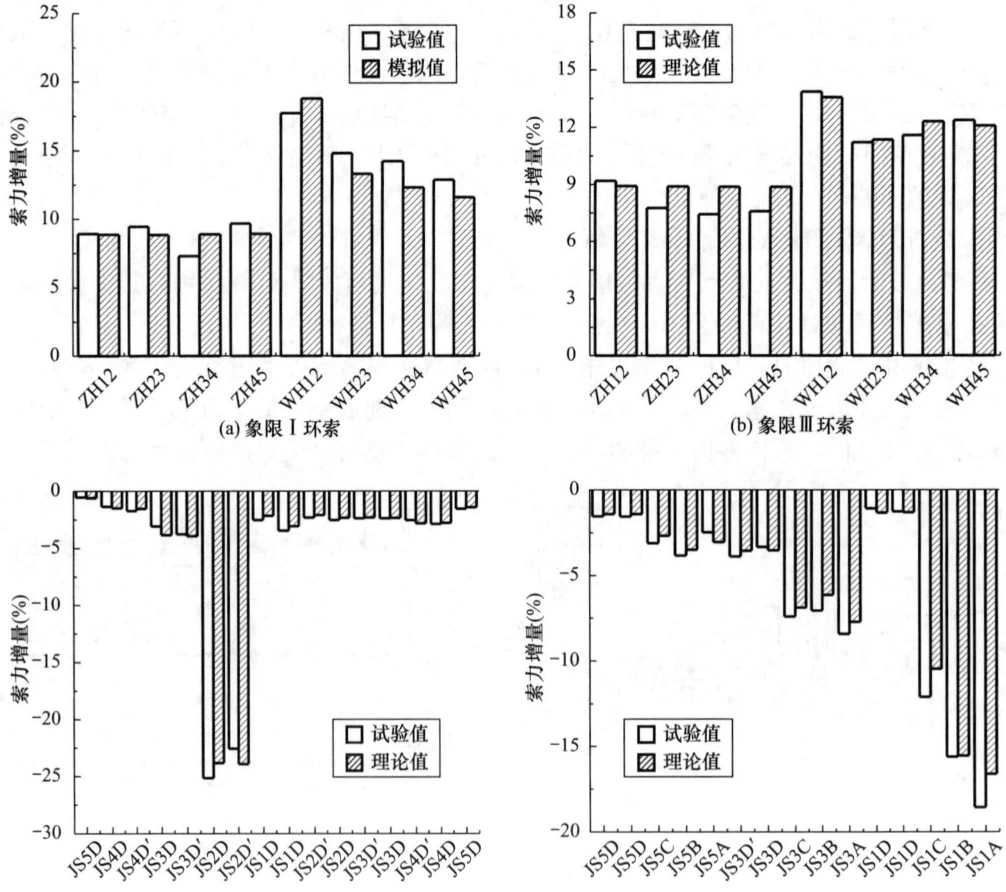

(a) 象限Ⅰ环索　　(b) 象限Ⅲ环索

(c) 象限Ⅰ、Ⅳ外环脊索　　(d) 象限Ⅱ脊索

图 12-3　XS1D 断索后拉索索力增量（一）

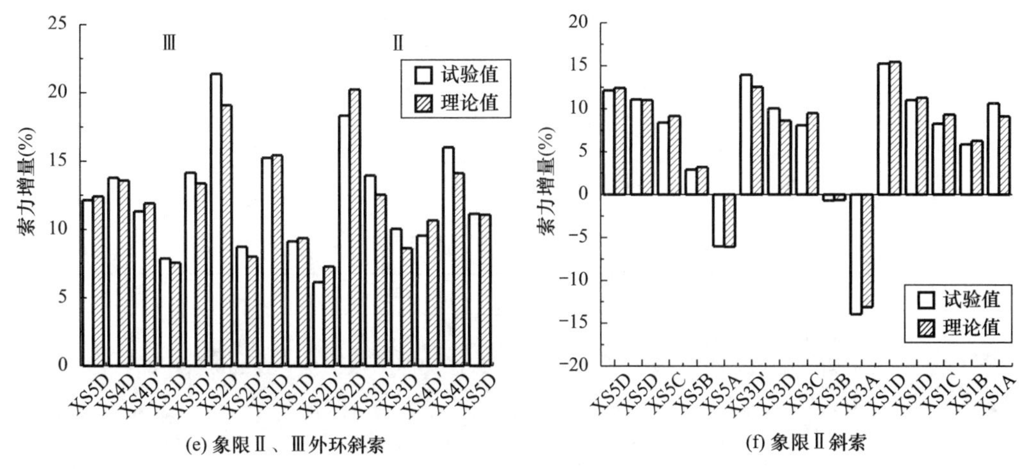

(e) 象限Ⅱ、Ⅲ外环斜索

(f) 象限Ⅱ斜索

图 12-3 XS1D 断索后拉索索力增量（二）

由图 12-3 可知，有限元模拟值同试验值具有相同的变化趋势，这说明结构在模拟和试验过程中拥有同样的内力重分布规律，即环索索力均上升，脊索索力均下降，斜索索力有增有降，但以索力提高为主。

XS1D 断索前后索力分布图如图 12-4 所示。

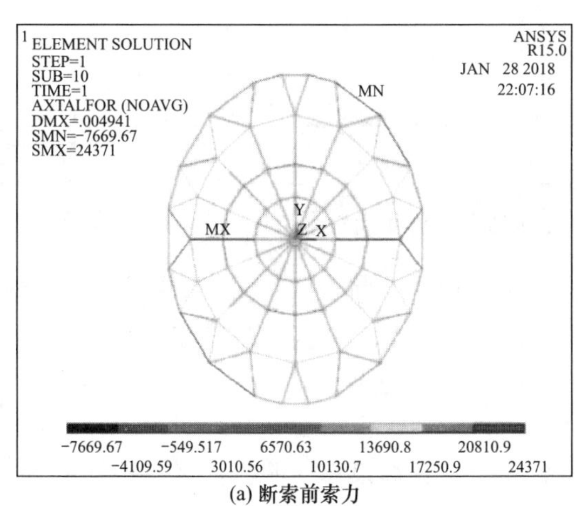

(a) 断索前索力

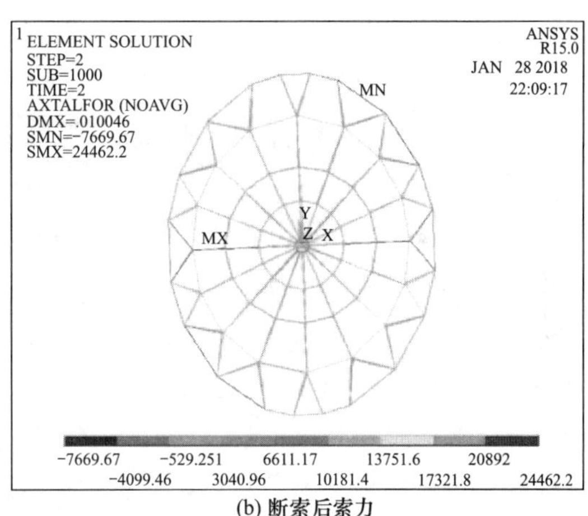

(b) 断索后索力

图 12-4 XS1D 断索前后索力分布图

由图 12-4 可知，XS1D 破断前后索力分布基本无变化，索力变化量小，并未出现失效构件。综上所述，XS1D 的破断不仅对结构位移影响不大，对索力分布的影响也不大。

12.2.2 缩尺模型环索 WH23 断索有限元分析

（1）环索 WH23 竖向位移分析

WH23（②轴外环索）断索后撑杆上节点竖向位移变化如表 12-2 所示，结构竖向位移图如图 12-5 所示。

由图 12-5 和表 12-2 可以看出，理论值和试验值具有相同的变化规律和分布趋势，WH23 断索后整体竖向位移较大。具体来看，③轴受到断索影响最大，长轴其次，短轴最

WH23 断索分析撑杆上节点竖向位移变化表　　表 12-2

测点	单元号	$\Delta_{试验}$（mm）	$\Delta_{理论}$（mm）	测点	单元号	$\Delta_{试验}$（mm）	$\Delta_{理论}$（mm）
长轴外 _ 19	88	−70	−68.1	短轴中 _ 31	6	−51	−43.9
③轴外 _ 25	133	−102	−81.5	长轴内 _ 32	92	−62	−53.5
短轴外 _ 23	4	−48	−35.4	③轴内 _ 34	137	−53	−44.2
长轴中 _ 27	90	−64	−57.8	短轴内 _ 36	8	−49	−39.6
③轴中 _ 29	135	−68	−51.5	内环梁 _ 37	139	−46	−35.8

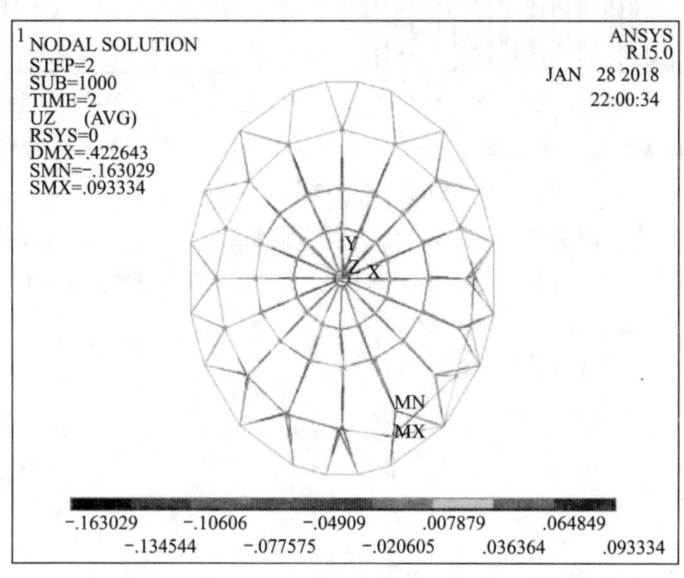

图 12-5 WH23 断索后节点竖向位移变化图

小，受支座节点约束作用影响，外环索竖向位移偏小。WH23 断索后，整体结构出现大幅下降，根据下降量大小可大致分为三个区域：断索象限区、中内环区、外环区。其中断索象限区为大数值竖向位移集中区，最大下沉 163.0mm 的②轴外环索上节点就位于此区；中内环区为中环索包围区域，此区域下沉量整体均匀，大致集中于 30～50mm 之间；外环区除断索位置附近支座节点约束作用削弱较多外，其余位置约束作用明显，竖向位移值基本在 20mm 以下。

从整体判断，结构出现了肉眼可见的竖向位移，部分区域接近垮塌，WH23 的破断使结构失去正常使用功能，不适于继续承载。

（2）环索 WH23 断索过程动态分析

WH23 破断后加速度节点与索力单元节点动态变化过程如图 12-6 所示。

模拟值和试验值具有相同的变化规律，WH23 破断结构动态反应较大，在断索瞬间索中内力产生大幅值波动和大幅度下降。其中，脊索索力较斜索索力下降值更大、波动更明显。

（3）环索 WH23 断索索力增量分析

WH23 断索后各拉索索力增量如图 12-7 所示。

由图 12-7 可知，有限元模拟值同试验值具有相同的变化趋势。其中，中、外环索各象限均出现了均匀且大程度的下降；脊索有升有降，以降为主，约有一半的脊索基本退出工作状态；而斜索未呈现明显规律，大部分斜索索力下降，完全或部分退出工作状态。

断索前后索力分布图如图 12-8 所示。

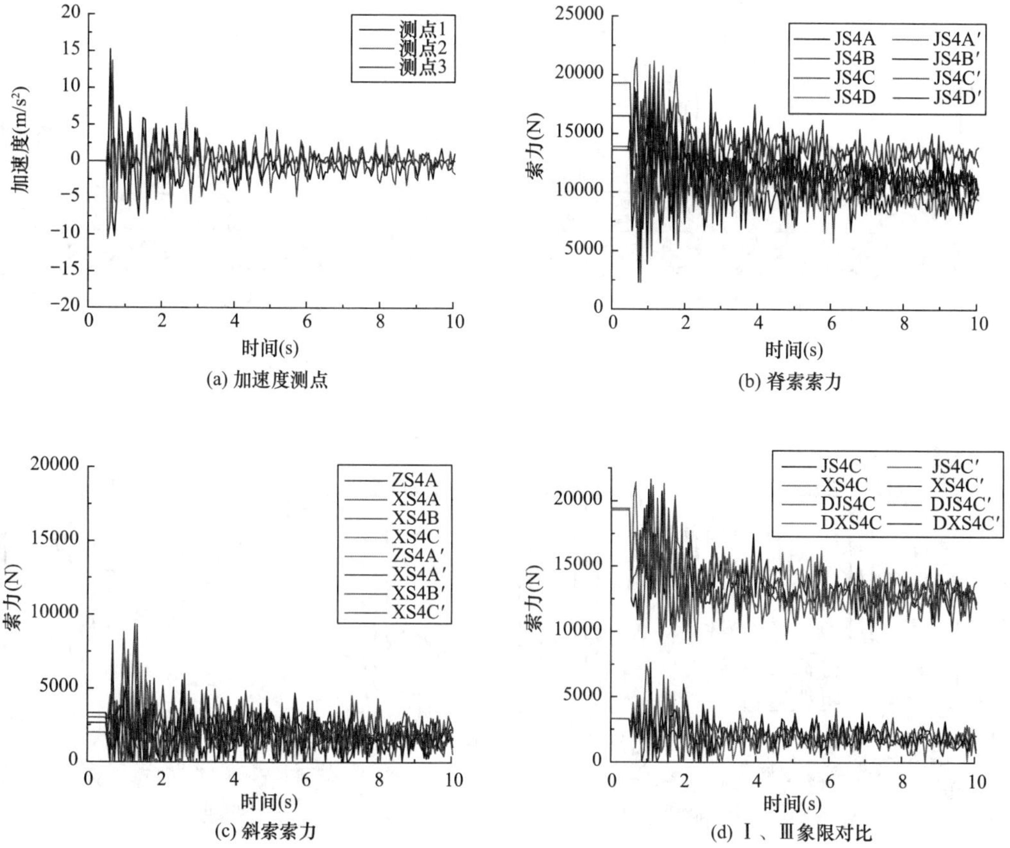

(a) 加速度测点

(b) 脊索索力

(c) 斜索索力

(d) Ⅰ、Ⅲ象限对比

图 12-6 WH23 破断构件动态变化图

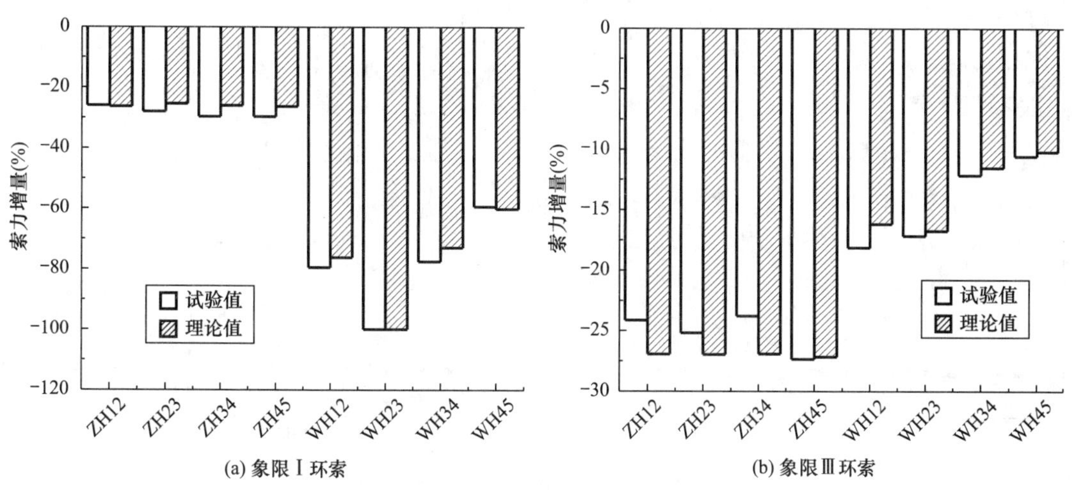

(a) 象限Ⅰ环索

(b) 象限Ⅲ环索

图 12-7 WH23 断索后拉索索力增量（一）

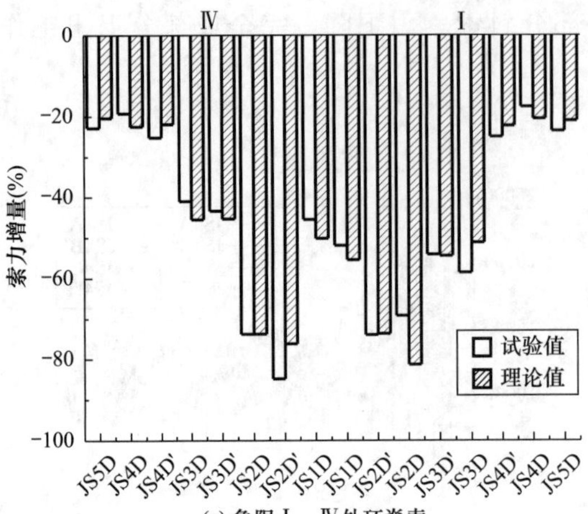

(c) 象限Ⅰ、Ⅳ外环脊索

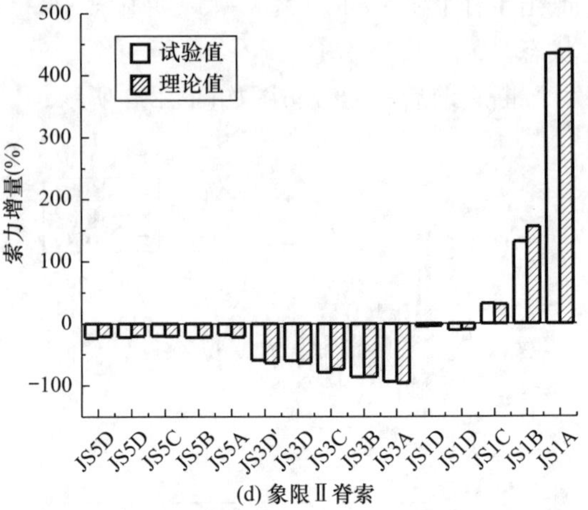

(d) 象限Ⅱ脊索

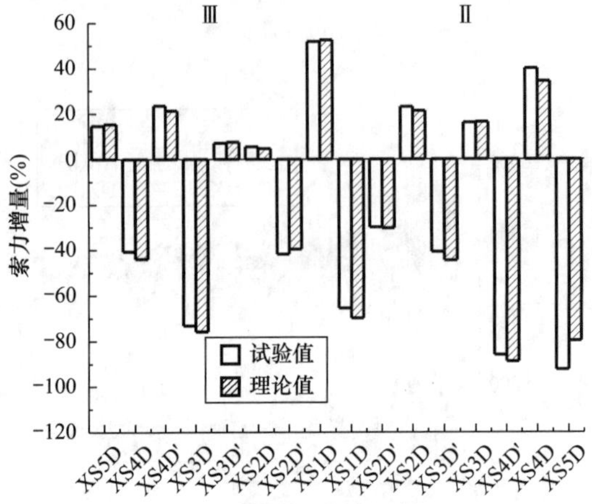

(e) 象限Ⅱ、Ⅲ外环斜索

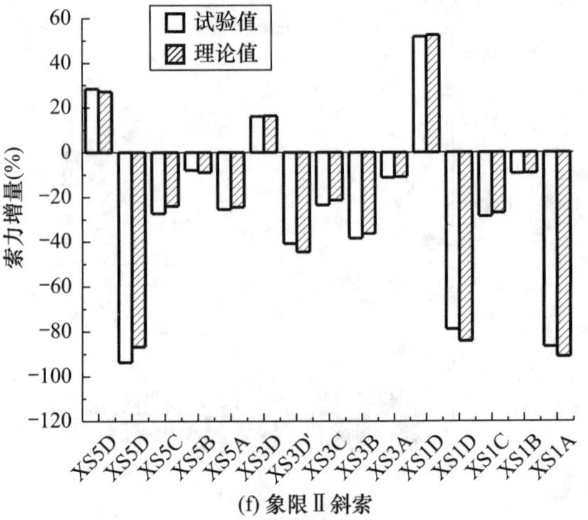

(f) 象限Ⅱ斜索

图 12-7　WH23 断索后拉索索力增量（二）

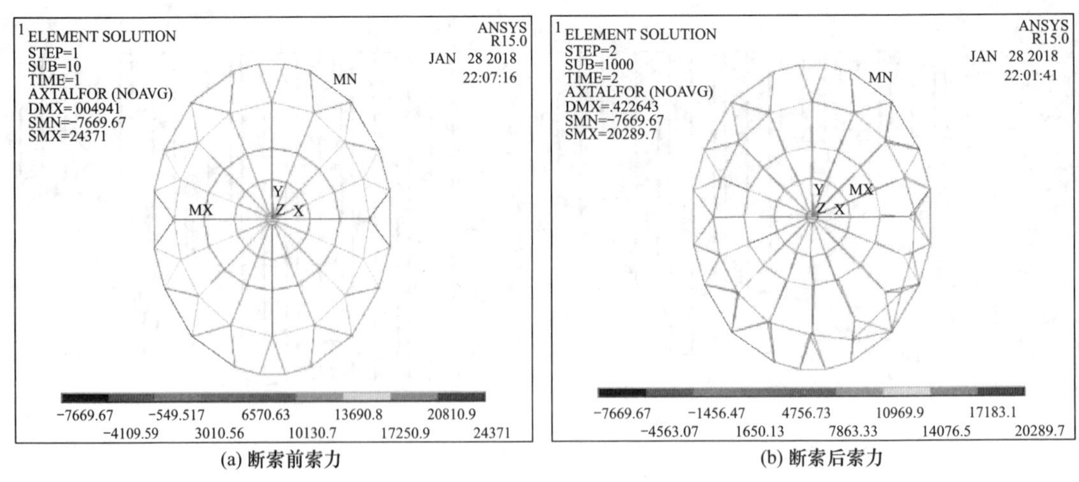

(a) 断索前索力

(b) 断索后索力

图 12-8　WH23 断索前后索力分布图

由图 12-8 可知，WH23 断索前后索力分布有较大变化，索力值整体下降明显，索体松弛严重，除短轴部分索力尚能维持原状态，其余轴线拉索基本或全部退出工作状态，断索处甚至出现了肉眼可见的巨大位移。结构局部垮塌、整体下沉，不适于继续承载。

12.2.3 缩尺模型脊索 JS5C 断索有限元分析

(1) 脊索 JS5C 竖向位移分析

JS5C（短轴中外脊索）断索后撑杆上节点竖向位移变化如表 12-3 所示，结构竖向位移图如图 12-9 所示。

JS5C 断索分析撑杆上节点竖向位移变化 表 12-3

测点	单元号	$\Delta_{试验}$（mm）	$\Delta_{理论}$（mm）	测点	单元号	$\Delta_{试验}$（mm）	$\Delta_{理论}$（mm）
长轴外 _ 19	88	−4	−2.1	短轴中 _ 31	6	10	29.2
③轴外 _ 25	133	−3	−2	长轴内 _ 32	92	−8	−4.8
短轴外 _ 23	4	−47	−7.1	③轴内 _ 34	137	−9	−5.4
长轴中 _ 27	90	−11	−6.1	短轴内 _ 36	8	−11	−6.3
③轴中 _ 29	135	−10	−5.7	内环梁 _ 37	139	−8	−4.9

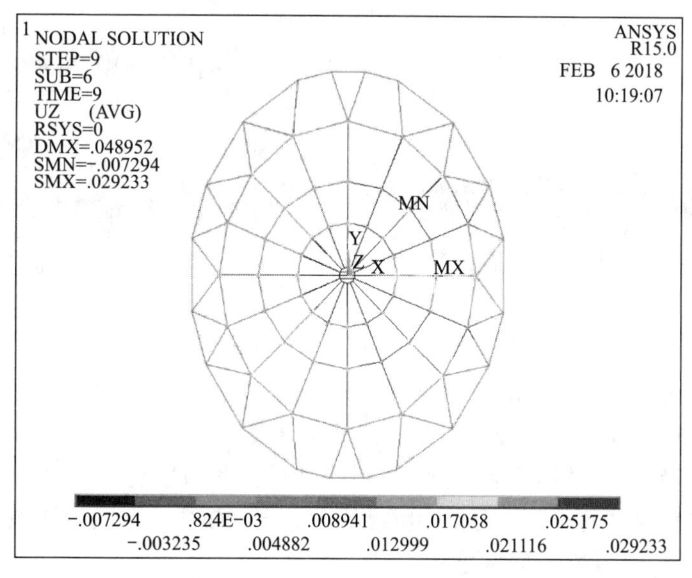

图 12-9 JS5C 断索后节点竖向位移变化图

由图 12-9 和表 12-3 可以看出，JS5C 破断后整体竖向位移不大，理论值和试验值具有相同的变化规律和分布趋势，且短轴中撑杆上节点出现了同试验现象一致的向上竖向位移。由于 JS5C 处于结构对称轴上，断索后竖向位移呈现明显的对称分布状态。由于外环受支座节点约束作用较强，测点位移较小，而中环、内环处于跨中区域，受节点约束作用较弱，测点位移偏大。与断索轴相邻的中内环及内环梁区域产生相对较大的竖向位移，最大竖向位移 7.29mm 发生在③轴中环处，而远离断索区域的Ⅲ、Ⅳ象限内整体竖向位移较小、分布均匀。由此可见，JS5C 断索后，仅对断索局部区域影响较大，经过一定的内力重分布后，整体结构仍能保持正常工作状态，可以继续承受外荷载。

（2）脊索 JS5C 断索过程动态分析

JS5C 破断后加速度节点与索力单元节点动态变化过程如图 12-10 所示。

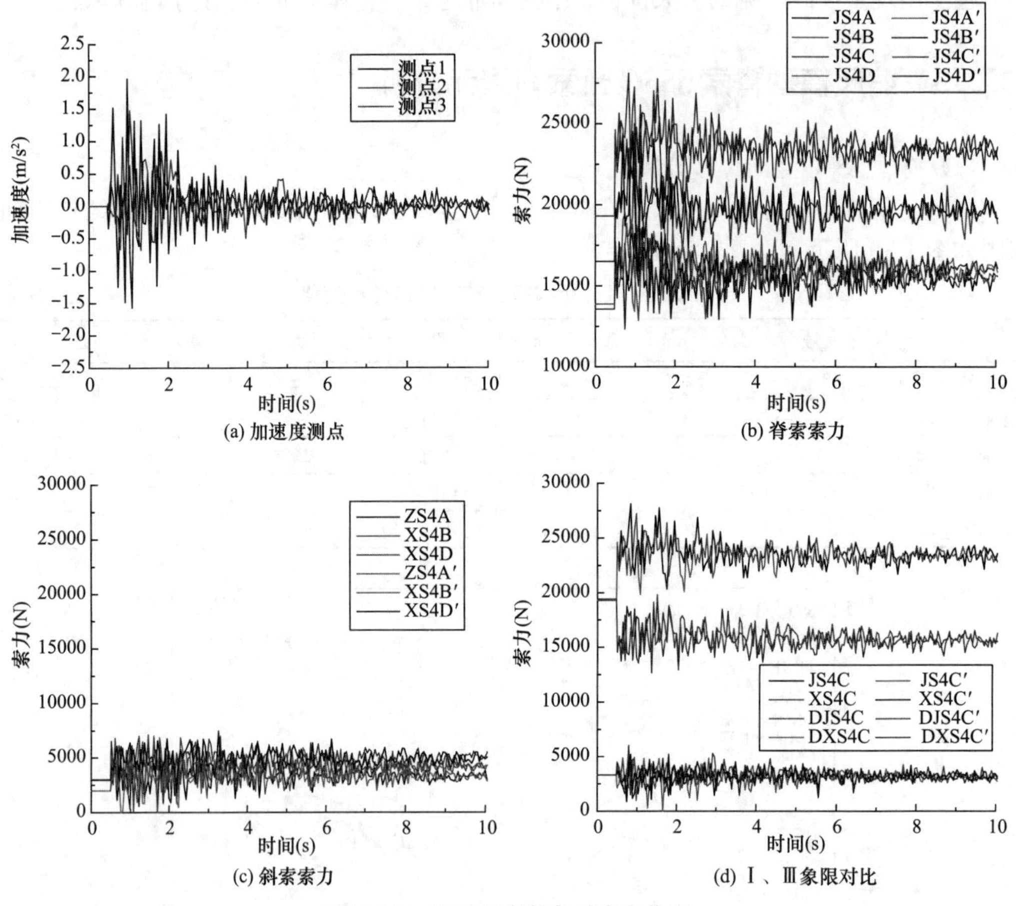

(a) 加速度测点　(b) 脊索索力　(c) 斜索索力　(d) Ⅰ、Ⅲ象限对比

图 12-10　JS5C 破断构件动态变化图

模拟值与试验值具有相同的变化规律，JS5C 破断造成的结构动态反应较小，最大幅值出现在断索瞬间，后期波动衰减较快。断索侧象限和对侧象限的索力波动程度大致相当，这说明 JS5C 破断后结构仍能保持良好的整体性，各构件能够协同工作。JS5C 破断引起了结构的振动和内力重分布，但振动幅度不大、衰减较快，破断后结构仍能继续承载。

（3）脊索 JS5C 断索索力增量分析

JS5C 断索后各拉索索力增量如图 12-11 所示。

由图 12-11 可知，有限元模拟值同试验值具有相同的变化趋势。其中，各象限环索索力均上升，而脊索和斜索索力变化呈现出以短轴为对称轴的对称分布状态；断索轴脊索退出工作状态，其轴力大部分分担给邻轴脊索；斜索索力有升有降，破断局部区域内力变化明显。

断索前后索力分布图如图 12-12 所示。

由图 12-12 可以看出，断索轴索体松弛，退出工作，其内力大部分由相邻的④轴分担，其余区域索力分布有小范围增降，但基本保持断索前状态。因此，JS5C 的破断对整体影响有限，仅对局部区域有明显影响，结构可继续承担外荷载。

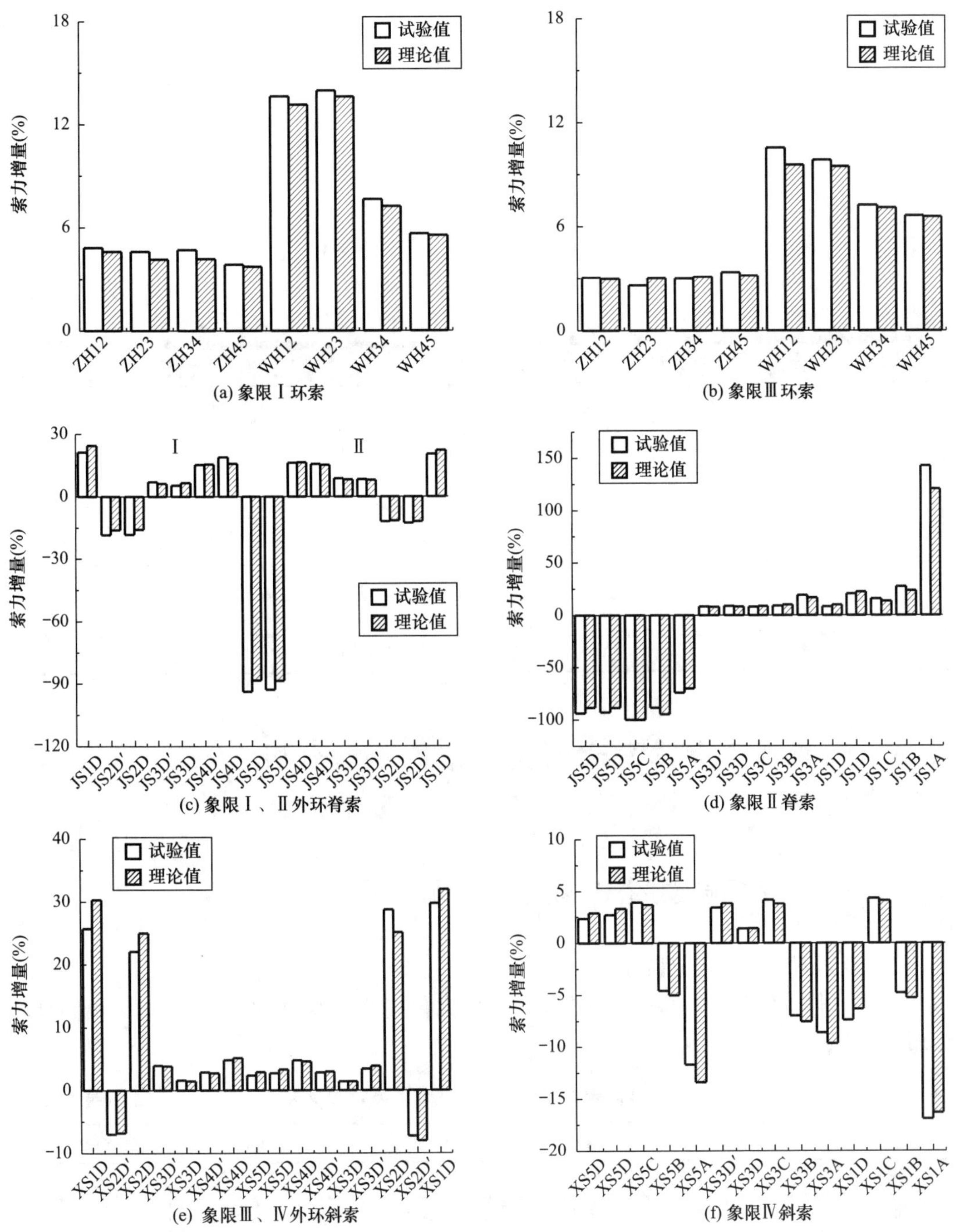

图 12-11 JS5C 断索后拉索索力增量

对比试验值和有限元模拟值，断索前后索力增量平均误差如表 12-4 所示。

由表 12-4 可以看出，各个测点的理论值和试验值平均误差在 12%以内，最小仅为 3.9%，结合以上分析，各构件内力变化趋势相符，即生死单元及瞬态动力学分析方法在索穹顶结构断索前后构件内力变化、加速度及拉索内力时程的分析中可以发挥作用，可以使用生死单元法进行实际结构断索（杆）分析。

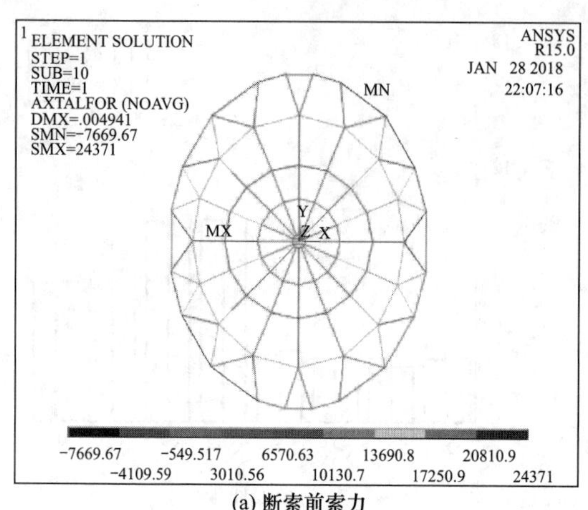

(a) 断索前索力

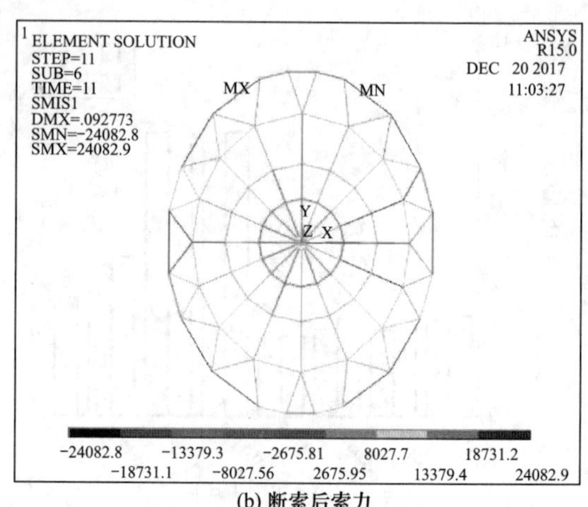

(b) 断索后索力

图 12-12　JS5C 断索前后索力分布图

索力增量平均误差统计　　**表 12-4**

断索位置	环索测点误差（%）	脊索测点误差（%）	斜索测点误差（%）
WH23	7.35	8.51	7.44
XS1D	10.3	11.24	10.22
JS5C	3.9	10.16	11.64

12.3　天津理工大学索穹顶实际结构断索分析

12.3.1　实际结构斜索 XS1D 断索有限元分析

（1）斜索 XS1D 竖向位移分析

XS1D（长轴外斜索）断索后撑杆上节点竖向位移变化如表 12-5 所示，结构竖向位移图如图 12-13 所示。

XS1D 断索分析撑杆上节点竖向位移变化表　　**表 12-5**

测点	单元号	Δ(mm)	测点	单元号	Δ(mm)
长轴外 _ 19	88	−92.36	短轴中 _ 31	6	−201.92
③轴外 _ 25	133	−45.486	长轴内 _ 32	92	−255.04
短轴外 _ 23	4	−148.27	③轴内 _ 34	137	−170.29
长轴中 _ 27	90	−140.94	短轴内 _ 36	8	−214.37
③轴中 _ 29	135	−198.62	内环梁 _ 37	139	−180.39

由图 12-13 和表 12-5 可以看出，XS1D 破断后结构整体变形小，各构件未出现较大程度的错位。最大竖向位移 0.26m 出现在长轴内节点处，大多数节点竖向位移均在 0.1m 以下，沉降量小且变化均匀。

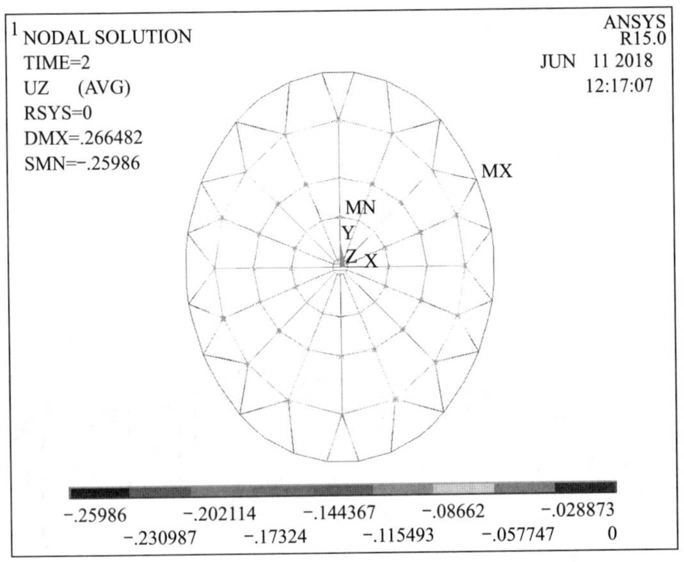

图 12-13　XS1D 断索后节点竖向位移变化图

(2) 斜索 XS1D 断索过程动态分析

XS1D 破断后竖向位移节点与索力单元节点动态变化过程如图 12-14 所示。

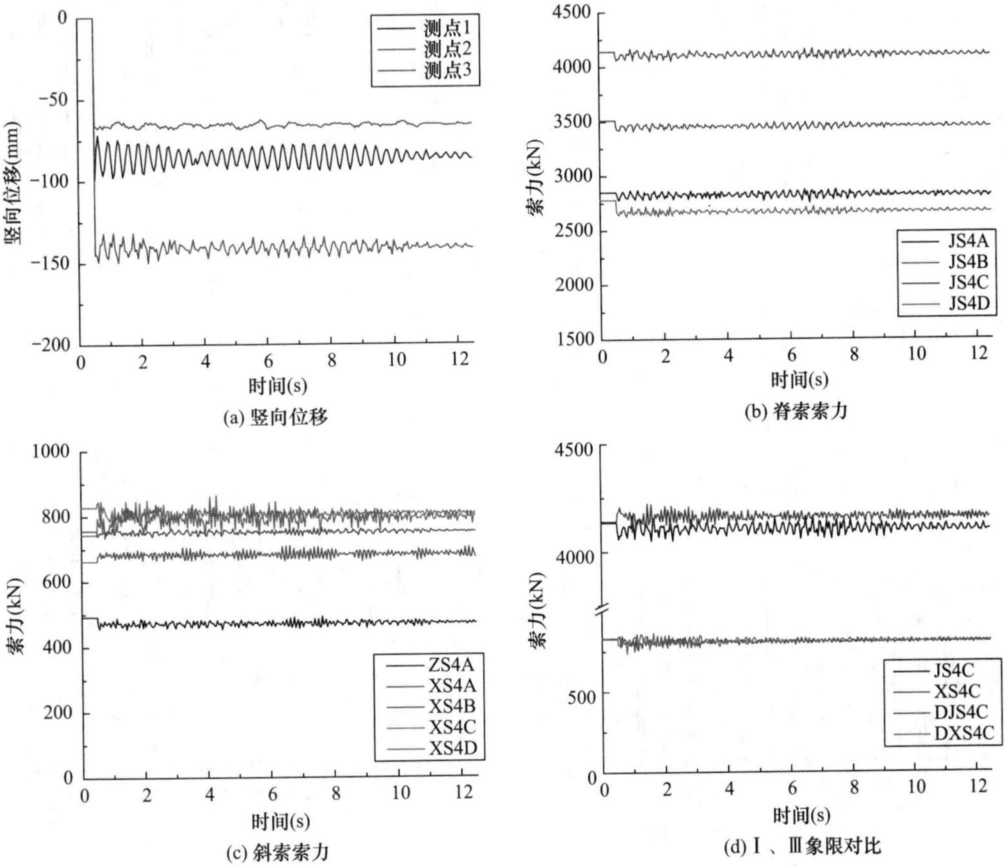

(a) 竖向位移

(b) 脊索索力

(c) 斜索索力

(d) Ⅰ、Ⅲ象限对比

图 12-14　XS1D 破断构件动态变化图

由图 12-14 可知，结构竖向位移测点在断索后瞬间下降到最终值附近，之后在一定范围内波动，波动幅值小，最大振幅约为下降总值的 10%。拉索索力变动量及最大振幅均很小，可见 XS1D 的破断引起结构振动程度低、振动衰减较快。

(3) 斜索 XS1D 断索索力增量分析

XS1D 断索后各拉索索力增量如图 12-15 所示。

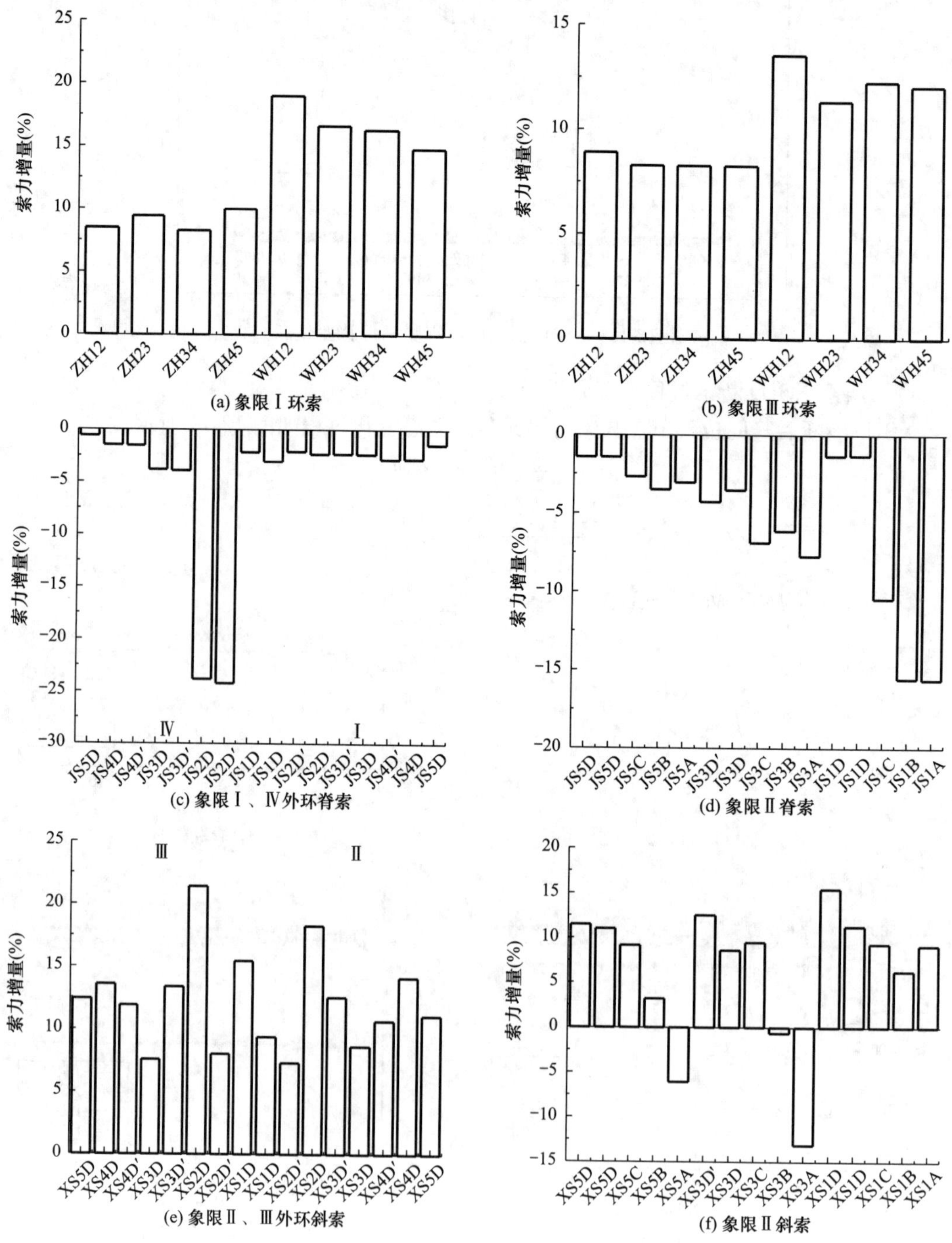

图 12-15　XS1D 断索后拉索索力增量

由图 12-15 可知，XS1D 破断变化趋势及规律同缩尺模型试验值相似。其中，环索索力均增加，中环索平均增量为 8.8%，外环索平均增量为 14.5%，索力增量外环索大于中环索、破断侧象限大于对侧象限。脊索索力呈下降状态，最大下降位于断索相邻②轴外脊索，内环、中内环脊索索力下降明显大于外环脊索，可见跨中区域脊索对外斜索的破断更敏感。斜索有增有降，以增为主，具有一定的对称性。

断索前后索力分布图如图 12-16 所示。

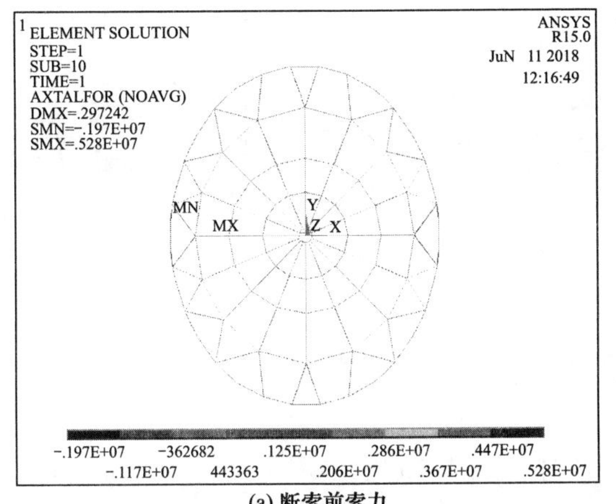

(a) 断索前索力

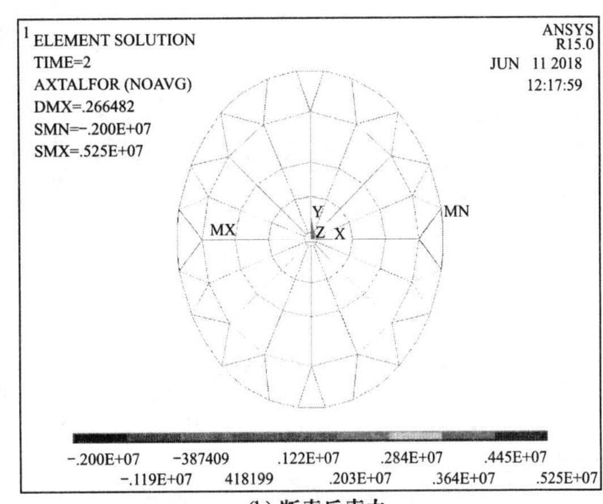

(b) 断索后索力

图 12-16 XS1D 断索前后索力分布图

由图 12-16 可知，XS1D 断索前后索力分布几乎没有差别，索力最大处仍为短轴，索力最小处仍为长轴。由此可见，XS1D 的破断不仅对结构位移影响小，对索力分布的影响也很小。

12.3.2 实际结构环索 WH23 断索有限元分析

（1）环索 WH23 竖向位移分析

WH23（②轴外环索）断索后撑杆上节点竖向位移变化如表 12-6 所示，结构竖向位移图如图 12-17 所示。

WH23 断索分析撑杆上节点竖向位移变化 **表 12-6**

测点	单元号	Δ(mm)	测点	单元号	Δ(mm)
长轴外 _ 19	88	−2191.9	短轴中 _ 31	6	−909.19
③轴外 _ 25	133	−2452	长轴内 _ 32	92	−1886.2
短轴外 _ 23	4	−688.57	③轴内 _ 34	137	−1212.7
长轴中 _ 27	90	−1951.3	短轴内 _ 36	8	−864.7
③轴中 _ 29	135	−1771.5	内环梁 _ 37	139	−705.87

由图 12-17 和表 12-6 可知，WH23 破断引起结构大范围大量值下沉；整体下沉量在 0.8m 以上，内环梁下沉量为 0.706m；断索的Ⅰ象限下沉则更显著，各节点下沉均在 1m 以上，最大下沉 4.23m 发生在断索相连的②轴外撑杆处，且断索的②、③轴外撑杆发生了明显的空间位移。可知 WH23 的破断使结构发生大面积下沉，断索象限变形严重，无法继续发挥正常使用功能，对结构产生严重影响。

（2）环索 WH23 断索过程动态分析

WH23 破断后竖向位移节点与索力单元节点动态变化过程如图 12-18 所示。

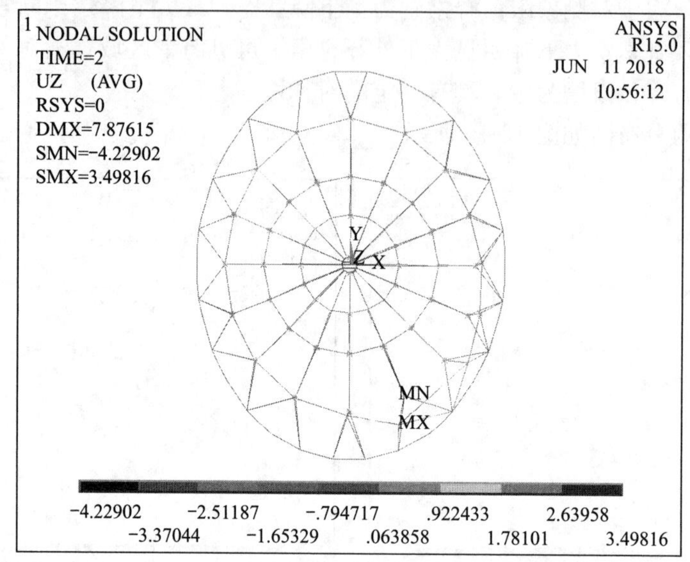

图 12-17 WH23 断索后节点竖向位移变化图

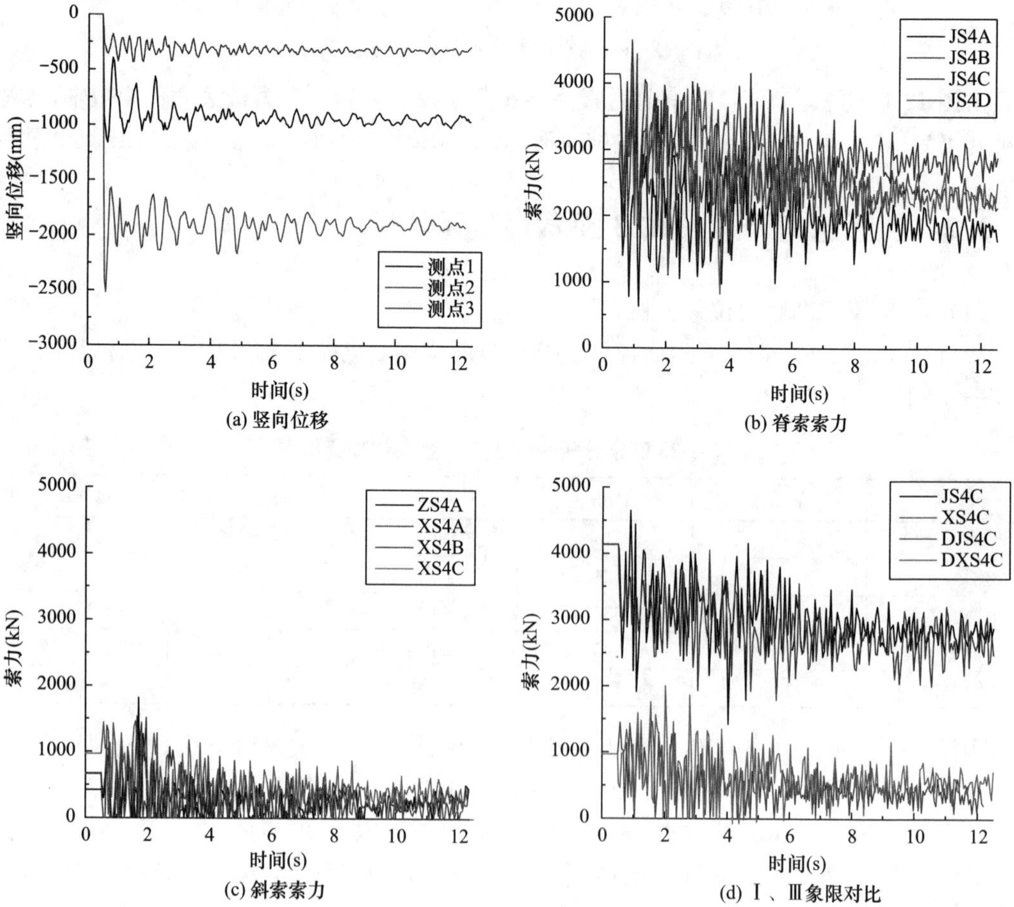

(a) 竖向位移

(b) 脊索索力

(c) 斜索索力

(d) Ⅰ、Ⅲ象限对比

图 12-18 WH23 破断构件动态变化图

由图 12-18 可知，结构竖向位移测点在断索后瞬间下降到最终值附近，之后在一定范围内波动，最大振幅较大，占结构总位移的 30%～60%，但衰减快，断索 2.5s 后基本处于小程度振动状态。索力时程振动明显、频率较高、反应剧烈、衰减较快。由此可知 WH23 破断引起的结构内力重分布量值大、速度大，使结构产生明显的动态效应。

（3）环索 WH23 断索索力增量分析

WH23 断索后各拉索索力增量如图 12-19 所示。

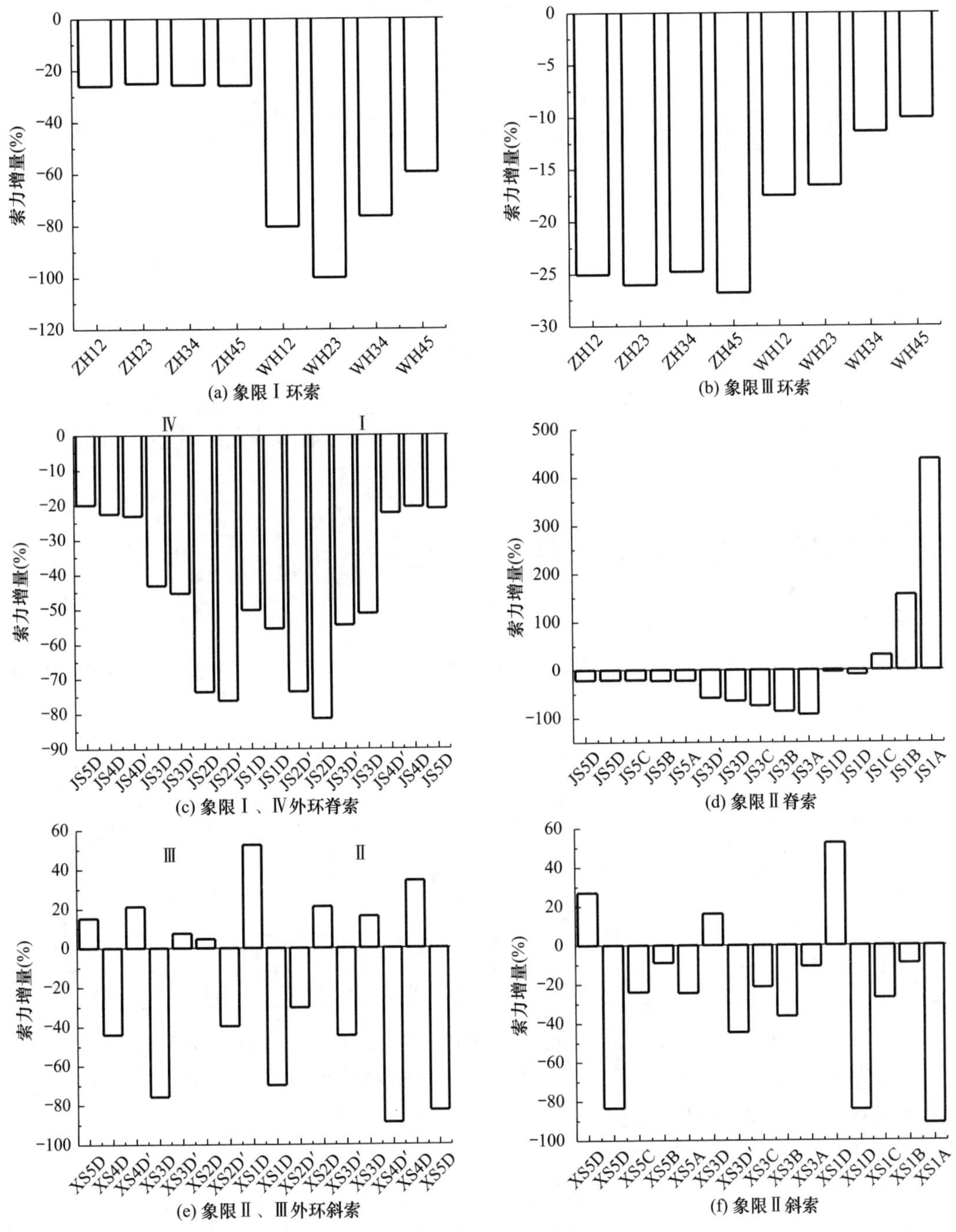

(a) 象限Ⅰ环索

(b) 象限Ⅲ环索

(c) 象限Ⅰ、Ⅳ外环脊索

(d) 象限Ⅱ脊索

(e) 象限Ⅱ、Ⅲ外环斜索

(f) 象限Ⅱ斜索

图 12-19 WH23 断索后拉索索力增量

由图 12-19 可知，WH23 破断变化趋势及规律同缩尺模型试验值相似。有较多拉索内力损失严重，处于退出或半退出工作状态，结构预应力水平降低，这也是导致竖向位移较大的原因，此时已不适合继续承载。断索前后索力分布图如图 12-20 所示。

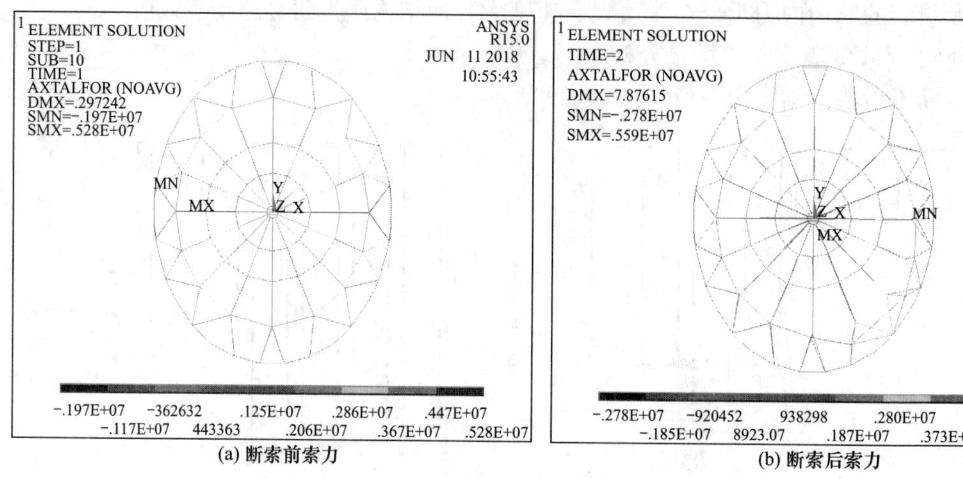

(a) 断索前索力　　(b) 断索后索力

图 12-20　WH23 断索前后索力分布图

WH23 断索后结构在形态和内力分布上均发生明显改变，原来索力呈现的双对称轴分布状态已经不见，索力最大位置也由短轴变成了②、④、⑤轴均较大的状态。由以上分析可以看出，此时的结构发生了局部倒塌，已不适合继续承载。

12.3.3　实际结构脊索 JS5C 断索有限元分析

（1）脊索 JS5C 竖向位移分析

JS5C（短轴中外脊索）断索后撑杆上节点竖向位移变化如表 12-7 所示，结构竖向位移图如图 12-21 所示。

JS5C 断索分析撑杆上节点竖向位移变化　　**表 12-7**

测点	单元号	Δ(mm)	测点	单元号	Δ(mm)
长轴外_19	88	−156.30	短轴中_31	6	377.75
③轴外_25	133	−172.35	长轴内_32	92	−514.55
短轴外_23	4	−595.55	③轴内_34	137	−480.49
长轴中_27	90	−478.43	短轴内_36	8	−557.16
③轴中_29	135	−472.76	内环梁_37	139	−367.44

由图 12-21 和表 12-7 可知，JS5C 断索后结构产生均匀下沉，整体下沉量集中在 0.25～0.5m，内环梁下沉量为 0.37m，仅断索的短轴出现了较大沉降，达到了 2.46m，各构件未发生明显变位，结构整体性保持较好。

（2）脊索 JS5C 断索过程动态分析

JS5C 破断后竖向位移节点与索力单元节点动态变化过程如图 12-22 所示。

由图 12-22 可知，结构竖向位移测点在断索后瞬间下降到最终值附近，之后在一定范围内波动，最大振幅约占结构总位移的 20%，并随时间推移逐渐衰减。索力时程振动明显、频率较高，其动态反应程度介于 WH23 和 XS1D 之间。

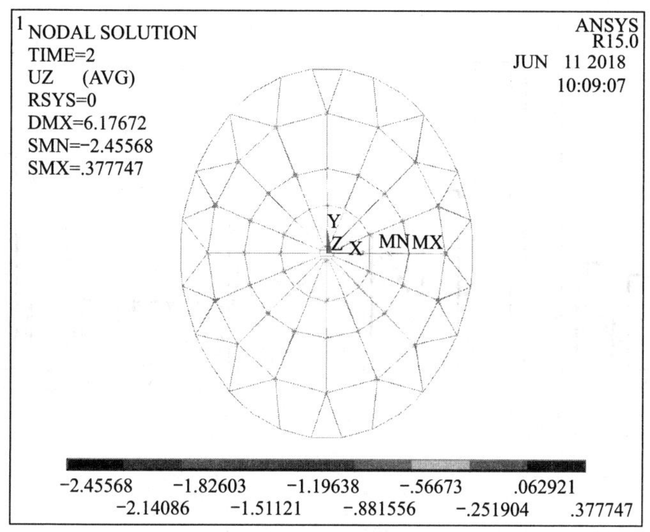

图 12-21 JS5C 断索后节点竖向位移变化图

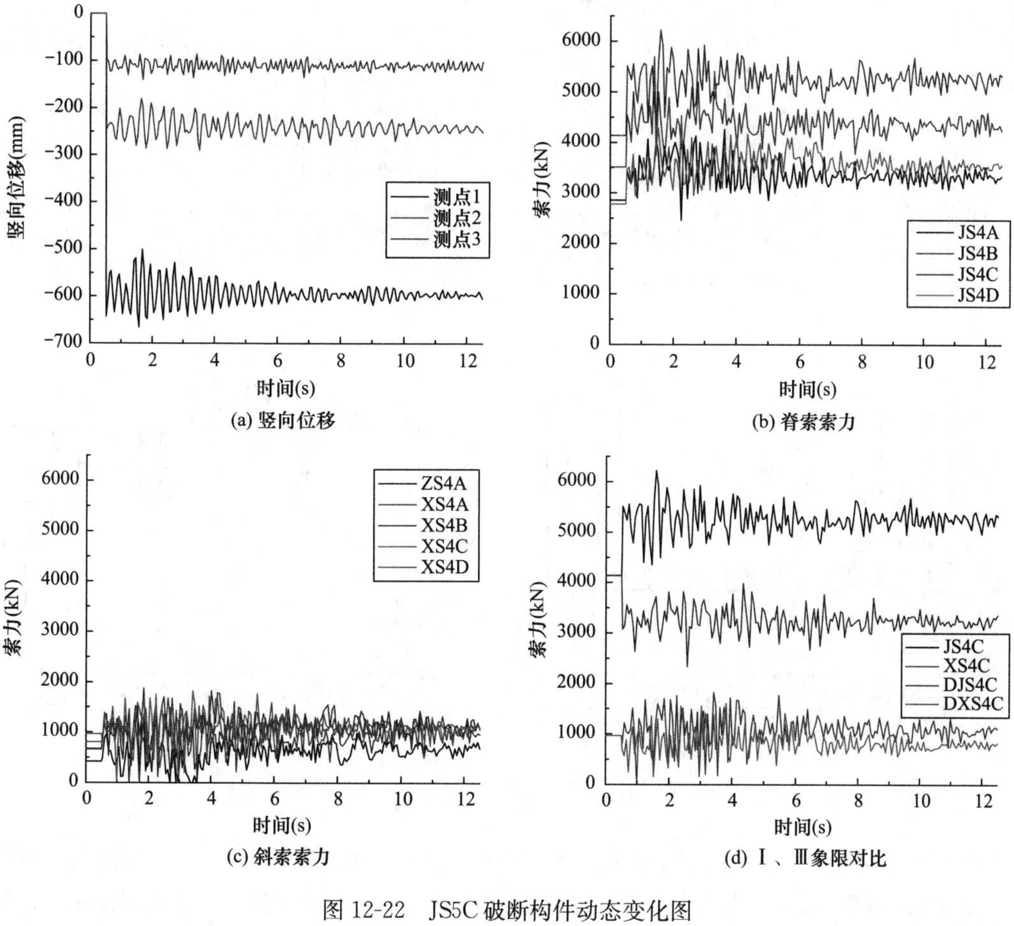

(a) 竖向位移

(b) 脊索索力

(c) 斜索索力

(d) Ⅰ、Ⅲ象限对比

图 12-22 JS5C 破断构件动态变化图

（3）脊索 JS5C 断索索力增量分析

JS5C 断索后各拉索索力增量如图 12-23 所示。

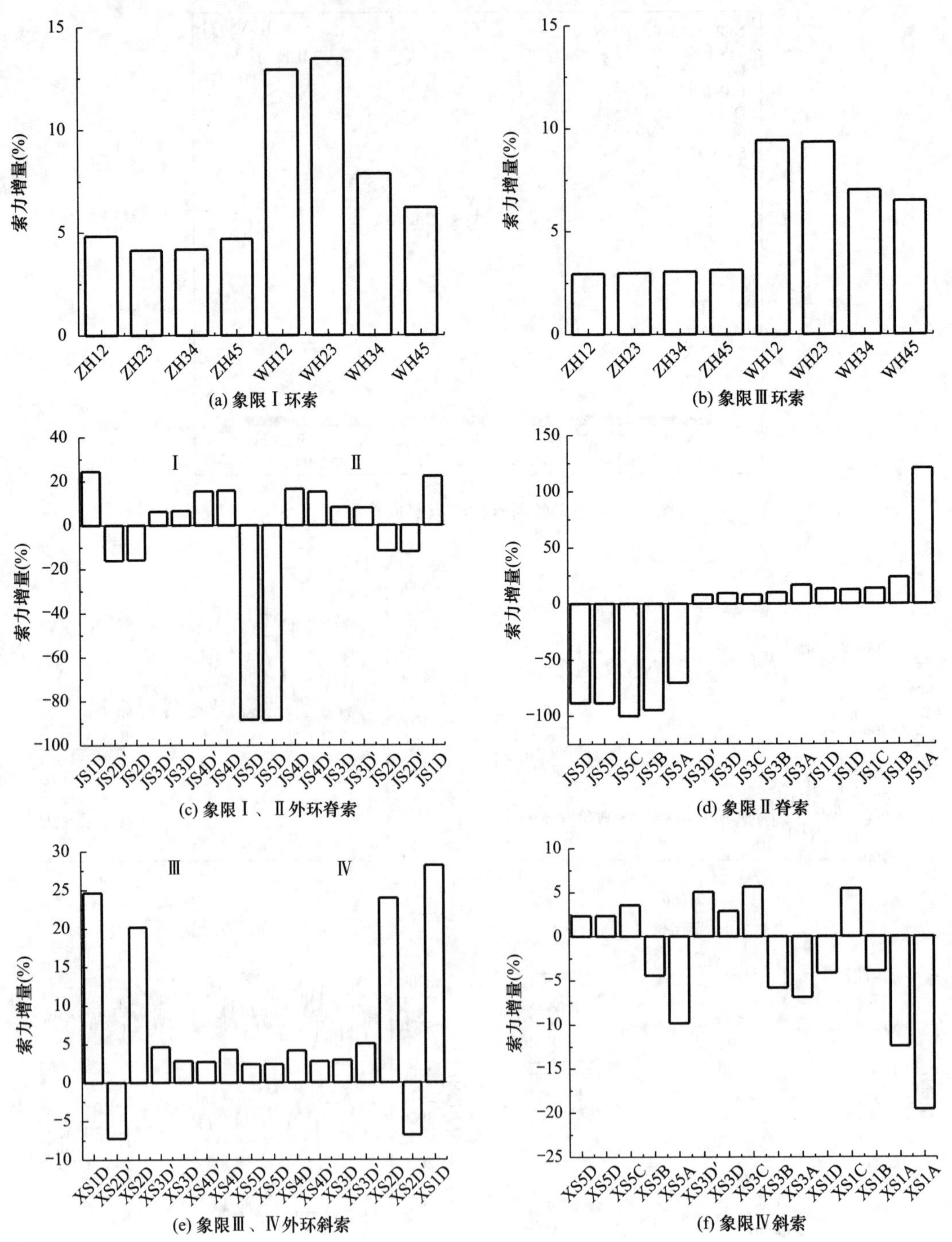

图 12-23　JS5C 断索后拉索索力增量

JS5C 断索后拉索内力变化趋势和缩尺模型试验类似，环索值均上升，脊索和斜索有增有降，呈现明显的对称性。索体内力变化程度介于 WH23 和 XS1D 之间，部分拉索预应力出现损失，仅断索轴局部少数拉索预应力损失严重。断索前后索力分布图如图 12-24 所示。

由图 12-24 可知，断索后结构形态未发生明显改变，构件内力分布整体未发生大的变化，仅断索轴拉索预应力出现较大损失，内力重分布到相邻的④轴上，呈现出明显的轴对称状态。由以上分析可知 JS5C 的破断使本轴退出工作，局部预应力损失严重，结构整体下沉但并未受到严重影响，具备继续承载的能力。

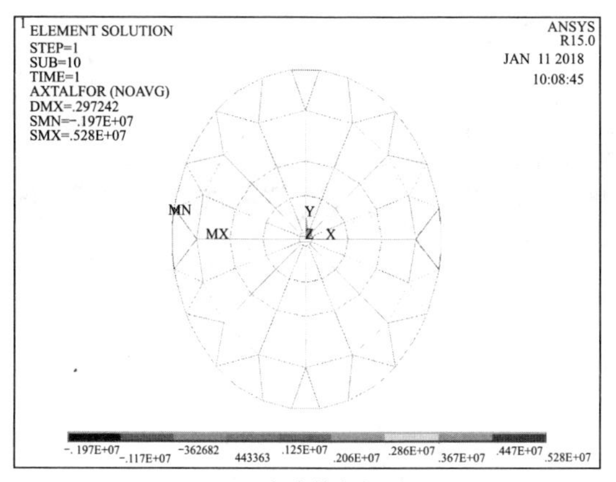

(a) 断索前索力

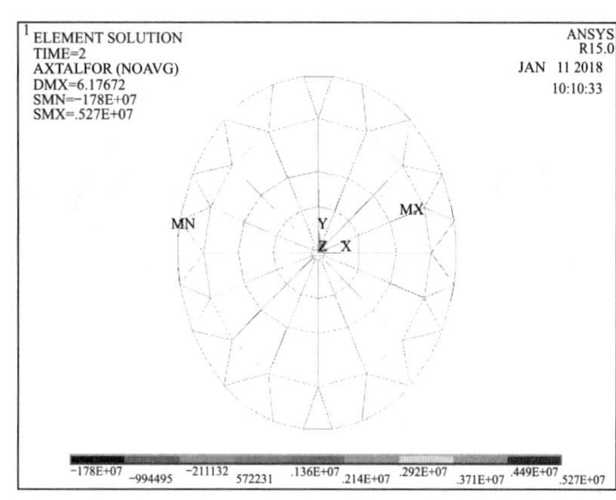

(b) 断索后索力

图 12-24 JS5C 断索前后索力分布图

12.3.4 断索动态效应分析

一些学者曾采用动力放大系数来反应动力冲击作用引起的结构杆件内力的动态变化程度，动力放大系数的定义为：

$$DAF=\frac{S_{\text{dyn}}-S_0}{S_{\text{rest}}-S_0} \tag{12-1}$$

式中，DAF 为动力放大系数，S_{dyn} 为构件内力波动最大值，S_0 为断索前构件的内力水平，S_{rest} 为断索后构件内力回复稳定时的内力值。提取 XS1D、WH23、JS5C 三类拉索试验及模拟断索过程中数据计算得出动力放大系数，统计如图 12-25 所示。

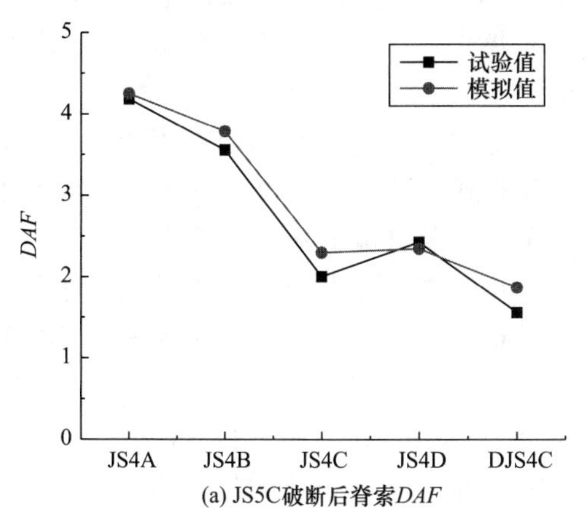

(a) JS5C破断后脊索DAF

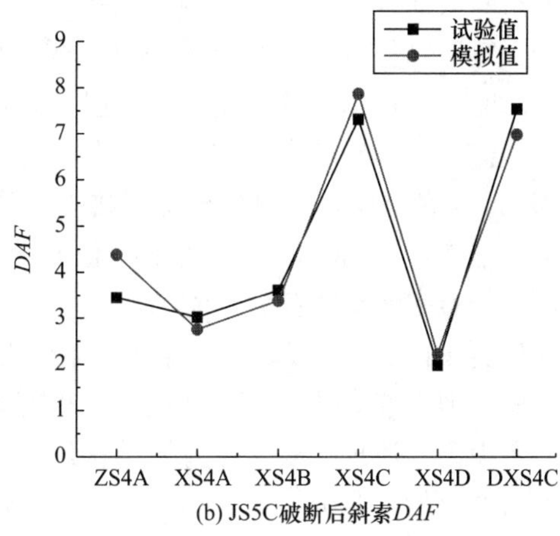

(b) JS5C破断后斜索DAF

图 12-25 缩尺试验及模型 DAF（一）

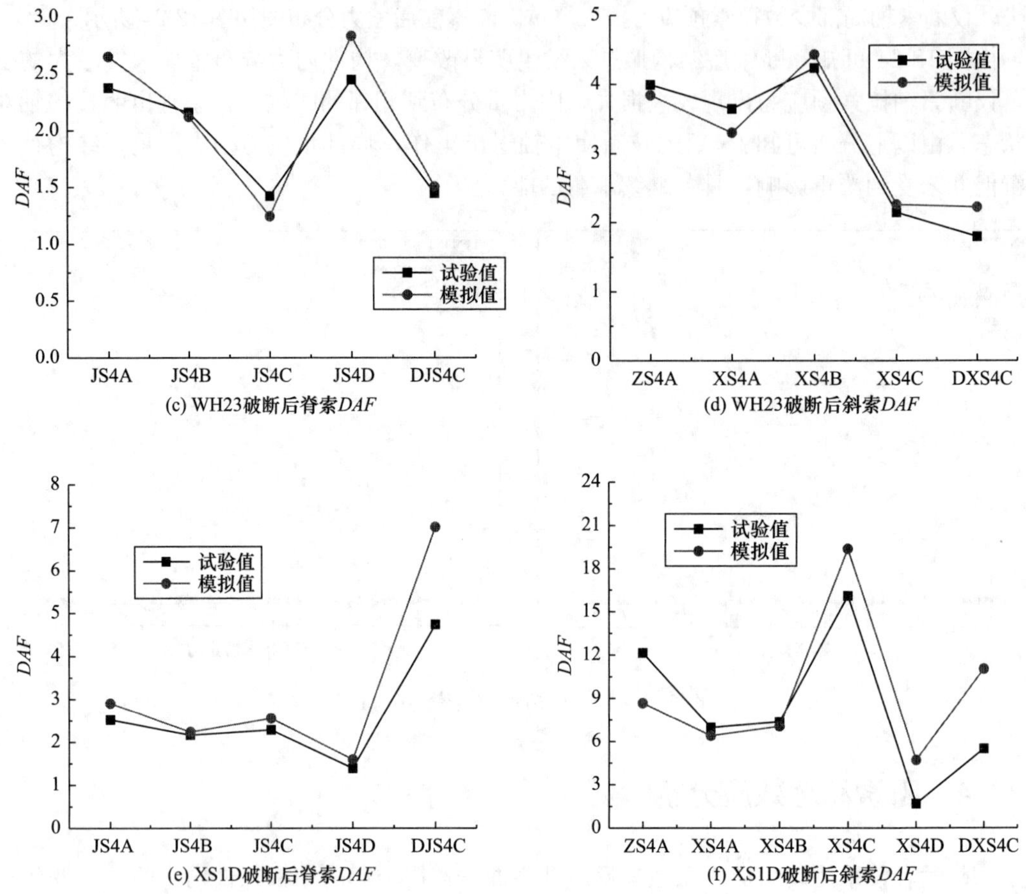

图 12-25　缩尺试验及模型 DAF（二）

提取 XS1D、WH23、JS5C 三类拉索实际模型及缩尺模型断索过程中数据计算得出动力放大系数，统计如图 12-26 所示。

由图 12-25、图 12-26 可以看出，试验值与缩尺模拟值、实际模拟值与缩尺模拟值的 DAF 在趋势上一致，数值上接近，具有同样的规律。不同位置处拉索的 DAF 差别较大，其值与断索前各拉索类型、索力大小均无明显关系。DAF 与节点约束之间的关系也比较复杂，整体趋势可认为节点的约束越弱，DAF 相对越小，这是因为随着约束减弱，拉索破断瞬间传递给构件的冲击越小，但是波及范围越大引起的。

整体来看，破断不同拉索时，在不同位置、不同索力大小、不同节点约束条件下引起的 DAF 均有差异，但规律较弱、数值分散性大。反观式（12-1），分子可理解为断索动态过程中最大索力与稳定态索力之差值，分母可理解为断索前静态索力与稳定态索力之差值，若拉索 a 波动值较大且索力变化较大，其 DAF 可能较小，若拉索 b 波动值较小且索力变化更小，反而其 DAF 可能比拉索 a 大很多。因此，DAF 虽然可以反映断索引起的动态效应，但可能会导致离散性在一定程度上偏大。

考虑到天津理工大学体育馆结构形式的特殊性，为了找到更直观的拉索破断后整体结构动力效应衡量标准，取索穹顶中心拉力环的竖向断索时程进行动力效应分析，可重新定义动力放大系数为：

$$DAF = \frac{S_{\mathrm{dyn}}}{S_{\mathrm{rest}}} \tag{12-2}$$

式中，DAF 为动力放大系数，S_{dyn} 为断索后内环梁杆单元竖向位移时程最大振幅，S_{rest} 为断索稳定后中心拉力环的竖向位移值。

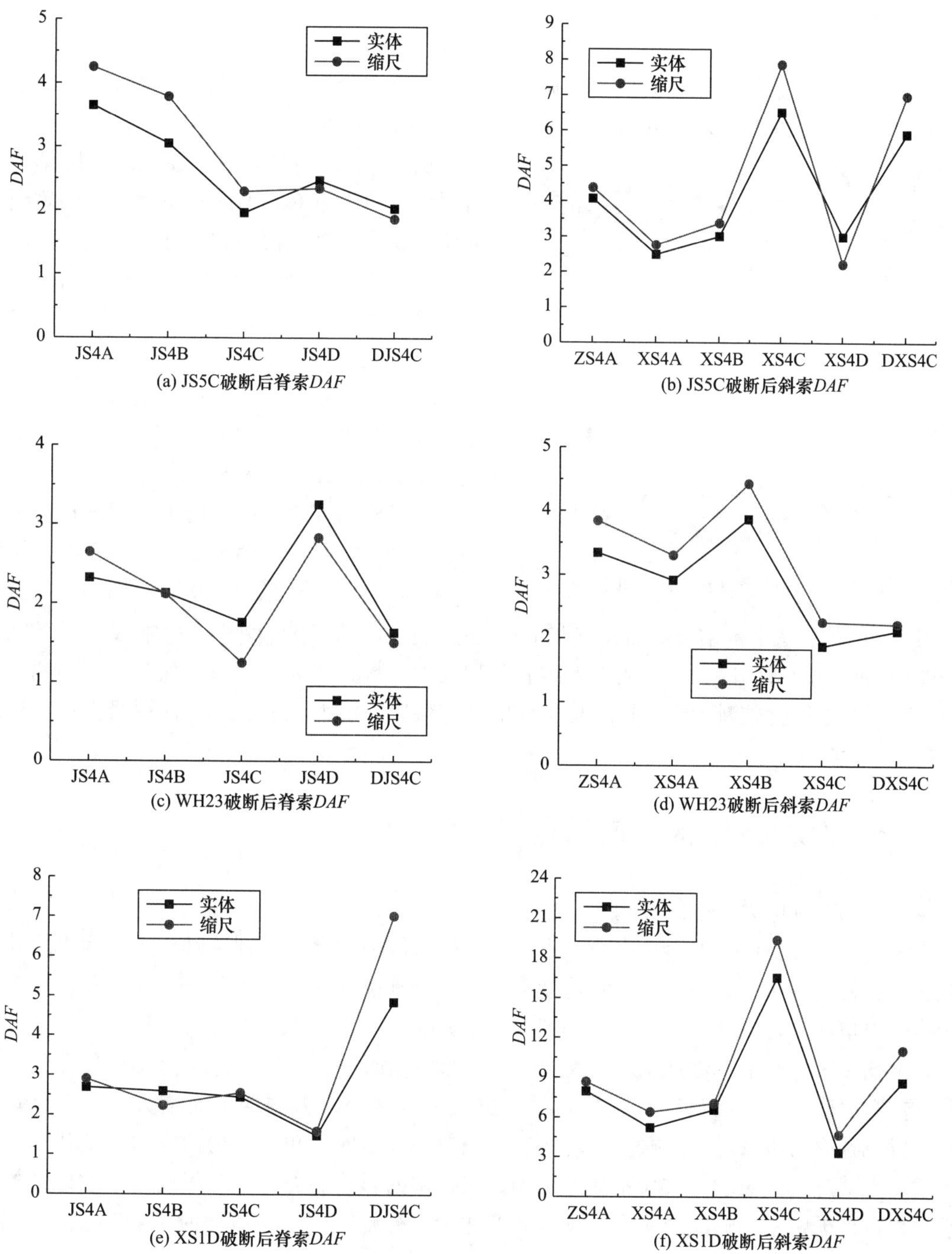

(a) JS5C破断后脊索DAF

(b) JS5C破断后斜索DAF

(c) WH23破断后脊索DAF

(d) WH23破断后斜索DAF

(e) XS1D破断后脊索DAF

(f) XS1D破断后斜索DAF

图 12-26 实际及缩尺模型 DAF

为了反映结构在断索时程中的振动程度，结合上述思想，定义时程放大系数为：

$$TAF=\frac{\overline{C}}{S_{\text{rest}}} \tag{12-3}$$

式中，TAF 为时程放大系数，$\overline{C}$ 为振动时程中中心拉力环的竖向位移响应平均值，其表达式为：

$$\overline{C}=\frac{\sum |S_i-S_{\text{rest}}|}{n} \tag{12-4}$$

式中，S_i 为内环梁杆单元竖向位移在振动时程中的响应量，n 为振动时程中采集到的响应量个数，由此得到内环梁杆单元的动力放大系数和时程放大系数如图 12-27 所示。

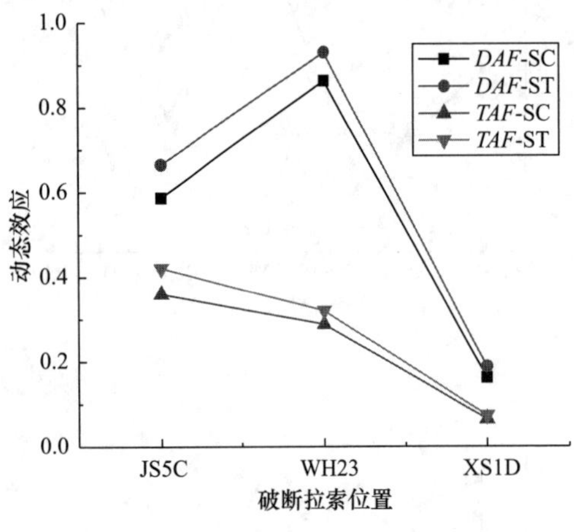

图 12-27　内环梁杆单元 *DAF* 和 *TAF*

由图 12-27 可知，缩尺模型与实际结构在有限元分析上具有相似的动态效应，即破断相同位置拉索在缩尺模型和实际结构上产生的振动效果相当。*DAF* 大于 *TAF*，且多出一倍左右，这是由于 *TAF* 参考了内环梁杆单元竖向位移在振动时程中的全部响应量，而 *DAF* 仅参考了最大振幅。从断索位置上看，WH23 破断引起了最大的结构振动，JS5C 其次，XS1D 最小，其 *DAF* 由大到小依次为 WH23、JS5C、XS1D；JS5C 破断后中强度振动持续时间长，WH23 次之，XS1D 最弱，其 *TAF* 由大到小依次为 JS5C、WH23、XS1D，这主要是因为 *DAF* 反映了拉索破断后结构的最大动力响应，而 *TAF* 反映了拉索破断后结构中强度动力响应的持续性。动力放大系数和时程放大系数分别从强度和中强持续时间两个方面反映了某根拉索破断后索穹顶结构整体的动态效应，可为拉索的重要性评级提供一定的依据。

12.3.5　断索动态效应影响因素

（1）初始预应力水平的影响

索穹顶结构整体刚度由预应力拉索提供，故预应力的存在起到关键作用。为考察拉索施加不同程度预应力后构件破断结构动态效应，分别取 $0.6P$、$0.8P$、P、$1.2P$、$1.4P$ 五种预应力情况进行拉索破断分析，如图 12-28 所示。

由图 12-28 可知，动力放大系数随预应力的增加而增大，且当预应力变化量在初始值 20％左右时动力放大系数变化明显；时程放大系数随预应力的增加而增大，但变化量较小，可见预应力水平对构件振幅平均响应影响较小。由此可知，结构预应力的变化影响了断索动态效应，其对动力放大系数即结构最大振幅的影响显著，对时程放大系数即结构振动过程构件振幅平均响应影响小，预应力变化量在初始值 20％范围内时影响明显。

（2）边界条件的影响

索穹顶结构属于自平衡体系中的一种，因此不需要平面内约束，但其与混凝土柱及支撑环梁相连接，实际情况中边界条件会受到一定程度的水平与转动约束影响，因此选取五种边界约束情况对断索动态效应进行分析。边界条件如表 12-8 所示。

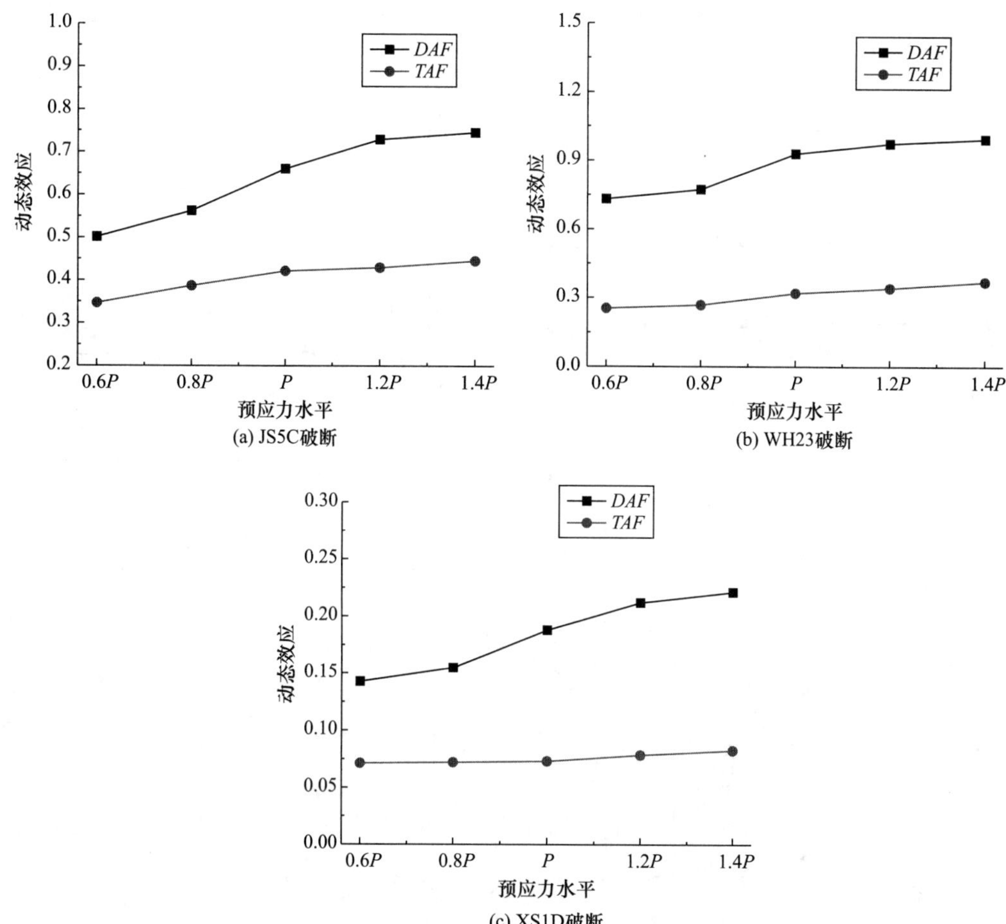

图 12-28 不同预应力水平动态效应图

边 界 条 件 **表 12-8**

边界条件	X	Y	Z	R_x	R_y	R_z
1	1	1	1	1	1	1
2	1	1	1	0	0	0
3	k_1	k_1	1	0	0	0
4	k_2	k_2	1	0	0	0
5	k_3	k_3	1	0	0	0

注：1 表示约束；0 表示释放约束；k 为弹簧支座，k_1=30000kN/m，k_2=15000kN/m，k_3=3000kN/m。

不同边界条件下断索动态效应如图 12-29 所示。

由图 12-29 可知，边界约束条件越强，结构刚度越大，其拉索破断后动力放大系数和时程放大系数越大，但影响程度极小，最弱边界条件 5 动态效应平均为全约束边界动态效应的 95.01%，即边界条件对断索动态效应的影响程度不足 5%。结合工程实际情况，可在分析中采取全约束边界条件进行分析。

(3) 外荷载水平的影响

大跨空间结构受竖向荷载影响较大，下面探究不同竖向荷载对拉索破断后结构动态效应的影响。以研究目的出发，为尽可能反应结构规律，参照设计文件简化荷载组合，设 1.0 恒荷载+1.2 活荷载组合值为 Q，分别在 0.6Q、0.8Q、Q、1.2Q、1.35Q、1.5Q 六类条件下进行分析，结果如图 12-30 所示。

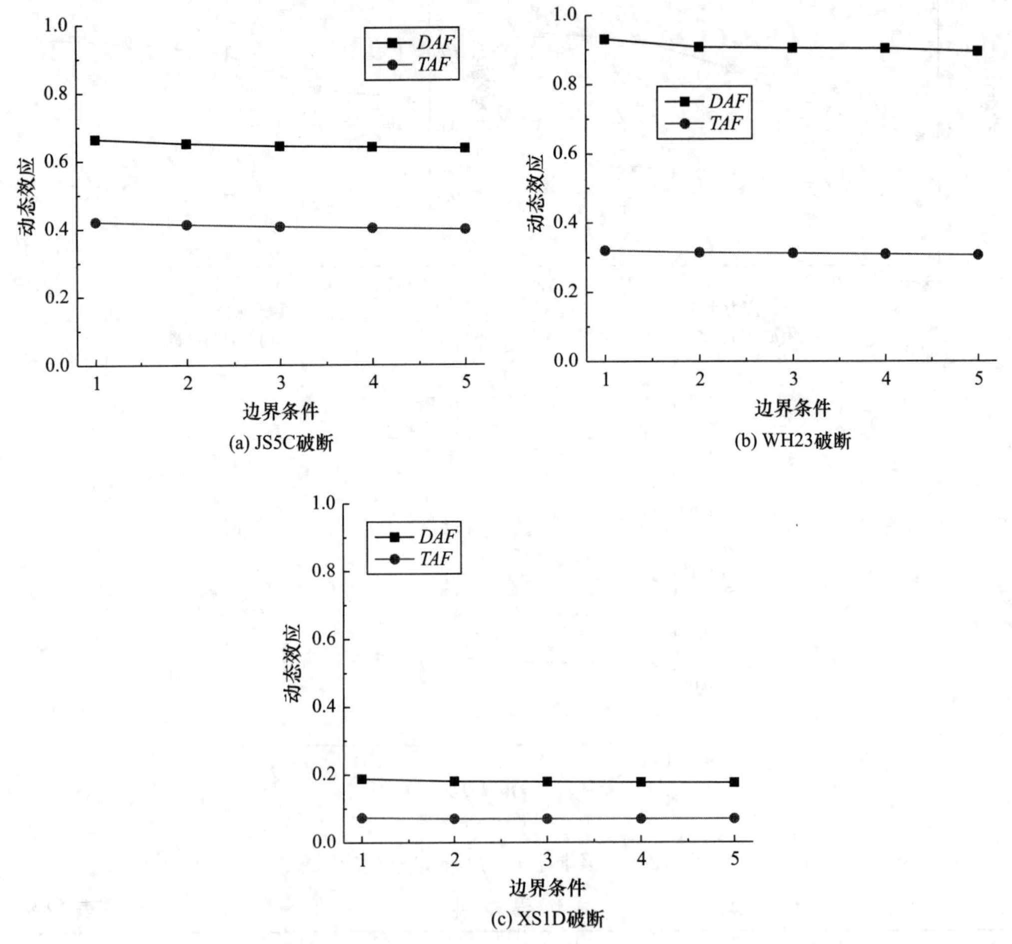

(a) JS5C破断

(b) WH23破断

(c) XS1D破断

图 12-29　不同边界条件动态效应图

由图 12-30 可知，竖向荷载水平对结构断索有影响，其中对动力放大系数的影响程度高于时程放大系数，即断索后最大振幅的改变较大而一段时间内平均振幅改变较小。注意到在 1.2Q 以下时随竖向荷载的加大，结构断索动态效应与荷载值呈正相关关系，究其原因是随着荷载的加大拉索内力逐步增加，使得结构破断后响应更剧烈；当超过 1.2Q 时竖向荷载与断索动态效应呈现反相关关系，说明竖向荷载增加对断索动态效应影响有限，断索稳定后竖向位移值增大使得分母增大以及悬挂物、附着物等起到一定阻尼作用削减了结构振动。

（4）温度效应的影响

大跨空间结构受温度荷载影响大，下面探究不同温度环境下拉索破断后结构动态效应。设实际结构初始温度场环境为 20℃，选取温度场环境分别为 0℃、5℃、10℃、15℃、20℃、25℃、30℃、35℃、40℃九类情况进行拉索破断分析，结果如图 12-31 所示。

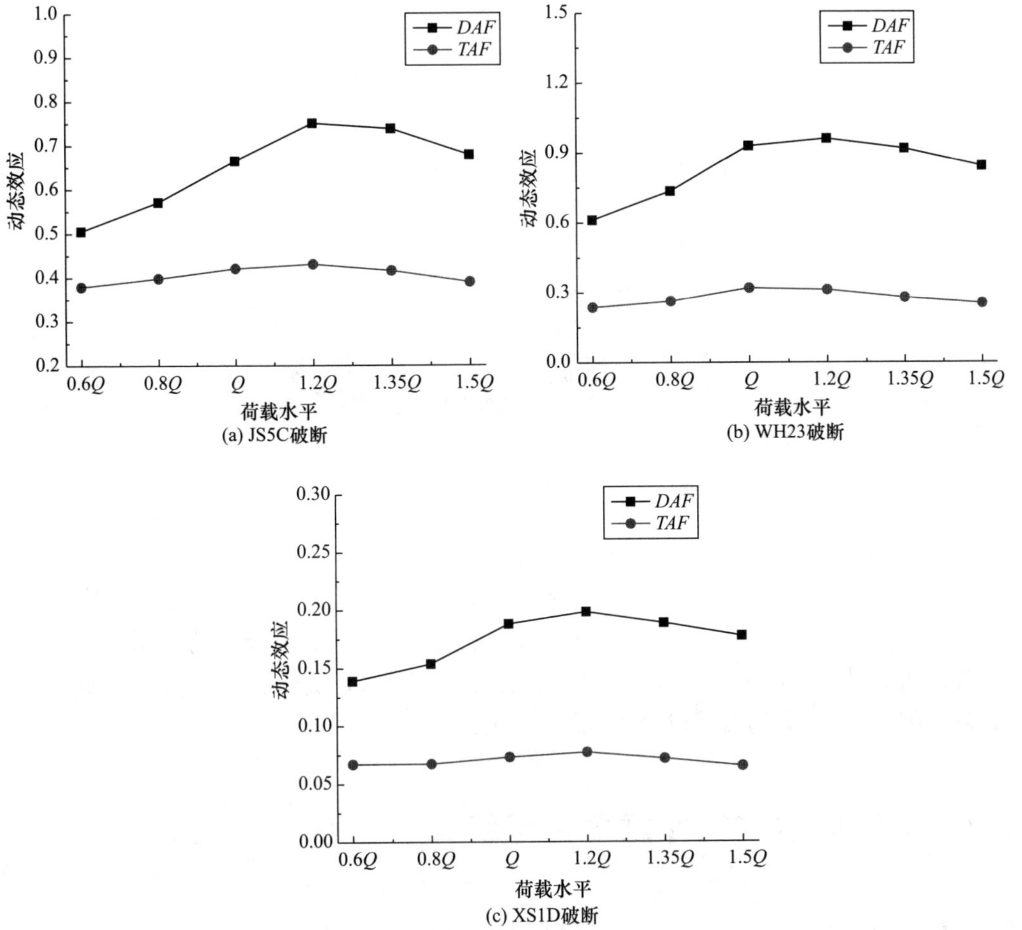

(a) JS5C破断

(b) WH23破断

(c) XS1D破断

图 12-30 不同竖向荷载动态效应图

由图 12-31 可知，动力放大系数和时程放大系数随温度的升高而降低，这是温度升高后拉索中预应力水平下降导致的。时程放大系数变化非常小，可见温度变化对构件破断后结构振动过程构件振幅平均响应影响小。

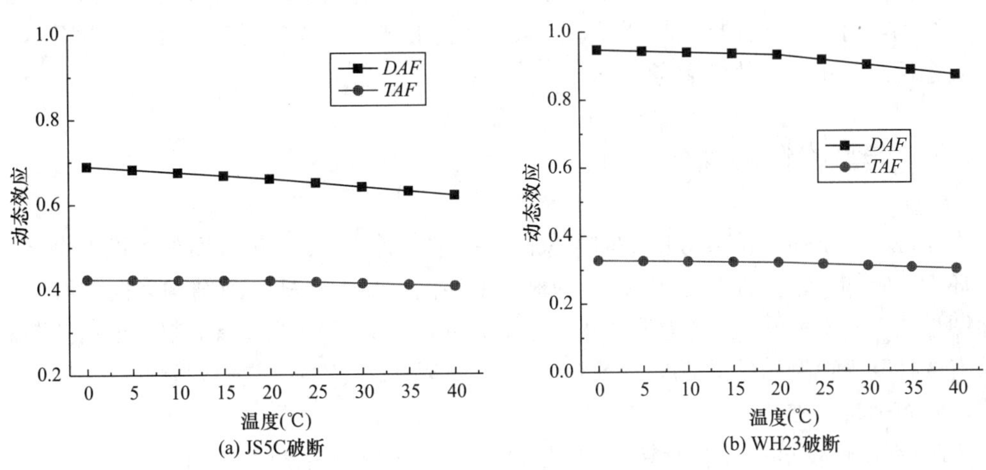

(a) JS5C破断

(b) WH23破断

图 12-31 不同温度动态效应图（一）

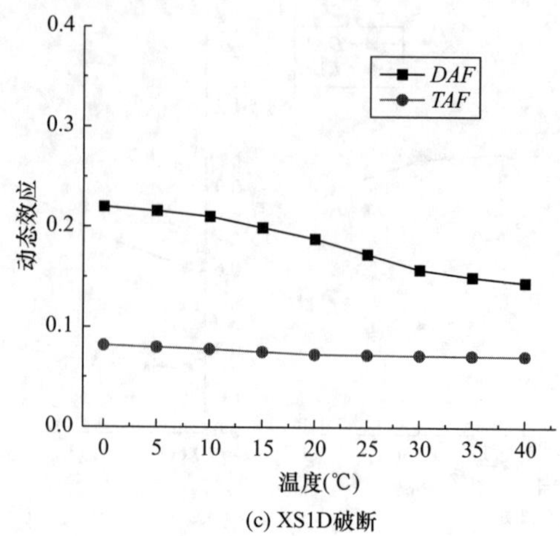

(c) XS1D破断

图 12-31　不同温度动态效应图（二）

综上可知，预应力水平、边界条件、竖向荷载及温度环境均对索穹顶结构拉索破断动态效应有一定影响。其中，边界条件影响可以忽略；预应力水平和竖向荷载对 *DAF* 和 *TAF* 均产生明显影响，预应力水平与动态效应为正相关，而随竖向荷载增加，*DAF* 和 *TAF* 先增大后减小；温度与 *DAF* 和 *TAF* 呈反相关关系，受体育馆室内中央空调调控，温度变化范围较小，其对断索动态效应影响有限。

12.4　索穹顶结构构件重要性评级分析

天津理工大学体育馆为边界不等高复合式索穹顶结构，整个结构有两条对称轴，每个象限内所有拉索和撑杆安放位置、连接构件各不相同，导致断索（杆）情况复杂多样，因此需针对不同拉索和撑杆进行破断分析，汇总结果，得出全结构构件破断后结构状态与响应，深入掌握结构性质，同时也可作为对构件进行重要性评级的依据。之后借鉴预警思想，提出拉索和撑杆重要性评级思路，将构件破断后结构状态划分为五类，依次对应五个重要性级别，对拉索和撑杆进行评级，使该类结构的施工、维护更有针对性，为其健康监测和安全反恐提供有价值的参考。

12.4.1　典型构件破断分析

天津理工大学体育馆索穹顶结构每象限内拉索共计 61 根，包含四种类型：脊索、斜索、环索、附加索；撑杆共计 15 根，每根均不相同，断索（杆）前结构竖向位移及索力分布图如图 12-32 所示。选取象限Ⅰ内拉索进行破断分析，由于篇幅限制，根据破断后结构状态选择五根典型构件 ZS5A、XS5C、NH12、WH12、ZH12 进行论述。

（1）短轴直索破断分析

ZS5A（短轴直索）断索后结构竖向位移及索力分布图如图 12-33 所示。

由图 12-33 可知，ZS5A 断索后最大竖向位移为 0.37m，平均竖向位移为 0.15m，位移分布状态为跨中最大、四周最小，同断索前位移分布基本一致，结构整体和局部并未发生明显变形。断索后索力分布同断索前一致，最大索力为 5190kN，位于 JS5C 处。定义平均索力变化率为全结构拉索索力变化率平均值，则 ZS5A 破断后的平均索力变化率仅为 −0.46%。可见 ZS5A 的破断对结构局部及整体的位移分布和内力分布影响均很小。

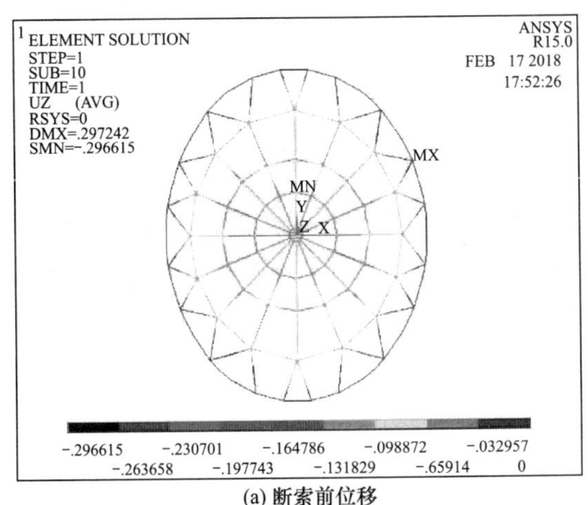

(a) 断索前位移

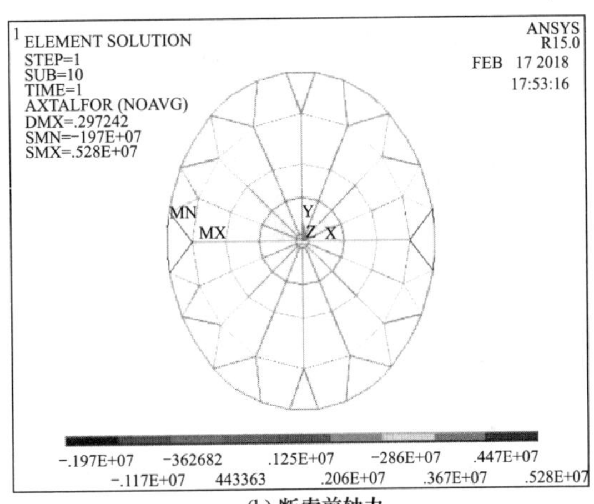

(b) 断索前轴力

图 12-32 断索前结构状态

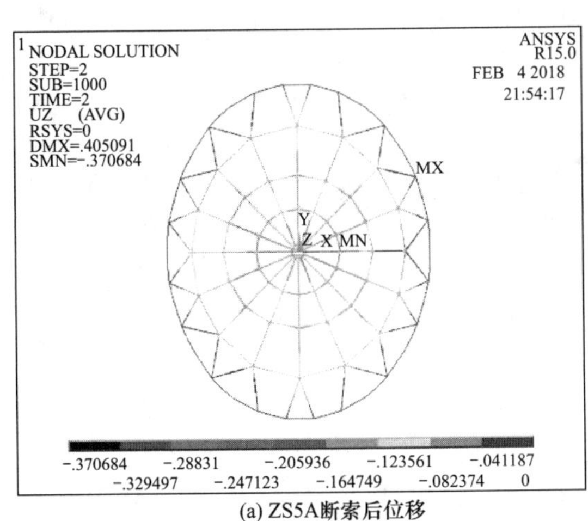

(a) ZS5A断索后位移

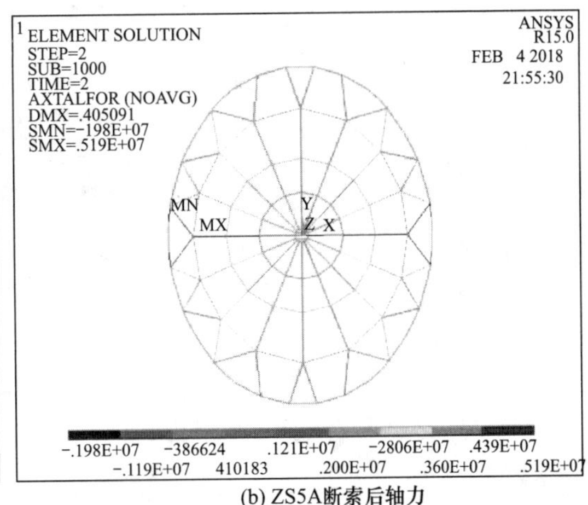

(b) ZS5A断索后轴力

图 12-33 ZS5A 断索后结构状态

由于结构不同类别构件较多，为方便比较，对于每个典型构件破断统一提取象限Ⅰ内③轴撑杆和拉索单元轴力时程、撑杆下节点和内环梁节点位移时程进行对比分析。其中，ZS5A 断索后结构动态反应如图 12-34 所示。

由图 12-34 可知，ZS5A 断索后内环梁和内中环撑杆竖向位移均在 0.2m 上下浮动，振幅 0.03～0.05m，外环撑杆竖向位移较小，在 0.05m 上下浮动，振幅约 0.025m。拉索、撑杆轴力增量和振幅均较小。可见 ZS5A 的破断引起的结构动态反应不明显。

（2）斜索 XS5C 破断分析

XS5C（短轴中外斜索）断索后结构竖向位移及索力分布图如图 12-35 所示。

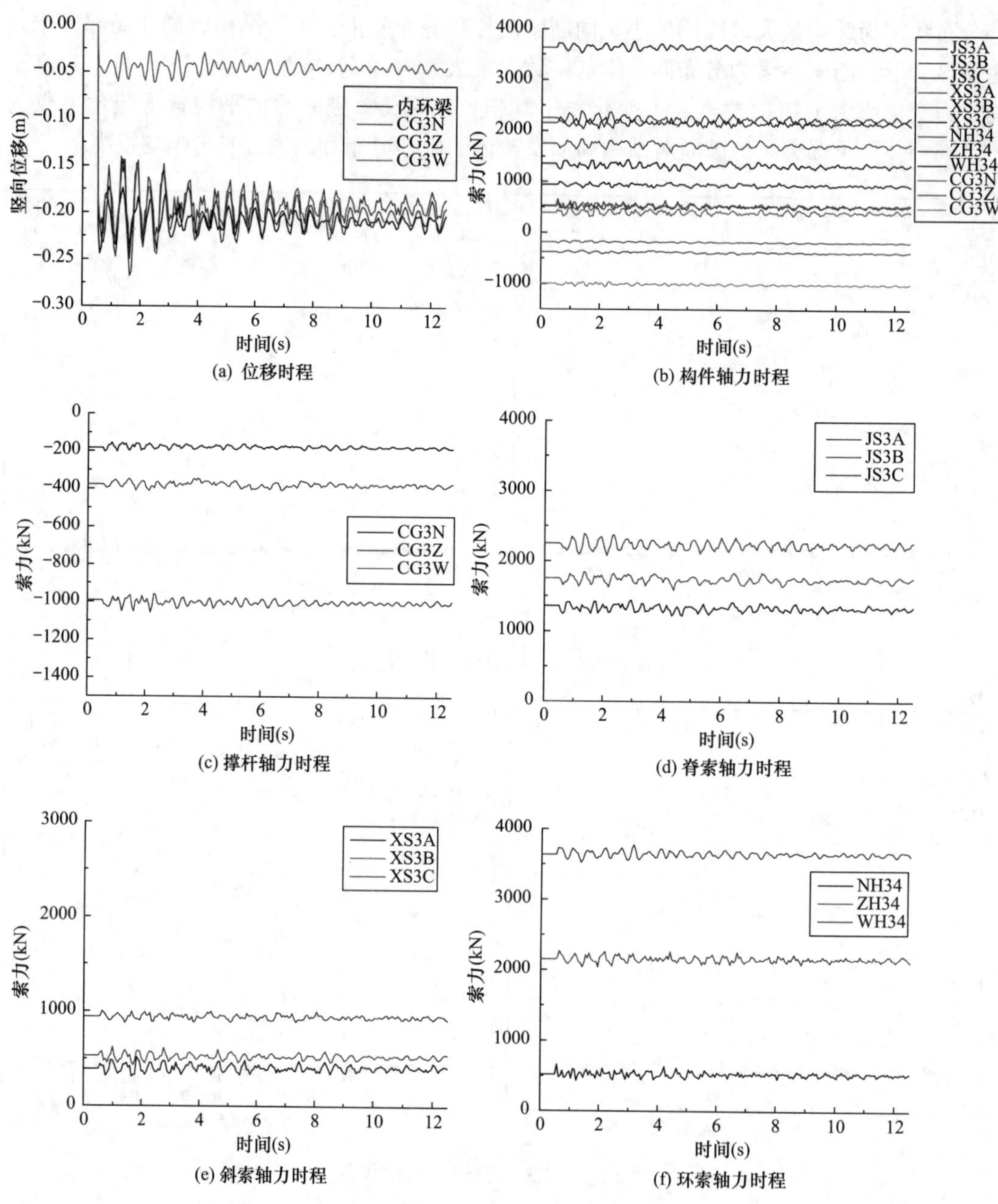

图 12-34　ZS5A 断索后③轴构件动态反应

由图 12-35 可知，XS5C 断索后最大竖向位移为 0.48m，平均竖向位移为 0.21m，位移分布状态为跨中大、四周小，同断索前位移分布基本一致，结构整体未发生明显的变形，但断索局部与 XS5C 相连的⑤轴中撑杆下节点处发生了向内环梁方向的径向移位。断索后最大索力为 5240kN，位于 JS5C 处，断索轴一侧 JS5D 内力下降 21.34%，邻近的 JS4D′内力上升 34.48%，但破断后的平均索力变化率为−3.16%，索力分布同断索前基本一致。可见 XS5C 的破断对结构局部位移及内力分布影响较大，但对结构整体位移及内力分布影响小。XS5C 断索后结构动态反应如图 12-36 所示。

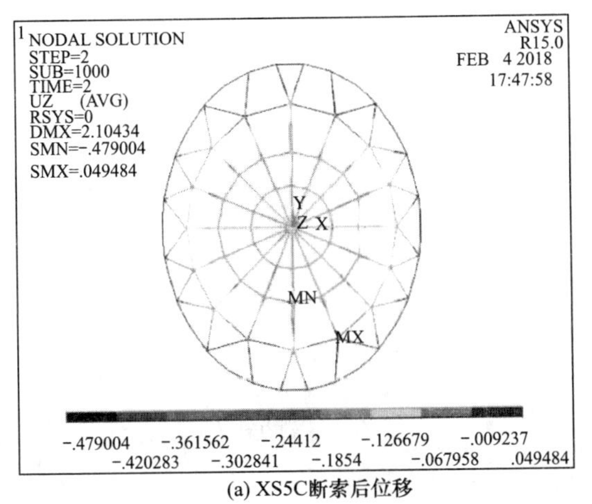

(a) XS5C断索后位移

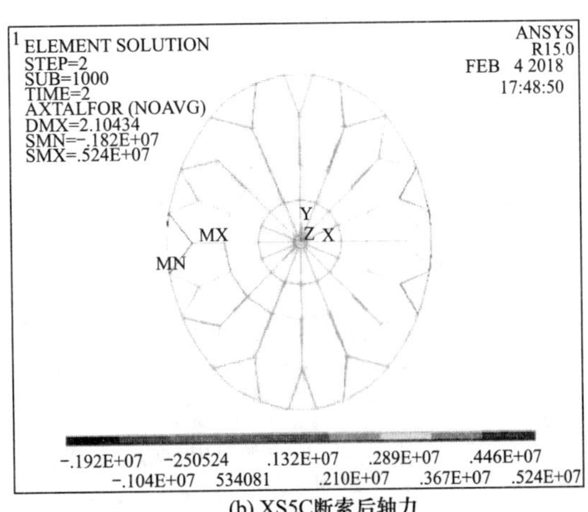

(b) XS5C断索后轴力

图 12-35　XS5C 断索后结构状态

由图 12-36 可知，XS5C 断索后内环梁竖向位移最大，在 0.3m 上下浮动，振幅 0.04～0.07m，内中环撑杆竖向位移在 0.2m 上下浮动，振幅约 0.05m，外环撑杆竖向位移较小，在 0.05m 上下浮动，振幅约 0.02m。脊索轴力振幅变化较大，最大振幅约 400kN；斜索由于自身轴力较小，其振幅也较小，最大振幅约 200kN；中、外环索轴力波动相当，最大振幅约 400kN，内环索轴力波动较小，最大振幅约 200kN；撑杆轴力波动最小，最大振幅

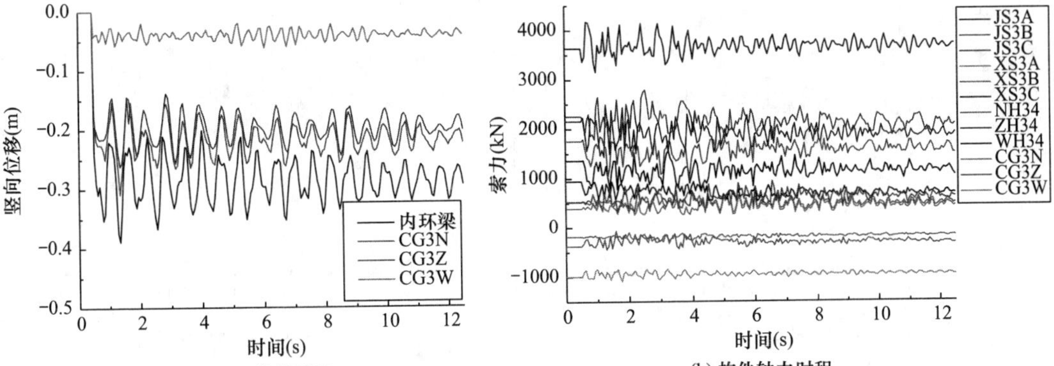

(a) 位移时程

(b) 构件轴力时程

(c) 撑杆轴力时程

(d) 脊索轴力时程

图 12-36　XS5C 断索后③轴构件动态反应（一）

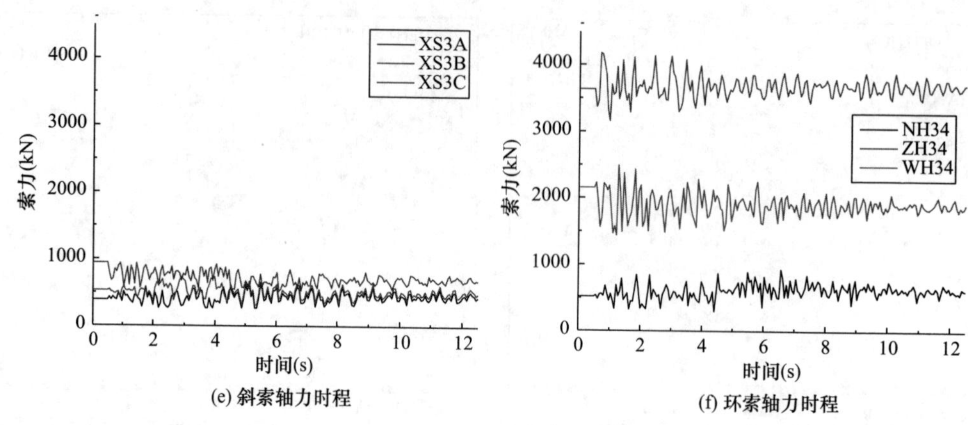

图 12-36 XS5C 断索后③轴构件动态反应（二）

约 100kN。断索后各构件有明显波动，脊索受到的影响相对较大，各构件波动状态一致性高，结构仍能保持整体性。

（3）环索 NH12 破断分析

NH12（长轴内环索）断索后结构竖向位移及索力分布图如图 12-37 所示。

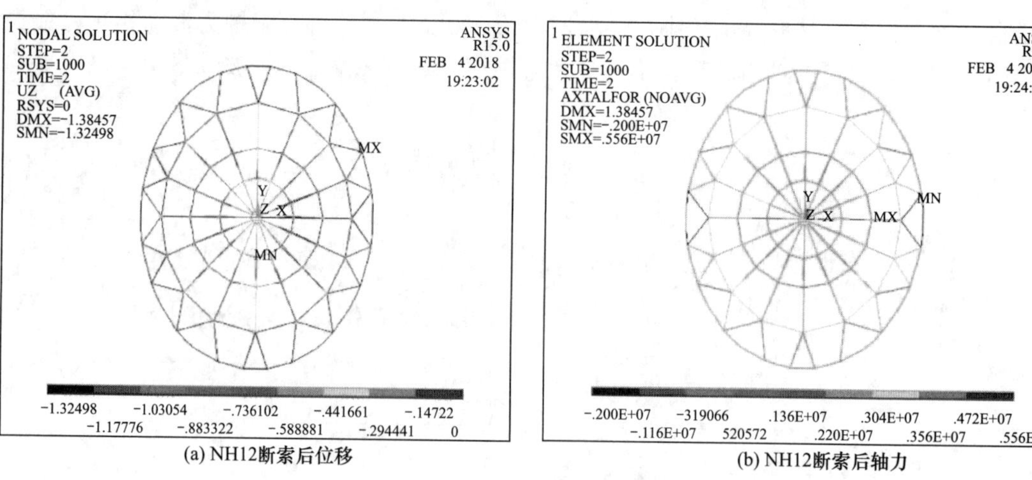

图 12-37 NH12 断索后结构状态

由图 12-37 可知，NH12 断索后最大竖向位移为 1.32m，平均竖向位移为 0.15m，位移分布状态为跨中大、四周小，其中长轴竖向位移相对明显，结构整体未发生明显变形，但内环断索区域邻近撑杆下节点有背离断索方向的位移。NH12 破断后索力分布情况同断索前基本一致，最大索力为 5560kN，位于 JS5C 处，但平均索力变化率为 24.8%，整体索力上升。可见 NH12 的破断对结构局部位移及内力分布均有影响，对结构整体位移影响较小。NH12 断索后结构动态反应如图 12-38 所示。

由图 12-38 可知，NH12 断索后内环梁、中内环撑杆竖向位移变化规律类似，均在 0.3m 上下浮动，最大振幅约 0.15m，外环撑杆竖向位移较小，在 0.05m 上下浮动，振幅约 0.03m。拉索波动量明显大于撑杆，其中，脊索最大振幅约 400kN；斜索自身轴力较小，振幅也较小，最大振幅约 250kN；中、外环索最大振幅约 550kN，内环索由于受到相邻位置断索影响索力突降至 0，仅存在轻微的波动情况；撑杆波动量最小，最大振幅仅约 130kN。断索后各构件有明显波动且状态一致性较高，可见 NH12 破断使结构产生了一定的振动效应，破断后结构仍具有整体性。

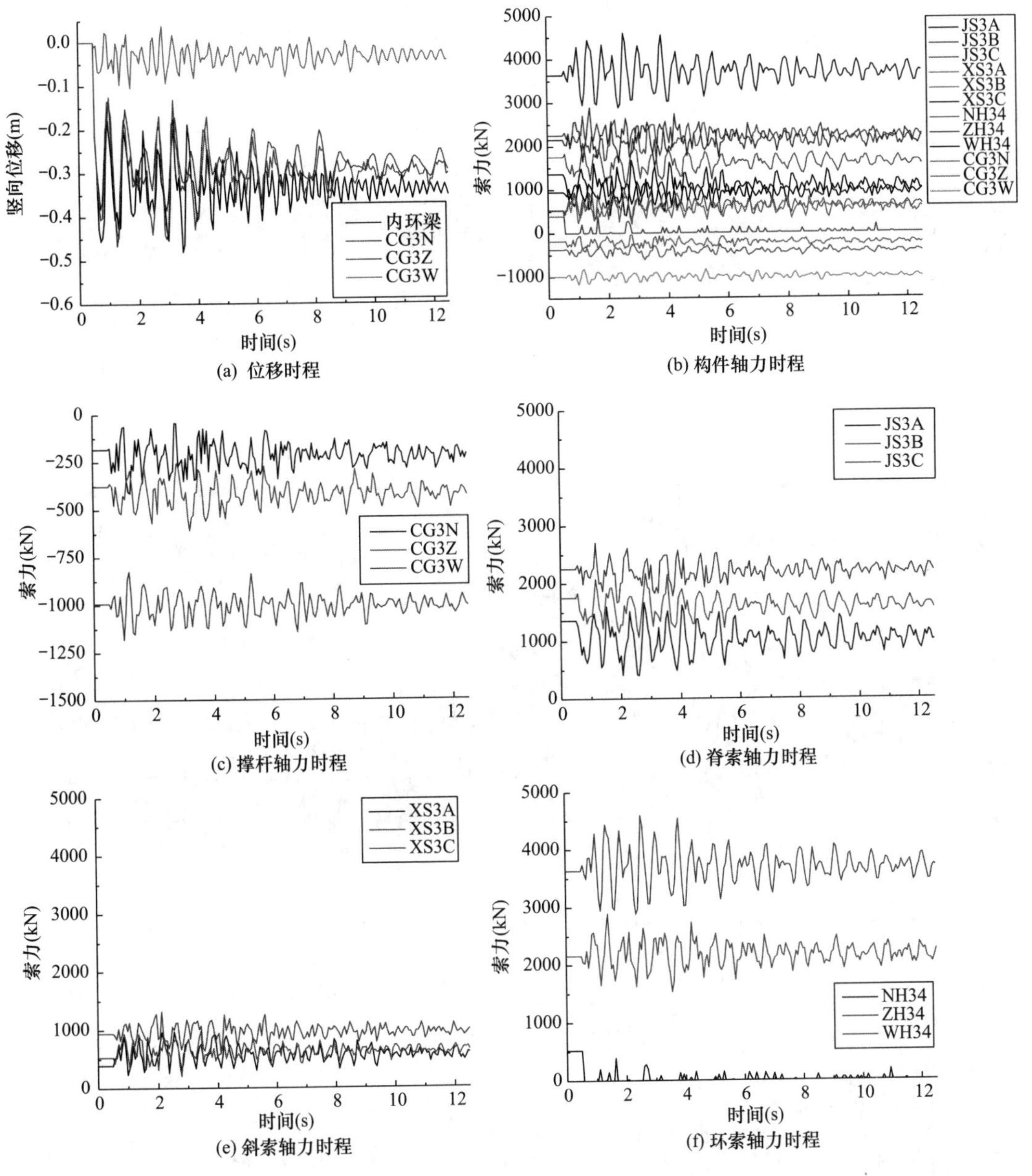

图 12-38 NH12 断索后③轴构件动态反应

（4）环索 WH12 破断分析

WH12（长轴外环索）断索后结构竖向位移及索力分布图如图 12-39 所示。

由图 12-39 可知，WH12 断索后最大竖向位移发生在断索处，为 5.73m，平均竖向位移为 1.01m。与 WH12 相连的撑杆下节点出现了大量位移，局部倒塌，相邻的①、②、③轴位移数值达 3m 以上。结构整体向断索侧倾斜，下沉明显，但未发生整体倒塌。

WH12 破断后最大索力为 6830kN，位于 JS5C 处，此外 JS5D、JS4C 处索力也较大，分布情况同断索前有较大差别，平均索力变化率为－15.79%，部分索体出现松弛，甚至退出工作。可见 WH12 的破断使部分索体松弛，局部倒塌，同时结构整体下沉明显，但尚未发生整体倒塌。WH12 断索后结构动态反应如图 12-40 所示。

由图 12-40 可知，WH12 断索后震荡剧烈，结构位移、轴力时程无明显规律。其中，中撑杆波动最强烈，最大振幅约 1.2m；内撑杆次之，最大振幅 0.9m，外撑杆再次，最大

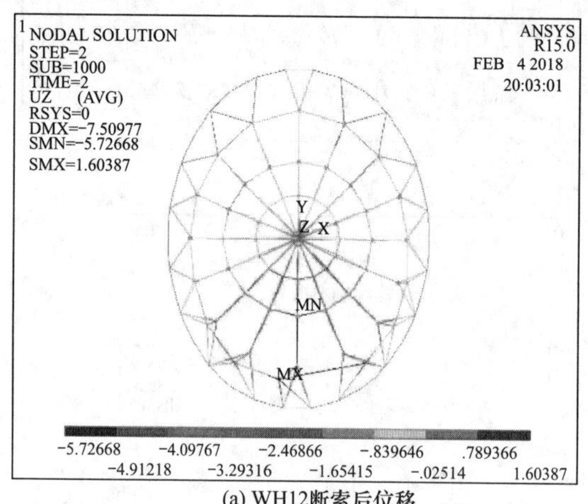

(a) WH12断索后位移

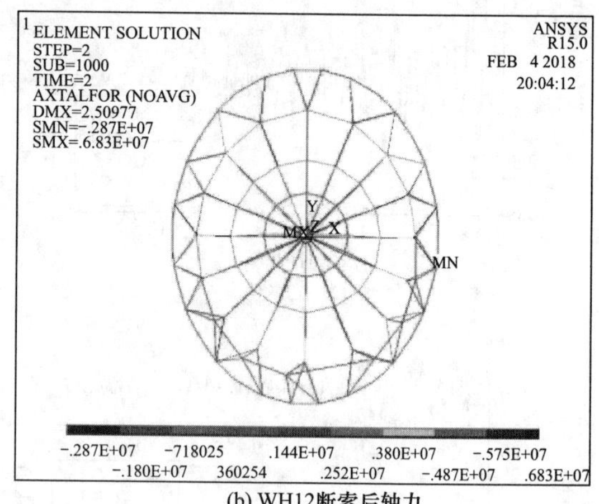

(b) WH12断索后轴力

图 12-39　WH12 断索后结构状态

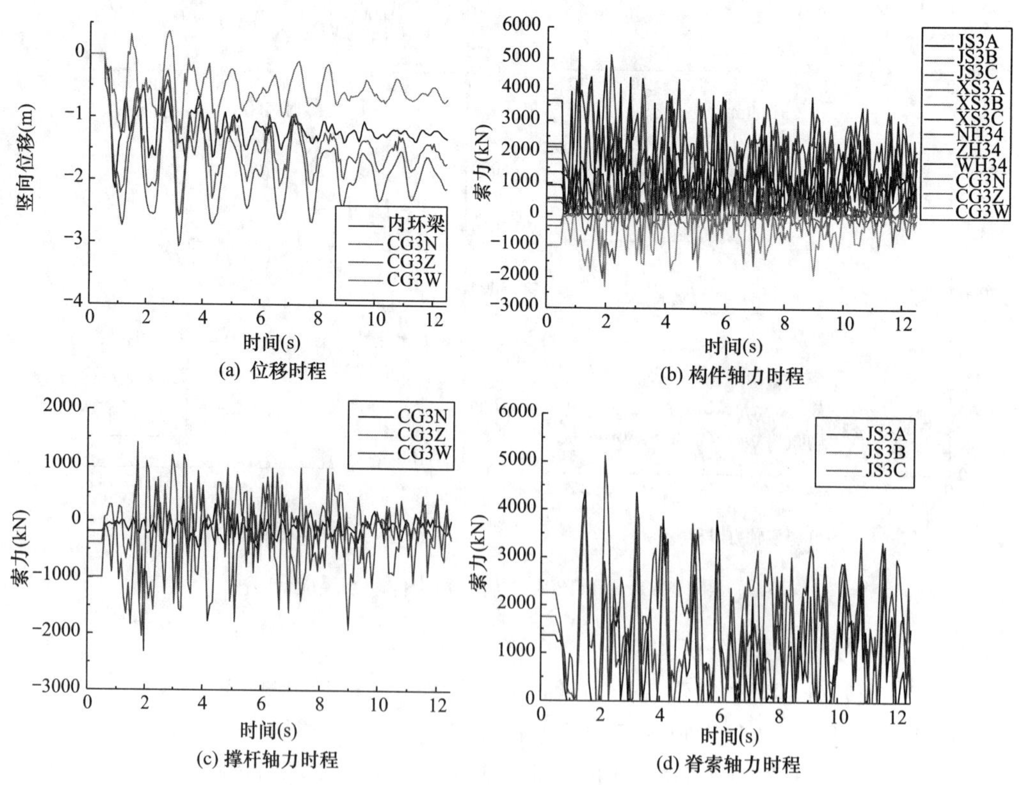

(a) 位移时程

(b) 构件轴力时程

(c) 撑杆轴力时程

(d) 脊索轴力时程

图 12-40　WH12 断索后③轴构件动态反应（一）

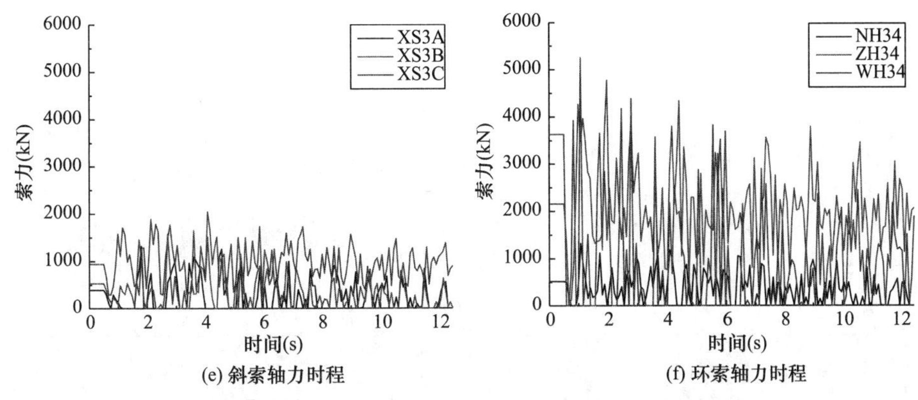

(e) 斜索轴力时程　　(f) 环索轴力时程

图 12-40　WH12 断索后③轴构件动态反应（二）

振幅约 0.7m，内环梁最小，最大振幅在 0.5m 左右。拉索波动量大于撑杆，脊索、斜索、环索轴力最大振幅分别约为 2500kN、1000kN、1200kN；内撑杆波动量较小，振幅约 200kN，外撑杆由于与破断位置相连，轴力波动量相对较大，最大振幅约 1500N。构件波动状态显示出其没有明显的规律和一致性，各个构件之间的孤立度较高，脊索和撑杆内力均减小，构件有不同程度退出工作状态的趋势。由于选取了断索邻近区域位置分析，这也进一步证实了 WH12 的破断使结构发生局部倒塌，倒塌部位为断索邻近区域。

（5）环索 ZH12 破断分析

ZH12（长轴中环索）断索后结构竖向位移及索力分布图如图 12-41 所示。

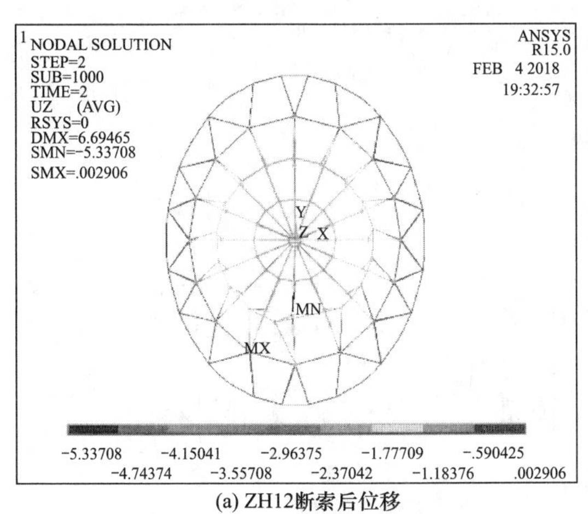

(a) ZH12断索后位移

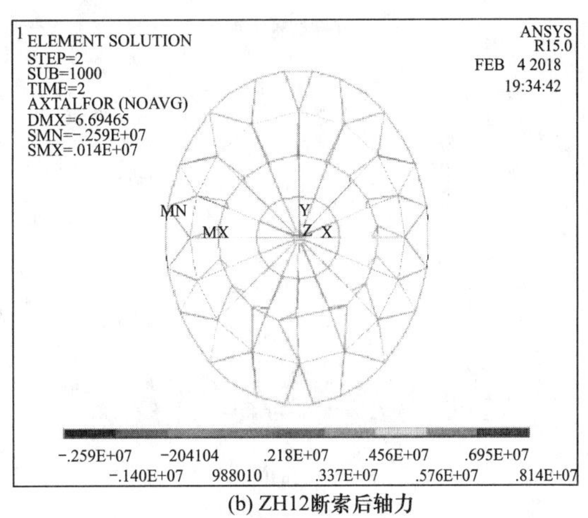

(b) ZH12断索后轴力

图 12-41　ZH12 断索后结构状态

由图 12-41 可知，ZH12 断索后最大竖向位移为 5.35m，平均竖向位移为 1.87m，位移以断索处最大，与中环索相连的撑杆下节点均发生明显位移，外环索内部区域所有构件下沉量在 2m 以上，内环索内部区域所有构件下沉量在 3.6m 以上，长轴下沉大于短轴，结构整体垮塌。ZH12 破断后最大索力为 8140kN，位于 JS5C 处，分布情况同断索前有较大差别，平均索力变化率为 63.28%，部分拉索和撑杆内力增量很大，使得应力达到极限承载力的 90%以上，有发生连续性倒塌的可能。可见 ZH12 的破断使结构发生整体垮塌，且有连续性倒塌的危险。ZH12 断索后结构动态反应如图 12-42 所示。

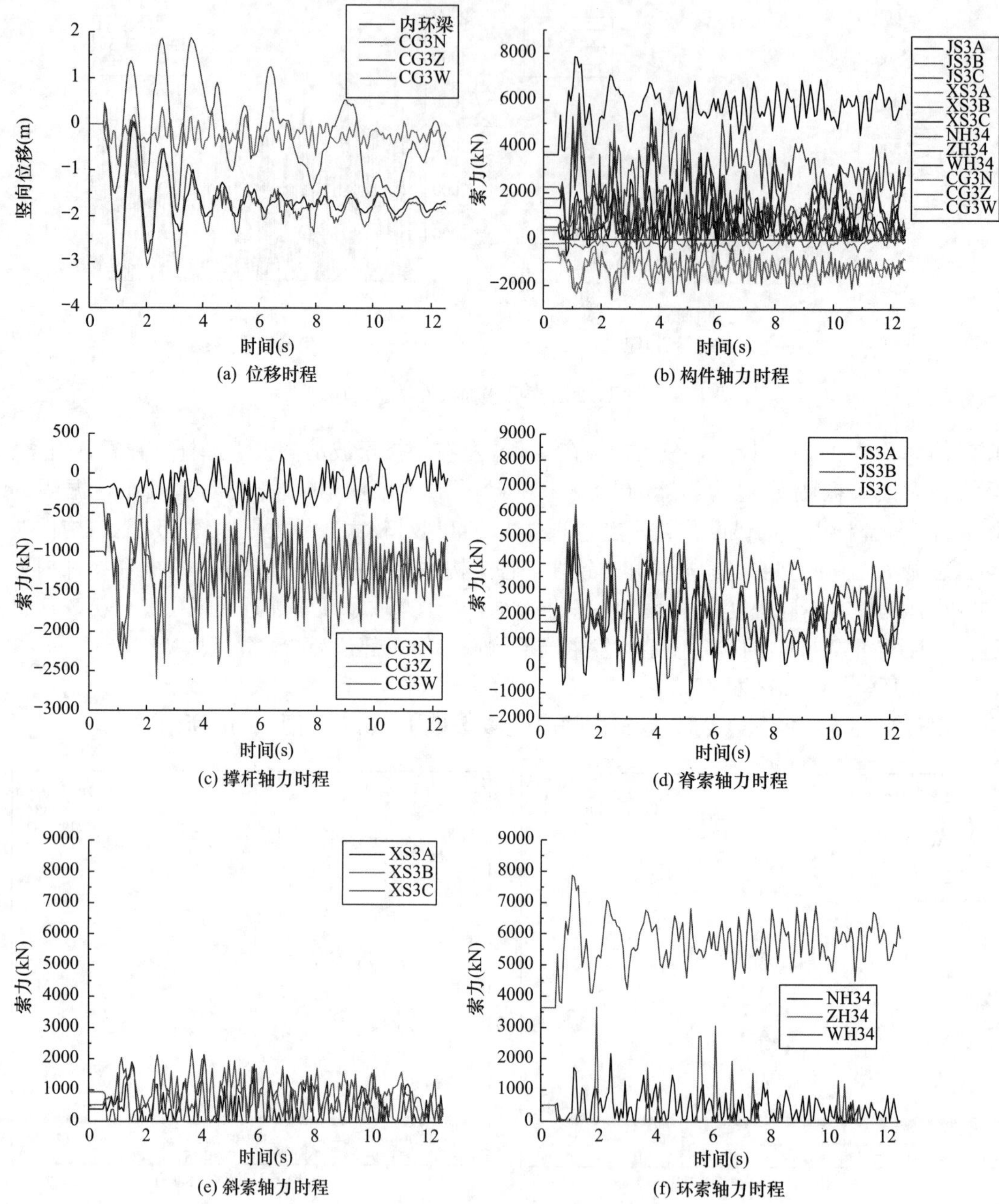

(a) 位移时程

(b) 构件轴力时程

(c) 撑杆轴力时程

(d) 脊索轴力时程

(e) 斜索轴力时程

(f) 环索轴力时程

图 12-42 ZH12 断索后③轴构件动态反应

由图 12-42 可知，ZH12 断索后结构发生整体垮塌，构件位移与轴力时程波动很大、规律不明显。其中，内环梁与内撑杆竖向位移大且时程曲线基本一致，最大振幅约 2m；中撑杆竖向位移波动较大，最大振幅约 1.8m；外撑杆最大振幅约 0.5m。拉索波动量明显大于撑杆，脊索最大振幅约 2500kN；斜索波动相对较低，最大振幅约 1000kN；三圈环索波动状态则差别较大，内环索波动量较低，最大振幅约 800kN，中环索由于受到相邻位置断索影响索力突降至 0，外环索波动明显，最大振幅约 1800kN；在三圈撑杆中，内撑杆波动幅值最低，且出现了压杆变拉杆的状态，中撑杆波动明显，最大振幅约 1200kN，外撑杆最大振幅约 900kN。ZH12 破断后各环构件状态不一致、孤立性较高，结构发生整体坍塌，但外环索索力、外撑杆位移与轴力波动存在一致性，结构外环区域依旧可以保持一定的完整性。

从以上五种构件破断分析可以看出，环索破断引起结构位移及内力变化较大，甚至会导致结构局部或整体垮塌；斜索破断对结构局部位移及内力分布有一定程度影响，但对结构整体位移及内力分布影响不大；直索破断对结构状态产生较小影响。构件破断后，内环梁和内、中撑杆的时程曲线普遍具有较高的一致性，外环相对数值小、振幅低；不同位置和类型的构件时程曲线在数值、振幅、形态上各有差异，但环索和脊索的振动最明显，斜索次之，撑杆最低。

12.4.2 索穹顶拉索（撑杆）破断分析

对索穹顶结构象限Ⅰ内 61 根拉索和 15 根撑杆全部进行破断分析，针对每根拉索和撑杆的破断，提取结构全部撑杆上下节点及内环梁竖向位移以及所有拉索和撑杆的应力、内力进行统计整理。

（1）竖向位移分析

索穹顶拉索（撑杆）破断后结构竖向位移统计如表 12-9 所示。

结构竖向位移统计　　表 12-9

构件类型	破断位置	统计位移位置	最大竖向位移（m）	平均竖向位移（m）
脊索	JS1A	CG1A	−0.26	−0.11
脊索	JS1B	CG1A	−0.85	−0.11
脊索	JS1C	CG1B	−1.19	−0.12
脊索	JS1D	CG1C	−2.16	−0.20
脊索	JS2A	CG1A	−0.27	−0.14
脊索	JS2B	CG2A	−2.12	−0.16
脊索	JS2C	CG2B	−1.36	−0.20
脊索	JS2D	CG2C	−2.12	−0.24
脊索	JS2D′	CG2C	−1.77	−0.20
脊索	JS3A	CG1A	−0.28	−0.13
脊索	JS3B	CG3A	−2.71	−0.18
脊索	JS3C	CG3B	−1.71	−0.15
脊索	JS3D	CG3C	−3.32	−0.23
脊索	JS3D′	CG3C	−2.67	−0.19
脊索	JS4A	CG1A	−0.29	−0.12
脊索	JS4B	CG4A	−4.78	−0.17
脊索	JS4C	CG4B	−1.73	−0.17
脊索	JS4D	CG4C	−3.56	−0.21
脊索	JS4D′	CG4C	−3.59	−0.21
脊索	JS5A	CG1A	−0.28	−0.12
脊索	JS5B	CG5A	−4.25	−0.17
脊索	JS5C	CG5B	−2.46	−0.19

续表

构件类型	破断位置	统计位移位置	最大竖向位移（m）	平均竖向位移（m）
脊索	JS5D	CG5C	−3.48	−0.19
斜索	XS1A	CG1A	−0.26	−0.14
斜索	XS1B	CG1A	−0.65	−0.14
斜索	XS1C	CG1B	−0.87	−0.16
斜索	XS1D	CG1A	−0.26	−0.14
斜索	XS2A	CG1A	−0.29	−0.15
斜索	XS2B	CG1A	−0.51	−0.17
斜索	XS2C	CG2B	−0.94	−0.17
斜索	XS2D	CG1A	−0.3	−0.14
斜索	XS2D′	CG1A	−0.32	−0.15
斜索	XS3A	CG1A	−0.28	−0.15
斜索	XS3B	CG3A	−0.51	−0.17
斜索	XS3C	CG1B	−0.51	−0.16
斜索	XS3D	CG1A	−0.28	−0.15
斜索	XS3D′	CG4C	−0.28	−0.15
斜索	XS4A	CG1A	−0.28	−0.15
斜索	XS4B	CG4A	−0.54	−0.17
斜索	XS4C	CG4B	−0.59	−0.19
斜索	XS4D	CG1A	−0.28	−0.15
斜索	XS4D′	CG1A	−0.27	−0.15
斜索	XS5A	CG1A	−0.26	−0.15
斜索	XS5B	CG5A	−0.44	−0.17
斜索	XS5C	CG1B	−0.51	−0.21
斜索	XS5D	CG1A	−0.29	−0.15
环索	NH12	CG1A	−1.43	−0.15
环索	NH23	CG2A	−1.25	−0.13
环索	NH34	CG1A	−1.33	−0.15
环索	NH45	CG1A	−1.25	−0.12
环索	ZH12	CG1B	−5.34	−1.87
环索	ZH23	CG1B	−5.25	−1.85
环索	ZH34	CG1B	−5.13	−1.82
环索	ZH45	CG1B	−4.97	−1.81
环索	WH12	CG1B	−5.73	−1.01
环索	WH23	CG2C	−4.24	−0.53
环索	WH34	CG4C	−4.78	−0.49
环索	WH45	CG4C	−4.32	−0.36
直索	ZS3A	CG1A	−0.28	−0.15
直索	ZS4A	CG4A	−0.28	−0.15
直索	ZS5A	CG5A	−0.37	−0.15
撑杆	CG1A	CG1A	−1.6	−0.15
撑杆	CG1B	CG1B	−3.21	−0.19

续表

构件类型	破断位置	统计位移位置	最大竖向位移（m）	平均竖向位移（m）
撑杆	CG1C	CG1C	−3.31	−0.17
撑杆	CG2A	CG2A	−0.41	−0.15
撑杆	CG2B	CG2B	−0.83	−0.16
撑杆	CG2C	CG2C	−2.42	−0.2
撑杆	CG3A	CG3A	−0.39	−0.16
撑杆	CG3B	CG3B	−0.75	−0.16
撑杆	CG3C	CG3C	−1.54	−0.13
撑杆	CG4A	CG4A	−0.3	−0.16
撑杆	CG4B	CG4B	−0.38	−0.13
撑杆	CG4C	CG4C	−0.7	−0.1
撑杆	CG5A	CG5A	−0.27	−0.16
撑杆	CG5B	CG5B	−0.5	−0.15
撑杆	CG5C	CG5C	−0.65	−0.11

定义构件破断后结构位移或内力变化程度为该构件的破断敏感度。由表 12-9 可知，结构拉索和撑杆破断后最大竖向位移发生位置一般在与断索相连、相邻处，或在长轴处，且最大竖向位移值同平均竖向位移值之间差距一般较大，可见拉索和撑杆破断后局部效应比较明显，长轴由于刚度较弱，因此对拉索和撑杆破断的敏感度更高、反应更大。

在脊索中，平均竖向位移分布均匀、数值较小，范围在 0.11～0.24m，可见脊索破断对结构整体影响不大；内脊索破断后结构最大竖向位移较小，对结构局部影响不明显；中内、中外脊索破断后结构最大竖向位移较大，且越靠近短轴越大；外脊索破断后结构局部响应程度介于以上二者之间，但同样越靠近短轴，反应越明显，可见靠近短轴的脊索破断敏感度要高于长轴。

在斜索中，平均竖向位移分布均匀、数值较小，范围在 0.14～0.21m，可见斜索破断对结构整体影响不大；最大竖向位移在 0.26～0.94m 范围内，可见斜索破断对局部影响小，值得注意的是，最大竖向位移较大的数值多分布在长轴附近，同脊索相反，靠近长轴的斜索破断敏感度要高于短轴。

在环索中，内环索、中环索、外环索破断后结构状态有较大区别，其中内环索平均竖向位移在 0.5m 以下，数值较小，对结构整体影响小，最大竖向位移在 1.3m 左右，集中在内环梁区域，对结构跨中影响较大；外环索平均竖向位移差异较大，最小值为 0.36m，最大值为 1.01m，但越靠近长轴，数值越大，破断敏感度越高，最大竖向位移均在 4m 以上，发生局部倒塌；中环索破断后平均竖向位移接近 2m，最大竖向位移为 5m，是所有索体破断中的最大值，可见中环索破断敏感度最高，它的破断会使结构发生整体垮塌。

在撑杆中，平均竖向位移分布均匀、数值较小，范围在 0.11～0.2m，可见撑杆的破断对结构整体影响不大；最大竖向位移在 0.27～3.31m 之间，越靠近长轴撑杆破断对结构影响越明显；外撑杆对结构破断最明显，其次是中撑杆，而内撑杆的破断对结构影响较小。

（2）构件内力分析

去除失效单元后，选取每根拉索和撑杆破断后内力变化最大的三根拉索与三根撑杆，定义索穹顶结构拉索、撑杆内力变化率平均值为平均内力变化率，统计结果如表 12-10 所示。

构件内力变化统计　　表 12-10

构件类型	破断位置	最大内力变化率（%）						平均内力变化率（%）
脊索	JS1A	18.06	16.59	16.07	−87.8	−83.87	−72.30	−0.70
脊索	JS1B	19.55	18.35	17.18	−78.94	−76.21	−53.83	−0.81
脊索	JS1C	224.72	175.38	91.39	−43.67	−39.61	−38.46	−2.66
脊索	JS1D	287.81	216.06	143.45	−75.45	−75.09	−67.56	−5.77
脊索	JS2A	18.5	16.50	16.23	−71.9	−65.08	−55.96	0.29
脊索	JS2B	68.46	34.29	34.17	−97.1	−91.48	−61.09	−2.46
脊索	JS2C	191.89	178.76	144.82	−64.4	−53.81	−42.22	0.42
脊索	JS2D	57.48	35.46	34.32	−95.84	−68.46	−66.78	−15.38
脊索	JS2D′	159.32	143.59	110.18	−81.47	−56.11	−53.86	−16.12
脊索	JS3A	119.9	94.63	85.11	−79.68	−52.29	−45.59	1.61
脊索	JS3B	160.14	114.58	98.21	−71.94	−71.42	−68.19	1.59
脊索	JS3C	223.52	184.11	130.23	−76.56	−75.65	−71.35	−4.54
脊索	JS3D	67.09	61.60	41.97	−96.73	−79.98	−77.23	−16.26
脊索	JS3D′	243.29	242.50	196.98	−96.03	−94.91	−91.90	−15.95
脊索	JS4A	127.04	109.59	88.92	−68.70	−64.80	−56.21	−0.08
脊索	JS4B	141.21	111.74	93.85	−98.99	−98.34	−85.60	1.30
脊索	JS4C	223.17	203.04	201.59	−75.74	−75.51	−68.92	−4.96
脊索	JS4D	377.29	197.25	128.04	−94.74	−92.92	−79.49	−8.47
脊索	JS4D′	322.27	193.00	124.37	−93.80	−90.22	−82.04	−10.07
脊索	JS5A	192.26	156.34	153.98	−64.98	−54.11	−52.46	1.59
脊索	JS5B	191.87	183.59	131.77	−87.95	−76.85	−74.26	−4.09
脊索	JS5C	269.68	192.40	143.85	−93.81	−92.83	−74.14	−1.49
脊索	JS5D	416.84	366.38	187.00	−74.56	−72.71	−61.27	−10.86
斜索	XS1A	16.80	15.35	15.01	−74.49	−68.68	−65.07	0.41
斜索	XS1B	221.56	116.90	58.61	−62.68	−55.70	−54.19	1.06
斜索	XS1C	319.71	172.63	167.35	−80.69	−79.99	−75.27	−1.31
斜索	XS1D	59.61	23.02	17.23	−90.64	−82.43	−58.66	−1.04
斜索	XS2A	77.51	29.69	28.07	−82.80	−23.22	−18.76	0.46
斜索	XS2B	244.76	215.66	127.17	−63.71	−56.94	−44.32	2.22
斜索	XS2C	319.09	249.18	220.84	−90.54	−88.55	−74.74	−2.18
斜索	XS2D	145.68	96.35	64.64	−78.04	−39.34	−30.90	−2.28
斜索	XS2D′	181.40	122.18	77.77	−78.07	−66.58	−60.03	1.94
斜索	XS3A	45.13	38.43	27.22	−55.71	−45.99	−27.79	0.74
斜索	XS3B	290.70	146.53	107.99	−66.55	−59.05	−47.75	3.20
斜索	XS3C	307.58	271.85	228.43	−78.52	−73.04	−59.28	5.35
斜索	XS3D	52.22	24.91	24.61	−92.20	−69.30	−46.56	−1.84
斜索	XS3D′	171.86	74.22	46.72	−81.84	−64.81	−35.39	1.43
斜索	XS4A	60.82	30.45	28.37	−91.76	−53.17	−44.98	−0.01
斜索	XS4B	264.22	186.55	92.62	−72.60	−45.55	−38.26	4.44
斜索	XS4C	152.89	104.30	97.65	−81.29	−75.08	−68.67	−6.06

续表

构件类型	破断位置	最大内力变化率（%）						平均内力变化率（%）
斜索	XS4D	122.62	36.24	19.57	−85.27	−82.23	−80.20	−1.05
斜索	XS4D′	115.07	99.92	65.22	−97.33	−86.46	−85.36	0.31
斜索	XS5A	40.41	39.88	36.40	−95.97	−93.04	−57.45	−1.06
斜索	XS5B	281.03	210.37	189.03	−78.50	−74.21	−68.48	5.23
斜索	XS5C	370.93	318.01	279.07	−81.20	−71.98	−68.21	−5.16
斜索	XS5D	74.45	53.07	50.84	−79.51	−56.03	−54.87	−0.15
环索	NH12	474.27	375.53	308.59	−99.94	−96.68	−95.98	24.80
环索	NH23	462.45	367.79	297.53	−96.17	−91.12	−86.80	26.05
环索	NH34	420.75	319.83	251.91	−98.15	−97.63	−85.39	20.98
环索	NH45	412.04	333.95	264.10	−99.95	−97.25	−90.57	19.33
环索	ZH12	597.88	481.57	408.58	−74.74	−56.28	−44.86	63.28
环索	ZH23	585.69	459.26	391.06	−96.91	−87.26	−76.10	61.54
环索	ZH34	543.69	419.27	367.67	−90.00	−86.69	−49.24	55.78
环索	ZH45	536.94	431.12	366.78	−97.91	−77.49	−65.76	54.56
环索	WH12	448.96	320.46	283.50	−96.44	−86.79	−84.85	−15.79
环索	WH23	439.83	316.20	253.33	−98.92	−97.91	−96.21	−16.02
环索	WH34	353.37	284.82	195.53	−96.87	−92.63	−88.06	−19.28
环索	WH45	346.64	267.57	203.56	−93.19	−92.14	−91.50	−22.44
直索	ZS3A	59.85	47.42	40.64	−71.60	−64.49	−48.33	0.53
直索	ZS4A	58.20	41.25	40.51	−70.17	−63.67	−59.82	0.06
直索	ZS5A	58.01	57.00	54.24	−77.74	−76.70	−66.68	−0.46
撑杆	CG1N	245.48	88.04	87.94	−30.26	−24.41	−21.41	12.82
撑杆	CG1Z	371.21	202.28	197.98	−77.58	−74.07	−66.34	16.08
撑杆	CG1W	434.08	390.60	350.18	−79.96	−77.75	−64.95	18.27
撑杆	CG2N	217.77	51.83	32.13	−50.20	−46.59	−44.24	0.43
撑杆	CG2Z	223.69	202.63	155.58	−57.24	−50.92	−41.22	3.13
撑杆	CG2W	316.45	293.48	263.75	−70.33	−56.40	−51.48	7.54
撑杆	CG3N	119.78	114.27	94.30	−55.75	−54.99	−43.45	1.70
撑杆	CG3Z	237.52	159.77	103.52	−91.87	−65.54	−62.48	2.10
撑杆	CG3W	322.76	308.79	230.58	−97.73	−74.55	−71.65	4.47
撑杆	CG4N	97.94	65.25	54.05	−69.95	−63.40	−59.29	−1.78
撑杆	CG4Z	176.45	172.44	149.08	−90.77	−60.40	−59.52	2.01
撑杆	CG4W	325.38	234.90	218.63	−92.71	−89.00	−88.81	−9.44
撑杆	CG5N	79.99	70.77	61.85	−92.25	−63.77	−52.36	0.07
撑杆	CG5Z	121.66	102.60	90.18	−96.24	−80.88	−64.77	2.51
撑杆	CG5W	332.61	304.75	255.36	−99.98	−96.63	−95.18	−8.24

由表 12-10 可知，不同类型拉索和撑杆破断后构件内力变化情况有所不同，但总体上说，不论最大内力变化率或平均内力变化率，环索破断引起的结构响应最大，脊索和撑杆次之，斜索再次，直索最小。在脊索中，中外脊索与外脊索破断引起的内力变化较中内脊索和内脊索大，靠近短轴处脊索破断引起的内力变化较靠近长轴处大。在斜索中，中内斜

索与中外斜索破断引起的内力变化较内斜索和外斜索大，而内斜索破断引起结构中内力变化小，可见内斜索的破断对结构影响小。在环索中，环索的破断对结构内力变化均产生了很大影响，可见环索破断后结构内力重分布程度最高，破断敏感度由高到低依次为中环索、外环索、内环索。直索破断后结构内力变化程度最小，直索的破断对结构影响不大。在撑杆中，不论最大内力变化率还是平均内力变化率，外撑杆破断对结构的影响最大，中撑杆次之，内撑杆最小；靠近长轴的撑杆破断后结构内力变化大于靠近短轴的撑杆。

（3）动态效应分析

拉索（撑杆）破断会引发结构振动，使得结构在破断后一段时间内节点位移、构件轴力波动，应对不同类型构件破断后剩余结构的动态效应进行归纳比较分析。由本书 12.3 节分析可知当某构件破断后，结构剩余不同类型、不同位置处构件轴力变化情况复杂而无明显规律性，不宜用作比较分析的依据，再结合本书 12.3.4 节分析内容，选取中心拉力环竖向位移进行破断后剩余结构动态效应分析。提取 76 种构件破断后内环梁中同一杆单元竖向位移时程曲线，其动力放大系数 *DAF* 和时程放大系数 *TAF* 的统计结果如表 12-11 所示。

动态效应统计　　　　**表 12-11**

构件类型	破断位置	最大振幅（m）	动力放大系数	时程放大系数
脊索	JS1A	0.049	0.231	0.116
脊索	JS1B	0.051	0.251	0.117
脊索	JS1C	0.124	0.437	0.131
脊索	JS1D	0.376	1.259	0.325
脊索	JS2A	0.052	0.242	0.111
脊索	JS2B	0.060	0.262	0.136
脊索	JS2C	0.132	0.486	0.179
脊索	JS2D	0.449	1.283	0.317
脊索	JS2D′	0.266	1.097	0.243
脊索	JS3A	0.052	0.277	0.103
脊索	JS3B	0.080	0.380	0.122
脊索	JS3C	0.145	0.492	0.230
脊索	JS3D	0.333	1.312	0.273
脊索	JS3D′	0.436	1.179	0.403
脊索	JS4A	0.058	0.342	0.123
脊索	JS4B	0.101	0.393	0.152
脊索	JS4C	0.355	0.587	0.297
脊索	JS4D	0.390	1.267	0.405
脊索	JS4D′	0.382	1.155	0.379
脊索	JS5A	0.248	0.523	0.190
脊索	JS5B	0.291	0.632	0.265
脊索	JS5C	0.371	0.665	0.421
脊索	JS5D	0.343	1.507	0.482
斜索	XS1A	0.049	0.228	0.104
斜索	XS1B	0.076	0.341	0.113

续表

构件类型	破断位置	最大振幅（m）	动力放大系数	时程放大系数
斜索	XS1C	0.216	0.951	0.303
斜索	XS1D	0.040	0.188	0.073
斜索	XS2A	0.056	0.242	0.131
斜索	XS2B	0.092	0.343	0.133
斜索	XS2C	0.209	0.825	0.269
斜索	XS2D	0.037	0.186	0.063
斜索	XS2D′	0.057	0.256	0.099
斜索	XS3A	0.055	0.240	0.122
斜索	XS3B	0.087	0.318	0.120
斜索	XS3C	0.198	0.795	0.268
斜索	XS3D	0.057	0.261	0.107
斜索	XS3D′	0.048	0.216	0.087
斜索	XS4A	0.057	0.241	0.115
斜索	XS4B	0.099	0.351	0.124
斜索	XS4C	0.193	0.622	0.201
斜索	XS4D	0.051	0.235	0.103
斜索	XS4D′	0.054	0.239	0.118
斜索	XS5A	0.057	0.237	0.117
斜索	XS5B	0.133	0.445	0.148
斜索	XS5C	0.180	0.596	0.235
斜索	XS5D	0.049	0.216	0.101
环索	NH12	0.217	1.104	0.406
环索	NH23	0.247	1.150	0.395
环索	NH34	0.237	1.142	0.389
环索	NH45	0.238	1.170	0.397
环索	ZH12	1.392	0.511	0.230
环索	ZH23	1.370	0.511	0.231
环索	ZH34	1.359	0.510	0.231
环索	ZH45	1.362	0.511	0.231
环索	WH12	0.864	0.844	0.297
环索	WH23	0.894	0.930	0.320
环索	WH34	0.871	0.919	0.264
环索	WH45	0.988	0.980	0.328
直索	ZS3A	0.058	0.256	0.116
直索	ZS4A	0.066	0.255	0.113
直索	ZS5A	0.060	0.256	0.108
撑杆	CG1A	0.060	0.291	0.083
撑杆	CG1B	0.707	0.339	0.123
撑杆	CG1C	0.208	2.232	1.408
撑杆	CG2A	0.062	0.264	0.107
撑杆	CG2B	0.078	0.359	0.129

续表

构件类型	破断位置	最大振幅（m）	动力放大系数	时程放大系数
撑杆	CG2C	0.210	2.957	1.419
撑杆	CG3A	0.055	0.231	0.126
撑杆	CG3B	0.119	0.427	0.120
撑杆	CG3C	0.296	2.946	1.457
撑杆	CG4A	0.074	0.289	0.145
撑杆	CG4B	0.102	0.505	0.160
撑杆	CG4C	0.387	3.046	1.519
撑杆	CG5A	0.090	0.333	0.175
撑杆	CG5B	0.143	0.501	0.210
撑杆	CG5C	0.395	3.997	1.637

由表 12-11 可知，不同类型构件破断后结构动态响应均有差别，响应程度由高到低依次为环索、撑杆和脊索、斜索、直索，具体而言，环索、撑杆、脊索、斜索、直索的最大振幅平均值分别为：0.837m、0.199m、0.224m、0.093m、0.061m；动力放大系数平均值分别为：0.857、1.248、0.707、0.373、0.255；时程放大系数平均值分别为：0.310、0.588、0.240、0.141、0.112。就最大振幅而言，中、外环索破断后结构振幅明显高于其他构件；就动力放大系数与时程放大系数而言，外撑杆引起的结构响应则是所有构件中最大的。环索破断后会造成很大的竖向位移，且振幅最大，其中中环索大于外环索大于内环索；撑杆破断虽不会引起很大的竖向位移，但会引发较大的动态效应，其中外撑杆破断引发的结构振动明显高于中、内撑杆；脊索中，最外环脊索破断引起结构的动力效应最大，越向内环靠近，动力效应越小；斜索中，中外环斜索破断会引起较大的动力效应，内环与外环斜索破断导致的动力效应则相对较小；直索破断后只会产生微小振幅，其动态效应基本可以忽略。

（4）再破坏概率分析

考虑到单索（杆）破断后结构会进行内力重分布，因此可能出现断索（杆）后构件内力存在超出构件极限承载力，发生再次破坏，造成结构连续性倒塌的情况。为了进一步分析结构在单索（杆）破断后发生再破坏的可能性，判断结构的抗连续倒塌能力，提取各拉索和撑杆破断后剩余拉索及撑杆的最大应力值并进行统计，结果如表 12-12 所示。其中，拉索极限强度为 1670MPa，撑杆材料为 Q345 钢，取拉应力为正值、压应力为负值，定义断索（杆）后构件最大应力与其强度之比为应力比，定义拉索与撑杆应力比中的较大值为再破坏概率。

构件最大应力统计　　　　表 12-12

构件类型	破断位置	拉索最大应力（MPa）	拉索应力比（%）	撑杆最大应力（MPa）	撑杆应力比（%）	再破坏概率（%）
脊索	JS1A	592.37	35.5	−122.18	35.4	35.5
脊索	JS1B	592.12	35.5	−122.38	35.5	35.5
脊索	JS1C	595.96	35.7	−120.42	34.9	35.7
脊索	JS1D	627.82	37.6	−122.36	35.5	37.6

续表

构件类型	破断位置	拉索最大应力(MPa)	拉索应力比(%)	撑杆最大应力(MPa)	撑杆应力比(%)	再破坏概率(%)
脊索	JS2A	592.14	35.5	−123.40	35.8	35.8
脊索	JS2B	592.45	35.5	−127.48	37.0	37.0
脊索	JS2C	602.83	36.1	−127.49	37.0	37.0
脊索	JS2D	579.76	34.7	−131.19	38.0	38.0
脊索	JS2D′	591.23	35.4	−118.88	34.5	35.4
脊索	JS3A	598.50	35.8	−129.32	37.5	37.5
脊索	JS3B	611.69	36.6	−126.62	36.7	36.7
脊索	JS3C	616.55	36.9	−143.36	41.6	41.6
脊索	JS3D	641.32	38.4	−120.71	35.0	38.4
脊索	JS3D′	635.59	38.1	−127.35	36.9	38.1
脊索	JS4A	774.88	46.4	−126.38	36.6	46.4
脊索	JS4B	728.86	43.6	−128.32	37.2	43.6
脊索	JS4C	711.90	42.6	−166.40	48.2	48.2
脊索	JS4D	645.59	38.7	−124.49	36.1	38.7
脊索	JS4D′	656.66	39.3	−131.73	38.2	39.3
脊索	JS5A	758.70	45.4	−164.20	47.6	47.6
脊索	JS5B	737.10	44.1	−181.89	52.7	52.7
脊索	JS5C	647.77	38.8	−155.46	45.1	45.1
脊索	JS5D	626.51	37.5	−113.99	33.0	37.5
斜索	XS1A	592.01	35.4	−122.63	35.5	35.5
斜索	XS1B	607.30	36.4	−135.61	39.3	39.3
斜索	XS1C	736.59	44.1	−127.25	36.9	44.1
斜索	XS1D	594.36	35.6	−124.60	36.1	36.1
斜索	XS2A	592.71	35.5	−125.19	36.3	36.3
斜索	XS2B	622.06	37.2	−127.04	36.8	37.2
斜索	XS2C	598.48	35.8	−137.38	39.8	39.8
斜索	XS2D	599.00	35.9	−123.43	35.8	35.9
斜索	XS2D′	589.95	35.3	−131.54	38.1	38.1
斜索	XS3A	592.39	35.5	−125.66	36.4	36.4
斜索	XS3B	608.07	36.4	−160.99	46.7	46.7
斜索	XS3C	791.29	47.4	−132.15	38.3	47.4
斜索	XS3D	606.34	36.3	−128.60	37.3	37.3
斜索	XS3D′	973.99	58.3	−131.90	38.2	58.3
斜索	XS4A	600.90	36.0	−153.28	44.4	44.4
斜索	XS4B	699.27	41.9	−135.10	39.2	41.9
斜索	XS4C	835.10	50.0	−170.21	49.3	50.0
斜索	XS4D	936.30	56.1	−158.34	45.9	56.1
斜索	XS4D′	697.60	41.8	−124.88	36.2	41.8
斜索	XS5A	686.32	41.1	−125.67	36.4	41.1
斜索	XS5B	696.41	41.7	−183.47	53.2	53.2

续表

构件类型	破断位置	拉索最大应力(MPa)	拉索应力比(%)	撑杆最大应力(MPa)	撑杆应力比(%)	再破坏概率(%)
斜索	XS5C	948.30	62.8	−162.42	47.1	62.8
斜索	XS5D	846.94	50.7	−163.90	47.5	50.7
环索	NH12	646.24	38.7	−180.29	52.3	52.3
环索	NH23	650.70	39.0	−184.60	53.5	53.5
环索	NH34	650.32	38.9	−178.71	51.8	51.8
环索	NH45	654.64	39.2	−171.47	49.7	49.7
环索	ZH12	1492.10	89.3	−342.85	99.4	99.4
环索	ZH23	1461.80	87.5	−340.94	98.8	98.8
环索	ZH34	1409.30	84.4	−337.30	97.8	97.8
环索	ZH45	1382.00	82.8	−332.85	96.5	96.5
环索	WH12	1206.20	72.2	−264.90	76.8	76.8
环索	WH23	1014.70	60.8	−223.88	64.9	64.9
环索	WH34	965.39	57.8	−186.46	54.0	57.8
环索	WH45	923.51	55.3	−115.67	33.5	55.3
直索	ZS3A	594.81	35.6	−123.17	35.7	35.7
直索	ZS4A	597.55	35.8	−122.13	35.4	35.8
直索	ZS5A	576.15	34.5	−117.99	34.2	34.5
撑杆	CG1A	604.42	36.2	−130.75	37.9	37.9
撑杆	CG1B	727.31	43.6	−145.31	42.1	43.6
撑杆	CG1C	646.53	38.7	−127.87	37.1	38.7
撑杆	CG2A	593.77	35.6	−135.74	39.3	39.3
撑杆	CG2B	602.41	36.1	−117.15	34	36.1
撑杆	CG2C	748.82	44.8	−140.42	40.7	44.8
撑杆	CG3A	596.54	35.7	−149.29	43.3	43.3
撑杆	CG3B	597	35.7	−131.82	38.2	38.2
撑杆	CG3C	646.24	38.7	−160.48	46.5	46.5
撑杆	CG4A	615.78	36.9	−165.4	47.9	47.9
撑杆	CG4B	631.77	37.8	−137.67	39.9	39.9
撑杆	CG4C	656.48	39.3	−129.31	37.5	39.3
撑杆	CG5A	600.4	36	−141.88	41.1	41.1
撑杆	CG5B	684.92	41	−161.38	46.8	46.8
撑杆	CG5C	722	43.2	−132.18	38.3	43.2

由表12-12可知，结构中不存在再破坏概率为100%的构件，环索、脊索、斜索、直索和撑杆的平均再破坏概率分别为：71.2%、39.9%、43.9%、35.3%、41.8%。再破坏概率分布范围大，其中环索再破坏概率均在49%以上，明显高于其他类构件，脊索、斜索和撑杆的再破坏概率相当，集中分布在30%～50%范围内，直索的再破坏概率低。不同位置的环索再破坏概率相差较大，具体来说，中环索再破坏概率均在90%以上，此时很容易出现结构再破坏，因此中环索属于结构再破坏最敏感构件；外环索次之，越靠近长轴，再破坏概率越高；内环索再破坏概率为三者最低，且越靠近长轴再破坏概率越高。可见中环

索及长轴环索的破断对结构再破坏影响大。

由表 12-12 中还可以看出，环索再破坏概率绝大部分由撑杆应力比得来，因此再破坏构件为撑杆的概率大，将构件再破坏概率分布进行统计绘图，如图 12-43 所示。

由图 12-43 可知，结构再破坏概率在 50%以下的构件占 76.3%，再破坏概率在 60%以下的构件占 89.5%，覆盖了所有撑杆和绝大部分拉索。除中环索再破坏概率达到 90%外，其他拉索再破坏概率均处于 80%以下。因此，除中环索外，结构在经历单索（杆）破断后具备良好的抗连续倒塌能力，中环索破断后有极大可能造成结构的再破坏。

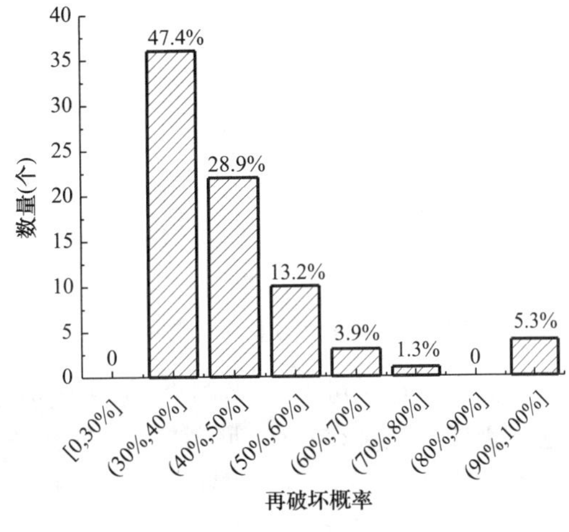

图 12-43 再破坏概率分布图

12.4.3 拉索（撑杆）重要性评级

由上文分析可知结构不同位置处拉索和撑杆重要性不同，而天津理工大学体育馆索穹顶共计使用拉索 214 根，撑杆 48 根，拉索种类 61 个，撑杆种类 15 个，因此需要对拉索和撑杆进行归类，使其维护更加有针对性，为该类结构的健康监测和安全反恐提供有价值的参考。

（1）预警理论简述

预警是指人们通过对事件发生发展规律的了解，对该类事件进行合理评价，分析其引发的危机和影响，并对其后效做出预测和警报，以便做出应变的准备和预案，从而控制或利用该类事件。

预警元素主要有警情、警源、警兆、警级。其中，警情是指预警的含义及对象；警源是警情产生的原因；警兆也被称为先导指标，是警情爆发前的先兆；警级是衡量预警对象风险程度的尺度。在警级确定中，警级级数和评价标准是关键。一般情况下，警级的设定可以遵循以下几个原则：

① 上限原则：警级数量的设置应受限制。

② 客观性原则：不同人员可能把同一评级对象归划于同警级内，但他们的确认程度可能不同。在遵循上限原则的前提下，可适量增加预警警级，以减少人员评级的差异性。

③ 奇数原则：等级评语通常有对称性，等级数宜为奇数，这易于准确评级。

④ 实用原则：重实践性，宜将实践中无必要的警级合并，减少预警等级个数。

常用的警级评定方法主要有：阈值预警法、因素预警法、综合预警法等。

① 阈值预警法

阈值预警法是指根据预警指标数值变动判定不同警级，其示意图如图 12-44 所示。

由图 12-44 可知，设预警指标为 X，它的安全域为 $[X_a, X_b]$，初等危险域为 $[X_c, X_d]$，高等危险域为 $[X_e, X_f]$，警级的评定准则为：

当 $X_a < X \leqslant X_b$ 时是安全状态，警级不用发布；

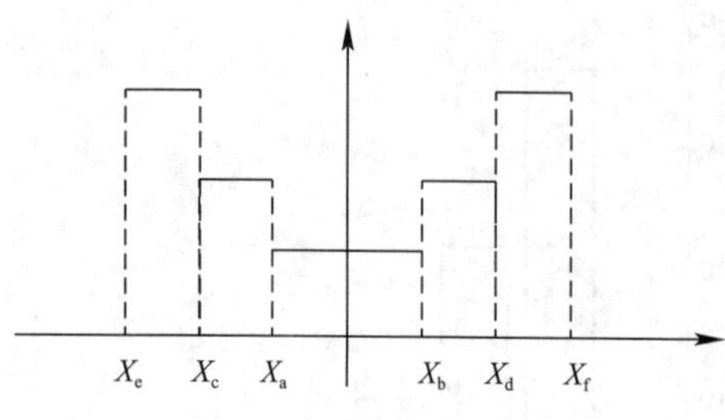

图 12-44　阈值预警法示意图

当 $X_c < X \leqslant X_a$ 或 $X_b \leqslant X < X_d$ 时是初级危险状态，发布低等级警级；

当 $X_e < X \leqslant X_c$ 或 $X_d \leqslant X < X_f$ 时是中级危险状态，发布中等级警级；

当 $X \leqslant X_e$ 或 $X \geqslant X_f$ 时是高级危险状态，发布最高等级警级。

② 因素预警法

预警过程中既存在可计量因素，也存在不可计量因素。针对可计量风险因素采用阈值预警法，而对不可计量致错因素可采用因素预警法。因素预警法存在两种形式：一种是非此即彼的警报方式，即当风险因素 X 出现时，发布相应警级；当风险因素 X 不出现时，不发布警级。

设不可计量致错因素为随机变量，$P(X)$表示致错因素发生概率，则第二种因素警报模式为：当 $0 \leqslant P(X) < P_a$ 时，不发布警级；当 $P_a \leqslant P(X) < P_b$ 时，发布初等警级；当 $P_b \leqslant P(X)$时，发布高等警级。

③ 综合预警法

将阈值预警法与因素预警法相结合，综合考虑后发布某警级。

上述三种方法因研究对象和分析方法的区别应用在不同的研究领域中，阈值法主要适用于能得到所关注事物的指标或评价数值的研究；因素法主要适用于所关注事物的指标不可量化而特征明显的情况；综合法则是将上述二者相结合考虑警级。

（2）评级指标的确立

评级原则遵循警级设置原则，即上限原则、客观性原则、奇数原则、实用原则。此外还应考虑如下几点原则：

① 科学防范原则：评级的目的之一是使该类结构施工、维护有针对性，为安全反恐提供有价值的参考。因此评级体系的建立需以防范为指导，具有严密的科学性。

② 代表性原则：所选取的指标应具有代表性，尽可能完整、全方面、多方位地反映和度量所研究的问题。

③ 独立性原则：一般情况下，一个复杂问题的产生是多因素耦合作用的结果，设立评级时应使每个指标尽量只出现一次，避免重复，使评级能更准确科学地反映实际情况。

④ 整体与局部相结合原则：既要顾全整体，统筹全局，又要突出主要矛盾，综合反映实际情况。

本章拉索撑杆重要性评级借鉴综合预警法思想，遵循八项评级原则，结合全结构拉索和撑杆破断后结构竖向位移、构件内力及再破坏概率的数据分析结果，联同断索（杆）后结构整体、局部状态及性质，综合评价构件重要性，将拉索（撑杆）重要性分为五个等级，一级最低，五级最高，具体描述如表 12-13 所示。

拉索（撑杆）重要性分级描述　　表 12-13

级别	例子	相关描述
1	ZS5A	对结构基本无影响
2	XS5C	邻近索体有少量松弛，位移有适量增加，结构整体下沉不明显，未连续倒塌

续表

级别	例子	相关描述
3	NH12	邻近索体有少量松弛，位移有明显增加，结构整体下沉较明显，未整体倒塌，具备继续承载能力
4	WH12	邻近索体有松弛，位移有大量增加，结构整体下沉明显，但未整体倒塌，局部形成机构，局部倒塌
5	ZH12	结构发生整体倒塌

(3) 拉索（撑杆）重要性评级

根据拉索（撑杆）重要性分级标准，由拉索和撑杆破断后构件相关数据及结构形态对61类拉索及15类撑杆进行重要性分级，如表12-14所示。

拉索（撑杆）重要性分级 **表12-14**

构件类型	破断位置	重要性等级	构件类型	破断位置	重要性等级
脊索	JS1A	1	斜索	XS1A	1
脊索	JS1B	2	斜索	XS1B	2
脊索	JS1C	2	斜索	XS1C	2
脊索	JS1D	2	斜索	XS1D	2
脊索	JS2A	1	斜索	XS2A	1
脊索	JS2B	2	斜索	XS2B	2
脊索	JS2C	2	斜索	XS2C	2
脊索	JS2D	3	斜索	XS2D	2
脊索	JS2D′	3	斜索	XS2D′	2
脊索	JS3A	1	斜索	XS3A	1
脊索	JS3B	2	斜索	XS3B	2
脊索	JS3C	2	斜索	XS3C	2
脊索	JS3D	3	斜索	XS3D	2
脊索	JS3D′	3	斜索	XS3D′	2
脊索	JS4A	1	斜索	XS4A	1
脊索	JS4B	3	斜索	XS4B	2
脊索	JS4C	3	斜索	XS4C	2
脊索	JS4D	3	斜索	XS4D	2
脊索	JS4D′	3	斜索	XS4D′	2
脊索	JS5A	1	斜索	XS5A	1
脊索	JS5B	3	斜索	XS5B	2
脊索	JS5C	3	斜索	XS5C	2
脊索	JS5D	3	斜索	XS5D	2
环索	NH12	3	撑杆	CG1N	2
环索	NH23	3	撑杆	CG1Z	3
环索	NH34	3	撑杆	CG1W	3
环索	NH45	3	撑杆	CG2N	1
环索	ZH12	5	撑杆	CG2Z	2
环索	ZH23	5	撑杆	CG2W	3
环索	ZH34	5	撑杆	CG3N	1

续表

构件类型	破断位置	重要性等级	构件类型	破断位置	重要性等级
环索	ZH45	5	撑杆	CG3Z	2
环索	WH12	4	撑杆	CG3W	3
环索	WH23	4	撑杆	CG4N	1
环索	WH34	4	撑杆	CG4Z	2
环索	WH45	4	撑杆	CG4W	2
直索	ZS3A	1	撑杆	CG5N	1
直索	ZS4A	1	撑杆	CG5Z	2
直索	ZS5A	1	撑杆	CG5W	2

各类拉索（撑杆）重要性级别不同，环索重要性最高，脊索和撑杆次之，斜索再次，直索重要性级别最低。不同位置处构件重要性级别也不同，内环区域拉索和撑杆重要性级别较低，中外环拉索和撑杆重要性级别较高。在脊索中，重要性级别包含 1～3 级，位置越靠近外环、靠近短轴，重要性级别越高。在斜索中，重要性级别包含 1、2 级，内斜索为 1 级，其余斜索为 2 级。在环索中，重要性级别包含 3～5 级，中环索重要性级别为最高级，外环索为次高级，内环索为 3 级。直索重要性级别最低，均为 1 级。在撑杆中，重要性级别包含 1～3 级，位置越靠近长轴和外环，重要性级别越高。值得注意的是，断索（杆）前结构中最大索力位于 JS5C 处，而 JS5C 破断的重要性级别仅为 3 级，中、外环索索力并不是最大的，但其破断均会对结构造成严重影响，可见索穹顶结构中受力最大的构件破坏时对结构的损害不一定最大，构件所处位置对其重要性级别有决定性影响。

12.5　本章小结

本章通过对天津理工大学体育馆索穹顶结构各不同拉索和撑杆进行单索（杆）破断分析，得出全结构拉索和撑杆破断后结构状态与物理量响应，之后借鉴预警思想，对拉索和撑杆进行重要性评级，得出了如下结论：

（1）结构拉索和撑杆破断后最大竖向位移一般发生在断索相连、相邻处，或在长轴处。脊索、斜索和撑杆破断后局部响应大，而整体影响较小；靠近短轴的脊索破断敏感度高于长轴，靠近长轴的斜索和撑杆破断敏感度高于短轴，外撑杆的破断敏感度明显高于内撑杆。内环索破断对结构整体影响不大，对跨中影响大；外环索的破断会造成局部倒塌，且越靠近长轴，破断敏感度越高；中环索破断会使结构发生整体垮塌，其敏感度最高。直索的破断对结构影响小。

（2）结构再破坏概率分布范围大，环索的再破坏概率在 49%以上，脊索、斜索和撑杆的再破坏概率集中分布在 30%～50%。中环索属于结构再破坏最敏感构件，外环索次之，内环索最低。除中环索外，结构在经历单索（杆）破断后具备良好的抗连续倒塌能力，中环索破断后有极大可能造成结构的再破坏，再破坏构件为撑杆的概率较大。

（3）不同类别的拉索和撑杆重要性级别不同，环索重要性最高，脊索和撑杆次之，斜索再次，直索最低。不同位置处拉索和撑杆重要性级别也不同，内环区域拉索和撑杆的重要性级别较低，中外环较高。

参考文献

[1] Fuller，Buckminster R，Applewhite EJ. Synergetics：explorations in the geometry of thinking [M]. Macmillan Pub. Co，1975.

[2] Motro R. Tensegrity：structural systems for the future [M]. Elsevier，2003.

[3] Kawaguchi K. Recent developments in architectural fabric structures in Japan [M]//Fabric Structures in Architecture. 2015：687-725.

[4] 吴洁琳. 库里尔帕桥，布里斯班，澳大利亚 [J]. 世界建筑，2012，(6)：80-84.

[5] Geiger D H. Roof structure：U. S. Patent 4，736，553 [P]. 1988-4-12.

[6] Levy M P. The Georgia Dome and beyond：achieving lightweight-longspan structures [C]// Spatial，Lattice and Tension Structures. ASCE，1994：560-562.

[7] 董石麟，袁行飞. 索穹顶结构体系若干问题研究新进展 [J]. 浙江大学学报（工学版），2008，(1)：1-7.

[8] 闫翔宇，陈志华，于敬海，等. 一种边界不等高椭圆平面复合式索穹顶结构 [P]. 中国专利：ZL201510357430. 3，2015.

[9] 韩芳冰. 天津理工大学体育馆索穹顶体系优化及静力性能研究 [D]. 天津大学，2016.

[10] 王鑫. 天津理工大学体育馆索穹顶结构动力响应研究 [D]. 天津大学，2016.

[11] 闫翔宇，马青，陈志华，等. 天津理工大学体育馆复合式索穹顶结构分析与设计 [J]. 建筑钢结构进展，2019，21 (1)：23-29+44.

[12] Geiger D H. Design details of an elliptical cable dome and a large span cable dome (210m) under construction in the United States [C]//Proceedings of the IASS ASCE International Symposium on Innovative Applications of Shells and Spatial Forms. Oxford & IBH Publishing，1988.

[13] 张国军，葛家琪，王树，等. 内蒙古伊旗全民健身体育中心索穹顶结构体系设计研究 [J]. 建筑结构学报，2012，33 (4)：12-22.

[14] 马青，陈志华，闫翔宇，等. 马鞍形边界刚性屋面椭球形索穹顶受力性能分析 [J]. 天津大学学报（自然科学版），2018，(9)：988-996.

[15] 冯远，向新岸，董石麟，等. 雅安天全体育馆金属屋面索穹顶设计研究 [J]. 空间结构，2019，25 (1)：3-13.

[16] Papailiou K O. Bending of helically twisted cables under variable bending stiffness due to internal friction，tensile force and cable curvature [D]. Zurich，Switzerland：Swiss Federal Institute of Technology(ETH)，1995.

[17] 秦杰，高政国，钱英欣，等. 预应力钢结构拉索索力测试理论与技术 [M]. 北京：中国建筑工业出版社，2010.

[18] Zui H，Shinke T，Namita Y. Practical formulas for estimation of cable tension by vibration method [J]. Journal of Structural Engineering，ASCE，1996，122 (6)：651-656.

[19] 邵旭东，李国峰，李立峰. 吊杆振动分析与力的测量 [J]. 中外公路，2004，24 (6)：29-31.

[20] 任伟新，陈刚. 由基频计算拉索拉力的实用公式 [J]. 土木工程学报，2005，38 (11)：26-31.

[21] 李国强，顾明，孙利民，等. 拉索振动、动力检测与振动控制理论 [M]. 北京：科学出版社，2014.

[22] Utting W S, Jones N, The response of wire rope strands to axial tensile loads—Part I. Experimental results and theoretical predictions [J]. INT J MECH SCI, 1987, 29: 605-19.

[23] Utting W S, Jones N, The response of wire rope strands to axial tensile loads—Part Ii. Comparison of experimental results and theoretical predictions [J]. INT J MECH SCI, 1987, 29 (9): 621-36.

[24] Hong K. Dynamic interaction in cable-connected equipment [D]. University of California Berkeley, 2003.

[25] Guo J, Jiang J. An algorithm for calculating the feasible pre-stress of cable-struts structure [J]. Engineering Structures, 2016, 118: 228-239.

[26] Yuan X, Chen L, Dong S. Prestress design of cable domes with new forms [J]. International Journal of Solids and Structures, 2007, 44 (9): 2773-2782.

[27] 罗尧治，王荣. 索穹顶结构动力特性及多维多点抗震性能研究 [J]. 浙江大学学报（工学版），2005，(1)：40-46.

[28] 王彬. 大跨度空间结构风振和地震响应分析 [D]. 浙江大学，2007.

[29] 郭彦林，崔晓强. 滑动索系结构的统一分析方法——冷冻-升温法 [J]. 工程力学，2003，(4)：156-160.

[30] 崔晓强，郭彦林，叶可明. 滑动环索连接节点在弦支穹顶结构中的应用 [J]. 同济大学学报（自然科学版），2004，(10)：1300-1303.

[31] 陈志华，毋英俊. 弦支穹顶滚动式索节点研究及其结构体系分析 [J]. 建筑结构学报，2010，31 (S1)：234-240.

[32] 王永泉，冯远，郭正兴，等. 常州体育馆索承单层网壳屋盖低摩阻可滑动铸钢索夹试验研究 [J]. 建筑结构，2010，40 (9)：45-48.

[33] 邢海东. 索托结构的理论分析与工程实践 [D]. 西安建筑科技大学，2011.

[34] 陈耀，冯健，盛平，等. 新广州站内凹式索拱结构索夹节点抗滑性能分析 [J]. 建筑结构学报，2013，34 (5)：27-32.

[35] 任俊超. Galfan拉索在空间结构中的应用及其节点设计 [J]. 建筑结构，2014，44 (4)：59-62.

[36] 严仁章. 滚动式张拉索节点弦支穹顶结构分析及试验研究 [D]. 天津大学，2015.

[37] 陈志华，方至炜，闫翔宇. 北方学院体育馆弦支穹顶撑杆上节点构造优化分析 [C]//第十六届全国现代结构工程学术研讨会. 聊城，2016.

[38] 于敬海，张中宇，闫翔宇，等. 天津理工大学体育馆索穹顶结构设计 [C]//第十六届全国现代结构工程学术研讨会. 聊城，2016.

[39] 季申增. 悬索桥主缆与索鞍间侧向力及摩擦滑移特性分析 [D]. 西南交通大学，2017.

[40] 李金飞. 高应力全封闭索—索夹抗滑移性能分析和试验研究 [D]. 东南大学，2017.

[41] Geiger D H, Stefaniuk A, Chen D. The design and construction of two cable domes for the Korean Olympics. 1986.

[42] Levy M P. The Georgia Dome and beyond: Achieving lightweight-longspan structures [J]. John F. Abel, 1994: 560-562.

[43] 沈祖炎，张立新. 基于非线性有限元的索穹顶施工模拟分析 [J]. 计算力学学报，2002，(4)：466-471.

[44] 邓华，姜群峰. 环形张力索桁罩棚结构施工过程的形态分析 [J]. 土木工程学报，2005，(6)：1-7.

[45] 吕方宏，沈祖炎. 修正的循环迭代法与控制索原长法结合进行杂交空间结构施工控制 [J].

建筑结构学报，2005，(3)：92-97.

[46] 董石麟，袁行飞，赵宝军，等. 索穹顶结构多种预应力张拉施工方法的全过程分析 [J]. 空间结构，2007，(1)：3-14.

[47] 张丽梅，陈务军，董石麟. 正态分布钢索误差对索穹顶体系初始预应力的影响 [J]. 空间结构，2008，(1)：40-42.

[48] 叶小兵，葛家琪，程书华，等. 索穹顶结构施工动态模拟 [J]. 建筑结构学报，2012，33 (4)：60-66.

[49] 赵平，孙善星，周文胜. 索长误差对索穹顶结构初始预应力分布的敏感性分析 [J]. 建筑技术，2013，44 (7)：638-640.

[50] 楼舒阳. 新型复合式索穹顶结构施工成型技术及监测研究 [D]. 天津大学，2018.

[51] 郑君华，罗尧治，董石麟，等. 矩形平面索穹顶结构的模型试验研究 [J]. 建筑结构学报，2008，(2)：25-31.

[52] 张爱林，刘学春，张传成. 2008 奥运会羽毛球馆新型预应力弦支穹顶结构施工监控 [J]. 北京工业大学学报，2008，(2)：150-154.

[53] 钱稼茹，张微敬，赵作周，等. 北京大学体育馆钢屋盖施工模拟与监测 [J]. 土木工程学报，2009，42 (9)：13-20.

[54] 彭曙光. 基于虚拟现实的隧道施工监测系统研究 [J]. 现代隧道技术，2010，47 (4)：50-53.

[55] 李毅. 在役索穹顶结构性能研究 [D]. 天津大学，2018.

[56] 刘占省. 温度作用下拉索性能及弦支筒壳结构可靠性能研究 [D]. 天津大学，2010.

[57] 张爱林，刘学春，冯姗，等. 大跨度索穹顶结构温度响应分析 [J]. 建筑结构学报，2012，33 (4)：40-45.

[58] 杜文风，高博青，董石麟. 单层球面网壳结构屋面雪荷载最不利布置研究 [J]. 工程力学，2014，31 (3)：83-86.

[59] 王爱兰. 单层柱面网壳的设计和最不利雪荷载分布研究 [D]. 河北农业大学，2015.

[60] 刘凯凯，刘占省，吴金志，等. 温度作用下大跨度索穹顶结构可靠度分析 [J]. 施工技术，2015，44 (2)：78-82.

[61] 王军林，李红梅，任小强，等. 不对称及非均匀雪荷载下单层球面网壳结构的稳定性研究 [J]. 空间结构，2016，22 (4)：17-22.

[62] 杨艳. 索穹顶结构选型及特殊荷载下力学性能研究 [D]. 天津大学，2018.

[63] 陈志华，李毅，闫翔宇，等. 一种索穹顶结构的新型张拉施工成形方法的试验研究与模拟分析 [J]. 空间结构，2019，25 (3)：51-59.

[64] 郑君华，袁行飞，董石麟. 两种体系索穹顶结构的破坏形式及其受力性能研究 [J]. 工程力学，2007，(1)：44-50.

[65] 何键，袁行飞，金波. 索穹顶结构局部断索分析 [J]. 振动与冲击，2010，29 (11)：13-16.

[66] 黄华，冼耀强，刘伯权，等. 轮辐式索膜结构连续倒塌性能分析 [J]. 振动与冲击，2015，34 (20)：27-36.

[67] 刘人杰，薛素铎，李雄彦，等. 环形交叉索桁结构局部断索（杆）的动力响应分析 [J]. 工业建筑，2015，45 (1)：32-35.

[68] 朱明亮，陆金钰，郭正兴. 新型环箍穹顶全张力结构局部断索抗连续倒塌性能分析 [J]. 东南大学学报（自然科学版），2016，46 (5)：1057-1062.

[69] 姜正荣，刘小伟，石开荣，等. 索穹顶结构索杆破断的敏感性分析 [J]. 华南理工大学学报（自然科学版），2017，45 (5)：90-96.